中国科学院国家天文台·天文学系列

天体测量学导论

（第 2 版）

赵 铭 著

中国科学技术出版社

·北 京·

图书在版编目（CIP）数据

天体测量学导论(第 2 版)/赵铭著. —北京：中国科学
技术出版社，2012.1
(中国科学院国家天文台·天文学系列)
ISBN 978-7-5046-4448-0

Ⅰ.天... Ⅱ.赵... Ⅲ.天体测量学-研究 Ⅳ.P12

中国版本图书馆 CIP 数据核字(2006)第 082681 号

中国科学技术出版社出版

北京市海淀区中关村南大街 16 号　邮政编码：100081

电话：010- 62103182　传真：010- 62179148

http://www.cspbooks.com.cn

科学普及出版社发行部发行

北京金信诺印刷有限公司印刷

*

开本：787 毫米×1092 毫米　1/16　印张：29　字数：500 千字

2012 年 1 月第 2 版　2012 年 1 月第 1 次印刷

ISBN 978-7-5046-4448-0

定价：76.00 元

《中国科学院国家天文台基本天文学及其应用系列丛书》序

  由中国科学院国家天文台支持的天文专业书出版工作，将改变当前天文专业书籍非常缺乏的局面。天文专业门类颇多，按原来的分类：天体物理、天体力学、天体测量已不太合适。近年来，国际天文学联合会已将其专业委员会分属 11 个分部，其中的历表、天体力学与动力天文学、天体测量、地球自转、时间五个专业委员会归属于基本天文学分部。在天文专业书出版工作中，我们把以上领域归总为"基本天文学及其应用"系列。

  20 世纪以来，基本天文学的各个分支都在观测精度上有了数量级的提高，与天体物理、地球科学和空间科学的有关研究形成学科交叉，并且拓展了多种应用。

  以地球自转为例，当前采用的射电、激光、GPS、卫星测高等技术，已经可以监测到地球上厘米甚至毫米级的运动，包括地壳形态变化和海平面变化。地球自转变化是地球整体角动量变化的体现，自必牵涉到地球的核、幔、地壳、海洋、大气各圈层的物质运动及其相互作用，与地球科学和空间科学关系十分密切，其技术与研究方法，适用于对月球和行星的探测。高精度的观测，既对天空和地面的参考系以及有关的天文常数、历表和时间系统提出更高的要求，又为它们的改进提供了前所未有的高精度观测数据。在人造卫星和飞船的精密定轨以及其在有关的对地观测的应用上，都少不了天体力学的工作，从而推进了高精度的天体力学发展。

  新兴的天文地球动力学是从地球自转研究发展而来的分支，是用空间技术对地观测，研究地球的整体运动以及其各圈层的相互作用，是基本天文学与地球科学，空间科学的交叉。

  同样，时间原来全属天文学范畴，原子频率标准出现之后，时间已成为计量科学与基本天文学的交叉学科。地面上的导航定位，原来是整个基本天文学各个分支(即历表、天体力学与动力天文学、天体测量、地球自转、时间)的综合应用。采用卫星技术之后，空基导航定位系统，如GPS 和欧盟即将投入的伽利略系统，各方面使用很广泛而且很成功的技术集成，是基本天文学与空基技术的结合。

正在酝酿中的天基导航定位系统，将采用脉冲星作为天然的高精度空间钟，从而把导航定位的精度和安全性提得更高。这就需要有脉冲星的结构和物理性质等的天体物理研究，以及更精确的太阳系行星历表来提供脉冲到达地球的时刻。总之，一项新技术的实现往往要求学科交叉并从而推动它的发展。

天体测量是为天文的各项研究提供天体位置、距离速度等基本数据的分支，并且为地球科学、空间科学提供应用。近年来，空间和地面的观测设备，往往同时提供天体的位置、距离、光度、光谱、视向速度等的测定，成为天文学研究的更为完备的基本数据。天体测量就在恒星、银河系、星系以及太阳系外的行星系统搜索研究中，与有关的天体物理研究交叉发展。已经工作多年的天体测量卫星依巴谷以及哈勃望远镜中的天体测量设备，给天文学提供了前所未有的基本数据。今后的天体测量卫星 Gaia，还将提供上亿颗恒星的庞大数据源，空间天体测量为天文学研究开阔了新的境界。

"基本天文学及其应用"系列丛书，将为天文学、地球科学、空间科学领域的读者(研究生和专业人员)提供详尽的参考。本系列将为读者提供有关学科的阐述和最新的资料。

叶叔华

2006 年 2 月

内 容 提 要

本书用三维空间中的矢量表达方式，探讨历史上的和现代的各类不同的天体测量理论、方法和技术间的共性与差异，归纳成具有普遍性的理论框架。在此基础上剖析具体的天体测量方法和技术，总结出面对天体测量问题时的思考方法。本书是作为天体测量和天体力学分支学科研究生的专业基础教材而撰写的，对本学科以及测绘、航天、地球科学等相关领域的科研、教学人员，也可作为参考。

本书中也提出一些有待讨论和思考的问题，并不局限于已成定论的内容，希望有助于启发学生的自主创新思维。

作 者 简 介

赵铭，男，1941 年生，江苏连云港人。中国科学院上海天文台研究员，博士生导师。1964 年毕业于南京大学天文学系，1968 年上海天文台研究生毕业。长期从事天体测量学的实测、数据处理、基础理论研究、天文地球动力学研究，以及研究生的指导和教学工作。

再版前言

本书的责任编辑赵晖老师曾对我说过一句很有哲理的话："写作是一件遗憾的工作，每当作品发表后自己回头再看时，总觉得还有许多地方不够满意，留下遗憾。"我深切地感受到这一点。在本书第一版发行之后，我就不断地发现书中的"遗憾"之处，其中除了有些文字书写上的不准确或差错外，感觉在一些天体测量问题的概念性归纳上还不够高度，特别是没能将相对论的基本概念融合到天体测量实际中。感谢同行们对本书的支持，感谢中国科学技术出版社的支持，使得本书得以再版，让我有机会来弥补这些遗憾之处。

本书为天体测量和天体力学分支学科专业人员研究生而撰写，对测绘、航天、地球科学等相关领域的科研、教学人员和本科学生，也可作为参考。

本书中也提出一些有待讨论和思考的问题，并不局限于已成定论的内容。特别是第十二章天体测量中相对论问题解读，完全是作者的一种尝试，希望寻找出一条能在相对论理论框架和天体测量学科实际之间进行更有效沟通的通道。对这方面内容，读者可只当作是作者的一人之言，可参考，可批评，并特别欢迎讨论和争论。

在新的版本中，对第二章天体的位置和方向作了较大修改，对其框架作了重新构思，感觉这样应该更合理一些。对第三章、第五章、第六章、第八章、第十章、第十一章也作了较多修改，其余章节也都有部分修改。特别是增加了第十二章——天体测量中相对论问题解读。这是作者的一种尝试，目的是寻找一条能在相对论理论框架和天体测量学科的实际之间进行更有效沟通的通道。对这一章中的某些观点，读者可只当作一人之言，可参考，可批评，并特别欢迎讨论。经过这次修订和补充，我感觉比第一版有了进一步的改进和提升。但是，相信新版本出版以后，又会陆续发现遗憾之处。但愿那是因为学科发展了，获得了新的进展，有了新的认识。

在本书的新版本出版之际，我要向南京大学天文系黄天衣教授致以特别的感谢。在撰写第十二章的过程中，和黄教授进行的多次讨论使我受益匪浅。他还在百忙之中花了大量时间和精力对该章的初稿进行仔细审阅，所提出的多处重要修改意见均在最终定稿中体现出来。如文中仍有不当之处乃是作者本人认识理解上的缺陷，请读者批评指正。

作者
2011 年 10 月 31 日

第一版前言

天文学是一门古老的学科，其发展历史几乎和人类文明史同步。在天文学漫长的发展历史中，逐渐形成三个主要的学科分支：天体测量学、天体力学和天体物理学。对于它们的研究领域，作者将其归纳为：

天体测量学：测定和研究天体的**几何特征**（如天体方向、距离、张角、姿态等）。

天体力学：测定和研究天体的**动力学特征**（如天体间的相互作用力以及在该作用力下的天体的加速度、运动轨迹或运动参数等）。

天体物理学：测定和研究天体的**物理特征**（如天体的物质状态、元素构成、温度、各波段的辐射等特征以及它们的演化等）。

天体测量学是天文学中最早发展起来的分支。为了农业生产的需要，在人类文明的初期已经开始了早期的天体测量活动。早在公元前 4 世纪，我国战国时期的天文学家石申已编制了最早的恒星星表；公元前 2 世纪，古希腊天文学家依巴谷（Hipparchus）建立了早期的方位天文学；约在 2000 年前，以张衡为代表的浑天说已经具备了球面天文学的雏形，浑仪已经是一种用肉眼观测天体的赤道坐标和地平坐标的仪器。古代的人类用原始的仪器测定恒星的位置、太阳和行星的运动、太阳和月亮的角直径等数值，并发现了岁差，测定了岁差值。以现在的眼光看，那时的测量精度当然很低，只能达到角分级的水平。自从发明了望远镜，观测精度大大提高，达到角秒级水平。近百余年来，人们设计了各种专门的望远镜开展天体测量工作，精度进一步提高，达到十分之一角秒级水平。自 20 世纪 60 年代，现代天体测量技术开始出现，射电干涉、激光测距、无线电测距与测速、光干涉等技术的应用，使天体测量精度提高到毫角秒级甚至亚毫角秒级水平。计划中的第二代天体测量卫星 Gaia 可望将天体测量精度提高到 10 微角秒水平。这中间，从最初的古代天体测量技术到现代的天体测量技术，观测精度提高了 7～8 个量级。就观测仪器来说，无论是外形还是技术原理，现代的仪器已完全没有早期仪器的任何痕迹了。此外，当初的天体测量观测只限于可见光波段，现代已扩展到无线电波以及红外线、紫外线等各种波段。

2000 多年来，一种又一种天体测量方法出现了又消失了；一种又一种仪器发明了又淘汰了；一个个新常数取代了前面的，又被后面的所取代。一个个新的概念被提出，一种种新的误差被探讨……这就是天体测量学的历史。本书希望从天体测量学的历史进程中总结出具有共同性的、简明的理论框架，归纳出对今后的思维有借鉴价值的认识。基于这种考虑，本书不是以观测技术为线条展开叙述，也不是按照通常的天体测量理论结构逐条阐述。作者的目的不是试图将本书变成涵盖各种最新方法和技术详细原理的天体测量学"大全"，更不是要使它成为天体测量学领域的最新公式和数据的"使用手册"。本书的基本撰写思想是**从各种天体测量技术之间的共性出发，探讨超越具体技术的普遍性的理论，并用一个统一的理论框架和数学表达形式作出阐述。这也是本书和现有的许多天体测量方面的著作的主要区别。它特别注重从天体测量学科的整体高度俯瞰整个学科领域，力图勾画出天体测量学各部分之间的内在联系，用统一的概念剖析具体的天体测量技术和方法。**在本书中具体的测量技术和方法仅作为基本理论的应用实例出现。所以，本书是天体测量、天体力学和其他相关专业的大学生、研究生以及研究工作者在漫游天体测量学科领域广阔天地时的一份有益的"导游图"。它不仅有益于读者更好掌握各种现有的天体测量技术的基本理论基础，而且也为他们在这个领域中不断创新提供一种新的思考方式。作为一门成熟的学科和应用性突出的学科，天体测量学的基本特点是：有待解决的理论难点虽不多，但需要掌握的理论结构并不简单，尤其是概念性的问题不少。而且，由于现代天体测量技术已经达到非常高的测量精度，一些理论和概念之间的差异细微。因此，要深刻掌握天体测量学科的理论体系，并能自如地应用于实际问题的研究中去却相当不容易。如果把许多门类的科学研究比喻为演杂技的话，天体测量学则好比走迷宫。演杂技要不断追求高精尖，不断有所突破。走迷宫则看似平常，实则不易。如果没有对全局的准确把握，很容易长久陷入迷宫而找不到解决问题的出路。所以掌握全局概念对天体测量学具有特殊重要性。能否尽快建立起清晰的、整体的基本概念，是决定当今年轻的天体测量工作者能否尽快在这个领域中取得自由的关键。我们力求使本书成为引导读者进入天体测量领域的通道，成为连接天体测量各种技术和方法的接口，有助于读者形成**从天体测量学整体概念的高度去思考具体的天体测量问题**的一种思考方式。作者认为，这种思考方式对于推动我国天体测量学科研究的自主创新是有益的。这是撰写本书的主要目的之一。

撰写本书的另一个目的是，希望促进我国天体测量学研究工作中的理论表述方式尽快更新。自古以来，天体测量学理论都建立在天球概念的基础上，形成了球面天文学理论系统。该理论系统将三维空间的问题投影到二维的球面上，或者说是把空间三维问题转变成约束三维曲面上的问题。这是天体测量学的第一代表述理论。今天看来，这种表述方式不仅复杂不便，而且常常不得不引进近似。随着测量精度的提高，球面的表述方式越来越不能适应天体测量学发展的需要。特别是由于近距离天体的测量越来越重要，观测精度的快速提高，天体的距离参数越来越受到关注。而且许多应用性问题比过去更加复杂，要求更高的计算精度。所以，单用横向参数已经不足以精确描述天体的分布和运动特征，如果继续沿用球面的表述方式常常不能满足需要。从 20 世纪 60 年代开始，国际上逐渐将天体测量理论的表述方式从球面扩展到三维空间，用三维的矢量表达方式取代球面三角的表达方式。20 世纪 80 年代，Merray 的经典专著——《矢量天体测量学》发表，标志着天体测量学的第二代表述理论系统已经基本完善。和第一代的理论系统相比，第二代理论系统的优点是显而易见的。它易于推导、易于应用，特别适合计算机计算。但是由于 Merray 的专著非常抽象化、数学化，使得许多读者感到阅读困难，以至于这本专著中的许多很好的表达方式至今还没有能在我国读者中得到很好推广应用。本书将《矢量天体测量学》的表达方式和我们的天体测量学的理念结合起来，和天体测量的具体问题结合起来，并且和传统的球面表达方式在比较中并行阐述，以期使读者更容易理解矢量的表述方式。作者希望本书能在推动我国天体测量学研究中的理论表达方式更快地更新方面作出一份贡献。

本书的内容框架分成两大部分：①天体几何特征的描述；②天体几何特征的测量。前者是对天体的坐标位置和坐标速度的描述，以及天体发出的信号在到达观测仪器之前的行为的描述。后者是对天体几何特征的测量方法的描述以及对信号进入仪器之后行为的应对措施。

在本书构思和撰写过程中，作者得到叶叔华院士、韩天芑研究员、赵刚研究员（国家天文台）、冒蔚研究员、韩延本研究员、杨福民研究员、黄珹研究员等各位的多方面支持、推动和帮助。这些帮助，对本书书稿的最终完成和出版是至关重要的。南京大学夏一飞教授对本书稿作了认真负责的审阅，提出重要和中肯的修改意见。李金岭研究员、王广利研究员、唐正宏研究员在和作者多年共事过程中，对本书的有关内容作过多次深入具体的讨论，对本书的撰写和出版作过多方面的支持帮助。作者谨对各位致以衷心的感谢。

书中许多方面是作者的个人见解，因此特别欢迎读者的批评指正和磋商讨论（E-mail：mzhao@shao.ac.cn）。

目　录

第十二章　天体测量中相对论问题解读

第一章 概 论

本章将各类实际的天体测量方法概括为抽象的、普遍的概念性叙述，目的是帮助已经具备一定的天体测量工作背景的读者将自己的感性经历上升为理性认识。因此建议初学天体测量的读者暂缓阅读本章。

§1.1 天体测量学的内涵

天体测量学的主要任务是精确测定和研究天体（包括地球）的几何学和运动学特征。用于描述天体该类特征的参数，包括下面四类：

（1）位置或方向参数

天体的位置是天体质心在空间中的坐标。至今任何测量方法和技术都不能直接完整地测定天体位置的三维坐标参数。有的技术只能测定天体相对于某参考方向的横向角度（如子午环、CCD 照相机等），有的则只能测定天体到观测者的视向距离或视向速度。因此历来很自然地把天体的位置用球面坐标表示，并把空间的三维坐标参数分成两类：以角度表示的横向参数和以距离表示的视向参数。如果只有横向坐标参数，目标天体被表示在单位半径（无穷远）的球面上，这时的天体位置是**球面位置**。球面位置用经度和纬度两个球面坐标表示。如果同时具有天体的横向角度参数和视向距离参数，它们可以被表示在三维的空间中，这时的天体位置称为**空间位置**。为避免混淆，本书中将三维的空间位置称为"位置"，将球面位置称为"方向"。在相对论的框架中，时间和空间彼此不再独立无关，也不再平直，构成弯曲的四维时空，以黎曼几何的表达方式"解释"引力场中发生的信号到达观测者处的"事件"的时空记录。然而，至今各种天体测量技术所能得到的，要么只是事件发生的时间记录，要么只是事件发生的空间位置的某分量的记录。至今还没有任何技术能同时得到事件发生的四维坐标。况且至今各种观测数据分析理论和软件系统中的真实情况，仍然是分别处理时间和空间的观测数据，只是在表达空间记录时考虑到时间因素，表达时间记录时考虑到空间因素。

而且，对于天体测量结果的应用来说，总是提供以时间变量为引数的天体空间位置历表。在这里，时间仍然是时间，空间仍然是三维或两维的空间，是和过去的牛顿理论框架中的表达方式有所不同的平直空间中的表达形式。这就是牛顿加改正的表达方式。这种方式比较容易为天体测量学者所理解，并且可以说能够满足当前和可预见的未来对天体测量精度的要求。

（2）速度参数

速度参数是天体位置参数的变化率。由于和上面同样的原因，坐标速度也分成横向速度和视向速度。横向速度用角度的变化率表示，视向速度用线距离的变化率表示。

（3）姿态参数

对于一个不作为质点看待的天体（特别是观测者所在的本地天体），常需要测定和研究其相对于空间背景的姿态。天体的姿态可以用一个固定于天体本体的参考轴线在空间的指向，以及天体本体相对于这个参考轴线的旋转角表示，总共三个自由度。在有些情况下，这些角度可能是快速时变的，而任何测量都需要持续一定的时间段，快速时变的参数难以实现精确测量。为此，有时需引进更多的参数来描述天体姿态变化规律。例如在地球空间姿态的描述中，就引进了参考轴在空间的指向参数（进动角、章动角），参考轴在地球本体中的指向参数（极移参数）以及地球绕参考轴的自转角，共 5 个参数。对于其他任何作为非质点研究的天体的空间姿态，皆可以根据实际情况定义类似的一些参数来描述，目的就是让所有的姿态参数都是缓慢变化的，以便实现观测方程的线性化。姿态参数是联系空间坐标系和观测者本地天体的本体坐标系的联系参数。通过这种联系，可以以该本地天体为基地实施天体测量计划。所以，一切地基天体测量基本原理原则上都适用于其他星球上的星基天体测量。

（4）较差参数

例如方向差、距离差、速度差、弧长、张角等参数。用这些较差参数描述被观测天体的角直径及天体相互间的角距离或其他较差关系。

在上述四类参数中，前三类包括位置或方向参数、速度参数和姿态参数，需要相对于某坐标系描述，称它们为坐标参数。较差参数是对不同的几何点之间较差关系的描述，不一定需要参考于某个坐标系，所以不属于坐标参数。坐标参数和较差参数的测量方法和测量技术差别很大。坐标参数的测量需要参考于某坐标系。直接相对于坐标系的测量称为直接坐标测量。坐标参数也可以通过某种方法间接得到，这类方法称为间接坐标测量。由于涉及坐标系，坐标参数的测量问题比较复杂。相比之下，较差参数测量的概念则比较简单。因此，与坐标参数测量有关的问题就成了天体测量学科历来的主要研究内容，也是本书的主要内容。

为描述和测量天体的坐标参数，需要建立某些基本坐标系统。基本坐标系通常以观测者所在的本地天体（地球、月亮、行星等）的动力学平面为基准而建立。通过这样的坐标系将位于本地天体的观测者和目标天体所在的天球背景联系起来。由于观测者总是位于本地天体表面的测站上，测量将涉及三个要素矢量：**星矢量**、**站矢量**和**星站矢量**。星矢量是"星"相对于坐标原点的位置矢量；站矢量是过测站的某种地方矢量，可能是测站的地心向径，也可能是测站的地方铅垂线，还可能是连接两测站的直线－基线，其具体类型与采用的观测技术和观测目标有关；而星站矢量则是目标天体与地面测站作为两端所构成的相对的位置矢量。坐标参数的测量总是对**星站矢量**实施的。这里的"星"，是指各类空间天体，也包括人造天体。它们可以仅作为被动的观测目标，也可以是主动的测量仪器的载体，如载有激光测距仪或无线电测距仪的人造卫星。这里的"站"，指的是地面上的测站，它可以是安装测量仪器的测量台站，也可以仅是被动的被测目标，如安放于地面的激光反射器或无线电信号转发器。测量仪器可以放在站端，也可放在星端，这在测量原理上并无区别。人们通过一定的技术手段，能够并且只能取得星站矢量的某种函数值，并在一定的条件下解算出各种有关的坐标参数。为叙述方便，在本书中把这个函数称为**星站测量函数**。星站测量函数可以是一个矢函数，也可以是一个标函数。通过星站测量函数，我们可以将各种不同的天体测量方法和技术的基本原理表达成一个更为简洁的、统一的形式。不论测量设备被置于站端还是置于星端，凡是将星站矢量作为测量主体的技术，都应将其归入地基天体测量技术的范畴，因为其观测矢量总有一端在地面，它们具有共同的基本原理。与此相类似，在一个月面测站上对空间目标所作的测量，可称为月基天体测量；依此类推。本书将主要讨论地基天体测量的有关理论，同时也可将这些表达方式扩展应用到其他星基天体测量问题中。在这种概念下，不论是经典的地面的子午环、等高仪，或地面的激光测距仪、GPS 接收机、VLBI 站，也不论是星载的激光测距仪或无线电测距仪器，都属于地基天体测量技术。只有那些观测矢量两端都不在地球上的测量技术，才可称之为星基测量，例如伊巴谷天体测量卫星和第二代天体测量卫星（Gaia）那样。

与坐标参数测量不同，较差参数测量的主体不是星站矢量，因此也不需要借助于某个坐标系。在这类测量中，观测仪器可以是安置在地面上的各类地面望远镜，也可以是安置在卫星上的空间天体测量望远镜。这类技术不能测量星站矢量的信息，因此不能给出本地天体的姿态信息，也不能直接给出被测天体的坐标参数，但它们可获得天体间相互的较差参数的信息，并通过与某种坐标参数系列的比较解算出坐标参数。

本书的论述将以地基天体测量理论为主要内容展开，同时作为比较，书中也会涉及到某些星基天体测量技术。

§1.2　地基天体测量的观测方程

1. 基本测量目的和测量方法

如前述，坐标参数的测量需要借助于某些坐标系。作为地基天体测量直接使用的基本坐标系，其坐标原点都在地球质心，然后可通过某些参数转换到其他原点的坐标系，如太阳系质心坐标系。各类地基天体测量技术的基本测量目的有三类：

第一类——获取目标天体 S 的星矢量 $\vec{S}_e(t)$ 在天球坐标系中的参数。

第二类——获取地球体在空间的姿态参数。通过这些参数，可将地球的本体坐标系联系于天球坐标系。

第三类——获取测站 I 的站矢量 $\vec{D}_i$ 在地球坐标系中的参数。

但实际上，任何测量技术都不能直接得到上述任何一类参数，而只能得到**星站矢量** $\vec{\rho}_i(t)$ 的某种函数（**即星站测量函数**）的信息。对任意一个测站 I，在欧氏空间中，上述三个矢量的瞬间关系如图

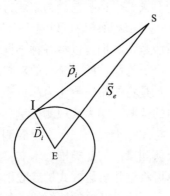

图 1.2.1　星站矢量的构成

1.2.1 所示，可以简单描述为

$$\vec{\rho}_i = \vec{S}_e - \vec{D}_i \qquad (1.2.1)$$

要设计一种测量技术，实质就是要构造一种星站测量函数的形式，以及测量其瞬间函数值的方法。例如：

（1）获取星站单位矢量，也就是以测站为起点的站心方向矢量

$$<\vec{\rho}_i> = \frac{\vec{\rho}_i}{\rho_i}$$

（2）获取星站单位矢量在某给定方向 $\vec{d}$ 的投影分量，即

$$\cos\gamma = <\vec{\rho}>' \ \vec{d}$$

这里运算符 " ′ " 表示矢量的转置（见附录 C）。

（3）获取星站矢量的模

$$\rho_i = |\vec{\rho}_i|$$

（4）获取星站矢量模的变化率

$$v_i = \frac{d|\vec{\rho}_i|}{dt}$$

等等。其中（1）和（2）得到的是一个天体的方向参数，它是用角度表示的横向参数。地面光学测量技术，如子午环、CCD 照相测量等，可以用来测量天体的横向参数。有关矢量运算的表达方式，见附录 C。

天体横向参数的测量需要参照于一个用物理方法实现的坐标系，称之为**量度坐标系**。横向参数的测量总是首先相对于量度坐标系实现的。量度坐标系的坐标轴可由观测仪器旋转轴和视场中的某些物理标记实现，例如子午环的水平轴、视场中的水平丝和垂直丝，CCD 的像素阵列所代表的轴线，等等。为了得到天体的横向参数，还需要将观测仪器体现的量度坐标系联系于一个天文上可明确定义的坐标系，后者常称为**理想坐标系**。理想坐标系是观测视场内天球切平面上的一个局部坐标系，它与量度坐标系的类型应相同（例如同为平面上的二维的坐标系，或同为局部的球面坐标系等），以便将二者的坐标转换关系用尽可能简单的数学模式描述。所选用的理想坐标系与天球坐标系之间应有明确的理论转换关系。如何将量度坐标系转换到理想坐标系，又如何将理想坐标系转换到天球坐标系，这是测量天体横向参数的各种技术需要首先解决的共同核心问题。

上述（3）和（4）的观测值是天体的视向参数，它们是标量，常用

光信号从天体出发运行到测站所经过的时间间隔（光行时）表示。这些量的测量值本身与坐标系无关，所以不必引进量度坐标系和理想坐标系。但它们是星站矢量的标函数，也就是星矢量和站矢量的标函数。在一定条件下由这类测量数据同样可解算出有关的坐标参数。

2. 直接测量和间接测量

由此可见，对于任何一种天体测量方法，都需要构成一个星站测量函数，其瞬时值可以由某种测量方法得到。所以，星站矢量和星站测量函数的描述就成了地基天体测量理论的重要组成部分。本书将用非常大的篇幅对其作详细阐述。

天体测量参数的观测获取可以通过两种途径实现—直接测量和间接测量。

所谓直接测量方法，就是想要测量什么量，就专门设计一种观测流程，使得测量结果就是该待测量。例如通过天顶距观测来确定赤纬，就设计在拱极星上下中天分别测量其天顶距，所得两个观测结果的半差就是该星的余赤纬。

所谓间接测量，就是测量所得的参数并不是我们最终需要的参数，而最终需要的参数需要通过比较复杂的分析计算得到。例如光行时测量技术，我们最终目的并不是要光行时数据。通过与光行时变化有关的各类因素的分析，建立光行时和各类因素的数学模型，在观测分布满足一定几何条件的情况下，可以解算出这些模型中有关的待定参数。和直接测量方法相比，间接测量方法不必局限于某种特定的"面"或"线"，可以在广阔空间展开，因此方程的几何条件好，能够解出多种参数。但间接测量的函数关系比较复杂，需要预先建立各种数学模型。可以说，理论模型完善程度对最后结果的测定精度有非常重要的影响。现代天体测量技术基本都属于间接测量方法，了解间接测量方法的基本思路是天体测量非常重要的基础。若将星站测量函数的普遍形式写为

$$F(\vec{\rho}_i) = F(\vec{D}_i, \vec{S}_e, t)$$

并通过某种测量技术得到其瞬间的实测值 $\Phi(t)$，就可构成观测方程

$$\Phi(t) = F(\vec{D}_i, \vec{S}_e, t) + v \tag{1.2.2}$$

（1.2.2）式是**间接天体测量的基础方程**。其中站矢量 $\vec{D}_i$ 和星矢量 $\vec{S}_e$ 都是时间缓慢变化函数，v 是测量误差。$\vec{D}_i$ 和 $\vec{S}_e$ 的一般形式可以写成

$$\vec{D}_i(t) = f_D[\vec{D}_{i0} + \Delta\vec{D}_i + d\vec{D}_i(t, a_1, a_2, \cdots, a_m)]$$
$$\vec{S}_e(t) = f_S[\vec{S}_{e0} + \Delta\vec{S}_e + d\vec{S}_e(t, b_1, b_2, \cdots, b_n)] \qquad (1.2.3)$$

其中，f_D、f_S 是某种已知函数，$\vec{D}_{i0}$ 和 $\vec{S}_{e0}(t)$ 是 $\vec{D}_i(t)$ 和 $\vec{S}_e(t)$ 在各自起始历元的初始矢量。在它们的变化量中，一部分可以事先通过理论模型计算给出，用 $\Delta\vec{D}_i$ 和 $\Delta\vec{S}_e$ 表示；另一部分不能预先精确计算出来（用 $d\vec{D}_i$ 和 $d\vec{S}_e$ 表示），通常用某些物理或数学模型，通过有限数目的待定参数 a_j, b_j 表示出来。通过具备了一定分布条件的一组观测方程，就可以同时解出这些待定参数。

3. 基本函数关系

上述关系可以用图 1.2.2 表示。从观测可以得到星矢量、站矢量与星站矢量之间的函数关系，它由三方面的局部关系的总和构成：

（1）星矢量与天球坐标系的关系，即描述天体的瞬时位置和速度的历表。

（2）天球坐标系与地球坐标系的关系，即地球的空间姿态参数，它描述地球在空间的几何定向或动力学定向。

（3）站矢量与地球坐标系的关系，即测站在地球坐标系中的坐标，它描述测站在地球本体内的位置。

在星站测量函数瞬时值已由观测获得的前提下，如果在上面三组局部关系中已知任意两组，就可以容易地解出余下的一组。例如，已知天体历表和地球姿态参数，可求出测站坐标；已知天体历表和测站坐标，可求出地球姿态参数；已知地球姿态参数和测站坐标，可求出天体的空间坐标。具体的测量工程各有不同的目的，各自按上述三种情况之一的流程进行。对于基本天体测量，通常认为这三组局部关系参数的精确值都是未知的。这时可通过多天体、多台站的适当观测组合同时解出它们。

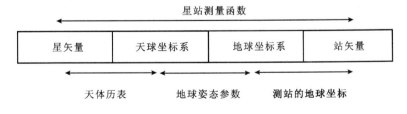

图 1.2.2 地基天体测量中的基本关系

如果一次测量不依赖于任何参数的精确的已知值，整个测量目的是在一次测量中独立实现的，称为绝对测量。相应的，如果一次测量必须已知某些参数的精确数值方能得到预期的测量结果，这种测量被称为相对测量。

4. 测量技术举例

各种具体测量技术的差异，在原理上就是星站测量函数的差异。例如

（1）VLBI 技术

通过无线电干涉方法，可以得到同一射电波到达两测站的时间差 τ（通常称为时延，习惯上常用符号 τ 表示，这与相对论中常用的原时符号无关），对于遥远天体，此时星站测量函数的原理性形式为

$$c\tau = -\vec{b}\,' < \vec{S}_e(t) > \qquad (1.2.4)$$

其中，$\vec{b}(t) = \vec{x}_2(t+\tau) - \vec{x}_1(t)$ 是信号分别到达两测站的时刻由两测站位置在空间构成的基线矢量，$\vec{x}_i$ 是在地心天球坐标系中表示的测站坐标矢量，$< \vec{S}_e(t) >$ 是 t 时刻射电源的地心坐标方向矢量，τ 是两站信号到达时刻之差。虽然（1.2.4）式在形式上可给出星矢量相对于基线矢量的角度信息，但其观测量并不是角度而是时间间隔。就其原理来说，**VLBI 是较差测距技术，不是方向测量技术**。

（2）测距技术

如雷达测距、激光测距、GPS 等，可以测量光子从离开天体至到达测站之间的时间间隔，从而给出天体的视向距离

$$c\tau = \rho_i = \{[\vec{S}_e(t) - \vec{x}_i(t_0)]'[\vec{S}_e(t) - \vec{x}_i(t_0)]\}^{1/2} \qquad (1.2.5)$$

式中 t 和 t_0 分别是光子离开天体和到达测站的时刻。

（3）测速技术

测量给出天体的视向距离的变化率 $\dot{\rho}$ 或变化量 $\Delta\rho$。将（1.2.5）式对时间求导数，得

$$\dot{\rho} = \frac{d}{dt}\{[\vec{S}_e(t) - \vec{x}_i(t_0)]'[\vec{S}_e(t) - \vec{x}_i(t_0)]\}^{1/2}$$

或 $$\Delta\rho = \frac{d}{dt}\{[\vec{S}_e(t) - \vec{x}_i(t_0)]'[\vec{S}_e(t) - \vec{x}_i(t_0)]\}^{1/2}(t_0 - t) \qquad (1.2.6)$$

（4）地面光学测量技术

通过测量数据的解算可以直接得到天体在测站的地方天球坐标系中

表示的方向参数，如

$$\cos z = \vec{Z}(t)' < \vec{\rho}_i(t) > \qquad\qquad 测量天顶距 \qquad\qquad (1.2.7)$$

$$\cos H = < \vec{p} \times \vec{Z} >' < \vec{p} \times < \vec{\rho}_i >> \qquad 测量时角 \qquad\qquad (1.2.8)$$

其中，$\vec{Z}(t)$ 是台站的天顶方向矢量，$\vec{p}$ 是北天极的方向矢量，H 是天体的瞬时时角，z 是天体的瞬时天顶距。

5.观测实施的基本条件

归纳起来，如果要实施某种地基天体测量计划，必须：

（1）定义一个联系于地球的基本地球坐标系 $[FTS]$ 和一个联系于空间的基本天球坐标系 $[FCS]$，它们均以地球的动力学面或动力学方向为参考，并需要**具备可观测性**。同时，这两个坐标系的关系可以用若干参数描述。这两个坐标系是一切天体测量工作的参考基准，所以本书中将其作为基本坐标系进行讨论。天文推导中需要的各种特殊的坐标系都需要同基本坐标系建立确定的联系。有关的详细阐述见第四章。**本书所说的基本坐标系只是抽象的的概念。在不同时期，它们通过不同的规范得以实现，并赋予不同的符号**，例如当前用 ICRS 和 ITRS 分别代表国际天球参考系和国际地球参考系。有关的具体规范可参阅 IAU 的有关文件。这些规范常常会有所变化，这方面详细历史的叙述不属于本书的范畴。

（2）要有若干可被精确观测的目标天体，如恒星、射电源、卫星等，它们在望远镜中可以认为是一个几何点，它们在地心坐标系中的瞬时坐标值的表达能满足所要求的精度。如果要观测具有大圆面的天体，如太阳、月亮等，必须认定观测信号源在天体上的位置，以确保 $\vec{S}_e(t)$ 的精确表达。

（3）能定义出一个站矢量，它在一定精度下和地球有确定的关系，如台站的地心矢量、铅垂线矢量、基线矢量等。因此测站的测量仪器都需要很好地固联于地球，以使得不同时刻的观测可相互比较。对于移动的测点，其站矢量只具有"瞬时的"意义，通过瞬时的观测予以确定。

（4）构成一个星站测量函数的具体形式，并能够以一定的精度测量出其瞬时值。

上述四方面就是地基天体测量实现的基本条件。在过去的天体测量发展史上，人们曾设计出许多技术不同、工作原理不同的测量方法。每个新方法的提出都是为了实现更高的测量精度或更加方便快捷的测量过程，从而不断提高了测量的时空分辨率。例如测站的地面定位精度，在光学仪器时代为米级，现在已经达到毫米级。但这些技术的进步并没有改变地基天体测量的基本原理。深刻地理解这种基本原理，有助于我们理解具体的测量方法和技术，也有助于设计出新的测量方法和技术。

§1.3 误差方程的建立和解算

由前述，地基天体测量观测方程的完整形式可表述为

$$\Phi = F\{\vec{W}f_D[\vec{D}_{i0} + \Delta\vec{D}_i + d\vec{D}_i(t, a_1, a_2, \cdots, a_m)], f_S[\vec{S}_{e0} + \Delta\vec{S}_e + d\vec{S}_e(t, b_1, b_2, \cdots, b_n)]\} + v \quad (1.3.1)$$

其中，$\vec{W}$ 是从 $[FTS]$ 转换到 $[FCS]$ 的坐标转换矩阵。有关坐标系转换的矩阵表达方式详见附录 B。

通常，(1.3.1) 式是一个形式复杂的非线性方程，不能直接解出。必须首先对观测方程作线性化处理，给出误差方程

$$\Delta\Phi(O-C)_i = \Phi(O)_i - \Phi(C)_i = \sum_{j=1}^{n} \frac{\partial\Phi}{\partial\sigma_j}\Delta\sigma_j + v_i \quad （1.3.2）$$

其中，σ_j 代表各待定参数。$\Phi(O)$ 是 Φ 的观测值，$\Phi(C)$ 是采用各种参数初值 σ_j^0 计算出的 Φ 的模型计算值。将 (1.3.1) 式对 σ_j 求出偏导数表达式，(1.3.2) 式就成为关于 σ_j^0 的改正值 $\Delta\sigma_j$ 的线性方程组，这就是误差方程组。在一定的条件下，$\Delta\sigma_j$ 可以解出，于是得到各待定参数 σ_j 的最终测量结果。

这样，一个间接测量过程可以用四个步骤描述：

（1）设计星站测量函数 Φ 的具体数学形式。

（2）运用天体测量学、天体力学和其他相关的理论计算出 $\Phi(C)$。

（3）通过一定的测量方法取得瞬时测量值 $\Phi(O)$。

（4）在一定的方程条件下，解误差方程（1.3.2），求出各待测参量的改正值 $\Delta\sigma_j$，最终得到待定参数的确定值 $\sigma_j = \sigma_j^0 + \Delta\sigma_j$。

方程（1.3.2）的具体形式的推导是一个复杂的过程。可以说，地基天体测量的主要理论都是围绕这个方程展开的。在本书中，和 $\Phi(C)$ 的计算有关的经典问题在第二至第六章叙述，和相对论有关的问题在第十二

章讨论，一些有关的基础性的表达方式，在附录中介绍；和 $\Phi(O)$ 的测量有关的问题在第七至第十一章叙述。

误差方程（1.3.2）式的解算，应遵循通常的测量数据平差理论。在这方面有许多专著，本书对此不作详细叙述。但是由于这和具体天体测量计划的设计有关系，对于误差方程的条件问题作一些概念性的讨论仍是必要的。

首先，误差方程可解的必要条件是独立的方程数大于未知量的个数。这里所说的独立方程，并非只是要求观测的采样是独立得到的，更主要的是要求方程间的系数不能是强相关的。例如同一台站，在很短的时间间隔内对同一个目标作多次观测，它们的误差方程系数将高度相关。这样多次观测可以提高测量值的可信度，但不能改善方程的条件，它们本质上等同于一次观测。

对于一个具体的天体测量计划，由于测量目的不同，需要解出的未知量各不相同。撇开一些和误差有关的辅助参量，天体测量计划要得到的主参量涉及星矢量、站矢量和地球姿态参数三部分。其中属于矢量的有星位置矢量、站位置矢量和极轴的方向矢量。

对于星矢量的测量，每一种具体的测量技术都只是测定星矢量在某方向上投影的分量。投影的方式取决于测量技术。不同的测量技术，投影方向的构成不同。例如 VLBI 测量，是将天体的方向矢量投影到基线方向上；光学技术是将其投影到地方铅垂线方向上；测距技术则是投影到星站矢量的方向上。不难理解，要检测一个矢量，最佳的条件是检测该矢量在相互垂直构成一个笛卡尔坐标系的三个方向的分量。在实际观测中这样的条件当然不可能得到充分满足，但由此我们可以知道设计怎样的条件更为有利。

对于 VLBI，时延测量值是天体的方向矢量和基线矢量的标量积。如果要确定一个天体的方向，可以看作是测量天体方向矢量在基线方向上的投影值。因此其最佳条件是在地球上两条相互垂直的基线上作观测。如果要确定一条基线在地球上的位置矢量，可以看作是测量该基线矢量在星矢量方向上的投影值。因此其最佳条件是观测这样的两个源，它们的方向矢量相互垂直。如果观测的是近距离天体，需要确定其三维空间矢量，这时的最佳条件应是三条两两相互垂直的基线。

对于 SLR 等测距技术，测定值可以看作是天体的地心矢量在星站矢量方向上的投影分量。由于测定的目标是三维矢量，其最佳条件是在这样的三个测站上作观测，它们对目标的星站矢量两两相互垂直。

对于传统的光学测量技术，天体的方向矢量被投影到地方铅垂线方向。在铅垂线相互垂直的两测站作同时测量，最有利于确定天体的方向。如果观测的是近距离天体，同样应当用这样的三个台站，它们的铅垂线方向两两相互垂直。

如果待测的参数不是天体的位置参数，按照上述类似的原理，也同样可以给出最佳条件的定性讨论。对于这个问题，定性讨论应该是足够有效的。实际的台站分布不是可以随便变更的，如果知道选取最佳条件的大致途径，可以在制定测量方案时作为参考。

§1.4　天体测量学的数学表述方式

自古以来，人们就将浩渺的星空看作是一个半径任意的圆球，一切天体都位于于这个圆球面上。这个假想的球面后来被抽象成为天球。人们建立一系列的数学理论，用来描述天体在天球上的位置和速度，形成球面天文学。球面天文学的主要数学工具是球面三角运算。球面天文学的主要内容就是阐述如何将天体的空间位置和空间速度投影成球面位置和球面速度。在这种数学模式下，天体的视向距离的和视向速度无法直接作出表达。球面天文学的雏形早在两千多年前已经形成。在这种理论体系下，古代的人们已能够测量恒星的方向，测定太阳、月亮和行星的运行轨迹和各种天象，制定历法，并发现了岁差现象。在 18 世纪前期发现了恒星自行，随后又发现了章动。

球面天文学的基础概念是天球。从数学实质上讲，天球是人们在描述三维空间中发生的事件时，人为附加上 $X^2 + Y^2 + Z^2 = 1$ 这样一个约束条件。在这个约束条件下只能表示天体的方向信息而不能给出距离信息。在天文学发展的初期，人们无法直接测定天体的距离和视向速度。这个约束条件虽不尽合理，却在一定精度范围内从数学上描述了天体的分布和运动，对天文学的发展起到极其巨大的历史作用。这是天体测量学在其数学表述方式方面的第一代理论体系。球面天文学的理论体系随着观测精度的提高而不断发展，到 19 世纪末已基本完善。其代表人物当属美国天文学家纽康（S.Newcomb）。

在天球的概念下，天体位置和速度的描述具有以下特点：

（1）观测者具有特殊地位：观测者始终位于天球中心。为此，当观测者从一个位置移动到另一位置时，必须引进一个新天球。于是出现质心天球、日心天球、地心天球、观测台站的站心天球、月心天球等等。在这样的变化过程中，每个天体的位置和速度都需要从一个天球投影到另一天球上，其中的变化就是视差的概念。和观测者的位移范围相关联，有周年视差、周日视差、地心视差、日心视差、质心视差、长期视差等等不同概念。这使得问题大大复杂化。如果从三维空间看，观测者位移的结果其实可以用矢量合成方式非常简单又准确地描述出来。

（2）由于天球的概念无法直接反映距离信息，当天体的距离发生变化时将影响到天体的方向和方向变化参数。结果一个原本非常简单的匀速直线的空间运动，却不得不用变化着的横向球面自行来描述，使得非常简单的恒星自行问题被描述得非常复杂。

（3）在球面的描述方式中，天体的运动速度与观测者的运动速度的效果是一样的，无法区分天体和观测者的各自的坐标速度。于是导出行星光行差的概念，由此还可能导出令人无法理解的悖论。关于这个问题将在第二章详细讨论。

（4）由于球面的描述方式使得问题复杂化，必然导致计算精度的降低。一个线性的运动本来可以用一个简单的线性方程非常精确地描述，但用多项式将其投影于球面，只能得到其某种程度的近似值。而且，由于表达方式复杂化，球面表达方式只能描述一些单一因素的影响。如果有多种因素叠加在一起，只能一个个分别讨论。这不仅降低了理论分析的精度，有时甚至使得复杂一些的问题难以展开讨论，不得不作出某些近似的简化处理。

因此，使用三维空间中的矢量表述方式取代球面表述方式是必然的和必需的。从球面坐标表述方式转变到三维坐标的矢量表述方式，是天体测量学理论框架从第一代进化到第二代的主要标志。本书以矢量和矩阵的运算为主要工具展开天体测量问题的讨论，同时也兼顾历史上曾经广泛使用的球面坐标表述方式，以便将天体测量的"现在"和"过去"尽可能地衔接起来。

相对论的理论框架被引进到天体测量中来，是天体测量精度进一步提高的需要。目前正在追求的 1mm 测量精度目标，不仅需要测量技术的不断更新，更依赖于理论描述模型的进一步精化，其中相对论模型在天体测量中的应用是非常重要的方面。1mm 精度目标的实现过程，正是天体测量学从第二代进化到第三代的标志。为此本书在这次再版过程中特别增加了第十二章讨论与此有关的一些问题。对于不需要如此高精度的读者可以不理会这一章。对于需要了解天体测量学中有关的相对论概念的读者，这一章提供一个展示平台，上面展示的是从笔者的天体测量视角所观察的相对论问题。

第二章　天体位置和方向的描述

§2.1　天体的位置和方向

　　一直以来，用于描述天体位置或方向的术语很多，有"坐标"、"位置"、"方向"、"矢量"等，其中每一种还有"质心的"、"地心的"、"站心的"等区别，更加上还有"历元的"、"平的"、"真的"、"视的"、"观测的"、"自然的"、"本征的"等等不同的修饰词。几类概念叠加起来，形成多种不同的术语。其中有许多术语并没有形成公认的规范，不同作者在不同文献中采用不同的术语，它们有着不同的内涵。这在一定程度上易造成混乱和误解。特别是有些术语是天体测量历史早期引进的，现在看来已不合适。为此，本书第一版对有关概念进行整理归纳，构成本书的一组专用术语。**这些术语在本书中自成系统，不宜与其他文献中的术语直接比较。**这些是在欧氏空间中使用的术语。在这次再版中，本书的表达方式已延伸到相对论框架下，必然要增加一些术语。因此我们重新进行了归纳，对有关位置和方向的术语作了一些调整。在本书后面的所有章节中，将统一使用新的术语定义。

　　本书约定，在欧氏空间中使用的表达方式中：

　　位置：以三维矢量表示的天体在欧氏空间中的瞬时点位。位置矢量的分量称为**位置参数**。如果在四维空间中讨论问题，本书将特别指明。

　　方向：用单位矢量表示的一个空间指向，这是一个球面上的二维矢量。方向矢量的分量称为**方向参数**。

　　在此约定下，本书使用以下术语：

　　历表位置/方向—在三维空间的某坐标系中，天体瞬时点位**相对于坐标原点**的矢量称作其历表位置，例如符号 $\vec{b}(t)$。其单位矢量 $\vec{k} = \vec{b}/b$ 称作历表方向。最常用的坐标原点是地球质心和太阳系质心两种，相应的位置/方向分别称作**地心历表**位置/方向和**质心历表**位置/方向。

　　坐标位置/方向—对于太阳系内天体，需要考虑光子出发时刻和到达时刻天体位置的变化。观测所得结果直接与天体相对于观测者的位置相联系。设 t_S 是观测信号离开目标天体 S 的时刻，t_o 是该信号到达观测者 O

的时刻, 称 $\vec{\rho}_c = \vec{b}_S(t_S) - \vec{b}_O(t_O)$ 为其瞬时**坐标位置**。其单位矢量 $\vec{r}_c = \vec{\rho}_c / \rho_c$ 称作**坐标方向**。这里所说的观测者, 可以是测站上的观测者, 相应的坐标位置/方向称作为站心坐标位置/方向; 也可以是地心处的假想观测者, 相应的坐标位置/方向称作地心坐标位置/方向。又将天体相对于同一时刻观测者的位置矢量 $\vec{\rho}_g = \vec{b}_S(t) - \vec{b}_O(t)$ 称作**几何位置**。几何位置也分为站心几何位置和地心几何位置两种情况。其相应的单位矢量 $\vec{r}_g = \vec{\rho}_g / \rho_g$ 称作**（站心/地心）几何方向**。对于遥远天体, 不考虑其动力学运动, 所以不区分坐标位置/方向和几何位置/方向, 统一称作坐标位置/方向。

观测方向—观测者**实际感受到**的光子到来方向的反方向称作观测方向, 由于光子传播中受到介质的折射和引力弯曲的影响, 其传播方向不断变化。光子的三维空间轨迹在观测者处的切线方向就是目标天体的观测方向 $\vec{r}_O$。光线的引力弯曲是光子传输中的相对论效应, 将在第十二章叙述, 本章只涉及大气折射效应。

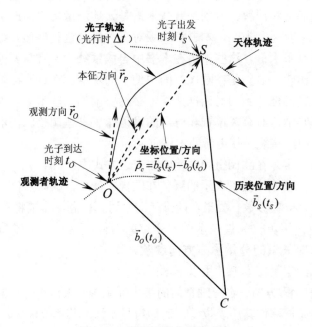

图 2.1.1　近距天体位置和方向

本征方向—目标天体的观测方向去除了大气折射和引力弯曲的影响后, 称作为本征方向 $\vec{r}_P$。大气折射和引力弯曲是两种不同机制产生的光线传播路径的弯曲, 它们在欧氏空间中的形态有相似之处。为简化表述,本书将其合并为一类。本征方向和坐标方向的差异是观测者在该参考坐标系中运动速度产生的光行差效应。

如上述，本书总共涉及历表位置/方向、坐标位置/方向、本征方向、观测方向四个术语，对于太阳系内天体，还涉及几何位置/方向的术语。上述各术语的直观含义表示在图 2.1.1 中。

§2.2 天体历表位置和历表方向的变化

天体历表位置和历表方向的变化由两方面因素所致，一是目标天体位置本身发生变化，这是天体的自行；二是坐标原点的位置变化所引起的，这是目标天体的视差位移。在传统的球面天文学教科书中，自行和视差是两个不同的概念，它们都是球面天文学中的重要内容。但是在三维空间中看，坐标原点的位移和目标天体的位移其实没有什么区别，最后都表现为目标天体相对于坐标原点的位置变化。例如，天体在一个运动坐标系中的位置为 $\vec{\rho}$，在一个"静止"坐标系中的位置为 $\vec{b}$，运动坐标系原点在静止坐标系中的坐标为 $\vec{b}_O$。在 t_0 时刻有 $\vec{\rho}=\vec{b}-\vec{b}_O$，经过 dt 时段，$\vec{b}$ 出现的变化为 $d\vec{b}$，$\vec{b}_0$ 出现的变化为 $d\vec{b}_0$，这样

$$\vec{\rho}+d\vec{\rho}=(\vec{b}-\vec{b}_O)+(d\vec{b}-d\vec{b}_0)$$

其中目标天体的自行位移 $d\vec{b}$ 和视差位移 $-d\vec{b}_0$ 的地位完全等价。对于遥远天体，db 和 $-db_0$ 相对于 b 是微小量，通常以角自行或视差角位移表示。对于太阳系内天体，其自身的运动通常并不称作自行，而称作轨道运动。db 和 $-db_0$ 相对于 b 也常常不是微小量，不用视差角位移来描述坐标原点变化的影响。但在三维坐标系中看，遥远天体和近距天体的情况在原理上并没有区别。所以本章将遥远天体和近距天体的坐标变化一并讨论，并将自行位移和视差位移视为同等问题。用矢量方式表达天体的自行和视差位移虽然很简单，但由于历史的和现实的原因，我们还需要首先对天体的自行和视差位移在球面坐标系中的表达方式做出说明。

§2.2.1 目标天体的球面自行

1. 不同距离尺度天体的自行

在球面天文学中，"自行"这个术语一般特指恒星相对于太阳系质心的空间运动引起天体的历表方向变化速度，而"自行位移"是自行在一定时间段内的积分量。

　　（1）太阳系内各种天体，其运动的空间尺度虽小（仅在太阳系范围），但相对于地球的角位移量大。

　　这类天体的运动不能用简单的运动学方法描述，需要用动力学理论计算它们的运动轨道。因此这类天体的运动通常不称为自行，而称为轨道运动，其运动规律体现于该天体的历表。在本书中，仍从运动学角度将其归入自行的概念范畴。

　　（2）河外天体的距离十分遥远，可达到10^9秒差距量级。

　　对这样遥远的天体，即使使用目前最精密的观测技术，也很难检测出它们在十年尺度上的横向角位移量。即使它们在其局部的动力学系统中存在变化较快的运动，也难以被地球上的观测者所察觉。因此，对这类天体通常不是研究其运动，而是把它们作为不动的参考背景来建立基本天球参考框架，并将这种框架作为其他天体的运动的参考标准。在地球上的观测者看来，这类天体中有些并非是点状目标，它们具有一定的结构。观测者所接收到的这些天体发出的信号，是其结构中各部分发出的信号的总和。对此类天体，通常将其能量中心的坐标作为该天体的坐标。如果这类天体的物理变化引起其能量中心的位移尺度较大，地球上的观测者将可能检测到该天体方向的变化。这种变化的效果和天体位置的变化对天体测量观测结果的影响是同样的，所以将这种能量中心的转移也归入其自行中。

　　（3）银河系恒星的距离尺度在几到上万秒差距的范围

　　目前能通过运动学方法精确观测到的恒星距离，一般在只在几百秒差距范围之内。单颗恒星运动速度的变化一般非常缓慢，在很长时间内可用匀速直线运动来描述。距离较近的双星或聚星受到其所在动力学系统的影响，各子星的自行呈现出周期性特征。这些天体通常作为特殊对象研究。

　　本节将重点讨论一般恒星的空间自行对天体历表位置和方向的影响。

2. 恒星坐标运动的球面描述

　　恒星的坐标运动是指恒星相对于太阳系质心坐标系所测定的位置变化。太阳系内的观测者在单位时间跨度两端观测的恒星的地心坐标位置，在经过观测者由运动引起的各种周期性变化的修正后，所得的空间速度$\vec{V}$包含三部分，

$$\vec{V} = \vec{V}_S - \vec{V}_0 + \vec{V}_P \qquad (2.2.1)$$

其中，$\vec{V}_S$ 是恒星本身的空间运动速度，称为**本动**；$\vec{V}_0$ 是太阳系质心的空间运动速度，它引起质心坐标系的平动，$-\vec{V}_0$ 称为恒星的视差动；$\vec{V}_P$ 是地球自转的参考轴的空间指向的长期变化（即岁差）引起质心坐标系旋转而产生的恒星相对于坐标系的运动速度。三者的分离是件困难的事情，通常需要建立在恒星的某种运动学统计模型的基础上。如果观测量不是恒星相对于质心坐标系的运动，而是相对于河外天体框架的绝对运动，将不受 $\vec{V}_P$ 的影响，但本动和视差动的分离仍然依赖于恒星运动学统计模型。对于建立恒星天球参考架方面的用途，并不需要将自行数据中的恒星本动和视差动分离开来，因为基本坐标系的原点就是太阳系质心。但在银河系结构与运动的研究中，需要获得恒星的本动数据。关于这方面的研究属于恒星天文学的课题，本书不作讨论。通常所说的自行，是指本动和视差动的总和。在下面的讨论中，假定坐标速度 $\vec{V}$ 已经消除了岁差的影响。在球面坐标系中，通常将 $\vec{V}$ 分解成天球切平面上的切向分量 $\vec{V}_t$ 和径向分量 $\vec{V}_r$，

$$\vec{V} = \vec{V}_t + \vec{V}_r \qquad (2.2.2)$$

$\vec{V}_t$ 与恒星到太阳系质心的距离 ρ 之比称为恒星的总自行 ν，其模为

$$\nu = V_t / \rho \qquad (2.2.3)$$

设恒星的坐标速度 $\vec{V}$ 相对于其历表方向的方向角为 ψ（见图 2.2.1），由于在相当时期内，$\vec{V}\Delta t$ 相对于 ρ 都是微小量，恒星的坐标速度分量可近似表示为

$$V_r = V \cos\psi$$
$$V_t = V \sin\psi \qquad (2.2.4)$$

这里 ψ 自恒星的径向矢量从远离太阳的方向到 $\vec{V}$ 的正向 $0° \sim 180°$ 度量。通常又将总自行 ν 分解成赤经自行 μ_α 和赤纬自行 μ_δ。图 2.2.2 中，S_i, S_i' 分别为恒星在相差单位时间间隔的两个时刻的球面位置。自行分量的定义为

$$\mu_\alpha \cos\delta = \nu \sin S$$
$$\mu_\delta = \nu \cos S \qquad (2.2.5)$$

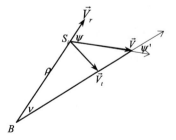

图 2.2.1 恒星坐标速度的分量

这里的 μ_α 和 $\mu_\alpha \cos\delta$ 含义，前者是 $\vec{v}$ 的经向分量在天极处的张角，后者

是该分量在天球中心处的张角。S 角的度量方向是，自北天极方向沿顺时针度量到 $\vec{v}$ 的正向。在这样度量方式下，μ_α 和 μ_δ 的正向分别和 α，δ 的增加方向相一致。（2.2.5）式是自行在平面三角形中的描述形式，由于恒星的自行是微小量，这种近似的描述可以满足传统天体测量的精度要求。

上述定义意味着，恒星"自行"这个术语专指恒星在质心天球切向运动的角速度。而恒星的坐标速度的另一分量 V_r 通常称为视向速度，也包含本动和视差动两部分，取远离太阳的方向为正号。在相当长的时期内，恒

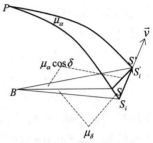

图 2.2.2 自行的分量示意

星的坐标运动空间速度 $\vec{v}$ 可看作为常矢量。然而如果把这种空间的匀速运动投影到天球面上，由（2.2.4）式和（2.2.5）式看到，由于上述的 ψ 和 S 角都发生变化，同时天体到太阳系质心的距离 ρ 也在变化，这样，上述各种速度分量 $\vec{V_r}$，$\vec{V_s}$，$\vec{v}$ 以及 μ_α 和 μ_δ 都在变化。所以用球面坐标来描述恒星的空间坐标运动，将原本简单的问题复杂化了，若用三维的空间矢量描述则非常简单。但是由于至今还没有任何技术能直接测量出恒星的三维坐标速度，需要通过不同的测量技术分别得到切向**角**自行和视向**线**速度数据。角自行可以通过天体测量方法得到，而视向速度需要通过光谱分析的方法得到。到目前为止，视向速度数据仍是相对短缺的。因此我们仍然不得不从切向速度和视向速度的这种分解方法入手，也就不得不继续沿用在球面坐标上表示的自行分量 μ_α 和 μ_δ，并且在不得已情况下忽略视向速度对瞬时自行的影响。

3. 恒星坐标运动本身引起自行分量的变化

随着恒星坐标运动的积累，其参数 ψ, S, ρ 都在变化，因而影响到各自行分量的变化。对（2.2.5）式求导数，

$$\frac{d\mu_\alpha}{dt} = \frac{dv}{dt}\sin S \sec\delta + \frac{dS}{dt}v\cos S \sec\delta + \frac{d\delta}{dt}v\sin S \sec\delta \tan\delta \qquad (2.2.6\text{-}1)$$

$$\frac{d\mu_\delta}{dt} = \frac{dv}{dt}\cos S - \frac{dS}{dt}v\sin S$$

将（2.2.5）式代入上式，且考虑到 $\dfrac{d\delta}{dt} = \mu_\delta$，得到

$$\frac{d\mu_\alpha}{dt} = \frac{dv}{dt}\sin S \sec\delta + \frac{dS}{dt}\mu_\delta \sec\delta + \mu_\alpha\mu_\delta \tan\delta \qquad (2.2.6\text{-}2)$$

$$\frac{d\mu_\delta}{dt} = \frac{dv}{dt}\cos S - \frac{dS}{dt}\mu_\alpha \cos\delta$$

又对（2.2.3）式求导数，并将视差 $\pi = \dfrac{1}{\rho}$ 的关系代入，得

$$\frac{dv}{dt} = \frac{1}{\rho^2}(\rho\frac{dV_t}{dt} - V_t\frac{d\rho}{dt}) = \frac{1}{\rho}(\frac{dV_t}{dt} - vV_r) = \pi\frac{dV_t}{dt} - \pi vV_r \qquad (2.2.6\text{-}3)$$

以及对（2.2.4）的第二式求导数得，

$$\frac{dV_t}{dt} = V\cos\psi\frac{d\psi}{dt} = V_r\frac{d\psi}{dt} \qquad (2.2.6\text{-}4)$$

由图 2.2.1 不难得到，

$$\frac{\psi'-\psi}{dt} = -v \qquad (2.2.6\text{-}5)$$

将（2.2.6-4）式和（2.2.6-5）式代入（2.2.6-3）式，得到

$$\frac{dv}{dt} = -2\pi V_r v \qquad (2.2.6\text{-}6)$$

由图 2.2.2，对狭窄三角形 PS_iS_i' 用正弦公式得

$$\sin S\cos\delta = \sin S'\cos\delta'$$

这意味着

$$\frac{d}{dt}(\sin S\cos\delta) = 0$$

将此式求导数可得出

$$\frac{dS}{dt} = \frac{d\delta}{dt}\tan S\tan\delta \qquad (2.2.6\text{-}7)$$

由（2.2.5）式，给出 μ_α 和 μ_δ 的关系

$$\mu_\delta = \mu_\alpha \cot S\cos\delta$$

将上式代入（2.2.6-7）式，并考虑到 $\dfrac{dS}{dt}$ 和 $\dfrac{d\delta}{dt}$ 的角度量纲用弧度，如果 μ_α 的角度量纲用角秒，得

$$\frac{dS}{dt} = \mu_\alpha \text{arc}1''\sin\delta$$

$$\frac{d\delta}{dt} = \mu_\delta \text{arc}1'' \qquad (2.2.6\text{-}8)$$

其中 arc1″ 表示 1 角秒的弧度数。将（2.2.6-6）式、（2.2.6-8）式和（2.2.5）式代入（2.2.6-1）式，得到

$$\frac{d\mu_\alpha}{dt} = 2\mu_\alpha\mu_\delta \text{arcl}'' \tan\delta - 2\mu_\alpha\pi V_r$$

$$\frac{d\mu_\delta}{dt} = -\mu_\alpha^2 \text{arcl}'' \sin\delta\cos\delta - 2\mu_\delta\pi V_r$$

（2.2.6）

考虑到各量的量纲，$\pi = \dfrac{1}{\rho}$ 意味着距离 ρ 以 A（天文单位）为单位，π 以弧度为单位。这样 V_r 中的距离量纲也应当是 A。同时考虑到总自行 ν 的时间量纲通常取为儒略世纪（=36525 儒略日），这样 V_r 的量纲必须是（A/儒略世纪），但通常它的量纲是 km/s。如果星表数据采用的量纲为 π（角秒）、V_r（km/s）、μ_α 和 μ_δ（角秒/儒略世纪），经量纲的转换，得到

$$\frac{d\mu_\alpha}{dt} = 2\text{arcl}''\mu_\alpha\mu_\delta\tan\delta - 42.1812\text{arcl}''\pi V_r\mu_\alpha \left(\text{角秒}\Big/_{(\text{儒略世纪})^2}\right)$$

$$\frac{d\mu_\delta}{dt} = -\text{arcl}''\mu_\alpha^2\sin\delta\cos\delta - 42.1812\text{arcl}''\pi V_r\mu_\delta \left(\text{角秒}\Big/_{(\text{儒略世纪})^2}\right)$$

（2.2.7）

此式表明，天体坐标运动速度的存在，使其空间位置发生变化，因而造成坐标速度的各球面坐标分量产生变化。对于精度要求高的测量或坐标速度比较大、距离比较近的恒星，自行的时变性影响不可忽略。但实际上，许多恒星都还没有视差和视向速度资料，计算时只能将它们取为 0。这时（2.2.7）式中的后面一项不得不被忽略。在多数情况下，（2.2.7）式右端两项的量级相同，若略去其中的一项，整个式子似乎也变得没有意义了。在当今追求微角秒精度的目标面前，恒星的视向速度参数是不可或缺的。视向速度的经典测量是通过恒星的光谱分析实现的，其测量精度和恒星的距离无关。但是至今在亮于 20 等的 10 亿恒星中，只有少数获得了光谱数据。在第二代天体测量卫星 Gaia 计划完成后，将可获得 10 亿目标天体的三维位置和速度参数。这样，恒星瞬时坐标的计算可以获得更高精度。

4. 坐标系旋转引起恒星自行分量的变化

岁差引起坐标系的旋转不改变总自行 ν，但改变总自行的方向角 S，这同样引起自行分量的变化。这种变化的函数关系和（2.2.6-1）式具有相同的形式，只是这里的时间变量不是恒星运动的时间间隔 dt，而是从坐标系的参考历元（如 J2000.0 等）到计算所涉及瞬间的时间间隔 dT，即

$$\frac{d\mu_\alpha}{dT} = \frac{dv}{dT}\sin S \sec\delta + \frac{dS}{dT}v\cos S\sec\delta + \frac{d\delta}{dT}v\sin S\sec\delta\tan\delta$$

（2.2.8-1）

$$\frac{d\mu_\delta}{dT} = \frac{dv}{dT}\cos S - \frac{dS}{dT}v\sin S$$

这里引起 $\dfrac{dv}{dT}$，$\dfrac{dS}{dT}$ 和 $\dfrac{d\delta}{dT}$ 的原因和函数关系与（2.2.6-2）式中的不同，且

$$\frac{dv}{dT} = 0 \qquad\qquad（2.2.8\text{-}2）$$

其中，$\dfrac{d\delta}{dT}$ 不再代表 μ_δ，而是坐标

系旋转引起的恒星赤纬变化率。坐标系旋转的原因是赤道和分点的岁差位移。由于章动只是周期项，而自行是天体的长期运动参量，所以不考虑章动的影响。

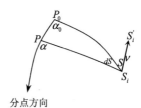

图 2.2.3 岁差对自行分量的影响

在图 2.2.3 中，历元天极的位置

为 P_0，瞬时位置为 P。PP_0 是天极运动瞬时方向所在的大圆弧段，且

$$\frac{d(PP_0)}{dT} = n$$

这里 n 是天极岁差移动在大圆上的速度，称为赤纬岁差速率。由图 2.2.3 不难知道，若 n 以角秒为单位，则天极运动引起恒星赤纬变化为

$$\frac{d\delta}{dT} = \text{arc}1''n\cos\alpha \qquad\qquad（2.2.8\text{-}3）$$

又由三角形 PP_0S_i，用正弦公式得到

$$\frac{dS}{dT} = \text{arc}1''n\sin\alpha\sec\delta \qquad\qquad（2.2.8\text{-}4）$$

将（2.2.8-2）式、（2.2.8-3）式和（2.2.8-4）式代入（2.2.8-1）式，得到由于天极的岁差移动引起恒星自行分量的变化率为

$$\frac{d\mu_\alpha}{dT} = \text{arc}1''n(\mu_\delta\sin\alpha\sec^2\delta + \mu_\alpha\cos\alpha\tan\delta)$$

（2.2.8）

$$\frac{d\mu_\delta}{dT} = -\text{arc}1''n\mu_\alpha\sin\alpha$$

在此式中，$n\mu_\alpha$ 和 $n\mu_\delta$ 是二阶小量，可以不考虑各参量的时间变化。将（2.2.7）式和（2.2.8）式联合，就是自行分量变化在球面坐标中的表达

式。注意到，（2.2.7）式中的 dt 是恒星位置变化的时间间隔，（2.2.8）式中的 dT 是坐标系历元变化的时间间隔。

5. 恒星坐标运动的矢量描述

在恒星的历表位置和坐标运动的球面形式各分量已经测得后，可以将其转换成矢量表示形式。设在初始历元为 t_0，恒星的历表方向参数为 α_0, δ_0、距离参数 $\rho = \dfrac{1}{\pi}$、自行 μ_α、μ_δ（角秒/儒略世纪）和视向速度 V_r (km/s) 这六个参数均已知，恒星在基本历元的赤道坐标系 $[N_0]$ 中的历表位置矢量为

$$\vec{b}(t_0) = [N_0]\begin{pmatrix} X_0 \\ Y_0 \\ Z_0 \end{pmatrix} = \frac{1}{\pi arc1''}[N_0]\begin{pmatrix} \cos\alpha_0\cos\delta_0 \\ \sin\alpha_0\cos\delta_0 \\ \sin\delta_0 \end{pmatrix} \qquad (2.2.9)$$

这里恒星的距离参数以天文单位为量纲，$[N_0]$ 是某初始历元的质心平赤道坐标系（详见第五章）。

若在目标天体处建立其星基坐标系 $[S] = \begin{pmatrix} \vec{\xi} & \vec{\eta} & \vec{\zeta} \end{pmatrix}$（见附录 B），其中 ξ 和 η 在目标天体为切点的天球切平面内，ξ 平行于纬圈，并指向赤经增加方向，η 指向北天极方向。$\vec{\zeta}$ 取切点处天球的外法线方向。将各分量的量纲统一，坐标速度矢量 $\vec{V}$ 可表示为

$$\vec{V} = [S]\begin{pmatrix} V_\xi \\ V_\eta \\ V_\zeta \end{pmatrix} = [S]\begin{pmatrix} \mu_\alpha\cos\delta_0 / 36525\pi \\ \mu_\delta / 36525\pi \\ V_r 86400 / A \end{pmatrix} \qquad (2.2.10)$$

这里速度分量的量纲为（天文单位/天），A 是天文单位的 km 数

$$A = 1.49597870691\times10^8 km$$

现在需要把 $\vec{V}$ 转换到坐标系 $[N_0]$ 中，

$$\vec{V} = [N_0][N_0]'[S]\begin{pmatrix} \mu_\alpha\cos\delta_0 / 36525\pi \\ \mu_\delta / 36525\pi \\ V_r 86400 / A \end{pmatrix}$$

将附录的（B.35）式代入上式，得到

$$\vec{V} = [N_0]\bar{R}_3(-90° - \alpha_0)\bar{R}_1(-90° + \delta_0)\begin{pmatrix} \mu_\alpha\cos\delta_0 / 36525\pi \\ \mu_\delta / 36525\pi \\ V_r 86400 / A \end{pmatrix} \qquad (2.2.11)$$

对任何时刻 t，恒星的瞬时历表位置可以简单地表示为

$$\vec{b}(t) = \vec{b}(t_0) + \vec{V}(t - t_0) \qquad (2.2.12)$$

已知 t_0 时刻的历表位置参数和坐标速度参数，用（2.2.11）式和（2.2.12）式，可以非常简单地给出 t 时刻的历表位置在坐标系 $[N_0]$ 中的矢量表达式，这里 t 的单位是天。由于 $\vec{V}$ 是常矢量，坐标位置矢量的变化中没有二次项，所以公式是完全严格的。由于存在视向速度，这里计算的历表位置矢量的变化不仅包含方向的变化，也包含模的变化。

对于许多恒星，目前尚没有完整的视差和视向速度数据。这时只能假定 $V_r = 0$，并将（2.2.11）式两边分别除以 ρ，这时恒星的历表位置和坐标速度都在单位天球上表示。于是得到

$$\vec{v} = [N_0]\bar{R}_3(-90° - \alpha_0)\bar{R}_1(-90° + \delta_0) \qquad (2.2.13)$$

同时将（2.2.9）式相应的初始位置矢量用方向矢量代替

$$< \vec{b}(t_0) > = [N_0]\begin{pmatrix} \cos\alpha_0\cos\delta_0 \\ \sin\alpha_0\cos\delta_0 \\ \sin\delta_0 \end{pmatrix} \qquad (2.2.14)$$

相应（2.2.12）式成为

$$< \vec{b}(t) > = << \vec{b}(t_0) > + \vec{v}(t - t_0) > \qquad (2.2.15)$$

需要注意到，（2.2.12）式和（2.2.15）式对恒星位置矢量或方向矢量变化的描述都是在同一个坐标系中推导的。但实际上由观测得到的 t 时刻的位置矢量或方向矢量通常是相对于 t 时刻的瞬时坐标系表示的, 由于坐标系的旋转，在两个不同历元观测得到的恒星位置之差包含了自行影响和坐标系旋转的影响两部分。需要通过坐标变换将在两个历元的观测换算到同一坐标系，余下的变化才代表恒星自行的影响。

6. 恒星方向参数和自行参数变化的归纳

综合前面的叙述，相对于 t_0 历元平坐标系，恒星的方向参数可以写成

$$\alpha(t) = \alpha(t_0) + \frac{d\alpha(t_0)}{dt}(t-t_0) + \frac{1}{2}\frac{d^2\alpha(t_0)}{dt^2}(t-t_0)^2 + \frac{1}{6}\frac{d^3\alpha(t_0)}{dt^3}(t-t_0)^3 + \dots \qquad (2.2.16)$$

$$\delta(t) = \delta(t_0) + \frac{d\delta(t_0)}{dt}(t-t_0) + \frac{1}{2}\frac{d^2\delta(t_0)}{dt^2}(t-t_0)^2 + \frac{1}{6}\frac{d^3\delta(t_0)}{dt^3}(t-t_0)^3 + \cdots$$

其中

$$\frac{d\alpha(t_0)}{dt} = \mu_\alpha(t_0)$$

$$\frac{d\delta(t_0)}{dt} = \mu_\delta(t_0) \qquad (2.2.17)$$

$$\frac{d^2\alpha(t_0)}{dt^2} = \frac{d\mu_\alpha(t_0)}{dt}$$

$$\frac{d^2\delta(t_0)}{dt^2} = \frac{d\mu_\delta(t_0)}{dt} \qquad (2.2.18)$$

分别是 t_0 历元的自行及其变化率。将（2.2.7）式、（2.2.17）式、（2.2.18）式代入（2.2.16）式，给出

$$\alpha(t) = \alpha(t_0) + \mu_\alpha(t_0)(t-t_0)$$

$$+ [\text{arc}1'' \mu_\alpha(t_0)\mu_\delta(t_0)\tan\delta(t_0) - 21.0906\text{arc}1'' \pi V_r \mu_\alpha(t_0)](t-t_0)^2 + \cdots$$

$$\delta(t) = \delta(t_0) + \mu_\delta(t_0)(t-t_0) \qquad (2.2.19)$$

$$- [\frac{1}{2}\text{arc}1'' \mu_\alpha^2(t_0)\sin\delta(t_0)\cos\delta(t_0) + 21.0906\text{arc}1'' \pi V_r \mu_\delta(t_0)](t-t_0)^2 + \cdots$$

这是在 t_0 历元平坐标系中表示的恒星瞬时方向与自行的关系式。可以看到，瞬时历表方向并非是历元自行的线性函数。如果要得到相对于瞬时平坐标系的坐标，还需要经过岁差旋转变换。

由（2.2.7）式和（2.2.18）式，**相对于 t_0 历元坐标系的瞬时自行为**

$$\mu_\alpha(t) = \mu_\alpha(t_0) + [2\text{arc}1'' \mu_\alpha(t_0)\mu_\delta(t_0)\tan\delta(t_0) - 42.1812\text{arc}1'' \pi V_r \mu_\alpha(t_0)](t-t_0) + \cdots$$

$$\mu_\delta(t) = \mu_\delta(t_0) - [\text{arc}1'' \mu_\alpha^2(t_0)\sin\delta(t_0)\cos\delta(t_0) + 42.1812\text{arc}1'' \pi V_r \mu_\delta(t_0)](t-t_0) + \cdots$$

$$(2.2.20)$$

由此可以看到，瞬时自行也并非是历元自行的线性函数。如果要得到相对于瞬时平坐标系的自行参数，应将由（2.2.8）式计算的自行改正加到（2.2.20）式的计算结果上。

§2.2.2 视差位移

观测者位置的变化常以坐标原点的变化来表示，例如站心观测者、

地心观测者、质心观测者的位置变化引起的天体位置差异，分别通过站心坐标系、地心坐标系、质心坐标系的坐标变换来表示。坐标原点的这种变化引起天体球面坐标的变化称为天体的视差位移。太阳在银河系中的运动引起的恒星位置的长期视差位移包含在恒星自行位移中。对于恒星的运动学观测和描述，不对本动和视差动作分离。需要讨论的视差位移只涉及那些时变的因素，主要是站心坐标原点对地心坐标原点变化引起的周日视差，和地心坐标原点对太阳系质心坐标原点的变化引起的周年视差。周日视差只对太阳系天体需要考虑。

1. 天体的视差位移在天球上的反映

　　如图 2.2.4，假定两观测者分别位于 O 和 O' 两点，他们所看到的同一天体 σ 的方向分别为 $O\sigma$ 和 $O'\sigma$，它们在天球上的投影分别为 S 和 S'。两方向的夹角 π 就是天体 σ 相对于 O、O' 两点的**视差位移**，它反映了目标天体的方向参数的变化。在这里，视差位移与其他几何量的关系建立在视差三角形的基础上。在地面问题中，$\Delta OO'\sigma$ 的边长 d、ρ、ρ'，相对于基线 OO' 的方向角 ξ 和 ξ'，以及视差角位移 π 共 6 个参量中，若其中三个量（至少一个是边参量）为已知，就可求解出其余的量。例如已知 ξ、ξ' 和 d，可以求出 π 和观测目标的距离 ρ 和 ρ'。如果已知视

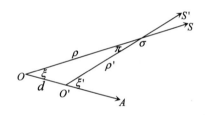

图 2.2.4 三角视差示意

差位移 π、基线 d 和一个方向角 ξ 或 ξ'，可以求另一个方向角，同时给出目标的距离，等。注意这里的 π 代表观测者的某种运动引起的视差位移角，它是对各种视差位移的通用性的描述符号，不同于一般的星表中所代表的恒星周年视差参数。

　　但是当把所讨论的问题应用到天球上时，就不那么简单而直观了。因为观测者所看到的天球都是以观测者本身为中心、半径为无穷大的假想球面。位于 O 处的观测者不能直接观测到 O' 处的观测者，无法直接测量天体相对于基线的方向角。所以角 π 的大小以及视差三角形中的其他各参量并非都是已知的。但 π 的大小和天体距离成反比，越远的天体，视差位移量越小。通过精确的较差观测可以得到距离较近的天体相对于更遥远的天体的方向参数的变化。例如，由于地球自转，观测者在一天

中的不同时刻所观测到行星相对于恒星背景的球面位置变化中，除了行星轨道运动外，还有视差位移产生的微小变化；由于地球的周年轨道运动，观测者在不同日期的观测也可以发现某些距离较近的恒星相对于更遥远的天体的球面位置有了变化。这种测定视差的方法称为三角视差法。天体的视差位移可以根据所讨论的实际问题的精度要求和观测条件，选定某些相对更为遥远的天体作为参考背景，对较近的目标天体作较差测量，确定其视差位移参数。河外天体的距离可达到十亿秒差距量级，其在天球上的位置的变化在短期内几乎不能觉察。所以河外天体构成的框架被作为没有形变和整体旋转的框架，这样实现的框架称为运动学不旋转参考架。参考于河外天体测定的恒星自行常被看做是绝对的自行，不包含参考背景的漂移。但是河外天体大部分是有视面的，对这类天体的观测精度明显不如恒星。在作这类观测时，需要更加仔细地设计处理方案。

测定恒星三角视差的重要意义在于，在各种确定天体距离的方法中，三角视差给出的距离参数最为精确可靠。当然这只是对距离较近的天体才有效。过去地面测定恒星三角视差是非常困难的工作，只有太阳附近为数不多的恒星得到比较可靠的三角视差值。空间天体测量技术通过天体之间高精度的弧长观测经整体平差后，可以得到比地面观测精度高得多的视差参数。伊巴谷天体测量卫星的视差测量精度为 1mas 水平，比地面观测精度提高约 1 个量级。这个精度意味着在离开太阳 100 秒差距范围内恒星的三角视差值的可信度达到 90%以上。但这个范围这对整个银河系来说仍然只是一个"小洞"。预期第二代空间天体测量计划 Gaia 的三角视差测量精度可以达到 0.01mas 水平，这样其获得可靠三角视差值的空间范围可以达到离开太阳 1 万秒差距。通过 VLBI 相位参考技术，已经能将某些银河系内射电源的位置和自行参数的测量精度提高到 0.01mas 水平。但由于这种观测的实施和数据处理非常复杂，观测样本的扩展非常缓慢。

2. 视差位移的球面坐标描述

将图 2.2.4 中的几何关系表示在天球上，如图 2.2.5。图中假想的观测者位于 O 处，作为球面坐标系的坐标原点。设球面坐标系的极为 Z，其基本圈上的经度零点为 X。在 O 处的观测者看到天体在天球上的位置为 S，其球面坐标为经度 a 和纬度 b。在 O 处看另一位置上的观测者 O' 的位置在天球上的投影为 A。假定观测者从 O 位移到 O'，这种位移并不改变天球的坐标轴的方向，只是导致有限远天体在天球上的位置从 S 移动到 S'。从图 2.2.4 和图 2.2.5 不难理解，A、S、S' 三点在同一大圆上，A 点是观测者从坐标原点 O 移动到 O' 的位移指向点，也就是天体的视差位移 SS' 的**背向点**。或者说，当假想的观测者从 O 移动到 O' 时，天体 S 在天球上沿大圆弧 AS 位移到 S'，弧长 SS' 就是相应的视差位移角 π。

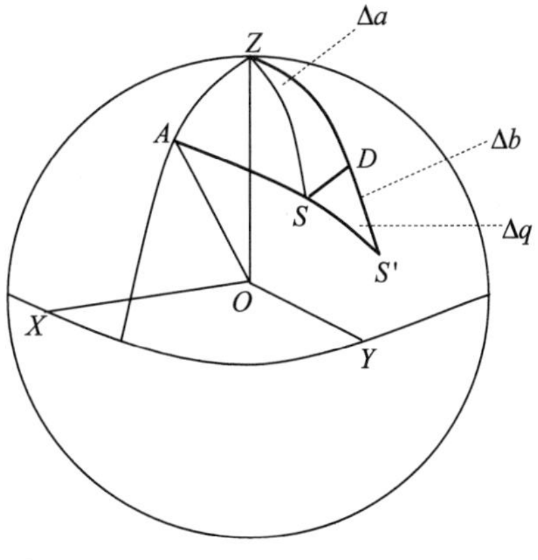

图 2.2.5 视差位移在天球上的反映

为了给出 $SS' = \pi$ 的表达式，看图 2.2.4，其中 σ 为天体，图中各量为

$$d = OO' , \quad \rho = O\sigma , \quad \rho' = O'\sigma , \quad \xi = \angle SOA , \quad \xi' = \angle S'O'A ,$$

由三角形 $O\sigma O'$，

$$\frac{\sin\pi}{d} = \frac{\sin\xi}{\rho'} = \frac{\sin\xi'}{\rho} \qquad (2.2.21)$$

若视差 π 为微小量，$\pi \approx \sin\pi$，于是

$$\pi = \frac{d}{\rho'}\sin\xi = \frac{d}{\rho}\sin\xi' \qquad (2.2.22)$$

推导视差位移对天体球面坐标的影响就是要将 SS' 投影到坐标轴方向，给出位移的经向分量和纬向分量。在图 2.2.5 的狭窄三角形 ZSS' 中，

$$\angle SZS' = a' - a = \Delta a$$

是 SS' 的经向分量

$$DS' = \Delta z = -\Delta b = b' - b$$

是 SS' 的纬向分量。在球面三角形 $\Delta ZSS'$ 中，有

$$ZS = 90° - b$$

$$ZS' = 90° - b'$$

$$SD \perp ZS'$$

由狭窄球面直角三角形 ΔZSD 可得到

$$SD = \Delta a\cos b$$

在微小球面三角形 $\Delta DSS'$ 中，令 $\angle SS'D = \Delta q$，有

$$DS = \pi \sin \Delta q$$
$$DS' = \pi \cos \Delta q$$

由此可得

$$\Delta a \cos b = \pi \sin \Delta q$$
$$\Delta b = -\pi \cos \Delta q$$
（2.2.23）

把（2.2.22）式代入上式，得到

$$\Delta a \cos b = \frac{d}{\rho} \sin \xi' \sin \Delta q$$
$$\Delta b = -\frac{d}{\rho} \sin \xi' \cos \Delta q$$
（2.2.24）

又在三角形 $\Delta ZAS'$ 中，$ZA = 90° - b_A$，是天体视差位移背向点的余纬度。由于 $AS' = \xi'$，以及

$$\angle AZS' = a' - a_A$$
（2.2.25）

其中 a_A 是视差位移背向点的经度。在右手系中，经度自西向东度量。于是得

$$\sin \xi' \sin \Delta q = \sin(a' - a_A) \cos b_A$$
$$\sin \xi' \cos \Delta q = \sin b_A \cos b' - \cos b_A \sin b' \cos(a' - a_A)$$

将此式代入（2.2.24）式，得到

$$\Delta a \cos b = \frac{d}{\rho} \sin \xi' \sin \Delta q = \frac{d}{\rho} \sin(a' - a_A) \cos b_A$$
$$\Delta b = -\frac{d}{\rho}(\sin b_A \cos b' - \cos b_A \sin b' \cos(a' - a_A))$$
（2.2.26）

由于 $\frac{d}{\rho}$ 以及 a 与 a'，b 与 b'，ξ 与 ξ' 之差也都是小量，（2.2.26）式也可写作

$$\Delta a \cos b = \frac{d}{\rho} \sin \xi \sin \Delta q = \frac{d}{\rho} \sin(a - a_A) \cos b_A$$
$$\Delta b = -\frac{d}{\rho}(\sin b_A \cos b - \cos b_A \sin b \cos(a - a_A))$$
（2.2.27）

（2.2.26）式或（2.2.27）式就是**微小视差位移**对天体球面坐标影响的表达式。其中可见，提高天体的三角视差测量精度的途径之一就是尽量拉长基线 d。以地球半径作为基线的视差称为地心视差或周日视差，这是地面观测者和地心观测者观测同一天体的方向差的变化幅度。以地球的质心距作为基线的视差称为质心视差或周年视差，这是地心观测者和质心观测者观测同一天体方向差的变化幅度。为了计算视差位移的经向和

纬向分量，需要已知天体的坐标(a,b)或$(a'b')$以及视差位移背向点在天球上的坐标(a_A,b_A)。(2.2.27)式是一个通用的原理性的表达式，坐标(a,b)可以是赤道坐标、黄道坐标或其他任何球面坐标系中的坐标。

3. 地心视差位移的球面坐标描述

　　地球自转使得地面观测者在一天中不同时刻看到的同一天体在天球上的位置随自转角而变化，也使得同一时刻不同地点的观测者看到同一天体具有不同的球面位置。为了使不同时刻不同地点的观测结果具备可比性，需要把地面台站的观测换算到地心处的假想观测者的观测。由图2.2.4，周日视差位移在天球上的背向点是当地的天顶点。周日视差位移在不同的坐标系中的描述如下：

　　（1）在地平坐标系中

　　中计算地心视差位移时，公式（2.2.22）中，$\xi' = z'$，z'是天体在观测地点的天顶距。$d = d_\oplus$，是观测点的地心距离，可以通过台站的地心坐标计算出，也可由地球的椭球体模型和观测地点的高程计算得到。如果精度要求不高，还可以采用平均地球半径计算。ρ是天体的地心距离，由天体历表给出。在计算地心视差位移量π_d时，$d_\oplus$和ρ都作为已知量。地心视差的背向点（天顶点）的地平坐标为$b_A = 90°$，所以

$$\Delta q = 0 , \quad \Delta b = -\Delta z = -\pi_d$$

这样由（2.2.26）式，得

$$\Delta b = -\pi_d = -\frac{d_\oplus}{\rho}\sin z'$$

$$\Delta a = 0$$

（2.2.28）

对地平圈上的天体，$Z' = 90°$时，相应的地心视差位移$\pi_{90} = \dfrac{d_\oplus}{\rho}$最大，称为该天体在该地点的地方地平视差。对地球的参考椭球赤道上的假想观测者，其地心距离（即参考椭球的赤道半径$a_\oplus$）最大，地平圈上天体的地心视差位移最大，为$\pi_{\max} = \dfrac{a_\oplus}{\rho}$，称为该天体的赤道地平视差。

　　（2）在赤道坐标系中

图2.2.5的相应元素为

$$\Delta a = \Delta \alpha = \alpha' - \alpha$$

$$b = \delta$$

$$b_A = \phi'$$

$$a - a_A = \alpha - S_\lambda$$

其中，ϕ' 为测点的地心纬度，S_λ 是观测时刻的地方恒星时。将上述关系代入（2.2.27）式，得

$$(\alpha' - \alpha)\cos\delta = \frac{d_\oplus}{\rho}\cos\phi'\sin(\alpha - S_\lambda)$$

$$\delta' - \delta = -\frac{d_\oplus}{\rho}(\sin\phi'\cos\delta - \cos\phi'\sin\delta\cos(\alpha - S_\lambda)) \tag{2.2.29}$$

对于同一个天体，在同一地点，上式中只含地方恒星时 S_λ 这一个变量。由（2.2.29）式不难看出，天体的周日视差位移轨迹为一个椭圆。椭圆中心的坐标为（$\alpha, \delta - \frac{d_\oplus}{\rho}\sin\phi'\cos\delta$）；椭圆的短轴在赤经圈方向，长度为 $\frac{d_\oplus}{\rho}\cos\phi'\sin\delta$；长轴平行于赤道，长度为 $\frac{d_\oplus}{\rho}\cos\phi'$。对同一天体，其周日视差椭圆的大小和形状与测点纬度有关。对于地球赤道上的测点，周日视差位移椭圆中心的坐标为（α, δ），椭圆的尺度最大。纬度越高，视差位移椭圆越小。对地极处的测点，地心视差没有周日变化，所有天体在一天中赤经没有变化，赤纬减小量为常数 $\frac{d_\oplus}{\rho}\cos\delta$。对于地球上某一测点，天体的周日视差椭圆大小和形状与天体的赤纬有关。椭圆的长轴不变，短轴随赤纬增大而变大。对于天极处的天体，其周日视差位移的轨迹为正圆。对天赤道上天体，短轴为零，椭圆退化成平行于赤道的一弧段。

4. 质心视差的球面坐标描述

图 2.2.6 中，S 和 S' 分别是质心处观测者和地心处观测者看到的天体的在天球上的位置。A_B 是周年视差位移的指向点，就是太阳系质心的地心方向与地心天球的交点。其背向点和 A_B 相差 $180°$。在赤道坐标系中以 α_B、δ_B 表示质心的地心坐标，则周年视差位移的背向点的坐标应为 $180° - \alpha_B, -\delta_B$。又设 d_B 是地心到太阳系质心的距离，由（2.2.21）式和（2.2.22）式得

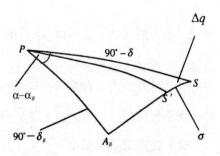

图 2.2.6 天体周年视差位移

$$\pi_B = SS' = \frac{d_B}{\rho}\sin\xi'$$

$$\sin(\alpha - \alpha_B)\cos\delta_B = -\sin\xi'\sin\Delta q$$

$$(\alpha' - \alpha)\cos\delta = \pi_B\cos\Delta q = \frac{d_B}{\rho}\sin\xi'\cos\Delta q$$

$$\delta' - \delta = \pi_B\sin\Delta q = \frac{d_B}{\rho}\sin\xi'\sin\Delta q$$

于是得到

$$(\alpha' - \alpha)\cos\delta = -\frac{d_B}{\rho}\sin(\alpha - \alpha_B)\cos\delta_B$$

（2.2.30）

$$\delta' - \delta = \frac{d_B}{\rho}[\sin\delta_B\cos\delta - \cos\delta_B\sin\delta\cos(\alpha - \alpha_B)]$$

考虑到太阳系质心的黄纬始终近似等于 0，其黄经 λ_B 和其赤道坐标关系为

$$\cos\lambda_B = \cos\delta_B\cos\alpha_B$$

$$\sin\lambda_B\cos\varepsilon = \cos\delta_B\sin\alpha_B$$

（2.2.31）

将（2.2.31）式代入（2.2.30）式，得到

$$(\alpha' - \alpha)\cos\delta = -\frac{d_B}{\rho}(\sin\alpha\cos\lambda_B - \cos\varepsilon\cos\alpha\sin\lambda_B)$$

（2.2.32）

$$\delta' - \delta = \frac{d_B}{\rho}(\cos\delta\sin\lambda_B\sin\varepsilon - \sin\delta\cos\alpha\cos\lambda_B - \sin\alpha\sin\delta\cos\varepsilon\sin\lambda_B)$$

用同样方法，可以得到在黄道坐标系中质心视差的表达式

$$(\lambda' - \lambda)\cos\beta = -\frac{d_B}{\rho}\sin(\lambda - \lambda_B)$$

（2.2.33）

$$\beta' - \beta = -\frac{d_B}{\rho}\cos(\lambda - \lambda_B)\sin\beta$$

上述各式中，ε 是黄赤交角，ρ 是目标天体的距离。质心的地心坐标可以由太阳系天体历表中地心的质心坐标计算出。如果近似取地球轨道为圆形，地心的质心距离 d_B 不变且等于天文单位。由（2.2.33）式可见，质心视差使地球上观测者看到的天体的球面位置绕质心观测者看到的位置作一椭圆运动，其长轴在黄纬圈方向，短轴在黄经圈方向。该椭圆的扁率与天体的黄纬有关，在黄极处的天体，其周年视差位移的轨迹是一个圆；对黄道上的天体，其轨迹成为黄道上一弧段。而且，周年视差位移椭圆的半长轴长度与天体距离成反比。

5. 视差位移的矢量描述

上面以很多篇幅叙述视差位移对天体的球面位置的影响。这些推导是繁琐的，而且常常要作各种近似，因而不够精确，但在许多场合还是有用的。比如历史上大量观测资料处理时都是使用这些表达式的，如果需要重新处理历史资料，首先要用同样的表达式恢复原始资料，然后才能用现在更精确的计算方法获得新的计算结果。我们有时需要作一些要求不高的定性讨论，这时球面的表达方式可能更直观一些。对于精度要求高的严格计算，采用下面的视差位移矢量描述方法当然更合适。

在图 2.2.7 中：

O：参考坐标系原点；

O'：观测者位置；

$O—XYZ$： 参考坐标系，用 $[R]$ 表示；

$O'—X'\,Y'\,Z'$：随观测者一起位移的坐标系，它相对于 $O-XYZ$ 只有平移，没有旋转；

$\vec{d}$—观测者对参考坐标系原点的位置矢量；

$\vec{\rho}$—某天体在 $O-XYZ$ 坐标系中的位置矢量；

$\vec{\rho}'$—该天体在 $O'-X'Y'Z'$ 坐标系中的位置矢量。

若观测者位移矢量 $\vec{d}$ 已知，即可以得到 $\vec{\rho}$ 和 $\vec{\rho}'$ 之间的关系

$$\vec{\rho}' = \vec{\rho} - \vec{d} \qquad (2.2.34)$$

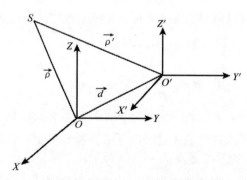

图 2.2.7　视差位移的矢量描述

这个极其简单的关系可以取代上述球面坐标表示法中的复杂烦琐的推导。地面观测者的坐标矢量 $\vec{d}$ 可以由地球轨道历表和自转参数精确计算出来。如果精度要求不高，也可以用地球的平轨道根数计算

地心的瞬时坐标，用地球的平均半径计算测站的地心坐标。

将上述矢量表示成

$$\vec{\rho} = [R]\begin{pmatrix} x \\ y \\ z \end{pmatrix} = [R]\begin{pmatrix} \rho\cos a\cos b \\ \rho\sin a\cos b \\ \rho\sin b \end{pmatrix} \qquad (2.2.35)$$

设

$$\vec{d} = [R]\begin{pmatrix} x_\circ \\ y_\circ \\ z_\circ \end{pmatrix} = [R]\begin{pmatrix} d_\circ\cos a_\circ\cos b_\circ \\ d_\circ\sin a_\circ\cos b_\circ \\ d_\circ\sin b_\circ \end{pmatrix} \qquad (2.2.36)$$

所以

$$\vec{\rho}' = [R]\begin{pmatrix} x-x_\circ \\ y-y_\circ \\ z-z_\circ \end{pmatrix} = [R]\begin{pmatrix} x' \\ y' \\ z' \end{pmatrix} = [R]\begin{pmatrix} \rho'\cos a'\cos b' \\ \rho'\sin a'\cos b' \\ \rho'\sin b' \end{pmatrix} \qquad (2.2.37)$$

从（2.2.34）式到（2.2.37）式的形式，不论对于赤道坐标、黄道坐标还是地平坐标，也不论是对于地心视差还是质心视差都适用。以赤道坐标系中的质心视差为例，用 α、δ 取代 a、b，并注意到太阳系质心的地心坐标 $\vec{d}_B$ 和地心的质心坐标 $\vec{d}$ 大小相等，符号相反。将（2.2.34）式写成分量方程形式

$$\rho\cos\alpha\cos\delta = \rho'\cos\alpha'\cos\delta' - d_B\cos\alpha_B\cos\delta_B \qquad (2.2.38\text{-}1)$$

$$\rho\sin\alpha\cos\delta = \rho'\sin\alpha'\cos\delta' - d_B\sin\alpha_B\cos\delta_B \qquad (2.2.38\text{-}2)$$

$$\rho\sin\delta = \rho'\sin\delta' - d_B\sin\delta_B \qquad (2.2.38\text{-}3)$$

由 $(2.2.38\text{-}1)\times(-\sin\alpha)+(2.2.38\text{-}2)\times\cos\alpha$，得到

$$\sin(\alpha'-\alpha)\cos\delta' = -\frac{d_B}{\rho}\cos\delta_B\sin(\alpha-\alpha_B) \qquad (2.2.38)$$

由 $(2.2.38\text{-}1)\times\cos\alpha+(2.2.38\text{-}2)\times\sin\alpha$，得到

$$\rho'\cos(\alpha'-\alpha)\cos\delta' = \rho\cos\delta + d_B\cos\delta_B\cos(\alpha-\alpha_B) \qquad (2.2.39\text{-}1)$$

又由 $(2.2.38\text{-}3)\times\cos\delta - (2.2.39\text{-}1)\times\sin\delta$，得到

$$\sin(\delta'-\delta) = \frac{d_B}{\rho}[\sin\delta_B\cos\delta - \cos(\alpha-\alpha_B)\cos\delta_B\sin\delta] \qquad (2.2.39)$$

（2.2.38）式和（2.2.39）式在微小视差位移情况下的近似式，也就是（2.2.30）式。

上述对视差位移量的描述均以弧度为量纲。遥远天体的视差位移均为微小量，通常用角秒表示，在应用上述计算公式时要作相应的量纲换算。对于遥远天体，其距离不能精确给出，因而用其坐标方向矢量的变

化来描述视差位移的影响。用单位矢量 $\vec{k}$ 表示天体的坐标方向矢量，π_a 表示以角秒为单位的天体周年视差位移的振幅，相应的距离单位是秒差距。这样

$$\vec{\rho} = \frac{1}{\pi_a}\vec{k}$$

将此式代入附录中（C.55）式，并注意到公式（2.2.34）中 $\vec{d}$ 的方向的定义，得到视差位移对天体方向矢量的影响

$$d\vec{k} = \vec{k}' - \vec{k} = \pi_a \vec{k} \times (\vec{k} \times \vec{d}) \qquad (2.2.40)$$

此式中，已知天体的视差位移的振幅 π_a，根据 §2.1 中的概念，由天体的坐标方向 $\vec{k}$，以及观测者坐标矢量 $\vec{d}$，即可以计算出天体相对于观测者的站心 $\vec{k}'$。而 $d\vec{k}$ 就是视差位移引起的天体在不同原点的坐标系中的坐标方向间的差异。（2.2.40）式说明，视差位移矢量 $d\vec{k}$ 在天体的坐标方向和观测者的坐标方向所决定的平面内，且垂直于天体的坐标方向。

由此可见，用三维坐标系中的矢量表示法，视差对天体坐标影响的计算既简单又准确，典型地体现了矢量表示法的优点。

§2.3　本征方向

本书将直接观测得到的天体方向去除介质折射效应和引力弯曲效应后的结果称为本征方向。本征方向的观测是在观测者随动的坐标系中进行的。在天体测量学中，这个坐标系通常由量度坐标系体现。由于存在瞬时运动速度，实际观测者观测得到目标天体的本征方向 $\vec{r}_p$，和与其同时同地但静止的假想观测者观测同一目标所得的坐标方向 $\vec{r}_c$ 相比，存在一个随其运动速度的大小和方向变化而变化的差异，这就是光行差效应。这项差异不是目标天体本身的运动引起的，只是一种"视"变化，所以在观测数据分析中，需要将其分离出去，使得不同时刻、不同观测者观测得到的坐标方向 $\vec{r}_c$ 具有可比性。宇宙中没有绝对的运动和绝对的静止，所谓运动的观测者和静止的观测者，都是相对于某参考坐标系而言的，所以对本征方向与坐标方向间差异的描述也是相对于所选定的参考坐标系的。只有参考于某坐标系的**坐标方向**，没有所谓的"真方向"。对遥远天体，坐标方向 $\vec{r}_c$ 等同于历表方向 $\vec{k}$。在后面讨论中我们只以遥远天体为例推导本征方向与坐标方向间的关

系，推导的结果同样适用于近距天体，只是对近距天体需要同时考虑其视差位移，并注意区分坐标位置和几何位置的差别（见§2.1）。

§2.3.1　光行差的概念

由于光速的有限性和观测者的横向坐标速度的存在，引起天体本征方向偏离其坐标方向。

现假设有两个观测者，一个位于 E 点且以速度 $\vec{v}_0$ 向 G 的方向运动；另一个位于 G 点并静止（图 2.3.1）。观测者从 E 点运动到 G 点经历的时间段为 τ。从 S 方向来的光子在 τ 时段内运行了 $c\tau$ 距离。在 E 观测者运动到达 G 点时，两观测者重合，同时接收到该光子。在 G 观测者看来，光子以速度 c 从 S 方向传来（$-\vec{k}$ 方向）；而在观测者 E 看来，光线是以速度 $-c\vec{k}-\vec{v}_0$ 从 S' 方向传来。两者所看到的方向之差为 θ。在三角形 σEG 中，有

$$\sin\theta = v_0\tau\frac{\sin D'}{c\tau} = \frac{v_0\sin D'}{c} = \frac{v_0\sin(D-\theta)}{c} \tag{2.3.1}$$

这里 σ **是光程中的某一点**（注意不是目标天体本身），τ 是无穷小量。D' 是 E 观测者看到的天体方向和 EG 方向的交角。$\vec{v}_0$ 的方向和天球的交点，称为观测者 E 的运动**奔赴点**，或称为**向点**。由图 2.3.1 看到，$v_0\sin D'$ 就是观测者相对于天体方向的横向速度。光行差位移角 θ 和观测者坐标速度的横向分量成正比。（2.3.1）式是计算光行差位移的基本公式。注意到在图 2.3.1 中，天体的坐标方向 $\vec{r}_c = \vec{k} = <\overrightarrow{GS}>$、本征方向 $\vec{r}_p = <\overrightarrow{ES'}>$、以及向点方向 $<\vec{v}_0>$ 三矢量共面，通

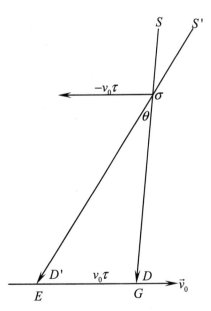

图 2.3.1　光行差的经典解释

过观测者和目标天体。上面所述的是光行差的经典解释，其理论依据是光子运动速度和观测者运动速度的矢量合成 $-c\vec{k}-\vec{v}_0$。但在相对论中，真

空中光子相对于任何惯性系恒等于常数 c 。相对论中对光行差的成因的解释见 §12.4。

将（2.3.1）式展开取到 $(\frac{v_0}{c})^2$ 项，有

$$\tan\theta = \frac{v_0}{c}\frac{\sin D}{1+\frac{v_0}{c}\cos D} = \frac{v_0}{c}\sin D - \frac{1}{2}(\frac{v_0}{c})^2 \sin 2D \qquad (2.3.2)$$

对于周年光行差， $\tan\theta$ 展开式中的三阶项约为 10^{-12} 弧度，可以忽略，以角秒表示的光行差位移角可写成

$$\theta'' = \frac{1}{arc1''}[\frac{v_0}{c}\sin D - \frac{1}{2}(\frac{v_0}{c})^2 \sin 2D] \qquad (2.3.3)$$

其中右端第二项约为 1mas，对于地面光学观测，通常不考虑这一项而只取第一项。

光行差位移的主项正比于 $\frac{v_0}{c}$ ，这引出一个问题：对于地面观测者，到达的光子是在大气中传播的。因此在光行差计算公式中，应当用介质中的光速 c_n 取代真空中光速。前面我们提到，图 2.3.1 中的 τ 为无限小时间间隔，也就是说 σ 是光子到达观测者之前无穷小距离内的一个点，这里的光速是近地面的大气中的光速。在大地水准面上大气中的光速为 $c_n = c/1.0002927 = 0.999707c$ 。地球周年运动的平均速度约 30km/s，由 c_n 计算的周年光行差振幅，比用真空公式计算值约大 6mas。这是一个不太小的数字，应该考虑。它比周年光行差的二阶项振幅 1mas 还大几倍。但对于地面的光学观测，其实际测量精度还不足以检测到这项差异。对于空间天体测量观测，由于没有大气，也不存在这项差异。所以这一点只能作为一个理论上的讨论。过去所有地面光学观测的光行差项其实都含有这项计算误差。

§2.3.2　关于运动的相对性问题

过去在讨论光行差问题时，总是要提及运动的相对性问题。从运动学角度讲，观测者的运动和被测天体的运动本没有绝对的界限。因此从理论上讲，似乎应是目标天体和观测者运动速度的矢量和

$$\vec{v} = \vec{v}_0 - \vec{v}_p \qquad (2.3.4)$$

引起总的光行差位移。这个关系的经典解释用图 2.3.2 表示。观测者的运动速度 $\vec{v}_0$ 引起恒星光行差位移 θ_0 ，天体的运动速度 $\vec{v}_p$ 引起行星光行差位

移 θ_p 。两者的相对运动速度 $\vec{v}$ 按同样函数关系引起总的光行差位移 θ 。

上面的推导看起来顺理成章，运动速度的矢量叠加原理也是众所周知的。但是，由（2.3.4）式，可以导出一个不可思议的结论：

设有一对双星，其两个子星质量相同作相互绕转，假定它们的瞬时速度大小和地球轨道速度相近，约为 30km/s，根据运动的相对性原理和（2.3.4）式可以导出，地球上的观测者将看到两个子星产生大小相等而方向相反的行星光行差位移，其幅度和周年光行差相同，各约为 20″。据此推论，这个双星的两子星的视角距离将达到 40″，而不论它们实际的角距多么小。这显然是个悖论，这种情况并没有出现，也不可能出现。

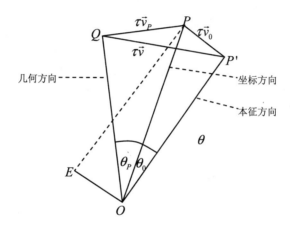

图2.3.2 经典的恒星光行差和行星光行差概念示意

这个问题出在行星光行差的概念上。如前述，所谓的行星光行差其实是光行时段内的目标天体的自行量，完全取决于光行时段内天体位移的积分量（即图 2.3.2 中的 $\Delta\theta_p$）。而恒星光行差是一种微分效应，只取决于观测者的瞬时速度，和该速度如何变化无关，也和光子传输过程中的光行时无关。所以这两种类型的效应是不能叠加到一起来描述的。运动速度的相对性和可叠加性并不导致光行差位移的可叠加性。

在前面推导中，观测者的速度 $\vec{v}_0$ 和目标天体的速度 $\vec{v}_p$ 都是相对于参考坐标系的坐标速度。只有在整个光行时段内 $\vec{v}_p$ 都保持为常矢量的特殊情况下，把 $\vec{v}_p$ 的影响当作行星光行差处理和作为自行位移处理，对于计算几何方向 $\vec{r}_g$ 的效果是相同的。但这只是特殊情况，并不表示两个速度在光行差问题永远可以叠加。而且，在行星光行差的处理方式中，只要求目标天体的速度 $\vec{v}_p$ 是常矢量，对观测者的速度 $\vec{v}_0$ 却没有这样的要求。这样区别对待的两个速度却被叠加在一起使用光行差这同一个概念，就更不严格。由此看到，过去一些教科书中关于行星光行差的概念和处理方法，在理论上是不正确的，在具体处理上也不具有普遍性。该提法特别容易对读者关于光行差的概念产生误导。鉴于此，本书中不再引入行星光行差这个概念。至此，我们可以归纳出如下结论：

光行差效应是同时同地坐标运动的观测者和坐标静止的观测者看到的同一天体方向间的差异。所谓运动和静止都是参考于某坐标系的，而不是绝对的。光行差只与观测者的**瞬时坐标速度**有关，而与观测者的位移量无关，也与目标天体运动速度无关。对同一观测者，所参照的坐标系不同，所应描述的光行差位移也不同。**天体在光行时段内的自行引起天体的几何方向与坐标方向的差异，不是光行差效应，它和天体在光行时段内的积分位移量有关，而与其瞬时坐标速度并无确定的关系。**

§2.3.3 周日光行差

图 2.3.3 中，设天球坐标系为 $O-XYZ$，A 是观测者运动向点在天球上的投影，S 是光子到达方向与天球的交点，S' 是本征方向与天球的交点。SS' 是光行差的角位移量 θ，向点距 $SA=D$，$S'A=D'$。θ（见图 2.3.2）是参量 β 和 D（或 D'）的函数。作大圆弧 SB 垂直于 ZS'，可得以下关系

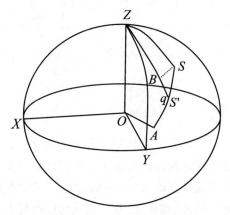

图 2.3.3 光行差对天体方向参数影响的计算

$$SB = \Delta a \cos b = \theta \sin(180° - q)$$
$$BS' = \Delta b = \theta \cos(180° - q)$$

(2.3.5)

其中，$q = \angle ZS'A$，a, b 为光子到达方向的方向参数。在 a, b 和向点的方向参数已知的情况下，D 和 q 可解，由此可求出 Δa 和 Δb。

1. 周日光行差系数

相对于地心天球坐标系，观测者随地球自转产生瞬时坐标速度。因此观测者得到的天体本征方向和其站心坐标方向的差异是观测者的坐标运动速度引起周日光行差。设观测者的周日运动线速度为 v_d，相应的常数

$$\beta_d = \frac{v_d}{c} = \frac{1}{c} r_d \omega \cos \varphi' \qquad (2.3.6)$$

其中，r_d 是观测者的地心距离，φ' 是观测者的地心纬度，ω 是地球自转的角速度。由于周日光行差的量很小，可近似采用当前的平均自转角速度 ω_0 代替 ω，

$$\omega \approx \omega_0 = 7.29211514669 \times 10^{-5} \text{弧度/UT1秒}$$

若已知测站地心纬度以及海拔高度，可以计算其地心距离 r_d，这样用（2.3.6）式可以得到测站的周日光行差系数 β_d。测站地心距离的具体计算方法详见§4.2。测站的周日光行差幅度和测站的纬度及海拔高度有关。在地球的参考椭球赤道上的测站，其地心距离为地球的平均赤道半径 $r_\oplus$，赤道周日光行差系数为

$$\beta_q = \frac{1}{c} r_\oplus \omega \approx 0''.3191 \qquad (2.3.7)$$

2. 周日光行差位移的球面坐标表示

周日光行差的向点始终是观测者的地方东点。在地平坐标系中，东点的坐标是

$$A(a_e, z_e) = A(90°, 90°)$$

其中 a_e 是东点的方位角，z_e 是其天顶距。这里的坐标系是左手系，方位角从北点起向东度量。将图 2.3.3 中的向点 A 换成东点 E，X 轴指向北点，在球面三角形 ZSE 中，$ZS = z$，$ZE = 90°$，$\angle SZE = a - 90°$，$SE = D$。由球面三角形运算公式可给出

$$z' - z = \theta \cos(180° - q) = -\beta_d \sin D \cos q$$
$$(a' - a) \sin z = \theta \sin(180° - q) = \beta_d \sin D \sin q$$

并可导出

$$z' - z = \beta_d \cos z \sin a$$
$$(a' - a) \sin z = \beta_d \cos a \qquad (2.3.8)$$

在这个关系式中，天体的天顶距和方位角都是时变量，用这个表达式难

以直观地看出天体周日光行差位移的图像。

在赤道坐标系中，测站周日运动向点的时角始终是 -6^h，所以其赤经等于地方恒星时 S_l 加 6 小时。又因东点是赤道和地平的交点，所以向点的坐标为

$$A(\alpha_e, \delta_e) = A(S_l + 6^h, 0^\circ)$$

设天体的坐标为 α 和 δ，在球面三角形 PSE 中，

$$PS = 90^\circ - \delta, \quad PE = 90^\circ$$

$$\angle SPE = S_l + 6^h - \alpha$$

容易得到

$$\delta' - \delta = -\theta \cos(180^\circ - q) = \beta_d \sin D \cos q$$

$$(\alpha' - \alpha)\cos \delta = \theta \sin(180^\circ - q) = \beta_d \sin D \sin q$$

经球面三角运算，可得到

$$\delta' - \delta = \beta_d \sin \delta \sin t$$

$$(\alpha' - \alpha)\cos \delta = \beta_d \cos t \qquad (2.3.9)$$

其中 t 是天体的时角。由（2.3.9）式看到，周日光行差位移使得同一天体在一天中的本征方向绕其站心坐标方向作椭圆运动，椭圆的长轴在赤经方向，半长轴为 $\beta_d = \beta_q \cos \varphi'$，与测点纬度有关，在赤道处最大，在两极为零。该椭圆的椭率与天体的赤纬有关，在天极处的天体，周日光行差椭圆成为正圆，在赤道上的天体，该椭圆退化为天赤道上的线段。

§2.3.4　周年光行差

1. 周年光行差位移的球面坐标表示

观测者随地球轨道运动速度变化的主项是周年项。在天体测量学中，基本的空间坐标系是太阳系质心坐标系，因此在计算天体的光行差位移时所采用的地球公转速度，应当是相对于太阳系质心的坐标速度矢量，用 $\vec{v}_\oplus = \dfrac{d\vec{b}_\oplus}{dt}$ 表示。如果忽略其他行星对地球轨道的摄动，地球的轨道将是一个椭圆，其半长轴为 a，偏心率 e，真近点角 f。可以将 $\vec{v}_\oplus$ 分解成垂直于向径的分量 $\vec{v}_1$ 和垂直于近日点向径的分量 $\vec{v}_2$。也可以分解成沿向径方向的分量 $\vec{v}_r$ 和垂直于向径方向的分量 $\vec{v}_f$（图 2.3.4）。这样有，

$$\vec{v}_\oplus = \vec{v}_f + \vec{v}_r \qquad (2.3.10\text{-}1)$$

$$\vec{v}_\oplus = \vec{v}_1 + \vec{v}_2 \qquad (2.3.10\text{-}2)$$

在坐标系 $B-pq$ 中，$\vec{v}_f$ 和 $\vec{v}_r$ 可以表示成

$$\vec{v}_f = v_f \cos f\, \vec{q} - v_f \sin f\, \vec{p}$$
$$\vec{v}_r = v_r \cos f\, \vec{p} + v_r \sin f\, \vec{q}$$

$$(2.3.10-3)$$

将（2.3.10-3）式代入（2.3.10-1）式，得

$$\vec{v}_\oplus = -(v_f \sin f - v_r \cos f)\vec{p} + (v_f \cos f + v_r \sin f)\vec{q} \qquad (2.3.10-4)$$

又将 $\vec{v}_1$ 和 $\vec{v}_2$ 在坐标系 $B-pq$ 中表示

$$\vec{v}_1 = v_1 \cos f\, \vec{q} - v_1 \sin f\, \vec{p}$$
$$\vec{v}_2 = v_2 \vec{q}$$

$$(2.3.10-5)$$

将其代入（2.3.10-2）式，得

$$\vec{v}_\oplus = -v_1 \sin f\, \vec{p} + (v_1 \cos f + v_2)\vec{q} \qquad (2.3.10-6)$$

由（2.3.10-4）式=（2.3.10-6）式，得到

$$v_1 \sin f = v_f \sin f - v_r \cos f$$

所以有

$$v_1 = v_f - v_r \mathrm{ctg} f \qquad (2.3.10-7)$$

和

$$v_f \cos f + v_r \sin f = v_1 \cos f + v_2$$
$$v_2 = v_r \frac{1}{\sin f} \qquad (2.3.10-8)$$

又由于切向速度分量 v_f 和径向
速度分量 v_r 为

$$v_f = r\frac{df}{dt}$$
$$(2.3.10-9)$$
$$v_r = \frac{dr}{dt}$$

将（2.3.10-9）式代入（2.3.10-7）
式和（2.3.10-8）式，得

$$v_1 = r\frac{df}{dt} - \frac{dr}{dt}\cot f$$
$$(2.3.10-10)$$
$$v_2 = \frac{1}{\sin f}\frac{dr}{dt}$$

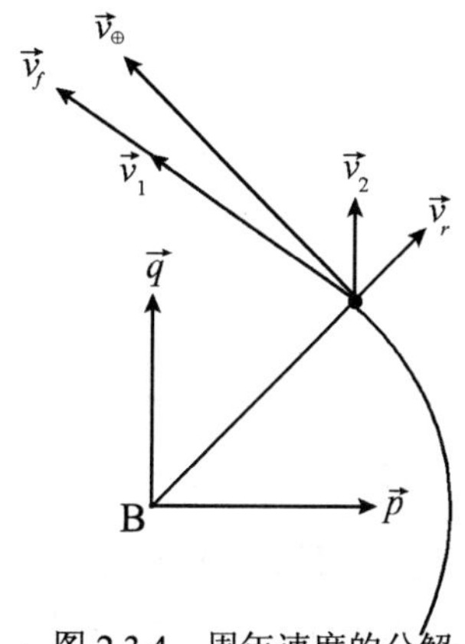

图 2.3.4 周年速度的分解

由开普勒第二定律，作椭圆运动
的天体到椭圆焦点的向径所扫过
的面积的变化率（面积速度）为常数。该面积为

$$A = \pi ab = \pi a^2 (1-e^2)^{\frac{1}{2}}$$

所以

$$\frac{dA}{dt} = \frac{A}{T} = \frac{\pi a^2 (1-e^2)^{\frac{1}{2}}}{2\pi/n} = \frac{n}{2} a^2 (1-e^2)^{\frac{1}{2}} \tag{2.3.10-11}$$

又由于

$$\frac{dA}{dt} = \frac{1}{2} r^2 \frac{df}{dt} \tag{2.3.10-12}$$

对椭圆轨道，地球的向径可表示为

$$r = \frac{a(1-e^2)}{(1+e\cos f)} \tag{2.3.10-13}$$

将（2.3.10-13）式代入（2.3.10-12）式，并由于（2.3.10-12）式=（2.3.10-11）式，得到

$$\frac{dA}{dt} = \frac{a^2 (1-e^2)^2}{2(1+e\cos f)^2} \frac{df}{dt} = \frac{n}{2} a^2 (1-e^2)^{\frac{1}{2}}$$

所以

$$\frac{df}{dt} = (1+e\cos f)^2 (1-e^2)^{\frac{-3}{2}} n \tag{2.3.10-14}$$

将（2.3.10-13）式和（2.3.10-14）式代入（2.3.10-9）式，得

$$v_f = r \frac{df}{dt} = \frac{na(1+e\cos f)}{(1-e^2)^{\frac{1}{2}}} \tag{2.3.10-15}$$

又将（2.3.10-13）式对 f 求导数，并将（2.3.10-15）式代入，得

$$\frac{dr}{dt} = \frac{dr}{df} \frac{df}{dt} = \frac{nae\sin f}{(1-e^2)^{\frac{1}{2}}} \tag{2.3.10-16}$$

将（2.3.10-15）式和（2.3.10-16）式代入（2.3.10-10）式，得

$$v_1 = na(1-e^2)^{-\frac{1}{2}} \tag{2.3.10-17}$$

$$v_2 = nae(1-e^2)^{-\frac{1}{2}} = ev_1 \tag{2.3.10-18}$$

由（2.3.10-2）式、（2.3.10-17）式和（2.3.10-18）式看到，**作椭圆运动的天体的速度，相当于两项运动的和，其一是角速度为 n、半径为 $a(1-e^2)^{-\frac{1}{2}}$ 的匀速圆周运动，其二为沿着 $\vec{q}$ 方向速度为 ev_1 的匀速直线运动。**

由此，相应的周年光行差变化也可分解成两部分

$$k = \frac{v_1}{c} = \frac{1}{c} na(1-e^2)^{-\frac{1}{2}} = 20''.496 \tag{2.3.10}$$

$$k_e = ek = \frac{ev_1}{c} = 0''.342 \qquad (2.3.11)$$

其中，$e = 0.0167$ 是地球平均轨道的偏心率。通常，将 k 称为周年光行差常数，将 ek 称为周年光行差的 E 项。前者是周年的圆周运动，又称为圆光行差。后者是一种缓慢的变化，与地球轨道的近日点方向的进动有关。由于这种进动很缓慢，从前在计算光行差影响时，都把它作为长期光行差处理而不作考虑。随着观测技术精度的提高，光行差 E 项的变化也不能忽略，所以从 1984 年起，在光行差计算中也加进这一项。在使用有关的历史资料时，需要注意到这种变化。

2. 周年圆光行差对天体赤道坐标的影响

对于地球的圆周轨道运动分量，其向点在黄道上，向点的黄经为太阳的平黄经 λ_S 减 $90°$，$\lambda_A = \lambda_S - 90°$。设向点的赤道坐标为 α_A，δ_A，在不考虑光行差的相对论项情况下，用和周日光行差同样的推导方式，可得到

$$(\alpha' - \alpha)\cos\delta = -k\cos\delta_A \sin(\alpha - \alpha_A)$$
$$\delta' - \delta = -k(\sin\delta\cos\delta_A\cos(\alpha - \alpha_A) - \cos\delta\sin\delta_A) \qquad (2.3.12)$$

向点的赤道坐标可通过赤道坐标和黄道坐标的转换得到

$$\cos\alpha_A\cos\delta_A = \cos\lambda_A = \sin\lambda_S$$
$$\sin\alpha_A\cos\delta_A = \sin\lambda_A\cos\varepsilon = -\cos\lambda_S\cos\varepsilon \qquad (2.3.13)$$
$$\sin\delta_A = \sin\lambda_A\sin\varepsilon = -\cos\lambda_S\sin\varepsilon$$

将（2.3.13）式代入（2.3.12）式，得到

$$\alpha' - \alpha = -k\cos\lambda_S\cos\varepsilon\cos\alpha\sec\delta - k\sin\lambda_S\sin\alpha\sec\delta$$
$$\delta' - \delta = -k\cos\lambda_S\cos\varepsilon(\tan\varepsilon\cos\delta - \sin\alpha\sin\delta) - k\sin\lambda_S\cos\alpha\sin\delta \qquad (2.3.14)$$

将（2.3.14）式右端各项中与被测天体有关的因子以及与被测天体无关的因子分开表示，并将赤经分量用时间单位表示，引入参量

$$C = -k\cos\lambda_S\cos\varepsilon$$
$$D = -k\sin\lambda_S \qquad (2.3.15)$$

以及引入符号

$$c = \frac{1}{15}\cos\alpha\sec\delta$$
$$c' = \tan\varepsilon\cos\delta - \sin\alpha\sin\delta$$
$$d = \frac{1}{15}\sin\alpha\sec\delta \qquad (2.3.16)$$
$$d' = \cos\alpha\sin\delta$$

将（2.3.15）式和（2.3.16）式代入（2.3.14）式，得到周年圆光行差对天体观测方向参数的影响可表示成

$$\alpha' - \alpha = Cc + Dd$$
$$\delta' - \delta = Cc' + Dd' \tag{2.3.17}$$

这样一个非常简洁的形式。这个表达式的引入主要是为了进行人工历表计算的方便。从（2.3.15）看到，c、c'、d、d'只和恒星的坐标有关，称为**恒星常数**。而C和D与恒星位置无关，只和光行差常数及太阳的平黄经有关，称为**白塞尔日数**。事先，历表编算部门将每个恒星在年初的恒星常数随星表列出，又将白塞尔日数按日期为引数列出。使用者查出所观测的恒星的恒星常数以及观测日期的白塞尔日数，即可用（2.3.17）式方便地计算出观测时刻该恒星的光行差位移改正。由于计算过程中包含一些近似处理，计算精度受到一定影响。在计算机广泛使用的今天，这种方法对大多数使用者来说已没有实际意义。但由于其形式简单，对于一些特定用户或特定场合，还有一定的作用。

还有另一种简化的应用表达式，引进一组参数h、H和i，称为**独立日数**，其定义为

$$C = h \sin H$$
$$D = h \cos H \tag{2.3.18}$$
$$i = c \tan \varepsilon$$

将（2.3.18）式代入（2.3.17）式，得到

$$\alpha' - \alpha = \tfrac{1}{15} h \sin(H + \alpha) \sec \delta$$
$$\delta' - \delta = h \cos(H + \alpha) \sin \delta + i \cos \delta \tag{2.3.19}$$

其中独立日数的历表也在天文历书中提供。

3. 周年圆光行差对天体的黄道坐标的影响

将天体和圆光行差向点A的黄道坐标代入，按和（2.3.8）式同样推导方法，可得到

$$(\lambda' - \lambda) \cos \beta = -k \cos(\lambda - \lambda_S)$$
$$\beta' - \beta = k \sin \beta \sin(\lambda - \lambda_S) \tag{2.3.20}$$

由此式看到，对一个给定的天体，周年圆光行差引起的天体方向的视偏转，使得其本征方向绕其坐标方向在一年中划一椭圆。该椭圆的半长轴为周年光行差常数k，半短轴为$k \sin \beta$。长轴平行于黄道。椭圆的扁率与天体的黄纬有关。对黄道上的天体，该轨迹为一线段，只有黄经变化。

对黄极处的天体，该轨迹为正圆。

4. 周年光行差 E 项的影响

由（2.3.10）式和（2.3.11）式，光行差 E 项和圆光行差相比，两者系数有 $k_e = ek$ 的关系。另外，光行差 E 项是速度 v_2 引起的，v_2 的方向垂直于椭圆的半长轴，且从地球上看，其指向点在黄道上太阳的近地点西面 $90°$ 处。因此，以 ek 代替 k，以太阳近地点黄经 ϖ_s 取代 λ_s，由（2.3.14）得光行差 E 项对天体本征方向的影响为

$$\alpha' - \alpha = -ek[\cos\varpi_s \cos\varepsilon \cos\alpha \sec\delta + \sin\varpi_s \sin\alpha \sec\delta]$$
$$\delta' - \delta = -ek[\cos\varpi_s \cos\varepsilon(\tan\varepsilon \cos\delta - \sin\alpha \sin\delta) + \sin\varpi_s \cos\alpha \sin\delta] \quad (2.3.21)$$

又由（2.3.20）给出光行差 E 项对天体的黄道坐标的影响

$$(\lambda' - \lambda)\cos\beta = -ek\cos(\lambda - \varpi_s)$$
$$\beta' - \beta = ek\sin\beta\sin(\lambda - \varpi_s) \quad (2.3.22)$$

§2.3.5　光行差位移的矢量表达方式

根据前面叙述的天体本征方向的光行差偏转形式，由天体的坐标方向和观测者瞬时速度矢量 $\vec{v}_0$，用（C.55）式，天体的本征方向 $\vec{r}_P$ 对坐标方向 $\vec{r}_c$ 的偏离可以写成

$$d\vec{r} = \vec{r}_P - \vec{r}_c = -\frac{1}{c}[\vec{r}_c \times (\vec{r}_c \times \vec{v}_0)] \quad (2.3.23)$$

天体的本征方向为

$$\vec{r}_P = \vec{r}_c + d\vec{r} = \vec{r}_c - \frac{1}{c}[\vec{r}_c \times (\vec{r}_c \times \vec{v}_0)] \quad (2.3.24)$$

对周日运动，$\vec{v}_0 = \vec{v}_d$，速度的大小 v_d 由（2.3.6）式得到，测站周日运动向点的方向为东点

$$<\vec{v}_d> = \vec{e} = [N]\begin{pmatrix} -\sin S_l \\ \cos S_l \\ 0 \end{pmatrix} \quad (2.3.25)$$

其中 S_l 是观测时刻的测站的地方恒星时。

对周年光行差，地球的轨道瞬时速度矢量 $\vec{v}_0 = \vec{v}_\oplus$，

$$\vec{v}_0 = [N]\begin{pmatrix} \dot{X}_\oplus \\ \dot{Y}_\oplus \\ \dot{Z}_\oplus \end{pmatrix}$$

其中 $\dot{X}_\oplus$、$\dot{Y}_\oplus$、$\dot{Z}_\oplus$ 是地球的质心坐标速度的分量，可从太阳系天体历表得到，将其代入（2.3.23）式或（2.3.24）式，给出的周年光行差对天体本征方向影响的严格表达式。

如果只需考虑圆光行差，周年光行差系数由（2.3.10）式给出，其向点的方向矢量

$$< \vec{v}_1 >= [Q]\begin{pmatrix} \sin\lambda_S \\ -\cos\lambda_S \\ 0 \end{pmatrix} = [N][N]'[Q]\begin{pmatrix} \sin\lambda_S \\ -\cos\lambda_S \\ 0 \end{pmatrix}$$

其中

$$[N]'[Q] = \vec{R}_1(-\varepsilon)$$

是黄道坐标系到赤道坐标系的坐标转换矩阵，λ_S 是太阳的平黄经，

$$\lambda_S = 100°.466447 + 0°.98564735995d + 0°.0003036T^2$$

历元从 J2000.0 起算，式中 d 以日为单位，T 以儒略世纪为单位。由本节的叙述可以看到，原本非常复杂的光行差问题，如果用矢量表达方式，就变得非常简单而清晰。

用（2.3.23）式计算方向变化是在微小变化情况下的近似表达式。如果要得到更严格表达式，推导过程如下：

在图 2.3.5 的平面坐标系中，$\vec{r}_C$ 和 $\vec{r}_P$ 可以表示成坐标方向与向点方向的角距 D 的函数

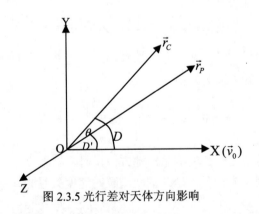

图 2.3.5 光行差对天体方向影响

$$\vec{r}_C = \cos D\vec{X} + \sin D\vec{Y}$$
$$\vec{r}_P = \cos(D-\theta)\vec{X} + \sin(D-\theta)\vec{Y} \qquad (2.3.26)$$

式中 $\vec{X}$ 是观测者速度的方向矢量。（2.3.26）式的两式中消去 $\vec{Y}$，得

$$\vec{r}_P = \frac{\sin(D-\theta)}{\sin D}\vec{r}_C + \{\cos(D-\theta) - \sin(D-\theta)\cot D\} < \vec{v}_0 >$$

$$\cos D = \vec{r}_C \cdot < \vec{v}_0 >$$

(2.3.27)

也可以表示成本征方向与向点方向的角距 D' 的函数

$$\vec{r}_C = \cos(D'+\theta)\vec{X} + \sin(D'+\theta)\vec{Y}$$

$$\vec{r}_P = \cos(D')\vec{X} + \sin(D')\vec{Y}$$

(2.3.28)

（2.3.28）中的两式消去 $\vec{Y}$，得到

$$\vec{r}_C = \frac{\sin(D'+\theta)}{\sin D'}\vec{r}_P + (\cos(D'+\theta) - \sin(D'+\theta)\cot D') < \vec{v}_0 >$$

$$\cos D' = \vec{r}_P \cdot < \vec{v}_0 >$$

(2.3.29)

已知 $\vec{r}_C$ 求 $\vec{r}_P$ 用（2.3.27）式，已知 $\vec{r}_P$ 求 $\vec{r}_C$ 用（2.3.29）式。其中偏转角 θ 由 （2.3.3）式确定。

§2.3.6 长期光行差

如前述，光行差位移是一个相对的概念，目标天体的本征方向和坐标方向的差异是观测者相对于某参考坐标系的坐标速度决定的，同一观测者相对于不同坐标系有不同的坐标速度。前面讨论了周日的和周年的光行差位移特征。地面观测者观测到天体的本征方向经过周日和周年的光行差位移修正后，得到相对于质心坐标系静止的观测者看到的方向，即质心系坐标方向。然而，太阳也带着太阳系中一切观测者在银河系中运动，这必然也产生光行差。太阳在银河系中转动一周需要 2 亿多年，这种运动引起的光行差称为长期光行差。假如太阳运动速度的大小和方向均不变，天体的长期光行差也不变。这样，长期光行差位移作为一种常数位移包含在恒星的坐标参数中，二者既不能分离开来，也没有必要分离。太阳空间运动速度的变化非常小，过去在天球参考架的建立中一直不予考虑。但随着观测精度的提高，太阳运动速率和方向变化引起的长期光行差变化也应该考虑。例如，假定太阳绕银心作圆周运动一周为 2.5 亿年，每年太阳的运动方向变化约

$$\frac{360 \times 3600}{2.5 \times 10^8} = 0''.0052$$

又假如太阳运动速度为 250km/s，由此引起的太阳速度年变化为

$$a_S = \frac{0.0052}{206265}V_S = 2.52 \times 10^{-8} \times 250 \approx 6.30 \text{mm/s/年}$$

相应的光行差位移的变化振幅为

$$\frac{6.3\text{mm/s}\times206265''}{3\times10^{11}\text{mm/s}}=4.3\mu\text{as}$$

这的确是非常小的量，目前尚不能由瞬时观测数据检测出来。但如果经过数十年变化的积累，所引起天体坐标的变化将超过100μas，这就必须考虑。上述估计中需要假定银河年的长度以及太阳在银河系中运动速度大小和方向参数，但这些量目前都不是由运动学观测直接得到的，一般是由恒星自行的观测在一定银河系模型假设下用统计方法得到的，不同研究者给出的结果相差较大。因此，如用这些参数计算长期光行差变化率也是不精确的。最好是通过运动学观测数据不加假设条件而直接分析太阳速度的变化。目前，只有 VLBI 的观测数据可以用于这项研究目的。一方面 VLBI 具有当今最高的测量精度；另一方面，VLBI 测量的是河外射电源，可以认为它们的视差动可以忽略，而长期光行差效应可以从射电源整体框架的形变中独立分析出来。

为此，可将太阳瞬时速度矢量表示成

$$\vec{V}_S(T)=\vec{V}_0(T_0)+\vec{a}_s(T-T_0)=\vec{V}_0(T_0)+\Delta\vec{V}(T)$$
$$\Delta\vec{V}(T)=\vec{a}_s(T-T_0) \tag{2.3.30}$$

这里，$\Delta\vec{V}(T)$ 是太阳加速度对瞬时速度的累积影响。$\vec{V}_0(T_0)$ 是在起始历元太阳的速度，由其决定长期光行差的初始值。这是长期光行差中的常熟部分，可以不予考虑。$\Delta\vec{V}(T)$ 引起长期光行差的时变部分 ΔK_T。在 VLBI 时延的原理性表达式中

$$\Delta t=-\frac{\vec{K}_T\cdot\vec{b}}{c}=-\frac{(\vec{K}_0+\Delta\vec{K}_T)\cdot\vec{b}}{c} \tag{2.3.31}$$

其中

$$\Delta\vec{K}_T=\vec{K}_T-\vec{K}_0=\frac{1}{c}\Delta\vec{V}_T-\frac{1}{c}(\Delta\vec{V}_T\cdot\vec{K}_0)\vec{K}_0 \tag{2.3.32}$$

这里，$\vec{K}_0$ 是 T_0 时刻目标的质心坐标方向，$\vec{K}_T$ 是 T 时刻的质心坐标方向，它们含有不同的长期光行差效应。将（2.3.30）式代入（2.3.32）式，再代入（2.3.31）式，经过对射电源的长期连续观测，可以解出太阳运动加速度 $\vec{a}_s$。由此可将太阳运动加速度对射电源坐标的影响消除，解出在参考历元的源坐标。这样做的含义是，ICRF 应该用一组射电源的历元坐标构成，通过太阳瞬时速度变化的引进，将长期光行差变化对射电源坐标的影响吸收，从而维持射电源坐标框架的刚性。

§2.4　观测方向

在介质中传播的光子经过物理属性不同的界面时，其运行方向要发生偏转。这样在光子到达观测者处时，其传播方向将和离开天体时不同，也和天体的站心坐标方向不同。造成光子在传播过程中方向偏转的主要因素是大气折射，此外光子在引力场中运行还产生引力偏转。光子传播方向的引力偏转是相对论效应之一，这将在第十二章讨论，本节只讨论大气折射效应。对于大气折射所造成的方向偏转，其偏折的程度与介质的成分及密度有关。描述介质使通过的光线产生方向偏转的能力的量称为折射率。

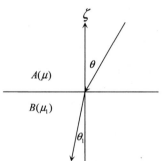

如图 2.4.1 所示，假定介质 A 和 B 的界面是一平面，ζ 是界面的法线。光线对界面的入射角为 θ，出射角 θ_1。介质 A、B 的折射率分别为 μ、μ_1。对于这个最简单的折射模型，有如下关系式

$$\mu \sin \theta = \mu_1 \sin \theta_1 = \text{cons.} \qquad (2.4.1)$$

图 2.4.1　光线偏折示意图

在地球表面的固体或液体层面之上，笼罩着大气圈。大气圈的外面是广袤的宇宙空间，其介质密度几乎为零。而在海平面附近，大气的密度达到最大，平均为 0.0012932g/cm^3，且随当地的气温和气压的变化而变化。大气的顶部没有明显边界，内部也没有明显的层状密度分界。真空的折射率为 1，在标准大气条件下，大气的折射率为 1.0002927。天体的光线从宇宙空间到达地面观测台站接收器之前，穿过整个大气层。在此过程中，大气折射率逐步增大，光线对等密度层的入射角（与等密度面法线的夹角）逐步减小。这样，光线在大气层中的轨迹就是一条连续的曲线。在光线到达接收器时，光子轨迹的切线方向就是观测者看

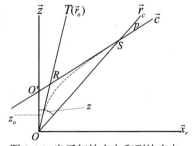

图 2.4.2　光子初始方向和到达方向

到的光子到来的方向，其反方向称作天体的观测方向，即图 2.4.2 中的 OT 方向，用单位矢量 $\vec{r}_0$ 表示。又设该光子在进入大气层之前的速度方向 SO'，这

是光子离开天体时的初始速度方向，其反方向用单位矢量 $\vec{c}$ 表示。$\vec{r}_0$ 和 $\vec{c}$ 的夹角就是光线在经过整个大气层传播过程中的方向总偏转量，它是光线经过所有的无限薄的大气层元过程中发生的偏转的积分量，称为蒙气差，或天文折射，可表示成

$$R=\int dR(\mu,\varphi,\lambda,r,t) \qquad (2.4.2)$$

其中，dR 是光线经过大气某层元时产生的微分偏转角，它是该层元折射率 μ 以及光传播路径上该点的坐标 φ,λ,r 的函数。这些参数是时变的，所以公式中还包含时间参量 t。由于不知道光线传播路径上每一点的参数值，事实上无法计算该积分。因此需要将实际大气层模型化。这里可以看到，蒙气差指的是光子传播过程中由**大气折射产生的总偏转角，是光子离开天体时的初始方向的反方向 $\vec{c}$ 与观测方向 $\vec{r}_0$ 之间的夹角，并不是观测方向和坐标方向 $\vec{r}_c$ 之间的夹角。**

假如采用最简单的平行平面等密度层分布的大气模型，由（2.4.1）式知，不论中间大气分多少层，也不论每层的折射率如何变化，最后的结果只取决于最近接收器的大气层元的折射率。设最后一层元的折射率为 μ_0，光线的天顶距 θ_0；大气层外空间的折射率为 1，天体在大气层外的天顶距 θ。由（2.4.1）式建立的这种简单模型只对很小的天顶距范围近似成立，可作一些定性的讨论之用。作为一种最通常采用的近似，假设大气的等密度层为同心球层，其球心为地球中心。这样，对任何观测地点，大气的等密度层是和地面平行的同心球层。

和影响天体方向的其他因素相比，大气折射的影响的最大的特点在于其不确定性。光行差、视差、自行、光线引力弯曲等因素对天体方向的影响可以从理论上非常精确地计算出来，但大气的影响具有很大的不可模拟性，其非规律成分有时很显著。这是影响地基天体测量精度提高的主要障碍之一。地基天体测量的重要课题之一就是如何建立更合理的大气模型以及如何尽量减少观测地点附近的蒙气差中的非模型因素的影响。

§2.4.1 同心球面模型大气的蒙气差

同心球面的大气模型的基础是，假定大气的等密度层元是和地球体同心的球面，其折射率只和该层元的半径有关。如图 2.4.3，设某层元的折射率 $\mu=\mu(r)$，r 是该层元的半径，其厚度为 dr。光子由上一层元进入

该层元时的入射角是 $v+dv$，出射角 $v-d\theta$。进入下一层元的入射角 v。
对该层元的上界面，有

$$\mu\sin(v-d\theta)=(\mu+d\mu)\sin(v+dv) \qquad (2.4.3\text{-}1)$$

由 ΔCAD（其中 C 是地球质心，D 和 A 分别是光线在该层元的射入点和
射出点），$CA=CB=r$，$CD=r+dr$，有。

$$(r+dr)\sin(v-d\theta)=r\sin v \qquad (2.4.3\text{-}2)$$

将（2.4.3-2）式两边乘以 μ，并将（2.4.3-1）式代入，得

$$\mu r\sin v=(\mu+d\mu)(r+dr)\sin(v+dv) \qquad (2.4.3\text{-}3)$$

上述推导可对任意层元进行，所以得出结论：对同心球面大气模型

$$\mu r\sin v=\text{cons.} \qquad (2.4.3)$$

对（2.4.3）式求对数然后求导数

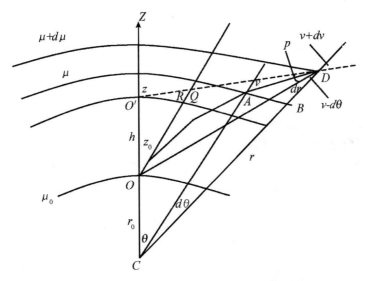

图 2.4.3　同心球大气模型的折射

$$\frac{d\mu}{\mu}+\frac{dr}{r}+\cot v\,dv=0 \qquad (2.4.4\text{-}1)$$

由 ΔABD 和 ΔCAB

$$dr=AB\cot v=rd\theta\cot v$$

所以

$$\frac{dr}{r}=\cot v\,d\theta \qquad (2.4.4\text{-}2)$$

又由于 $z = v + \theta$，所以

$$dv = dz - d\theta \qquad (2.4.4\text{-}3)$$

这里 CZ 指向天顶，z 是该层元中光线传播方向与 CZ 的夹角。将（2.4.4-2）式和（2.4.4-3）式代入（2.4.4-1）式，得到

$$dz = -\frac{d\mu}{\mu}\tan v \qquad (2.4.4\text{-}4)$$

由（2.4.3）式，并假设最近地面的层元的入射角为 z_0，有

$$\sin v = \frac{\mu_0 r_0}{\mu r}\sin z_0$$

由此式可导出

$$\tan v = \frac{\mu_0 r_0 \sin z_0}{\sqrt{\mu^2 r^2 - \mu_0^2 r_0^2 \sin^2 z_0}} \qquad (2.4.4\text{-}5)$$

将（2.4.4-5）式代入（2.4.4-4）式，得

$$dz = -\frac{d\mu}{\mu}\frac{\mu_0 r_0 \sin z_0}{\sqrt{\mu^2 r^2 - \mu_0^2 r_0^2 \sin^2 z_0}} \qquad (2.4.4)$$

这里得到的 dz 就是该层元内所发生的天文折射值，dz 为负值表明天体的观测天顶距越来越小。将（2.4.4）式代入（2.4.2）式，得到整个光行路径中产生的总蒙气差。注意到 dz 从大气外到地面的积分结果是负值，而蒙气差 R 用正值表示，

$$R = -\int_{1}^{\mu_0} dz = \int_{1}^{\mu_0} \frac{d\mu}{\mu}\frac{\mu_0 r_0 \sin z_0}{\sqrt{\mu^2 r^2 - \mu_0^2 r_0^2 \sin^2 z_0}} \qquad (2.4.5)$$

建立大气模型的目的就是要给出 μ 随 r 变化的表达式，最后将（2.4.5）式的积分算出。不同的大气模型给出的积分结果也不相同。但是，整个大气折射率与层元的高度之间的函数关系不可能用一个简单的函数就很好地模拟出来，许多理论研究设法根据大气资料给出数字解。自 17 世纪以来，许多研究者对此进行了深刻研究，建立各种大气模型。这些模型参数彼此有很大不同，但对于天顶距小于 $80°$ 的范围，各种结果都比较符合。而对于近地平的大气折射，不同模型的结果差异较大。

§2.4.2 大气折射表达式

令

$$r / r_0 = 1 + s$$
$$\mu_0 = 1 + x$$

将（2.4.5）式展开，舍弃高阶项，最后可以得到

$$R = R_1 - R_2$$

其中

$$R_1 = (\mu_0 - 1)\tan z_0 + \tfrac{1}{2}(\mu_0 - 1)^2 \tan^3 z_0 \qquad (2.4.6)$$

$$R_2 = (\mu_0 - 1)\frac{H_0}{r_0}\tan z_0 \sec^2 z_0 \qquad (2.4.7)$$

上式中 H_0 的含义是，在标准大气状况下，假如整个大气的密度是均匀的，且等于地面的密度，H_0 就是这假想的等效均质大气的高度。将地面大气的有关物理参数代入（2.4.6）式和（2.4.7）式，得到在标准状况下（北纬45° 海平面，气温 0℃，气压 1013.25mb）的近似蒙气差公式为

$$R_0 = 60''.29\tan z_0 - 0''.06688\tan^3 z_0 = k\tan z_0 - k_1 \tan^3 z_0 \qquad (2.4.8)$$

实际的大气折射与观测时刻的气温、气压有关，可以表示成

$$R(T,P) = R_0 \frac{P(\text{mb})}{1013.25}\frac{273.15}{273.15 + T(℃)} \qquad (2.4.9)$$

过去通常将蒙气差和天顶距的关系编制成专门的大气折射数表供计算使用。公式（2.4.8）和（2.4.9）就是常用的正常大气折射的计算公式。在天顶距不大于 70° 时可以使用。在天顶距为 20° 以内时，只取（2.4.8）的第一项已可以满足通常的计算精度需要。对于更大天顶距的观测，有时采用项数更多的模型公式，例如

$$R_0(z) = 60''.1045\tan z - 0''.06606\tan^3 z + 0''.000174\tan^5 z$$

$$R_0(z) = 60.2293''\tan z - 0.06560\tan^3 z + 0.00016113\tan^5 z - 2.87 \times 10^{-7}\tan^7 z$$

$$R_0(z) = 60''.30\tan z - 6''.6987 \times 10^{-2}\tan z \sec^2 z + 2''.131 \times 10^{-4}\tan z \sec^4 z$$

$$\qquad - 1''.369 \times 10^{-6}\tan z \sec^6 z + 0''.978 \times 10^{-8}\tan z \sec^8 z$$

$$\qquad - 0''.888 \times 10^{-10}\tan z \sec^{10} z + 0''.961 \times 10^{-12}\tan z \sec^{12} z$$

等。但无论怎样复杂的公式，在天顶距大于 80° 的时，计算值和实际情况都难免有较大的差异。所以天体测量通常回避天顶距过大的目标的观测。然而在一些实际工程中无法回避超大天顶距目标的观测，所以研究近地平的大气折射的实际规律有重要的应用意义。

§2.4.3 折射偏转的矢量表达

过去在许多文献中，限定词"视"和"真"的使用存在交叉和重叠，例如称已经消除大气折射影响的天顶距为"真天顶距"，而和真天顶距对应的天体位置却称作"视位置"。有的称消除大气折射影响后的天体方向为真方向，但也有的地方又称之为视方向，等等。本书中放弃了这些术语，只用光子的初始方向的反方向和观测方向描述光子运动方向的偏转。本节的叙述中涉及三个单位矢量：光子初始方向的反方向 $\vec{c}$、观测方向 $\vec{r}_O$ 以及坐标方向 $\vec{r}_C$。在讨论大气折射效应时，我们不考虑光行差效应，所以相对于坐标静止观测者的站心坐标方向 $\vec{r}_C$ 来描述大气折射。和图 2.4.2 联系起来，它们是

$$\vec{r}_C = <\overrightarrow{OS}>$$
$$\vec{r}_O = <\overrightarrow{OT}> \qquad\qquad (2.4.10)$$
$$\vec{c} = <\overrightarrow{O'S}>$$

在同心球模型中，这三个方向共面并且和测站的天顶方向 $\vec{z}$ 共面，这里称这个平面为大气折射的**偏转平面**。其中 $\vec{r}_O$ 和 $\vec{c}$ 夹角是总折射偏转角 R，$\vec{r}_C$ 和 $\vec{c}$ 的交角称为**折射视差角** p。下面讨论这几个方向在不同坐标系中的描述方式。

正常折射偏转仅发生在过天体的地平经圈内。天体的方位不变，只改变天顶距。为此建立折射偏转坐标系 $[Z_r] = [\vec{x}_r \quad \vec{y}_r \quad \vec{z}]$，其 $\vec{z}$ 轴指向天顶方向，$\vec{x}_r$ 为地平面和折射偏转平面的交线，指向近天体的方向，三轴成右手系。

由图 2.4.2 看到，观测方向的天顶距为 z_0，天体站心坐标方向的天顶距为 z。并且

$$z = z_0 + R - p \qquad\qquad (2.4.11)$$

在 z_0 已经由观测得到时，各矢量的表达式可用

$$\vec{r}_C = \sin(z_0 + R - p)\vec{x}_r + \cos(z_0 + R - p)\vec{z}$$
$$\vec{r}_O = \sin z_0 \vec{x}_r + \cos z_0 \vec{z} \qquad\qquad (2.4.12)$$
$$\vec{c} = \sin(z_0 + R)\vec{x}_r + \cos(z_0 + R)\vec{z}$$

由此消去 $\vec{x}_r$，得到

$$\vec{c} = \frac{1}{\sin z_0}[\sin(z_0 + R)\vec{r}_O - \sin R\vec{z}]$$

$$\qquad\qquad (2.4.13)$$

$$\vec{r}_C = \frac{1}{\sin(z_0 + R)}[\sin(z_0 + R - p)\vec{c} + \sin p\vec{z}]$$

由此可以从观测方向 $\vec{r}_o$ 得到天体的坐标方向 $\vec{r}_c$ 。

又若 z 已由历表计算得到，各矢量表达式可表示为

$$\vec{r}_C = \sin z \vec{x}_r + \cos z \vec{z}$$
$$\vec{r}_O = \sin(z - R + p)\vec{x}_r + \cos(z - R + p)\vec{z} \qquad (2.4.14)$$
$$\vec{c} = \sin(z + p)\vec{x}_r + \cos(z + p)\vec{z}$$

用（2.4.14）式的前两式消去 $\vec{x}_r$ ，得到

$$\vec{c} = \frac{1}{\sin z}[\sin(z + p)\vec{r}_C - \sin p \vec{z}]$$
$$\vec{r}_O = \frac{1}{\sin(z + p)}[\sin(z - R + p)\vec{c} + \sin R \vec{z}] \qquad (2.4.15)$$

由此可以从天体的坐标方向 $\vec{r}_C$ 得到观测方向 $\vec{r}_o$ 。这里，只剩下折射视差 p 的表达式还没有给出。对于遥远天体， p 可忽略。对于近距天体，需要考虑 p 。 p 的含意可以这样理解：当对近距天体参考于遥远天体作照相观测时，若两星像重合，表明二者的光子初始方向 $\vec{c}$ 相同，光子到达方向才会重合。然而这时二者的坐标方向 $\vec{r}_C$ 却是不同的，二者之差就是 p 值。

图 2.4.3 中，OO' 是大气折射引起的光线传播方向变化在垂线方向的产生的高度差 h 。大气折射主要发生在 40km 以下的高度，40km 以上大气的作用基本可以忽略。各类天体的距离都远大于 40km 。因此，可以认为所有各类天体，其光程均穿过整个大气层。因此 OO' 的大小与天体到观测者的距离无关，只与其天顶距有关。设地球质心为 C ，观测点的地心距离 $CO = r_0$ ，则 $CO' = r_0 + h$ 。对同心球大气模型，由（2.4.3）式，有

$$\mu_i r_i \sin z_i = \text{cons.}$$

将此式用于大气最下一层和最上一层，有

$$\mu_0 r_0 \sin z_0 = (r_0 + h)\sin(z_0 + R)$$

由此得到

$$\frac{\mu_0 \sin z_0}{\sin(z_0 + R)} = 1 + \frac{h}{r_0} \qquad (2.4.16)$$

于是可以求出 h 值。例如对 $z_0 = 80°$ ， $R \approx 330''$ ，又 $\mu_0 = 1.0002927$ ，代入（2.4.16）式，得到 $h(z_0 = 80°) = 108.5m$ 。天顶距越小， h 值也越小。由图 2.4.3 中的 $\Delta ODO'$ ，用

$$\sin p = \frac{h}{r}\sin(z_0 + R) \qquad (2.4.17)$$

可求出 p 。对于站心距离几千 km 的人造卫星，由此引起的折射视差 p 为

几至几十个角秒。对于月球，此角仅百分之几角秒。对行星距离尺度以外的天体，p 值可忽略。

综合上述，用（2.4.13）式、（2.4.15）式和（2.4.16）式，已知观测方向的天顶距，可求出天体的站心坐标方向的天顶距以及光子初始方向的天顶距。反之亦然。此过程中，天体的方位角保持不变。由此给出大气折射引起的方向偏转在右手（北点为第一轴，西点为第二轴）地平坐标系中的表达方式为（见图 2.4.2）

$$\vec{r}_C = [Z]\begin{pmatrix} \cos A \sin(z_0 + R - p) \\ \sin A \sin(z_0 + R - p) \\ \cos(z_0 + R - p) \end{pmatrix}$$

$$\vec{c} = [Z]\begin{pmatrix} \cos A \sin(z_0 + R) \\ \sin A \sin(z_0 + R) \\ \cos(z_0 + R) \end{pmatrix} \qquad (2.4.18)$$

$$\vec{r}_O = [Z]\begin{pmatrix} \cos A \sin z_0 \\ \sin A \sin z_0 \\ \cos z_0 \end{pmatrix}$$

或

$$\vec{r}_C = [Z]\begin{pmatrix} \cos A \sin z \\ \sin A \sin z \\ \cos z \end{pmatrix}$$

$$\vec{c} = [Z]\begin{pmatrix} \cos A \sin(z - p) \\ \sin A \sin(z - p) \\ \cos(z - p) \end{pmatrix} \qquad (2.4.19)$$

$$\vec{r}_O = [Z]\begin{pmatrix} \cos A \sin(z - R + p) \\ \sin A \sin(z - R + p) \\ \cos(z - R + p) \end{pmatrix}$$

通过坐标变换，容易给出在任何其他坐标系中的方向矢量表达式。

§2.4.4 大气色散的影响

以上诸多篇幅推导的是大气对光线传播方向的影响，即天文折射。对于各种光学的测量方向的技术，测量结果都受到这种影响。

另一方面，大气对不同波长的光线产生不同程度的折射，因此造成星象的色散。波长越短，折射率越大。因此，色散效应使得一个本应是点状的星像拉长成一个沿地平经圈分布的小光谱，其紫端在上，红端在下。色散的后果可以归结如下：

对于一定的天顶距，大气色散将引起不同光谱型天体的测量结果间产生系统性的差异，这称为光谱型差。光谱型差产生的原因是不同光谱型的天体的等效波长不同。在蒙气差表达式 $R = A\tan z_0 - B\tan^3 z_0$ 中，系数 A 和 B 与波长的关系如表 2.4.1：

表 2.4.1　折射系数与波长的关系

λ (μm)	A (″)	B (″)
0.40	61.43	0.0680
0.45	60.95	0.0675
0.50	60.61	0.0672
0.55	60.37	0.0670
0.60	60.18	0.0668
0.65	60.04	0.0666
0.70	59.92	0.0665

由此表可见，红端和紫端的系数 A 约相差 1″.5。在 60° 天顶距处，光谱两端的天顶距差接近 3″；在地平高度 5° 时，这项差异将近 20″。这是一项不能忽略的系统性差异，特别在观测目标的天顶距较大的情况下。

不难理解，无论目视观测、照相观测还是光电观测，接收器测量到的天体位置是其星像光谱的能量中心的位置。不同光谱型的恒星的能量中心所对应的等效波长不同，于是形成同一种接收器观测不同光谱型的目标时产生光谱型差。另一方面，不同的接收器对不同波长的光的灵敏度不同。因此不同接收器对同一个天体，其接收到的能量的等效波长也不同，其测量的结果也不同。由此造成不同接收器之间的与光谱型有关的系统差。天体的等效波长 λ_e 可以表示成

$$\lambda_e = \frac{\int_{\lambda_{\min}}^{\lambda_{\max}} \lambda \Phi(\lambda, S) P(\lambda, z) \phi(\lambda) d\lambda}{\int_{\lambda_{\min}}^{\lambda_{\max}} \Phi(\lambda, S) P(\lambda, z) \phi(\lambda) d\lambda} \qquad (2.4.20)$$

其中，$\Phi(\lambda, S)$ —天体辐射的分光强度；$P(\lambda, z)$ —大气透射率；$\phi(\lambda)$ —接收器的分光灵敏度；S —天体的光谱型；z —被测天体的天顶距。研究给出不同光谱型的恒星的等效波长列于表 2.4.2。由表可见，对于目视观测，不同光谱型的恒星的等效波长相差较小，约 0.02 μm。相应的大气折射系数 A 之差的范围约 0″.2。对光电接收器，不同光谱型的恒星的等效波长则相差较大，约 0.12 μ。相应的 A 值之差的范围最大可达到 0″.5。

所以光电观测的光谱型差比目视观测的更大。

由于折射系数 A 的光谱型差最终引起的大气折射量的差异与天顶距有关，因此当同样接收器在不同的天顶距观测同一恒星时，其影响不同，造成一个星不同观测结果之间彼此符合程度降低。

对于照相观测，由于光谱型的差异，使得底片范围内部各目标的内部符合程度降低。

表 2.4.2　　不同光谱型恒星的等效波长

光谱型	等效波长 λ_e（μ）	
	目视	光电接收器
B	0.5056	0.4998
A_0	0.5076	0.5126
F_0	0.5107	0.5295
G_0	0.5134	0.5442
K_0	0.5157	0.5567
M_0	0.5233	0.5920
N	0.5255	0.6154

当照相观测暗星时，有时观测持续时间较长。这时天体的天顶距发生显著的变化，光谱型差处在动态变化的情况下。这将使得上述各种影响更加复杂化。对于天体测量观测，通常在接收器前放置滤光片，其作用是只让某一波段的光通过。这样，不同颜色的恒星所通过的光仍然是同一波段的，避免不同颜色恒星间的测量系统差。一般照相观测使用几种不同波段的滤光片，在几个不同波段作观测。

§2.5　观测方向和历表方向关系的归纳

综合本章前面各节，同一时刻天体的观测方向和历表方向的差异由以下原因引起：观测者位置变化引起的视差位移、观测者坐标速度引起的光行差效应、光子传输过程中的弯曲效应。实际工作中需要处理的问题有正反两条流程：从观测所得的方向，导出实测的历表方向；或从已知的历表方向预测相应的观测方向。图 2.5.1 概括了这两种互逆的流程。该流程有两个分支，一个是在地心系描述，一个在太阳系质心系中描述。

如果在地心系中描述太阳系天体且不考虑大气折射，本征方向和地心历表方向之间相差周日视差和周日光行差。如果在质心系中描述，本征方向和质心历表方向的差异中包含周日和周年视差，以及周日和周年光行差。

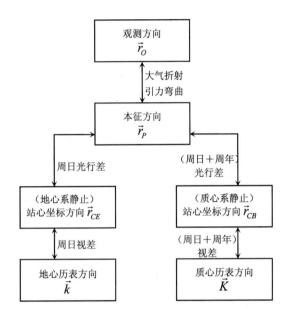

图 2.5.1 天体各类方向间的关系

如果在地心系中观测人造卫星和背景恒星，人造卫星的动力学方程需在地心系中描述，其本征方向和历表方向间只相差周日光行差和周日视差。这时如果要将卫星方向和恒星的方向作较差测量，也应该把恒星的质心历表方向换算到地心系中的历表方向，也就是在质心历表方向中加进周年光行差和周年视差的影响。总而言之要注意到，相对于哪个坐标系描述被测目标，就应在哪个坐标系中考虑光行差和视差的换算，而不是考虑哪类天体需要考虑哪些光行差和视差因素。

对于地基的测量，还有大气折射和光行差两方面影响的修正顺序问题。先修正光行差或先修正大气折射，对最后结果的影响可能达到 3mas。如果采用矢量计算表达式，可以从坐标方向出发，分别计算两者的改正量。如果采用球面坐标表达式，通常先在赤道坐标系中计算光行差，然后变换到地平坐标系计算大气折射改正。对于地面观测，由此造成的差异予以忽略。对空间天体测量则没有这个问题。

第三章　天体视向参数的描述

过去很长时期，地基天体测量的测定值都是由方向测量技术得到的星站矢量的横向信息。上一章着重阐述了和方向的描述有关的问题。20世纪60年代以来，出现了一系列现代测量技术，它们能精确地测定近距目标星站间的光行时、光行时变化率，或测量一个目标（遥远的或近距的）的信号到两站的较差光行时。方向测量的基本工具是量尺，例如子午式望远镜的度盘是弯曲的量尺，照相底片的定标是用坐标量度仪的刻度作为量尺实现的，CCD测量是用像素的阵列作为量尺实现的。光行时测量的基本工具是标准时钟。对于地基的方向测量，鉴于量尺读数分辨率、望远镜焦距长度以及大气折射因素的限制，更加上量度坐标系本身精确定向的困难，其测量精度的难以突破 10mas。而光行时的测量借助于高精度的时频标准，时间间隔的测量精度可以达到10^{-12}s，换算到地面上的距离测量精度相当于10μas。这远好于方向测量的精度水平。更加上光行时测量不需要参照一个地方的量度坐标系，其间接测量原理可以将许多系统误差与测量的目标参量同时解出，使得实际精度得到进一步提高。因此，从20世纪80年代起，在地球定向参数测量、天球参考架和地球参考架建立等方面，光行时的测量方法全面取代了方向测量方法。作为新一代的天体测量方法，光行时测量中的有关信息的分析和描述也成为本书必不可少的部分。

§3.1　几何光行时

设在地心天球坐标系中，天体在光子离开时的地心历表位置为$\vec{s}(t_e)$；观测者i在光子到达时的相应的位置为$\vec{x}_i(t_i)$，其中t_e、t_i是地心坐标系的坐标时。在无介质的欧氏空间中，该光子传播经过的光行时为

$$c(t_i - t_e) = |\vec{s}(t_e) - \vec{x}_i(t_i)| \qquad (3.1.1)$$

在许多情况下，需要将目标天体的站心距$|\vec{s}(t_e) - \vec{x}_i(t_i)|$展开成天体的地心距$s(t_e)$和观测者的地心距$x_i(t_i)$的级数形式。为书写简便，坐标矢量的时刻不

再标出。目标的瞬时站心距可展开为

$$|\vec{s}(t_e) - \vec{x}_i(t_i)| = [(\vec{s} - \vec{x}_i) \cdot (\vec{s} - \vec{x}_i)]^{1/2} = [s^2 - 2\vec{s} \cdot \vec{x}_i + x_i^2]^{1/2}$$

$$= s[1 + ((\frac{x_i}{s})^2 - \frac{2\vec{s} \cdot \vec{x}_i}{s^2})]^{1/2} \cdots \qquad (3.1.2)$$

将其右端展开成幂级数，并用 $\vec{k} = \dfrac{\vec{s}}{s}$ 表示目标天体的地心历表方向

$$|\vec{s}(t_e) - \vec{x}_i(t_i)| = s\{1 + \frac{1}{2}[(\frac{x_i}{s})^2 - \frac{2\vec{k} \cdot \vec{x}_i}{s}] - \frac{1}{8}[(\frac{x_i}{s})^2 - \frac{2\vec{k} \cdot \vec{x}_i}{s}]^2$$

$$+ \frac{1}{16}[(\frac{x_i}{s})^2 - \frac{2\vec{k} \cdot \vec{x}_i}{s}]^3 - \frac{5}{128}[(\frac{x_i}{s})^2 - \frac{2\vec{k} \cdot \vec{x}_i}{s}]^4 \qquad (3.1.3)$$

$$+ \frac{7}{256}[(\frac{x_i}{s})^2 - \frac{2\vec{k} \cdot \vec{x}_i}{s}]^5 - \frac{21}{1024}[(\frac{x_i}{s})^2 - \frac{2\vec{k} \cdot \vec{x}_i}{s}]^6$$

$$+ \frac{33}{2048}[(\frac{x_i}{s})^2 - \frac{2\vec{k} \cdot \vec{x}_i}{s}]^7 - \frac{429}{32768}[(\frac{x_i}{s})^2 - \frac{2\vec{k} \cdot \vec{x}_i}{s}]^8 + \ldots\}$$

将其中的 1、2 阶项展开合并，得

$$1 + \frac{1}{2}[(\frac{x_i}{s})^2 - \frac{2\vec{k} \cdot \vec{x}_i}{s}] - \frac{1}{8}[(\frac{x_i}{s})^2 - \frac{2\vec{k} \cdot \vec{x}_i}{s}]^2$$

$$= 1 + \frac{1}{2}(\frac{x_i}{s})^2 - \frac{\vec{k} \cdot \vec{x}_i}{s} - \frac{1}{8}(\frac{x_i}{s})^4 + \frac{1}{2}(\frac{x_i}{s})^2 \frac{\vec{k} \cdot \vec{x}_i}{s} - \frac{1}{2}(\frac{\vec{k} \cdot \vec{x}_i}{s})^2 \qquad (3.1.4)$$

$$= 1 - \frac{\vec{k} \cdot \vec{x}_i}{s} + \frac{1}{2}(\frac{|\vec{k} \times \vec{x}_i|^2}{s^2}) - \frac{1}{8}(\frac{x_i}{s})^4 + \frac{1}{2}(\frac{x_i}{s})^2 \frac{\vec{k} \cdot \vec{x}_i}{s}$$

代入（3.1.3）式，可表示成

$$|\vec{s} - \vec{x}_i| = s - \vec{k}'\vec{x}_i + \frac{|\vec{k} \times \vec{x}_i|^2}{2s} + f_i$$

$$= s - \vec{k}'\vec{x}_i + \frac{[x_i^2 - (\vec{k} \cdot \vec{x}_i)^2]}{2s} + f_i \qquad (3.1.5)$$

其中

$$f_i = s\{-\frac{1}{8}(\frac{x_i}{s})^4 + \frac{1}{2}(\frac{x_i}{s})^2 \frac{\vec{k}'\vec{x}_i}{s}$$

$$+ \frac{1}{16}[(\frac{x_i}{s})^2 - \frac{2\vec{k} \cdot \vec{x}_i}{s}]^3 - \frac{5}{128}[(\frac{x_i}{s})^2 - \frac{2\vec{k} \cdot \vec{x}_i}{s}]^4$$

$$+ \frac{7}{256}[(\frac{x_i}{s})^2 - \frac{2\vec{k} \cdot \vec{x}_i}{s}]^5 - \frac{21}{1024}[(\frac{x_i}{s})^2 - \frac{2\vec{k} \cdot \vec{x}_i}{s}]^6 \qquad (3.1.6)$$

$$+ \frac{33}{2048}[(\frac{x_i}{s})^2 - \frac{2\vec{k} \cdot \vec{x}_i}{s}]^7 - \frac{429}{32768}[(\frac{x_i}{s})^2 - \frac{2\vec{k} \cdot \vec{x}_i}{s}]^8 + \ldots\}$$

是小量 $\dfrac{x_i}{s}$ 的高到 8 阶项的级数表达式。在（3.1.5）式中，右端第一项 s 是目标的地心历表位置的欧氏模，为光程表达式中的主项；第二项是测站坐标矢量在目标的历表方向的投影；第三项是目标天体的视差位移对距离影响中的一次项，f_i 是其高阶项。对于不同距离的目标：

若 $s \to \infty$（河外目标），（3.1.5）式只有 1、2 两项，其余皆为 0。

$$| \vec{s} - \vec{x}_i | = s - \vec{k}' \vec{x}_{oi} \qquad (3.1.7)$$

但这种情况在实际观测中并不存在，因为其光行时为无穷大。

对于恒星际距离尺度的目标，取到（3.1.6）式的 1 阶小量即只考虑视差的一次项

$$| \vec{s} - \vec{x}_i | = s - \vec{k} \cdot \vec{x}_i + \frac{| \vec{k} \times \vec{x}_i |^2}{2s} \qquad (3.1.8)$$

恒星际空间中的测距观测实际也不可行，**利用毫秒脉冲星的天然信号，可以推算从目标源来的信号在行星际空间到达时刻的变化**。这时需要在质心坐标系中采用（3.1.8）式的形式进行计算。（3.1.8）式是太阳系外目标的站心距离最常见的表达式。（3.1.8）式又常常写成

$$| \vec{s} - \vec{x}_i | = s - \vec{k} \cdot \vec{x}_i + \frac{1}{2s}[x_i^2 - (\vec{k} \cdot \vec{x}_i)^2] \qquad (3.1.9)$$

的形式。

对于行星距离尺度的空间，地球直径和目标距离之比为 10^{-4} 量级，可取到 f_i 中的 3 阶项，

$$| \vec{s} - \vec{x}_i | = s - \vec{k} \cdot \vec{x}_i + \frac{| \vec{k} \times \vec{x}_i |^2}{2s}$$
$$+ s\{ -\frac{1}{8}(\frac{x_i}{s})^4 + \frac{1}{2}(\frac{x_i}{s})^2 \frac{\vec{k} \cdot \vec{x}_i}{s} + \frac{1}{16}[(\frac{x_i}{s})^2 - \frac{2\vec{k} \cdot \vec{x}_i}{s}]^3 \} \qquad (3.1.10)$$

在月球距离尺度，地球直径与目标距离之比约 1/30，级数 f_i 需取到 6 阶项。

在近地空间，地球直径与目标距离之比约 1/10，需要展开到 8 阶项，即（3.1.6）式全部。

$\Delta t_g = (t_i - t_e)$ 为天体到观测者之间的几何光行时。将实际观测得到的光行时 Δt 表示成

$$\Delta t = \Delta t_g + \Delta t_{phys} + \Delta t_{inst} \qquad (3.1.11)$$

其中，Δt_{phys} ——由外界物理环境引起的附加时延。例如引力场产生的引力

时延、大气和电离层引起的介质时延等，本书统称之为物理时延。

Δt_{inst} —与观测仪器和观测方法有关的各种系统误差，如信号传输电缆中产生的传输时延、时钟的读数和钟速误差等产生的时延观测值中的附加成分等。

本章将叙述与具体观测设备无关的物理时延，也就是在信号到达观测仪器之前的传输过程中发生的时延。对于和具体观测设备有关的时延，也就是在信号被接收和记录过程中发生的时延，将在第十章讨论。

§3.2　物理时延

现在考虑的物理时延主要包括引力时延和介质时延两项。

§3.2.1　引力时延

测距目的所做的光行时测量中，涉及两方面的相对论问题。

其一，时钟所记录下的时间间隔属于何种时间尺度（秒长），是原时还是某坐标系的坐标时？理论上讲，时钟的读数应该是原时。但实际上观测的时钟往往都是跟随地球时 TT 的，这就是坐标时。

其二，在引力场中光速将减慢，光程将弯曲，因而产生引力时延。引力时延取决于引力体的质量以及光源、观测者和引力体三者的位置关系。对于太阳系内的光源，引力时延的表达式为

$$\Delta t_{Gra} = \frac{2GM}{c^3} \ln \frac{r_s + r_o + \rho}{r_s + r_o - \rho} \tag{3.2.1}$$

对于太阳系外的光源，引力时延的表达式为

$$\Delta t_{Gra} = -\frac{2m}{c} \ln(r_o + \vec{k} \cdot \vec{r}_o) \tag{3.2.2}$$

式中 r_s, r_o 分别是光源和观测者到引力中心的欧氏距离，ρ 是观测者与光源之间的欧氏距离，$\vec{k} \cdot \vec{r}_o$ 是观测者相对于引力体的坐标矢量在光源的坐标方向的投影。

时间记录中的相对论效应早已是必需考虑的因素之一。要说明这方面问题需要较多的篇幅，这将在第十二章详细讨论。

§3.2.2 介质时延

1. 对流层时延

当光子进入大气层时，大气介质影响到光子的传播路径和速度，因此产生了附加时延。设光子在其实际路径的线元 ds 上的传播速度为 c_n，在真空中速度 c，由此引起的光程差为

$$\varepsilon = \int \frac{c}{c_n} ds - \int ds \tag{3.2.3}$$

其中第一项是光子的实际运行时间与真空中光速的乘积，称为等效光程。后一项 $\int ds$ 是几何光程。大气的作用使得光速减慢，因此等效光程大于几何光程，导致了光子到达时间的延迟。通常 ε 采用 θ_0 的某种经验函数描述，例如

$$\varepsilon = (B_1 + v_0 W_m)\sec\theta_0 + B_2 \sec\theta_0 \tan^2\theta_0 \tag{3.2.4}$$

其中，参数 B_1、B_2 与波长和气温有关，代表天顶方向的时延系数。v_0 是观测时刻的相对湿度，W_m 是饱和水汽造成天顶方向的等效光程增加量，它和气温以及信号的波段有关。对可见光和无线电波，W_m 的值分别为毫米级和分米级，相差两个量级。其数值和温度的关系举例如下表 3.2.1。θ_0 是天体的天顶距。由（3.2.4）式可计算出任意天顶距的时延 ε。在标准大气情况下，对射电波段，经验系数具有下面形式。

$$\begin{aligned} B_1 &= [2.3060 + 2\times10^{-5}(T_0 - 273.15)]\text{m} \\ B_2 &= [-0.0022 - 1\times10^{-5}(T_0 - 273.15)]\text{m} \end{aligned} \tag{3.2.5}$$

由此估计附加光程的量级，在 $T_0 = 303.15\text{K}$ 情况下，$W_m = 0.5\text{m}$。假设 $\theta_0 = 70°$，湿度 $v_0 = 100\%$，由此计算出 $\varepsilon = 8.204\text{m}$。

除了影响信号传播速度外，中性大气对信号传播方向的折射作用还使得光子的传播路径发生弯曲，由此产生的附加光程为

$$\delta l = \int ds - \left| \vec{S} - \vec{S}_0 \right| = \delta_1 l + \delta_2 l \tag{3.2.6}$$

其中 $\vec{S}$，$\vec{S}_0$ 分别是天体和测站的地心位置矢量。对于球对称的大气模型，在中等天顶距情况下，有经验公式

$$\delta_1 l \approx -\frac{2.7\sec^2\theta_0 \tan^2\theta_0}{\left| \vec{S} - \vec{S}_0 \right|}(\text{m}) \tag{3.2.7}$$

$$\delta_2 l \approx 2.7\times10^{-5}\sec\theta_0 \tan^2\theta_0 (\text{m}) \tag{3.2.8}$$

表 3.2.1　饱和水汽的天顶延迟和温度的关系

绝对温度	W_m（米）	
	可见光	射电波
273.15	0.8×10^{-3}	0.0686
278.15	1.1×10^{-3}	0.0985
283.15	1.6×10^{-3}	0.1392
288.15	2.3×10^{-3}	0.1943
293.15	3.2×10^{-3}	0.2676
298.15	4.5×10^{-3}	0.3642
303.15	6.1×10^{-3}	0.4903

不难看到，当天体的地平高度在 $10°$ 以上时，这两项的影响可以忽略。因此，大气时延的主项是光速变化引起的时延 ε。由上述各项之和，得到模型计算的中性大气时延

$$\Delta t_{atm} = \frac{1}{c}(\varepsilon + \delta l_1 + \delta l_2) = \frac{1}{c}\Big[(B_1 + v_0 W_m)\sec\theta_0$$
$$- \frac{2.7\sec^2\theta_0\tan^2\theta_0}{|\vec{S} - \vec{S}_0|} + (B_2 + 2.7\times10^{-5})\sec\theta_0\tan^2\theta_0\Big] \qquad (3.2.9)$$

上式是在球对称假设下大气折射造成的附加时延的一种模型，和天体的天顶距有直接关系。大气折射的影响是非常复杂的，它和观测信号的频率、温度、气压、湿度等有关。有许多种模型被用来拟合大气时延。通常把实际的时延表示成地方天顶方向的时延 Δt_{atm}^0 乘以一个与天顶距有关的映射函数 $R(\theta_0)$

$$\Delta t_{atm} = \Delta t_{atm}^0 \cdot R(\theta_0) \qquad （3.2.10）$$

不同作者采用不同形式的 $R(\theta_0)$，例如 Marrini 的公式

$$R(\theta_0) = \frac{B_1}{\dfrac{A_1 + B_1}{\cos\theta_0 + 0.01}}$$

Chao 的公式

$$R(\theta_0) = \frac{1}{\cos\theta_0 + \dfrac{A_2}{\cot\theta_0 + B_2}}$$

以及各种更为复杂的公式等。上面各式中的参数 A_1、B_1、A_2、B_2 等，由某些经验公式计算，或从观测数据中解出。所有这些公式，对中等天顶距的观测差别很小。对 80° 以上的天顶距则有明显差别。无论如何，用模型描述多变的大气折射，对大天顶距仍然不是非常理想的。

2. 电离层的附加时延

电离层是地球大气的最上层。电离层向上和行星际空间之间没有明显的界限 。一般说来，在 800km 高度以上，空气已极其稀薄，和行星际空间几乎没有差异。在太阳辐射出的高能粒子的作用下，电离层空气的原子被不同程度地电离成带电粒子。电离层含有很多自由电子，对无线电波的传输有显著影响。

电离层中自由电子的存在影响着无线电波的折射率，因而也产生附加时延。和底层的中性大气不同，无线电波在电离层中的折射率不是由气体密度决定的，而是由电子密度决定的。这个关系可以近似表示成

$$n = 1 - \frac{40.3N_e}{v^2} \text{(相折射率)}$$

$$n_g = 1 + \frac{40.3N_e}{v^2} \text{(群折射率)}$$

$$(3.2.11)$$

其中，N_e 是每立方米空间中所含的电子数目，v 是无线电波的频率。这里的"相"（phase）折射率以及"群"（group）折射率的概念与相速度和群速度概念相关。所谓相速度，指的是单一频率的波的传播速度。但是实际存在的波都不可能是理想的单频波，由于各不同频率的成分运动快慢不一致，介质将使得这个（或这些）波发生色散。但假若这个波是由一群频率差别不大的简谐波组成，这时在相当长的传播途中它们仍将维持为一个整体，以一个固定的速度运行。这个特殊的波群称为"波包"，这种波包的速度称为群速度。与这两种速度相应的折射率分别就是相折射率和群折射率，相应的延迟分别是相延迟和群延迟。一个单频的简谐波是不能传递任何信息的，信息总是由一组单频的波所构成的特定波形表达的，所以平常所说的信号传播速度都是指的群速度。

在低层大气中，几乎没有自由电子，因此没有电子折射，只有光学折射。在电离层，空气十分稀薄，几乎没有光学折射，但却有电子折射。因此在讨论折射引起的附加时延时，可把中性大气和电离层看成是互不重叠的两介质层。在电离层中电子密度的分布是多变的，和一天中的不

同时刻、一年中的不同季节和日期以及一个太阳周中的不同相位都有关系。出现最大电子密度 N_{max} 的大气高度 h_{max} 大约在 250～400km。典型的 N_{max} 为 $10^{12}/m^3$，并在一个量级内起伏。实际 N_e 和 N_{max} 的关系可以用经验模型表示为

$$N_e = N_{max}C(x) \qquad (3.2.12)$$

其中

$$C(x) = \exp\left[\tfrac{1}{2}(1-x-e^{-x})\right] \qquad (3.2.13)$$

$$x = \frac{1}{H}(|\vec{S}|-|\vec{S}_0|-h_{max}) \qquad (3.2.14)$$

模型参数取 $h_{max}=300\text{km}$，$H=39\text{km}$。（3.1.14）式意味着，在测站天顶方向，在 300km 地面高度，$x=0$ 处，$C(x)$ 为最大。到 1000 km 高度，约减小到最大值的 10^{-4} 倍。在 300km 高度以下，电子密度迅速减小。当下降了 $3H$ 时，电子密度减小到最大值 10^{-5} 倍。由此模型，可以计算电离层的模拟折射率 n（或 n_g）。和光学折射的情况相似，电子折射对光行时的影响也由两部分组成：无线电波速度变化引起的附加光程 ε_e 和路径弯曲引起的附加光程 δl_e，理论描述为

$$\varepsilon_e = \int_{|\vec{S}_2|}^{|\vec{S}_1|} (n-1)\sec\theta d|\vec{S}| \qquad (3.2.15)$$

$$\delta l_e = \int_{|\vec{S}_2|}^{|\vec{S}_1|} (1-\cos\gamma)\sec\theta d|\vec{S}| + (1-\cos\gamma_0)\int_{|\vec{S}_0|}^{|\vec{S}_2|} \sec\theta d|\vec{S}| \qquad (3.2.16)$$

式中的 θ 是信号路径上某点的切线和观测点铅垂线方向的夹角，γ 是信号离开光源时的方向与路径上某点的方向之间的累积偏转，γ_0 是在整个电离层中的总偏转。$\vec{S}_1$、$\vec{S}_2$、$\vec{S}_0$ 分别是信号源、信号路径上一个点以及观测者的地心矢量。在一般情况下，δl_e 是 0.1m 量级，ε_e 则大得多，对于大天顶距信号，可能达到 100m 量级。

电离层附加时延直接和路径上的电子密度相关。假定电离层也是球对称形式的，和中性大气的折射模型的建立方式相类似，用一个天顶延迟量和一个映射函数作出模拟。

电离层延迟虽然也可以用模型来计算，但是由于电子密度的多变性，模型计算的延迟和实际延迟的偏差有时很显著。目前，高精度的无线电测距观测大多是用多波段工作频率同时观测以解出电离层延迟量。人工的无线电信号的工作频率划分成一系列波段。但由于大气对

电波选择性吸收，只有一部分波段的信号能够通过大气层传到地面。这些波段的频率和波长的范围摘录于表 3.2.2。对于 VLBI 技术，常用的工作频率是 X 波段（$f_x = 8.4\text{GHz}$，波长 3.5cm）和 S 波段（$f = 2.3\text{GHz}$，波长 13cm）。

电离层延迟与中性大气延迟不同。中性大气延迟在厘米波段一般与频率无关；但电离层延迟与频率密切相关，它近似与频率平方成反比，可以表示成

$$\Delta t_{ionf} = 1.34 \times 10^{-9} f^{-2} D \quad (\text{ns}) \tag{3.2.17}$$

（3.1.17）式中 D 是信号路径上的电子总含量，以电子含量单位 $TECU$ 为单位，f 是信号的频率，Δt_{ionf} 是相应的时延。

在物理时延中，有电离层时延这样既与频率有关同时又与其他物理条件（电子含量）有关的项，也有与频率无关的项 Δt_{nf}（例如钟差钟速引起的时延记录误差），还可能有只与频率有关的稳定的项 Δt_f。这样观测时延可以一般的表示成

$$\Delta t(f) = \Delta t_g + \Delta t_{ionf} + \Delta t_f + \Delta t_{nf}$$

表 3.2.2　能穿过地球大气的无线电波厘米波段

波段代号	频率范围（GHz）	波长范围（cm）
L	1.0～2.0	30～15
S	2.00～4.00	15～7.5
C	4.00～8.00	7.5～3.75
X	8.00～12.50	3.75～2.4
Ku	12.50～18.00	2.4～1.67
K	18.00～26.50	1.67～1.13
Ka	26.50～40.00	1.13～0.75

在物理时延中，有电离层时延这样既与频率有关同时又与其他物理条件（电子含量）有关的项，也有与频率无关的项 Δt_{nf}（例如钟差钟速引起的时延记录误差），还可能有只与频率有关的稳定的项 Δt_f。这样观测时延可以一般的表示成

$$\Delta t(f) = \Delta t_g + \Delta t_{ionf} + \Delta t_f + \Delta t_{nf} \tag{3.2.18-1}$$

对 x、s 波段的时延记录，假定其他物理时延已经各自作了处理，有

$$\Delta t(x) = \Delta t_g + \Delta t_{ion-x} + \Delta t_x + \Delta t_{nf}$$
$$\Delta t(s) = \Delta t_g + \Delta t_{ion-s} + \Delta t_s + \Delta t_{nf} \tag{3.2.18-2}$$

两波段的时延记录之差为

$$\Delta t(x) - \Delta t(s) = (\Delta t_{ion-x} - \Delta t_{ion-s}) + (\Delta t_x - \Delta t_s) \qquad (3.2.18-3)$$

由此可见，两波段时延记录之差的序列中，包含有变化的部分（例如电离层时延，随观测目标方向的变化和观测者的外部环境变化而变化），以及常量部分（不论是什么机制）。

将（3.2.17）式代入（3.2.18-3）式，并令

$$k_s = \frac{f_x^2}{f_s^2 - f_x^2}$$
$$\qquad (3.2.18-4)$$
$$k_x = \frac{f_s^2}{f_s^2 - f_x^2}$$

可以导出

$$\Delta t_{ion-s} = [\Delta t(x) - \Delta t(s)]k_s - (\Delta t_x - \Delta t_s)k_s$$
$$\Delta t_{ion-x} = [\Delta t(x) - \Delta t(s)]k_x - (\Delta t_x - \Delta t_s)k_x \qquad (3.2.18-5)$$

这表明，用双频观测推求电离层时延改正时，可能包括一个与波段有关的常数项。后面我们将证明，这个常数项不是可以无条件忽略的。将（3.2.18-4）式代入（3.2.18-5）式，可以得到

$$\Delta t_{ion-x} = \frac{f_s^2}{f_x^2 - f_s^2}(\Delta t(s) - \Delta t(x)) + \text{cons.} \qquad (3.2.18)$$

由两个波段的时延记录的差 $(\tau(s) - \tau(x))$ 可以解出 x 波段的电离层时延。将此式代入（3.2.18-2）式，并将各种不变项合并成一个常数项，得到

$$\Delta t_g = \Delta t(x) - \frac{f_s^2}{f_x^2 - f_s^2}[\Delta t(s) - \Delta t(x)] + \text{cons.} \qquad (3.2.19)$$

这样，通过双频的时延观测值，对 x 波段的时延作修正，得到含有常数偏差的几何时延值。其中的常数项可以并入时钟钟差另行处理。这种依靠双频观测解电离层时延的方法和用模型计算方法相比，能够更准确地反映所观测的方向上的实时变化，因此在各种无线电测距技术中得到广泛应用。而对电离层时延的物理模型拟合更主要是为了作理论研究。另外，在没有条件作双频观测时，只能通过模型拟合作电离层时延修正。当然这样的效果要差得多。

至今，大气时延和电离层时延仍是光行时测量中的主要误差源之一，许多研究课题在此领域中展开。详细评述这方面的进展超出本书的范畴。

§3.3 较差光行时

从上一节的叙述看到，一个天体发出的信号传到一个观测者的过程所经过的光行时，只和天体与观测者间的距离有关，和天体相对于观测者的方向无关。

如果在两个测站同时观测同一个天体发出的同一信号，可得到信号到达两地的光行时之差。以 VLBI 观测无穷远目标为例，信号到达两测站的时间差（时延）的原理可简单表示为

$$\Delta t = -\frac{1}{c} \vec{k} \cdot \vec{b} \tag{3.3.1}$$

式中 $\vec{b}$ 是两站间的基线矢量，$\vec{k}$ 是河外射电源的历表方向矢量。和单站的光行时测量比较，观测量和目标天体方向有关是两站较差测距的最大特点，可用来测定遥远天体的方向。这里要特别指出的是，（3.3.1）式中的射电源方向矢量 $\vec{k}$ 和基线矢量 $\vec{b}$ 一定要变换成同一个坐标系中表达的量，其中的 $\vec{b}$ 是基线两端测站在各自接收到信号时坐标位置的较差矢量,于是

$$\vec{b} = \vec{x}_2(t_2) - \vec{x}_1(t_1) = \vec{x}_2(t_1) - \vec{x}_1(t_1) + \vec{v}_2 \Delta t = \vec{b}_0 + \vec{v}_2 \Delta t \tag{3.3.2}$$

其中 $\vec{v}_2$ 是测站 2 的坐标速度。将上式代入（3.3.1），得到

$$\Delta t_g = -\frac{1}{c} \vec{k} \cdot (\vec{b}_0 + \vec{v}_2 \Delta t) \tag{3.3.3}$$

其中 Δt 是观测时延，其中含有物理时延，（3.3.3）式应表示为

$$\Delta t_g = \Delta t - \Delta t_{phy} = \frac{-1}{c} \vec{k} \cdot (\vec{b}_0 + \vec{v}_2 \Delta t) \tag{3.3.4}$$

将上式整理，得

$$\Delta t = \frac{-\frac{1}{c} \vec{k} \cdot \vec{b}_0 + \Delta t_{phy}}{1 + \frac{1}{c} \vec{k} \cdot \vec{v}_2} \tag{3.3.5}$$

上式在任何坐标系中成立。

对于有限远天体，观测时延不能写成（3.3.1）式的关系。将（3.1.2）～（3.1.10）式分别代入

$$|\vec{s} - \vec{x}_2| - |\vec{s} - \vec{x}_1| = c\Delta t_g \tag{3.3.6}$$

对于 $s = \infty$，即所谓平面波，将（3.1.7）式代入（3.3.1）式

$$|\vec{s} - \vec{x}_2| - |\vec{s} - \vec{x}_1| = c\Delta t_g$$
$$= (s - \vec{k} \cdot \vec{x}_2) - (s - \vec{k} \cdot \vec{x}_1) = -\vec{k} \cdot (\vec{x}_2 - \vec{x}_1) \tag{3.3.7}$$

这是 VLBI 最常见的原理表达式，适用于河外目标的观测。

在恒星距离尺度，将（3.1.8）式代入（3.3.1）式得

$$|\vec{s} - \vec{x}_2| - |\vec{s} - \vec{x}_1| = c\Delta t_g$$

$$= -\vec{k} \cdot (\vec{x}_2 - \vec{x}_1) + \frac{1}{2s}(|\vec{k} \times \vec{x}_2|^2 - |\vec{k} \times \vec{x}_1|^2) \tag{3.3.8}$$

右端前一项为几何时延的主项，后一项为视差的一阶项。

在更近的距离，将（3.1.5）式代入（3.3.1）式，

$$|\vec{s} - \vec{x}_2| - |\vec{s} - \vec{x}_1| = c\Delta t_g$$

$$= -\vec{k} \cdot (\vec{x}_2 - \vec{x}_1) + \frac{1}{2s}(|\vec{k} \times \vec{x}_2|^2 - |\vec{k} \times \vec{x}_1|^2) + \Delta f \tag{3.3.9}$$

其中 $\Delta f = f_2 - f_1$，f_i 由（3.1.6）式表示 。

这样，从近地空间到无穷远处，都可以用（3.3.9）式作为统一的 VLBI 观测方程。对无穷远目标，右端第二、三项为 0；对有限距离目标，将各参数的初值代入（3.1.6）式先行计算 Δf 项和视差项，然后用（3.3.9）式建立线性化的误差方程。通过迭代使得视差项和 Δf 的计算值达到足够的精度，方程实现收敛。此时，各种距离尺度的目标都可以用同样的误差方程解算，并且方程的形式也比较简单，能将遥远天体和有限距离天体的计算统一起来，甚至在两类天体的混合测量数据的综合解中可以发挥重要的作用，也为不同技术对同一天体的观测数据的综合处理发挥重要作用。

最后我们感到需要澄清一个概念问题。经常听到这样一种说法："测距技术对天体的视向参数敏感，VLBI 对天体的横向参数敏感，两者联合起来可以互补，有利于测定近距天体的三维位置矢量"。这个说法是没有根据的，在概念上是不成立的。比较（3.1.5）式和（3.3.9）式可以看到，对于近距天体，VLBI 观测结果在原理上等同于基线两端测站对同一目标的测距观测值之差。两地各自的测距观测可分别获得 ρ_1 和 ρ_2，VLBI 观测可获得 $\rho_1 - \rho_2$，VLBI 观测方程中天体距离参数的一阶项消失了，因此测距功能明显降低。而与此同时，和测距法相比，对天体方向矢量 $\vec{k}$ 的检测能力并没有提高，并不能以更高灵敏度检测天体的方向矢量。所以在原理上，VLBI 对无线电测距并无"互补"的理由。实际上，和无线电测距技术相比，VLBI 技术的优点在于两方面：(1)不需要上行信号，即不需要发射信号，因此可观测遥远天体。这是测距法所不能的。(2)干涉法测量精度高。干涉法测量 $\rho_1 - \rho_2$，比测距法分别获得 ρ_1 和 ρ_2 然后相减所得的 $\rho_1 - \rho_2$，精度可提高 2~3 个量级。事实上，目前无线电测距方法的单次测量精度为 1~10 米，而 VLBI 技术在同样波段上

观测精度可达厘米甚至更高。就是说，在测距法获得 ρ_1 和 ρ_2 的同时，VLBI 可提供精度高 2～3 个量级的 $\rho_1 - \rho_2$。二者的联合将能明显改善近距天体定位方程的条件。这才是两种技术"互补"的真正原因。VLBI 是一种两地间的较差测距技术，全无测角的技术成分。

第四章 天体测量参考系

§4.1 相关的概念

§4.1.1 天体测量的基本坐标系

坐标系是用于描述物体的位置、运动和姿态的一种数学工具。对于欧氏空间，一个坐标系的定义包括坐标原点的位置、坐标轴的指向、坐标尺度三要素组成。坐标系之间的转换关系包括原点间的平移、坐标轴方向的旋转以及坐标尺度比例关系的调整。例如质心天球赤道坐标系，定义其坐标原点为太阳系质心，其第一坐标轴指向春分点方向，第三坐标轴指向北天极，坐标系为右手系。其赤经从春分点自西向东度量 $0° \sim 360°$，赤纬从赤道向北（南）天极度量 $0° \sim \pm 90°$。理论定义的数学的坐标系是没有误差的，不需要考虑质心赤道坐标系的原点是否在太阳系质心，或者坐标轴的指向是否有偏差，等等。

天体测量中所涉及的坐标变换，不仅要考虑所涉及的两个坐标系的原点位置和坐标轴指向的几何关系，而且要考虑同一个坐标量在两个坐标系中的不同表达形式。对于欧氏空间中的坐标变换，这后一个问题不存在。在相对论框架中的坐标变换因涉及后一个问题而复杂化，有关的概念见第十二章。

在讨论天体测量问题时，引进适当的坐标系可以使问题清晰、理论推导简单。反之，如果坐标系选择不合适，将会使得问题复杂化。对不同的问题，最适合采用的坐标系也各不相同。例如描述太阳系外天体的位置和运动，适合采用质心赤道坐标系；讨论太阳系行星的位置和运动，采用质心黄道坐标系也许更方便；讨论天体的周日视运动，采用时角坐标系最合适；讨论大气折射问题，采用地平坐标系最方便；分析照相底片，应当采用天球切平面上的二维的坐标系……在这众多的坐标系中，有些坐标系仅作为推导工具而引进，这是一些仅在中间推导过程中使用的坐标系。这类中间坐标系可以按推导的需要而引进，不一定要遵守公认的定义和共同的约定。然而不同的中间坐标系之间常常不能相互直接比较，所以它们最终都需要联系于某些公认定义的、可作为基本标准的坐标系。本书将公认的作为基本参考标准的坐标系称为**基本坐标系**，其他的一些坐标系称为导出坐标系。如图 1.2.2 所表示，对于地基天体测量，有两个基本坐标系是必需的—基本天球坐标系和基本地球坐标系。这里所说的基本坐标系是一个笼统的概念性的术语，其具体实现方案，在不同时期有不同的具体约定。这里我们不涉及这些具体实现方案，而是讨论有关基本坐标系的共同原则和概念。

为描述天体在空间的位置和运动，需要在空间定义这样一个坐标系—其原点在太阳系质心，其坐标标架相对于遥远的天体背景的整体没有旋转。如果这样的坐标系得以实现，就认为，相对于这个坐标系所描述的天体的运动属于该天体本身相对于太阳系质心系的运动。本书将符合这种要求的天球赤道坐标系称为**基本天球坐标系，并**用符号 [FCS]（Fundamental Celestial System）表示。其他各种实用导出的天球坐标系都要和基本天球系发生联系。

同时，为描述测站在地球上的位置和运动，需要在地球本体内定义这样一个坐标系—其原点在地球总质量（含流体部分）的质心，其标架相对于地球的平均岩石圈整体没有旋转。如果这样的坐标系得以实现，就认为，相对于这个坐标系描述的测站的运动属于该测站自身的运动，而这个坐标系相对于基本天球系的运动是地球质心的平动和绕质心的自转运动。本书将符合这种要求的地球赤道坐标系称为**基本地球坐标系，**并用符号 [FTS]（Fundamental Terrestrial System）表示。其他各种实用导出的地球系都要和基本地球系建立联系。

借助于 [FCS] 和 [FTS] 两个坐标系，图 1.2.2 中的关系能够成立。本书对整个地基天体测量理论系统的阐述均建立在这两个基本坐标系概念的基础上。

§4.1.2　参考架

数学上定义的坐标系需要通过一定数量的物理点的标定坐标来**体现**。这种由标定了坐标值的一组物理点组成的框架称为参考架（Reference Frame）。例如，对一组全天分布的恒星，如果已经标定出它们的赤经赤纬坐标，就得到一个恒星位置星表。这个星表就构成一个参考架，它是天球赤道坐标系的一个具体体现形式，其他天体的位置可以相对于这个框架给以描述。一个基本坐标系可以由多种不同的参考架体现。历史上建立过多种恒星**基本星表**（如 FK5 星表、伊巴谷星表等）、国际 VLBI

服务机构（IVS）处理编制的基本射电源星表（如 ICRF2）、SLR 卫星的轨道历表、JPL（美国喷气推进实验室）编制的太阳系天体的数字历表（如 DE/LE 系列历表）等，都是一些天球参考架，它们都是基本天球坐标在某时期、由某类天体的历表体现的参考架。地球参考架的情况与此类似。

天体测量学的重要任务之一就是构建理想的天球参考架和地球参考架，以实现基本天球坐标系和基本地球坐标系。

§4.1.3　坐标系的可观测性

仅按照无旋转条件定义一个基本坐标系是很容易的。例如选取两个遥远的致密射电源，将通过这两个源的大圆面定义为坐标系的基本面，而将其中的一个定义为经度起始点，一个空间无旋转的坐标系即被定义了。但是这样定义的坐标系不能投入实际应用，因为找不到一种测量方法，能精确测量其他任何天体在这个坐标系中的坐标，也不能测量出地球相对于这个坐标系的姿态。所以，真正定义一个有实际意义的基本坐标系，还必须满足一个最重要条件：这个坐标系必须有**"可实现性"**，就是其原点、基本面和经度起始点必须具备**"可观测性"**。所谓可观测性，必须是**不依赖于任何已知坐标框架的"绝对可观测性"**。例如，在没有任何已知数据的条件下，要能测量出一个天体（或一个测站）在该坐标系中的坐标。只有地球的某些动力学平面具有这种可观测性。

对此，可以作如下的定性说明：地球上的观测者在观测星空时，看到不同天体在空中划出不同半径的同心圆，这些同心圆的球面半径就是这些天体的极距（余赤纬）。一组天体的极距参数构成的框架就可确定天极的位置，因此赤道（或天极）具备可观测性。另外，地球轨道运动引起各行星呈现出不同的视运动轨迹，观测这些天体的视运动可得到行星轨道运动和地球轨道运动的较差信息，在一定的动力学约束条件下，由此可解出地球轨道面的位置，所以黄道也具有可观测性。两类观测的共同结果是，黄道和赤道的交点—分点也具备可观测性。于是人们在古代从对天体位置一无所知开始，对逐个天体开展相对于赤道坐标系的标定，建立了基本天球坐标系。以后定位精度逐步提高，但原理并没有根本的变化。银道坐标系也是常用的天球坐标系，但银道（银极）并不能由观测直接得到，只能通过"计算"得到，所以它们不具备可观测性，不能作为基本天球坐标系，也没有相应的银道参考架，这类坐标系属于导出坐标系。

另一方面，地球上的不同测站的观测者，他们看到的星空的视运动也不同。自转赤道上的观测者，看到南北半球天空的天体的周日平行圈对称地分布在天顶两侧。自转极处的观测者则看到天体的周日平行圈是以天顶为中心同心圆。不同纬度带上的观测者，所看到的天体周日运动的平行圈的圆心的地平高度也不同。所以天体周日视运动的观测也可以提供测点在地球上位置的信息，并且在测点的位置和地球的动力学平面或动力学轴之间建立起联系。

上面是关于地球某些动力学平面的可观测性的定性解释。进一步的准确和详细的说明安排在第五章。

坐标系的原点也需要具有可观测性，就是其定义具有可实现性。例如基本地球系的原点定义在整体地球的质心，这个定义通过人造卫星的轨道体现，因为整体地球的质心是卫星的引力中心。地球质心通过卫星的动力学历表体现。

然而太阳系质心不具备明确的可观测性，行星的地基观测得到行星和地球的较差位置，但地球相对于太阳系质心（SSB）的位置却无法直接从观测得到。地球和行星的轨道运动的中心引力来自太阳，而不是 SSB。行星的动力学方程是相对于太阳的质心建立的。如果 SSB 的位置没有得到正确的体现，地球的质心历表将呈现出周年系统误差，并将这种系统误差传递到其他行星的质心历表。而对于太阳系外天体运动学特征的描述需要则相对于 SSB。如果 SSB 的位置不能确切定义，会对这些描述产生不同程度的影响。这是一个需要进一步研究的问题。

§4.1.4　参考系

然而，地球的动力学平面无论在空间还是在地球本体都不是固定的。任何可观测的动力学平面都只有瞬时的意义，基于它们建立的坐标系都是瞬时坐标系。这样看来，对于基本坐标系的"不旋转"和"可实现"这两个主要要求却是相互矛盾的。解决这个矛盾的途径是给出地球的瞬时动力学平面的运动规律。以此规律为基础，可以用一组有旋转的瞬时动力学面的空间定向维持一个不旋转的坐标系。这样，瞬时坐标系的可观测性就转变成基本坐标系的可观测性。关于瞬时坐标系的运动规律也将在第五章叙述。

综上所述，要实现一对理想的基本坐标系，需要解决以下几个环节上的有关问题：①选取适当定义的瞬时动力学平面，建立适当的瞬时坐标系；②在不同时刻参考于当时瞬时坐标系，通过一定的方法对一组目标天体开展一系列的定标观测；③在不同的瞬时坐标系之间建立确切的理论关系，将各瞬时观测结果化算到一个共同约定历元的坐标系（是基本坐标系）。此过程中涉及的各种常数、概念、函数关系、数据处理方法等，都需要经过严格的协调（详见第五、第六章）。经这样处理后，由大量的瞬时观测数据综合成为一个参考架，该参考架方是基本坐标系的体现。至于坐标原点的定义，需要通过动力学方法建立的框架实现。

上述三个环节构成了实现理想的基本坐标系的一套整体方案，这方案就成为**地基天体测量的参考系统**（Reference System），通常简称为"**参考系**"。参考系问题是天体测量学中非常基本、异常重要的问题。本章涉及的是和各种坐标系相关的问题。关于参考架的建立问题将在第九章叙述。而各坐标系间的联系问题将在第五章和第六章中叙述。

本书引进的基本天球坐标系[FCS]和基本地球坐标系[FTS]是概念性的、抽象的、数学的、没有误差的。而参考系是实现基本坐标系某种整体方案。如国际天球参考系(ICRS)和国际地球参考系(ITRS)，都是实现基本坐标系一种方案。所以在天体测量问题的理论公式推导中使用的，应该是基本坐标系[FCS]和[FTS]这些数学符号，而不是参考系(ICRS)和(ITRS)这些技术规范，也不是参考架(ICRF)和(ITRF)这些物理实体。

简言之，**坐标系是数学符号，参考架是物理实体，参考系是多方面因素集成的技术规范。**

§4.2 基本天球坐标系的实现

§4.2.1 天球参考架的构成

任何一个具体的天球参考架都只是[FCS]一种近似体现。例如一组射电源的位置表、一组恒星的星表、一组河外星系位置表、一个行星或卫星的轨道历表等，它们各自构成的天球参考架，都是在一定精度水平上对[FCS]的体现。尽管没有参考架这个名词，古代的星表也是一种天球参考架，它们也是某种天球坐标系的体现，只不过精度比现在要差许多量级。近代星表的位置精度已经有了很大的提高，但是在1984年以前，国际上还没有一个星表被当作规范的天球参考架。当时不同研究者根据自己工作的需要采用不同的基本星表。诸如FK3/FK4星表、GC星表、N30星表等，但其中任何一个都不能单独满足各方面的需要而能被纳入规范。

由于精度的提高和星数、星等范围的扩充，从 1984 年起 FK5 取代了 FK4，并被作为国际协议的天球参考架。由于 VLBI 测量精度远好于光学观测，并且由致密的河外射电源几乎没有自行，由其构成的框架可认为没有整体旋转。自 1998 年 1 月 1 日起，国际地球自转服务（ICRS）提供的 608 个射电源位置表取代了 FK5，被作为国际协议的天球参考架（ICRF）。后经过新观测资料的补充和处理方法的改进，构成 ICRF 的射电源增加到 707 颗。VLBI 技术得到的单颗射电源位置精度好于 0.25mas，由此框架确定的基本坐标系坐标轴的定向精度约为 0.02mas。经不断改进和扩充，于 2009 年，给出 3414 颗射电源星表，构成 ICRF2，其中 295 个源作为 ICRF 定义源。这是基本天球坐标系的新一代的实体体现，是目前最高精度水平的天球参考架。鉴于河外射源几乎没有横向自行，所以由一组河外源的方向矢量构成的框架称作**几何学参考架**。

射电源参考架虽然精度高、形变小，但并不能代替光学波段的恒星框架。恒星有明显的自行，所以在构筑恒星参考架时不仅需要确定恒星的位置，还要确定其位置变化参数，即自行和视向速度。由于恒星相对遥远，在太阳系的观测者看来，其运动规律只需要用一个运动学多项式即可足够精确地描述，并不需要考虑其运动是如何发生的。所以由恒星位置表构成的参考架又被称为**运动学参考架**。如果恒星的自行参数没有误差，利用星表中恒星的位置和运动速度也可以保持一个具有刚性的和无旋转的参考架。然而由于恒星运动参数存在误差，恒星参考架可能存在与时间成比例的形变。以 FK5 为例，其赤经和赤纬自行分量的平均误差分别为 ±0.7mas/年 和 ±0.8mas/年，由此造成参考框架的形变在短短几年后即不可忽略。而且，FK5 自行的整体平均误差也达到 ±0.7mas/年 水平，这造成了该参考架在空间的整体旋转。所以，FK5 不是 [FCS] 的理想体现。这正是它后来在天球参考系规范中被射电源参考架取代的原因。但是，对于许多应用来说，还必需有更理想的恒星框架作为基本天球坐标系在光学波段的体现。由空间观测建立的伊巴谷星表起到这个作用。伊巴谷空间天体测量星表，其在平均观测历元 1991.25 的位置精度为 1mas，达到当代各种恒星星表的最高水平。但是其自行精度也只是略好于每年 1mas 的水平，和 FK5 相比，并无太大的改善。由于伊巴谷星表有 11 万颗恒星，而 FK5 仅有几千颗，并且伊巴谷星表的当前位置精度远好于 FK5 星表。所以从 1998 年起，伊巴谷星表取代了 FK5，作为 [FCS] 在光学波段的体现。未来的第二代天体测量卫星 Gaia 期待能以 0.01mas 水平的精度构建恒星参考架。

对于近距天体，如太阳系行星、卫星或作自由运动的人造天体，它们的轨道历表也是 [FCS] 一种体现方式。这些天体距离地球很近，其运动周期较短，在天球上运动的范围较大，且运动规律复杂。对于这些天体的运动，不能用某种运动学多项式简单描述，必须考虑作用于该天体的各种力，建立动力学方程，解算出它们的瞬时位置和速度，这类历表构成的参考架称为**动力学参考架**。由于运动非常复杂，常不能用解析式精确描述，高精度的历表一般采用数字的形式。动力学框架的最大问题是必须通过持续不断的新的观测数据来维持，而不像遥远天体框架那样可以保持很长时间。近距天体的现代测定多采用测距类的方法，其测定精度明显优于传统的方向测量方法。但是单纯的测距方法不能建立近地目标相对于遥远天体背景的位置和运动信息，由此确定的轨道，对于地球卫星，不能分离轨道面的升交点经度变化与地球自转角变化；对于行星，不能分辨行星轨道面的进动与地球轨道面的进动。所以动力学参考架需要经常和运动学或几何学参考架之间建立比对关系。然而这些比对至今并无普遍适用的有效手段予以实施。

§4.2.2　关于惯性坐标系

说清惯性系的概念有些复杂。相对论的基本观点是惯性系只有局部的，不可能有全局的。天体测量学者则把建立全局的惯性系作为学科的基本任务之一，并为之做出长期的努力。作者关于这方面的观点将在第十二章说明。

运动学参考架所追求的目标是要体现出一个没有旋转的基本天球坐标系。只要参考天体足够远，地球在空间怎样平移都不影响参考天体的球面坐标位置。因此用遥远河外天体作为背景建立的参考系可认为是无旋转的。这样定义的不旋转称为运动学不旋转。

但在近距天体的动力学描述中，关心的是目标天体在引力场中产生怎样的加速度。对于近距天体，目标天体本身既是被测目标也是构成参考架的物理实体。为建立天体的动力学方程，需要实现一个惯性的天球坐标系，在这个坐标系中目标天体的动力学方程不存在非惯性项。这样确定的不旋转参考系是动力学意义的不旋转。

上述两种意义上的不旋转参考系之间并不一致。例如我们在地球上观测恒星相对于河外天体背景的运动，得到的是恒星相对于不旋转参考系的运动参数。如果我们同样相对于河外天体背景观测行星或地球卫星，得到它们相对于河外天体背景的的运动学轨迹，就会发现和惯性系中的动力学理论给出的运动规律存在系统性差异。这项差异就是地球赤道面的旋转中除了牛顿岁差以外的分量，称为测地岁差，约等于 $1''.92/$ 世纪，这是一个相对论进动项。由此可见，地心系中的运动学不旋转参考架和动力学不旋转参考架，两者之间存在测地岁差旋转。有关测地岁差的问题也将在第十二章作进一步说明。

§4.2.3 天球参考系的解析表达

上面对基本天球坐标系、瞬时天球坐标系、天球参考架和天球参考系的概念作了文字表述。下面采用解析表达式对此作进一步说明。设天体 i 的坐标矢量 $\vec{\rho}_i$ 在 $[FCS]$ 中的表达式为

$$\vec{\rho}_i = [FCS]\rho_i \begin{pmatrix} \cos\alpha_{0i}\cos\delta_{0i} \\ \sin\alpha_{0i}\cos\delta_{0i} \\ \sin\delta_{0i} \end{pmatrix} = [FCS] \begin{pmatrix} X_{0i} \\ Y_{0i} \\ Z_{0i} \end{pmatrix} \tag{4.2.1}$$

这里，$\vec{\rho}_i$ 是从坐标原点出发指向目标天体质心的矢量，称为天体的历表位置矢量。球面坐标 α_{0i}，δ_{0i} 是天体历表位置矢量相对于 $[FCS]$ 坐标轴的方向参数，或称球面坐标，也就是历表方向参数。ρ_i 是天体的到坐标原点的欧氏距离。X_{0i}，Y_{0i}，Z_{0i} 是目标天体相对于 $[FCS]$ 坐标轴的三维直角坐标分量。若不考虑天体的自行，相对于瞬时坐标系 $[N]$，$\vec{\rho}_i$ 表达式为

$$\vec{\rho}_i = [N]\rho_i \begin{pmatrix} \cos\alpha_i\cos\delta_i \\ \sin\alpha_i\cos\delta_i \\ \sin\delta_i \end{pmatrix} = [N] \begin{pmatrix} X_i \\ Y_i \\ Z_i \end{pmatrix} \tag{4.2.2}$$

由（4.2.1）式和（4.2.2）式，得

$$[FCS]'\vec{\rho}_i = \rho_i \begin{pmatrix} \cos\alpha_{0i}\cos\delta_{0i} \\ \sin\alpha_{0i}\cos\delta_{0i} \\ \sin\delta_{0i} \end{pmatrix} = \begin{pmatrix} X_{0i} \\ Y_{0i} \\ Z_{0i} \end{pmatrix}$$

$$[N]'\vec{\rho}_i = \rho_i \begin{pmatrix} \cos\alpha_i\cos\delta_i \\ \sin\alpha_i\cos\delta_i \\ \sin\delta_i \end{pmatrix} = \begin{pmatrix} X_i \\ Y_i \\ Z_i \end{pmatrix}$$

由上式导出

$$([FCS]'[N])\rho_i \begin{pmatrix} \cos\alpha_i\cos\delta_i \\ \sin\alpha_i\cos\delta_i \\ \sin\delta_i \end{pmatrix} = ([FCS]'[N]) \begin{pmatrix} X_i \\ Y_i \\ Z_i \end{pmatrix}$$

$$\tag{4.2.3}$$

$$= \rho_i \begin{pmatrix} \cos\alpha_{0i}\cos\delta_{0i} \\ \sin\alpha_{0i}\cos\delta_{0i} \\ \sin\delta_{0i} \end{pmatrix} = \begin{pmatrix} X_{0i} \\ Y_{0i} \\ Z_{0i} \end{pmatrix}$$

或

$$\rho_i \begin{pmatrix} \cos\alpha_i \cos\delta_i \\ \sin\alpha_i \cos\delta_i \\ \sin\delta_i \end{pmatrix} = \begin{pmatrix} X_i \\ Y_i \\ Z_i \end{pmatrix}$$
$$= ([N]'[FCS])\rho_i \begin{pmatrix} \cos\alpha_{0i} \cos\delta_{0i} \\ \sin\alpha_{0i} \cos\delta_{0i} \\ \sin\delta_{0i} \end{pmatrix} = ([N]'[FCS]) \begin{pmatrix} X_{0i} \\ Y_{0i} \\ Z_{0i} \end{pmatrix} \qquad (4.2.4)$$

上述各式说明：

（1）由（4.2.1）式，若能得到一组 n 个天体相对于 $[FCS]$ 的坐标 $(X_{0i}, Y_{0i}, Z_{0i})_{i=1\sim n}$，这组天体构成一个天球参考架，它是 $[FCS]$ 的一个体现形式。

（2）但坐标参数 $(X_{0i}, Y_{0i}, Z_{0i})_{i=1\sim n}$ 并不能通过观测直接得到。观测只能得到相对于瞬时坐标系 $[N]$ 的瞬时坐标 $(X_i, Y_i, Z_i)_{i=1\sim n}$。为了从 $(X_i, Y_i, Z_i)_{i=1\sim n}$ 解算出 $(X_{0i}, Y_{0i}, Z_{0i})_{i=1\sim n}$，需要经过（4.2.3）的坐标转换运算。在这里的坐标转换矩阵 $[FCS]'[N]$ 中，包含描述瞬时坐标系坐标轴方向变化的各种参数。将一系列的瞬时观测作上述处理，最后建立起天球参考架 $(X_{0i}, Y_{0i}, Z_{0i})_{i=1\sim n}$，就是常说的基本星表。

（3）上述过程中涉及到基本坐标系 $[FCS]$ 的定义、参考架 $(X_0 Y_0 Z_0)$ 建立过程中的观测和解算方法、基本坐标系和瞬时坐标系间的坐标转换矩阵 $[FCS]'[N]$（或 $[N]'[FCS]$）中的各天文常数。所有这些解决方案的总体构成一个天球参考系。目前国际上协议采用的 $(ICRS)$ 就是其中的一例。

§4.3　基本地球坐标系的实现

§4.3.1　地球参考系的解析表达

和 $[FCS]$ 的实现原理相似，$[FTS]$ 的实现原理可以通过测站 j 相对于 $[FTS]$ 的表达式

$$\vec{r}_j = [FTS]r_j \begin{pmatrix} \cos\lambda'_{0j} \cos\varphi'_{0j} \\ \sin\lambda'_{0j} \cos\varphi'_{0j} \\ \sin\varphi'_{0j} \end{pmatrix} = [FTS] \begin{pmatrix} x_{0j} \\ y_{0j} \\ z_{0j} \end{pmatrix} \qquad (4.3.1)$$

表示出来。其中，$\vec{r}_j$ 是测站的地心矢量。球面坐标 λ'_{0j}，φ'_{0j} 是测站地心矢量相对于 $[FTS]$ 坐标轴的方向参数，即测站的地心经纬度。r_j 是测站的地心距离。(x_{0j}, y_{0j}, z_{0j}) 是测站相对于 $[FTS]$ 坐标轴的三维直角坐标分

量。若以 $[E]$ 表示瞬时地球坐标系，该坐标系的坐标轴具有可观测性。不考虑测站本身位置的变化，在瞬时地球坐标系 $[E]$ 中，$\vec{r}_j$ 的表达式为

$$\vec{r}_j = [E]r_j \begin{pmatrix} \cos \lambda_j' \cos \varphi_j' \\ \sin \lambda_j' \cos \varphi_j' \\ \sin \varphi_j' \end{pmatrix} = [E] \begin{pmatrix} x_j \\ y_j \\ z_j \end{pmatrix} \tag{4.3.2}$$

由（4.3.1）式和（4.3.2）式，得

$$[FTS]'\vec{r}_j = r_j \begin{pmatrix} \cos \lambda_{0j}' \cos \varphi_{0j}' \\ \sin \lambda_{0j}' \cos \varphi_{0j}' \\ \sin \varphi_{0j}' \end{pmatrix} = \begin{pmatrix} x_{0j} \\ y_{0j} \\ z_{0j} \end{pmatrix}$$

$$[E]'\vec{r}_j = r_j \begin{pmatrix} \cos \lambda_j' \cos \varphi_j' \\ \sin \lambda_j' \cos \varphi_j' \\ \sin \varphi_j' \end{pmatrix} = \begin{pmatrix} x_j \\ y_j \\ z_j \end{pmatrix} \tag{4.3.3}$$

由上式导出

$$([FTS]'[E])r_j \begin{pmatrix} \cos \lambda_j' \cos \varphi_j' \\ \sin \lambda_j' \cos \varphi_j' \\ \sin \varphi_j' \end{pmatrix} = ([FTS]'[E]) \begin{pmatrix} x_j \\ y_j \\ z_j \end{pmatrix}$$

$$\tag{4.3.4}$$

$$= r_j \begin{pmatrix} \cos \lambda_{0j}' \cos \varphi_{0j}' \\ \sin \lambda_{0j}' \cos \varphi_{0j}' \\ \sin \varphi_{0j}' \end{pmatrix} = \begin{pmatrix} x_{0j} \\ y_{0j} \\ z_{0j} \end{pmatrix}$$

或

$$([E]'[FTS])r_i \begin{pmatrix} \cos \lambda_{0j}' \cos \varphi_{0j}' \\ \sin \lambda_{0j}' \cos \varphi_{0j}' \\ \sin \varphi_{0j}' \end{pmatrix} = ([E]'[FTS]) \begin{pmatrix} x_{0j} \\ y_{0j} \\ z_{0j} \end{pmatrix}$$

$$\tag{4.3.5}$$

$$= r_i \begin{pmatrix} \cos \lambda_j' \cos \varphi_j' \\ \sin \lambda_j' \cos \varphi_j' \\ \sin \varphi_j' \end{pmatrix} = \begin{pmatrix} x_j \\ y_j \\ z_j \end{pmatrix}$$

由上述可以看出：

（1）据（4.3.1）式，若能得到一组 m 个测站相对于 $[FTS]$ 的地心坐标 $(x_{0j},\ y_{0j},\ z_{0j})_{j=1\sim m}$，这组测站的地心矢量即构成一个地球参考架，它是 $[FTS]$ 的一个体现形式。

（2）但瞬间的观测并不能直接得到 $(x_{0j},\ y_{0j},\ z_{0j})_{j=1\sim m}$，只能得到

（4.3.2）式中表示的相对于瞬时坐标系 $[E]$ 的瞬时坐标 $(x_j,\ y_j,\ z_j)_{j=1\sim m}$。为了从 $(x_j,\ y_j,\ z_j)_{j=1\sim m}$ 导出 $(x_{0j},\ y_{0j},\ z_{0j})_{j=1\sim m}$，需要经过（4.3.4）式的坐标转换运算。在这里的坐标转换矩阵 $[FTS]'[E]$ 中，包含描述瞬时地球坐标系坐标轴方向变化的各种参数。

（3）上述过程中涉及基本地球坐标系 $[FTS]$ 的定义、建立地球参考架 $(x_{0j}\quad y_{0j}\quad z_{0j})$ 过程中的观测和解算方法、基本坐标系和瞬时坐标系间的坐标转换 $[FTS]'[E]$ 或 $[E]'[FTS]$ 矩阵中的有关参数。所有这些解决方案的总和构成一个地球参考系。目前国际上经协议采用的 $(ITRS)$ 就是 $[FTS]$ 的一种体现。

§4.3.2　测站坐标

各类目标天体的历表位置矢量都是相对于坐标原点表示的中心矢量，但地基测量的站矢量则有地心矢量、地方铅垂线矢量、过测站的地球参考椭球的法线矢量、两测站间的基线矢量等几种不同类型。与此相应的有几种不同类型的测站坐标参数。这些测站坐标参数并非都可用于描述测站在地球上的位置。从上面的叙述看到，只有测站的地心坐标是描述测站在地球上的位置的，一组测站的地心坐标可直接构成一个地球参考架，作为地球坐标系的一种体现。除此以外，测站的天文坐标（天文经纬度 λ，φ）描述的是地方铅垂线相对于地球坐标系的方向；大地经纬度 λ_g，φ_g 描述的是测站处的参考椭球法线在地球坐标系中的方向。站间基线也可以用一对球面坐标 λ_b，φ_b 表示，以描述基线矢量在地球坐标系中的方向。铅垂线和椭球法线不是地心矢量，因此这类测站坐标不能直接用于构成地球参考架。如果要使用这些类型的测站坐标参数构筑地球参考架，首先要将它们换算到地心坐标。为此，需要讨论各类测站坐标的相互关系。

1. 测站天文坐标和大地坐标的关系

地面光学技术通过测定天体相对于台站地方铅垂线的方向角，可以计算出测站的天文经纬度 λ，φ 以及地面目标 R 的方位角 a。地方铅垂线和天球的交点是天文天顶（图4.3.1）Z。过天极 P 和天文天顶 Z 的大圆 $NPZS$ 是天文子午圈，其中 N，S 是天文子午圈和地平的交点，分别是天文北点和南点。$\angle PZR$ 是地面目标 R 的方位角 a，$PN = \varphi$。地球各圈层的物质运动或密度变化都会引起铅垂线方向的异常和漂移，使得测站的铅垂线方向和测站所在处的参考椭球法线方向有差异并且有变化。

图中，椭球法线和天球的交点是测站的大地天顶 Z_g ，$N_g P Z_g S_g$ 是大地子午圈，相应的参数有大地纬度 φ_g 和大地方位角 a_g 。由图 4.3.1 显然有， $\angle ZPZ_g = \lambda - \lambda_g$ ，以及 $\angle SOS_g = a - a_g$ 。由于重力方向的异常，以测站的天文经纬度作为坐标建立的坐标系，其刻度是不均匀的，而且没有确定函数关系。地面点的重力方向的异常可达角秒，在某些山区甚至可达 20 角秒。所以用一组测站的天文经纬度坐标值构成的框架不能作为地球参考架。必须先作测站地方铅垂线方向异常的修正，换算到大地经纬度。

参考椭球的法线是不能直接观测到的。参考椭球的地方法线是全球地方铅垂线平差的结果，所以测点的大地坐标不能直接由观测给出。

在图 4.3.1 中，地方铅垂线和参考椭球地方法线的差异为地方垂线偏差。两者的夹角即垂线偏差总量为 $ZZ_g = \theta$ ，将其分解成子午分量 ξ 和卯酉分量 η 。不难证明

$$\begin{aligned} \varphi - \varphi_g &= \xi \\ (\lambda - \lambda_g)\cos\varphi &= \eta \end{aligned} \tag{4.3.6}$$

和

$$a - a_g = \eta\tan\varphi \tag{4.3.7}$$

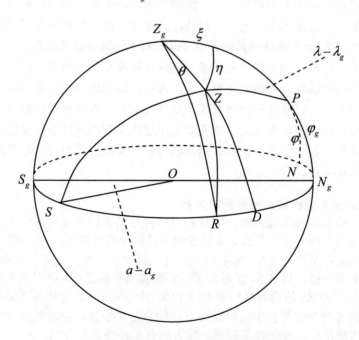

图 4.3.1　测站的天文坐标和大地坐标

此式在大地测量中称为拉普拉斯方程。给出测站的垂线偏差数据,用(4.3.6)式和(4.3.7)式可以由天文经纬度换算到大地经纬度,由天文方位角换算出大地方位角。天文坐标数据由天文观测得到,而垂线偏差则是从重力测量数据通过综合平差处理后得到。至此,可以得到测站的大地坐标。

测站的天文经纬度和大地经纬度有时统称为地理经纬度。同一地点两坐标之差一般不超过几角秒。对精度要求不高的场合,可以把两者不加区别地统称为地理坐标。但在更多的较严格场合,需要区分二者的差别。

地球的参考椭球是一个旋转椭球面,其几何参数的确定应使得该椭球面与地球的大地水准面最为接近。参考椭球的大小和形状用赤道半径 $a_\oplus$ 和扁率 f(或偏心率 e)定义,参考椭球相对于地球表面的定向通过参考极的地面坐标定义。扁率和偏心率的含意体现于下式:

$$f = \frac{a_\oplus - c_\oplus}{a_\oplus} = \frac{1}{298.25} = 0.003352892$$

$$e = \frac{(a_\oplus^2 - c_\oplus^2)^{\frac{1}{2}}}{a_\oplus} = 0.08181977178$$

(4.3.8)

其中 $c_\oplus$ 是椭球的极半径。此外在各种文献中,还有多种名词表达椭球的形状参数,它们是 $a_\oplus$、$c_\oplus$ 的不同组合形式。由于这些名词在其他场合有着不同的含义,为避免混淆,这里不作介绍。阅读有关文献时,请注意各位作者的具体定义。

2. 测站大地坐标和地心坐标的关系

如果要用测站的大地坐标参数建立地球参考架,需要将测站的大地坐标换算成地心坐标。下面推导台站大地坐标和地心坐标之间的函数关系。为叙述方便,下面将大地经纬度 λ_g、φ_g 的下标去掉,直接用 λ、φ 表示。由于模型地球的赤道是正圆,赤道上测站的法线和地心向径方向一致,通过适当选取赤道上的经度起点,可以使得 $\lambda = \lambda'$,即使得大地经度等于地心经度。因此,大地坐标和地心坐标的差异仅在于大地纬度和地心纬度的差异。

如图 4.3.2,地球表面的一点 P' 的位置可以用过 P' 点的参考椭球的法线在椭球面上的垂足 P 的位置以及 P' 到 P 的距离 $\tilde{h}$ 表示。图中的椭圆是过 P 的大地子午面。以地心为原点建立平面坐标系,X 轴在赤道面内,Y 轴指向北极。P 点的地心向径 ρ、地心纬度及大地纬度 φ'、φ 间的关系为

$$x = \rho \cos \varphi' = C \cos \varphi$$
$$y = \rho \sin \varphi' = S \sin \varphi \qquad (4.3.9\text{-}1)$$

$$\rho = C \left[1 - e^2 (2 - e^2) \sin^2 \varphi \right]^{\frac{1}{2}}$$

其中 x、y 是 P 点在子午面内的平面坐标。由几何关系导出系数 C 和 S 为

$$C = \frac{a}{(1 - e^2 \sin^2 \varphi)^{\frac{1}{2}}} \qquad (4.3.9\text{-}2)$$

$$S = (1 - e^2) C$$

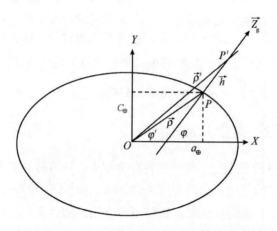

图 4.3.2　测站的大地坐标和地心坐标

用（4.3.9-1）式和（4.3.9-2）式可进行地心纬度和大地纬度间的换算。为便于数值计算，给出换算公式的级数形式（单位为弧度）为

$$\varphi - \varphi' = q \sin 2\varphi - \frac{1}{2} q^2 \sin 4\varphi + \frac{1}{3} q^3 \sin 6\varphi - \cdots \qquad (4.3.9)$$

$$\varphi - \varphi' = q \sin 2\varphi' + \frac{1}{2} q^2 \sin 4\varphi' + \frac{1}{3} q^3 \sin 6\varphi' + \cdots \qquad (4.3.10)$$

其中

$$q = \frac{e^2}{2} + \left(\frac{e^2}{2} \right)^2 + \left(\frac{e^2}{2} \right)^3 + \cdots \qquad (4.3.11)$$

用（4.3.9）式，可由 φ 求 φ'。用（4.3.10）式，可由 φ' 求 φ。地心纬度和大地纬度在南北半球 45° 处最大，达到约 700"。

在图 4.3.2 中，$\vec{\rho}'$ 是测站 P' 的地心矢量，$\vec{\rho}$ 是 P 的地心矢量，在过测站的大地子午面内的椭圆上，椭圆方程为

$$\frac{x^2}{a_\oplus^2} + \frac{y^2}{c_\oplus^2} = 1 \qquad (4.3.12\text{-}1)$$

由于

$$1 - f = \frac{c_\oplus}{a_\oplus} \qquad (4.3.12\text{-}2)$$

将（4.3.12-2）式代入（4.3.12-1）式，得到

$$x^2 + \frac{y^2}{(1-f)^2} = a_\oplus^2 \qquad (4.3.12)$$

对上式求导数，得

$$\frac{dy}{dx} = -\frac{x}{y}(1-f)^2 \qquad (4.3.13)$$

这是过 P 点的大地子午面切线的斜率，相应的法线的斜率为

$$k = \tan\varphi = \frac{y}{x(1-f)^2} \qquad (4.3.14)$$

又由图 4.3.2 知，

$$y = x\tan\varphi' \qquad (4.3.15)$$

将（4.3.15）式代入（4.3.14）式

$$\tan\varphi' = (1-f)^2 \tan\varphi \qquad (4.3.16)$$

将（4.3.14）式代入（4.3.12）式，并令

$$F = [\cos^2\varphi + (1-f)^2 \sin^2\varphi]^{-\frac{1}{2}}$$
$$= [1 - (2f - f^2)(\vec{c}'\vec{z}_g)^2]^{-\frac{1}{2}} \qquad (4.3.17)$$

其中，$\vec{c}_\oplus$ 是参考椭球短轴方向的单位矢量，$\vec{z}_g$ 是过测站的法线方向的单位矢量。于是可得到

$$x = Fa_\oplus \cos\varphi$$
$$y = Fa_\oplus(1-f)^2 \sin\varphi \qquad (4.3.18)$$

由此，用 $\vec{a}_\oplus$ 表示 X 坐标轴方向的单位矢量，P 的地心矢量表示为

$$\vec{\rho} = x\vec{a}_\oplus + y\vec{c}_\oplus = Fa_\oplus[(\cos\varphi)\vec{a}_\oplus + (1-f)^2(\sin\varphi)\vec{c}_\oplus] \qquad (4.3.19)$$

由于大地纬度 φ 是测站法线与赤道面的夹角，于是

$$\vec{z}_g = \cos\varphi\,\vec{a}_\oplus + \sin\varphi\,\vec{c}_\oplus \qquad (4.3.20)$$

将（4.3.20）代入（4.3.19），整理后得到

$$\vec{\rho} = Fa_\oplus\left[\bar{U} - (2f - f^2)\vec{c}_\oplus\vec{c}_\oplus'\,\right]\vec{z}_g \qquad (4.3.21)$$

设测站的椭球体高度为 $\tilde{h}$，于是可得测站 P' 的地心坐标为

$$\vec{\rho}' = \vec{\rho} + \tilde{h}\vec{z}_g = Fa_\oplus\left[(1+\tilde{h}\big/Fa_\oplus)\bar{U} - (2f - f^2)\vec{c}_\oplus\vec{c}_\oplus{}'\right]\vec{z}_g \qquad (4.3.22)$$

用（4.3.20）式和（4.3.22）式，由测站的大地纬度和椭球高度以及参考椭球参数，可以计算出测站的地心矢量。如果需要给出 P' 点的大地纬度，可以从

$$\vec{\rho}' = [E_g]\rho'\begin{pmatrix}\cos\varphi_{P'}\\\sin\varphi_{P'}\end{pmatrix} \qquad (4.3.23)$$

得到。这里 $[E_g]$ 表示过测站的大地子午面内的二维直角坐标系。

§4.3.3　地球无旋转框架的实现方案

1、地球无旋转框架的几何实现

由前述知道，基本地球坐标系 $[FTS]$ 需要通过一系列测站的地心坐标参数体现。在历史上，通过传统的测地技术得到测站的天文纬度、垂线偏差参数和高程参数计算出地心经纬度和地心距离。这个过程非常复杂和艰苦，但精度不高（米级）。现代的卫星测地技术使得测站的地心坐标很容易取得，精度至少提高了两个量级。下面要叙述的是，在测站的地心坐标已经测定的前提下，如何建立并维持一个没有旋转的地球参考架。这和建立天球参考架的情况不同：天球上存在着许多几乎没有横向运动的河外天体，由它们组成的框架可以认为是没有整体旋转。所以至少在理论上，空间无旋转的天球参考架是一定能实现的。但在地球上却找不到可以认为不动的测站，也找不到某些参照物，使得能够测定地面测点在地球本体内的绝对运动。解决的办法只能是给一组测站的运动参数加上某些约束条件。

可以把测站地心矢量 $\vec{X}$ 用一个普遍性的表达式

$$\vec{X}(t) = \vec{X}_0 + \dot{\vec{X}}(t - t_0) + \sum_i \Delta\vec{X}_i + \vec{V}_r(t - t_0) + \delta\vec{X} \qquad (4.3.24)$$

表示。其中，

$\dot{\vec{X}}$ 为台站长期运动速度中的可模拟部分，且

$$\dot{\vec{X}} = \vec{V}_p + \vec{V}_{ice}$$

V_p 是板块运动模型计算出的台站水平运动速度，$\vec{V}_{ice}$ 是由冰期后地壳回弹模型给出的台站垂直运动速度。$\sum_i \Delta\vec{X}_i$ 为台站周期性运动的可模拟分量，如潮汐引起的台站周期运动等。$\vec{V}_r$ 和 $\delta\vec{X}$ 分别是台站运动速度中未模拟

的长期部分和未模拟的周期部分。

目前，其中的长期可模拟部分 $\dot{X}$ 是由岩石圈运动的板块模型导出的，该模型的建立是用某些地学数据在

$$\int_D \frac{d\overrightarrow{OM}}{dt}dD = 0 \tag{4.3.25}$$

$$\int_D \overrightarrow{OM} \times \frac{d\overrightarrow{OM}}{dt}dD = 0 \tag{4.3.26}$$

的约束条件下建立的。其中 dD 是地球岩石圈的面元，D 是整个地球岩石圈，$\overrightarrow{OM}$ 是面元 dD 的地心位置矢量。（4.3.25）式意味着岩石圈相对于地心无整体平移，（4.3.26）式意味着岩石圈相对于地心无整体旋转。就是说，台站运动中的长期可模拟部分是相对于一个无整体平移和整体旋转的岩石圈而描述的。这样，其未模拟部分作为台站的个别长期运动对待，即假定未模拟部分的全球平均为 0。在实际情况下，台站不可能在全球有广泛均匀的分布。实际的处理中首先用地球岩石圈运动的物理模型对各台站初步"自行"作模拟，并利用一组实际台站组成的框架由（4.3.24）式对剩余"自行"作处理。这样实现的地球坐标系是（4.3.25）式和（4.3.26）式的理想定义的一种近似实现。对（4.3.24）式中的其他项的处理原则与此类似。

在（4.3.24）中，没有涉及坐标原点问题。对于遥远天体，由地面光学技术所作的观测或 VLBI 观测，所涉及的天体相对于测站矢量的方向都与地球质心的位置无关，所以不能检测地球质心位置的变化。依据地球物理数据所建立的（4.3.25）式和（4.3.26）式也只是对岩石圈几何形状的一种约束，也和地球质心的位置没有关系。

2. 无旋转地球框架的动力学实现

在用测距技术观测近距天体的情况下，星矢量 $\vec{S}(t)$ 是通过动力学方程描述的，其原点是整个地球（包括流体部分）的质心。目标天体对测站的坐标矢量 $\vec{\rho}_g = \vec{S}(t_S) - \vec{X}(t_O)$ 通过观测获得。所以在概念上，与星矢量相应的站矢量的原点也应当是整个地球的质心，由此构成的测站框架也以质心为原点。这和几何观测（如 VLBI）构成的框架将有所区别。假如不论什么原因造成地球质心相对于岩石圈的位移（比如地球流体部分的物质迁移），将不会影响几何方法的观测结果，却影响动力学方法观测的结果。就测站框架的整体而言，质心位移不会影响框架的形状和定向，

却会在各测站的地心坐标中引进系统性的变化。在用测站地心矢量的变化推导岩石圈的形变时，应当仔细处理这种系统性的变化。

从物理结构上说，地球由性质不同的圈层组成：最上面是流动多变的大气圈和水圈；其下面是坚固的岩石圈，包括地壳和上地幔；再往下面是软流圈、液态核，最中间是固态的内核。每一层都存在各不相同的运动特征。对这样一个地球，"地固"的概念是难以明确的。不可能定义一个地固的坐标系，更不用说实现它。许多场合人们使用"地固坐标系"这个术语只是为了语言简化，其概念并不准确。当今，由国际地球自转服务（IERS）归算提供的一组测站的位置和位置变化参数，构成国际地球参考架（ITRF），它是国际地球参考系（ITRS）的具体实现。由此体现的坐标系是[FTS]在当前的一种实现方案。

因此，对于基本地球坐标系来说，它必须能够方便地描述台站位置和运动，同时又要能够方便地描述地球自身的空间运动。地球坐标系的空间运动包括地球质心的轨道运动和地球本体绕质心的定点转动。这些运动的描述需要一系列参数（如岁差、章动、自转角、极移），这些参数是地球整体的动力学过程在岩石圈上反映出的平均运动。虽然各种地基天体测量技术测量的都是岩石圈的运动参数，但它受到地球其他圈层的动力学过程的影响。然而地球坐标系的原点必须是整体地球的质心，同时台站的运动又是相对于岩石圈描述的，地球坐标系最后也要通过一个无整体旋转的平均岩石圈框架的概念实现，这个框架和地球质心没有关系。如果地球内部物质分布的变化造成质心相对于框架移动，或者岩石圈的形变造成框架相对于质心的平移，这些原因造成的框架的运动不能用上述参数简单描述。

由此可见，**地球坐标系旋转的力学解是对整体地球的，而地球坐标系旋转的测量结果总是对应于岩石圈的。**两者之间存在着地球圈层间可能的较差自转的影响。因此，所谓的地球坐标系，当其用于描述台站的运动时，是对岩石圈而言的。当其联系于空间无旋转坐标系时，如果这种联系是用动力学理论，它是对应于整体平均地球的；如果这种联系是通过几何方法的（如 VLBI），它仍然是对应于岩石圈的。就是说，**岁差章动的理论解是对应于平均地球的，岁差章动的实测值是对应于岩石圈的。**

对于实际测量目的，地球坐标系只能建立在岩石圈上。岩石圈分裂为若干大小板块，而每个板块内部又被一些断裂构造分割。板块存在长期的水平向的漂移，同时也存在径向的运动。可以说，没有一个台站可以被认为是不动的。在这种情况下，地球坐标系通过（4.3.26）式在全球的求和的约束得以实现。为了测站在全球有尽可能广泛的分布和尽可能多的采样，求和应当在各种观测技术的资料间进行。但是，不同技术的资料间可能含有未知的系统差，所以在作资料综合前，应当进行不同技术间系统的比较和联系。

§4.4　关于坐标系之间的联系

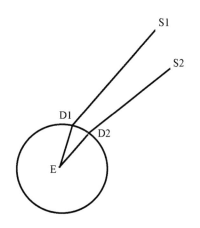

　　如图 4.4.1，两种不同的技术在不同的测站 D_1, D_2，观测不同的天体 S_1, S_2，它们各自参考于不同的天球坐标系和地球坐标系，给出不同的地球姿态参数。

　　人们很自然地关心下面的问题

　　（1）两种天球坐标系之间一致性怎样？怎样得到其差异的表达参数？

　　（2）两种地球坐标系之间的一致性怎样？怎样得到其差异的表达 参数？

图 4.4.1　不同技术的坐标系间的关系

　　（3）各自的天球坐标系和地球坐标系转换参数之间的一致性怎样？怎样得到其差异的表达参数？

　　这些是很重要的研究课题。如果不把这些问题弄清楚，不同技术的观测序列之间就缺乏可比性，对所存在的差异的物理实质难以给出确切的结论。因此早在这些现代测量技术问世之后不久，参考系之间联系问题就被提出，并引起高度关注。

　　一种技术观测的天体，可能只是一个（如激光测距），也可能是少数天体组成的星座（如 GPS 星座），或是许多天体组成的框架（如数百个射电源构成的河外天体框架，数量巨大的恒星组成的框架）。这些天体组成的框架是天球坐标系的不同体现 。如果要比较不同的天体框架间的差异，最简单直接的办法是用同一技术观测不同的天体框架。或者用几种不同的技术观测同一种天体框架。

　　然而实际上这是很困难的。比如 SLR 卫星只能用激光测距方法观测，因为它没有无线电信号。如果要在激光卫星上装置无线电信号发射装置，卫星将不能象现在的那样保持一个均匀球体，势必造成激光器和卫星质心的位置关系复杂化而影响精度。若在 GPS 卫星上安装激光反射镜同时作激光观测，情况和上述例子一样。对卫星作 VLBI 观测，最大的问题是卫星的编码信号由于无线电波段的分配不可能很宽，这将使得 VLBI 观测结果精度大受影响，远达不到观测天然射电源的精度水平。只有极少的恒星有足够强的射电辐射可作 VLBI 观测。河外射电源无法用各种测距技术观测，其光学对应体的观测也因形状复杂而难以得到高的精度。由于上述种种情况，几十年来，尽管人们很关注天球参考系间的联系，却并没有非常大的进展。

§4.4.1　天球坐标系间的直接比较

　　现有技术 I 和 II 分别通过各自的一组天体坐标构成的参考框架体现了一个基本天球坐标系 $[FCS]_{\mathrm{I}}$、$[FCS]_{\mathrm{II}}$，若两个天体框架中有一些共同的目标天体，它们的球面位置矢量可表示为

$$\vec{S}_i^{\mathrm{I}} = [FCS]_{\mathrm{I}} \begin{pmatrix} X_i^{\mathrm{I}} \\ Y_i^{\mathrm{I}} \\ Z_i^{\mathrm{I}} \end{pmatrix}$$

$$\vec{S}_i^{\mathrm{II}} = [FCS]_{\mathrm{II}} \begin{pmatrix} X_i^{\mathrm{II}} \\ Y_i^{\mathrm{II}} \\ Z_i^{\mathrm{II}} \end{pmatrix} \qquad (4.4.1)$$

设 $\vec{S}_i^{\mathrm{I}}, \vec{S}_i^{\mathrm{II}}$ 的空间位置的差异为纯偶然误差 $\vec{\varepsilon}_i$，就是

$$[FCS]_{\mathrm{I}} \begin{pmatrix} X_i^{\mathrm{I}} \\ Y_i^{\mathrm{I}} \\ Z_i^{\mathrm{I}} \end{pmatrix} - [FCS]_{\mathrm{II}} \begin{pmatrix} X_i^{\mathrm{II}} \\ Y_i^{\mathrm{II}} \\ Z_i^{\mathrm{II}} \end{pmatrix} = \vec{\varepsilon}_i$$

上式两边左乘 $[FCS]_{\mathrm{II}}'$，得

$$[FCS]_{\mathrm{II}}' \vec{S}_i^{\mathrm{I}} - [FCS]_{\mathrm{II}}' \vec{S}_i^{\mathrm{II}} = [FCS]_{\mathrm{II}}' \vec{\varepsilon}_i$$

上式等价于

$$[FCS]_{\mathrm{II}}' [FCS]_{\mathrm{I}} [FCS]_{\mathrm{I}}' \vec{S}_i^{\mathrm{I}} - [FCS]_{\mathrm{II}}' \vec{S}_i^{\mathrm{II}} = [FCS]_{\mathrm{II}}' \vec{\varepsilon}_i$$

由此得

$$[FCS]'_{\mathrm{II}}[FCS]_{\mathrm{I}}\begin{pmatrix} X_i^{\mathrm{I}} \\ Y_i^{\mathrm{I}} \\ Z_i^{\mathrm{I}} \end{pmatrix} - \begin{pmatrix} X_i^{\mathrm{II}} \\ Y_i^{\mathrm{II}} \\ Z_i^{\mathrm{II}} \end{pmatrix} = \begin{pmatrix} \varepsilon_x \\ \varepsilon_y \\ \varepsilon_z \end{pmatrix}$$

令

$$[FCS]'_{\mathrm{II}}[FCS]_{\mathrm{I}} = \bar{R}_1(d\alpha_1)\bar{R}_2(d\alpha_2)\bar{R}_3(d\alpha_3) \tag{4.4.2}$$

代入上式，得

$$\bar{R}_1(d\alpha_1)\bar{R}_2(d\alpha_2)\bar{R}_3(d\alpha_3)\begin{pmatrix} X_i^{\mathrm{I}} \\ Y_i^{\mathrm{I}} \\ Z_i^{\mathrm{I}} \end{pmatrix} - \begin{pmatrix} X_i^{\mathrm{II}} \\ Y_i^{\mathrm{II}} \\ Z_i^{\mathrm{II}} \end{pmatrix} = \begin{pmatrix} \varepsilon_x \\ \varepsilon_y \\ \varepsilon_z \end{pmatrix} \tag{4.4.3}$$

由此

$$\begin{pmatrix} X_i^{\mathrm{I}} - X_i^{\mathrm{II}} \\ Y_i^{\mathrm{I}} - Y_i^{\mathrm{II}} \\ Z_i^{\mathrm{I}} - Z_i^{\mathrm{II}} \end{pmatrix} = \left\{ \begin{pmatrix} X_i^{\mathrm{I}} \\ Y_i^{\mathrm{I}} \\ Z_i^{\mathrm{I}} \end{pmatrix} - \bar{R}_1(d\alpha_1)\bar{R}_2(d\alpha_2)\bar{R}_3(d\alpha_3)\begin{pmatrix} X_i^{\mathrm{I}} \\ Y_i^{\mathrm{I}} \\ Z_i^{\mathrm{I}} \end{pmatrix} \right\} = \begin{pmatrix} \varepsilon_x \\ \varepsilon_y \\ \varepsilon_z \end{pmatrix}$$

得到

$$\begin{pmatrix} \Delta X_i \\ \Delta Y_i \\ \Delta Z_i \end{pmatrix} = \{ \bar{R}_1(d\alpha_1)\bar{R}_2(d\alpha_2)\bar{R}_3(d\alpha_3) - \ddot{U} \}\begin{pmatrix} X_i^{\mathrm{I}} \\ Y_i^{\mathrm{I}} \\ Z_i^{\mathrm{I}} \end{pmatrix} + \begin{pmatrix} \varepsilon_x \\ \varepsilon_y \\ \varepsilon_z \end{pmatrix} \tag{4.4.4}$$

式中 $\ddot{U}$ 是单位矩阵。因 $\vec{S}_i^{\mathrm{I}}$、$\vec{S}_i^{\mathrm{II}}$ 是单位矢量，这个方程含有矢量的模等于 1 的约束条件，所以其三个分量方程中只有两个是独立的，但含有三个微小旋转参数。由两种技术观测给出 X_i^{I}、Y_i^{I}、Z_i^{I} 和 X_i^{II}、Y_i^{II}、Z_i^{II}，如有两个以上共同星的观测，可以解出两天球坐标系间的旋转参数 $d\alpha_1$、$d\alpha_2$、$d\alpha_3$。

§4.4.2 地球坐标系间的直接比较

现有技术 I 和 II 分别由一组测站坐标构成的参考框架各自体现了一个基本地球坐标系 $[FTS]_{\mathrm{I}}$，$[FTS]_{\mathrm{II}}$。若两测站框架中有一些台站上并置着这两种观测仪器，彼此之间的坐标差经过本地测量程序严格已知。这时，站矢量可以写成

$$\vec{D}_i^{\mathrm{I}} = [FTS]_{\mathrm{I}} \begin{pmatrix} x_i^{\mathrm{I}} \\ y_i^{\mathrm{I}} \\ z_i^{\mathrm{I}} \end{pmatrix}$$

$$\vec{D}_i^{\mathrm{II}} = [FTS]_{\mathrm{II}} \begin{pmatrix} x_i^{\mathrm{II}} \\ y_i^{\mathrm{II}} \\ z_i^{\mathrm{II}} \end{pmatrix} \tag{4.4.5}$$

$\vec{D}_i^{\mathrm{I}}, \vec{D}_i^{\mathrm{II}}$ 的差异中除纯偶然误差 $\vec{v}_i$ 外，还含有系统差异 $\Delta \vec{D}_i$

$$\vec{D}_i^{\mathrm{I}} - \vec{D}_i^{\mathrm{II}} = \Delta \vec{D}_i + \vec{v}_i$$

其中 $\Delta \vec{D}_i$ 可能包含两框架所体现的地球坐标系间的原点差 $\vec{\delta}$ 、尺度差 C 、并址仪器间的位置差 $d\vec{D}_i$ 。这样，

$$\vec{D}_i^{\mathrm{I}} - \vec{D}_i^{\mathrm{II}} = \vec{\delta} + d\vec{D}_i + C\vec{D}_i^{\mathrm{II}} + \vec{v}_i \tag{4.4.6}$$

上式两端左乘 $[FTS]_{\mathrm{II}}'$ ，得

$$[FTS]_{\mathrm{II}}'[[FTS]_{\mathrm{I}}[FTS]_{\mathrm{I}}' \vec{D}_i^{\mathrm{I}} - [FTS]_{\mathrm{II}}' \vec{D}_i^{\mathrm{II}} = [FTS]_{\mathrm{II}}'(\vec{\delta} + d\vec{D}_i + C\vec{D}_i^{\mathrm{II}} + \vec{v}_i)$$

将（4.4.5）式代入上式，得

$$[FTS]_{\mathrm{II}}'[FTS]_{\mathrm{I}} \begin{pmatrix} x_i^{\mathrm{I}} \\ y_i^{\mathrm{I}} \\ z_i^{\mathrm{I}} \end{pmatrix} - \begin{pmatrix} x_i^{\mathrm{II}} \\ y_i^{\mathrm{II}} \\ z_i^{\mathrm{II}} \end{pmatrix} = [FTS]_{\mathrm{II}}'(\vec{\delta} + d\vec{D}_i + C\vec{D}_i^{\mathrm{II}} + \vec{v}_i)$$

由此

令

$$[FTS]_{\mathrm{II}}'[FTS]_{\mathrm{I}} = \bar{R}_1(d\beta_1)\bar{R}_2(d\beta_2)\bar{R}_3(d\beta_3) \tag{4.4.7}$$

和（4.4.4）的推导类似，得

$$\begin{pmatrix} \Delta x_i \\ \Delta y_i \\ \Delta z_i \end{pmatrix} = \begin{pmatrix} x_i^{\mathrm{I}} - x_i^{\mathrm{II}} \\ y_i^{\mathrm{I}} - y_i^{\mathrm{II}} \\ z_i^{\mathrm{I}} - z_i^{\mathrm{II}} \end{pmatrix} \tag{4.4.8}$$

$$= \{\bar{R}_1(d\beta_1)\bar{R}_2(d\beta_2)\bar{R}_3(d\beta_3) - \vec{U}\} \begin{pmatrix} x_i^{\mathrm{I}} \\ y_i^{\mathrm{I}} \\ z_i^{\mathrm{I}} \end{pmatrix} + \begin{pmatrix} \delta_x \\ \delta_y \\ \delta_z \end{pmatrix} + \begin{pmatrix} dD_{xi} \\ dD_{yi} \\ dD_{zi} \end{pmatrix} + C \begin{pmatrix} x_i^{\mathrm{I}} \\ y_i^{\mathrm{I}} \\ z_i^{\mathrm{I}} \end{pmatrix} + \begin{pmatrix} v_{xi} \\ v_{yi} \\ v_{zi} \end{pmatrix}$$

上式是三维的误差方程，其中，$\begin{pmatrix} x_i^{\mathrm{I}} \\ y_i^{\mathrm{I}} \\ z_i^{\mathrm{I}} \end{pmatrix}$、$\begin{pmatrix} x_i^{\mathrm{II}} \\ y_i^{\mathrm{II}} \\ z_i^{\mathrm{II}} \end{pmatrix}$ 以及 $d\vec{D}_i$ 为已知量，共有 $d\beta_{j=1,2,3}$、$\vec{\delta}$ 以及尺度差系数 C 共 7 个未知量，如两种技术在三个以上台站实现并置，通过联合观测，可以解出这些参数。

§4.4.3 天球坐标系间的间接比较

在实际情况下，各种现代测量技术之间，例如 VLBI、SLR、GPS、LLR 等，相互完全没有共同的观测目标，其天球参考系之间无从直接比较。只能寻找间接的比较方法。在通过并置台站将地球坐标系间的联系参数确定后，两种技术的天球坐标系的差异就体现在各自确定的自转参数序列中，有望从中分析得到两天球坐标系的联系参数。

设技术 I 和 II 观测不同的天体，它们所观测的天体矢量体现着不同的天球坐标系，记为 $[FCS]_{\mathrm{I}}$ 和 $[FCS]_{\mathrm{II}}$。同时两技术有不同的台站组合，它们的台站矢量体现着不同的地球坐标系，在作了原点差和尺度差修正后，只剩下坐标轴的旋转关系，记为 $[FTS]_{\mathrm{I}}$ 和 $[FTS]_{\mathrm{II}}$。由（4.4.2）式，两种技术的天球坐标系的关系可以一般的表示成

$$[FCS]_{\mathrm{II}}' = \bar{R}_1(d\alpha_1)\bar{R}_2(d\alpha_2)\bar{R}_3(d\alpha_3)[FCS]_{\mathrm{I}}' \qquad (4.4.9)$$

同样由（4.4.7）式，对于两技术的地球坐标系，可以给出关系

$$[FTS]_{\mathrm{II}}' = \bar{R}_1(d\beta_1)\bar{R}_2(d\beta_2)\bar{R}_3(d\beta_3)[FTS]_{\mathrm{I}}' \qquad (4.4.10)$$

对于同一技术，$[FCS]$ 和 $[FTS]$ 的关系为

$$[FTS]_{\mathrm{I}}' = \bar{W}_{\mathrm{I}}\bar{N}\bar{P}[FCS]_{\mathrm{I}}'$$
$$[FTS]_{\mathrm{II}}' = \bar{W}_{\mathrm{II}}\bar{N}\bar{P}[FCS]_{\mathrm{II}}' \qquad (4.4.11)$$

其中

$$\bar{W}_{\mathrm{I}} = \bar{R}_1(-Y_{\mathrm{I}p})\bar{R}_2(-X_{\mathrm{I}p})\bar{R}_3(S_{\mathrm{I}G})$$
$$\bar{W}_{\mathrm{II}} = \bar{R}_1(-Y_{\mathrm{II}p})\bar{R}_2(-X_{\mathrm{II}p})\bar{R}_3(S_{\mathrm{II}G}) \qquad (4.4.12)$$

是自转矩阵，$\bar{N}, \bar{P}$ 分别是章动矩阵和岁差矩阵，有关详细叙述见第五章。章动和岁差矩阵是与技术无关的常数系统，自转则是与技术有关的待测参数系统。其中 X_p、Y_p、S_G 分别是瞬时地极坐标和格林尼治恒星时。

将（4.4.9）式两端左乘 $\bar{W}_{\mathrm{II}}\overline{NP}$，得

$$\bar{W}_{\mathrm{II}}\overline{NP}[FCS]_{\mathrm{II}}' = \bar{W}_{\mathrm{II}}\overline{NP}\bar{R}_1(d\alpha_1)\bar{R}_2(d\alpha_2)\bar{R}_3(d\alpha_3)[FCS]_{\mathrm{I}}'$$

再将（4.4.11）式第二式及（4.4.10）式代入上式

$$\bar{R}_1(d\beta_1)\bar{R}_2(d\beta_2)\bar{R}_3(d\beta_3)[FTS]_{\mathrm{I}}' = \bar{W}_{\mathrm{II}}\overline{NP}\bar{R}_1(d\alpha_1)\bar{R}_2(d\alpha_2)\bar{R}_3(d\alpha_3)[FCS]_{\mathrm{I}}'$$

将各旋转矩阵代入上式，展开并略去二阶小量，整理后得到

$$
\begin{aligned}
[FTS]_{\mathrm{I}}' &= \bar{R}_1(-d\beta_1)\bar{R}_2(-d\beta_2)\bar{R}_3(-d\beta_3)\bar{W}_{\mathrm{II}}\overline{NP}\bar{R}_1(d\alpha_1)\bar{R}_2(d\alpha_2)\bar{R}_3(d\alpha_3)[FCS]_{\mathrm{I}}' \\
&= \bar{R}_1(-d\beta_1 + d\alpha_1\cos S_G + d\alpha_2\sin S_G)\cdot\bar{R}_2(-d\beta_2 - d\alpha_1\sin S_G + d\alpha_2\cos S_G) \\
&\quad \cdot\bar{R}_3(-d\beta_3 + d\alpha_3)\bar{W}_{\mathrm{II}}\overline{NP}[FCS]_{\mathrm{I}}'
\end{aligned}
$$

将（4.4.11）式代入上式的左端，

$$
\begin{aligned}
&\bar{W}_{\mathrm{I}}\overline{NP}[FCS]_{\mathrm{I}}' \\
&= \bar{R}_1(-d\beta_1 + d\alpha_1\cos S_G + d\alpha_2\sin S_G)\cdot\bar{R}_2(-d\beta_2 - d\alpha_1\sin S_G + d\alpha_2\cos S_G) \\
&\quad \cdot\bar{R}_3(-d\beta_3 + d\alpha_3)\bar{W}_{\mathrm{II}}\overline{NP}[FCS]_{\mathrm{I}}'
\end{aligned}
$$

得到

$$
\begin{aligned}
\bar{W}_{\mathrm{I}} &= \bar{R}_1(-d\beta_1 + d\alpha_1\cos S_G + d\alpha_2\sin S_G) \\
&\quad \cdot\bar{R}_2(-d\beta_2 - d\alpha_1\sin S_G + d\alpha_2\cos S_G) \\
&\quad \cdot\bar{R}_3(-d\beta_3 + d\alpha_3)\bar{W}_{\mathrm{II}}
\end{aligned}
\tag{4.4.13}
$$

两技术的地球自转矩阵的关系可以一般的写成

$$\bar{W}_{\mathrm{I}} = \bar{R}_1(-\Delta Y_p)\bar{R}_2(-\Delta X_p)\bar{R}_3(\Delta S_G)\bar{W}_{\mathrm{II}} \tag{4.4.14}$$

其中

$$
\begin{aligned}
\Delta X_p &= X_{\mathrm{I}p} - X_{\mathrm{II}p} \\
\Delta Y_p &= Y_{\mathrm{I}p} - Y_{\mathrm{II}p} \\
\Delta S_G &= \Delta S_{\mathrm{I}G} - \Delta S_{\mathrm{II}G}
\end{aligned}
\tag{4.4.15}
$$

比较（4.4.13）式和（4.4.14）式，得

$$
\begin{aligned}
-\Delta Y_p &= -d\beta_1 + d\alpha_1\cos S_G + d\alpha_2\sin S_G \\
-\Delta X_p &= -d\beta_2 - d\alpha_1\sin S_G + d\alpha_2\cos S_G \\
-\Delta S_G &= -d\beta_3 + d\alpha_3
\end{aligned}
\tag{4.4.16}
$$

（4.4.16）式的左端是两种技术独立提供的地球自转参数的系统差，由两个序列比较得到。$d\beta_j$ 是两技术体现的地球参考架间的旋转参量，它们连同原点差 δ 以及尺度系数 C 一起由并置台站数据用（4.4.8）式解出。将 $d\beta_j$ 代入（4.4.16）式可解出两种技术的观测目标星座所体现的天球坐标系间的旋转参数 $d\alpha_1$、$d\alpha_2$、$d\alpha_3$。

第五章 地球的空间姿态

§5.1 地球空间姿态的描述

作为整个天体测量的基础，地基天体测量学所建立基本天球坐标系 [FCS] 和基本地球坐标系 [FTS]，它们的基本面（或基本方向）都和地球的动力学平面（或动力学轴）相联系。由于地球的各动力学轴的方向（自转角速度方向、自转角动量方向、最大惯量矩方向和轨道角动量方向）无论相对于空间还是相对于地球本体都存在着复杂的运动，为实现基本坐标系，需要精确描述瞬时动力学轴的运动规律，给出瞬时坐标系和基本坐标系间的转换关系。在第四章中，引进了天球瞬时坐标系 [N] 和地球瞬时坐标系 [E]，其间的关系可以写成

$$[FTS]'[FCS] = ([FTS]'[E]) \cdot ([E]'[N]) \cdot ([N]'[FCS]) \qquad (5.1.1)$$

上式的左端是基本天球坐标系和基本地球坐标系间的关系，它代表了地球平均岩石圈相对于遥远天体整体背景的**"空间绝对姿态"**。右端将这空间绝对姿态分解成三部分。一部分 $([N]'[FCS])$ 是瞬时天球坐标系相对于空间背景的姿态变化；另一部分 $([E]'[N])$ 是瞬时地球坐标系相对于瞬时天球坐标系姿态变化；还有一部分 $([FTS]'[E])$ 是地球本体相对于瞬时地球坐标系的姿态变化。从数学上讲，[FCS] 和 [FTS] 之间的关系只要用三个欧拉角—自转角 Φ、章动角 Θ 和进动角 Ψ，就可以充分描述。这在形式上比（5.1.1）更简单。这些欧拉角的具体定义和所采用的坐标旋转次序有关。可以有几种不同的旋转方式，但最后都可达到同样的目的。以图 5.1.1 所示的方式为例，令

$$[FCS] = (\vec{X} \quad \vec{Y} \quad \vec{Z})$$
$$[FTS] = (\vec{x} \quad \vec{y} \quad \vec{z}) \qquad (5.1.2)$$

首先将 [FCS] 绕其 $\vec{Z}$ 轴正转 Ψ，将 $\vec{X}$ 移到 $\vec{X}'$，使得 $\vec{Z}$、$\vec{z}$、$\vec{X}'$ 三轴共面，这时 $\vec{Y}$ 移动到 $\vec{Y}'$，$\vec{Y}'$ 轴垂直于过 $\vec{Z}$、$\vec{z}$、$\vec{X}'$ 三矢量的平面；而后将

坐标系绕 $\vec{Y}'$ 轴正转 Θ，使两坐标系的极轴重合，这时 $\vec{X}'$ 移动到 $\vec{X}''$；最后再绕极轴 $\vec{z}$ 正转 Φ，使得两坐标系的第一轴 $\vec{X}''$ 和 $\vec{x}$ 重合，于是两坐标系完全重合。该转换过程可写为

$$[FTS]'\,[FCS] = \bar{R}_3(\Phi)\bar{R}_2(\Theta)\bar{R}_3(\Psi) \tag{5.1.3}$$

但是，由于地球的动力学轴对空间和对地球本体的方向都是时变的，不论怎样选取 [FCS] 轴和 [FTS] 轴，都不能使得两者中任何一个始终和地球的动力学轴的方向保持固定关系。不难理解，在这种情况下，由于地球存在快速的周日自转，（5.1.3）式的三个欧拉角都存在周日变化。如果用这样一组参量描述地球的空间姿态，这些参量将是不可观测的。因为任何天体测量观测过程都不是瞬间完成的。过去传统测量技术通常取一天为一个观测时段。对现代测量

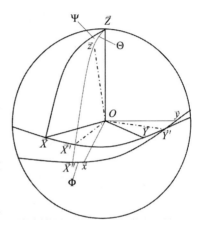

图 5.1.1 地球空间姿态的描述

技术，也需要几个小时，将来最短也需要几分钟。在这时段内，这些具有周日变化的参量都已发生了显著变化。

可见，对于地球绝对姿态的描述来说，（5.1.3）的形式虽然最简单，但无法实现。需要引进合适的瞬时坐标系，使得各坐标旋转角都不含快速的周日变化，这样才有可观测性。设想若引进这样的瞬时天球坐标系 [N]，使得 [N] 和 [FCS] 之间的差异只是由于地球的动力学面（赤道面和黄道面）的空间摆动所引起，而与地球的周日自转角无关，因此坐标旋转参数没有快速的周日变化。再引进瞬时地球坐标系 [E]，使得 [E] 和 [FTS] 之间的差异只是由于地球的赤道面相对于地球本体的摆动所引起，而与地球的周日自转角无关，因此坐标旋转参数也没有快速的周日变化。而 [N] 和 [E] 二者有公共的极轴，它们之间只有周日自转角的变化。在此基础上采用一个钟速接近于地球自转角速度的时钟的时间读数近似模拟地球自转角，这样自转角未被模拟的部分将是一个变化缓慢的小量。如果这样的分解能够实现，将可实现地球姿态观测方程的线性化，[N] 和 [E] 将能够通过观测实现，并最终实现 [FCS] 和 [FTS] 的转换

参数的确定。实现这种分解方式的关键是寻找一条合理的参考轴，作为瞬时坐标系[N]和[E]的公共轴。下面分别对瞬时天球坐标系和瞬时地球坐标系的运动特征和描述方式作详细叙述。

§5.2 地球动力学轴的空间长期运动

太阳系天体对地球的作用以三种形式表现出来，第一种是对作为质点的地球的引力，它决定了地球的平动轨道，地球轨道的平均平面就是黄道面（严格地说是地月系质心的平均轨道面），这是地球重要的动力学平面之一。太阳系天体对质点地球的引力也使得地球轨道面产生缓慢漂移，这是黄道的岁差旋转。第二种形式是对于作为椭球形的刚体地球的赤道突出部分产生的力矩，使得地球赤道的空间定向产生变化，这是赤道的岁差和章动旋转。第三是作用于形变的椭球形地球，使得地球产生潮汐，并影响着地球的章动。为了定义空间不旋转的坐标系，需要对地球动力学平面的空间旋转作出模拟，建立赤道和黄道的旋转模型，也就是要对岁差和章动作出精确描述。在 2009 年之前，岁差的描述按照引力的来源划分，分别称为日月岁差和行星岁差，其中行星岁差只考虑行星对黄道面的摄动，而没有考虑对赤道面的摄动。从 2009 年起，改成按照被摄动的动力学平面划分成赤道岁差和黄道岁差，其中赤道岁差既考虑日月的作用也考虑行星的作用。

表 5.2.1 地球所受的外力及相应的影响

作用力	赤道的运动		黄道的运动	
	长期（岁差）	周期（章动）	长期（岁差）	周期（章动）
日月力矩	赤道日月岁差	赤道日月章动	无影响	无影响
日月引力	无影响	无影响	无影响	无影响
行星力矩	赤道行星岁差	赤道行星章动	无影响	无影响
行星引力	无影响	无影响	黄道行星岁差	被平滑处理
总名称	赤道岁差	章动	黄道岁差	不考虑

从上表的第二列看到，日月和行星的力矩都能引起地球赤道的长期运动，前者称为赤道日月岁差，后者称为赤道行星岁差。两者的量级相差悬殊，而且都是长期变化，从观测数据中无法将它们的作用区分开来。它们的影响共同体现于赤道面的空间定向的变化，就是赤道岁差。

从上表的第三列看到，日月和行星的力矩都能引起地球瞬时赤道的周期性运动。通常将前者称为**日月章动**，将后者称为**行星章动**。日月章动项和行星章动项有不同的函数形式。行星对地球的作用力矩比日月的作用力矩大约要小 5 个量级（相应的行星章动振幅为 $0''.0001$ 量级），所以过去很长时期在章动序列中都没有考虑行星的作用。鉴于现代测量技术精度的提高，20 世纪 90 年代起开始考虑行星章动的作用。

从上表的第四列看到，只有行星的质心引力对黄道产生长期性摄动。黄道的定义为地月系质心的平均轨道面，太阳是中心引力源，不是摄动源。月球对地月系轨道面的摄动是周期性的，对地球轨道不产生长期性影响。行星对黄道的长期摄动引起春分点在赤道上移动，这被称为**黄道行星岁差**。黄道行星岁差可以由行星的轨道运动规律和太阳系质量系统精确地计算出来。赤道岁差和黄道岁差一起构成牛顿总岁差。相对论推导出的测地岁差是牛顿赤道岁差之外的部分。

从上表的第五列看到，行星的质点引力可以引起地球轨道的的周期性运动，但实际应用中，和月球的摄动一样，也不考虑黄道的行星章动，这是因为：

赤道是由瞬间观测得到的，观测恒星的周日圈直径就得到天体的赤纬信息。由于赤道面的岁差和章动，每次的赤纬观测都对应于瞬时赤道。为比较不同时刻的观测，必须对瞬时赤道的变化做出描述，化到同一参考赤道。所以，对赤道来说，不仅要考虑其长期运动即岁差，还要考虑其周期运动即章动。

黄道的情况不同。黄道不是由瞬间观测直接得到的。**黄道是依据长时间观测"计算"出来的，**是一系列的观测结果给出的拟合轨道。本来，由于黄道的变化既不影响天体的赤纬，也不影响天体间的赤经差。所以可以不理会黄道的运动。（黄道的变化虽然时刻改变着天体的黄经和黄纬，但它们不是直接观测得到的，而只是赤经赤纬转换得来的）可以采用一个固定历元的参考黄道，以它和瞬时赤道的交点作为瞬时分点。但是就一个很长的时期来说，黄道面的位置仍然需要和地球轨道的观测联系在一起的，而不应使采用的黄道和地球实际轨道之间存在线性扩大着的差异。基于这些原因，根据行星对地球轨道面的摄动的长期解，定义黄道的岁差移动。这就是黄道的岁差，过去称作为行星岁差。而作为行星摄动引起的地球轨道的周期性摆动动对黄道不产生影响，所以没有黄道章动分量。

综合上述情况，当前在研究中需要考虑的瞬时天球坐标系的坐标轴方向的变化包括：日月力矩对**赤道**长期摄动引起的**赤道日月岁差**、行星质点引力对**黄道**长期摄动引起的**黄道行星岁差**、日月力矩对赤道周期摄动引起的**日月章动**、行星力矩对赤道周期摄动引起的**行星章动**四个分量。有关章动的问题将在下一节讨论。这里需要注意到，日月岁差和日月章动、行星岁差和行星章动，这两对名词虽然很对称，但日月岁差和日月章动的机制相同，都是日月力矩引起的。而行星岁差和行星章动的机制是不同的，前者来源于行星的质点引力对黄道面的摄动，后者来源于行星的较差力矩对赤道面的摄动。

在地球姿态的描述参数中，应当将能够给出精确理论预测的部分尽可能精确计算出来，给所需的用户提供尽可能好的参数服务。对不能精确预测的部分则由实时观测来确定，最后得到的确定值序列给需要更高精度数据的用户（如地球动力学研究者）提供最高精度的参数序列。岁差是长期变化，可以用多项式很好地描述，一旦多项式的系数被精确测定，就可以对瞬时坐标系的坐标轴指向作出精度很高的较长期的预测。赤道和黄道的岁差运动引起瞬时天极和瞬时春分点的位移，引起黄赤交角的变化。这些变化引起黄道和赤道上一系列的交点、弧段、交角的变化。这些变化分量的表达式都可以从赤道岁差和黄道岁差的常数推导出来。下面对岁差的各种分量形式作出说明。

§5.2.1 赤道岁差

由前所述，赤道岁差是日月和行星对地球赤道突出部分的较差力矩引起的赤道面（极轴）的长期进动。赤道岁差的表现是北天极绕北黄极沿**顺时针**方向（从天球外看）在一个小圆上做圆周运动，运动周期约 25800 年。瞬时坐标系的基本面取瞬时赤道。只含有赤道岁差运动的赤道称为**瞬时平赤道**。特别约定的参考时刻的平赤道称为**参考历元平赤道**，如 1900.0 平赤道、1950.0 平赤道、

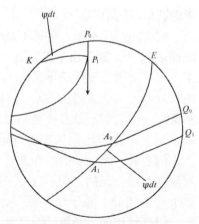

图 5.2.1 赤道岁差示意图

2000.0 平赤道等。与瞬时平赤道相应的有瞬时平春分点、瞬时平天极、

瞬时平赤道坐标系等。

在讨论赤道岁差时，暂时认为黄极的空间方向是固定的。如图 5.2.1，P_0 是参考历元 t_0 时刻的平天极，P_1 是 t_1 时刻的瞬时平天极，K 是黄极。A_0 和 A_1 分别是参考历元平春分点和瞬时平春分点。天极的瞬时运动方向是其运动轨迹的瞬时切线方向，它垂直于该时刻过天极与黄极的大圆。因此天极岁差移动的瞬时方向始终指向瞬时平春分点。天极从 P_0 到 P_1 的移动，使得春分点从 A_0 移动到 A_1。可以看到，**赤道岁差使得瞬时平春分点在黄道上由东向西退行**，这和太阳运动方向即黄经的度量方向相反。以 ψ 表示平天极绕黄极的运动角速度，P_0 到 P_1 的历元之差为 dt，P_0 与 P_1 在黄极 K 处的张角为 ψdt。容易证明，大圆弧 $A_0 A_1 = \psi dt$。这意味着，由于赤道岁差，**平春分点在黄道上的退行速度等于天极绕黄极运动的角速度**。赤道岁差不改变黄道的位置，因此不改变天体的黄纬。它只改变分点在黄道上的位置，**使得所有的天体的黄经以同样速度增加**，所以 ψ 称为**黄经岁差速率**。上述关系用公式表示为

$$d\lambda = \psi dt , \quad d\beta = 0 \tag{5.2.1}$$

当 $dt \to 0$，大圆弧 $P_0 P_1$ 趋向于瞬时平天极运动轨迹的切线方向，即指向瞬时平春分点。容易证明，大圆弧 $P_0 P_1 = \psi dt \sin\varepsilon$。这个弧段代表平天极瞬时运动对天球中心的角位移，也等于分点位移 $A_0 A_1$ 的赤纬分量，常用

$$n = \psi \sin\varepsilon \tag{5.2.2}$$

表示该运动分量的速率。这里黄赤交角 ε 是常数，因为赤道岁差不影响黄赤交角。另外，$\psi\cos\varepsilon$ 代表赤道岁差引起的瞬时平春分点在瞬时平赤道上的运动速度，它给所有天体的赤经以同样的影响，使得所有天体的赤经以

$$m = \psi \cos\varepsilon \tag{5.2.3}$$

的速率增加，所以称之为**赤经岁差速率**。

对任意天体，用公式（B.29）（见附录），其黄道坐标和赤道坐标关系为

$$\cos\delta\cos\alpha = \cos\beta\cos\lambda$$
$$\sin\delta = \cos\varepsilon\sin\beta + \sin\varepsilon\cos\beta\sin\lambda$$
$$\sin\alpha\cos\delta = \cos\beta\sin\lambda\cos\varepsilon - \sin\beta\sin\varepsilon$$

对其中第一和第二式求导数，并将（5.2.1）和（5.2.3）代入，得

$$d\alpha = \psi(\cos\varepsilon + \sin\varepsilon\sin\alpha\tan\delta)dt$$
$$d\delta = \psi\sin\varepsilon\cos\alpha dt \tag{5.2.4}$$

此式表达了赤道岁差引起天体赤经和赤纬的变化率。将（5.2.2）和（5.2.3）代入上式

$$d\alpha = (m + n\sin\alpha\tan\delta)dt$$
$$d\delta = n\cos\alpha dt$$

（5.2.5）

此式表明，天体的赤纬变化 $d\delta$ 只由天极的岁差分量 n 引起，所以称 n 为赤纬岁差速率，虽然这项影响与天体的赤经也有关系。而天体的赤经变化由赤经岁差和赤纬岁差两方面因素共同引起，但 m 项对每个星的赤经影响相同，所以称 m 为赤经岁差速率。

§ 5.2.2 黄道岁差

行星的质点引力对地球的轨道面产生摄动，使得黄道面的空间取向也发生变化，因而引起春分点沿赤道运动，这就是黄道岁差。在讨论黄道岁差时，同样假定天极和赤道是不动的。图 5.2.2 中，K_0 和 K_1，E_0 和 E_1，A_0 和 A_1 分别是参考历元 t_0 和瞬时时刻 t_1 的黄极、黄道以及平春分点。黄道岁差不像赤道岁差那么简单为一个圆周运动，t_0 时刻黄极的移动方向并不垂直于大圆 K_0P。为了描述黄道岁差，不仅要给出岁差速率，而且要给出黄极相对于天极的位移方向。为此，引入黄道瞬时旋转轴的概念。黄道 E_1 与 E_0 相交于 N 和 N' 两点，N 是升交点，N' 是降交点。不难理解，当 $dt = t_1 - t_0 \rightarrow 0$ 时，黄道岁差使瞬时黄道绕 NN' 轴旋转。假定该项旋转的角速度为 π，E_1 对 E_0 的交角应为 πdt。显然，$k_0k_1 = \pi dt$，π 就是黄道岁差速率。

又假定升交点 N 在 E_0 上的黄经，即大圆弧 A_0N 的弧长为 Π。π 和 Π 可作为瞬时黄道岁差的描述参数。又由图 5.2.2，得

$$\angle PK_0K_1 = N'A_0 = 180° - \Pi$$

可见，Π 就是黄道岁差引起的黄极的位移的方向参数。黄道岁差不改变赤道，只改变分点在赤道上的位置。设黄道岁差引起的春分点移动速度为

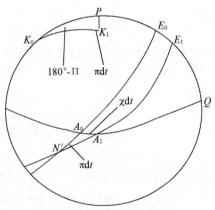

图 5.2.2 黄道岁差示意图

χ，图 5.2.2 中，弧段

$$A_0 A_1 = \chi dt \tag{5.2.6}$$

又在三角形 $A_0 A_1 N'$ 中，

$$\begin{aligned}
&A_0 N' = 180° - \varPi \\
&\angle A_0 N' A_1 = \pi dt \\
&\angle N' A_0 A_1 = 180° - \varepsilon \\
&\angle N' A_1 A_0 = \varepsilon + d\varepsilon
\end{aligned} \tag{5.2.7}$$

由以上条件，给出

$$\sin(\chi dt)\sin(\varepsilon + d\varepsilon) = \sin \varPi \sin(\pi dt)$$
$$\cos \varepsilon \cos(\chi dt) = \sin(\chi dt)\cot \varPi + \sin \varepsilon \cot(\varepsilon + d\varepsilon)$$

将上式展开到一阶小量，得到

$$\begin{aligned}
&\chi = \pi \sin \varPi \csc \varepsilon \\
&d\varepsilon = \pi \cos \varPi dt
\end{aligned} \tag{5.2.8}$$

由图 5.2.2 所示，**黄道岁差引起的春分点移动使得天体的赤经减小，但不影响赤纬**，所以黄道岁差对天体的平赤道坐标的影响为

$$\begin{aligned}
&d\alpha = -\chi dt = -\pi \sin \varPi \csc \varepsilon dt \\
&d\delta = 0
\end{aligned} \tag{5.2.9}$$

为了推导黄道岁差对天体的黄道坐标的影响，用附录中（B.27）式和（B.29）式，给出以下关系

$$\begin{aligned}
&\cos \beta \cos \lambda = \cos \delta \cos \alpha \\
&\sin \beta = \cos \varepsilon \sin \delta - \sin \varepsilon \cos \delta \sin \alpha \\
&\cos \beta \sin \lambda = \sin \delta \sin \varepsilon + \cos \delta \cos \varepsilon \sin \alpha \\
&\cos \delta \sin \alpha = -\sin \beta \sin \varepsilon + \cos \beta \cos \varepsilon \sin \lambda
\end{aligned}$$

对其中第一、第二式求导数，并将其第三、第四式及（5.2.8）式和（5.2.9）式代入，得到

$$\begin{aligned}
&d\lambda = \pi \tan \beta \cos(\varPi - \lambda)dt - \chi \cos \varepsilon dt \\
&d\beta = \pi \sin(\varPi - \lambda)dt
\end{aligned} \tag{5.2.10}$$

此式就是黄道岁差引起天体黄道坐标的微分变化的表达式，其中含有瞬时黄道的旋转速度 π、旋转轴的赤经 $\varPi$ 以及分点的行星岁差速率 χ。

§5.2.3　总岁差

实际上赤道岁差和黄道岁差总是同时发生的，在赤道运动的同时，黄道也在运动。在微分变化的情况下，二者可以简单叠加。前面的叙述归纳如表 5.2.2。

表 5.2.2　岁差的分量

	分点在赤道上的移动速度	分点垂直于赤道的移动速度	分点在黄道上的移动速度	分点垂直于黄道的移动速度
赤道岁差率	$\psi\cos\varepsilon$	$n=\psi\sin\varepsilon$	ψ	0
黄道岁差率	$-\chi$	0	$-\chi\cos\varepsilon$	$\chi\sin\varepsilon$
总岁差速率	$m=\psi\cos\varepsilon-\chi$ 赤经岁差速率	$n=\psi\sin\varepsilon$ 赤纬岁差速率	$p=\psi-\chi\cos\varepsilon$ 黄经岁差速率	$\chi\sin\varepsilon$ 黄纬岁差速率
坐标总变率	$\dfrac{d\alpha}{dt}=m+$ $n\sin\alpha\tan\delta$	$\dfrac{d\delta}{dt}=n\cos\alpha$	$\dfrac{d\lambda}{dt}=p+$ $\pi\tan\beta\cos(\Pi-\lambda)$	$\dfrac{d\beta}{dt}=$ $\pi\sin(\Pi-\lambda)$

由于岁差影响黄道和分点的空间位置，而在太阳系天体的日心轨道根数中，轨道倾角 i，升交点黄经 Ω 以及近日点升交点距 ϖ 三个根数与黄道及分点位置有关，所以它们均受岁差的影响。当使用行星轨道根数的数据时，或者测定行星轨道根数时，都要注意到这些根数除了其自身的变化外，还包含岁差影响的部分，也就是要注意到轨道根数自身的历元和参考坐标系的历元的区别。

§5.2.4　岁差表达式

实际采用的岁差表达式比上节叙述的概念复杂得多，这是因为：

（1）表 5.2.2 中的岁差速率各分量都是相对于瞬时平赤道和瞬时黄道的，由于瞬时平赤道和瞬时黄道都在运动，当我们要计算的岁差量的历元跨度不是非常小时，岁差就明显不是线性变化。这样，岁差速率的表达式就需要包含高阶项。

（2）赤道是地球自转的动力学平面，观测给出的赤道是变化着的瞬时真赤道，由瞬时真赤道解算到瞬时平赤道需要去除赤道运动的周期变化即章动。章动的描述与采用的地球的动力学模型有关。建立一个理想的章动序列是相当艰难的课题。

（3）黄道是地月系质心的平均轨道面。由于行星的摄动，地月系实际轨道也是极其复杂的，不可能用解析式精确地描述。常用数值积分的方式，对一段时期的观测数据作拟合而给出数字的解。这与所采用的力学理论和观测数据有关。另外在摄动计算中需要太阳系天体的质量和一些初始条件，这些都不是理论定义能解决的。这些采用的理论和数值都影响地球平均轨道概念的实现。

图 5.2.3 表示在赤道和黄道同时运动时的各岁差分量间的关系。

1．分点移动沿赤道分解的路径

图中，Q、E、P 分别表示赤道、黄道和北天极，下标 "0" 对应于参考历元 t_0，下标 "1" 对应于瞬时历元 t_1。A_0 是参考历元平春分点，它是参考历元的黄道对参考历元的平赤道的升交点。瞬时平春分点 A_1 是瞬时黄道对瞬时平赤道的升交点，A' 是参考历元黄道对瞬时平赤道的升交点。与上述三个分点对应的有三个黄赤交角，分别记为 ε_0、ε_1、ε'。图中看到，参考历元平春分点 A_0 和瞬时平春分点 A_1 不在同一赤道上，也不在同一黄道上。可以把分点的移动分解成三段：$A_0 \rightarrow H \rightarrow B \rightarrow A_1$，其中：

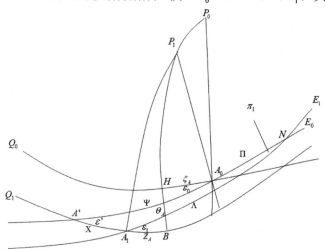

图 5.2.3 岁差各分量示意

$A_0 H$ 段是分点在参考历元平赤道 Q_0 上的移动量，记为 ζ_A。这里 H 是过 P_0、P_1 的大圆与 Q_0 的交点。大圆 $P_0 P_1$ 是零赤经圈绕参考历元平天极 P_0 向西转过 ζ_A 而成，所以它代表瞬时平春分点在 Q_0 上的赤经岁差量。这也可看作是参考历元平赤道坐标系绕其第三轴旋转（$-\zeta_A$）而成，其旋转矩阵为 $\bar{R}_3(-\zeta_A)$。

HB 段是天极 P_0 沿大圆 P_0P_1HB 的移动量，记为 θ_A。由图 5.2.3 不难看出，$HB = P_0P_1$，这是在两个历元之间天极的移动量。也可看成是参考历元平坐标系经过 $\bar{R}_3(-\zeta_A)$ 旋转后再绕第二轴旋转 θ_A 而成，旋转矩阵为 $\bar{R}_2(\theta_A)$。经过这次旋转后，坐标系的基本面由参考历元平赤道移动到瞬时平赤道。

BA_1 段是平春分点在瞬时平赤道上的移动量，记为 Z_A，这是零赤经圈绕瞬时平天极 P_1 的旋转量，也可看成是坐标系再次绕第三轴旋转 $-Z_A$ 而成，相应的旋转矩阵为 $\bar{R}_3(-Z_A)$。

综上所述，参考历元平赤道坐标系到瞬时平赤道坐标系的变换可用三次连续的坐标旋转完成

$$\bar{P}_Q = \bar{R}_3(-Z_A)\bar{R}_2(\theta_A)\bar{R}_3(-\zeta_A) \qquad (5.2.11)$$

其中 ζ_A、θ_A、Z_A 是岁差的三个常用分量的表示符号。

由此式可计算任何时段内岁差引起的坐标系的变化，从而实现从参考历元平赤道坐标系到瞬时平赤道坐标系的转换。

2. 分点移动的其他分解路径

分点从 A_0 到 A_1 的移动还可以沿黄道分解。图 5.2.3 中，参考历元平春分点 A_0 可以沿参考历元黄道移动到 A'。如前述，这是赤道岁差 ψ 的积分量，记为 $\Psi = \int_{t_0} \psi dt$。这相应于参考历元的黄道坐标系绕第三轴旋转（$-\Psi$），将坐标系的第一轴转到 A'，旋转矩阵为 $\bar{R}_3(-\Psi)$。然后绕第一轴旋转（$-\varepsilon'$），将其第三轴从历元黄极转到瞬时平天极，旋转矩阵为 $\bar{R}_1(-\varepsilon')$。将春分点再从 A' 沿瞬时平赤道移动到 A_1。图中，黄道岁差量 $A'A_1$ 为 $X = \int_{t_0} \chi dt$。这相应于坐标系绕第三轴旋转 X，旋转矩阵为 $\bar{R}_3(X)$。最后，坐标系绕 A_1 方向旋转 ε_1，将坐标系基本面从瞬时平赤道移到瞬时黄道。综上所述，经四次连续旋转从参考历元的黄道坐标系旋转到瞬时黄道坐标系。总的旋转矩阵应为

$$\bar{R}_K = \bar{R}_1(\varepsilon_1)\bar{R}_3(X)\bar{R}_1(-\varepsilon')\bar{R}_3(-\Psi) \qquad (5.2.12)$$

如果坐标变换从参考历元平赤道坐标出发，也可首先将初始赤道坐标系绕第一轴旋转参考历元平交角 ε_0，然后和上述旋转类似，可得到从历元平赤道坐标系旋转到瞬时平赤道坐标系的另一种转换矩阵

$$\bar{R}_Q = \bar{R}_3(X)\bar{R}_1(-\varepsilon')\bar{R}_3(-\Psi)\bar{R}_1(\varepsilon_0) \quad (5.2.13)$$

如果把黄道岁差量 X 投影到参考历元黄道上，得到

$$P = \Psi - X\cos\varepsilon' \quad (5.2.14)$$

P 为**黄经总岁差量**，它是分点总运动在参考历元黄道上的投影。

分点从 A_0 到 A_1 的移动还可以经 $A_0 \to N \to A_1$ 的路径完成，其中 $A_0N = \Pi$，$NA_1 = \Lambda$。瞬时黄道和参考历元黄道的交角为 π_1。在黄道坐标系中，A_0N 段可以用黄道坐标系绕第三轴旋转 Π 实现，其旋转矩阵为 $\bar{R}_3(\Pi)$。参考历元黄道到瞬时黄道的变换可以再绕第一轴旋转 π_1 实现，其旋转矩阵为 $\bar{R}_1(\pi_1)$。最后，坐标系再绕第三轴旋转 $-\Lambda$，旋转矩阵为 $\bar{R}_3(-\Lambda)$。综上所述，参考历元的黄道坐标系经过连续三次旋转

$$\bar{P}_K = \bar{R}_3(-\Lambda)\bar{R}_1(\pi_1)\bar{R}_3(\Pi) \quad (5.2.15)$$

成为瞬时黄道坐标系。如果使用这样的旋转方式对赤道坐标系进行变换，首先要把参考历元平赤道坐标系绕第一轴转 ε_0，经上面三次旋转后，再将瞬时黄道坐标系绕第一轴转 $(-\varepsilon_1)$，这样得到从历元平赤道坐标系转换到瞬时平赤道坐标系的另一种转换路径，其转换矩阵为

$$\bar{P}_Q = \bar{R}_1(-\varepsilon_1)\bar{R}_3(-\Lambda)\bar{R}_1(\pi_1)\bar{R}_3(\Pi)\bar{R}_1(\varepsilon_0) \quad (5.2.16)$$

3. 岁差分量小结

上面所涉及的各岁差分量及相关参数有

ζ_A ——平春分点在历元平赤道上的移动分量；

θ_A ——历元平天极到瞬时平天极的总位移量，也是平春分点移动的赤纬分量；

Z_A ——平春分点在瞬时赤道上的移动分量；

π_1 ——参考历元黄道与瞬时黄道间的旋转角；

Π ——瞬时黄道对历元黄道的升交点 N 到历元平春分点 A_0 的角距；

Λ ——瞬时黄道对历元黄道升交点 N 到 A_1 的角距；

X ——黄道岁差引起的春分点在瞬时平赤道上的移动量；

Ψ ——赤道岁差引起的平春分点在历元黄道上的移动量；

P ——黄经总岁差，平春分点总位移在历元黄道上的投影；

ε_0 ——历元平黄赤交角；

ε'——瞬时平赤道对参考历元黄道的交角；

ε_1——瞬时黄赤交角，即瞬时黄道对瞬时平赤道的交角；

这些分量的采用值都用时间的多项式表示出来，其表达式系数将与参考历元有关，这给使用带来不便。为了计算从起始时刻 t_s 到瞬时时刻 t_1 的岁差量，引入 t_0 表示参考历元，这是计算岁差表达式系数的标准历元。令 $T = t_s - t_0$ 表示参考历元到计算的起始时刻的间隔，$t = t_1 - t_s$ 表示从计算的起始时刻到瞬时时刻的时间间隔，均以儒略世纪为单位。**T 用来计算以 t_s 为起始时刻的岁差级数表达式的各项系数，用这些岁差表达式计算 t 时段内的岁差量。**对于 IAU 1976 岁差系统，以 J2000.0 为参考历元，各分量的表达式如下：

$$\zeta_A = (2306''.2181 + 1''.39656T - 0''.000139T^2)t$$
$$+ (0''.30188 - 0''.000345T)t^2 + 0''.017998t^3$$

$$Z_A = (2306''.2181 + 1''.39656T - 0''.000139T^2)t$$
$$+ (1''.09468 + 0''.000066T)t^2 + 0''.018203t^3$$

$$M_A = \Psi\cos\varepsilon' - X = \zeta_A + Z_A$$
$$= (4612''.4362 + 2''.79312T - 0''.000278T^2)t$$
$$+ (1''.39656 - 0''.000279T)t^2 + 0''.036201t^3$$

$$\theta_A = (2004''.3109 - 0''.85330T - 0''.000217T^2)t$$
$$+ (-0''.42665 - 0''.000217T)t^2 - 0''.041833t^3$$

$$\pi_1 = (47''.0029 - 0''.06603T + 0''.000598T^2)t$$
$$+ (-0''.03302 + 0''.000598T)t^2 + 0''.00060t^3$$

$$X = (10''.5526 - 1'.88623T + 0''.000096T^2)t$$
$$+ (-2''.38064 - 0''.000833T)t^2 - 0''.001125t^3$$

$$\Psi = (5038''.77844 + 0''.49263T - 0''.000124T^2)t$$
$$+ (1''.07259 - 0''.001106T)t^2 - 0''.001147t^3$$

$$P = (5029''.0966 + 2''.22226T - 0''.0000427T^2)t$$
$$+ (1''.11161 - 0''000127T)t^2 - 0''.000113t^3$$

$$\Pi = (174°52'34''.982 + 3289''.4789T + 0''.60622T^2)$$
$$+ (-869''.8089 - 0''.50491T)t + 0''.03536t^2$$

$$\Lambda = \Psi - X\cos\varepsilon' + \Pi = P + \Pi$$
$$= (174°52'34''.982 + 3289''.4789T + 0''.60622T^2)$$

$$+(4159''.2877+1''.71735T-0''.0000427T^2)t$$
$$+(1''.14697-0''00127T)t^2-0''.000113t^3$$

$$m=(\frac{dM_A}{dt})_{t=0}=307^s.49575+0^s.186208T-0^s.0000185T^2$$

$$n=(\frac{d\theta_A}{dt})_{t=0}=2004''.3109-0''.85330T-0''.0000217T^2$$

$$\varepsilon_0=23°26'21''.448$$

$$\varepsilon'=\varepsilon_0+(0''.5127-0''.009186T)t-0''.007726t^2$$

$$\varepsilon_1=\varepsilon_0+(-46''.8150-0''.00117T+0''.005439T^2)t$$
$$+(-0''.00059+''.005439T)t^2+0''.001813t^3 \qquad (5.2.17)$$

其中

$$M_A=\Psi\cos\varepsilon'-\mathrm{X}=\zeta_A+Z_A \qquad (5.2.18)$$

是赤经总岁差量；

$$\Lambda=\Psi-\mathrm{X}\cos\varepsilon'+\Pi \qquad (5.2.19)$$

是瞬时黄道对参考历元黄道升交点到瞬时平春分点的角距。

§5.2.5　岁差对天体球面坐标的影响

在讨论岁差对天体坐标影响问题之前，首先明确天体构成的参考框架的**观测历元、位置历元**和**参考历元**几个概念间的区别。观测历元 t_O 是指为获取天体位置数据所作的观测的平均日期，在评价星表位置精度时需要考虑观测历元。在观测历元附近，天体**自行采用值误差**的影响为零。位置历元 t_d 指的是星表所列位置数据对应的历元。从 t_O 时刻的观测位置经过自行量修正，换算到 t_d 时刻星表的表列位置。应用星表计算天体的瞬时位置时，以位置历元 t_d 作起点计算自行的影响。参考历元 t_0 指的表列位置所体现的坐标系的历元，这是定义 [FCS] 的历元。在计算 [FCS] 和 [N] 之间的转换矩阵时，从参考历元起始计算岁差量。一般情况下，基本星表的位置历元等于参考历元。但有些情况下需要将同一个历元的位置从一个参考历元换算到另一个参考历元。这时，只考虑岁差，不需考虑自行。所以，在处理实际问题时，这几个历元需要仔细区分。在本节要考虑的是对于给定历元的天体位置，如何从相对于 t_0 历元平坐标系的坐标 α_0、δ_0 换算到相对于 t 时刻的平坐标系的坐标 α、δ，也就是计算坐标系的岁差旋转对天体坐标的影响。这可以用多项式表示

$$\alpha = \alpha_0 + (\frac{d\alpha}{dt})_0(t-t_0) + \frac{1}{2}(\frac{d^2\alpha}{dt^2})_0(t-t_0)^2 + \frac{1}{6}(\frac{d^3\alpha}{dt^3})_0(t-t_0)^3$$
$$\delta = \delta_0 + (\frac{d\delta}{dt})_0(t-t_0) + \frac{1}{2}(\frac{d^2\delta}{dt^2})_0(t-t_0)^2 + \frac{1}{6}(\frac{d^3\delta}{dt^3})_0(t-t_0)^3 \tag{5.2.20}$$

由表 5.2.2 可得

$$\frac{d\alpha}{dt} = m + n\sin\alpha_0\tan\delta_0$$
$$\frac{d\delta}{dt} = n\cos\alpha_0 \tag{5.2.21}$$

式中 m 是 M_A 的导数，从（5.2.18）式得出，n 是 θ_A 的导数，从（5.2.17）得出。对（5.2.21）求导数得到

$$\frac{d^2\alpha}{dt^2} = \frac{dm}{dt} + \frac{dn}{dt}\sin\alpha_0\tan\delta_0 + \left(\frac{d\alpha}{dt}\right)_0 n\cos\alpha_0\tan\delta_0 + \left(\frac{d\delta}{dt}\right)_0 n\sin\alpha_0\sec^2\delta_0 \tag{5.2.22}$$
$$\frac{d^2\delta}{dt^2} = \frac{dn}{dt}\cos\alpha_0 - \left(\frac{d\alpha}{dt}\right)_0 n\sin\alpha_0$$

上式右端的 $\frac{dm}{dt}$ 和 $\frac{dn}{dt}$ 可对 m、n 求导数得到。同样方法可得到（5.2.20）中的三阶导数表达式。

对于岁差对天体黄道坐标的影响，可以用与上述类似的方法推导出表达式，也可以先计算赤道坐标，然后再转换到黄道坐标。

§5.2.6 岁差对天体坐标影响的矢量表达式

设某天体的位置矢量为 $\vec{\rho}$，其在基本天球坐标系 $[FCS]$（定义于 t_0 历元平天极和平春分点）中球面坐标为 α_0，δ_0，有

$$\vec{\rho} = [FCS]\begin{pmatrix} \cos\alpha_0\cos\delta_0 \\ \sin\alpha_0\cos\delta_0 \\ \sin\delta_0 \end{pmatrix} = [N_0][N_0]'[FCS]\begin{pmatrix} \cos\alpha_0\cos\delta_0 \\ \sin\alpha_0\cos\delta_0 \\ \sin\delta_0 \end{pmatrix} \tag{5.2.23-1}$$

其在瞬时平赤道坐标系 $[N_0]$ 中的表达式为

$$\vec{\rho} = [N_0]\begin{pmatrix} \cos\alpha\cos\delta \\ \sin\alpha\cos\delta \\ \sin\delta \end{pmatrix} \tag{5.2.23-2}$$

由（5.2.11）式和（5.2.23-1）式、（5.2.23-2）式，得

$$
\begin{pmatrix} \cos\alpha\cos\delta \\ \sin\alpha\cos\delta \\ \sin\delta \end{pmatrix} = \bar{R}_3(-Z_A)\bar{R}_2(\theta_A)\bar{R}_3(-\zeta_A)\begin{pmatrix} \cos\alpha_0\cos\delta_0 \\ \sin\alpha_0\cos\delta_0 \\ \sin\delta_0 \end{pmatrix} \tag{5.2.23}
$$

由此得到相对于瞬时平赤道坐标系的坐标 (α,δ)。在此坐标变换过程中，天体的坐标矢量本身并没有变化，它仍对应于其位置历元。其中的坐标旋转参数由（5.2.17）式计算。

§5.3 地球动力学轴的空间周期性摆动

在日月和行星的引力施加于地球赤道突出部分的力矩作用下，地球动力学轴的空间方向除了上节所述的长期变化外，还含有周期性受迫摆动，因而引起赤道和春分点空间取向的周期性变化，这称为章动。如上节所述，不需要考虑地球轨道面的周期性变化，因此没有黄道的章动。

§5.3.1 日月章动的描述

日月章动是地球赤道突出部分在日月力矩的作用下产生的赤道面定向变化中的周期性部分。在描述章动的影响时以瞬时平坐标系 $[N_0]$ 为参考。赤道面的周期性摆动引起天极和春分点的周期性运动。含有周期性运动的瞬时赤道面、天极和春分点分别称为瞬时真赤道面、瞬时真天极和瞬时真春分点。由于太阳和月球的轨道是变化着的椭圆，它们的轨道与地球赤道的交点以及轨道的近地点位置又有变化。两天体的作用力叠加在一起，导致瞬时赤道面的摆动规律非常复杂。为了便于对其描述和计算，历来将这种复杂函数关系展开成一系列的圆周运动分量的线性组合。理论上，这种展开式可达无穷多项。在一定的精度要求下，将振幅取到某个截止值，截取有限的项数作为章动理论值的计算表达式。例如，1953 年由伍拉德建立的章动表达式振幅截止到 $0''.0002$，共 69 项；IAU1984 章动表达式振幅截止到 $0''.0001$，共 106 项；国际地球自转服务（IERS）给出的 1996 章动表达式振幅截止到 1μas，共 263 项，等。日月章动的理论展开式中包含 5 个描述参数，它们是：月球平近点角

l、太阳的平近点角 l'、月球平升交点距 F、日月平经差 D、月球轨道对黄道升交点平黄经 Ω。各参数的意义说明如下：

对于一绕中心引力体作椭圆运动的天体，其无摄动轨道可以用以下 6 个轨道根数描述：椭圆轨道半长轴 a 和偏心率 e，轨道面对某参考平面（如黄道面或赤道面）的倾角 i，轨道对参考平面的升交点 N 到瞬时平春分点 A_0 的角距，即升交点的瞬时平经度 Ω，轨道近心点（例如对行星是近日点，对地球卫星是近地点）到轨道升交点的角距 ϖ，过近心点的时刻 τ。很多情况下用平近点角取代 τ。其中 a 和 e 决定了轨道的形状与大小，i、Ω 和 ϖ 决定轨道在空间的三维定向，τ 则决定天体在轨道上的位置。

以月球为例，如图 5.3.1 所示，设月球 P 以地球 S 为焦点作椭圆运动。取黄道面作为参考平面，H 是月球椭圆轨道的近地点，O 是椭圆中心。P 的平均轨道角速度为 n，通过 H 点的时刻为 τ。P 和 H 在 S 处的张角 θ 称为**真近点角**。以 O 为圆心、以 a 为半径作一圆周，和过 P 点垂直于椭圆长轴的直线相交于 P'。P' 与 H 在 O 处的张角 E 称为月球的**偏近点角**。设一假想的平月球，在该圆形轨道上以 n 为角速度作匀角速度运动，定义

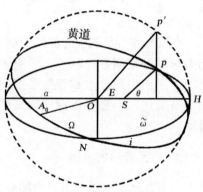

图 5.3.1 天体椭圆轨道根数

$$l = n(t - \tau) \tag{5.3.1}$$

为月球的**平近点角**。平近点角和偏近点角的关系由开普勒方程给出，

$$l = E - e \sin E \tag{5.3.2}$$

偏近点角 E 和真近点角 θ 的关系为

$$\tan \frac{\theta}{2} = \sqrt{\frac{1+e}{1-e}} \tan \frac{E}{2} \tag{5.3.3}$$

又定义

$$L = \Omega + \varpi + l \tag{5.3.4}$$

称之为月球平黄经。L 沿黄道从 A_0 度量到 N，再沿月球轨道从 N 度量到 H，最后从 H 度量到平月球的位置。定义

$$F = l + \varpi \tag{5.3.5}$$

这是平月球到升交点 N 的角距,称为月球的**平升交点距**。

以上引入的量中,真近点角 θ、偏近点角 E 是对月球在其无摄轨道上位置的描述,而平近点角 l、平黄经 L、平升交距 F 都是对假想的作匀角速度运动的平月球的位置的描述。θ 和 E 都不是时间的线性函数,用它们作为计算章动的自变量使用起来很不方便。如果把 θ 和 E 展开为平运动的级数,以平运动参数作为自变量则比较容易计算,因为平运动参数是时间的线性函数。这就是引入上述平运动参数的目的。与月球的运动描述相类似,太阳对地球的视运动本来也可以用相应的参数 θ'、E'、l'、ϖ'、L' 描述,只是因太阳的平轨道就是黄道,其升交点平黄经没有定义的意义。最后一个量

$$D = L - L' = \Omega + \varpi + l - (\varpi' + l') \tag{5.3.6}$$

为日月平经差。

上述参数 l、l'、F、D、Ω **都是描述平太阳和平月球位置的参数**,可以表示成为时间的多项式。月球和太阳的真实位置可以展开成这些参数的函数。根据一定的地球模型,计算地球动力学平面对这些作用力矩的响应关系,得到以这 5 个参数为自变量的章动表达式的级数形式。

章动是瞬时真赤道对瞬时平赤道的摆动。反映在天极处,表现为瞬时真天极对瞬时平天极的运动。反映在分点处,表现为瞬时真春分点对瞬时平春分点的运动。图 5.3.2 中 p、K、Q、E、A_1 分别是瞬时平天极、瞬时黄极、瞬时平赤道、瞬时黄道和瞬时平春分点。P'、Q'、A_1' 分别是真天极、真赤道和真春分点。ε、ε' 分别是瞬时平交角和瞬时真交角。

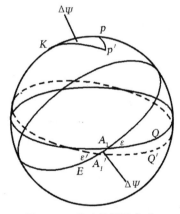

图 5.3.2　章动的描述方式

p' 相对于 p 的位置可以用两个参量 $\Delta\psi$、$\Delta\varepsilon$ 描述。$\Delta\psi$ 是 p 和 p' 对瞬时黄极 K 的张角,称为黄经章动。$\Delta\psi$ 以黄极为原点,从大圆弧 Kp 顺时针方向度量到 Kp'。 $\Delta\varepsilon = \varepsilon' - \varepsilon = p'K - pK$ 称为交角章动。通常将 $\Delta\psi$、$\Delta\varepsilon$ 展开成上述 5 个自变量的周期函数的级数,称为章动序列。历史上的几个主要的章动序列有:

（1）Woolard 章动序列。

该序列由 Woolard 在 1953 年建立，包含周期从 5.5 天到 18.6 年、系数大于 0".0002 的各分量共 69 项。该序列表达的是刚体地球模型对日月力矩响应的结果，对应于地球自转极在天球坐标系中的运动。但由于没有包括被称为奥泊策（Oppzer）项的受迫项，实际上与自转轴的空间轨迹也有差异。有关讨论详见§5.4。Woolard 章动与观测之间的符合程度早就受到质疑。从 20 世纪 60 年代起，曾有许多研究者想从光学观测资料中分析该章动序列某些主要项系数的误差。但由于当时观测资料精度的限制，一直不能得到较为确定的结果。该系列一直沿用着，直到现代观测技术的出现。

（2）IAU1980 章动序列

VLBI 和 LLR 技术的出现，明确揭示了 Woolard 章动序列的缺陷。从 1984 年起 Woolard 章动序列被 IAU 1980 章动序列所取代。该序列以 Wahr 和 Kinoshita 的理论为基础，采用轴对称的非刚体地球模型 1066A，该模型具有弹性地幔、液体外核和固体内核，并计及潮汐形变。该章动序列所描述的天极运动曲线是天球历书极的轨迹。关于历书极的概念详见§5.4。IAU 1980 章动的展开式包括周期从 4.7 天到 18.6 年、系数大于 0".0001 的分量共 106 项，表示成如下三角级数形式，

$$\Delta\psi = \sum_{j=1}^{106}\left[(A_{0j} + A_{1j}t)\sin(\sum_{i=1}^{5} k_{ji}\alpha_i(t)) \right]$$

$$\Delta\varepsilon = \sum_{j=1}^{106}\left[(B_{0j} + B_{1j}t)\cos(\sum_{i=1}^{5} k_{ji}\alpha_i(t)) \right]$$

（5.3.7）

其中 5 个自变量的表达式为

$$\alpha_1 = l = 134°57'46''.733 + (1325^r + 198°52'02''.633)t + 31''.310t^2 + 0''.064t^3$$

$$\alpha_2 = l' = 357°31'39''.804 + (99^r + 359°03'01''.224)t - 0''.577t^2 - 0''.012t^3$$

$$\alpha_3 = F = 93°16'18''.877 + (1342^r + 82°01'03''.137)t - 13''.257t^2 + 0''.011t^3$$

（5.3.8）

$$\alpha_4 = D = 297°51'01''.307 + (1236^r + 307°06'41''.328)t - 6''.891t^2 + 0''.019t^3$$

$$\alpha_5 = \Omega = 125°02'40''.280 - (5^r + 134°08'10''.539)t + 7''.455t^2 + 0''.008t^3$$

在上式中，各参数对应于瞬时平赤道坐标系计算。公式中，$t = (t_d - t_0)/36525$，t_0 是 J2000.0 时刻的儒略日，t_d 是当前时刻的儒略日，$1^r = 360°$。用（5.3.7）式和（5.3.8）式，可计算出当前时刻的交角章动和

黄经章动值。为便于理解上述的表达形式，将 1980 章动序列的前 20 项与（5.3.7）式中的系数 A_0、A_1、B_0、B_1、K_{ji} 对应的数值列于附录 E 的表 1。该章动序列中的每一项都代表绕瞬时平天极的一个椭圆运动分量，椭圆的一个对称轴（长轴或短轴）指向黄极方向，另一个与其垂直。

在（5.3.7）式和附录 E 的表 1 中，第一项振幅最大 $A_{01}=-17''.1996$，$B_{01}=9''.2025$。从振幅和幅角的符号看出，这是一个沿顺时针方向的运动。它是章动中周期最长、振幅最大的项，其周期等于月球升交点黄经退行一周的时间，约 18.6 年。这项称为主章动项，其中交角章动的振幅 B_{01} 称为章动常数。这是主章动项椭圆的长轴，指向黄极方向。同样讨论方法可以看出任何章动分量的旋转方向，这取决于该项幅角的符号以及振幅的符号。

在公式（5.3.8）中，若用 ω 表示幅角的一次项系数，单位是度，则该分量相应的周期为

$$T_j = \frac{36525 \times 360}{\omega_j}$$

例如，第一项 $\omega_1 = \alpha_5 = 5 \times 360 + 134°.1 = 1934°.13$，得 $T_1 = 6798.4$ 日。对于（5.3.7）式中的复合幅角，有

$$\omega_j = \sum_{i=1}^{5} k_{ji} \alpha_i \qquad (5.3.9)$$

这是每儒略世纪的角速度，由此可求出相应章动项的周期 T_j。例如，对第二项，$\omega_2 = 2(\alpha_3 + \alpha_4 + \alpha_5) = 72001.54$，得 $T_2 = 182.6$ 日。其他各项的周期同样可求得。

由此可以看到，章动的各种周期实际是这 5 个幅角组合的结果，这仅是一种数学表达的方式，并非意味着章动中就有这么多对应的物理周期存在。在各种章动分量中，过去通常把周期大于 35 日的项叫做长周期章动项，小于 35 日的项叫做短周期章动项。这种划分其实并没有任何实质性的意义。

（3）IERS1996 章动序列。

随着 VLBI 和 LLR 观测精度的提高、观测资料的积累和研究工作的深入，发现 IAU1980 的章动序列和观测结果之间仍存在一些不可忽略的差异。Herring 分析了这些观测资料，改进了刚体地球的章动理论，并将章动序列的系数计算到 0.001mas。所得的日月章动共包含 263 项，其

表达式采用如下形式

$$\Delta\psi = \sum_{j=1}^{263}\left\{(A_j + A_j't)\sin\left[\sum_{i=1}^{5}k_{ji}\alpha_i(t)\right] + A_j''\cos\left[\sum_{i=1}^{5}k_{ji}\alpha_i(t)\right]\right\}$$

$$\Delta\varepsilon = \sum_{j=1}^{263}\left\{(B_j + B_j't)\cos\left[\sum_{i=1}^{5}k_{ji}\alpha_i(t)\right] + B_j''\sin\left[(\sum_{i=1}^{5}k_{ji}\alpha_i(t)\right]\right\}$$

（5.3.10）

比较（5.3.8）式和（5.3.10）式，可以看到二者表达形式有一明显区别是，黄经章动中增加了一个余弦项，交角章动中增加了一个正弦项。下面说明这项改变的含义。

如前述，（5.3.8）式表示的每一个章动分量是一椭圆运动，椭圆的某一个对称轴指向黄极的方向。对于这样的椭圆运动，可以分解成两个半径不同、初始位相都是 0 的一个正向圆周运动和一个反向圆周运动之和。在这种表达式中，瞬时极的运动完全和章动幅角的变化同相位，没有位相上的差异。但实际上，由于地球的滞弹性，地球极的运动滞后于摄动天体的位置变化。这时，如果仍用（5.3.8）式这样的同相位变化的函数形式描述，将使得章动的理论值所描述的天极位置和实际位置之间有位相上的差异。近代的高精度的观测已经检测到这种差异。（5.3.10）式的引入就是为了拟合这种位相滞后的现象，使章动的理论值和实测值更加符合。（5.3.10）式中，由 A_j, A_j' 和 B_j, B_j' 所决定的项是章动中的主项，称之为同相项（in-phase），而由 A_j'', B_j'' 决定的项称之为异相项（out-phase）。同相项是和章动幅角同相位的变化部分，异相项的引入为了调整各章动分量表达式的位相。这种描述方式具体推导见§5.3.5。IERS1996 日月章动序列表的格式见附录 E 的表 2。

§5.3.2 行星章动

行星对地球的作用力矩也引起赤道面在空间的周期性摆动，这种现象称为行星章动，其最大项的振幅在 $0''.0001$ 量级。在过去伍拉德章动序列和 IAU 1980 章动序列中，都仅考虑日月章动。IERS 1996 计算规范中，给出行星章动序列共包含 112 项，振幅计算到 $1\mu as$。考虑行星的距离和质量两因素的综合影响，目前仅计及金星、火星、木星、土星四颗行星。和计算日月章动情况类似，行星章动的计算公式涉及地球和这四个行星的质心平黄经 L_E、L_{Ve}、L_{Ma}、 L_{Ju}、 L_{Sa} ，日月的平参数 D、F、l、Ω ，以及黄经总岁差 P_a 。行星章动的黄经分量和交角分量的计算公式是

$$\Delta\psi = \sum_{j=1}^{112}\left\{ A_j \sin\left[\sum_{i=1}^{10}k_{ji}\alpha_i(t)\right] + A_j' \cos\left[\sum_{i=1}^{10}k_{ji}\alpha_i(t)\right]\right\}$$

$$\Delta\varepsilon = \sum_{j=1}^{112}\left\{ B_j \cos\left[\sum_{i=1}^{10}k_{ji}\alpha_i(t)\right] + B_j' \sin\left[\left(\sum_{i=1}^{10}k_{ji}\alpha_i(t)\right]\right\}$$

（5.3.11）

其中各幅角表达式如下（对 J2000.0 平春分点）：

$\alpha_1 = L_{Ve} = 181°.979800853 + 58517°.8156748t$ 　金星质心平黄经

$\alpha_2 = L_E = 100°.466448494 + 35999°.3728521t$ 　地球质心平黄经

$\alpha_3 = L_{Ma} = 355°.433274605 + 19140°.299314t$ 　火星质心平黄经 （5.3.12）

$\alpha_4 = L_{Ju} = 34°.351483900 + 3034°.90567464t$ 　木星质心平黄经

$\alpha_5 = L_{Sa} = 50°.0774713998 + 1222°.11379404t$ 　土星质心平黄经

$\alpha_6 = P_a = 1°.39697137214t + 0°.0003086t^2$ 　　黄经总岁差

这里的所谓平黄经，是指作均匀角速度运动的假想平行星对 J2000.0 平春分点的黄经。这和日月章动序列不同。在日月章动序列中，幅角参数相对于瞬时平春分点。其余几个变量和日月章动中的参数一样

$$\alpha_7 = D ， \alpha_8 = F ， \alpha_9 = l ， \alpha_{10} = \Omega 。$$

IERS1996 行星章动序列表的格式见附录 E 的表 3。

§5.3.3 测地章动

和测地岁差相对应的还有测地章动。测地章动非常小，它与太阳的位置有关。据 IERS1996 技术报告提供，测地章动引起的黄经章动应在 $\Delta\psi$ 中加上改正

$$\Delta\psi_g = -0''.000153\sin l' - 0''.000002\sin 2l'$$ 　　（5.3.13）

这里 l' 是太阳的平近点角。

§5.3.4 章动对天体坐标的影响

设一天体的位置矢量 $\vec{\rho}$ 在瞬时平赤道坐标系 $[N_0]$ 中的表达式为

$$\vec{\rho} = [N_0]\begin{pmatrix}\cos\alpha\cos\delta\\ \sin\alpha\cos\delta\\ \sin\delta\end{pmatrix}$$

在瞬时真赤道坐标系$[N]$中的表达式为

$$\vec{\rho} = [N]\begin{pmatrix}\cos\alpha'\cos\delta'\\ \sin\alpha'\cos\delta'\\ \sin\delta'\end{pmatrix}$$

由此得

$$\begin{pmatrix}\cos\alpha'\cos\delta'\\ \sin\alpha'\cos\delta'\\ \sin\delta'\end{pmatrix} = [N]'[N_0]\begin{pmatrix}\cos\alpha\cos\delta\\ \sin\alpha\cos\delta\\ \sin\delta\end{pmatrix}$$

$[N]'[N_0]$是平赤道坐标系到真赤道坐标系的转换矩阵。由图 5.3.2 看到，$[N_0] \rightarrow [N]$ 的转换可以这样实现：将$[N_0]$绕第一轴正向旋转平黄赤交角 ε，使得平天极 p 与黄极 K 重合；然后绕第三轴反向旋转$\Delta\psi$，使得平春分点移动到与真春分点重合；最后再绕第一轴反转 $\varepsilon' = \varepsilon + \Delta\varepsilon$，使天极从黄极处移动到 p' 处。这样得到

$$\begin{pmatrix}\cos\alpha'\cos\delta'\\ \sin\alpha'\cos\delta'\\ \sin\delta'\end{pmatrix} = \bar{R}_1(-\varepsilon-\Delta\varepsilon)\bar{R}_3(-\Delta\psi)\bar{R}_1(\varepsilon)\begin{pmatrix}\cos\alpha\cos\delta\\ \sin\alpha\cos\delta\\ \sin\delta\end{pmatrix} \quad (5.3.14)$$

或

$$\begin{pmatrix}\cos\alpha\cos\delta\\ \sin\alpha\cos\delta\\ \sin\delta\end{pmatrix} = \bar{R}_1(-\varepsilon)\bar{R}_3(\Delta\psi)\bar{R}_1(\varepsilon+\Delta\varepsilon)\begin{pmatrix}\cos\alpha'\cos\delta'\\ \sin\alpha'\cos\delta'\\ \sin\delta'\end{pmatrix} \quad (5.3.15)$$

对附录中的（B.27）式
$$\cos\beta\cos\lambda = \cos\delta\cos\alpha$$
$$\cos\beta\sin\lambda = \cos\delta\sin\alpha\cos\varepsilon + \sin\delta\sin\varepsilon$$
$$\sin\beta = -\cos\delta\sin\alpha\sin\varepsilon + \sin\delta\cos\varepsilon$$
的第一式求导数，并考虑到$d\lambda = \Delta\psi$，$d\beta = 0$，$d\varepsilon = \Delta\varepsilon$，得到

$$d\delta = \sin\varepsilon\cos\alpha\Delta\psi + \sin\alpha\Delta\varepsilon$$

$$d\alpha = (\cos\varepsilon + \sin\varepsilon\sin\alpha\tan\delta)\Delta\psi - \cos\alpha\tan\delta\Delta\varepsilon \qquad (5.3.16)$$

由此计算出天体在瞬时真坐标系与在同时刻的平坐标系中的坐标之差，在（5.3.16）式的第二式中，$d\alpha$ 中含有 $\Delta\psi\cos\varepsilon$ 项，它与天体坐标无关，任何天体的真赤经都含有同样这项改正，因此称赤经章动。它是黄经章动引起的真春分点的运动在瞬时真赤道上的投影。

§5.3.5 章动的复数描述方式

瞬时极的空间受迫章动分量，或是下一节叙述的地面极移的受迫分量，都是二维的周期性运动，常常用复数形式表示。对章动描述，所用的二维坐标系的坐标轴，X 轴指向黄极，Y 轴与 X 轴垂直并成右手系。在描述极移时，X 轴指向格林尼治方向，Y 轴与 X 轴垂直并成右手系。由于地球的滞弹性，使得极的实际位置总是滞后于激发函数的位相。对于任何一个二维的周期性过程，总可以展开成两个运动方向相反、幅度不同的圆周运动之和：

$$\begin{aligned}\tilde{m}(t) &= A^{+}e^{-j(\sigma t+\varphi)} + A^{-}e^{j(\sigma t+\varphi)}\\ &= (A^{+}+A^{-})\cos(\sigma t+\varphi) + j(A^{-}-A^{+})\sin(\sigma t+\varphi)\\ &= m_{1} + jm_{2}\end{aligned} \qquad (5.3.17)$$

这里

$$\begin{aligned}m_{1} &= (A^{+}+A^{-})\cos(\sigma t+\varphi)\\ &= (A^{+}+A^{-})(\cos\sigma t\cos\varphi - \sin\sigma t\sin\varphi)\\ &= (A^{+}+A^{-})\cos\varphi\cos\sigma t - (A^{+}+A^{-})\sin\varphi\sin\sigma t\\ &= A_{1}\cos\sigma t + A_{2}\sin\sigma t\end{aligned} \qquad (5.3.18)$$

其中

$$\begin{aligned}A_{1} &= (A^{+}+A^{-})\cos\varphi\\ A_{2} &= -(A^{+}+A^{-})\sin\varphi\end{aligned} \qquad (5.3.19)$$

$$\begin{aligned}m_{2} &= (A^{-}-A^{+})\sin(\sigma t+\varphi)\\ &= (A^{-}-A^{+})\sin\sigma t\cos\varphi + (A^{-}-A^{+})\cos\sigma t\sin\varphi\\ &= -B_{1}\sin\sigma t - B_{2}\cos\sigma t\end{aligned} \qquad (5.3.20)$$

其中

$$B_1 = (A^+ - A^-)\cos\varphi$$
$$B_2 = (A^+ - A^-)\sin\varphi \qquad (5.3.21)$$

对于正向圆运动 $A^- = 0$ ，对逆向圆运动， $A^+ = 0$ 。

对于椭圆运动，长轴为 $A^+ + A^-$ ，短轴为 $(A^+ - A^-)$ 。其初相 $\varphi = 0°/90°$ 时，椭圆的对称轴平行于坐标轴，否则可为任意方向。

$$A^+ + A^- = (A_1^2 + A_2^2)^{1/2}$$
$$A^+ - A^- = (B_1^2 + B_2^2)^{1/2} \qquad (5.3.22)$$

将（5.3.19）式和（5.3.21）式代入（5.3.17）式
$$\tilde{m}(t) = (A_1\cos\sigma t - jB_1\sin\sigma t) + (A_2\sin\sigma t - jB_2\cos\sigma t) \qquad (5.3.23)$$
式中两括号中各自的第一项就是章动同相项（in-phase 项），这是章动中的主项。第二项就是章动的异相项（out-phase 项）。引进异相项以后，使得章动的值和理论预测值更好地符合。对极移也是一样。

§5.3.6 自由章动

上述的日月章动和行星章动都是受迫运动，它们是月球、太阳和行星对刚体地球的力矩作用的结果。这些受迫项可以根据摄动天体的运动轨道和地球的整体的动力学特征参数作出预报。同样，地球的极在本体内也存在受迫运动，如由于大气、海洋的激发作用而引起的固体地球极的运动。

除受迫运动外，地球的极还存在自由运动。在本体内，是自由极移；在空间，是自由章动。对于极的自由运动，其空间形态（章动）和本体形态（极移）的周期及振幅之间存在一定的函数关系。

图 5.3.3 是经典的刚体定点转动力学解的示意。设刚体地球的角动量轴为 $\vec{J}$ ，在无外力矩作用的情况下，它的空间方向将保持不变。$\vec{C}$ 是地

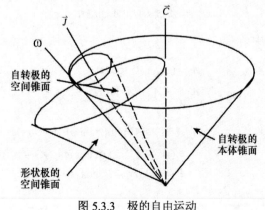

图 5.3.3　极的自由运动

球的最大惯量矩轴，也称形状轴。$\bar{\omega}$ 是自转轴。当地球的自转轴和形状轴不重合时，将产生如下方式的自由运动：自转轴在地球本体内绕形状轴沿本体锥面作圆锥形摆动，这是欧拉极移；同时自转极在空间绕角动量轴沿空间锥面作圆锥形摆动，这是欧拉章动。两个锥面的瞬时切线就是自转轴，空间锥面与本体锥面作无滑动的滚动。此时形状轴在空间绕角动量轴沿其空间锥面作圆锥形摆动。这样，自转轴运动的本体锥面和空间锥面两者的立体角的半径之比等于两者运动周期之比，这个比例系数就是地球的动力学因子 $\gamma_1 = \dfrac{C-A}{A} = \dfrac{1}{305}$。这表明，极自由运动的空间形态和本体形态是伴生的。若以 Ω 表示地球的自转平均角速度，σ_1 表示极的本体运动的角速度，有

$$\sigma_1 = \gamma_1 \Omega \tag{5.3.24}$$

而相应的空间运动的角速度为

$$n_1 = \sigma_1 + \Omega = (1+\gamma_1)\Omega \tag{5.3.25}$$

这是一个近周日的自由章动，其周期为

$$T_1 = \frac{1}{1+\gamma_1} \text{恒星日} = 23.92156 \text{恒星时}$$

由于地球的非刚性，极的本体自由运动周期并不是 305 恒星日，而是被拉长至 435 恒星日左右。相应的自由章动周期应变成 $T_1 = 23.94495$ 恒星时，其振幅应是自由极移的 $\dfrac{1}{435}$。自由极移的振幅是可变的，从 20 世纪观测资料分析结果看，大约在 $0''.05 \sim 0''.30$ 范围内。所以近周日自由章动的振幅应在 1mas 以下变化。因此自由章动是不能精确预测的，这不同于受迫章动。

由于地球存在液核，并且腔体不是光滑的规则球形，在这种情况下，自转轴的自由运动应存在另一个解，其本体运动的角速度为

$$\sigma_2 = -\Omega(1 + \frac{A}{A_m} f_c) = -(1+\gamma_2)\Omega \tag{5.3.26}$$

$$\gamma_2 = \frac{A}{A_m} f_c \tag{5.3.27}$$

相应的空间章动的角速度为

$$n_2 = \sigma_2 + \Omega = -\gamma_2 \Omega \tag{5.3.28}$$

这里，A、A_m 分别是整体地球和地幔的赤道惯量矩，比率 $\dfrac{A}{A_m} \approx 1.1$，$f_c \approx \dfrac{1}{400}$ 是液核腔体的扁率。由此，极的近周日本体运动周期约为 23.94015 恒星时，相应的自由章动周期约为 $364\dfrac{1}{3}$ 个恒星日。γ_2 的微小差异将导致自由章动周期值的明显差异。由于此项自由章动振幅微小，并且在章动序列中，一年左右的周期分量很多，要从观测资料中分析出核自由章动项很难，所以至今也没有得到很确定的实测结果。

综上所述，将极的自由运动形态归纳如表 5.3.1。然而，它们的确切振幅和周期尚待研究。

表 5.3.1 极的自由运动状态

	$\gamma_1 = \dfrac{C-A}{A}$			$\gamma_2 = \dfrac{A}{A_m} f_c$		
	角速度（Ω）	周期（恒星日）	振幅	角速度	周期（恒星日）	振幅
自由极移	γ_1	$\dfrac{1}{\gamma_1}$ （435）	$0''.05 \sim 0''.30$	$-(1+\gamma_2)$	$\dfrac{1}{1+\gamma_2}$ （≈ 1）	?
自由章动	$1+\gamma_1$	$\dfrac{1}{1+\gamma_1}$ （≈ 1）	? $< 0''.001$	$-\gamma_2$	$\dfrac{1}{\gamma_2}$ （约400）	?

§5.3.7 岁差和章动的合并

岁差和章动都是地球动力学轴的空间运动的描述。至于将长期项和周期项分开描述，完全是历史形成的。岁差是长期变化，其累积位移可以很显著，早在公元前 2 世纪古希腊天文学家伊巴谷就发现了岁差。而章动是周期性的，最大的位移不到 10 角秒。章动是在岁差被发现后约 2000 年，1727 年才由布拉得雷发现的。两者运动特征差别明显，测量方法也很不相同。因此，自然延续下来，就一直作为两个分量分别研究。这并无任何实质性和概念性的问题。如果现在要作为一个量来测定和研究，当然是可以的。比如章动和岁差完全可以合并，得到赤道岁差章动，可以和章动一样，用（5.3.14）式同样形式表示。只是 P 不是瞬时平天极，而是历元平天极。$\Delta\psi$、$\Delta\varepsilon$ 包含天极的岁差和章动两方面的影响。然后再和黄道岁差合并就得到总的岁差章动。在 IAU 2000 岁差章动系统中，考虑将二者合并。这只是一个具体处理措施，并无实质性变化，尽管这样一来，岁差章动的表达式会有很大的变化。

§5.4 地球动力学轴的本体运动

在§5.3中，叙述了地球的瞬时动力学平面在空间的运动，这种运动以瞬时天球坐标系$[N]$的空间姿态变化作表征，由坐标转换矩阵$[N]'[FCS]$作定量描述。本节将要叙述地球本体在空间相对于坐标系$[N]$的姿态变化，这项姿态变化用$[FTS]'[N]$作定量描述。两者综合起来，就是对地球本体空间姿态的完整描述。一直以来，习惯上是从地球本体看$[N]$的坐标轴的运动。这样，地球本体对$[N]$的姿态变化问题，就变成$[N]$的坐标轴在地球本体内的运动问题。两者实质是一样的。

§5.4.1 地球动力学轴本体运动的描述

若选定一个恰当的瞬时参考轴，建立瞬时天球坐标系$[N]$，它与$[FTS]$之间的转换关系为

$$[FTS]'[N] = \bar{W} = \bar{R}_2(-X_p)\bar{R}_1(-Y_p)\bar{R}_3(\phi)$$
$$[N]'[FTS] = \bar{W}' = \bar{R}_3(-\phi)\bar{R}_1(Y_p)\bar{R}_2(X_p) \tag{5.4.1}$$

$\bar{W}$是描述基本地球坐标系相对于瞬时天球坐标系姿态的矩阵，习惯上一直称它为地球自转矩阵，其中的旋转参数被称作地球自转参数。$\bar{W}'$是$\bar{W}$的逆阵。如果引进瞬时地球坐标系$[E]$，它和$[N]$有共同的极轴。称这个公共轴为瞬时参考轴（相应的极称为瞬时参考极）。这样有

$$[E]'[FTS] = \bar{R}_1(Y_p)\bar{R}_2(X_p)$$
$$[N]'[E] = \bar{R}_3(-\phi) \tag{5.4.2}$$

这里，ϕ是地球绕其瞬时参考轴的自转角，X_p、Y_p是瞬时参考轴的本体位移参数。瞬时参考轴相对于地球本体的运动称为极移。极移的范围很小，其周期成分的总变化范围不到$1''$。其长期漂移在整个 20 世纪中只有大约$0''.3$。所以，极移可以足够精确地用北极处的地球切平面上二维坐标系描述。历史上采用一个左手的平面坐标系，其X_p轴由北极指向赤道上的经度零点方向，Y_p指向X_p西面 90° 方向。这里所以选择左手系，是因为从前地理经度是采取左手系，向西为正，这和天体的周日运动方向一致。X_p、Y_p称为瞬时极坐标，是瞬时参考极在上述的切平面坐

标系中的位置参数。极移的参考原点取 $[FTS]$ 的极轴与地面的交点。极移是由于地球受到的各种地球物理激发而产生的，含自由分量和受迫分量。自由分量和受迫分量的振幅为同量级，且有复杂变化。因此极移难以精确预测，需要通过实时的观测得到。为此，本节将讨论极移参数变化对其他参数的影响，以便实现极移参数的测定。

§5.4.2 极移对测站瞬时坐标的影响

极移造成瞬时地球坐标系 $[E]$ 对 $[FTS]$ 旋转，而 $[E]$ 才是可观测的。由瞬时观测得到的测站坐标是相对于瞬时参考轴的。

设 P_0 是 $[FTS]$ 的极，P 是 $[E]$ 的极，测站在两个球面右手坐标系中的地心经纬度分别为 λ_0、φ_0 和 λ、φ。令经度从赤道上的经度起算点起，向东 $0° \sim 360°$ 度量。用（5.4.2）式可以得出

$$\begin{pmatrix} \cos\varphi\cos\lambda \\ \cos\varphi\sin\lambda \\ \sin\varphi \end{pmatrix} = \begin{pmatrix} 1 & 0 & -X_p \\ 0 & 1 & Y_p \\ X_p & -Y_p & 1 \end{pmatrix} \begin{pmatrix} \cos\varphi_0\cos\lambda_0 \\ \cos\varphi_0\sin\lambda_0 \\ \sin\varphi_0 \end{pmatrix} \tag{5.4.3}$$

将其展开可以得到

$$\sin\varphi - \sin\varphi_0 = \cos\varphi_0(X_p\cos\lambda_0 - Y_p\sin\lambda_0)$$

进而导出

$$\Delta\varphi = \varphi - \varphi_0 = X_p\cos\lambda_0 - Y_p\sin\lambda_0 \tag{5.4.4}$$

以及有

$$\cos\varphi\cos\lambda = \cos\varphi_0\cos\lambda_0 - X_p\sin\lambda_0$$
$$\cos\varphi\sin\lambda = \cos\varphi_0\sin\lambda_0 + Y_p\sin\lambda_0 \tag{5.4.5-1}$$

将 $\varphi = \varphi_0 + \Delta\varphi$ 和 $\lambda = \lambda_0 + \Delta\lambda$ 以及（5.4.2）式代入（5.4.5-1）式，

$$\sin\lambda_0\Delta\lambda = (X_p - X_p\cos^2\lambda_0 + Y_p\sin\lambda_0\cos\lambda_0)\tan\varphi_0 \tag{5.4.5-2}$$

$$\cos\lambda_0\Delta\lambda = (Y_p - Y_p\sin^2\lambda_0 + X_p\sin\lambda_0\cos\lambda)_0\tan\varphi_0 \tag{5.4.5-3}$$

由（5.4.5-2）式×$\sin\lambda_0$ +（5.4.5-3）式×$\cos\lambda_0$，得到

$$\Delta\lambda = \lambda - \lambda_0 = (X_p\sin\lambda_0 + Y_p\cos\lambda_0)\tan\varphi_0 \tag{5.4.5}$$

（5.4.4）式和（5.4.5）式就是瞬时极位移引起的台站瞬时地心经纬度变

化的表达式，式中的符号和经度的量度方向的定义有关。作为一种足够近似，它们也用作计算瞬时地理经纬度变化的公式。

注意（5.4.4）式和（5.4.5）式中的经度 λ 是右手坐标系中定义的，向东度量为正。有些文献中的经度是向西度量为正，相应的公式和这里不同。

§5.4.3　瞬时参考轴的选取要求

综合上述，

$$[FTS]'[FCS] = [FTS]'[E] \cdot [E]'[N] \cdot [N]'[FCS] \tag{5.4.6}$$

其中

$$[N]'[FCS] = \overline{NP} = \bar{R}_1(-\varepsilon - \Delta\varepsilon)\bar{R}_3(-\Delta\psi)\bar{R}_1(\varepsilon)\bar{R}_3(-Z_A)\bar{R}_2(\theta_A)\bar{R}_3(-\zeta_A) \tag{5.4.7}$$

$$[E]'[N] = \bar{R}_3(\phi) \tag{5.4.8}$$

$$[FTS]'[E] = \bar{P}_M = \bar{R}_1(-Y_p)\bar{R}_2(-X_p) \tag{5.4.9}$$

由此，形式上（5.4.6）式可以写成

$$[FTS]'[FCS] = \bar{P}_M \cdot \bar{R}_3(\phi) \cdot \bar{N} \cdot \bar{P} \tag{5.4.10}$$

其中 $\bar{P}_M$、$\bar{N}$、$\bar{P}$ 分别是极移矩阵、章动矩阵和岁差矩阵。现假定

$$\bar{\rho}_c = [N] \begin{pmatrix} X_c \\ Y_c \\ Z_c \end{pmatrix} \tag{5.4.11}$$

是一个固定于瞬时天球坐标系中的矢量。由（5.4.8）式，其在 $[E]$ 中的表达式为

$$\bar{\rho}_c = [E]\bar{R}_3(\phi)\begin{pmatrix} X_c \\ Y_c \\ Z_c \end{pmatrix} = [E]\begin{pmatrix} X_c\cos\phi + Y_c\sin\phi \\ -X_c\sin\phi + Y_c\cos\phi \\ Z_c \end{pmatrix} = [E]\begin{pmatrix} X_T \\ Y_T \\ Z_T \end{pmatrix} \tag{5.4.12}$$

此式说明，天球上任意一个在一天中固定不变的矢量，在地球上看它作一个逆向（自东向西）的纯周日圆周运动（自变量是自转角 ϕ）。同样

可以得到，任意一个在地球上固定的矢量 $\vec{\rho}_T$ 可以写成

$$\vec{\rho}_T = [N]\bar{R}_3(-\phi)\begin{pmatrix} X_T \\ Y_T \\ Z_T \end{pmatrix} = [N]\begin{pmatrix} X_T\cos\phi - Y_T\sin\phi \\ X_T\sin\phi + Y_T\cos\phi \\ Z_c \end{pmatrix} = [N]\begin{pmatrix} X_c \\ Y_c \\ Z_c \end{pmatrix} \quad (5.4.13)$$

此式表明，一个在地球上固定的矢量，从天球坐标系中看，它作一个顺向的（自西向东）纯周日圆周运动。

注意到上面这种周日运动都只是"视"周日运动。其函数形式都可从旋转矩阵 $R_3(\phi)$ 或 $R_3(-\phi)$ 得到解释。只有矢量

$$\vec{\rho}_0 = [N]\begin{pmatrix} 0 \\ 0 \\ 1 \end{pmatrix} = [E][E]'[N]\begin{pmatrix} 0 \\ 0 \\ 1 \end{pmatrix} = [E]\bar{R}_3(\phi)\begin{pmatrix} 0 \\ 0 \\ 1 \end{pmatrix} = [E]\begin{pmatrix} 0 \\ 0 \\ 1 \end{pmatrix} \quad (5.4.14)$$

在天球和在地球上看都是不变的，若以这个矢量作为瞬时参考轴，能将 $[FTS]$ 相对于 $[FCS]$ 的运动明确分解成轴在空间的运动、轴在本体中的运动以及绕轴自转三个互不混合的部分，如（5.4.10）式所表示的那样。这意味着，**瞬时参考轴应当这样选定，使得：在天球上看，它没有顺向的纯周日圆周视运动；在地上看，它没有逆向的纯周日圆周视运动**。然而，这样的轴在数学上如何表示，它是否具有可观测性，下面将讨论这些问题。

力学上定义的自转地球的瞬时动力学轴有自转轴、最大惯量矩轴（又常称为形状轴）、角动量轴三种。选取怎样的轴作为瞬时参考轴，这在历史上经历过几次变化，也产生许多争论。下面就其中的一些要点做出说明。

§5.4.4　1984 年以前瞬时参考轴的选取

在 1984 年以前采用的章动理论是以伍拉德的刚体地球模型为基础的，并且一直认为这个章动理论描述的是瞬时自转极 (IRP) 的空间轨迹。或者说，以瞬时平天极为原点按伍拉德章动理论计算出的瞬时极就是瞬时自转极的空间位置。但是研究表明，这个章动序列中没有包含自转轴章动的全部项。为说明这一点，首先区分地球的三个瞬时动力学轴——自转轴、角动量轴、惯量矩轴的空间运动和地面运动的差异。

如果将刚体地球的惯量矩轴（即形状轴）选定为瞬时坐标系 $[N]$ 的极轴，并设 ψ、θ 是其相对于基本天球坐标系 $[FCS]$ 运动的进动角和章动角，参数 ϕ 是 $[FTS]$ 绕形状轴的旋转角度。与此类似，分别将自转轴

和角动量轴选为瞬时参考轴，相应的欧拉角分别为 ψ_r、θ_r、ϕ_r 和 ψ_m、θ_m、ϕ_m。设日月对地球赤道凸起部分作用力矩的力函数为 U，角动量轴空间运动的微分方程为

$$\frac{d\psi_m}{dt} = \frac{1}{C\omega_z \sin\theta} \frac{\partial U}{\partial \theta_m}$$

$$\frac{d\theta_m}{dt} = \frac{-1}{C\omega_z \sin\theta} \frac{\partial U}{\partial \psi_m} \tag{5.4.15}$$

相应的自转轴的运动方程为

$$\frac{d\psi_r}{dt} = \frac{1}{C\omega_z \sin\theta} \frac{\partial U}{\partial \theta_r} - \frac{C-A}{A}\left[\frac{-A}{C\omega_z \sin\theta}\frac{d^2\theta_r}{dt^2} + \frac{A\cos\theta}{C\omega_z}\frac{d^2\psi_r}{dt^2}\right]$$

$$\frac{d\theta_r}{dt} = \frac{-1}{C\omega_z \sin\theta} \frac{\partial U}{\partial \psi_r} - \frac{C-A}{A}\left[\frac{A}{C\omega_z}\frac{d\left[\sin\theta\left(\frac{d\psi_r}{dt}\right)\right]}{dt} + \frac{A\cos\theta}{C\omega_z}\left(\frac{d\psi}{dt}\frac{d\theta_r}{dt}\right)\right] \tag{5.4.16}$$

形状轴的运动方程为

$$\frac{d\psi}{dt} = \frac{1}{C\omega_z \sin\theta} \frac{\partial U}{\partial \theta} - \left[\frac{-A}{C\omega_z \sin\theta}\frac{d^2\theta}{dt^2} + \frac{A\cos\theta}{C\omega_z}\frac{d^2\psi}{dt^2}\right]$$

$$\frac{d\theta}{dt} = \frac{-1}{C\omega_z \sin\theta} \frac{\partial U}{\partial \psi} - \frac{C-A}{A}\left[\frac{A}{C\omega_z}\frac{d\left[\sin\theta\left(\frac{d\psi}{dt}\right)\right]}{dt} + \frac{A\cos\theta}{C\omega_z}\left(\frac{d\psi}{dt}\frac{d\theta}{dt}\right)\right] \tag{5.4.17}$$

在（4.2.15）式、（5.4.16）式、（5.4.17）式中，A 和 C 分别是模型地球的赤道惯量矩和极惯量矩。ω_z 是地球自转角速度在极轴方向的分量。外力的力函数 U 是作用天体在天球坐标系中坐标的函数，同时也和地球的欧拉角有关。U 可以展开成为欧拉角以及太阳、月亮的轨道根数的函数，并整理成为

$$\frac{-U}{C\omega_z} = F\sin^2\theta + \left[G(g_1\cos\psi + g\sin\psi)\sin\theta\cos\theta + H\sin^2\theta\right]t + V \tag{5.4.18}$$

的形式。其中 F, G, g_1, g, H 与日月轨道根数中的 i, e, a, ϖ 几个量有关，它们具有长期变化。而 V 不仅与上述几个量有关，还与月球轨道升交点黄经 Ω 及日月的平近点角 l、l' 有关。这是一些周期项，其中最长的就是 Ω 的周期，约 18.6 年。在（5.4.18）式中不包含自转角 ϕ，因此，U 不包含周日变化。将（5.4.18）式代入（5.4.15）式，可以得到角动量轴的运动方程。其中长期项为岁差，周期项为角动量轴的章动。岁差对每

个轴都一样，在此不作讨论。下面只讨论章动。

方程（5.4.16）和（5.4.17）不能直接解出。方程右端的后一项远小于第一项，方程的解可以表示成角动量轴的章动加上小的改正项，即

$$\psi_r = \psi_m + \Delta\psi_r$$
$$\theta_r = \theta_m + \Delta\theta_r$$
$$\psi = \psi_m + \Delta\psi$$
$$\theta = \theta_m + \Delta\theta$$

（5.4.19）

由于日月轨道运动无周日项，角动量轴的章动无周日项。这些改正项的解的结果可以表示为

$$\delta\psi_m = \psi - \psi_m = \Delta\psi$$
$$\delta\theta_m = \theta - \theta_m = \Delta\theta$$
$$\delta\psi_r = \psi - \psi_r = (\psi - \psi_m) + (\psi_m - \psi_r) = \Delta\psi - \Delta\psi_r$$
$$\delta\theta_r = \theta_r - \theta = (\theta_r - \theta_m) + (\theta_m - \theta) = \Delta\theta_r - \Delta\theta$$

$$-\Delta\psi_r = \frac{(C-A)\gamma}{C\sin\theta}\cos(\phi-\sigma) + 0''.00005\sin 2(F+\Omega)$$
$$+ 0''.00002\sin 2(F-D+\Omega) + \cdots$$

$$\Delta\theta_r = \frac{(C-A)\gamma}{C\sin\theta}\sin(\phi-\sigma) + 0''.00003 - 0''.00002\cos 2(F+\Omega)$$
$$- 0''.00001\cos 2(F-D+\Omega) + \cdots$$

（5.4.20）

$$-\Delta\psi = \frac{-A\gamma}{C\sin\theta}\cos(\phi-\sigma) - 0''.01615\sin 2(F+\Omega)$$
$$- 0''.00753\sin 2(F-D+\Omega) + \cdots$$

$$\Delta\theta = \frac{A\gamma}{C}\sin(\phi-\sigma) - 0''.00868 + 0''.00590\cos 2(F+\Omega)$$
$$+ 0''.00275\cos 2(F-D+\Omega) + \cdots$$

上式是站在角动量轴上看到的自转轴和形状轴的运动方程。这里 γ 是地球自转轴相对于形状轴的自由圆周运动的振幅，σ 是其初始位相。由（5.4.20）式知道，在天球坐标系中看，地球的自转轴和形状轴都含有与自转角 ϕ 有关的周日项。这些是顺向的纯周日项，并且是极移的自由运动引起的，其参数不能从理论上计算出。但如果适当选取瞬时参考轴，这些项应是可以消除的。而（5.4.20）式中后面的项是非周日的受迫项，可以由理论计算给出，因此应当包含到章动序列中。这种形式的受迫项称为 OPPZER 项。在伍拉德章动中，没有包含这些项。这样，如果采用伍拉德的章动理论，并将瞬时角动量轴作为瞬时参考轴，那么自转轴和形状轴在空间都含有不可预测的周日自由项，以及与日月有关的

OPPZER 项。

如果观测者在空间不是站在角动量轴上，而是站在形状轴上看，不难理解，角动量轴以及自转轴各自与形状轴的章动之差，就是它们相对于形状轴的运动。由（5.4.19）可以导出

$$
\begin{aligned}
-\delta\psi_m &= \psi - \psi_m = \Delta\psi \\
-\delta\theta_m &= \theta - \theta_m = \Delta\theta \\
\delta\psi_r &= \psi - \psi_r = (\psi - \psi_m) + (\psi_m - \psi_r) = \Delta\psi - \Delta\psi_r \\
\delta\theta_r &= \theta_r - \theta = (\theta_r - \theta_m) + (\theta_m - \theta) = \Delta\theta_r - \Delta\theta
\end{aligned}
\tag{5.4.21}
$$

将（5.4.20）代入（5.4.21），得到

$$
\begin{aligned}
\delta\psi_r &= \frac{\gamma}{\sin\theta}\cos(\phi - \sigma) + 0''.01620\sin 2(F + \Omega) \\
&\quad + 0''.00755\sin 2(F - D + \Omega) + \cdots \\
\delta\theta_r &= \gamma\sin(\phi - \sigma) + 0''.00871 - 0''.00592\cos 2(F + \Omega) \\
&\quad - 0''.00276\cos 2(F - D + \Omega) + \cdots \\
\delta\psi_m &= -\Delta\psi = \frac{-A\gamma}{C\sin\theta}\cos(\phi - \sigma) - 0''.01615\sin 2(F + \Omega) \\
&\quad - 0''.00753\sin 2(F - D + \Omega) + \cdots \\
-\delta\theta_m &= \Delta\theta = \frac{A\gamma}{C}\sin(\phi - \sigma) - 0''.00868 + 0''.00590\cos 2(F + \Omega) \\
&\quad + 0''.00275\cos 2(F - D + \Omega) + \cdots
\end{aligned}
\tag{5.4.22}
$$

由此可见，从空间坐标系看，如果采用伍拉德的章动理论，角动量轴和自转轴相对于形状轴的运动都包含周日圆周自由项，以及与日月有关的 OPPZER 项。

令 $\vec{w}_m$ 表示角动量轴相对于形状轴的位置矢量，有

$$
\vec{w}_m = [N]\begin{pmatrix} \delta\psi_m \sin\theta \\ \delta\theta_m \\ 1 \end{pmatrix} = [E]\bar{R}_3(\varphi)\begin{pmatrix} \delta\psi_m \sin\theta \\ \delta\theta_m \\ 1 \end{pmatrix} = [E]\begin{pmatrix} X_m \\ Y_m \\ 1 \end{pmatrix}
\tag{5.4.23}
$$

将（5.4.20）式和（5.4.21）式代入（5.4.23）式，并注意到 $L = F + \Omega$ 和 $L' = F - D + \Omega$，得到

$$X_m = \frac{A}{C}\gamma\cos\sigma + 0''.00868\sin\phi - 0''.00616\sin(\phi-2L) - 0''.00289\sin(\phi-2L') + \cdots$$

$$Y_m = -\frac{A}{C}\gamma\sin\sigma + 0''.00868\cos\phi - 0''.00616\cos(\phi-2L) - 0''.00289\cos(\phi-2L') + \cdots$$

(5.4.24)

这就是在地面上看到的角动量轴对形状轴的运动方程。同样对自转轴,

$$X = \gamma\cos\sigma + 0''.00871\sin\varphi - 0''.00618\sin(\varphi-2L) - 0''.00288\sin(\phi-2L') + \cdots$$

$$Y = -\gamma\sin\sigma + 0''.00871\cos\varphi - 0''.00618\cos(\varphi-2L) - 0''.00288\cos(\phi-2L') + \cdots$$

(5.4.25)

上式中,右端第一项是非周日的自由圆周运动,这是极移的自由分量。后面各项都是纯周日或近周日的圆周视运动分量。由此可见,在地面上看,角动量轴和自转轴相对于形状轴的运动,都含有周日圆周视运动分量,而且这些分量都是受迫项,可以从理论上精确预测。如果适当选取瞬时参考轴取代形状轴,这些周日项是可以消除的。

将上述结论归纳如表 5.4.1。

表 5.4.1 伍拉德理论中各动力学轴的运动特征

参考轴	形状轴	角动量轴	自转轴
对空间(章动)	有周日自由项	无周日自由项	有周日自由项
对地面(极移)	无运动	有周日受迫项	有周日受迫项

由表可见,对于伍拉德章动理论,其定义的极并不是地球三个动力学轴中的任何一个。而且伍拉德轴和这三个动力学轴都不适合作为瞬时参考轴,因为它们都含有周日项。

§5.4.5 天球历书轴(CEP)

为解决上述问题,将(5.4.20)中形状轴的运动方程表示成

$$\psi = \psi_m + \Delta\psi_I + \Delta\psi_{II}$$
$$\theta = \theta_m + \Delta\theta_I + \Delta\theta_{II}$$

(5.4.26)

其中 $\Delta\psi_I$、$\Delta\theta_I$ 分别是形状轴章动 $\Delta\psi$,$\Delta\theta$ 中的受迫项,$\Delta\psi_{II}$、$\Delta\theta_{II}$ 则是它们的自由项。由(5.4.20)式给出

$$\Delta\psi_I = 0''.01615\sin 2(F+\Omega) + 0''.00753\sin 2(F-D+\Omega) + \cdots$$

$$\Delta\theta_I = -0''.00868 + 0''.00590\cos 2(F+\Omega) + 0''.00275\cos 2(F-D+\Omega) + \cdots$$

(5.4.27)

$$\Delta\psi_{II} = \frac{A\gamma}{C\sin\theta}\cos(\phi-\sigma) \tag{5.4.28}$$

$$\Delta\theta_{II} = \frac{A\gamma}{C}\sin(\phi-\sigma)$$

现在定义一个新的章动序列

$$\psi_S = \psi_m + \Delta\psi_I \tag{5.4.29}$$

$$\theta_S = \theta_m + \Delta\theta_I$$

它等于**形状轴的受迫章动**，也就是将伍拉德章动理论计算的形状轴章动系列中添加 OPPZER 项。这样的章动序列描述了一个新的天极的轨迹，在空间它没有周日的自由项。按照（5.4.25）同样推导方式，给出这个新的天极相对于形状轴的地面运动表达式为

$$X_S = \gamma\cos\sigma \tag{5.4.30}$$

$$Y_S = -\gamma\sin\sigma$$

此式表明这个轴相对于地球形状轴的地面运动只有自由项，不包括周日的受迫项。如果用这个轴作为瞬时参考轴，在空间和地面上看都没有周日项。这个轴被称为**天球历书轴**。它**由形状轴的受迫章动序列所描述**。几何上，历书轴近似是形状轴的在空间的周日平均方向。将历书轴与表5.4.1 作比较，得到表 5.4.2。

表 5.4.2　历书轴的运动特征

参考轴	形状轴	角动量轴	自转轴	历书轴
对空间（章动）	有周日自由项	无周日自由项	有周日自由项	无周日自由项
在地面（极移）	无运动	有周日受迫项	有周日受迫项	无周日受迫项

还需要注意的是这里说的极移中有无受迫项是指由天体的摄动力引起的受迫极移（天文受迫极移），不是地球内部激发引起的受迫极移（地球物理受迫极移）。

从 1984 年起，采用天球历书轴作为瞬时参考轴，这通过 IAU1980 章动序列的采用而实现。随着观测精度的提高，很快就发现 IAU1980 章动系列还存在缺陷，某些项的理论系数与实测结果的偏差可达到 mas。IERS 从全球观测资料的处理中解算出 IAU 1980 章动实现的历书极的补偿值。该补偿值出现的原因部分是由于 IAU 1980 章动模型的不准确，还有部分来自于章动模型不能包含的地球物理章动。极位置的解以一天为取样间隔，并假定一天内瞬时极的空间位置和地面位置不变。所以这样

解出来的瞬时极在概念上是天球历书极。天球历书极作为瞬时参考轴被应用到 2002 年底。

§5.4.6 IAU2000 岁差章动和相关概念

本章前面几节从原理上阐述了地球空间姿态的描述原理。从中可以归纳出这样的理念：地球空间姿态变化之所以要分离成岁差、章动、极移和自转角几种分量，只是为便于观测、便于描述。它们是一个运动分解成的几种成分。既然如此，这种分解就未必是唯一的方案。事实上，最近一些年，有关这方面的建议方案不断提出。这些不同的方案并不影响地球的空间姿态 $[FTS]'[FCS]$ 的整体，但影响其分解的分量。相信在今后若干年中，还会提出不同的方案。但是只要掌握问题的基本原理，就不难理解各种具体的方案。

2000 年 *IAU* 第 24 届大会对地球空间姿态的描述方面又作了一些新的规定，并从 2003 年起实施。对这些新的规定介绍和解释如下：

（1）瞬时参考极从天球历书极（CEP）改成天球中间极（CIP），从纯理论预测变成预测加观测，理论预测计算到 2 天以上的周期项。 地球动力学轴的空间运动和地面运动的高频项并非都是视运动。现代高精度的观测资料显示，地球动力学轴的空间章动和地面极移确实包含一些固有的"真"高频变化。这种真高频项并不能通过适当选取瞬时参考轴而完全消除，而且也不应该被消除。如果说 CEP 取形状轴在空间的周日平均方向，能够去除了那些"视"周日项，但也把一些真实高频项去掉。而且，纯理论的表达式总不能完全和瞬时极的实际运动完全符合。

鉴于上述情况，决定采用天球中间极 CIP 代替历书极 CEP 作为瞬时参考极。CIP 不是一个纯理论的定义，它兼顾了理论的结果和高精度的实测结果。那就是：

1）平均地幔轴（即 Tisserand 轴，它是地球形状轴的具体实现）的空间运动中周期大于 2 天的各项受迫章动提供了 CIP 的可预测部分。而在 *IAU*1980 章动中，章动的最短周期只取到 4.7 天。

2）CIP 相对于空间的运动参数与岁差及周期大于 2 天的章动理论预测参数的差异通过高精度的天文测地观测获得。设 CIP 的空间位置由

$$\Delta\psi = \Delta\psi_0 + \delta\Delta\psi$$
$$\Delta\varepsilon = \Delta\varepsilon_0 + \delta\Delta\varepsilon$$

（5.4.31）

其中，$\Delta\psi_0$、$\Delta\varepsilon_0$ 是由章动理论计算出的瞬时值，$\delta\Delta\psi$、$\delta\Delta\varepsilon$ 是由观测资料计算的改正值。这项变化使得瞬时天极的空间指向参数由以往的纯理论计算提供预测值，变成由理论计算值加上实测值提供事后确定值，这样，国际地球自转服务的内容从以往 $UT1, X_P, Y_P$ 组成的 3 参数序列，变成 $UT1, X_P, Y_P, \Delta\psi, \Delta\theta$ 组成的 5 参数序列。理论计算的 $\Delta\psi_0, \Delta\theta_0$ 将不再是作为国际标准出现，而只作为参考极位置的初值。对于多数用户，仅用 $\Delta\psi_0, \Delta\theta_0$ 就能满足需要。对于少数要求更高的用户，可等待国际地球自转服务（IERS）事后提供的确定值。

3）CIP 相对于地面的运动参数由测地观测解出，包括周期短于 2 天的高频变化。由于方程的相关性，不能同时解算高频章动和高频极移。短于 2 天的受迫章动将以一定的函数关系进入到高频极移解当中。高频极移被认为主要是地球的潮汐的影响，将极移的实测值扣除潮汐模型计算值，剩余部分就是 CIP 的地面运动。由于 VLBI 的时间分辨率已经可以短到 1 小时，检测出短于 2 天的高频项没有问题。

（2）天球上赤经起算点，将原先一直采用的瞬时春分点改换成瞬时赤道上的无旋转零点，被用作天球中间零点 CIO（这里的 CIO 并非是以前的国际协议的地极原点 CIO），与天球中间极 CIP 相对应。无旋转零点是瞬时赤道上的一个点，当瞬时赤道坐标系的第一轴用指向这个点的方向定义时，坐标变换中没有绕第三轴的旋转。其详细讨论见 §5.5.4。CIO 的引进旨在将地球的"纯"自转角和分点的"纯"移动分离开来。但是，CIO 本身并没有可观测性，其位置仍是从瞬时春分点沿着瞬时赤道扣除赤经岁差 M（见（5.5.14）式）而推算的。

（3）新岁差章动模型 $IAU2000A(B)$ **将岁差和章动合并计算，取代原先的分开各自计算**，这显然是合理的。因为岁差和章动本来就是一个机制中的不同时间尺度的分量。这并不是实质性、概念性的变化。在新岁差章动模型中，岁差的展开式和 $IAU1976$ 岁差一样，只个别项有微小的改正。新章动序列则给出周期大于 2 天、振幅大于 $15\mu as$ 的各项，其中日月项共 678 个，行星项 687 个。

§5.5　地球的绕轴自转

在（5.4.8）式中定义的自转角 ϕ，是瞬时地球坐标系 $[E]$ 相对于瞬时天球坐标系 $[N]$ 绕瞬时参考轴转过的角度，或者说是两坐标系的第一坐标轴之间的夹角。这只是一个坐标转换参数，与 ϕ 的变化过程无关。由于两坐标系的极轴为共有，自转角是在瞬时赤道上度量的。由于极移和岁差章动，瞬时参考轴在空间和地面的位置都是变化着的。因此 ϕ 并不是地球上某参考点的角速度的积分。如果将自转角 ϕ 描述为

$$\phi(t) = \phi(t_0) + \int_{t_0}^{t} \omega dt$$

的形式是不确切的，它只有在瞬时轴的方向在空间和在地面都保持不变的情况下上式才能成立。自转角 ϕ 不是地球自转的运动学参数，只是地球的一个**瞬间姿态参数。自转角等于瞬时天球赤道上的参考点与地球瞬时赤道上的参考点间的旋转角。**天赤道和地赤道的参考点定义的原则是将地球的姿态参数中瞬时参考轴指向的变化与绕轴旋转参数尽可能精确地分离开来，使得自转角参数能代表"纯"自转，而轴向的变化中不包含绕轴自转成分。在天球坐标系和地球坐标系间的坐标转换中，用不同方式分离轴向变化和绕轴旋转对最终效果并没有影响，只是在讨论地球姿态各参量的变化机制时需要尽可能将它们"提纯"。历史上曾用格林尼治**视恒星时**(GAST) 来表征自转角，并以此为基础建立恒星时与平太阳时时间系统。但从前面叙述看到，ϕ 和时间其实不是同一个概念，它只是天球坐标系和地球坐标系转换中的一个旋转角。自转角只论结果，和它所经历的运动过程无关——均匀的或很不均匀的，沿着同一个大圆的或沿着很不规则路径的。过去之所以要把自转角变化和时间系统联系起来主要由于两个原因：其一，在原子钟出现之前，地球的自转是当时最稳定的周期信号来源，依据地球自转建立时间系统是当时最佳选择。其二，和岁差、章动、极移这些缓慢变化不同，ϕ 是快速大尺度变化的。人们要想得到那些缓慢变化的参数的瞬时值，很容易通过内插或预报得到。而要得到 ϕ 的瞬时值，既不可能随时由天文观测确定，也不能简单内插或预报。在这种情况下，需要借助于一种能模拟地球自转速度的周期信号源，这就是天文钟。天文钟应这样设计，其走时速度和地球自转速度非常接近，以至于两者的差异成为微小的缓慢变化量。这样，将自转角和天文钟的差异 $\Delta\phi$ 作为一个姿态描述参数，就可以和其他几个姿态参数一样进行内插或预报了。所以，以地球自转为基准的时间系统虽然早已不再作为时间标准，但至今人们仍习惯于把它称为恒星时、世界时等等，而不是称之为自转角。有几种具体定义的恒星时系统，需要仔细区分它们和自转角之间的关系。

§5.5.1　恒星时

恒星时时刻的传统定义是春分点的时角。春分点有历元春分点和瞬时春分点的区别，还有平春分点和真春分点的区别。春分点时角是相对于子午圈度量的，而子午圈是过天极和天顶的大圆。同样，天极有历元的和瞬时的、平的和真的各种不同的概念。天顶又有天文天顶和大地天顶的区别。在历史上，恒星时的功能有以下几方面：

（1）提供一种时间尺度，在恒星时的基础上推导出平太阳时。在相当长的历史时期中，平太阳时是民用时间的基准系统。作为这种功能，要求恒星时提供的时间尺度尽可能均匀稳定。于是将瞬时平春分点连续两次过某地方天文子午圈的时间间隔定义为一个平恒星日，称为地球自转的恒星周期。恒星日又划分为恒星小时、恒星分和恒星秒，依此建立一个时间系统。平恒星时尺度存在几方面的不均匀性。除地球自转本身的不均匀性以外，还包括平春分点的岁差、平天极的岁差、地方铅垂线的变化等因素引起平恒星时的尺度变化。并且，为了改善其均匀度，应尽量对平恒星时（或平太阳时）序列作不均匀性的经验修正。

（2）作为地球的空间姿态参数之一，提供如（5.4.10）式中 ϕ 所表征的自转角参数。这是瞬时地球坐标系相对于瞬时天球坐标系的坐标旋转角。这时，ϕ 是对应于瞬时真春分点、瞬时真天极、瞬时地理子午圈的。在这项功能方面，不要求其尺度的均匀稳定，而是要求"如实"代表瞬时天球坐标系和瞬时地球坐标系间的旋转角。如果观测不是在本初地理子午圈上进行，而是在地方瞬时子午圈上进行，为了将地方观测化算到本初子午圈上的观测，所用的经度差应当是相对于瞬时极的经度差，而不是相对于[FTS]极的。这时，对真恒星时不应采取任何均匀化的措施。

（3）考虑到章动和极移都存在高频率的变化，特别是近周日和周日以下的变化，上述关于恒星时的经典概念就不够准确了。在一天内，地球并不是绕一根固定的轴自转的，两次过某地方子午圈的春分点也不是同一个春分点，地方子午圈也不是同一子午圈。所以，恒星时在一日以内的时间尺度上存在复杂的不均匀性。应当如实保留这种不均匀性，以反映地球自转的真实高频变化。所以，恒星时只是一个"似时间"变量，是一个**以时间描述方式来描述的地球瞬时姿态参数**。

（4）瞬时春分点有瞬时平春分点和瞬时真春分点之分，相应的恒星时有平恒星时（本书用符号 $\tilde{S}$ 表示）和视恒星时（用符号 S 表示）之分。由于章动，真春分点在黄道上相对于平春分点的位移为 $\Delta\psi$，在赤道上的相对位移为 $\Delta\psi\cos\varepsilon$，这就是常说的赤经章动，有些文献称它为二分差。由于视恒星时含有短周期章动的影响，不宜进行内插。平恒星时对应于平春分点的时角，不包含章动的影响，便于进行内插。当需要对视恒星时作内插时，首先要将视恒星时时刻化成平恒星时时刻，在内插到时刻后，再将内插瞬间的平恒星时时刻化到对应的视恒星时时刻。

（5）对任何具体的测站，直接测量的恒星时是春分点相对于地方子午圈度量的时角，称为地方恒星时（$\tilde{S}_\lambda$ 或 S_λ）。由于极移，包括格林尼治子午圈在内的一切测站子午圈都在不断变化。地球的零子午圈也有历元的和瞬时的区分。反映自转角的恒星时应对应于瞬时子午圈。概念中的零子午圈的经度永远是零，这个点位于瞬时赤道上。它不是一个具体的测站，而是由一组测站的经度采用值专门定义的。现在，经度起始点这样定义，使得瞬时地球坐标系（就是[E]）和基本地球坐标系[FTS]之间相互转换中没有剩余的经向旋转。这样定义的经度起算点称为地球瞬时赤道上的无旋转零点，其详细概念将在后面叙述。在这个点上定义的恒星时习惯上仍旧称作格林尼治恒星时（$\tilde{S}_G$ 或 S_G）。

（6）在实际情况下，恒星时的观测不是在经度起始点上进行的。设测站的瞬时经度为 λ，在关系式

$$S_G = S_\lambda - \lambda \tag{5.5.1}$$

中，将（5.4.5）式代入，得到

$$S_G = S_\lambda - \lambda_0 - (X_p \sin\lambda_0 + Y_p \cos\lambda_0)\tan\varphi_0 \tag{5.5.2}$$

这里 λ 是观测台站在瞬时地球坐标系[E]中的经度，称作瞬时经度，从瞬时零子午圈向东度量到测站的瞬时地方子午圈，也可以说是从瞬时赤道上的经度起算点，度量到测站的瞬时本地子午圈与瞬时赤道的交点。从（5.5.1）式看到，将测站观测得到的地方恒星时化到格林尼治恒星时过程中，**需要使用测站在[E]坐标系中的瞬时经度 λ**，而不是测站在[FTS]坐标系中的经度 λ_0。为叙述方便，我们给 λ_0 一个不很确切的名字，叫做"固定经度"。

为了其他目的引进的平恒星时 $\tilde{S}_G$ 和视恒星时之间有简单的关系

$$S_G = \tilde{S}_G + \Delta\psi\cos\varepsilon' \tag{5.5.3}$$

$$\tilde{S}_G = \tilde{S}_\lambda - \lambda \qquad (5.5.4)$$

春分点的位置无法直接观测，春分点的时角是通过恒星的时角观测换算得到的。在瞬时经度为 λ 的测站，观测得到真赤经为 α 的恒星的时角为 $\tilde{t}$ 时，有

$$S_\lambda = \alpha + \tilde{t} \qquad (5.5.5)$$

这时，真春分点对当地瞬时子午圈的时角就等于 S_λ。

由（5.5.5）式知，假如恒星的自行等于 0，并参考于历元平春分点，得到的恒星时应等于本初子午线相对于该春分点所转过的角度 θ。不论自转速度本身是否均匀，有

$$\theta = \int_{t_0}^{t} \omega(t)dt \qquad (5.5.6\text{-}1)$$

为了和作为姿态参数之一的自转角 ϕ 相区别，不妨称 θ 为"自转量"。在自转的实际过程中，瞬时真春分点在真赤道上的西移量为 M_A（赤经岁差）（由 5.2.18 式）和 N_A（赤经章动）之和，这里

$$M_A = \Psi \cos \varepsilon' - X = \zeta_A + Z_A = mt + m't^2 + m''t^3 \qquad (5.5.6\text{-}2)$$

$$N_A = \Delta\psi \cos \varepsilon' \qquad (5.5.6\text{-}3)$$

所以观测到的格林尼治视恒星时除了地球的自转量外，还增加了岁差章动影响，于是视恒星时 S_G 可表示成

$$S_G = \theta + M_A + N_A = \int [\omega(t) + m]dt + m't^2 + m''t^3 + \Delta\psi \cos \varepsilon' \qquad (5.5.6)$$

相应的格林尼治平恒星时为

$$\tilde{S}_G = \int [\omega(t) + m]dt + m't^2 + m''t^3$$

假如地球自转速度保持为常数 $\omega = \omega_0$，平恒星时可以表示成

$$\tilde{S}_G = (\omega_0 + m)t + m't^2 + m''t^3 = \theta + M_A \qquad (5.5.7)$$

由此可见，即使地球自转的速度是长期固定不变的，由于岁差的影响，平恒星时尺度也不是恒定的。所以从原理上讲，用地球自转作基准的时间尺度不可能是理想的时间尺度。但是，视恒星时 S_G 的含义恰恰就是 $[E]$ 和 $[N]$ 坐标变换中的自转角 ϕ（见（5.4.2）式）。所以，当地球自转

提供时间尺度的作用被原子时系统取代以后，作为地球的空间姿态参数之一，在地基天体测量中作为坐标变换参数之一，视恒星时的作用是不可替代的。因此，对恒星时的需求也从过去的追求均匀变成追求"真实"—能真实地代表瞬时子午面相对于瞬时春分点的旋转角。

如果要计算在 Δt 时段内的的自转角变化和自转量变化，可对（5.5.6）式求微分，有

$$\Delta S_G = \Delta \theta + \Delta M_A + \Delta N_A = \omega(t)\Delta t + \Delta M_A + \Delta N_A \qquad (5.5.8)$$

这说明在一时段内恒星时的变化量和地球实际自转量 $\Delta \theta$ 的差异是该时段内的赤经岁差位移量和赤经章动变化量之和。

§5.5.2 世界时的经典概念

当初引进太阳时概念的目的不是为了坐标转换，而是为了建立一个民用时间系统。

在一回归年时间间隔中，太阳相对于瞬时平春分点的赤经增加 24^h，每天约增加 4^m。这样，每天恒星时零点时刻太阳的格林尼治时角约减少 4^m。如果日常生活中用恒星时作为时间度量系统是很不方便的。需要使用一种和太阳的东升西落基本同步的时间系统。用太阳取代春分点定义的时间系统称为太阳时。和恒星时不同，太阳时的零点定义在太阳下中天的时刻，使得日期变更发生在夜间。

由于太阳轨道是椭圆，其轨道角速度是不均匀的。并且太阳在黄道上运动，即使其轨道角速度是均匀的，其赤经变化速度也是不均匀的。因而，用真太阳的时角定义的真太阳时和恒星时相比更加不均匀。为此提出赤道平太阳的概念。将假想的赤道平太阳的地方时角 $+12^h$ 定义为地方平太阳时，而本初子午圈上的平太阳时被定义为世界时，用 UT 表示。为了使 UT 尺度尽可能均匀，对平太阳作了特别的定义。

设瞬时平赤道上有一个假想点，它相对于恒星背景以速度 μ 自西向东运动，运行一周的周期与真太阳相同，为一回归年。和推导恒星时的方式类似，并考虑到平太阳的自行方向和地球自转方向相同，可以得到世界时的表达式

$$\text{UT} = \theta - \int \mu dt + 12^h = \int (\omega - \mu)dt + 12^h \qquad (5.5.9\text{-}1)$$

可见在一回归年内世界时天数比恒星时天数整整少一天。将（5.5.7）式代入（5.5.9-1）式，得

$$\text{UT} = \tilde{S}_G - (M_A + \int \mu dt) + 12^h = S_G - (M_A + N_A + \int \mu dt) + 12^h \qquad (5.5.9\text{-}2)$$

令

$$R_S = M_A + N_A + \int \mu dt = R_0 + (\mu + m)t + m't^2 + m''t^3 + \Delta\psi\cos\varepsilon$$

$$\tilde{R}_S = M_A + \int \mu dt = R_0 + (\mu + m)t + m't^2 + m''t^3 \qquad (5.5.9)$$

分别表示假想的平太阳的瞬时真赤经和瞬时平赤经，并代入（5.5.9-2）式，得到

$$\text{UT} = \tilde{S}_G - \tilde{R}_S + 12^h = S_G - R_S + 12^h \qquad (5.5.10)$$

这意味着，**世界时 UT 的时刻等于格林尼治平（视）恒星时减去赤道平太阳的瞬时平（真）赤经再加上 12ʰ**。这里可以看出，世界时时刻和章动无关，因为赤经章动对恒星时的影响和对同一时刻平太阳赤经的影响相同，二者完全抵消。因此，世界时没有"平"和"真"的区分。

从上面的叙述看到，平太阳的定义最后就归结为如何确定平太阳瞬时真赤经 R_S 的计算表达式。

赤道平太阳的经典定义为：**平太阳是天球瞬时平赤道上的一个假想点，它具有均匀的恒星运动，其赤经与太阳平黄经尽可能接近**。平太阳具有均匀的恒星运动的要求意味着 μ 为常数。由 §5.3 所述，太阳平黄经 L_S 定义为假想的黄道平太阳的平近点角 l' 和黄道近地点到瞬时平春分点的角距 ϖ' 之和，

$$L_S = l' + \varpi' \qquad (5.5.11\text{-}1)$$

设太阳的平均轨道角速度为 p_0，这是个常数，由轨道半长轴决定。所以太阳的平近点角可表示成

$$l' = l_0' + p_0 t \qquad (5.5.11\text{-}2)$$

的形式，其中 p_0 为太阳的近地点进动速率。近地点到瞬时平春分点的角距 ϖ' 的变化除了近地点本身的空间进动外，主要是黄经岁差的影响，因此可以表示成

$$\varpi' = \varpi_0' + pt + p't^2 + p''t^3 \qquad (5.5.11\text{-}3)$$

将（5.5.11-2）式和（5.5.11-3）式代入（5.5.11-1）式，

$$L_S = L_0 + (p_0 + p)t + p't^2 + p''t^3 \qquad (5.5.11)$$

这里 $p_0 + p$ 是太阳相对于瞬时平春分点的角速度，t 的单位是儒略世纪，在一个回归世纪中，太阳相对于平春分点运行 100 周。当前地球轨道运动的回归周期为 365.2421873315 日，由此得

$$p_0 + p = \frac{36525}{365.2421873315} 86400^s = 8640184^s.812866 \, /儒略世纪$$

将（5.5.11）式和（5.5.9）式的赤道平太阳的平赤经表达式

$$\tilde{R}_S = R_0 + (\mu + m)t + m't^2 + m''t^3$$

比较，要使 L_S 和 $\tilde{R}_S$ 尽可能接近，可取常数项相等，$L_0 = R_0$。如果取赤道平太阳的恒星自行速度为

$$\mu = p_0 + p - m \qquad\qquad (5.5.12\text{-}1)$$

按照当前的天文常数系统，有

$$
\begin{aligned}
&R_0 = L_0 = 6^h 41^m 50^s.54841 \\
&p_0 + p = \mu + m = 8640184^s.812866 \\
&m = 307^s.4957467, \quad m' = 0^s.093104, \quad m'' = -6^s.2 \times 10^{-6} \\
&\mu = p_0 + p - m = 8640184^s.812866 - 307^s.4957467 = 8639877^s.3171193
\end{aligned}
\qquad (5.5.12)
$$

这样定义的 μ 值可以做到使两个平太阳的速度项相等。但是，它们各自的加速度是由赤经岁差加速度和黄经岁差加速度决定的，这是不能人为调整的。所以，平太阳赤经和太阳平黄经尽可能接近的要求不能永远得到满足。这是世界时定义中的一个缺陷。另外。该差异是时间的高次项，随着时间的推移将加速扩大。从（5.5.11）式看到，平太阳的自行与岁差常数有关，所以每次修改岁差常数，就需要修改平太阳的赤经计算公式，也就是修改平太阳的定义。这就造成世界时的概念的不连续。这也是一个很重要的缺陷。

§5.5.3 瞬时赤道上的无旋转零点

由（5.2.11）式，从初始历元 t_0 的平坐标系转换到观测历元 t 的平坐标系的岁差转换矩阵

$$\bar{P} = \bar{R}_3(-Z_A)\bar{R}_2(\theta_A)\bar{R}_3(-\zeta_A)$$

其中 Z_A、θ_A、ζ_A 是岁差分量，其表达式在（5.2.17）式中给出。注意到在（5.2.11）式中，坐标系两次绕第三坐标轴的旋转 $\bar{R}_3(-Z_A)$ 和 $\bar{R}_3(-\zeta_A)$

不是在同一个赤道上进行的，如果Z_A、θ_A、ζ_A都作为微小量，其次序可以互换，这两次旋转可以相加而得到

$$M_A = Z_A + \zeta_A = 307^s.4957467t + 0^s.0931040t^2 + 0^s.0024134t^3 \quad (5.5.13)$$

在不同的历元，由瞬时平春分点通过（5.5.13）式而在瞬时平赤道上定义的历元平春分点就是一个没有绕第三轴旋转的赤经起算零点。但是，当两历元间隔较长时，这些岁差分量不再是微小量，（5.2.11）式中的三次旋转的次序将不能互换。为了把不同赤道上的两次绕极的旋转合并，作如下推导：

令

$$\bar{R}_E = \bar{R}_2(\theta_A)\bar{R}_3(-\zeta_A) = \begin{pmatrix} \cos\theta_A\cos\zeta_A & -\cos\theta_A\sin\zeta_A & -\sin\theta_A \\ \sin\zeta_A & \cos\zeta_A & 0 \\ \sin\theta_A\cos\zeta_A & -\sin\theta_A\sin\zeta_A & \cos\theta_A \end{pmatrix} \quad (5.5.14\text{-}1)$$

另外，$\bar{R}_E$可以一般性的表示成

$$\bar{R}_E = \bar{R}_3(X_A)\bar{R}_1(\alpha)\bar{R}_2(\beta)$$
$$= \begin{pmatrix} \cos X_A\cos\beta & -\sin X_A\cos\alpha & -\cos X_A\sin\beta+\sin X_A\cos\beta\sin\alpha \\ -\sin X_A\cos\beta-\cos X_A\sin\beta\sin\alpha & \cos X_A\cos\alpha & \sin X_A\sin\beta+\cos X_A\cos\beta\sin\alpha \\ \sin\beta\cos\alpha & -\sin\alpha & \cos\beta\cos\alpha \end{pmatrix} \quad (5.5.14\text{-}2)$$

用（5.5.14-1）式和（5.5.14-2）式中的对应项相等的关系得到，

$$\sin X_A\cos\alpha = \cos\theta_A\sin\zeta_A$$
$$-\cos X_A\cos\alpha = \cos\zeta_A \quad (5.5.14\text{-}3)$$

由此

$$\tan X_A = -\tan\zeta_A\cos\theta_A \quad (5.5.14\text{-}4)$$

对（5.5.14-4）求导数并略去2阶以上小量，给出

$$\frac{dX_A}{dt} = -\frac{d\zeta_A}{dt}\cos\theta_A$$

由此得

$$X_A = -\int\frac{d\zeta_A}{dt}\cos\theta_A dt \quad (5.5.14\text{-}5)$$

将（5.5.14-1）式、（5.5.14-2）式、（5.5.14-5）式代入（5.2.11）式，得

$$\bar{P} = \bar{R}_3(-Z_A)\bar{R}_3(-\int \frac{d\zeta_A}{dt}\cos\theta_A dt)\bar{R}_1(\alpha)\bar{R}_2(\beta) \qquad (5.5.14\text{-}6)$$

令

$$\tilde{s} = \int(1-\cos\theta_A)\frac{d\zeta_A}{dt}dt \qquad (5.5.14\text{-}7)$$

将（5.5.14-7）代入（5.5.14-6），

$$\bar{P} = \bar{R}_3(-Z_A)\bar{R}_3(-\zeta_A+\tilde{s})\bar{R}_1(\alpha)\bar{R}_2(\beta) = \bar{R}_3[-(Z_A+\zeta_A-\tilde{s})]\bar{R}_1(\alpha)\bar{R}_2(\beta)$$

令

$$M = Z_A+\zeta_A-\tilde{s} = M_A-\tilde{s} \qquad (5.5.14)$$

得到

$$\bar{P} = \bar{R}_3(-M)\bar{R}_1(\alpha)\bar{R}_2(\beta) \qquad (5.5.15)$$

上式说明，在（5.2.11）式表示的岁差旋转变换中，两次绕第三轴的旋转等同于在瞬时平赤道上的一次旋转，其旋转角 M 由（5.5.14）式定义，它和（5.2.18）表示的赤经岁差 M_A 相差一个小量 $\tilde{s}$，将岁差分量的表示代入（5.5.14-7）式，将 $(1-\cos\theta_A)$ 展开，并略去被积函数中的三次以上项，可得到

$$\tilde{s} = 0^s.0024196t^3 \qquad (5.5.16\text{-}1)$$

将（5.5.13）式和（5.5.16-1）式代入（5.5.14）式，得到

$$M = 307^s.4957467t + 0^s.0931040t^2 - 6^s.2\times10^{-6}t^3 \qquad (5.5.16)$$

M 的含义是：**在瞬时平赤道上从瞬时平春分点 A_1 向东度量 M 弧段，得到一点 σ，如果以 σ 作为瞬时坐标系的经度起始点，该坐标系与参考历元的平坐标系（其经度起始点为参考历元平春分点 A_0）之间没有绕极的旋转。因此，σ 点被称为瞬时平赤道上的无旋转零点。** 反过来说，瞬时平春分点在瞬时平赤道上相对于无旋转零点的岁差量是 M 而不是 M_A。地球相对于无旋转零点的旋转角真正是地球的"纯"恒星自转。

§5.5.4 世界时概念的新表述

由（5.5.12）式定义的假想赤道平太阳相对于恒星背景的运动速率为 $\mu = p_0+p-m$，达到和黄道平太阳的黄经变化速度项相同的效果。这时的平太阳的瞬时平赤经为

$$\tilde{R}_S = R_0+(\mu+m)t+m't^2+m''t^3 = R_0+\mu t+M_A \qquad (5.5.17)$$

并给出恒星时的表达式

$$\tilde{S}_G = \omega t + M_A = \theta + M + \tilde{s} \tag{5.5.18}$$

将（5.5.17）和（5.5.18）代入（5.5.10），并考虑到 UT、$\tilde{S}_G$、$\tilde{R}_s$、M_A、M 各量都是 t 的函数，可将世界时的表达式写为

$$\text{UT}(t) = \tilde{S}_G(t) - \tilde{R}_s(t) + 12^h = \tilde{S}_G(t) - (R_0 + \mu t + M_A) + 12^h \tag{5.5.19-1}$$

$$\text{UT}(t) = \theta(t) - (R_0 + \mu t) + 12^h \tag{5.5.19-2}$$

上式的右端平太阳自行量 μt 中的时间应是历书时（坐标时），左端的 UT 是世界时。两者在概念上并不严格一致。但考虑世界时计算公式实际只涉及一天内的变化量，这样在 24 小时间隔内如果将右端的 $\mu\Delta t$ 换成 $\mu\Delta$UT，所产生的差异目前仍小于 $10\mu s$，可忽略。将（5.5.19-1）式求微分，得到

$$\Delta\text{UT} = \text{UT}(t) - \text{UT}(t_0) = (\tilde{S}_G(t) - \tilde{S}_G(t_0)) - (\mu + m)(t - t_0)$$

$$\approx (\tilde{S}_G(t) - \tilde{S}_G(t_0)) - (\mu + m)\Delta\text{UT} \tag{5.5.19-3}$$

由此得

$$\Delta\text{UT} = \frac{\tilde{S}_G(t) - \tilde{S}_G(t_0)}{1 + \tilde{\mu}} = k\left[\tilde{S}_G(t) - \tilde{S}_G(t_0)\right] \tag{5.5.19-4}$$

这里的 $\tilde{\mu} = \mu + m$ 的时间单位应当为时秒，而前面的 μ 都是每儒略世纪的变化量。这样得到

$$\tilde{\mu} = \frac{(\mu + m)}{36525 \times 86400} = 0.00273790935$$

$$k = \frac{1}{1 + \tilde{\mu}} = 0.99726956633 \tag{5.5.19}$$

这里 k 是恒星时秒长和 UT1 秒长的比例。如果取 t_0 为当天的世界时 0^h 瞬间，（5.5.19-4）式中的 ΔUT 就是观测瞬间的世界时读数。$\tilde{S}_G(t_0)$ 就是世界时 0^h 时刻的恒星时，以 $\tilde{S}_G(0)$ 表示。$\tilde{S}_G(t)$ 则是观测瞬间的格林尼治平恒星时。于是，用（5.5.12）式和（5.5.19）式的常数，（5.5.19-4）式可表示成

$$UT = k(\tilde{S}_G(t) - \tilde{R}_s(0) - 12^h.0)$$

$$\tilde{R}_s(0) = 18^h 41^m 50^s.54841 + 8640184^s.812866 T_U \tag{5.5.20}$$

$$+ 0^s.093104 T_U^2 - 6^s.2 \times 10^{-6} T_U^3$$

其中

$$T_U = t_d / 36525 \tag{5.5.21}$$

t_d 是每日世界时 0^h 时刻到基本参考历元（目前是 J2000.0）的日数。综合上述，（5.5.19）、（5.5.20）、（5.5.21）就是从观测的恒星时计算相应的世界时时刻的一组公式。

同样方法，将（5.5.19-2）式求微分，得到

$$\begin{aligned}
\Delta \mathrm{UT} &= \mathrm{UT}(t) - \mathrm{UT}(t_0) = (\theta(t) - \theta(t_0)) - \mu(t - t_0) \\
&\approx (\theta(t) - \theta(t_0)) - \mu \Delta \mathrm{UT}
\end{aligned} \tag{5.5.22}$$

同样取每日世界时 0^h 作为 t_0，世界时时段可表示成

$$UT = \frac{(\theta(t) - \theta(t_0))}{1 + \tilde{\mu}'} = k'[\theta(t) - \theta(0)]$$

$$\tilde{\mu}' = \frac{\mu}{36525 \times 86400} = 0.00273781191$$

$$k' = \frac{1}{1 + \tilde{\mu}'} = 0.99726966324 \tag{5.5.23}$$

$$\theta(0) = R_0(0) + \mu T_U - 12^h.0$$

$$= 6^h 41^m 50^s.54841 + 8639877^s.3171193 t_d / 36525$$

这里 k' 是"自转秒"长和 UT1 秒长的比例。这里所谓"自转秒"是天赤道上的无旋转零点连续两次格林尼治上中天时间间隔的 1/86400。

从（5.5.20）式和（5.5.23）式的推导过程看，用平恒星时 $\tilde{S}_G$ 计算的世界时和用自转量 θ 计算世界时，两者是完全等价的。而且，天文观测给出的直接就是恒星时，并不是自转量。所以至今也并不用（5.5.23）式计算世界时。但是如果用（5.5.23）式可以这样表述世界时的概念：

世界时是和地球的恒星自转量成比例的时间尺度，比例系数的选取应使得世界时和昼夜变化长期同步。

这种表述方式完全没有改变世界时的实质，对其存在的问题也并没有解决。但在（5.5.23）式中，$\theta(0)$ 的计算公式中没有包含岁差常数，所以当岁差常数调整时，世界时的表述方式并不改变。但如前述瞬时真

恒星时是地球空间姿态参数之一，并且是可以直接观测的，所以恒星时的概念不会被自转量所取代，世界时的实际测量和计算过程也没有变化。鉴于此，本书只把这些变化称为世界时概念的新表述，而不称为新概念或新算法。引进瞬时天赤道无旋转零点概念的意义在于用自转量 $\Delta\theta$ 取代平恒星时间隔 $\Delta\tilde{S}_G$ 描述地球自转角变化，因此排除了一天中岁差对自转角计算量的影响。

前面在（5.5.19）式和（5.5.21）式的推导过程中用到一项近似，在一天时间间隔内，计算 $\Delta UT \approx \Delta t$。如果世界时的日长和坐标时 86400 秒之差为 1ms，此项近似带来的误差约为 2.7μs。地球自转的长期减慢，使得每世纪日长平均增加约 1.6ms，由此产生的计算误差为 4.3μs。这在当今的精度水平上，已经到了需要考虑的边缘了。

§5.5.5 恒星时和世界时换算

这里涉及通过恒星观测获得世界时过程中的有关问题。作为瞬时天球坐标系 $[N]$ 和瞬时地球坐标系 $[E]$ 之间的坐标转换参数，恒星时是该项坐标转换中的自转角。这里需要用到测站的地方子午面，它通过瞬时参考极、地球质心和测站三点构成。对于传统的光学测量仪器，测量恒星时的最简单的原理是测量过子午面恒星的星过时刻。这时该测站处的地方恒星时等于被测天体的赤经。这种测量原理将恒星时的定义—春分点的时角等于测站的地方恒星时—明白地表达出来。对于这类仪器，站矢量是地方铅垂线。撇开地方的垂线偏差，可以认为大地经度、天文经度和地心经度三者一致，所以后面就称为地心经度，但仍需要区分地理纬度和地心纬度。

如果在瞬时地心经纬度为 λ、φ 的地方（其在基本地球坐标系中的初始经纬度为 λ_0 和 φ_0），由观测直接得到的是地方视恒星时 S_λ，与其相应的格林尼治视恒星时和平恒星时为

$$\begin{aligned} S_G &= S_\lambda - \lambda \\ \tilde{S}_G &= S_\lambda - \lambda - N_A \end{aligned} \qquad (5.5.24)$$

这里 λ 是相对于瞬时参考极的瞬时经度，N_A 是观测时刻的赤经章动。如果以 λ_0 表示测站相对于 $[FTS]$ 极的经度，有

$$S_G = S_\lambda - \lambda = S_\lambda - \lambda_0 - \Delta\lambda(pm)$$
$$\tilde{S}_G = S_\lambda - N_A - \lambda_0 - \Delta\lambda(pm)$$

(5.5.25)

其中 $\Delta\lambda(pm)$ 是瞬时参考极相对于 [FTS] 极的位移量引起的测站经度值的变化，由（5.4.5）式计算。

但过去在用传统仪器测量恒星时过程中，一般并不计及 $\Delta\lambda(pm)$ 项，而是仅采用固定的经度值 λ_0。这样，在通过（5.5.24）式由地方恒星时计算格林尼治恒星时，实际只是得到其初值

$$S_\lambda - \lambda_0 = S_G'$$
$$S_\lambda - N_A - \lambda_0 = \tilde{S}_G'$$

(5.5.26)

将此初值代入（5.5.20）式计算的世界时也是和经度初值对应的世界时的初值，用符号 UT0 表示

$$UT0 = k\left[\tilde{S}_G'(t) - \tilde{S}_G(0)\right] = k\left[\tilde{S}_G - \tilde{S}_G(0) + \Delta\lambda(pm)\right]$$

(5.5.27)

为相区别，把用瞬时经度计算的世界时称为 $UT1$，比较（5.5.27）式和（5.5.20）式，得

$$UT1 = UT0 - k\Delta\lambda(pm) \approx UT0 - \Delta\lambda(pm)$$

(5.5.28)

可见，UT0 其实只是在从地方恒星时计算格林尼治恒星时过程中，没有采用瞬时经度，而只采用测站固定的初始经度值得出的世界时的初值。它不是真正的测量结果，也不存在一个全球统一的所谓的 UT0 系统。它只是对那些测量地方恒星时的测量技术（传统的光学测量，如子午仪、天顶筒、等高仪等），因采用特殊的计算流程而得的中间结果，本身并没有独立的天文意义。这个概念过去被某些读者误解，认为是"直接测量的世界时系统是 UT0，加上极移改正后称为 UT1。甚至有人以为 UT0 是对应于瞬时极的，UT1 是对应于固定极的，这就更不对了。事实上，UT1 是对应于瞬时极的，UT0 则什么极也不对应，只是一个中间计算结果。而且，并不是所有测量 UT1 的技术都要经过 UT0，也不是传统光学技术的测量技术必需经过 UT0。对光学技术，由多个天文台的观测结果，采取适当的方程形式，可以直接解出 UT1 和极坐标。对于现代的测距类的测地技术，如 VLBI 则根本没有 UT0 的问题，因为 VLBI 没有地方子午圈的概念，地球的姿态参数直接体现于其坐标转换关系中。所

以不能说直接由观测取得的世界时就是UT0。由于测量地球自转的光学技术已经淘汰，UT0的概念也只有历史的意义了。

　　和世界时相对应的地方时为地方平太阳时m_λ，它等于世界时平太阳对瞬时地方子午面的时角加12^h。m_λ和UT1的关系为

$$m_\lambda = \mathrm{UT1} + \lambda = \mathrm{UT1} + \lambda_0 + \Delta\lambda(pm) \tag{5.5.29}$$

但在实际社会活动中无法使用地方平时，而是采用区时。设H表示时区数。格林尼治子午圈两边各$7°.5$的经度范围是0时区，每15度为一个时区，从格林尼治向东为正。用m_H表示该时区的区时，有

$$m_H = \mathrm{UT1} + H \tag{5.5.30}$$

区时的时刻等于该时区中央子午线上的地方平时。区时不是一个严格的概念，不必考虑极移的影响和经度的变化。世界各地并不严格使用区时。各国根据实际情况确定自己采用的时间，这称为法定时。我国虽在地理上跨四个时区，但全国都采用8时区的区时，对应于东经120度的地方平太阳时。在上述S_λ、$\tilde{S}_\lambda$、S_G、$\tilde{S}_G$、UT1、m_λ、m_H、θ各量中，已知其中一个的数值，就可求出其他各量。

§5.5.6　日长、秒长和地球自转角速度

　　100多年前已经发现了地球自转速率的不均匀性。自20世纪50年代以来，随着人造时间频率标准稳定度的迅速提高，人们由使用地球自转作为计时标准变成用人造时钟反过来检测和描述地球自转的不均匀性。对地球自转速率的时变性通常用日长（lod）、秒长和自转角速度ω描述。

1. 日长

　　所谓日长，就是一个平太阳日中包含的UTC秒数。令$\Delta\mathrm{T}=\mathrm{UT1}-\mathrm{UTC}$，$\Delta\mathrm{T}$的每日变化率为

$$\frac{d\Delta\mathrm{T}}{d\mathrm{UT1}} = \frac{d(\mathrm{UT1}-\mathrm{UTC})}{d\mathrm{UT1}} = 1 - \frac{d\mathrm{UTC}}{d\mathrm{UT1}}$$

在$d\mathrm{UT1}=86400$秒间隔内，所包含的UTC秒数称为日长，即

$$lod = \frac{d\mathrm{UTC}}{86400} \tag{5.5.31}$$

把

$$\Delta lod = lod - 1 \tag{5.5.32}$$

称为日长的增量。若地球自转速度比UTC速度慢，在 86400 个 UT1 秒的间隔内，包含的 UTC 秒数大于 86400，$lod > 1$，$\Delta lod > 0$。反之，若 UT1 的一日内包含的 UTC 秒少于 86400，$lod < 1$，$\Delta lod < 0$。

另外，若 Δlod 越来越大，表示自转越来越慢，即自转处于减速状态。反之，若 Δlod 越来越小，表示自转处于加速状态。

2. 世界时秒长

由（5.5.19）式和（5.5.23）式得

$$1UT1秒 = k恒星秒 = 1.00273790935恒星秒$$
$$= k'自转秒 = 1.00273781191自转秒 \qquad (5.5.33)$$

由于自转速率的变化，UT1 秒和恒星秒或自转秒的关系不可能永远保持不变，而 UT1 秒长和 UTC 秒长的比例是随时在变化的。

3. 自转速率

86400 自转秒所代表的"自转日"是地球的纯自转周期，此间地球相对于无旋转零点转过 2π，即

$$\omega = \frac{2\pi}{86400}弧度/自转秒 = 7.27220521664 \times 10^{-5}弧度/自转秒$$
$$= \frac{2\pi}{86400k'}弧度/UT1秒 = \frac{2\pi}{86164.098903936}弧度/UT1秒 \qquad (5.5.34)$$
$$= 7.29211514669 \times 10^{-5}弧度/UT1秒$$

此式意味着，虽然我们感觉每天地球自转一周，但那是相对于太阳的。实际上地球在空间的自转速度是每 86164.098903936 UT1 秒一周。

§5.6 天体的周日视运动

作为地球自转运动的反映，天体的周日视运动是地球空间姿态变化的体现。有关天球坐标系和地球坐标系之间的坐标变换，已经在前面章节中作了详细的叙述。然而天体周日视运动中还有一些特殊问题需要另行说明，主要涉及周日视运动的一些视特征。这些问题常常和天文观测有关。

§5.6.1　恒星几何位置的周日变化

这里不涉及大气折射和光行差。首先讨论恒星在地平坐标系中运动的视规律。对于恒星等遥远天体，不计及其光行时，并且忽略观测者空间位置的周日变化。天体的周日运动轨迹是以瞬时真天极为中心的小圆，称为周日平行圈。一个在瞬时真赤道系[N]中几何位置为 α、δ 的恒星，在格林尼治视恒星时 S_G 时刻，在瞬时地球坐标系[E]中的瞬时天文坐标为 λ、φ 的测点处，其在右手地方地平坐标系[Z]（第一轴指向南点，第二轴指向东点）中的方向参数为方位角 a 和天顶距 z。两组坐标参量的关系为

$$\bar{\rho} = [N] \begin{pmatrix} \cos\alpha\cos\delta \\ \sin\alpha\cos\delta \\ \sin\delta \end{pmatrix} = [Z][Z]'[E][E]'[N] \begin{pmatrix} \cos\alpha\cos\delta \\ \sin\alpha\cos\delta \\ \sin\delta \end{pmatrix}$$

$$= [Z]\bar{R}_2(90^\circ - \varphi)\bar{R}_3(\lambda)\bar{R}_3(S_G) \begin{pmatrix} \cos\alpha\cos\delta \\ \sin\alpha\cos\delta \\ \sin\delta \end{pmatrix} = [Z] \begin{pmatrix} \cos a\sin z \\ \sin a\sin z \\ \cos z \end{pmatrix} \qquad (5.6.1)$$

由于

$$S_G + \lambda = S_\lambda = \alpha + t$$

其中 t 是天体的地方时角，得到

$$\begin{pmatrix} \sin\varphi\cos\delta\cos t - \cos\varphi\sin\delta \\ -\cos\delta\sin t \\ \cos\varphi\cos\delta\cos t + \sin\varphi\sin\delta \end{pmatrix} = \begin{pmatrix} \cos a\sin z \\ \sin a\sin z \\ \cos z \end{pmatrix} \qquad (5.6.2)$$

此式给出天体的地平坐标、台站经纬度和天体的赤道坐标之间的函数关系。由此得

（1）天极的地平坐标。

由（5.6.2）的第一式，若 $\delta = 90^\circ$，得 $\sin z_p = \cos\varphi$，即 $h_p = 90^\circ - z_p = \varphi$。

这表示，天极的几何地平高度等于测站的瞬时纬度。假定有一颗星的瞬时赤纬等于 90°，它应当是瞬时地方子午圈上的一点，其地平高度等于瞬时纬度。这一点是星空中一切天体周日运动图形上的唯一不动点，其他天体的周日圈都以这一点为圆心。岁差章动引起天极在恒星背

景中的位置，改变着每颗恒星的周日圈半径，但不改变周日圈中心在子午圈上的地平高度。地极运动或测站的位置漂移改变测站的地方纬度，引起周日圈中心的地平高度 的变化，但不影响恒星的周日圈半径。

（2）过子午圈。

同样前提下，当 $t=0$ 时， $\cos a = \pm 1$ 。由（5.6.2）式第一行或第三行，可得天体过子午圈时的天顶距

$$
\cos z = \cos[\pm(\varphi-\delta)] \ (if \ t=0)
$$
$$
-\cos z = \cos[(\varphi+\delta)] \ (if \ t=180^0)
$$

于是

$$
z = \delta - \varphi \ (if \ \delta > \varphi \ and \ t=0)
$$
$$
z = \varphi - \delta \ (if \ \delta < \varphi) \ and \ t=0 \quad (5.6.3)
$$
$$
z = 180^0 - (\varphi+\delta) \ (if \ t=180^0)
$$

（3）升和落。

当 $z=90°$ ，由（5.6.2）式第三行和第二行，得到天体通过地平圈时刻的时角和方位角

$$
t = \pm \cos^{-1}(-\tan\varphi\tan\delta)
$$
$$
a = \sin^{-1}(-\cos\delta\sin t) \quad (5.6.4)
$$

这对应于天体经地平圈的**真升**或**真落**时的时角和方位。由此可以依次计算出天体在地平升落时的地方恒星时、格林尼治恒星时、UT1、地方平时、地方区时。具体计算方法见§5.5。由（5.6.4）式看到，对北半球台站， $\varphi-90° \le \delta \le 90°-\varphi$ 赤纬带内天体的周日运动经地平圈，其余天体永不下落到地平以下或永不升到地平以上。南半球的情况类似， $\varphi+90° \ge \delta \ge -90°-\varphi$ 赤纬带的天体周日运动过地平圈，其余天体不升或不落。

（4）过卯酉圈。

当 $a=90°$ 或 $270°$ 时，天体经过地方卯酉圈。由（5.6.2）式的第一和第二行，可以得到过卯酉圈时刻的时角和天顶距

$$
t = \pm \cos^{-1}(\tan\delta\cot\varphi)
$$
$$
z = \sin^{-1}|\cos\delta\sin t| \quad (5.6.5)
$$

此式说明，对于北半球，只有在 $\varphi \geq \delta \geq 0°$ 赤纬带内的天体才通过卯酉圈。南半球的情况类似，$\varphi \leq \delta \leq 0°$。

（5）周日运动的微分。

将（5.6.2）式第三行对时间变量 τ 求导数，得到天体地平高度的变化率为

$$\frac{dz}{d\tau} = \frac{\cos\varphi\cos\delta\sin t}{\sin z}\frac{dt}{d\tau} = -\cos\varphi\sin a\frac{dt}{d\tau} \qquad (5.6.6)$$

其中 $\frac{dt}{d\tau}$ 是时角的变化率。如果 τ 是以恒星时计量，$\frac{dt}{d\tau}=1$。如果 τ 以 UT 时间单位计量

$$\frac{dt}{d\tau}=1.00273790935 \quad （见§5.5） \qquad (5.6.7)$$

§5.6.2　天体观测方向的周日变化

在大气折射的作用下，恒星等遥远天体的光子到达方向对其几何方向的偏转角（即蒙气差）由（2.4.8）式和（2.4.9）式给出。这样，天体的周日运动的实际表现都和上一节的理论规律有不同形式的差异。正常的大气折射使得天体的天顶距减小，由此影响到其他各种运动参数。

为表达简洁，引进下面符号：

$\vec{S}_j$—天体本征方向。$j=0$、i 分别代表视场中心和视场中的目标星 i；

  $j=p$ 代表瞬时参考天极，$j=z$ 代表测站的地方天顶。

$\vec{S}_j'$—天体的观测方向。忽略微小的光线的引力弯曲效应，对遥远天体，$\vec{S}_j'$ 对 $\vec{S}_j$ 的偏转角就蒙气差。

大气折射使得 $\vec{S}_j'$ 位于过 $\vec{S}_j$ 和 $\vec{S}_z$ 的平面内并介于两者之间，由（2.4.15）式，它们之间的关系可以表示成

$$\vec{S}_j' = \frac{1}{\sin z_j}\left[\sin(z_j - R_j)\vec{S}_j + \sin R_j\vec{S}_z\right] \qquad (5.6.8)$$

其中 z_j 是天体的几何天顶距，定义为瞬时天顶的方向矢量 $\vec{S}_z$ 与目标的本征方向 $\vec{S}_j$ 之间的夹角。R_j 是目标的大气折射偏转角，在天顶距小于 70° 的情况下，可以表示成

$$R_j = k_1\tan(z_j - R_j) - k_2\tan^3(z_j - R_j) \qquad (5.6.9)$$

在标准大气条件下，$k_1 = 60''.29$，$k_2 = 0''.06688$，相应的偏转角为 R_j^0。在已知几何天顶距的情况下，通过迭代可以由（5.6.9）式解出 R_j^0。如果观测地点的大气条件明显偏离标准状态，应当用

$$R_j(T、P) = R_j^0 \times \frac{P(\text{mb})}{1013.25} \times \frac{273.15}{273.15 + T(^{\circ}\text{C})} \tag{5.6.10}$$

具体计算实际的折射量，其中 T、P 分别为观测时刻的气温和气压。目标的几何天顶距的矢量表达式为

$$z_j = arc\cos(\vec{S}_z \cdot \vec{S}_j) \tag{5.6.11}$$

在瞬时真天球坐标系 $[N]$ 中，目标的本征方向可表示成

$$\vec{S}_j = [N] \begin{pmatrix} \cos\alpha_j\cos\delta_j \\ \sin\alpha_j\cos\delta_j \\ \sin\delta_j \end{pmatrix} \tag{5.6.12}$$

相应的观测方向可写成

$$\vec{S}_j' = [N] \begin{pmatrix} \cos\alpha_j'\cos\delta_j' \\ \sin\alpha_j'\cos\delta_j' \\ \sin\delta_j' \end{pmatrix} \tag{5.6.13}$$

用（5.6.1）式，由天体天顶距的观测值 Z'，给出

$$\vec{S}_j' = [D]\bar{R}_2(90^\circ - \varphi)\bar{R}_3(\lambda)\bar{R}_3(S_G) \begin{pmatrix} \cos\alpha_j'\cos\delta_j' \\ \sin\alpha_j'\cos\delta_j' \\ \sin\delta_j' \end{pmatrix} = [D] \begin{pmatrix} \cos a\sin z' \\ \sin a\sin z' \\ \cos z' \end{pmatrix} \tag{5.6.14}$$

可得到 α'、δ'。用 α'、δ' 取代 α、δ 代入（5.6.1）式～（5.6.7）式，得出在有大气折射影响的情况下天体的周日运动特征。和前面推导周日运动理论规律不同的是，在理论规律推导中，天体的本征坐标作为周日不变量，而这里，α'、δ' 是时变量。因此，精确的解需要经过一个迭代的过程。

上面推导中，在 $j = p$ 时，$\delta_p = 90^\circ$。如果这里有一个恒星，其观测方向是子午圈上地平高度等于 $\varphi + R_p$ 的一个点。这个点是天空中天体周日运动中的实际的不动点。如果用望远镜的光轴对准 $\vec{S}_p'$，这点将在视

场中静止。其他天体的周日平行圈将以这个点为中心。称这个点的方向矢量为天极的观测方向。由于大气折射角与天体的天顶距正切函数成正比，天体的周日圈将不再是一个圆周。对于视场中的圆周形星座，在大气折射影响下，星座的像不再是圆周，而是一个类似于椭圆的曲线，其短轴指向天顶方向。天极的本征方向和观测方向在地平坐标系或时角坐标系中的相对位置不变，两者的时角和方位角恒为 0°（或 180°），地平高度差固定等于其大气折射角。

§ 5.6.3 视场星座的较差视变化的描述

大气折射和光行差对视场中不同目标的相对位置还将产生较差影响。其结果将使得视场星座产生旋转和形变。描述视场的变化使用视场中央的星基坐标系 $[S]$ 最为方便。

设在任意坐标系中，视场中心的观测方向表达式为

$$\vec{S}_0 = [R] \begin{pmatrix} \cos a_0 \cos b_0 \\ \sin a_0 \cos b_0 \\ \sin b_0 \end{pmatrix} \qquad (5.6.15)$$

视场中任意目标 i 的观测方向为

$$\vec{S}_i = [R] \begin{pmatrix} \cos a_i \cos b_i \\ \sin a_i \cos b_i \\ \sin b_i \end{pmatrix} \qquad (5.6.16)$$

坐标系 $[R]$ 的三个坐标轴为 $\vec{X}_1$、$\vec{X}_2$、$\vec{X}_3$。现建立星基坐标系，其第三轴 $\vec{x}_3$ 取为 $\vec{r}_0$ 方向，第一轴 $\vec{x}_1$ 位于 $\vec{X}_3$ 和 $\vec{x}_3$ 所决定的平面内，并且 $\vec{x}_1$ 和 $\vec{X}_3$ 分列于 $\vec{x}_3$ 的两边。其经度用 ξ 表示，余纬度用 η 表示。和其他星基坐标系推导方法类似，可以得到

$$\vec{S}_i = [S] \begin{pmatrix} \cos \xi_i \sin \eta_i \\ \sin \xi_i \sin \eta_i \\ \cos \eta_i \end{pmatrix} = [S] \bar{R}_2 (90° - b_0) \bar{R}_3 (a_0) \begin{pmatrix} \cos a_i \cos b_i \\ \sin a_i \cos b_i \\ \sin b_i \end{pmatrix}$$

$$\vec{S}_0 = [S] \begin{pmatrix} 0 \\ 0 \\ 1 \end{pmatrix} \qquad (5.6.17)$$

在星基坐标系中，视场内的各目标的第三直角坐标分量基本为常数，其余纬度 η_i 均为小量。在这个坐标系中，可以比较直观、方便地讨论星座在视场内的旋转和形变。

§5.6.4 太阳和月亮的周日视运动

在一天中，太阳的黄经变化接近 $1°$。这样，太阳的周日运动轨迹就不是一个封闭的周日平行圈，在一年中，太阳的周日圈成为天球上在 $\delta = \pm\varepsilon$ 区间对称于天轴的螺旋线。因此计算太阳在周日运动中的特殊位置时不能将其赤经赤纬作为已知常数，必须用迭代的方法计算。例如，计算 JD 日，在经度为 λ_0 的地方太阳上中天的 UT1 时刻。首先根据太阳历表，给出当日 $UT10^h$ 的太阳真黄经，作太阳的光行差效应改正后得到其视黄经。经坐标变换给出视赤经 α_0。据此，太阳上中天的地方恒星时为 α_0，可求得相应的 UT1(1) 时刻以及相应的历表坐标时时刻 TDT（1）。由太阳表计算 TDT（1）时刻的太阳真黄经，并求太阳视赤经 α_1，同样过程求得相应的坐标时时刻 TDT(2)。依此类推，直到两次求得的 TDT 时刻不变。

和恒星的出没不同的是，太阳具有圆面，太阳出和没的意义是太阳上边缘与地平相切。太阳半径约 $16'$，再加上地平折射约 $34'$，此时太阳中心的真地平高度约为 $-50'$。在太阳视赤经和视赤纬已经计算出之后，用（5.6.4）式求出无大气情况下太阳中心过地平的时角 t，并将（5.6.8）式中的 R_i 替换成 $34'$，计算出太阳该日出或没的时角改正及方位角改正，由此可以得到日出或日落的时刻和方位角。当然，如需要更精确的结果，上述过程也需要迭代。

和恒星的情况不同的是，太阳周日视运动的微分中，太阳的赤经赤纬不再能作为常数。将（5.6.2）式第三式对时间求导数，得到

$$-\sin z \frac{dz}{d\tau} = -\cos\varphi\cos\delta\sin t \frac{d(S-\alpha)}{d\tau}$$
$$-(\cos\varphi\sin\delta\cos t - \sin\varphi\cos\delta)\frac{d\delta}{d\tau} \qquad (5.6.18)$$

其中 α、δ 分别是太阳的瞬时赤经、赤纬，由太阳历表给出。由（5.6.7）式，$dS/d\tau = 1.00273790935$。由此计算太阳瞬时地平高度变化率。与此类似，可以推导出太阳方位角变化率。

月亮周日运动的计算和太阳类似,只不过月亮的自行速度大约是太阳的 13 倍,所以在计算升降时刻和中天时刻时,需要迭代更多的次数。在计算周日运动微分时也需要进行迭代。

与太阳的东升和西落有关的还有蒙影的概念。由于地球大气对太阳光的反射和散射,在日出前和日落后一段时间,天空并不是马上黑暗。从太阳上边缘和地平面相切到完全黑暗这段过渡时段称为蒙影时间。这样定义很模糊。确切的定义是太阳中心的视俯角为 Δ 的时刻为晨光始或昏影终。其中, $\Delta = 6°、12°、18°$ 分别是民用蒙影、航海蒙影和天文蒙影的开始或终结的界限。这时,太阳中心的真地平高度 $h = -\Delta - 50'$。代入(5.6.2)式的第三行,

$$\cos\varphi\cos\delta\cos t + \sin\varphi\sin\delta = -\sin(\Delta + 50') \qquad (5.6.19)$$

得到蒙影结束或开始时刻的太阳时角 t

$$\cos t = -[\tan\varphi\tan\delta + \sec\varphi\sec\delta\sin(\Delta + 50')] \qquad (5.6.20)$$

同样可计算太阳上边缘在地平(即 $\Delta + 50' = 0$)时的几何时角 t_0(同于(5.6.4)),两者之差就是蒙影的持续时段

$$\cos t - \cos t_0 = -\sec\varphi\sec\delta\sin(\Delta + 50') \qquad (5.6.21)$$

近似有

$$t - t_0 = \frac{-\sec\varphi\sec\delta\sin\Delta}{\sin t_0} \qquad (5.6.22)$$

可见,蒙影时间长短与地方纬度有关,纬度越高,蒙影时间越长,赤道上最短。同时也与太阳的赤纬有关,当太阳赤纬为 0 时,蒙影时间最短。和前面计算太阳周日运动特殊时刻一样,计算地方蒙影时刻严格来讲应该迭代,给出当时的准确的太阳坐标。

此外,太阳、月亮的周日视差对其周日运动的影响也需要考虑。太阳和月亮的表列坐标是其地心坐标,需要计算出其站心坐标。由(2.2.29)式

$$\alpha' - \alpha = \frac{d_\oplus}{\rho}\sec\delta\cos\varphi'\sin(\alpha - h)$$

$$\delta' - \delta = -\frac{d_\oplus}{\rho}(\sin\varphi'\cos\delta - \cos\phi'\cos\delta\cos(\alpha - h))$$

可以计算周日视差对其赤道坐标的影响，其中 $d_{\oplus}$ 是观测地点的地心距离，ρ 是天体的地心距离。φ' 是观测地点的地心纬度，t 是太阳或月亮的时角。将此影响考虑到计算太阳、月亮的升落、中天等时刻中，得到与站心坐标相一致的更准确的运动参数。

当然，如果要求更精确，还要考虑周日光行差的影响，这可以由（2.3.9）式给出。

§5.6.5　恒星在视场中的周日运动轨迹

由于地球自转，天体在静止的望远镜的视场中作曲线运动。其轨迹是天体的周日平行圈在天球切平面上的投影。如图 5.6.1，其中

OP—天球瞬时参考轴；

ABC—天体的周日平行圈；

OA—望远镜光轴指向，A 是望远镜视场中心；

AF—过 A 点的天球切平面；

D—周日圈中心。

周日圈在该切平面上的投影是一段椭圆弧。取天球半径为 1，由图 5.6.1 可见，天体周日圈的半径为

$$r = AD = \cos\delta \qquad (5.6.23)$$

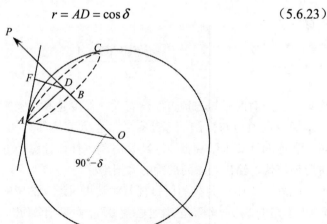

图 5.6.1　天体周日平行圈在视场切平面的投影

由于视场很小，A 点附近的周日圈的弧段在切平面上的投影近似于全部沿着平行于 OA 方向的投影到切平面上。这是椭圆的一个弧段。该椭圆的中心是 F 点。不难得到

$$AF = \cos\delta\sin\delta \qquad (5.6.24)$$

在和 AD 垂直方向的周日圈半径 $BD = AD$ ，这个方向投影到切平面上线尺度不变，仍是 $\cos\delta$ 。得到该椭圆的方程为

$$\frac{X^2}{\cos^2\delta} + \frac{Y^2}{\cos^2\delta\sin^2\delta} = 1 \qquad (5.6.25)$$

这里的坐标轴， X 为水平方向， Y 为垂直方向，坐标原点是 F 。 A 点的坐标为

$$X_A = 0$$
$$Y_A = \cos\delta\sin\delta$$

用（5.6.26）式，求 $\dot{Y} = \dfrac{dY}{dX}$ 和 $\ddot{Y} = \dfrac{d^2Y}{dX^2}$ ，可以得到周日圈投影的曲线在 A 点处的曲率半径为

$$R_A = \frac{(1+\dot{Y}^2)^{3/2}}{\ddot{Y}}\bigg|_A = \cot\delta \qquad (5.6.26)$$

同样也可证明，地平纬圈在视场的投影也是椭圆。用天顶距参数代换上面的极距，得到地平纬圈投影曲线方程为

$$\frac{X^2}{\sin^2 z} + \frac{Y^2}{\cos^2 z\sin^2 z} = 1 \qquad (5.6.27)$$

在 A 点的曲率半径为

$$R_A' = \tan z \qquad (5.6.28)$$

上面的叙述说明，在静止的望远镜视场中，恒星通过的轨迹都是一段椭圆弧段。由于视场范围有限，可近似看作圆弧，其在视场中心附近的曲率半径可由（5.6.26）式和（5.6.28）式计算。这些数据对于修正观测记录将是有用的。

　　由（5.6.25）式或（5.6.27）式，对于给定星象在视场中的横坐标 X ，即可以求出相应的纵坐标 Y ，和星象过视场中央轴线时的纵坐标 Y_A 相比， $\Delta Y = Y - Y_A$ 就是该点纵坐标的星径曲率改正值。

§5.6.6　日出日落时的视觉变化

　　在天体各种周日视运动现象中，最引人瞩目的恐怕要属日出日落时刻的情景。这时，太阳看起来比它们在头顶上的时候要大数倍。清晨，在大海边或山顶上观看冉冉升起的红日是极其激动人心的事。月亮的升落也有同样的现象，只是月亮不像太阳那样光芒万丈，所以不那么激动人心。从天体测量学的角度看，这些仅仅是人们的视觉效果，或叫做视

觉假象。从望远镜中看，太阳或月亮的大小在一天中没有任何可觉察的变化。这种视觉假象来自于"距离参照"原理。人们对于远处物体大小的感觉是参照于近处的物体而形成的。在比较距离大致相同的两个物体的大小时，人们是依据它们张角的大小判断的—张角较大的物体几何尺寸大。而在比较两个看起来张角相同但距离不同的物体的大小时，大小的感觉来源于对距离的判断—较远的物体更大。"一叶障目，不见泰山"，因为眼前的一片叶子的张角可以比远处泰山的张角还大。但人们因为明显感觉到泰山的距离很远，所以感觉泰山远大于叶子。人的肉眼对于距离的分辨能力是很有限的。当物体的距离超出人的眼睛对距离的分辨范围时，就只能根据张角判断大小。所以虽然太阳的直径大约是月亮的 400 倍，由于我们感觉不到二者的距离差异，看起来它们的大小似乎没有什么明显差别。可见，对于远处的物体，大小的感觉与距离的感觉密切相关。当太阳位于地平附近时，在同方向的地面景物的陪衬下，人们感觉到太阳很远很远，于是形成"大"的感觉。当太阳远离地平时，由于没有地面景物作参照，人们完全失去对它的距离远近的感觉，所以也就感觉不到它"大"。简言之，**"因为区分不了远近的差别，所以感觉不到大小的差别"。**不仅太阳和月亮是这样，任何轮廓明显的星座，都有这种视觉现象。由于地面景物的参照，人们感觉天穹不是正球，而是扁球，其长轴在地平方向，短轴在铅垂线方向。所以近地平的太阳、月亮或星座看起来更大。如果不是在地面看，而是在高空看，观测者眼前失去地面景物的参照，这种视觉现象即刻消失。事实上，读者如有机会在高空的飞机上观看日出日落，将会非常失望地发现，此时日出日落应有的壮观情景不见踪影，和一天中的其他时刻几乎没有两样。这时你还会感觉到，天穹是正球形，而不是地面上感觉的扁球形。

§5.7　其他天体姿态描述举例

§5.7.1　姿态描述的目的和必要条件

综合本章前面几节的叙述，作为观测者（包括假想的观测者）所在的本地天体，其空间姿态参数是建立该天体的星体坐标系所不可少的基本数据。为此，将相关的问题作出归纳，以便能对各种本地天体有普遍的应用意义。

1. 本地天体姿态描述的目的

（1）当用本地天体的动力学平面的空间取向定义基本坐标系时，本地天体的姿态参数是联系天球坐标系与其星体坐标系必需的基础数据。在此基础上，一切星基的天体测量方能进行。

（2）在天体坐标参数测量中，如果观测矢量一端的天体明显不能作为质点看待，也就是观测矢量端点与其所在天体的质心间的位置差异不可忽略，则必须考虑天体的姿态。除了地球的情况外，像激光月球测距中的月面反射器和月球质心位置的差异、卫星无线电测距中的卫星天线和卫星质心的位置差异等，都需要作相应的姿态改正。

（3）为了对被测天体姿态变化开展动力学研究，需要对其姿态作系统的精确的测定。例如为了研究月球的动力学特征，需要对月球的空间姿态作长期的精细观测。

（4）一些人造天体出于其工作任务的需要，必须确定其空间姿态。

2. 姿态描述所必需的条件

（1）需要建立一个和本地天体的本体固联的星体基本坐标系。

（2）需要建立一个（或两个，视自转的复杂程度而定）和该本地天体的动力学平面相联系的星体瞬时坐标系。星体瞬时坐标系和星体基本坐标系的转换关系应当是可观测的。

（3）需要有一个遥远天体组成的参考框架，以描述本地天体的姿态。

（4）除自转角外其余的姿态参数均没有大尺度的高频变化。或者说，本地天体的姿态必须是自转稳定的。

§5.7.2 人造卫星的姿态描述

（1）相关的坐标系的定义。

（a）地心瞬时赤道坐标系：

$$[N] = (X_e, Y_e, Z_e)$$

（b）卫星轨道坐标系：

$$[O] = (a, b, c)$$

这是轨道近地点处的坐标系，其中 a 从近地点指向轨道正切线方向，c 从近地点指向地心方向，b 垂直于轨道面，和 a、c 构成右手系。

（c）卫星的地平坐标系：

$$[H] = (X_0、Y_0、Z_0)$$

其中，Z_0 从卫星指向地球质心，代表卫星处的重力方向。X_0Y_0 平面为卫星处的水平面，X_0 在 Z_0 和卫星瞬时速度 $\vec{V}$ 构成的平面内，指向速度方向。

（d）卫星的星体坐标系：

$$[B] = (X_b、Y_b、Z_b)$$

与卫星本体成刚性联结，其中 X_b 为卫星的自转轴，卫星绕 X_b 旋转角称为自转角。自转轴与卫星地平面的夹角称为俯仰角，用 θ 表示，相当于欧拉角中的章动角。它也是卫星自转轴与卫星地方天顶方向的夹角的余角。当 $\theta = 90°$ 时表示卫星自转轴和地方垂线方向一致。X_b 在卫星地平面上的投影与 X_0 的夹角代表自转轴俯仰的方位，称为偏航角 ψ，相当于欧拉角中的进动角。当 $\psi = 0$ 时表示自转轴在轨道面内向 X_0 倾斜。Y_b 轴和 X_b 轴垂直，当卫星出现俯仰运动时，可以看成是卫星绕 Y_b 轴和 Z_b 转动的合成，所以称 Y_b 和 Z_b 为俯仰轴。Y_b 轴和 Z_b 轴绕 X_b 的旋转是自转角。自转角在 Y_bZ_b 平面内度量，$Y_b Z_b$ 平面与卫星地平面的交线右旋量到 Y_b。

（f）量度坐标系：

$$[L] = (x, y, z)$$

其中 x 轴和 y 轴是 CCD 的物理轴，z 是光轴方向的延伸，构成右手系。

（2）坐标变换。

（a）量度坐标系和星体坐标系的变换。

用三个旋转角 l、m、n 表示两者的关系，将量度坐标系绕 z 轴旋转 n 角，使得其 xz 平面和 X_b 轴共面，且 x 轴在 z 轴与 X_b 轴之间。然后绕 y 轴转 $90° - m$，使得 x 与 X_b 重合。最后，再绕 x 轴旋转 l，使得两坐标系重合。上述过程可表示成

$$[B]'[L] = \bar{R}_1(l)\bar{R}_2(90° - m)\bar{R}_3(n)$$
$$[L]'[B] = \bar{R}_3(-n)\bar{R}_2(m - 90°)\bar{R}_1(-l)$$

（5.7.1）

l、m、n 是卫星姿态检测系统的安装常数，应在装置到卫星上以后测定出来，并作为固定的已知数据。

（b）星体坐标系和地平坐标系的变换。

任意卫星姿态可以用三个欧拉角 θ、ψ、φ 将星体坐标系 $[B]$ 和地平坐标系 $[H]$ 联系起来。如要将 $[H]$ 变换到 $[B]$，可先将 $[H]$ 绕 Z_0 右手旋转 ψ，使 X_0 轴与卫星自转轴 X_b 在卫星地平面上的投影重合。这时 $X_0 Y_0$ 平面和 $Y_b Z_b$ 平面的交线是 Y_0 轴。然后再绕 Y_0 右手旋转 θ 角，使得 X_0 和 X_b 重合。最后再绕 X_0 右旋 φ，两坐标系重合。上述过程可表示成

$$[B]'[H] = \bar{R}_3(\varphi)\bar{R}_2(\theta)\bar{R}_3(\psi) \qquad (5.7.2)$$

如果要从 $[B]$ 变换到 $[H]$，则变换矩阵为

$$[H]'[B] = \bar{R}_3(-\psi)\bar{R}_2(-\theta)\bar{R}_3(-\varphi) \qquad (5.7.3)$$

（c）地平坐标系和轨道坐标系的变换。

将地平坐标系原点从卫星平移到近地点，由于 Y_0 和 b 重合，所以两者的变换关系为

$$[O]'[H] = \bar{R}_2(f) \qquad (5.7.4)$$

其中 f 是卫星的瞬时真近点角，由轨道根数和瞬时平近点角解开普勒方程得到。相反

$$[H]'[O] = \bar{R}_2(-f) \qquad (5.7.5)$$

（d）轨道坐标系和赤道坐标系的变换。

将赤道坐标系 $[N]$ 绕 Z 轴右旋 Ω（轨道升交点赤经），将 X 轴移到升交点方向。再绕 X 轴右旋 $-90° + i$（轨道倾角），使得赤道坐标系的 Z 轴旋转到卫星轨道面内，此时 Y 轴旋转到轨道面的负法线方向，与 b 轴重合。再绕 Y 轴右旋 $-90° - \omega$（近地点升交距）。这时两坐标系的 X 轴和 a 轴重合。于是，再次将坐标系绕 X 轴绕 $180°$，两坐标系重合。据此得

$$[O]'[N] = \bar{R}_2(-90° - \omega)\bar{R}_1(-90° + i)\bar{R}_3(\Omega) \qquad (5.7.6)$$

或

$$[N]'[O] = \bar{R}_3(-\Omega)\bar{R}_1(90° - i)\bar{R}_2(90° + \omega) \qquad (5.7.7)$$

（e）光轴指向的表达式。

设光轴指向矢量为 $\vec{g}$

$$\vec{g} = [L]\begin{pmatrix} 0 \\ 0 \\ 1 \end{pmatrix} \tag{5.7.8}$$

这意味着，光轴指向对 CCD 是固定地指向 CCD 中心且和 CCD 垂直。在这样前提下，易得

$$\vec{g} = [N]([N]'[O])([O]'[H])([H]'[B])([B]'[L])\begin{pmatrix} 0 \\ 0 \\ 1 \end{pmatrix} \tag{5.7.9}$$

将（5.7.3）式、（5.7.4）式、（5.7.7）式代入（5.7.9）式，得到

$$\vec{g} = [N]\bar{R}_3(-\Omega)\bar{R}_1(90° - i)\bar{R}_2(90° + \tilde{\omega} + f)$$

$$= \bar{R}_3(-\psi)\bar{R}_2(-\theta)\bar{R}_1(-\varphi)\bar{R}_1(l)\bar{R}_2(90° - m)\bar{R}_3(n)\begin{pmatrix} 0 \\ 0 \\ 1 \end{pmatrix} = [N]\begin{pmatrix} \cos\alpha_0 \cos\delta_0 \\ \sin\alpha_0 \cos\delta_0 \\ \sin\delta_0 \end{pmatrix} \tag{5.7.10}$$

由安装参数、轨道根数、姿态参数可求得指向点的赤道坐标 α_0、δ_0。此式给出望远镜指向方向的赤道坐标。中间通过卫星设备的安装参数、卫星空间姿态参数以及卫星轨道根数将卫星指向与恒星背景联系起来。

§5.7.3 月球姿态的描述

设地球测站 D_e 在地球瞬时坐标系$[E]$ 中的坐标矢量为 $\vec{r}_e$；月面反射器 D_m 的月球基本坐标系$[M]$ 中的坐标矢量为 $\vec{r}_m$；月球质心在月球的地心轨道坐标系$[O]$ 中的坐标矢量为 $\vec{S}_e$；D_m 到 D_e 的距离 ρ。于是有

$$[FCS]'\vec{\rho} = [FCS]'[O][O]'\vec{S}_e - [FCS]'[E][E]'\vec{r}_e + [FCS]'[M][M]'\vec{r}_m \tag{5.7.11}$$

$[FCS]'[E]$ 是地球姿态参数矩阵，由测地观测获得。$[FCS]'[O]$ 是月球的轨道坐标系对地心基本天球坐标系的转换矩阵，其旋转参数是月球轨道根数中的三个定向参数—轨道升交点经度、轨道倾角和近地点的升交点

角距。$[FCS]'[M]$ 是月球姿态参数矩阵。但是月球的这种姿态描述方式和地球的情况不同。地球姿态相对于自己的动力学平面描述。这里对月球姿态的描述不是参考于月球的动力学平面，而是仍参考于地球的动力学平面。这是因为至今为止，对月球的天体测量观测，仍是基于地基天体测量技术。

在描述月球姿态时，需要建立一个固定在月球本体上的坐标系 $[M] = \begin{pmatrix} \vec{X}_b & \vec{Y}_b & \vec{Z}_b \end{pmatrix}$，这里称之为月球基本坐标系，其概念与地球基本坐标系类似。在图 5.7.1 中，A_0 是历元平春分点，从月心指向 A_0 方向作为月心天球坐标系的第一轴 $\vec{x}_e$，它平行于地心的瞬时天球坐标系 $[N]$ 的第一轴。$\vec{x}_b$ 轴与月面交点 x_b 是地月质心连线与月面交点的平均位置在月球赤道上的投影。这个平均位置应当在黄道面上，因此非常接近于月球赤道。月球赤道、月球轨道和黄道三者的相互交角对黄道的倾角很小，月球的姿态参数可以用三个角度 Ω'、i_s、Λ 描述，其中 Ω' 是由月心指向春分点的方向到地月赤道交点 C 的角距，就是月球赤道对地球赤道的升交点经度；i_s 是地月赤道的交角，相当于一般的轨道倾角；Λ 是地月赤道交点到 $\vec{X}_b$ 轴的角距。将天球赤道坐标系绕第三轴转 Ω'，再绕第一轴转 i_s，最后再绕第三轴旋转 Λ，即与 $[M]$ 重合。这个转换关系可以表示成

$$[M]'[N] = \bar{R}_3(\Lambda)\bar{R}_1(i_s)\bar{R}_3(\Omega') \qquad (5.7.12)$$

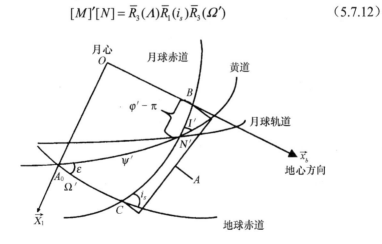

图 5.7.1　月心坐标系间的转换

上式是月球基本坐标系和瞬时天球坐标系的转换关系表达式，也就是相对于瞬时天球坐标系描述的月球姿态变化。

由图 5.7.1 看到，上述的坐标旋转也可以通过另一种过程实现：[N] 先绕第一轴旋转地球的黄赤交角 ε，将地心赤道坐标系的基本面转到黄道面。然后绕第三轴旋转 ψ'，这是从春分点到月球真赤道对黄道的降交点 N' 的角距，将坐标系的第一轴转到降交点的方向。再绕第一轴旋转 $-I'$，这是月球真赤道对黄道的交角，将坐标系的基本面转到月球的真赤道面。最后再沿月球真赤道旋转 $\varphi'-180°$，这是降交点到月固坐标系第一轴方向的角距。于是完成[N] 到 [M] 的坐标变换。上述过程的表达式为

$$[M]'[N] = \bar{R}_3(\varphi'-180°)\bar{R}_1(-I')\bar{R}_3(\psi')\bar{R}_1(\varepsilon) \tag{5.7.13}$$

（5.7.12）式中的参数 Λ、i_s、Ω' 和（5.7.13）式中的另一组参数 φ'、I'、ψ' 的作用等价，都可描述月球姿态。两组参数的容易互相转化。

上面的转换关系中没有直接涉及月球物理天平动的概念。为此先简要介绍一下月球自转的规律。如果月球是均匀的正球形，月球自转可以用下面三项法则描述：①月球以等角速度绕固定轴自西向东自转，自转周期为一恒星月。②月球自转赤道和黄道的交角不变。③月球赤道面、月球轨道面和黄道面相互间有一共同交线，月球赤道和月球轨道分列于黄道两侧。这就是著名的卡西尼定则。但实际上月球自转并不真正满足卡西尼定则。现假定一个"平月球"，它遵守这三个定则。用三个参量 Ω_m、I_m、L_m 描述平月球的月固坐标系 $[M_m]$ 到 [N] 的转换参数。其中 Ω_m 是春分点到平月球的赤道（又称月球平赤道）对黄道降交点的角距，它和 ψ' 的差异用

$$\psi' = \Omega_m + \sigma \tag{5.7.14-1}$$

表示，其中的 σ 描述实际的月球赤道相对于黄道交点位置对其平交点沿黄道的摆动，这个量称为交点天平动。这是物理天平动的一个描述分量，是由于月球自转不均匀所致。

实际月球对黄道的交角也并非不变，以 I_m 表示平月球的赤道对黄道的交角，实际交角的变化用 ρ 表示，这里 ρ 的含义为

$$I' = I_m + \rho \tag{5.7.14-2}$$

ρ 反映了真实月球的赤道与黄道的交角相对于平交角的摆动，这是月球物理天平动的另一个描述分量，类似于地球的交角章动。

平月球自转的第三个描述参量是 L_m，即平月固系的第一轴的平黄经。和通常的轨道根数的定义类似，从春分点起算，在黄道上量度到升交点，再沿赤道量度到第一坐标轴即 $\varphi-180°$。据此应有

$$L_m = \Omega_m + \varphi - 180° \qquad (5.7.14\text{-}3)$$

这里 φ 是平月固坐标系第一轴对平交点的角距。令 τ 表示真月球第一轴的黄经 L' 和平月球的黄经 L_m 的差异

$$L' = L_m + \tau \qquad (5.7.14\text{-}4)$$

这里 τ 反映了月固第一轴运动的经向摆动，其中包括自转的不均匀性和交点沿黄道的摆动，类似于地球的真恒星时的不均匀性。将（5.7.14-1）式和（5.7.14-3）式代入（5.7.14-4）式，得

$$\varphi' = L_m - \Omega_m + (\tau - \sigma) + 180° \qquad (5.7.14\text{-}5)$$

其中 $\tau - \sigma$ 是经向摆动减去交点的摆动，相当于地球的赤经章动。联合（5.7.14-1）式、（5.7.14-2）式和（5.7.14-5）式，给出表达式

$$
\begin{aligned}
\psi' &= \Omega_m + \sigma \\
I' &= I_m + \rho \\
\varphi' &= L_m - \Omega_m + (\tau - \sigma) + 180°
\end{aligned}
\qquad (5.7.14)
$$

这三个参量 ρ、σ、τ 就是用来描述月球天平动的参数。可见，月球的物理天平动就是月球实际自转相对于平月球的自转的摆动。根据长期观测结果，给出月球物理天平动参数的经验表达式为

$$
\begin{aligned}
\tau &= 0°.0163888 \sin l' - 0°.0.003333 \sin l + 0°.0.005 \sin \varpi + \cdots \\
\rho &= -0°.0297222 \cos l + 0°.0102777 \cos(l+2\varpi) \\
&\quad -0°.0030556 \cos(2l+2\varpi) + \cdots \\
\sigma \sin I &= -0°.0302777 \sin l + 0°.0102777 \sin \cos(l+2\varpi) \\
&\quad -0°.0030556 \sin(2l+2\varpi) + \cdots
\end{aligned}
\qquad (5.7.15)
$$

上式计算的天平动精度仅 km 级，所以对精度要求高的工作，不能依靠经验公式计算，目前可使用 DE405 历表中的数据。

到目前为止，月球姿态参数精确解的唯一数据来源是激光测月。由于激光测月是在地面进行的，并且观测量是标量，所以不需要引进月面上的量度坐标系，也不需要引进月面上的地平坐标系。而且，月球没有

快速的自转,只用三个旋转参数就可以描述其空间姿态。这样,坐标关系比地球上的情况简单得多,也比人造卫星的情况简单。尽管激光测月获得的月面反射器到地面测站的距离参数可达厘米精度,但由于地月距离大约是地球半径的 60 倍,使得其检测反射器横向运动的能力大大降低。如果直接在月面上观测天体的运动,可以获得月球姿态的更细微的变化信息。

第六章　天文历书系统

前面各章节的绝大部分篇幅都是叙述恒星、射电源等遥远天体几何特征的描述方式。这些天体非常遥远，所以它们的球面运动看起来非常缓慢。对此类天体，只需要用运动学方式描述它们的运动规律，且对其中所涉及的时间尺度和时刻的精度没有很高的要求，常常用日、年甚至百年作单位。近距天体的"自行"很快，它们的位置和运动需要用动力学历表来描述。它们的历表不仅与引力场有关，也与历表的自变量即天文时间系统以及编制历表所涉及的天文常数系统有关。此外，地球的姿态也是快速变化的，其描述对时间系统和常数系统也有很高要求。本章将涉及天文时间系统、天文常数系统和太阳系行星及月球的历表系统三个方面。

时间系统的用途有两类，一是天文时间，作为天文历表中的自变量，这要求时间系统尽可能均匀连续，并且全球统一；二是民用时间，作为记录历史的时间参照，并协调人类社会活动，全球统一（如UTC），或区域内统一且区域间可换算。例如区时、法定时。民用时不要求均匀连续，只要求唯一，即一个时刻只有一个读数。

§6.1　天文时间和民用时间

作为天体运动历表中的自变量，时间的概念和具体实现方式经历过重大的变化。

§6.1.1　历书时（ET）

这是一种天文时间系统。由上节所述，世界时是与地球的恒星自转角成比例的参数。在人类历史上的很长时期中，人们将地球自转角的变化作为时间计量的基准，校准各种人造的时钟，将测量的时间保持在人造时钟上。这时，世界时被作为时间尺度标准。这种状态一直持续到20世纪50年代，人们确认地球自转速度存在不均匀性为止。地球自转的不均匀性包括长期减慢（每一世纪地球自转一周所需的时间平均约延长1.6ms）、各种周期性起伏以及不规则变化。这些变化是由地球相关力学系统内部的各种物理原因引起的，没有非常稳定的规律，不能准确地长时间预测。特别是由于地球自转速度存在长期减慢，使得地球自转钟的读数相对于理想均匀的钟就越来越慢，这种差异的日积月累，成为很大的偏差。据古代天文记录推算，若和一个均匀的时间系统相比，近三千年来地球自转提供的时刻相对于当前的国际原子时尺度累计偏差达到 3~4 小时。所以如果用世界时的时间系统作为自变量计算天体的运动，人们发现，推算过去的行星历表位置和实际位置总不符合，年代越久远差异就越大。随着人造时钟稳定度的提高，世界时作为时间尺度基准的意义早已失去。1960 年，天文历表中的时间尺度采用历书时取代了世界时。

任何运动的描述都需要用时间作为参数。而任何一个有稳定规律的运动（不一定非得均匀）都可以用来建立时间计量基准。假如一个天体的位置的变化规律可准确地描述为

$$\vec{S}(t) = F_s(\sigma_{i=1,2,\cdots,n}, t)$$
$$\dot{\vec{S}}(t) = F_v(\sigma_{i=1,2,\cdots,n}, t)$$

（6.1.1）

给定时刻 t，即可以由此计算出天体的历表。上式中 $\sigma_{i=1,2\dots n}$ 是描述天体位置变化规律的一组参数。在这种条件下，如果通过观测得到瞬时坐标 $\vec{S}$，也可以唯一地确定时刻 t。可见，在运行规律已知的情况下，天体历表中的时间变量可以作为一种时间系统使用。这时天体的历表就是一个钟，观测天体的瞬时位置就可"读取"钟面时刻。**由天体历表中的时间变量所体现的时间系统称为历书时。** 由于其他天体的引力摄动，天体的运行规律本身也很复杂。但是引力摄动和地球自转的物理扰动相比，能够更精确地描述和预测。因此，1958 年国际天文学联合会（IAU）第十届大会决定从 1960 年起，用历书时取代世界时作为天体历表中的时间计量系统。

作为一个基准的时间系统，需要定义时间尺度（即秒长）和起始时刻，并且能够"读取"任何瞬间的时刻读数。IAU 给出的历书时定义为：

历书时的起始时刻：1900 年初附近，太阳几何平黄经等于 279°41′48″.04 瞬间作为历书时系统 ET 的 1900 年 1 月 0 日（即 1899 年 12 月 31 日）12 点正。

历书时秒长：历书时 1900 年 1 月 0 日 12 时正瞬间的回归年长度的 1/31556925.9747 定义为 1 历书时秒。

这个定义是由纽康的太阳几何平黄经的计算公式

$$L_S = 279°41'48''.04 + 129602768''.13T_E + 1''.089T_E^2 \qquad (6.1.2)$$

推出的。其中 T_E 单位为儒略世纪。对（6.1.2）求导数，得其变化率为

$$\frac{dL_S}{dT_E} = \frac{129602768''.13 + 2''.178T_E}{36525 \times 86400} / （每历书秒）$$

L_S 增加 $360° = 1296000''$ 所经历的时间为一回归年。因此一回归年长度为

$$\Delta T_E = \frac{36525 \times 86400}{(129602768''.13 + 2''.178T_E)/1296000''}$$

得

$$\Delta T_E = 31556925^s.9747 - 0^s.53032T_E \qquad (6.1.3)$$

在 $T_E = 0$ 时刻（即在世界时 1900 年 1 月 0 日 12 时正，这是计算 L_S 的起始历元），得 1 历书时秒等于 1 回归年长度的 $1/31556925.9747$。

时钟的读数精度与时钟指针的运动速度成正比，速度越快，读数精度越高。在地球上所观测到的天体的各种运动中，除地球自转引起的周日运动外，月亮轨道运动的角速度最快，因此成为测定历书时的首选目标。其次是太阳，太阳的轨道角速度约是月球的 1/13。所以不计其他因素，观测太阳测定历书时的误差是观测月亮的 13 倍。

公式（6.1.2）依据的是 1900 年 1 月 0 日 12 时的太阳密切轨道根数，经各种外力对地球的摄动力计算给出太阳的瞬时历表，和观测值比较，可以得到时间自变量的读数。这就是观测时刻的历书时。通过观测月亮测定历书时也是同样道理。

为了将历书时和世界时相比较，还引进历书恒星时、历书子午圈的概念。

历书时和世界时的关系为

$$ET = UT + \Delta T \qquad (6.1.4)$$

这里的 ΔT 是将世界时时刻换算到历书时刻时需要加的时刻改正值，这里的 UT 是指作过季节不均匀性经验改正的世界时，被称作 UT2。由于地球自转速率长期减慢，UT 时钟越来越慢于 ET 时钟，累计的时刻偏差 ΔT 越来越大。在整个 20 世纪，ΔT 增加了 约 64 秒。

假想地球一直以 1900.0 时刻的自转速度作匀速自转，这样假想地球的本初子午圈就叫做历书子午圈。由于地球自转速度在减慢，实际子

午圈越来越落后于历书子午圈。所以历书子午圈在格林尼治子午圈东面 $\Delta\lambda_{EP} = \Delta T \times (1 + \bar{\mu}) = 1.00273790935\Delta T$ 处。

历书恒星时 S_{EP} 是瞬时春分点对历书子午圈的时角。显然

$$S_{EP} = S_G + \Delta\lambda_{EP} \tag{6.1.5}$$

§6.1.2　国际原子时（TAI）

这是取代历书时的天文时间系统。历书时的定义很严格，但是其实现精度不高。历书时的测定主要是通过测定月亮的位置实现的。由于月亮的运动速度比地球自转约慢 27 倍，所以 ET 的测量精度也就远低于 UT。尽管由于 ΔT 是变化缓慢的量（一年中的增加量仅 1 秒左右），可以通过不同时刻的多次观测求 ΔT 的平均值，以提高其精度，但历书时存在两方面根本缺陷使它不能成为实用中的均匀时间系统。首先，对月亮这样有大圆面的天体，其位置很难精确测定，需要经过大量的观测资料的综合处理才能得出 ΔT 的值。所以历书时读数不能实时提供。其次，历书时的读数取决于有关的天文常数和动力学模型，一旦常数系统和动力学模型有变化，历书时系统也要变化。自 20 世纪 50 年代起，随着物理学实验技术和电子技术的发展，诞生了稳定度更高的人工振荡频率标准，于是人们把建立均匀时间尺度的着眼点从宏观世界转向微观世界。在此基础上建立了新的时间尺度—原子时 TAI。

国际原子时时刻的起点通过和世界时的比较而建立，取 1958 年 1 月 0 日世界时 UT2 的 0^h 为原子时起点。由于当时技术上的原因，事后发现此刻实际的 UT2 与 TAI 没有严格相等，最后确定的**此瞬间的时刻关系**为

$$UT2 - TAI = +0^s.0039 \tag{6.1.6}$$

这个差异以后就作为历史事实保留下来。在此时刻之前和之后，世界时和 TAI 两者各自独立维持其系统，没有相互换算关系。

原子时尺度的上述定义是通过原子钟实现的。在历史上，原子时系统经历过三个阶段：1958~1968 年称为 A_3，1969~1971 年 9 月称为 AT，1971 年 10 月起称为 TAI。TAI 是将各成员实验室的地方原子时进行比对和综合处理后得到的全球统一的国际原子时系统。

由上所述，原子时是用物理的方法建立的时间系统，它经过和世界时的初始比对，以及根据历书时秒长的定义确定了秒长和起始时刻。此

后原子时系统就一直独立维持。它可以随时精确地读取，且不依赖于任何天文常数。ET 和 TAI 是概念完全不同的两种时间系统，而且自从建立 TAI 后，ET 不再使用。为保持历表中时间系统的连续，现在在地心系历表中的时间采用地球时 TT。TT 的时刻由

$$TT = ET = TAI + 32^s.184 \tag{6.1.7}$$

得到。TT 是 ET 的延续。这里 $32^s.184$ 是 1977 年 1 月 1 日 TAI 零时 $ET-TAI$ 的最佳估计值。

§6.1.3 协调世界时（UTC）

这是一种民用时。从原子时诞生以后，世界时作为时间计量基准的作用自然就消失了。但世界时仍被用于地球的空间姿态的描述，可换算成坐标变换的旋转角参数，并用于研究地球自转的变化规律。由于地球自转的长期减慢，UT1 和 TAI 在时刻上的差距越来越大。日积月累，TAI 将与昼夜变化不同步。这和当初定义平太阳时的初衷不一致。为此引入协调世界时的概念，记为 UTC。最初通过调整 UTC 钟速的方式，让 UTC 的秒长尽量接近于同期 UT2 的秒长，这样做法使得 UTC 钟速不断调整，UTC 和 TAI 的秒长不同，换算关系复杂，使用起来很不方便。1972 年起，规定 UTC 秒长和 TAI 相同，只通过整秒的时刻调整保持 UT1 和 UTC 两者时刻差不超过 ±0.9 秒。根据天文观测，不断提供 UT1 和 UTC 之差，并对未来的变化作出预测。一旦预测差异将要超过此界限，即人为地在 UTC 时刻中加上或减去 1 秒，这称为跳秒或闰秒。如果需要跳秒，可安排在每年民用日历的 1 月 1 日 0^h 或 7 月 1 日 0^h，人为地在 $0^h0^m0^s$ 之前加上 $23^h59^m60^s$（称为正跳秒）；或将第 $23^h59^m59^s$ 去掉，在 $23^h59^m58^s$ 之后紧接着是 $0^h0^m0^s$（负跳秒）。如果发生正跳秒，意味着 UTC 时刻被调慢 1 秒。由于 UT1 的日长平均已经超过 86400 原子时秒，并且还在缓慢变长，至今发生的跳秒都是正跳秒。最近的一次跳秒被安排在 2008 年 12 月 31 日的最后一分钟的第 59 秒后面增添了一个第 60 秒，然后才是 2009 年 1 月 1 日的第 00 秒。这样 UTC 和 TAI 的差别始终是整秒。至今为止 $TAI-UTC = \Delta UTC = 34^s.0$。表 6.1.1 列出从 1972 年以来 TAI-UTC 的数值变化情况。

由此可见，由于存在跳秒，UTC 不是一种均匀连续的时间系统，不能作为天文历表的时间变量。UTC 时刻调整的方案不是因天文概念上的

要求，而是民用时习惯上的要求。但这样频繁调整带来许多不便，并且也不是必要的。如果将时刻调整的阈值从 1 秒改成 1 分，超过 1 分钟才调整，这也并非不可。当然如果将调整阈值改成 1 小时，将会带来许多不便。如何改进 UTC 的形成方案，至今仍未达成共识。

表 6.1.1 历年 TAI-UTC

时间段	数值	时间段	数值
1972Jan1-1972Jul0	10s	1985Jul1-1988Jan1	23s
1972Jul1-1973Jan0	11s	1988Jan1-1990Jan0	24s
1973Jan1-1974Jan0	12s	1990Jan1-1991Jan0	25s
1974Jan1-1975Jan0	13s	1991Jan1-1992Jul0	26s
1975Jan1-1976Jan0	14s	1992Jul1-1993Jul0	27s
1976Jan1-1977Jan0	15s	1993Jul1-1994Jul0	28s
1977Jan1-1978Jan0	16s	1994Jul1-1996Jan0	29s
1978Jan1-1979Jan0	17s	1996Jan1-1997Jul0	30s
1979Jan1-1980Jan0	18s	1997Jul1-1999Jan0	31s
1980Jan1-1981Jul0	19s	1999Jan1-2006Jan0	32s
1981Jul1-1982Jul0	20s	2006Jan1-2009Jan0	33s
1982Jul1-1983Jul0	21s	2009Jan1-	34s
1983Jul1-1985Jul0	22s		

§6.1.4 原时和坐标时

原时和坐标时都是相对论中的概念。一台理想的没有误差的时钟的读数就是该时钟的原时，所以原时的时刻只在时钟本地有意义。由于不同时钟处在不同引力势的环境中，时钟相互之间还可能有相对运动速度，如果设法在时钟之间进行相互比对，就会发现彼此的钟速是不同的。如何将这些速度不同的时钟读数综合成世界统一的时间系统，就成为一个复杂的但又必需解决的问题。在当今的天体测量和天体力学中，涉及地心系中通用的时间系统有 TCG 和 TT，质心系中通用的时间系统有 TCB 和 TDB。和时间有关的概念和具体实现途径将在第十二章详细讨论，这里只将有关的参数摘录于表 6.1.2。

表 6.1.2 历史上的天文时间系统归纳

符 号	秒 长	时 刻	用 途
GMST	平春分点连续两次过零子午圈时间间隔的 1/86400	平春分点的格林尼治时角	作为相对于瞬时春分点的自转角
UT	赤道平太阳连续两次在零子午圈下中天时间间隔的 1/86400	赤道平太阳的格林尼治时角加 12 小时	1960 年以前曾作为时间基准。
ET	1900 年 1 月 0 日 12 时正瞬间回归年长度的 1/31556925.9747	1900 年初太阳几何平黄经等于 $279°41'48''.04$ 瞬间为 ET 的 1900 年 1 月 0 日的 12 时正	太阳系天体地心视历表中的时间变量，1960 年起作为时间尺度基准。
TAI	旋转大地水准面上铯原子 C_S^{133} 基态的两个超细能级跃迁辐射振荡 9192631770 周的持续时间	1958 年 1 月 0 日 0^h，UT-TAI $= 0^s.0039$ 1977 年 1 月 1 日 0^h ET-TAI $= 32^s.184$	1967 年起用来定义时间尺度（秒长）
UTC	同于 TAI 秒	和世界时时刻的差异不超过 $±0^s.9$	提供民用时
TDT/TT	同于 TAI 秒，秒长由大地水准面常数重力场中的原时定义	TT-TAI $= 32^s.184$	通过 TAI 尺度实现 TDT 的概念，于 1984 年起取代 ET
TCG	秒长由零引力场中地心系坐标静止钟的原时秒定义	TCG-TT $= L_G \times$ (JD − 2443144.5) ×86400	地心天球系中的坐标时
TCB	零引力场中质心系坐标静止标准钟的原时秒	TCB−TCG $= L_C \times$ (JD − 2443144.5) $\times 86400 + \frac{\vec{v}_E{}'}{c^2}(\vec{x} - \vec{x}_E) + P$	质心天球坐标系中的坐标时，目前在太阳系天体 DE/LE 历表系列中没有采用
TDB	与 TCB 秒长的比例常数为 $(1+L_C+L_G)$，与 TT 秒长有周期性差异	TCB − TDB $= (L_C + L_G)$ ×(JD − 2443144.5) ×86400 TDB $=$ TT $+$ $0^s.001657 \sin g$ $+ 0^s.000014 \sin 2g$ $+ \cdots$	太阳系天体 DE/LE 历表系列的时间变量

§6.1.5 年和月

年也是天文学中常用的一个时间单位。"年"的长度是地球相对于天球上某参考点运行一周的时间间隔，由于所用的参考点不同以及表示时间间隔的时间单位不同，有以下不同的年的定义。

恒星年——太阳在恒星背景上运行一周所经过的时间间隔，可表示成

$$1恒星年 = 365^d.25636306 + 0^d.00000010 T_E \qquad (6.1.8)$$

其中 T_E 是从 J2000.0 起算的历书儒略世纪数，以下同。

回归年——太阳连续两次经过瞬时平春分点的时间间隔，可表示成

$$1回归年 = 365^d.24218968 - 0^d.00000616 T_E \qquad (6.1.9)$$

恒星年和回归年的差异在于黄经总岁差。由于黄经岁差，平春分点在黄道上沿着与太阳周年运动相反方向退行，所以回归年短于恒星年。

近点年——太阳连续两次过近地点的时间间隔，可表示成

$$1近点年 = 365^d.25963586 + 0^d.00000317 T_E \qquad (6.1.10)$$

近点年和回归年的差异由地球轨道近日点的进动引起。

交点年——太阳连续两次经过月球轨道对黄道的升交点的时间间隔，可表示成

$$1交点年 = 346^d.62007598 + 0^d.00003240 T_E \qquad (6.1.11)$$

交点年和回归年的差异由月球轨道对黄道的升交点的进动引起。

日历年——每年的日数为整数，通过平年和闰年的设置使日历年平均长度尽可能接近于回归年。现行的公历中，平年 365 日，闰年 366 日。年份可被 4 整除的为闰年，但对于可被 100 整除的年份必须是 400 的整数倍才作为闰年。在每 400 年中设置的闰年次数共 $(24 \times 3 + 25) = 97$ 次。这样，公历年平均长度为 365.2425 日，而回归年为 365.24218968 日，每年平均相差近 0.0003 天，大约每 3000 年差一天。

白塞尔年——在历史上曾使用过，**太阳赤经**增加 360 度所需的时间间隔。其年首定义为赤道平太阳的赤经等于 $280°$ 的瞬间，称为白塞尔年首，记为年份前加 B。以 B1900.0 白塞尔年的长度可表示成

$$1白塞尔年 = 31556925^s.9747 - 0^s.6786 T_B$$
$$= 365^d.24219878 - 0^d.00000785 T_B \qquad (6.1.12)$$

其中 T_B 是从 B1900.0 起算的儒略世纪数。在 1900.0 时刻，太阳黄经增加 $360°$ 和赤经增加 $360°$ 的时间间隔相同，这时白塞耳年和回归年长度相同。由于黄经岁差和赤经岁差不同，二者以后将逐步产生差异。

在以上关于年的定义中，除日历年外，其他的年的长度都直接取决于地球的轨道运动参数和岁差常数，其中的时间系统应当是历书时。其中的秒和日都是历书时意义上的单位。但日历年作为一种民用年，其日和秒是建立在昼夜变化即地球自转概念上的，因此是世界时。在历史尺度上，历书时和世界时的时刻可相差几小时。在地质时间尺度上，过去一年中地球自转超过 400 圈，将来会少于 365 圈。所以日历年目前的定义并不能一直沿用下去。

"月"也是天文学中的经常出现的时间单位。月的长度的定义取决于月球的平均轨道。以 $J2000.0$ 为基本历元的月球绕地球平均轨道参数如下：

轨道半长轴 $\qquad a = 384747.981\text{km}$

轨道偏心率 $\qquad e = 0.054879905$

轨道倾角 $\qquad i = 5°.12983502 = 5°07'47''.4061$

升交点平黄经 $\qquad \Omega = 125°02'40''.40 - 1934°08'10''.266 T_E + 7''.476 T_E^2$ (6.1.13)

近地点平黄经 $\qquad \Gamma = 83°21'11''.67 + 4069°00'49''.36 T_E - 37''.165 T_E^2$

月亮平黄经 $\qquad L = 218°18'59''.96 + 481267°52'52''.833 T_E - 4''.787 T_E^2$

日月平角距 $\qquad D = 297°51'00''.74 + 445267°06'41''.469 T_E - 5''.882 T_E^2$

其中 $\Gamma = \Omega + \varpi$，$L = \Gamma + M = M + \Omega + \varpi$。轨道定向参数参考于瞬时黄道和瞬时平春分点。由上面参数可以导出：

分点月——月球相对于瞬时平春分点运行一周所经过的时间，由平均角速度

$$\frac{dL}{dT_E} = \frac{481267°.88134250 - 9''.574 T_E}{36525} = (13°.17639647755 - 0°.0000000728 T_E)/\text{日}$$

的倒数乘 $360°$，得**分点月**的长度为 27.321582 日。

交点月——月球相对于其轨道对黄道升交点运行一周所经过的时间，由平均角速度

$$\frac{d(L - \Omega)}{dT_E} = \frac{483202°.0175275 - 12''.263 T_E}{36525} = (13°.2293502403 - 0.0000000933 T_E)/\text{日}$$

的倒数乘 $360°$，得**交点月**的长度为 27.212221 日。

近点月——月球相对于其轨道近地点运行一周所经过的时间，由平均角速度

$$\frac{d(L - \Gamma)}{dT_E} = \frac{483202°.0175275 - 12''.263 T_E}{36525} = (13°.0649929536 - 0.0000003191 T_E)/\text{日}$$

的倒数乘 $360°$，得**近点月**的长度为 27.554550 日。

朔望月—月球相对于平太阳运行一周所经过的时间。由平均角速度

$$\frac{dD}{dT_E} = \frac{445267°.11151917 - 11''.764T_E}{36525} = (12°.1907491757 - 0°.0000000895T_E)/日$$

的倒数乘 360°，得**朔望月**的长度为 29.530589 日。

恒星月—月球相对于恒星背景运行一周所经过的时间，即 $L - P$（黄经总岁差）增加 360° 所需的时间，由平均角速度

$$\frac{d(L-P)}{dT_E} = \frac{481266°.48437122 - 11''.7972T_E}{36525} = (13°.17635823056 - 0°.0000000897T_E)/日$$

的倒数乘 360°，得**恒星月**的长度为 27.321662 日。

§6.1.6 历元和时间间隔的表示法

日历中的年月长度的不等，给计算时间间隔造成不便。所以天文历书中的历元都采用连续的计日方式—儒略日，这里没有相应的年和月。儒略日是从公元前 4713 年（天文上记为 −4712 年，因为公元前 1 年天文上记为公元 0 年）1 月 1 日格林尼治时间 12 时（概念上属于世界时）。从这一天起连续累计的日数称为儒略日，记为 JD。由于儒略日的数字越来越大，有时采用约化儒略日 $MJD = JD - 2400000.5$。其中 $JD = 2400000.5$ 的时刻是 1858 年 11 月 17 日世界时 0 时。

关于年首的表示方式，在 1984 年以前，天文历书、天文常数和天球坐标系中的基本历元是 1900 年的白塞尔年首，记为 B1900.0，所用的时间单位是白塞尔年。从 1984 年起，基本历元改为 J2000.0，时间间隔单位改成儒略世纪，因此也不再使用白塞尔年首。时间尺度用坐标时取代世界时。近代的几个基本历元的对应关系为：

B1900.0   JD=2415020.31352

B1950.0   JD=2433282.423459

B2000.0   JD=2451544.533398

J1900.0   JD=2415020.0

J1950.0   JD=2433282.5

J2000.0   JD=2451545.0

其中 2415020.31352 是 1900 年平初平太阳赤经等于 280 度时刻的儒略日。这是 1900 年的白塞尔年首。

§6.2 天文常数系统

§6.2.1 有关的历史情况

从前面几章的叙述中知道，为计算观测方程中的 $(O-C)$ ，需要进行各种坐标变换以及数学的和力学的计算。这当中要用到许多常数，如岁差常数、章动常数、天文单位、光速、引力常数等等。这些常数之间存在一定的数学关系，而且它们的确定过程和各种坐标系的定义及实现是联系在一起的。随着天体测量精度的提高，天文常数逐渐形成一个完整的自洽系统。常数系统是参考系问题的重要组成部分。常数系统的不断改进是参考系的改进的必要条件。参考系改进的需要是常数系统改进的主要动力。

天文常数的量很大，并无完全确定的界限。例如描述天体的大小、距离、运动速度、质量、物理化学状态等许多恒定的或变化非常缓慢的一些量，都可以作为天文常数。而其中那些和地球的特征有关的量常称为基本天文常数。至于哪些量归为基本天文常数，并无非常明确的界定。基本天文常数大致包括三组：

（1）描述地球、地月系、日地系的几何特征的量，如地球赤道半径、地球扁率、地月平均距离、天文单位、太阳视差等。

（2）和地球的自转运动及轨道运动有关的量，如岁差、章动、光行差等。

（3）和太阳系引力场有关的量，如引力常数、地月质量比、日地质量比、行星质量系统等。

某些常数之间存在确定的数学关系，当这些常数通过不同方法各自被独立测定出以后，仍需要满足这些数学关系的约束。因此，基本天文常数并不是各种独立常数测定值的简单组合，它需要协调成一个自恰的系统。于是就可能出现这样的情况，各常数的最佳测定结果之间不一定自洽。而要保证自洽，所采用的结果有时不一定是最佳测定结果。所以修改天文常数是天文界的大事，不轻易进行。经常地变动基本常数系统会引起许多问题。即使有了修改某些常数的理由，也并不是立即进行修改。必须积累大量的新的测定数据，并在考虑到常数间的约束关系前提下进行整体的处理，给出系统的修改方案，经国际天文学联合会正式决定后方能采用。所以，对基本天文常数系统，"采用的"和"最好的"

有时并不一致。"采用的"意味着大家认可的，"合法的"。随着技术的进步，许多常数不断有新的"最好的"数值出现，但并不立即被采用，也不一定就会被采用。

在 20 世纪之前，建立天文常数系统的问题尚未提出，不同的科学家在工作中往往自行选择一些认为是最佳的常数使用。这使得在一些问题上，不同研究者的结果无法直接作出有效的比较。

1895 年，纽康（S.Newcomb）根据 1750～1890 年期间的大量观测资料计算出岁差常数、章动常数、光行差常数和太阳视差等常数以及 4 个内行星的质量与轨道根数。1896 年国际上决定各国天文年历统一采用纽康的常数，以后又相继扩充了一些常数，但并未构成完整的系统。以后习惯上将之称为纽康天文常数系统。这个系统从 1896 年使用到 1967 年底。纽康常数系统的数据见表 6.2.1。

纽康常数系统所依据的是早期的天文观测资料，精度较低。另外没有按常数间的函数关系进行调整，因而内部自洽性不是很好。该系统也没有考虑地球自转的不均匀性、银河系自转以及相对论效应等因素的影响。由于这些原因，早在 20 世纪 30 年代，修改常数系统的方案就被提出。但由于修改常数系统涉及问题的面很广，一直由于时机未成熟而没有实施。

到了 20 世纪 60 年代，天体测量的精度有了进一步的明显提高。人造卫星的成功发射精确地测定了地球的某些动力学参数；金星的雷达探测给出了天文单位的精确长度；伍拉德的地球自转理论给出更精确的章动表达式；行星的观测精度有了很大提高；轨道理论更加完善。在这种情况下，修改天文常数系统不仅有了可能，而且非常迫切，否则就不能适应已经明显提高的观测精度。1964 年 IAU 第 12 届大会通过了天文常数系统的修改方案，并决定从 1968 年起正式在天文年历中采用。这个天文常数系统被称为 IAU 1964 常数系统。该系统将常数分成定义常数（定义值，没有误差）、基础常数（直接测定的最精确的值）、导出常数（根据理论关系由定义常数和基础常数计算出来）、辅助常数、行星质量系统（在行星运动理论中采用）这五个部分。该系统的具体数值列于表 6.2.2。1964 系统与纽康系统相比，某些常数的数值更精确、相互关系更自洽，而且增添了一些新的常数。但是其中的黄经总岁差、章动常数和行星质量系统由于牵涉的问题太多而暂未修改。所以，1964 系统只是一个过渡系统。1974 年 IAU 成立了专门的工作组，为进一步修改天文常数系统 开展工作。

1976 年 IAU 第 16 届大会作出进一步修改天文常数系统的决定，并决定从 1984 年开始使用。中间留出的准备期长达 8 年，因为常数系统的变化将引起许多资料序列出现不连续性，需要对过去的资料进行再处理或作相应的系统修正。该系统称为 IAU1976 常数系统。和 1964 系统相比，1976 系统除了对一些常数数值作了具体修改外，还有以下变化：

（1）决定在天文历书计算中采用儒略世纪作时间单位，太阳质量作质量单位，天文单位作长度单位。对此需要作一些说明。

对于一些需要在长时间跨度中进行的计算，如岁差章动、恒星自行等，采用秒或儒略日作单位都太短，常常需要更长时间间隔单位百年（世纪）来标记历元。之前一直采用以回归年长度为基础的日历年作历元标记，但日历的年和世纪都不是等长的间隔，有 365 天的平年和 366 天的闰年之分。而且每 400 年中含 97 个闰年，303 个平年，所以每个世纪的长度也不是一样的。将它们用来作历元标记很不方便。所以定义了儒略世纪，每儒略世纪固定含 36525 日。儒略世纪只是时间间隔的单位，没有年和月。由此给出一种均匀的、固定的换算关系，直接由儒略日计算得到。现在将基本历元指定为 2451545.0，并记为 J2000.0。其对应的日历年时刻是 2000 年 1 月 1 日的格林尼治时间中午 12 时正（又记作 2000 年 1 月 1.5 日）。日历世纪的平均长度是 36524.25 天，每 4 个日历世纪比 4 个儒略世纪少 3 天。这使得儒略世纪的起点相对于日历年首每 4 个世纪后推三天，两者间有长期的漂移。例如 2000 年是日历年的闰年，此后的 100 年有 25 个闰年，该世纪长度是 36525 天，所以历元 J2100.0 对应的日历日期也是日历年 2100 年 1 月 1 日的 12 时正。但 2100 年不是闰年，其后的 100 年中只有 24 个闰年，所以 J2200.0 对应的日历日期应是 2200 年的 1 月 2 日的 12 时正；相应 J2300.0 是 1 月 3 日 12 时，J2400.0 是 1 月 4 日 12 时，J2500.0 仍是 1 月 4 日 12 时。J1900.0 对应的日历年时刻是 1899 年 12 月 31 日中午 12 时正（又记作 1900 年 1 月 0.5 日或 1 月 0 日 12 时正）。

（2）不再用历书时秒作为时间单位长度定义标准，取消了关于历书时秒的定义常数。

（3）天文历算的标准参考历元由 B1900.0 改成 J2000.0。

（4）把天文单位光行时 τ_A 由导出常数改为基础常数，把天文单位由基础常数改为导出常数，把引力常数 G 作为新的基础常数。

（5）取消了关于月球的某些常数，增加了常数的位数。

表 6.2.1　纽康天文常数系统

常数名称	采用值	备　注
太阳视差	$\pi_s = 8''.80$	纽康测定
章动常数（1900）	$N = 9''.21$	纽康测定
光行差常数	$\kappa = 20''.47$	纽康测定
黄经总岁差（1900）	$p = 5025''.64/\text{cy}$	纽康测定
黄赤交角（1900）	$23°27'08''.26$	纽康测定
光速	$c = 299860\text{km/s}$	纽康测定
地月质量比	$1/\mu = 81.45$	纽康测定
太阳与地月系质量比	$M_S/M_E(1+\mu) = 329390$	纽康测定
月球平均地平视差	$\pi_m = 57'02''.70$	取自布朗月亮表
地球赤道半径	$a_E = 6378388\text{m}$	取自 1924 年 IUGG* 采用的国际参考椭球
地球扁率	$f = 1/297$	取自 1924 年 IUGG 采用的国际参考椭球
高斯引力常数	$k = 0.01720209895$	1938 年 IAU 通过作为固定常数采用
1900.0 回归年的秒数	31556925.9747	1958 年 IAU 第 10 届大会通过作为历书时定义，1960 年开始采用

*　IUGG －国际大地测量和地球物理联合会

§6.2.2　IAU1976 天文常数系统及某些进一步的说明

从 1984 年起采用的常数系统是 IAU1976 常数系统。主要数值如下：

1. 定义常数：

高斯引力常数 k —这是一个定义常数，目前的取值为

$$k = 0.01720209895 \text{天文单位}^{3/2}\text{日}^{-1} = 1.152008846228929 \times 10^{10} \text{m}^{3/2}\text{s}^{-1}$$

k 的数值是一个距离太阳 1 天文单位的质量可忽略的质点绕太阳作圆周运动时以 弧度/日 表示的角速度。

表 6.2.2　IAU1964 天文常数系统

常数名称	采用值	备　注
定义常数		
1900.0 回归年的秒数	$s = 31556925.9747$	与纽康系统的值相同
高斯引力常数	$k = 0.0172020895$	与纽康系统的值相同
基础常数		
天文单位	$A = 149600 \times 10^6 \mathrm{m}$	由金星的雷达测距资料确定
光速	$c = 299792.5 \mathrm{km}$	据 1963 年国际理论和应用物理联合会决议
地球赤道半径	$a_E = 6378160 \mathrm{m}$	由人卫观测资料确定
地球力学形状因子	$J_2 = 0.0010827$	由人卫观测资料确定
地心引力常数	$\mathrm{GM} = 398603 \times 10^9 \mathrm{m}^3/\mathrm{s}^2$	由重力测量和人卫观测确定
地月质量比	$1/\mu = 81.30$	由人卫观测资料确定
月球平均恒星运动角速度	$n_m = 2.661699489 \times 10^{-6} \mathrm{rad/s}$	根据修订后的月亮历表
黄经总岁差	$5025''.64/\mathrm{cy}$ （1900）	同纽康常数系统采用值
黄赤交角	$\varepsilon = 23°27'08''.26$ （1900）	同纽康常数系统采用值
章动常数	$N = 9''.21$ （1900）	同纽康常数系统采用值

导出常数

太阳视差	$\pi_S = \arcsin(a_E/A) = 8''.79405$
天文单位光行时	$\tau_A = A/c = 499^s.012$
光行差常数	$\kappa = F_1 k'\tau_A = 20''.4958$
地球扁率	$f = 1/298.25$
日心引力常数	$GM_S = 132718 \times 10^{15} \mathrm{m}^3/\mathrm{s}^2$
日地质量比	$M_S/M_E = 332958$ 　　（与行星质量系统中采用值有矛盾）
日与地月系质量比	$M_S/M_E(1+\mu) = 328912$ （与行星质量系统中采用值有矛盾）
受摄月球平均距离	$a_m = F_2[GE(1+\mu)/n_m^2]^{1/3} = 384400 \mathrm{km}$
月球视差正弦常数	$F_0 \sin\pi_m = F_0(a_E/a_m) = 3422''.451$
月行差常数	$L_0 = F_0 \frac{\mu}{1+\mu}\frac{a_m}{A} = 6''.43987$
月角差常数	$P_m = F_3 \frac{1-\mu}{1+\mu}\frac{a_m}{A} = 124''.986$

续表

辅助常数

$k' = 1.990983678$ $\times 10^{-7}$	$F_0 =$ $206264''.806$	$F_1 = 1.000142$	$F_2 = 0.99093142$	$F_3 = 49853''.2$

行星质量系统（太阳与行星的质量比）

水星 6000000	金星 408000	地月系 329390	火星 3093500	木星 1047.355
土星 3501.6	天王星 22869	海王星 19314	冥王星*3600000	

　＊在 2006 年 8 月 IAU 第 26 届大会上，冥王星被从行星名单中撤除。

　　k 的数值最初不是定义的，而是导出的。在 1938 年以前，将天文单位定义为在无摄条件下地月系质心到日心的平均距离，或说是地月系质心绕日无摄轨道的半长轴。设太阳质量为 M_S、地月系质量 M_{E+m}、地月系到太阳的平均距离 A、轨道周期 T，根据开普勒定律，有

$$k^2 = \frac{4\pi^2 A^3}{T^2 M_S (1 + \frac{M_{E+m}}{M_S})}$$

当时定义 $M_S = 1$，$A = 1$，并用当时不太精确的 T 和 M_{E+m}/M_S 值，纽康计算得到 $k = 0.01720209895$。1938 年 IAU 决定把这个 k 值作为定义常数固定下来。这样在上式中，若取 $A = 1$、$M_S = 1$、$M_{E+m} = 0$，可计算得到 $T = 365.2568983263$ 日（历书时系统）。这意味着，天文单位被定义为：当一个质量为零的质点绕日作无摄动运动时，如果运动周期等于 $T = 365.2568983263$ 日，该质点的椭圆轨道的半长轴就等于 1 天文单位。所以，严格说，天文单位既不是日地的平均距离，也不是地月系质心到太阳质心的平均距离，又不是地球或地月系质心的无摄动轨道的半长轴。它是一个对 k、T、M_{E+m} 作出上述特殊定义情况下定义的一个长度单位。若根据准确的 T 和 M_{E+m}/M_S 值，计算出地月系的无摄轨道半长轴应为 1.00000003 个天文单位。在有摄情况下，日地平均距离为 1.0000000236 天文单位。

2. 基础常数

　　在相互存在函数关系的一组常数中，哪个作为基础常数取决于哪个最能精确地测定。IAU1976 系统中的基础常数为

　　（1）光速 $c = 299792.458 \mathrm{km \times s^{-1}}$。

（2）天文单位光行时 $\tau_A = 499.004782\text{s}$。在 $c\tau_A = A$ 关系中，本来 τ_A 不能直接测出，只能根据物理上给出的光速 c，以及用其他方法测量的 A 值导出。而 A 又是根据太阳的地平视差测定值导出的。太阳视差的测量精度并不高。20 世纪 60 年代，一些国家用雷达测距法精确测定地球与水星、金星、火星之间的光行时，并根据天体力学关系推算出一个天文单位的光行时。由 τ_A 值可以导出天文单位长度。所以在 1976 常数系统中，τ_A 作为基础常数，而把 A 作为导出常数。

（3）地球赤道半径 $a_E = 6378140\text{m}$。

（4）地球形状力学因子 $J_2 = 0.00108263$。

（5）牛顿引力常数 $G = 6.672 \times 10^{-11}\,\text{m}^3\text{kg}^{-1}\text{s}^{-2}$，其含义是 $G = k^2 / M_S$，M_S 以 kg 为单位。

（6）地球引力常数 $GM_E = 3.986005 \times 10^{14}\,\text{m}^3\text{s}^{-2}$，其中 M_E 是地球质量。

（7）月地质量比 $M_m / M_E = \mu = 0.01230002$。

（8）黄经总岁差（J2000.0）$p = 5029''.0966/$儒略世纪。

（9）黄赤交角（J2000.0）$\varepsilon = 23°26'21''.448$。

3. 导出常数

（1）章动常数（J2000.0）$N = 9''.2025$，由新的非刚体地球模型计算出，不再采用实测值。

（2）天文单位长度由光速和天文单位光行时导出，

$$A = \tau_A \cdot c = 1.49597870 \times 10^{11}\,\text{m}$$

（3）太阳视差由地球赤道半径和天文单位长度导出

$$\pi_S = \frac{a_E}{A} \frac{180 \times 3600}{\pi} = 8''.794148$$

（4）周年光行差常数由地球平均轨道速度和光速导出

$$k = 20''.49552$$

（5）为导出日心引力常数，将高斯引力常数 k 变换成 $m^{3/2}s^{-1}$ 量纲，并定义 $M_S = 1$，有

$$GM_S = k^2 = (1.152008846228929 \times 10^{10}\,\text{m}^{3/2}\text{s}^{-1})^2 = 1.32712438 \times 10^{20}\,\text{m}^3\text{s}^{-2}$$

（6）地球扁率 $f = 0.00335281 = 1/298.257$。

（7）太阳质量由 GM_S / G 导出，$M_S = 1.98911 \times 10^{30}\text{kg}$。

（8）日地质量比由 M_S / M_E 导出，

$$M_S / M_E = 1.32712438 \times 10^{20} \, \text{m}^3 \text{s}^{-2} / 3.986005 \times 10^{14} \, \text{m}^3 \text{s}^{-2} = 332946.0$$

（9）太阳与地月系质量比 $M_S / M_E(1+\mu) = 328900.5$

4. 行星质量系统

在该常数系统中采用的各大行星与太阳质量比的倒数如表 6.2.3 所示。

表 6.2.3　行星与太阳质量比

序号	天体	质量倒数	序号	天体	质量倒数
0	太阳	1	5	木星	1047.355
1	水星	6023600	6	土星	3498.5
2	金星	408523.5	7	天王星	22869
3	地月系	328900.5	8	海王星	19314
4	火星	3098710	9	冥王星*	3000000

* 见表 6.2.2

§6.2.3　IAU2000 天文常数

上面介绍了基本天文常数变化的历史情况。从 20 世纪 80 年代起，由于测量技术的发展和测量精度的迅速提高，天文常数的改进和更新的速度也明显加快。国际地球自转服务（IERS）在空间技术观测资料分析中发觉，1976 常数系统中有些常数仍存在可检测出的误差，经资料的分析处理相继给出一些新的数值，例如 IERS1992、IERS1996、IERS2000 天文常数系列。更新的、精度更高的常数值不断被公布，常数的范围也不断扩大。这些值的采用无疑可以提高地球自转测定数据解算的内部精度。也许这些数值是当前最佳的测定结果，但"最佳的"并不一定是"最应当采用的"，原因就是上面说的系统内部的自洽问题。IERS 的这些研究结果正是作为"最佳的"发表的。至于是否是最应当采用的，取决于多种因素，自洽性和系统连续性是首先要考虑的。读者在工作中如果涉及常数的采用值问题，需要在考虑观测资料的处理规范、历史资料的常数系统等各方面情况的基础上慎重决定。如果需要天文常数方面的最新情况和数据，可从 IAU 和 IERS 的网站上查询。表 6.2.4 列出 IAU 2000 天文常数系统，这是最新的天文常数系统。

有一点需要指出，和 1976 系统相比，2000 系统中一些常数的有效位数显著增加。但这并不意味着这些数据的实际精度确实达到与其有效位数相应的水平。例如，黄经总岁差给到 $1\mu as$ /儒略世纪，但作为基础常数，这是当前任何技术都不可能达到的测量精度。其他多个常数的有效位数都远超过与实际精度相应的位数。一个有误差的数字应取到多少有效位数本是有相关概念为依据的，但在计算机高度普及的今天，这方面的概念常常被忽视。在使用这些常数来估计相应计算值的精度时，应仔细确认其实际精度。

表 6.2.4　IAU 2000 天文常数

定义常数	
高斯引力常数	$k = 0.01720209895$ 天文单位$^{3/2}$日$^{-1}$ $= （1.1520088542107086 \times 10^{10}$ m$^{3/2}$s^{-1} ）
光速	$c = 299792.458$ km/s

初始常数	
天文单位光行时	$\tau_A = 499.0047838061$s　　（TDB 单位）
地球赤道半径	$a_e = 6378136.6$m
地球动力学因子	$J_2 = 0.0010826359$
地心引力常数	$GM_E = 3.986004418 \times 10^{14}$ m^{3}s^{-2}
引力常数	$G = k^2 / M_S = 6.673 \times 10^{-11}$ m^{3}kg^{-1}s^{-2}
月地质量比	$\mu = 0.0123000383$
黄经总岁差（J2000.0）	$p = 5028''.796195$/ 儒略世纪
黄赤交角（J2000.0）	$\varepsilon = 23°26'21''.4059$

导出常数	
章动常数（J2000.0）	$N = 9''.2052331$
天文单位长度	$A = 1.49597870691 \times 10^{11}$m
太阳平均视差	$\pi = 8''.794143$
周年光行差常数	$k = 20''.49551$
地球扁率	$f = 0.0033528197 = 1/298.25642$
日心引力常数	$GM_S = 1.32712442076 \times 10^{20}$ m^{3}s^{-2}
日地质量比	$M_S / M_E = 332946.050895$
太阳与地月系质量比	$M_S / M_E (1 + \mu) = 328900.561400$
太阳质量	$M_S = GM_S / G = 1.9888 \times 10^{30}$kg

行星质量系统（太阳与行星的质量比）

水星 6023600	金星 408523.71	地月系 328900.561400	火星 3098708
木星 1047.3486	土星 3497.898	天王星 22902.98	海王星 19412.24

§6.2.4　对某些天文常数意义的说明

从 1976 年至今，天体测量的最大变化不仅是测量精度和分辨率的量级上的提高，而且在于从经典技术的稀疏采样的直接测量演变成高采样密度的间接测量，从而有条件将许多参量一同解出。例如对 VLBI 观测，可以将岁差章动理论预报值的偏差一同解出。这样，原先的岁差章动理论计算作为标准使用，现在则可作为实现观测方程线性化的初值使用，其计算的初值和实际值的偏差只要不太大就不影响最后确定的结果。这样，对 VLBI 来说，岁差章动常数采用值的准确度就不那么重要。VLBI 直接相对于河外射电源背景监测地球本体的姿态变化，所得到的参考极空间指向的变化（即岁差和章动）基于运动学不旋转天球参考架，其中已包含测地岁差因素。VLBI 观测数据不能用来检测测地岁差。

关于光行差，其引起的天体方向的偏移幅度正比于 v/c，这里 v 是观测者相对于参考坐标系的坐标速度。速度确定了，光行差偏移就确定了。而观测者速度是时变的，有地球自转速度和轨道运动速度，并且轨道运动速度因摄动作用有着复杂的变化，不是一个简单的椭圆轨道所能描述的。现在都是用太阳系天体历表提供瞬时速度，可以精确计算每个天体的光行差效应。用椭圆轨道参数计算，只是近似方法。天文常数中列出的光行差常数 $k = 20''.49551$ 对应于观测者速度 $v = 29.788902km$ 这么一个特定的精确到mm/s的数值。在应用中，无论对需要高精度的计算者还是只需要近似值的计算者，这么个高精度的特殊数字都是没有意义的。再者，在第二章中已经指出，影响光行差效应的光速是介质中的实际光速，而不是真空中光速。由于介质折射和引力效应，都使得光速降低。对地面观测者，其影响约 3mas。这也说明表列的周年光行差常数是没有实际意义的。

§6.3 天文年历

§6.3.1 天文年历简介

天文年历是按年度出版的一种天文历书。其主要内容包括：①太阳、月球和行星在不同日期的位置，常分成质心历表和地心历表两种；②四季与昼夜变化信息；③各种天象信息，如月相、日月食、掩星、行星运行动态和其他显著天象的信息；④部分亮星的地心视位置（按照本书的划分，应属于地坐标方向）；⑤一些常用的天文常数。

最早的每年连续出版的天文历书是 1767 年开始由英国出版的 *Nautical Almanac and Astronomical Ephemeris*，当时主要是为满足远程航海的需要。1776 年开始出版《德国天文年历》。由于纽康出色的理论工作，1885 年起才开始出版的《美国天文年历》，很快成为国际上最知名的年历。前苏联从 1941 年起独立编算《苏联天文年历》。我国的历算工作虽有悠久历史，但时断时续。1950 年起，紫金山天文台参考国外的资料出版《中国天文年历》。2005 年起，《中国天文年历》依据DE405/LE405 历表编算。

天文年历的计算涉及天文时间系统和常数系统，其中涉及太阳系天体的瞬时位置。例如计算岁差、章动、潮汐、光行差等需要的地球和其他行星位置及速度。这些计算中对行星的位置和速度的精度要求不高，一般采用平均轨道。由于太阳系天体的相互摄动作用，行星的轨道在不断变化。行星轨道变化相对较慢，在一些应用中将与行星和月亮位置有关的函数展开成这些天体的平均轨道根数的函数。以 2000.0 为基本历元的平均轨道根数列于附录 F。

但对于天文年历中的行星和月球的运行动态数据，则要求达到尽可能高的精度。这依赖于这些天体的精密历表。从 18～20 世纪上半期的200 多年间，行星历表采用解析的形式。经过许多学者的研究，行星历表，特别是月亮历表的精度虽不断有所改进，但并没有非常大的突破。比如月球历表的精度，仍处于千米的水平。纽康（Newcomb）1885 年发表的太阳表以及后来陆续发表的行星历表，和布朗（Brown）1919 年发表的月亮表，是近代最好的历表。在 1984 年以前，这些成为天文年历中的行星和月亮运行动态数据的计算依据。

§6.3.2 行星的数字历表

从 20 世纪下半期开始，随着天体测距技术的成功应用和计算机技术的发展而建立起来的行星数字历表，使得历表精度经历了质的飞跃。1984 年起，这种数字历表作为天文历书的计算依据。美国的喷气推进实验室（JPL）依据现代技术和传统技术的大量观测资料研制出来的太阳系行星和月球的数字历表，一直是国际上应用最为广泛的太阳系动力学历表。至今所发表的版本有：DE102、DE200、DE202、DE403、DE405、DE406、DE410、DE413、DE414、DE418、DE421、DE422、DE423 等。有关信息可从 NASA 的网页（http：//ssd.jpl.nasa.gov/）上查询。

需要指出的是，从运动学角度看，地球上的观测者不论以何种技术观测太阳系行星，所得到的都是行星相对于地球的方向或距离的信息，与太阳系质心（SSB）在太阳系天体间的位置无关。从太阳系内部的动力学角度看，太阳系是一个以太阳为中心引力体的受摄二体问题的 N 体系统。太阳是每个行星的主要引力源，行星彼此间相互构成摄动力，行星轨道和 SSB 之间没有动力学关系。因此 SSB

不具有可观测性，只能通过各行星系统（行星及其卫星构成的力学子系统）的日心位置和质量系统计算出来，并由日心历表推算出质心历表。各行星系统的质量参数的误差将影响 SSB 位置的计算结果，而且越是远离太阳的行星影响越大。这样，将会因 SSB 位置参数的误差而带来行星的质心历表的系统差。在使用行星的质心历表时，需要注意对质心历表的系统差情况进行评估，以确定能否满足需要。

§6.3.3 天象的预报

在 DE/LE 系列历表的基础上，可以对地球上观测者可观测的一些太阳系天体的天象做出预报。天象的预报，特别是日月食的预报有不同的算法，下面所述是作者从本书的思维模式出发推导出的算法，可供与读者交流讨论。

1. 月食的计算

（1）月食节点的计算。

计算月食最方便的方法是建立以月球全影锥顶点 O （锥心）为原点的坐标系（图 6.3.1），将其称作锥心坐标系。月食以月球面进入地球的全影锥为条件，进入半影不算月食。

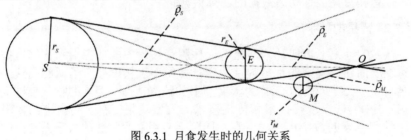

图 6.3.1 月食发生时的几何关系

图中：

S、M、E —分别为太阳、月亮、地球的质心。

r_S、r_M、r_E —分别为太阳、月亮、地球的半径（假定皆为正球体）。

$\vec{R}_M$、$\vec{R}_E$、$\vec{R}_O$ —月亮、地球和全影锥心的日心矢量。

$\vec{\rho}_S$、$\vec{\rho}_M$、$\vec{\rho}_E$ —太阳、月亮、地球的锥心矢量。

θ_M、θ_E —月亮、地球在全影顶点 O 处的角半径。

由图中关系，给出

$$\vec{\rho}_S = -\vec{R}_O$$
$$\vec{\rho}_M = \vec{R}_M - \vec{R}_O \quad\quad (6.3.1)$$
$$\vec{\rho}_E = \vec{R}_E - \vec{R}_O$$

以及

$$\frac{r_E}{r_S} = \frac{\rho_E}{\rho_E + R_E} \quad\quad (6.3.2)$$

R_E 可从地球的日心历表得出，由（6.3.2）式可计算出 ρ_E，由（6.3.1）计算出 ρ_M，并得到

$$\vec{R}_O = \frac{R_E + \rho_E}{R_E}\vec{R}_E \quad\quad (6.3.3)$$

和

$$\theta_E = \sin^{-1}\frac{r_E}{\rho_E}$$
$$\quad\quad (6.3.4)$$
$$\theta_M = \sin^{-1}\frac{r_M}{\rho_M}$$

由（6.3.1）式，得到：

当

$$\cos^{-1}[<\vec{\rho}_E>'<\vec{\rho}_M>] = \theta_E + \theta_M \quad\quad (6.3.5)$$

时为初亏或复圆，月食开始或结束。这些时刻每次月食都经历。

当

$$\cos^{-1}[<\vec{\rho}_E>'<\vec{\rho}_M>] = \theta_E - \theta_M \quad\quad (6.3.6)$$

时为食既或生光，为全食开始或结束时刻。这些时刻只有月全食才经历。

当

$$\cos^{-1}[<\vec{\rho}_E>'<\vec{\rho}_M>] \le \theta_E + \theta_M \cap \cos^{-1}[<\vec{\rho}_E>'<\vec{\rho}_M>] = \min \quad (6.3.7)$$

时为食甚，即时分达到最大。这个时刻每次月食都经历。

（2）天体形状的考虑。

太阳和月球形状不予考虑。

地球的形状使得全影锥的截面不是正圆。需要计算地球截面的形状、定向以及月球切入地影时刻的方位等，这使得月食的精确计算非常复杂。如果边缘的实际地心距离比平均半径相差 10km，由上图几何关系

可导出，对食的发生时刻的影响最大约为 7 秒。对于月食这样的天象观测，这项影响可以不作考虑。

（3）光行时的考虑。

上述 $\vec{R}_E$、$\vec{R}_M$ 不是几何位置矢量，应是坐标位置矢量。太阳在 t_S 时刻发出的光子，在 t_{E1} 时刻才到达地球，构成坐标矢量 $\vec{R}_E$，然后在 t_M 时刻到达月球，发生天象状态的变化，此变化又在 t_{E2} 时刻才被地球上的观测者看到。所以，每个节点的月和地的位置都要对应于这些时刻。这需要经过迭代实现。计算在质心系中进行，其中的时间是 TDB 系统。最后要给出地面上观测到的 TT 时刻，还要进行 TDB 到 TT 的时间坐标变换。

2. 日食的计算

（1）日食发生的条件。

日食的计算比月食要复杂得多。月食只需考虑月亮是部分进入地球本影还是全部进入本影，既不用考虑半影，也不需考虑影锥落在月球的什么地方以及影锥在月面上如何移动。但这些问题对日食来讲都要考虑。令

S, M, E, O, O' ——太阳、月亮、地球的质心、月球全影锥的顶点、半影锥顶点。

r_S, r_M, r_E ——太阳、月亮、地球的半径（假定皆为正球体）。

$\vec{R}_M, \vec{R}_E, \vec{R}_O, \vec{R}_{O'}$ ——月亮、地球、月球全影锥顶点和半影锥顶点的日心矢量。

$\vec{\rho}_S, \vec{\rho}_M, \vec{\rho}_E$ ——太阳、月亮、地球的全影锥心矢量（以 O 为起点）。

$\tilde{\rho}_S, \tilde{\rho}_M, \tilde{\rho}_E$ ——太阳、月亮、地球的半影锥心矢量（以 O' 为起点）。

θ_M, θ_E ——月亮、地球在 O 处的角半径。

φ_M, φ_E ——月亮、地球在 O' 处的角半径。

$\vec{\gamma}_O, \vec{\gamma}_{O'}$ ——全影锥顶点和半影锥顶点的地心矢量。

由图 6.3.2，可以得到如下几何关系：

$$\vec{\rho}_S = -\vec{R}_O$$
$$\vec{\rho}_M = \vec{R}_M - \vec{R}_O \qquad (6.3.8)$$
$$\vec{\rho}_E = \vec{R}_E - \vec{R}_O$$

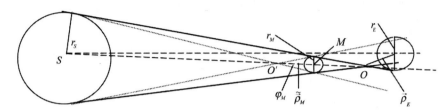

图 6.3.2　日食发生时的几何关系

$$\tilde{\vec{\rho}}_S = -\vec{R}_{O'}$$
$$\tilde{\vec{\rho}}_M = \vec{R}_M - \vec{R}_{O'}$$
$$\tilde{\vec{\rho}}_E = \vec{R}_E - \vec{R}_{O'}$$

（6.3.9）

$$< \vec{R}_O >=< \vec{R}_{O'} >=< \vec{R}_M >$$

（6.3.10）

$$\frac{\rho_M}{r_M} = \frac{\rho_M + R_M}{r_S}$$
$$\frac{\tilde{\rho}_M}{r_M} = \frac{R_M - \tilde{\rho}_M}{r_S}$$

（6.3.11）

由（6.3.11）得

$$\vec{\rho}_M = -\vec{R}_M \frac{r_M}{r_S - r_M}$$
$$\tilde{\vec{\rho}}_M = \vec{R}_M \frac{r_M}{r_S + r_M}$$

（6.3.12）

于是

$$\vec{R}_O = \vec{R}_M - \vec{\rho}_M = \vec{R}_M \frac{r_S}{r_S - r_M}$$
$$\vec{R}_{O'} = \vec{R}_M - \tilde{\vec{\rho}}_M = \vec{R}_M \frac{r_S}{r_S + r_M}$$

（6.3.13）

可以得到。将（6.3.13）式代入（6.1.8）式，可得

$$\vec{\gamma}_O = -\vec{\rho}_E$$
$$\vec{\gamma}_{O'} = -\tilde{\vec{\rho}}_E$$

（6.3.14）

发生日全食的条件是 O 在地球体内部，即 $\rho_E < r_E$ ；发生日偏食的条件是 O 在地球体以外，即 $\rho_E > r_E$ ，同时地心和月心在 O' 处的张角小于 $\varphi_M + \varphi_E$ ，即 $\cos^{-1}[< \tilde{\vec{\rho}}_E >' < \tilde{\vec{\rho}}_M >] < \varphi_E + \varphi_M$ 。

日食计算的复杂性在于要精确计算食带在地球表面的移动轨迹。

（2）日全食中心点坐标的计算。

在发生日全食情况下，已知

$$\vec{\gamma}_{EO} = -\vec{\rho}_{OE} = [N]\begin{pmatrix} x_{EO} \\ y_{EO} \\ z_{EO} \end{pmatrix} = [E]([E]'[N])\begin{pmatrix} x_{EO} \\ y_{EO} \\ z_{EO} \end{pmatrix} \tag{6.3.15}$$

图 6.3.3 中，OS 是全影锥轴线，O 是全影锥的顶点，D 是轴线和地球表面的交点。在三角形 ΔEOD 中，$\vec{\gamma}_{EO}$ 已知，$< \vec{\rho}_D >=< \vec{\rho}_S >=< \vec{\rho}_M >$ 已知，$\vec{\gamma}_{ED}$ 是 D 点的地心向径。

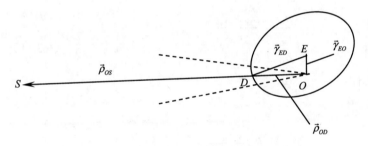

图 6.3.3　日全食的情形

$$\vec{\gamma}_{ED} = \vec{\gamma}_{EO} + \vec{\rho}_{OD} = [E]([E]'[N])\left\{ \begin{pmatrix} x_{EO} \\ y_{EO} \\ z_{EO} \end{pmatrix} + \frac{\rho_{OD}}{\rho_{OS}}\begin{pmatrix} X_{OS} \\ Y_{OS} \\ Z_{OS} \end{pmatrix} \right\} \tag{6.3.16}$$

其中 ρ_{OD} 为未知量。γ_{ED} 的初值取地球赤道半径 $a_\oplus$ ，代入（6.3.16）式，可求得 ρ_{OD} 的初值，并可得到 D 点的初始地心经纬度。地面点的地心纬度 φ' 和地心向径的关系为

$$\gamma_{ED} = (a_\oplus^2 \cos^2 \varphi' + c_\oplus^2 \sin^2 \varphi')^{\frac{1}{2}} \tag{6.3.17}$$

将（6.3.17）式得到的 γ_{ED} 值代入（6.3.16）式，得到修正的地心经纬度，再将新的地心纬度代入（6.3.17）式，然后将所得的地心向径代入（6.3.16）式。如此迭代，直到收敛。所得的地心经纬度就是此刻日全食的中心点。

（2）全食带范围的计算。

将不同时刻的日、月、地三者历表和地球定向参数代入上述计算过程，得到全食中心点在地面上的移动轨迹。由图 6.3.2，日食全影锥的角半径

$$\theta_M = \tan^{-1} \frac{r_S - r_M}{R_M} \qquad (6.3.18)$$

此锥面和地面相交曲线所包围区域移动的轨迹就是全食带。在全食带两边分布着偏食带，计算原理与上述类似。这是一些纯数学计算问题，不再赘述。

§6.3.4　其他天象的预测

1．行星的地心天象

（1）冲日合日和凌日。

太阳平均轨道半长轴 $a_e = 1.00000102A$，用（6.2.1）得到太阳的角速度 $n_E = 0°.9856061606/$日。设行星的轨道角速度等于 n，太阳和行星的较差角速度等于 $|n - n_e|$。这样，该行星和太阳的会合周期 $T = \dfrac{360°}{|n - n_E|}$。依据太阳系天体历表可计算出，行星的地心视黄经等于太阳的地心视黄经的时刻，该时刻称为该行星合日。两者视黄经相差 $180°$ 时刻，称为该行星冲日。显然，只有外行星有冲日现象发生。设行星 P 和太阳的地心矢量分别用 $\vec{R}_p$ 和 $\vec{R}_S$ 表示，它们之间的角距离 θ 为

$$\theta = \cos^{-1}[< \vec{R}_p > \cdot < \vec{R}_s >] \qquad (6.3.19)$$

当 $\theta \leq r_s$（太阳视半径），行星位于太阳圆面之内，称为凌日。利用前面列出的行星轨道根数并考虑到行星光行差的影响，容易计算出行星的合、冲和凌的时刻。但是行星实际并不位在平均轨道上，而是在有摄轨道上，因此这些天象实际发生时刻与用平均轨道计算的时刻之间有小的差异。准确的发生时刻预报应依据 DE/LE 系列历表计算。对于后面涉及到的其他行星天象也是一样。

（2）留。

行星的视黄经变化率为零的时刻称为留。行星历表列出的是视赤经赤纬，经坐标变换得到视黄经、视黄纬。由此可求出黄经变化率为零的时刻。

（3）大距。

外行星与太阳的角距离 θ 可以在 $0° \sim 180°$ 之间变化，内行星 θ 在一

定范围变化。在内行星 $\dot{\theta}=0$ 时刻，行星和太阳之间的地心张角达到极大值，称为大距。

2. 行星合月、月掩行星

某行星视黄经和月亮视黄经相等时刻称为该行星合月。当某行星和月亮中心的角距离

$$\theta = \cos^{-1}[<\vec{R}_p> \cdot <\vec{R}_m>] \leq r_m \text{（月亮视半径）} \qquad (6.3.20)$$

时，发生该行星的"食"，称为月掩行星。（6.3.20）计算的是地心处发生的月掩行星。由于月亮的视差很大，在精确计算某地点发生的掩星过程时，应当用月亮的站心视方向 $<\vec{R}_m - \vec{R}_d>$ 和行星的站心视方向 $<\vec{R}_p - \vec{R}_d>$ 代替（6.3.22）中的 $<\vec{R}_m>$、$<\vec{R}_p>$，其中 $\vec{R}_d$ 是台站的地心矢量，并且已经转换到空间坐标系。

3. 月相

月相是太阳与月亮的相对位置变化的结果，以日月的地心视黄经之差（不是日月平经差 D）定义的，当其值等于 0°、90°、180°、270° 时，分别称为朔、上弦、望、下弦。

第七章　全局量度坐标系中的方向测量

　　地基天体测量的基本目的之一是得到目标天体相对于观测者的坐标位置。对于地基的方向测量技术，观测直接得到的是天体的观测方向，然后需要运用第二章的理论，将观测方向换算到坐标方向。观测方向的获取需要借助于一个本地的量度坐标系。该量度坐标系需要与天球坐标系建立联系，从而将量度坐标系中描述的观测方向换算到天球坐标系。这是天体的方向测量的基础途径。量度坐标系大体可分成两类：全局的量度坐标系和局部的量度坐标系。所谓**全局的（Global）量度坐标系，是指的那种用其可以对整个可视天区进行测量的坐标系**，这通常由望远镜的轴系和视场内的测量标记共同构成的物理标架所体现。所谓**局部（Local）量度坐标系是指的那种用其仅能对狭小的望远镜视场内的目标进行测量的坐标系**，这通常只由视场内的物理标记所体现。本章讨论在全局量度坐标系中的进行的方向测量，第八章讨论在局部量度坐标系中进行的方向测量。

§7.1　方向测量的基本原理

　　天体方向的描述需要参考于某个坐标系，相对于这个坐标系的球面坐标作为天体方向的描述变量。球面坐标用两个角度表示。要区分本书中"方向"和"角度"两个术语。方向是个矢量，因此总是相对于某坐标系描述的。角度则只是一个标量。角度可以作为描述方向矢量的坐标分量，也可以用来描述一些与坐标系无关的较差量。和许多精密测量的流程一样，方向测量需要实现观测方程的线性化，如第一章所述。线性化后的误差方程总是通过星站测量函数的 $(O-C)$ 关系式表达的。这里的"O"是测量函数的测量值，"C"是测量函数的理论计算值。为得到"O"，需要建立一个由实际测量仪器实现的坐标系。这是一种由物理框架体现的坐标系。这个坐标系称为天体测量过程中的"量度坐标系"。为了得到"C"，需要建立一个由天体测量学理论定义的一个坐标系。这是

199

一个概念性的、数学的坐标系，常被称为某测量方法中的"理想坐标系"。理想坐标系必须和天球坐标系有确定的理论转换关系，以便能将相对于量度坐标系的观测变换到相对于天球坐标系的观测。同时理想坐标系又必须在性质、类别方面和量度坐标系保持一致，使得二者之间的差异尽可能微小，差异的函数关系尽可能简单，以保证$(O-C)$是小量。一个方向测量方法的设计，不仅要设计量度坐标的测量方法，而且要建立量度坐标系和理想坐标系间关系的表达式，问题才能最终得到解决。

若用$[L]$表示某测量方法中采用的量度坐标系，$[I]$表示相应的理想坐标系，并设测量给出天体的观测方向在该量度坐标系中的坐标分量为X_i、Y_i、Z_i。又设该天体的观测方向在理想坐标系中的坐标为ξ_i、η_i、ζ_i，于是该天体的观测方向可表示为

$$\vec{\rho}_i(t) = [I] \begin{pmatrix} \xi_i \\ \eta_i \\ \zeta_i \end{pmatrix} = [L] \begin{pmatrix} X_i + \Delta X_i \\ Y_i + \Delta Y_i \\ Z_i + \Delta Z_i \end{pmatrix} \qquad (7.1.1)$$

其中ΔX_i、ΔY_i、ΔZ_i是被测天体量度坐标的系统差改正量，经此改正后观测量所体现的量度坐标系$[L]$是一个线性的，正交的和$[I]$有共同坐标原点的坐标系。用矩阵$\bar{A}$表示量度坐标系$[L]$到理想坐标系$[I]$的转换关系

$$\bar{A} = [I]'[L] \qquad (7.1.2)$$

理想坐标系是一个理论定义的地方坐标系，本身没有误差。理想坐标系到瞬时天球坐标系$[N]$的转换矩阵

$$\bar{B} = [N]'[I] \qquad (7.1.3)$$

中包含测站坐标、地球姿态等方面的参数。由此

$$\vec{\rho}_i(t) = [N][N]'[I][I]'[L] \begin{pmatrix} X_i \\ Y_i \\ Z_i \end{pmatrix} = [N] \bar{B} \cdot \bar{A} \begin{pmatrix} X_i \\ Y_i \\ Z_i \end{pmatrix} \qquad (7.1.4)$$

上式表明，天体的观测方向的测定需要经过下面三个步骤：

（1）在量度坐标系中测量星过瞬间的量度坐标值X_i、Y_i、Z_i，并作各种系统差改正。

（2）确定量度坐标系到理想坐标系的转换矩阵 $\overline{A}$，计算出理想坐标值 ξ_i、η_i、ζ_i。

（3）确定理想坐标系到瞬时天球坐标系的转换矩阵 $\overline{B}$，计算出天体的观测方向矢量在瞬时天球坐标系 $[N]$ 中的分量参数。

在上述步骤中，量度坐标的系统差改正的确定以及坐标转换参数的确定是关键，是地基天体测量问题中的重点研究课题之一。有两类不同的方法确定这些系统差和转换参数。第一种方法是，观测一些天球坐标已知的天体，计算得到有关的参数，并将这些参数应用于其他待测目标的观测数据的处理中。这种方法称为相对测量法。另一种方法是，设计专门的观测和计算流程，将系统差改正和坐标转换参数连同待测天体的坐标一起解出，而不依赖于任何天体的已知坐标。这称为绝对测量法。人类的天体测量活动是从绝对测量开始的。绝对测量方法是各种天体测量方法的基础。在天体测量资料已经有了大量积累的今天，绝对测量方法事实上已经没有应用意义。今天，参考星表的密度已经达到每平方度几十颗星到几千颗，将来可能达到上万颗。在这种情况下，可以采用在狭小天区的天体照相的方法作相对测量。和大天区的直接测量方法相比，照相测量方法效率高，并有较好的精度。但尽管如此，作为天体测量历史的重要一部分，对绝对测量方法，我们仍需要了解它，因为在原理上它们和现在正在使用的方法之间有着共同的根。天体测量方法在历史上的发展轨迹，是一个逐步向高精度前进的过程，不是有了今天的就可以否定昨天的那种关系。如果人类登上一个遥远的星球，尽管可以带去各种现代测量技术，但面对那里完全不同的星空图像，仍然需要从绝对测量开始建立天球参考架。所以，从原理上解剖这段历史，从天体测量发展轨迹中提取深层的理念，是本章的主要目的。这会有利于进一步的创新开拓。

全局量度坐标系中的方向测量是在在大天区范围中进行的测量。这种方法的主要缺点是误差来源多，精度不高。不论对绝对观测还是相对观测都有这个问题。为了减少误差源，提高观测精度，这类测量方法通常都设计某种只有一个自由度的专门的望远镜，以提高望远镜的稳定性，尽量避免量度坐标系的定向参数的变化。这种望远镜往往只对天空中某一特殊面上的天体作观测，例如子午圈、卯酉圈、等高圈等。这样，一个天体在一天中只能被观测 1～2 次。所以对这类测量方法，通常只解很少的未知参量，而把其他的参量设法另行处理。

§7.2 全局量度坐标系和理想坐标系

由上一节的一般原理不难理解，设计一个全局的量度坐标系需要满足以下几个条件：

要有利于精确、方便地测量星过时刻的量度坐标值；

要有切实可行的方案确定量度坐标的系统误差；

量度坐标系和理想坐标系之间的转换关系具有明确的物理机制，并能精确测量出有关的转换参数。

1. 全局量度坐标系的建立方式

全局的量度坐标系有望远镜的轴系指向实现。例如有一架具有相互垂直的旋转轴的望远镜，配备两个度盘，就可组成以这两个旋转轴的指向为坐标轴的量度坐标系，可以测量天体的观测方向在两轴方向的分量。例如：

（1）赤道式望远镜。

这类望远镜的一个轴指向天极方向，望远镜绕极轴转动可以使镜筒指向不同的时角（或赤经）。另一轴和极轴垂直，叫做赤纬轴。镜筒绕赤纬轴转动时可以使镜筒指向不同赤纬的天区。通过赤经度盘和赤纬度盘，可以知道望远镜光轴方向的时角和赤纬。这样构成一个接近于天球时角坐标系的量度坐标系。该量度坐标系并不能完全和天球赤道坐标系一致。其极轴并不一定和天球坐标系的极轴重合，其时角的起始平面不一定和地方子午面一致。赤道式望远镜并不能随时精确地测定这些偏差。这是因为这类望远镜无法从物理上提供天极和子午面的准确取向。所以赤道式望远镜装置不适合为天体测量提供全局量度坐标系。

（2）地平式望远镜。

这类望远镜有一个水平轴和一个垂直轴，相应的配有水平度盘和垂直度盘，这样构成一个接近于地平坐标系的量度坐标系。理论上，望远镜可以地平以上的任何目标天体，得到它们的地平高度（或天顶距）和方位角，以及星过时刻的天文钟读数。与其相应的理想坐标系是地方地平坐标系，其第一轴在子午面内，第三轴在铅垂线方向。可以用精密的水准器测量仪器的水平轴与地方地平的偏差；通过专门的措施测定量度坐标系的第一轴与子午面的偏差。这样，量度坐标系和理想坐标系之间的偏差可以得到有效控制并精确测定其转换参数。因此，作这类观测的天体测量望远镜一般都采用地平式结构。

2. 历史上常见的地平式天体测量望远镜构建的量度坐标系

（1）经纬仪：这是一种可作全方位观测的地平式望远镜，可以测量星过瞬间的地平高度 h 和方位角 a 和相应的星过时刻，经过仪器误差改正后，得到天体对地平坐标系 $[Z]$ 的观测方向

$$\vec{u}(t) = [Z] \begin{pmatrix} \cos a \cos h \\ \sin a \cos h \\ \sin h \end{pmatrix} \qquad (7.2.1)$$

这里描述的理想坐标系是右手系的地方地平坐标系。

（2）子午环：这是一种只限定在子午面内观测的地平式望远镜，观测时其水平轴只能位在东西方向上。用子午环可以测量天体经过量度坐标系子午面的时刻和地平高度，经仪器系统误差修正后转换到理想坐标系，得到天体的观测方向的有足够精度的近似表达式为

$$\vec{u}(t) = [Z] \begin{pmatrix} \cos h \\ \Delta a \cos h \\ \sin h \end{pmatrix} \qquad (7.2.2)$$

式中 Δa 是星过时刻的实际方位角，是一个仪器误差小量，一般控制在角秒的水平。

（3）等高仪：这是一种只限定在同一地平高度上测量星过时刻的望远镜，相当于其测量值为星过瞬间的地平高度和时角。这样的观测实质是相对于地方天文地平（垂直于铅垂线的平面）的观测。由天文三角形 PZS 得到观测方程为

$$\sin h = \sin\varphi\sin\delta + \cos\varphi\cos\delta\cos(S_l - \alpha) \qquad (7.2.3)$$

其中 S_l 是测站的地方恒星时。

§7.3　全局量度坐标系中系统测量误差的分析

§7.3.1　量度坐标的系统误差处理

如前所述，量度坐标系由仪器的物理轴体现，物理轴指向的偏差将作为天体方向测定值的系统误差出现。对这些系统误差的确定精度如

何，是天体方向测量中极其重要的问题。对于地面光学技术，200 年多来人们对此采取了多方面的措施，使得观测精度有了很大的提高。下面以一些常用的测量仪器作为例子，说明确定这些系统误差的基本思想，以及提高测量精度的各种可能途径。

天体方向的直接测量方法都采用铅垂线作为地方矢量，因为在各种地方矢量中（铅垂线、参考椭球法线、地心向径），只有铅垂线的方向可直接作为测量的参考方向。对于以下一些常见的仪器种类，主要系统误差和对其处理方法举例如下：

1. 子午环

这是专门在子午面内观测的望远镜，其水平轴安置在水平面内且指向东西方向，其远镜可以绕水平轴转动而指向不同的天顶距。望远镜设有精密的垂直度盘，可以读取所指方向的地平高度读数 h（或天顶距 z），并记录星过的时刻 T。子午环装备有水准器，用来校正仪器水平轴的水平度。仪器在制造时经过严格校准使得垂直轴和水平轴的交角成直角。但无论仪器的制造工艺如何先进，仪器安装如何仔细，当子午环观测过子午面的天体时，还是可能存在以下类型的仪器误差。

（1）水平差：水平轴不在水平面，它与水平面有一微小夹角 b，称为水平差。如图 7.3.1 示，此时光轴和水平轴仍然是垂直的。由于水平差的存在，使得远镜绕水平轴旋转时光轴指向的轨迹大圆不通过天顶点，但仍经过测站的南点和北点。该大圆与子午圈的交角就是 b。

（2）准直差：如图 7.3.2 示，望远镜光轴和水平轴不相垂直，因此在远镜绕水平轴旋转时，光轴指向点的轨迹不是大圆，而是一个平行于子午圈的小圆。该小圆与子午圈的角距用 c 表示，这称为准直差。

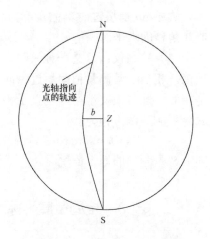

图 7.3.1　子午环水平差示意图

（3）方位差：如图 7.3.3 示，水平轴不真正位于东西方向，当远镜作水平指向时，光轴并不严格指向南北点。但这时光轴指向的轨迹仍是过天顶的大圆，它和测站子午圈的夹角用a表示，称为方位差。

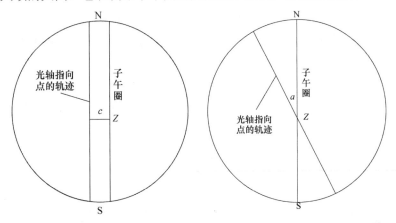

图 7.3.2 子午环准直差示意图   图 7.3.3 子午环方位差示意图

（4）度盘零点差：垂直度盘的零点不对应于天顶点（或天底点）。当远镜指向天顶点（天底点）时，度盘读数为ψ_M。这样仪器测得目标天体的天顶距均含有系统误差ψ_M，这称为度盘零点差。

（5）度盘刻度不均匀：这使得测量读数带有与远镜的天顶距有关可重复的误差。对于同一指向的观测，它是系统性的误差。对于不同指向的观测，它体现为非系统的误差。

（6）水平轴颈不规则：远镜指向的天顶距的变化是通过仪器水平轴颈在一个基座的两端有 V 字形口的支架上的转动实现的。两端轴颈如果不是标准的同心圆，在其转动过程中远镜的方位差和水平差将会发生变化，这称为轴颈不规则误差。轴颈误差的影响对同一天顶距上的测量是系统性的，对不同的天顶距的测量结果的影响是非系统性的。

（7）星径上的测量误差：由于恒星在视场中运动很快，不可能直接地用远镜的视场标记正确对准被测天体而测出其方向参数。在实际仪器中，为提高测量精度，普遍采用各种形式的测微器。所谓测微器就是用某种方式驱动的视场中的移动标记。在一段观测记录时间内，该移动标记始终跟踪星像的视场运动。在此过程中，移动标记在经过视场各固定位置时记录下星像的方向参数（如天顶距）和星过的时刻。由这些记录数据综合计算天体通过子午圈时的各项参数。由于采用一段时刻观测的平均，测量误差被削弱，测量精度有很大提高。但是，测微器也存在误差，比如移动标记运动速度不均匀或视场固定标记间距不均匀、测微器运动方向有偏差等。此外，由于采用一段时间的观测作平均，而星像在视场中的运动轨迹不是直线，星像运动速度也不均匀，带来曲率误差。

（8）时刻记录误差：星过时刻记录系统的误差，如工作时钟的时刻差和速度差、电子记录器件的时间延迟等。

（9）镜筒弯曲：当子午环的远镜不位于垂直方向时，重力的作用使它发生弯曲。远镜指向的天顶距越大，弯曲越严重。镜筒弯曲的后果是使得望远镜光轴的实际指向和度盘指示的应有指向不一致，给天顶距的测量结果带来误差。这种误差是系统性的，是观测目标天顶距的函数。这是子午环最严重的系统误差。由于没有非常有效的测量或消除措施，镜筒弯曲误差一直是子午环星表的赤纬系统差的主要来源。

2. 其他子午式望远镜

根据不同的观测目的，还有一些种类的子午式的仪器，例如中星仪、天顶仪等，它们实际就是作了某种简化的子午环，例如没有垂直度盘。除了度盘误差外，子午环的各种系统误差对这些类型子午式望远镜都有同样的影响。

3. 等高仪

这是与子午仪的工作原理完全不同的仪器。它没有水平轴，远镜系统只绕垂直轴转动，因此光轴指向的轨迹是一个地平纬圈。所有的星在通过视场时的天顶距为一常数，所以称为等高仪。等高仪的地方矢量也是铅垂线。它通过水银的反射面构成人造地平面，等高圈相对于这个人造地平建立。等高仪观测时记录的是星过时刻，不记录天顶距。等高仪的这种结构和工作原理使它没有水平差、方位差、准直差、度盘刻度误差、镜筒弯曲、正常大气折射等各项误差源，大大简化了仪器结构和观测流程，并提高了观测精度。但是等高仪不能作真正意义上的绝对测量，所以它的精度和子午环没有可比性。一组星的星过时刻的观测决定了平均星过时刻的地方天顶在天球上的位置，因而可用来测定地方恒星时和测站纬度。等高仪的观测精度的主要限制是大气的非模型折射误差和星过时刻记录误差。

由上述例子看出，对这类提供全局量度坐标系的仪器，提高测量精度的共同思路是，首先假定仪器的任何状态参数和环境参数都是不准确的，都存在某种系统误差。然后对这些误差来源进行仔细研究，提出有效的处理方法予以消除或削弱。这可说是天体测量学家的基本思维框架。天体测量学家永远不承认没有误差的精密加工、没有偏差的安装调试、完全正确的实验室测量结果、完全正确的环境因素描述。**"怀疑一切"，检测一切，对一切都要有相应的对策，这是天体测量学的基本思维方式。**随着测量仪器不断更新换代，观测的误差的存在形式也经常变化，但上述追究误差来源的思想本质依然是天体测量学的基本准则。

§7.3.2　测量值的系统误差处理的一般准则

1. 其他系统误差

光学的方向测量技术除了上述各种与仪器的结构及安装状态有关的误差外，还有多种与观测及数据处理过程有关的误差来源。

（1）与观测者有关的误差：人仪差。

上述的各种经典观测仪器的观测记录过程中，不同程度地需要人工介入操作，因而存在不同人员之间的差别，称为人仪差。这种差别有时是多变的，难以作为系统差处理。其根本解决途径是提高观测的自动化程度。

（2）与被测天体有关的误差：星等差、光谱型差、星表的系统误差等。

统计发现，光学观测—无论是目视观测还是光电观测，均可能与恒星的亮度及颜色有关，分别称为星等差和光谱型差。此外，对于相对测量采用的参考星表除了存在个别星位置的偶然误差外，还可能存在与天区的赤经赤纬有关的误差。这类误差在观测数据的实时处理过程中无法确定并消除，它们的影响将进入观测方程（1.3.1），并影响到各待定参数的解。通常的解决办法是经过资料的积累，分析出残差分布与星等、光谱型或观测恒星所在的天区的统计关系，建立经验模型并应用到以后的观测数据处理中。

（3）与环境有关的误差：大气折射的地方性差异和非模型误差。

地基光学观测的最难对付的误差源是大气。大气折射的计算建立在一定的理论模型的基础上。实际的大气折射效应因时、因地而异，一个统一的模型所模拟的状态与实际状态的差异对观测的影响，既有地方系统差，又有时变的系统差和不规则的随机误差。其中系统差异可以通过大气折射系数改正的实时测定予以修正。不规则的异常折射引起的误差既不能在观测方程中实时解出，也不能通过统计给出经验的改正模型，这成为观测精度提高的主要限制之一。对此，主要应对措施是根据大气条件精心选取仪器安装地点，并在观测室建造方面尽可能顾及局部大气条件。应当尽量选择大气宁静度好的地点建立测量台站，观测地点周围地势应平坦且无高大建筑物，观测室内应无明显热源或冷源。

2. 观测误差的通常处理方式

（1）巧妙安排测量流程，使某些误差在流程中得以消除。

例如，子午仪的准直差是仪器制造和安装调整中留下的系统误差，使得光轴与仪器水平轴不垂直。在观测星过子午圈过程中，如果将水平轴反转 180° 继续观测，准直差的影响将反号。前后观测结果的平均可以有效地消除远镜准直差的影响。因此，各类子午式的仪器都尽量采用转轴观测的流程。

（2）合理安排测量流程，使某些误差的瞬时值被实时测定。

例如子午仪在观测前后和观测过程中，用水准仪测定仪器水平差，在解算中用来改正观测数据。

又如，一般的子午环由于观测过程中不能转轴，安排在观测前后和观测过程中，通过观测特设的方位标确定仪器方位差，并用于改正观测数据。

（3）采用相对模式，用参考星的观测确定系统差。

这是最常用的方式。例如在已知时刻用子午仪观测赤经已知的参考星，可得其方位角，和仪器观测指示的方位角比较，可得其方位差。

（4）根据解算原理设计观测和数据处理流程，使得某些误差连同待测参数一起被解出。

例如，子午仪的方位差对星过时刻的影响与星过时的天顶距有关。如果安排观测纲要时，让被测恒星在天顶距分布方面尽量均匀，其对一组星的平均星过时刻的影响被大大削弱。并且通过方位差影响与天顶距间的函数关系可以同时解出观测过程中的平均相对方位差。这里说的相对方位差，是因为所解出的方位差依赖于参考星的位置系统。

再如，等高观测中的等高圈天顶距，与仪器常数和大气条件有关，它对星过时刻的影响与星过时刻方位角有关。选定观测纲要时如尽量使被测星按方位角均匀分布，其影响将大大削弱，并能同时解出一组星过时刻的平均相对天顶距参数。

（5）严格调整仪器和处理观测环境，使某些误差减到尽可能小的程度。

例如任何仪器观测前，均需要对其各项状态参数作精心调整，使其达到最佳状态。提早打开观测室天窗，以消除因室内外温度差引起的局部反常折射的影响；等等。

（6）经过事后的资料处理分析出系统差，作为以后的经验改正采用值。

上面说到光学技术的测量函数是天体的方位角和天顶距，这些数值是通过仪器的远镜指向目标时用度盘读取的。理论上，仪器的水平轴与水平面平行，垂直轴与铅垂线方向一致；水平度盘的零点应指向地方坐标系第一轴的方向，即子午圈的南点方向；垂直度盘的零点应指向坐标系第三轴的方向，即铅垂线方向；而且度盘的刻度应当是均匀的，使得刻度的变化完全能代表空间相应角度的变化。在这些前提下，量度坐标和理想坐标一致。但实际上，这些要求在仪器制造和安装中不可能精确实现。因此，在观测和数据处理的流程上必须考虑这些因素，在量度坐标系和理想坐标系间建立联系。要实施一种测量思想，除了基本原理必须正确外，对误差的处理往往也是成败的关键。如果系统误差处理不能满足精度要求，量度坐标系将不能以足够的精度转换到理想坐标系，那么再好的原理也是没有用的。因此，对系统误差的讨论是天体测量学中的非常重要的内容。在本教程中，不具体讨论某仪器某种误差，而注重于对带有普遍意义的误差的处理方法。

此外，如果是相对测定，参考星表的误差也可以通过事后的资料分析得到经验改正，以改进观测结果。

§7.3.3　绝对测定过程中仪器误差的处理

如前所述，天体观测方向的绝对测量，实际就是两组坐标转换参数的绝对确定：量度坐标系和理想坐标系以及理想坐标系和天球坐标系间的转换参数的绝对测定。对前者，就是各种系统差的绝对测定或处理。系统差的测定方式不外两种：其一，通过物理的或天文的方法事先单独测定，并将测定结果应用于观测方程的解算过程；其二，将某系统差作为未知量，和其他未知量一同解出。对于光学的测向方法，每个星一天中仅能测量 1～2 次，能同时解出的参数数量非常有限，所以主要采取第一种处理方式。下面举例叙述一些系统差的事先测定方法。

（1）方位差的测定。

方位差的存在使得记录的星过时刻并不是过子午圈的时刻。这是一种系统误差，不能通过增加观测次数而被削弱。因此，需要设法测定望远镜的方位差。设天极 P，天顶 Z 和拱极星 S 组成狭窄球面三角形 PZS。在右手的地平坐标系中，该三角形的三个边是

$$PZ = 90° - \varphi , \quad PS = 90° - \delta , \quad ZS = z ,$$

其三个角分别是时角 t、方位角 A 以及星位角 q。由

$$\frac{\sin A}{\cos \delta} = \frac{\sin q}{\cos \varphi} \qquad (7.3.1)$$

的关系看到，对于给定的测站和给定的恒星，当 $q = 90°$ 时，恒星的方位角达到极大值，此状态称为**大距**。显然，对于北半球测站只有能在天顶以北上中天的恒星才有大距。南半球的情况相反。一个拱极星在上中天前和后各有一次大距，分别称为东大距和西大距。对（7.3.1）式求导数，得到

$$\frac{dA}{dt} = \cot q \tan A \frac{dq}{dt} \qquad (7.3.2)$$

在大距处，$q = 90°$，所以 $\frac{dA}{dt} = 0$。这意味着，在大距前后，拱极星的方位角变化速度几乎为零。所以其观测时刻与大距时刻稍有偏差对方位角的影响很小。这种情况下的观测很容易实施。对于极距小于望远镜半视场的拱极星，子午仪可以长时间内在视场中观测到它，包括在其大距时刻。如果一天内相继观测拱极星的东西大距，其东西大距的方位读数的平均值就是天极的方位读数，由此可以绝对地测定其大距时刻的真方位角。这种方法的测量结果与拱极星的赤纬误差无关，因而可以绝对地解算出远镜主光轴的方位差。能够在子午仪上作大距观测的拱极星数量非常少，不可能在一个晚上多次进行。而仪器方位角很容易变化，一个晚上必须测定多次。所以单单通过拱极星的大距观测还不能满足要求，通常要用照准标作为辅助。所谓的照准标是建立在地方子午线上的人造定标装置，望远镜南北各一个。在每个观测的夜晚，测量出子午仪相对于照准标的方位差若干次，给出仪器方位差相对于照准标的变化。另外，在不同时期经常观测拱极星以测定照准标的方位角。将两种测量结果结合起来，就可以得到整个观测过程中子午仪方位差的变化。在上述测定

方位差的过程中，没有用到其他恒星的已知坐标或用已知坐标推求的仪器参数。因此这种测定方位差的方法属于绝对测定。

（2）准直差的测定。

准直差的存在使得记录时刻早于（光轴的旋转轨迹位于子午圈之东）或晚于（光轴的旋转轨迹位于子午圈之西）天体中天时刻。当把望远镜的水平轴翻转180°时，仪器的准直差影响将反号。将两边的观测结果平均，准直差对星过时刻的影响将抵消。这是许多子午观测常用的方法。但对于传统的子午环这样大型天体测量仪器，在观测过程中间翻转望远镜是极其困难的，以致于绝大多数子午环在观测过程中都不翻转。这样，准直差的绝对测定就必不可少。准直差的测定也通过照准标实现。将远镜对准照准标，测出照准标相对于视场中央位置的坐标。将仪器翻转180°重复上述测量，两次测量结果之半差就是望远镜的准直差。准直差是相对比较固定的系统差，在一个夜晚的观测中，可以作为常数，在观测的前后各测定一次。

（3）水平差的测定。

大天区测量天体坐标方向的光学技术都以铅垂线作为理想坐标系的基本方向。铅垂线是地方重力的方向，垂直于地方水平面。仪器水平面的物理实现可通过水银面或水准器。

有一类仪器，如等高仪、天顶筒，用一浅盘状容器装上水银构成人造地平面，其法线就是地方铅垂线。水银比重大，不易晃动，且反射率高。它作为一光学反射面可永远保持在地平方向。入射光线和它的夹角就是被测天体的地平高度。这类仪器的特殊设计的观测原理自动保证了其观测是以铅垂线为参考，所以不需要另行测定水平差。

另一类仪器如子午环、中星仪、天顶仪等，它们都有一东西向安置的水平轴，仪器的子午面是通过水平轴实现的。当水平轴平行于地平时，仪器的远镜绕水平轴转动的指向轨迹就是仪器的子午面。但水平轴不同于水银面，它不能自动保持在水平面内。若水平轴偏离水平方向，就形成上面说的水平差。这时，光轴的旋转面是过南北点但不过天顶因而和子午面不重合的大圆面，两平面的夹角就是水平差。水平差是多变的，不仅受到环境因素的影响，而且受到望远镜的旋转轴的细微的不规则性影响。所以每次星过的观测过程中都要用精密的水准器作水平差测定。这种测量不依赖于任何天体的坐标，也不依赖于测站坐标或其他天体测量的数据，因此属于绝对测定。

（4）焦距改正的测定。

实际观测得到的都不是星过瞬间的时刻或天顶距读数，而是在星过前后的一段时间内一系列读数。将这一系列读数换算到星过时刻的读数，平均后给出星过时刻读数的观测值。这种换算的本质是将记录位置在视场切平面上的线坐标变化换算成角位移，因此需要用望远镜的焦距数值，也就是视场切平面上的"线度/角度"的比例尺。需要对视场平面的水平方向和垂直方向的比例尺分别作出测定。水平方向比例尺由恒星通过过程中一系列时刻测量换算给出，垂直比例尺通过观测不同赤纬的恒星或同一恒星观测过程中调整望远镜指向的天顶距而确定。

（5）星径曲率改正。

一次观测过程中的多次记录的解算不仅需要用到精确的望远镜焦距值，而且要对天体在视场内移动时路径的弯曲进行改正，使多次记录的量度坐标的平均值真正对应于星过时刻。视场内星径曲率的具体计算方法见§5.6.5。

（6）视场旋转改正。

对光学望远镜还需要考虑另一个问题，就是视场平面上的坐标轴方向的旋转。前面说过用作直接测向的望远镜的量度坐标系是仪器的旋转轴定义的。当星像位于望远镜主光轴的指向点时，指向点的坐标就是星像的量度坐标。然而在实际观测时，被测天体并非总是准确位于主光轴方向。二者的偏差由视场平面上的局部量度坐标系度量出来。所以观测时星像的量度坐标包含两部分：一是适用全局的量度坐标系，相对于该坐标系测量出光轴的空间指向；二是仅适用于视场平面的局部量度坐标系，相对于该局部坐标系测量天体方向在视场中相对于光轴的指向。两者相加得到天体的观测方向相对于天球坐标系的指向。上面提到的方位差、水平差、准直差等都是全局量度坐标系的系统差。而局部量度坐标系也存在另一类的系统差，比如：视场平面的坐标轴和天球上的赤经赤纬圈方向不平行（视场旋转）、两坐标轴不垂直、两坐标轴的比例尺不一样、视场内不同区域的比例尺度不一样（坐标非线性）等。其中由于视场旋转的因素，使得对称于量度坐标系坐标轴的记录并非对称于子午圈（或其他预定要观测的地平经圈），使得平均记录实际对应的位置和其应当代表的位置存在偏差。这类系统差不能在实验室中确定，需要通过对天体的观测予以确定。为此需要在视场内有足够数量的位置已知的天体，通过对这些天体的观测建立局部量度坐标系的数学模型。对于直接的方向测量方法，视场内的星数通常很少，不足以解算坐标模式。其中视场旋转可以通过大量的观测事后统计出经验模型。其他更复杂的系统差则无法解决。对于照相观测，则需要建立局部量度坐标系的数学模式，这将在下一章详细叙述。

§7.3.4　天文纬度和折射系数改正值的绝对测定

对于子午测量方法，理想坐标系到基本坐标系的转换参数中包含测站的瞬时天文纬度。在绝对测定过程中，测站的天文纬度和恒星的赤纬必须同时确定。

绝对测定的例子之一：利用垂直度盘，子午环可以记录天体过子午圈时刻的观测天顶距 z'，作了光行差和大气折射改正后可以得到其几何天顶距 $z = z' + \Delta z$。这里，假定仪器误差已经作过专门的处理，并设观测时刻测站的瞬时天文纬度（地方铅垂线和瞬时极轴夹角的余角）为 φ。在该测站，凡是瞬时赤纬满足

$$\cdot \quad \delta > 90^\circ - \varphi(t) \text{（对北半球测站）}$$
$$-\delta > 90^\circ + \varphi(t) \text{（对南半球测站)}$$

关系的天体理论上都能在上下中天两次被观测到。在北半球测站，对同一恒星上下中天的两次观测，分别有如下关系

$$\begin{aligned} \delta - \varphi &= z'_{up} + \Delta z_{up} \text{（天顶以北上中天）} \\ 180^\circ - (\delta + \varphi) &= z'_{dn} + \Delta z_{dn} \text{（下中天）} \end{aligned} \tag{7.3.3}$$

对于绝对观测，天体瞬时赤纬 δ 和测点的瞬时纬度 φ 都是未知量。而且大气折射系数的值并不能认为精确已知，它应当被认为存在系统误差，因为各地的大气折射的实际状况可能不同程度地偏离所采用的折射模式。假定不同地点由于海拔高度、湿度、温度等条件不同，地方的正常大气折射系数和大气折射表采用的系数有所不同，令大气折射表采用系数为 R，地方的系数可表示为 $R + \Delta R = R(1 + \frac{\Delta R}{R})$，不难导出，地方的大气折射量可以表示成

$$\Delta z = \Delta z_0 (1 + \frac{\Delta R}{R}) \tag{7.3.4}$$

其中 Δz_0 是用观测天顶距从大气折射表求得的初步大气折射。将（7.3.4）式代入（7.3.3）式，有

$$\delta - \varphi = z'_{up} + \Delta z_{0up}(1 + \frac{\Delta R}{R})$$
$$180° - (\delta + \varphi) = z'_{dn} + \Delta z_{0dn}(1 + \frac{\Delta R}{R})$$

$$(7.3.5)$$

上式中，有三个未知量，δ、φ、ΔR，但仅有两个方程，仍不能解出。对于不同的恒星，相对于天球历书极，在一个晚上 φ、δ 都可视为不变量，其中 φ 与恒星无关。若在上下中天观测 N 个星，总共有 $N+2$ 个未知量，有 $2N$ 个方程。可见只要对 2 颗以上的恒星上下中天进行观测，即可解出 φ、ΔR 以及各星的赤纬。在这个过程中，没用使用任何恒星的已知坐标。因此可以认为，这样测定的瞬时赤纬、瞬时天文纬度及地方大气折射系数改正值属于绝对测定。能够进行上下中天观测的星的数量有限。通常一个晚上选取几个拱极星作上下中天观测以确定绝对天文纬度和大气折射改正值，并将其用到该夜晚的其他星的天顶距观测中，得出出更多星的赤纬。由此可见，所谓绝对测定，其实就是绝对测定天文纬度和大气折射系数改正值，而不是绝对测定每个星的赤纬本身。现代的高精度测量技术已经揭示，理想中的瞬时参考极（一天中对地面和对天空均无周日变化）实际并不存在，无论在地面还是在空间瞬时参考极都存在近周日的和近半日的高频变化。所以观测恒星上下中天绝对测定纬度和赤纬在概念上也是不严格的。不过这些高频变化非常小，在1mas 以下，这里可以不要考虑，因为地面光学技术远达不到这样精度。

绝对测定的例子之二：上面的绝对测定方法必须观测拱极星的上下两次中天。但上下中天的观测很受局限，只有高纬度地区对高赤纬的恒星才能实施，低纬度台站无法实施绝对测量。另外，上下中天两次观测须相差 12 小时，只有在冬季傍晚和清晨才能进行。这样，真正能实现绝对观测的机会非常局限。如果能在低纬度台站上对同一天体实现两次观测，并能同时解出纬度和大气折射，会对实现绝对测定的条件有较大的改进。云南天文台冒蔚研究员提出一个用卯酉圈上的两次观测取代子午圈上的下中天观测的方法，所设计的望远镜被称为低纬度子午环。这个方法的要点是在星过子午圈和东西过卯酉圈三个时刻分别作观测，其解算原理如下：

图 7.3.4 是假想观测者在天球外面头朝南从天顶俯瞰下来的天球投影示意图。Z 是某地方天顶，P 是天极，PS_m 是子午圈，$S_eS_mS_w$ 是某恒星的周日圈，PS_e 和 PS_w 是其相应的时圈，S_eZS_w 是测站的地方卯酉圈。t_e 和 t_w 分别是恒星两次过卯酉圈的时角。

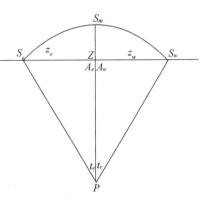

观测得到恒星通过 S_e、S_m、S_w 三位置的恒星钟钟面时刻 T_e、T_m、T_w 以及三个位置的观测天顶距 z'_e、z'_m、z'_w。由于正常的大气折射只影响星过某地平经圈时刻的天顶距，但不影响其方位

图 7.3.4　低纬子午环测量原理

角，因此不影响通过卯酉圈和子午圈的时刻。假定其他仪器误差已经作了改正，由三个记录时刻可以得到不受大气折射影响的星过卯酉圈的时角

$$t_e = T_m - T_e$$
$$t_w = T_w - T_m \tag{7.3.6-1}$$

在球面三角形 PS_eZ 和 PS_wZ 中，$PZ = 90° - \varphi$，$PS_e = PS_w = 90° - \delta$。球面三角公式给出如下关系

$$\sin z_e = \cos\delta \sin t_e / \sin A_e$$
$$\sin z_w = \cos\delta \sin t_w / \sin A_w \tag{7.3.6-2}$$

$$\cos z_e = \sin\delta\sin\varphi + \cos\delta\cos\varphi\cos t_e$$
$$\cos z_w = \sin\delta\sin\varphi + \cos\delta\cos\varphi\cos t_w \tag{7.3.6-3}$$

$$\sin\delta = \cos z_e \sin\varphi + \sin z_e \cos\varphi\cos A_e$$
$$\sin\delta = \cos z_w \sin\varphi + \sin z_w \cos\varphi\cos A_w \tag{7.3.6-4}$$

将 （7.3.6-1）式、（7.3.6-2）式和（7.3.6-3）式代入（7.3.6-4）式，并将两边过卯酉圈的方程相加，得到

$$\sin(2\varphi - z_m) = \sin(2\delta + z_m) = \sin z_m \cot^2\left(\frac{t}{2}\right) \tag{7.3.6}$$

其中 $t = \dfrac{T_w - T_e}{2}$ 可由星过时刻记录得到。这是分别获得地方纬度和天体

215

赤纬的两个方程。由（7.3.4）式，星过子午圈的几何天顶距可写成

$$z_m = z'_m + \Delta z_{0m}(1 + \frac{\Delta R}{R}) \qquad (7.3.7)$$

将（7.3.7）式代入（7.3.6）式，得到关于测站天文纬度 φ、被测天体赤纬 δ 和大气折射系数改正值 ΔR 的两个方程，其中 z_m' 和 t 为观测量。作两颗以上的恒星的三次星过的观测，即可以解出这三个未知量。再由（7.3.6-2）式导出星过卯酉圈时的几何天顶距 z_e、z_w。这样可以在较大天顶距尺度上得到大气折射角的绝对值。

在这个方法中，通过一组恒星两次过地方卯酉圈的观测解出它们的赤纬和地方天文纬度，并将此天文纬度测定值用于同一夜晚的其他目标的中天观测数据处理中，给出更多的恒星的赤纬。这样得到的数据是绝对观测数据。这种方法和上下中天观测法相比有许多优点。首先除了近赤道地区外，各种纬度地区都可实施。且两次过卯酉圈时刻相对较短，一年四季和整个夜晚都能进行。这种方法早在 20 世纪 70 年代就已经提出，遗憾的是由于种种原因，直到 20 世纪结束该仪器方才投入实验观测，错过了为天体测量学科作出重大贡献的宝贵时机。自从空间天文卫星提供了高精度的恒星参考架后，恒星坐标的绝对测定方法在今天已没用实际意义。而且，空间天体测量卫星提供的恒星框架已经有相当高的密度，以至于无须采用全局量度坐标系中的方向测量方案，完全可以通过 CCD 成像技术，在局部量度坐标系中获得精度更高的密集的测量结果。但是这作为一种原理，对于我们更深刻地理解绝对测定的实质还是值得介绍的。

§7.3.5　天文钟差的绝对测定

和赤纬的测定相比，赤经的绝对测定涉及的完全是另外一些问题。天体间的赤经差等于它们过地方子午圈的恒星时间隔。在各种仪器误差已经改正的情况下，若记录已得到星过子午圈的恒星钟钟面时刻 T_m，在赤经和记录时刻的关系式

$$\alpha = T_m + U + \Delta t \qquad (7.3.8)$$

中，天文恒星钟对地方恒星时的钟面改正 U 和星过时刻的时角改正 Δt 仍然是无法分离的。无法通过观测恒星独立区分钟面时的偏差和望远镜光轴指向的轨迹－仪器子午圈的偏差。从前，由于钟的稳定性差，U 值

变化大，必须设法随时独立测定。现代，即使时钟的精度已经大大提高，这个问题依然存在，因为这里我们需要的是真实代表地球自转角变化的恒星时刻，而不是速度均匀的标准时间。尽管现代原子钟非常均匀，但并不代表地球自转角，所以 U 仍然需要测定。这样，赤经测定问题实质上就是天文钟的钟面时刻瞬时改正值的测定问题。要测定钟面时改正值就必须观测赤经坐标已知的点。但对于时钟改正值的绝对测定，不能依赖于任何恒星的已知赤经。天球上虽定义有春分点和秋分点，它们的赤经分别是 $0°$ 和 $180°$。但在天球上并没有能与分点对应的物理标记。分点是赤道和黄道的交点，分点的测定实际上就是黄道位置的测定。太阳的平均视轨道是黄道。不难导出，太阳在黄道上一点的赤经、赤纬与黄赤交角关系为

$$\sin\alpha_S \tan\varepsilon = \tan\delta_S \tag{7.3.9}$$

若用绝对的方法测定太阳赤纬，由上式可得到其绝对赤经。观测太阳的过子午圈时刻，可以得到天文钟的绝对钟差。如果在相当短的间隔内对恒星进行白天观测，它和太阳的记录时刻差就是它们的赤经差，于是该恒星绝对赤经可得到。如果连续多日观测太阳，由观测记录可以解算出时钟的时刻差以及速度差。把这些时钟参数用于恒星中天时刻记录的解算，也可以给出恒星的赤经。

恒星赤经的实际绝对测定比这要复杂得多。在实际处理中，需要考虑地球轨道摄动、岁差、章动、时钟误差及各种仪器误差、白天观测与夜晚观测的气象条件变化、仪器状态变化、太阳圆面边缘到中心的位置换算等等。这中间许多问题不是理论上能根本解决的。所以，赤经的绝对观测既困难又精度不高，容易引起系统误差，实际中较少进行。星表的赤经系统通常是假定某些恒星的赤经已知，从而确定其他恒星的赤经。这样观测得到的原始星表的赤经系统将可能含有赤经系统差。然后通过专门的分点测定工作再给星表确定分点改正。关于分点的测定将在第九章中叙述。

§7.3.6　子午环观测数据解算的矢量表示法

1. 量度坐标系的定义方式

在各种子午观测的望远镜中，子午环最为典型。本节以子午环为例，展示子午观测误差处理的矢量表示方法。子午环的光轴指向最终用环的读数和星过时刻记录表示。这些数据中包含的光轴空间指向的误差

可分成两类：一类是仪器底座的定向误差；另一类是光轴相对于底座指向的误差。

为此，建立以下坐标系：

（1）右手的地平坐标系 $[Z] = [\vec{x} \quad \vec{y} \quad \vec{z}]$，其第一轴 $\vec{x}$ 指向东点，第三轴 $\vec{z}$ 指向天顶点。这作为方向测量中的全局理想坐标系。

（2）全局量度坐标系 $[Z_I] = [\vec{x_I} \quad \vec{y_I} \quad \vec{z_I}]$ 是一右手系，它和子午环的基座固联在一起。其第一轴为仪器的平均水平轴方向，向东为正。第三轴为远镜指向天顶时的光轴方向。该坐标系用以描述望远镜光轴的指向。

（3）视场内的局部量度坐标系 $[W_I] = [\vec{u_I} \quad \vec{v_I} \quad \vec{w_I}]$，是一右手系，和子午环远镜的物理轴固联在一起。其第三轴 $\vec{w_I}$ 取望远镜主光轴所指方向，第一轴 $\vec{u_I}$ 平行于仪器的瞬时水平轴，近似指向东点。由于轴颈的不规则，$\vec{u_I}$ 的瞬时方向有微小的摆动。$u_I v_I$ 平面是远镜主光轴和天球交点处的天球切平面。该坐标系用以描述天体相对于望远镜光轴的方向差。

（4）视场内的局部理想坐标系 $[W] = [\vec{u} \quad \vec{v} \quad \vec{w}]$，将地平坐标系绕第一轴旋转 ψ 角。这里 ψ 是子午环的垂直度盘读数，从度盘的天顶点起算，远镜指向天顶以南 ψ 为正。局部理想坐标系和局部量度坐标系的差异是各项仪器误差的综合。

按上述定义，$[Z]$ 和 $[Z_I]$ 的差别为仪器基座的定向误差，由于仪器安装存在水平差和方位差，$[Z_I]$ 的第一轴不是准确指向东点。由于垂直度盘零点差的存在，当度盘读数 $\psi = 0$ 时，主光轴不是准确指向天顶。所以，$[Z]$ 和 $[Z_I]$ 之间的差异可以用坐标系的微小旋转来表示。运用附录中（C.59）式，$[Z]$ 和 $[Z_I]$ 之间的变换可以表示成

$$[Z] = [Z_I] + \vec{\beta} \times [Z_I] \tag{7.3.10}$$

2. 系统差的矢量表示

（1）望远镜轴系的系统差 $\vec{\beta}$。

$$\vec{\beta} = [Z_I] \begin{pmatrix} \beta_1 \\ \beta_2 \\ \beta_3 \end{pmatrix} \cong [Z] \begin{pmatrix} \beta_1 \\ \beta_2 \\ \beta_3 \end{pmatrix} \tag{7.3.11}$$

$[Z_1]$ 旋转 $\vec{\beta}$ ，变成 $[Z]$ 。其中 β_1 是坐标系绕第一轴即水平轴的微小旋转角，就是天顶点指向的改正值，指向偏在天顶以北为正值。β_2 是绕第二轴的微小旋转角，就是水平差改正，当水平轴东端偏高时取为正值。β_3 是绕第三轴的微小旋转角，就是方位差改正，当水平轴的东端偏南时为正值。所以，$\vec{\beta}$ 就是全局量度坐标系 $[Z_1]$ 变换到全局理想坐标系 $[Z]$ 的旋转矢量，它是望远镜轴系指向误差的矢量表示形式。

局部理想坐标系 $[W]$ 对应于天顶矩为 ψ 方向的切平面上的理想坐标系，为 $[Z]$ 作 $R_1(\psi)$ 旋转变换所得，即

$$[W]'[Z] = \begin{pmatrix} 1 & 0 & 0 \\ 0 & \cos\psi & \sin\psi \\ 0 & -\sin\psi & \cos\psi \end{pmatrix} \qquad (7.3.12)$$

$[W]$ 是定义给出的，没有误差。

（2）视场量度坐标系对轴系的偏差 $\vec{\varepsilon}$ 。

$[W_1]$ 和全局量度坐标系 $[Z_1]$ 的关系除了 $R_1(\psi)$ 旋转外，还包含各种因素引起的望远镜转动过程中的一些微小旋转，以及望远镜视场量度坐标系坐标轴指向偏离了望远镜镜筒指向产生的旋转。由于这些微小旋转，使得望远镜的瞬时误差偏离了其安装时的系统差。将这些微小旋转用 $\vec{\varepsilon}$ 表示，$[W_1]$ 和 $[W]$ 的关系中包含 $\vec{\beta}$ 和 $\vec{\varepsilon}$ 的共同影响。$\vec{\varepsilon}$ 包含以下因素：

1）$[W_1]$ 的第一轴指向瞬时水平轴方向，而不是平均水平轴方向。此项差异由于轴颈的不规则引起。轴颈的不规则的影响随度盘读数而变化，并可表示成绕第二轴的微旋转 $p_2(\psi)$ ——影响水平轴的水平差，以及绕第三轴的微旋转 $p_3(\psi)$ ——影响水平轴的东西指向，即影响方位差。两分量的共同作用影响了水平轴的空间指向。

2）第三轴的指向包含有度盘刻度不均匀的影响和镜筒弯曲的影响。前者与度盘读数有关，可表示成绕第一轴的微旋转 $p_1(\psi)$ ——影响远镜在子午面内的指向。后者是一种弹性形变，远镜的天顶距越大，此形变也越大。通常经验地表示成 $j\sin(\psi)$ ，j 是镜筒的弯曲系数。这也使得 $[W_1]$ 产生绕第一轴的微旋转。

3）准直差的影响使得远镜指向偏离子午面 i_2 角，偏向子午面以西为正号，这相当于坐标系绕第二轴作微旋转。

4）此外，在望远镜的视场中当星象不在视场中央时，需要参考于测微器度量星象的偏离坐标，而这个视场内的坐标轴可能存在微小旋转，这旋转是绕第三轴发生的，以 i_3 表示。

综合上述，微旋转矢量 $\vec{\varepsilon}$ 可以表示成

$$\vec{\varepsilon}=[W_I]\begin{pmatrix} p_1(\psi)+j\sin\psi \\ p_2(\psi)+i_2 \\ p_3(\psi)+i_3 \end{pmatrix} \cong [W]\begin{pmatrix} p_1(\psi)+j\sin\psi \\ p_2(\psi)+i_2 \\ p_3(\psi)+i_3 \end{pmatrix} \tag{7.3.13}$$

由（7.3.11）式、（7.3.12）式和（7.3.13）式

$$\vec{\varepsilon}+\vec{\beta}=[W]\begin{pmatrix} p_1(\psi)+j\sin\psi \\ p_2(\psi)+i_2 \\ p_3(\psi)+i_3 \end{pmatrix}+[Z]\begin{pmatrix} \beta_1 \\ \beta_2 \\ \beta_3 \end{pmatrix}$$

$$=[W]\begin{pmatrix} p_1(\psi)+j\sin\psi \\ p_2(\psi)+i_2 \\ p_3(\psi)+i_3 \end{pmatrix}+[W]\begin{pmatrix} 1 & 0 & 0 \\ 0 & \cos\psi & \sin\psi \\ 0 & -\sin\psi & \cos\psi \end{pmatrix}\begin{pmatrix} \beta_1 \\ \beta_2 \\ \beta_3 \end{pmatrix}$$

得到

$$\vec{\varepsilon}+\vec{\beta}=[W]\begin{pmatrix} p_1(\psi)+j\sin\psi+\beta_1 \\ p_2(\psi)+i_2+\beta_2\cos\psi+\beta_3\sin\psi \\ p_3(\psi)+i_3-\beta_2\sin\psi+\beta_3\cos\psi \end{pmatrix} \tag{7.3.14}$$

所以 $[W]$ 和 $[W_I]$ 的转换关系为

$$[W]=[W_I]+(\vec{\varepsilon}+\vec{\beta})\times[W_I] \tag{7.3.15}$$

$$[W]'[W_I]=[W_I]'[W_I]+((\vec{\varepsilon}+\vec{\beta})\times[W_I])'[W_I]$$

将（C.10）式代入上式，得到

$$[W]'[W_I]=\begin{pmatrix} 1 & \vec{w}_I'(\vec{\varepsilon}+\vec{\beta}) & -\vec{v}_I'(\vec{\varepsilon}+\vec{\beta}) \\ -\vec{w}_I'(\vec{\varepsilon}+\vec{\beta}) & 1 & \vec{u}_I'(\vec{\varepsilon}+\vec{\beta}) \\ \vec{v}_I'(\vec{\varepsilon}+\vec{\beta}) & -\vec{u}_I'(\vec{\varepsilon}+\vec{\beta}) & 1 \end{pmatrix} \tag{7.3.16}$$

其中 $\vec{u}_I'(\vec{\varepsilon}+\vec{\beta})$、$\vec{v}_I'(\vec{\varepsilon}+\vec{\beta})$、$\vec{w}_I'(\vec{\varepsilon}+\vec{\beta})$ 分别是误差修正矢量 $(\vec{\varepsilon}+\vec{\beta})$ 在局部量度坐标系中的第一、第二和第三分量。由上式，可以将局部量度坐标系转换到局部理想坐标系，再由（7.3.12）式转换到全局理想坐标系。误

差修正矢量 $(\vec{\varepsilon}+\vec{\beta})$ 的各分量需要一一给予确定，才能完成子午环测量数据的解算。

（3）由上面的推导可以看到：

1）对任何测量仪器，每一环节都要假定是有误差的，然后或设法消除它，或设法测出它，或设法同时解出它。不能假定任何一个测量环节是没有误差的。

2）在这些误差表达式的推导中，要有对整个仪器及整个测量方法的清晰的整体思路。在经典的天体测量观测数据处理中，这些误差分量一向是作为相互独立无关的标量分别处理的。但从上面叙述中看到，它们彼此是有联系的。上面的矢量表示形式实际是对仪器状态的一种整体描述，简明而清晰。

3. 观测数据的解算

图 7.3.5 中，O 是子午环的主点。Ow_I 是远镜的主光轴，w_I 是视场平面和天球的切点。在局部量度坐标系 $[W_I]$ 中，第三轴是 Ow_I 的向上延伸方向，长度为 1。坐标系的第一轴 u_I、第二轴 v_I 所在平面为天球切平面，两坐标轴是视场平面中的二维量度方向。S 是恒星在切平面上的像。在用测微器测量 S 位置时，所得的结果是 $\overrightarrow{W_I S}=\vec{t}_0$。

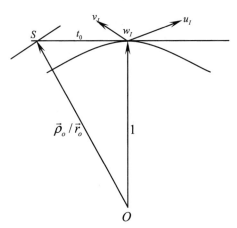

图 7.3.5　视场中的局部量度坐标系

星像 S 在坐标系 $[W_I]$ 中的矢量表达为

$$\vec{r}_o = [W_I](1+t_0^2)^{-\frac{1}{2}}\begin{pmatrix} \vec{u}_I\vec{t}_0 \\ \vec{v}_I\vec{t}_0 \\ 1 \end{pmatrix} = [W_I]\begin{pmatrix} x \\ y \\ 1-\dfrac{1}{2}(x^2+y^2) \end{pmatrix} \qquad (7.3.17)$$

其中

$$
\begin{aligned}
x &= (1+t_0^2)^{-\frac{1}{2}} \vec{u}_I \vec{t}_0 \\
y &= (1+t_0^2)^{-\frac{1}{2}} \vec{v}_I \vec{t}_0 \\
t_0^2 &= x^2 + y^2 \\
\rho_o &= (1+t_0^2)^{\frac{1}{2}}
\end{aligned}
\qquad (7.3.18)
$$

这里 $\vec{r}_o$ 是天体的观测方向，$\vec{r}_o = \vec{\rho}_o / \rho_o$。（7.3.17）式是天体观测方向在局部量度坐标系 $[W_I]$ 中的表达式。将（7.3.16）式代入上式给出

$$
\vec{r}_o = [W]
\begin{pmatrix}
1 & \vec{w}_I{'}(\vec{\varepsilon}+\vec{\beta}) & -\vec{v}_I{'}(\vec{\varepsilon}+\vec{\beta}) \\
-\vec{w}_I{'}(\vec{\varepsilon}+\vec{\beta}) & 1 & \vec{u}_I{'}(\vec{\varepsilon}+\vec{\beta}) \\
\vec{v}_I{'}(\vec{\varepsilon}+\vec{\beta}) & -\vec{u}_I{'}(\vec{\varepsilon}+\vec{\beta}) & 1
\end{pmatrix}
(1+t_0^2)^{-\frac{1}{2}}
\begin{pmatrix}
\vec{u}_I \vec{t}_0 \\
\vec{v}_I \vec{t}_0 \\
1
\end{pmatrix}
\qquad (7.3.1
$$

$$9）$$

这里 $\vec{\rho}_0$ 在 $[W_I]$ 坐标系中的分量是该星的量度坐标，经（7.3.19）式的系统差修正后得到在理想坐标系 $[W]$ 中的分量。和（7.3.17）式的推导过程相类似，$\vec{r}_o$ 在 $[W]$ 中的表达式可以写成

$$
\vec{r}_o = [W](1+t_0^2)^{-\frac{1}{2}}
\begin{pmatrix}
\vec{u}\vec{t}_0 \\
\vec{v}\vec{t}_0 \\
1
\end{pmatrix}
= [W]
\begin{pmatrix}
\xi \\
\eta \\
1-\frac{1}{2}(\xi^2+\eta^2)
\end{pmatrix}
\qquad (7.3.20)
$$

其中

$$
\begin{aligned}
\xi &= (1+t_0^2)^{-\frac{1}{2}} \vec{u}\vec{t}_0 \\
\eta &= (1+t_0^2)^{-\frac{1}{2}} \vec{v}\vec{t}_0 \\
t_0^2 &= (\xi^2+\eta^2)(1+t_0^2) \cong \xi^2 + \eta^2
\end{aligned}
\qquad (7.3.21)
$$

坐标轴 $\vec{u}, \vec{v}$ 的定义和 $\vec{u}_I, \vec{v}_I$ 类似。$\vec{u}_I\vec{t}_0$、$\vec{v}_I\vec{t}_0$ 是星像在切平面上的坐标分量，为角度量纲，ξ、η 是它们相应的直角坐标量。由（7.3.19）式＝（7.3.20）式，得到

$$
\begin{pmatrix}
\xi \\
\eta
\end{pmatrix}
= (1+t_0^2)^{\frac{1}{2}}
\begin{bmatrix}
1 & \vec{w}{'}(\vec{\varepsilon}+\vec{\beta}) & -\vec{v}{'}(\vec{\varepsilon}+\vec{\beta}) \\
-\vec{w}{'}(\vec{\varepsilon}+\vec{\beta}) & 1 & \vec{u}{'}(\vec{\varepsilon}+\vec{\beta})
\end{bmatrix}
\begin{bmatrix}
\vec{u}_I{'}t_0 \\
\vec{v}_I{'}t_0 \\
1
\end{bmatrix}
\qquad (7.3.22)
$$

这里给出局部量度坐标、局部理想坐标和仪器误差修正参数间的函数关系。如果误差修正矢量通过某种方式已经得到，测量给出量度坐标，就可以得到天体观测方向在全局理想坐标系中的表达式。然后用（7.3.12）式得到在地平坐标系[Z]中的表达式，这是天体的瞬时观测方向的测量结果。

§7.3.7　全局量度坐标系中的相对测定

如前所述，天体方向的绝对测定是非常繁琐的，因此资料的扩展相当慢。绝对测定的意义主要在于实现量度坐标系到基本坐标系的绝对变换，这主要应用在基本天体测量发展的初期阶段，那时，人们对天球坐标系和地球坐标系方面的基础数据从零开始积累。在经过多年的积累后，已经具备了相当数量天体的位置和运动的高精度资料。这种情况下如继续采用绝对测量的方法观测更多的恒星，实为事倍功半。因此，在以天球参考架加密和其他目标天体的定位为目的的测量计划中，相对方法被更广泛地应用着。

1. 相对测定的基本原理

相对测量方法的要点是，依据一些坐标已知的天体，确定量度坐标系和理想坐标系间的转换关系，并将这种转换关系应用于其他待测天体的测量结果，得到这些天体在理想坐标系中的表达式，最后转换到天球坐标系中。在这样的过程中，量度坐标系和理想坐标系间的转换参数，将受到参考星的位置误差的系统性影响。所以，相对测量方法所得到的天体位置，没有自己的独立系统。所用的参考星表系统就是相对测量结果的系统。相对测量结果不能超越参考星表系统，因此也不能用于改进参考星表系统。在相对测量中，通常将参考星和待测星在同一夜晚交叉观测，这样可以得到坐标转换参数的实时结果。和用历史资料统计得出的经验改正函数的方法相比，实时解能反映出各参数的时变性。常见的相对测量方式举例如下：

（1）用子午仪相对地测定天体的赤纬。

对于过上中天的天体，　$z = |\varphi - \delta|$

其中 z 是天体的几何天顶距，δ 是天体的瞬时站心坐标赤纬。观测得到的是该天体的观测方向矢量 $\vec{r}_c = [Z]\begin{bmatrix} \sin z \\ 0 \\ \cos z \end{bmatrix}$，由（2.3.29）式和（2.4.13）作过周日光行差和大气折射修正后，得到站心坐标方向矢量 $\vec{r}_c$。并由此得到几何天顶距的观测值。此外，在天顶距的观测值中，还应当消除各种仪器误差的影响。对于参考星，赤纬已知，观测解算出几何天顶距后，即可得到测站的瞬时天文纬度 φ。将其用于待测星的观测数据的解算，求得它们的瞬时赤纬 δ。这即是天体赤纬的相对测定。如果待测星的赤纬和参考星相近，各项误差对二者的影响相近，可以更方便、更有效地得到消除。这时相对测量能达到更好的精度水平。

（2）用子午仪测定天体的相对赤经。

对于过子午圈的天体，由 $S = \alpha + t$ 给出赤经、时角和地方恒星时的关系。这里，时角 t 应是天体的几何方向对应的几何时角。观测直接得到的是天体观测方向的时角 t'。同样，也需要首先作光行差和大气折射改正。对中天观测，大气折射不影响天体的时角，只需要用（2.3.29）式作光行差改正。对参考星，赤经已知，观测得到恒星时，用此恒星时校准工作钟，得到时钟读数的修正值。将此时钟参数应用于待测星的时角观测，即得到它们的赤经的观测值。在赤经的相对观测中，时钟时刻起点误差没有影响，重要的是时钟速度的误差将直接影响赤经差的测量结果。为此一天中多次测量时钟的时刻读数，依据时刻偏差的变化给出时钟速度的相应改正。无论参考星还是待测星，其时角的观测值与仪器的方位差、水平差、准直差有关，其函数关系又与天体的天顶距、赤纬及地方纬度有关。用若干参考星可以解得上述仪器误差常数，并对测站的工作钟的起点差和速度差作出标定。

（3）等高法测定天体的赤经和赤纬。

等高法观测中，可以在相同天顶距上观测方位不同的天体的星过时刻。在天文定位三角形中，有

$$\cos z = \sin \varphi \sin \delta + \cos \varphi \cos \delta \cos t$$

的关系。将其线性化，在右手地平坐标系中，得到

$$-\sin A \cos \varphi (ds - d\alpha) + \cos A d\varphi + \cos q d\delta = dz \qquad (7.3.23)$$

对于参考星，令其 $d\alpha = d\delta = 0$。由一组参考星，用（7.3.26）式可以解得 ds、$d\varphi$、dz。每个可以过等高圈的星一天中可在子午圈东面和西面两次被观测到，它们的方位角大小相等，且对称于子午面。将上面解得的参数用于待测星的误差方程中，对两次通过等高圈的观测，有

$$-\sin A_e \cos \varphi (ds - d\alpha) + \cos A_e d\varphi + \cos q d\delta = dz$$
$$\sin A_w \cos \varphi (ds - d\alpha) + \cos A_w d\varphi + \cos q d\delta = dz \qquad (7.3.24)$$

由此可以解出 $d\alpha$ 和 $d\delta$，从而得到待测星的坐标。从上述看到，对于等高法，没有什么明显的仪器系统差影响到观测值，这显然比子午法优

越。但从（7.3.27）式看到，对在不同方位角处过等高圈的天体，赤经和赤纬解的权重存在系统性差别—对于近子午圈的星，赤经的测定精度很差。对于近大距的星（$q=90°$），赤纬的测定精度很差。这样得到的星表系统，其赤经和赤纬的精度很不均匀。所以虽然等高法在观测原理上具有很多优点，但在测定天体的天球坐标方面其实不能起到什么重要作用。不难理解，一个精度很不均匀的星表是难以在恒星参考架的建立方面得到重视的。

2. 相对测定的参考架

上面的例子说明，用相对法测定天体的方向，就是用参考星的已知的球面坐标参数确定测站的地方参数和若干仪器的误差参数。将这些参数用于待测星的观测方程，就可解出这些天体的球面坐标参数。这当中测站的地方经度不能解出，因为观测方程中不能区分工作钟的起点差和地方经度采用值的偏差。由此可见，相对测定的参考架其实就是由有限数目的参考星构成的框架。人们常说相对于某某星表测定，其实，一些待测星的位置是相对于参考星表中若干个参考星的框架求出的，而另外的一些待测星的坐标又是相对于另外几个参考星得到的。假如称这些由不同天区的一些参考星构成的框架为局部参考架，由于星数很少，参考星的位置误差对测定结果可能有较大的影响，特别是不同的局部参考架之间往往存在某种程度的系统不一致性。这种不一致性可以用局部参考架之间的平移和旋转描述。平移表示参考架的重心在赤经和赤纬方向的偏差量 $\Delta\alpha$、$\Delta\delta$。旋转表示参考架围绕其重心发生 $d\omega$ 的旋转偏差。这两种偏差的合成可以用局部框架相对于天球上坐标为 α_r、δ_r 的点在天球面上发生 $d\Omega$ 的旋转来描述。这种偏差共含有三个自由度—旋转中心的两个坐标和一个旋转角。框架的这种旋转将引起坐标为 α、δ 的天体产生 $\Delta\alpha$、$\Delta\delta$ 的位置偏移。可以用矢量 $\vec{\Omega}$ 表示该旋转，

$$\vec{\Omega} = [N]d\Omega \begin{pmatrix} \cos\alpha_r \cos\delta_r \\ \sin\alpha_r \cos\delta_r \\ \sin\delta_r \end{pmatrix} \tag{7.3.25}$$

对于坐标为 α、δ 的天体，其方向矢量

$$\vec{S} = [N] \begin{pmatrix} \cos\alpha\cos\delta \\ \sin\alpha\cos\delta \\ \sin\delta \end{pmatrix} \qquad (7.3.26)$$

由于参考架旋转引起 $\vec{S}$ 的偏移 $\Delta\vec{S}$ 可表示为

$$\Delta\vec{S} = \vec{\Omega} \times \vec{S} = [N]d\Omega \begin{pmatrix} \sin\alpha_r\cos\delta_r\sin\delta - \sin\delta_r\sin\alpha\cos\delta \\ \sin\delta_r\cos\alpha\cos\delta - \cos\alpha_r\cos\delta_r\sin\delta \\ \cos\alpha_r\cos\delta_r\sin\alpha\cos\delta - \sin\alpha_r\cos\delta_r\cos\alpha\cos\delta \end{pmatrix} \qquad (7.3.27)$$

对（7.3.26）式求导数

$$\Delta\vec{S} = [N]\Delta S \begin{pmatrix} -\sin\alpha\cos\delta d\alpha - \cos\alpha\sin\delta d\delta \\ \cos\alpha\cos\delta d\alpha - \sin\alpha\sin\delta d\delta \\ \cos\delta d\delta \end{pmatrix} \qquad (7.3.28)$$

由（7.3.27）式＝（7.3.28）式，已知旋转参数 α_r、δ_r 和 $d\Omega$，可以求出坐标为 α、δ 天体的坐标偏差 $\Delta\alpha$、$\Delta\delta$。同样如果若干天体的坐标偏差 $\Delta\alpha_i$、$\Delta\delta_i$ 已知，可以解出框架旋转参数 α_r、δ_r 和 $d\Omega$。局部框架的旋转是参考星坐标误差的综合结果，而局部框架的旋转将导致待测星坐标测定值的偏差呈现系统性。

3. 改进相对测定参考架的途径

于是，如何改进相对测量的参考系统是一个重要的问题。如下的措施可以在不同程度上起到改善系统的作用。

（1）选取尽可能多的参考星，不要以满足误差方程解的条件为限。这可在一定程度上削弱参考星个别误差的影响。

（2）使参考星在天球上的分布范围尽可能广泛，这样在参考星位置误差量级不变情况下，可压缩框架的平移和旋转量。

（3）采用连锁法对参考架系统作平滑处理。所谓连锁法，可以以子午仪测纬为例说明如下：

按赤经将全天参考星分成 n 组。设第 i 组参考星的赤纬平均偏差为 $\Delta\delta_i$，由此造成地方瞬时纬度的测定值的偏差为 $\Delta\varphi_i$。如果在同一天观测相邻两星组，假定它们的其他误差对测定值的影响不变，于是有

$$\Delta\delta_i - \Delta\delta_{i+1} = d\delta_{i,i+1} = \Delta\varphi_{i+1} - \Delta\varphi_i = \varphi_{i+1} - \varphi_i = d\varphi_{i+1,i}$$

其中 $\varphi_{i+1} - \varphi_i$ 由观测结果得出。由全年 n 个星组的循环观测数据，得到

$$S = \sum_{i=1}^{n-1} d\varphi_{i+1,i} + d\varphi_{1,n} = \sum_{i=1}^{n-1} d\delta_{i,i+1} + d\delta_{n,1} \qquad （7.3.29）$$

S 称为该测定值的闭合差。如果除了星表系统差以外没有别的因素导致不同星组的纬度测定值的组间差异，闭合差应等于 0。但是实际上由于未知误差的存在闭合差往往不为 0。由于闭合差的存在，方程组（7.3.29）不能直接导出自洽的结果。为此附加上人为的假定，将闭合差平均分配到 n 个星组，即用

$$d\delta'_{i,i+1} = d\delta_{i,i+1} - \frac{S}{n}$$

组成新的方程组，这样每个星组的赤纬平均偏差 $\Delta\delta_i$ 可以确定。将所有的参考星的赤纬采用值减去其所在星组的 $\Delta\delta_i$ 改正值。所得到的修正后的参考星的赤纬系统，在一定程度上消除了星组间的系统波动。尽管这种平滑方法建立在若干人为假定的前提下，因而不能说是一种非常严格的处理方法，但在很长历史时期中，它曾被广泛应用于局部参考架的平滑改进中。

4. 地方天文坐标系到 $[FCS]$ 的转换

子午环等地面光学测量仪器的理想坐标系是以地方铅垂线为基本方向的地平坐标系，称为地方天文坐标系。这里定义地方天文坐标系 $[LAS]$ 为一个右手坐标系，其第三轴为铅垂线方向，第一轴指向天文南点，第二轴指向天文东点。天体的观测方向在 $[LAS]$ 中的表达式为

$$\vec{r}_o = [LAS] \begin{pmatrix} \cos a \cos h \\ \sin a \cos h \\ \sin h \end{pmatrix} = [LAS] \begin{pmatrix} \xi \\ \eta \\ \zeta \end{pmatrix} \qquad （7.3.30）$$

其中，a 是天体的天文方位角，从南点向东度量为正。h 是其地平高度，从地平圈向天文天顶度量为正。由于地方铅垂线的不规则性，测站的地方天文坐标不适合直接用来建立地球参考架。对于一个瞬时天文经纬度为 λ、φ 的测站，其地方天文坐标系经过（5.4.7）式～（5.4.9）式的变换，可以将天体的观测方向表达到 $[FCS]$ 中，

$$\vec{r}_o = [FCS] \cdot [FCS]' [N] \cdot [N]' [E] \cdot [E]' [LAS] \begin{pmatrix} \xi \\ \eta \\ \zeta \end{pmatrix} \qquad （7.3.31）$$

由此可见，**测站的地方天文经纬度是地方天文坐标系对瞬时地球坐标系的转换参数。**它不是测站在地球上的位置的描述参数。所以天文经纬度和大地经纬度以及地心经纬度，各有不同的应用意义，但并无孰优孰劣之区别。关键在于搞清楚在应用中各自的含义。

§7.3.8 方向的坐标测量方法小结

由本章前述，天体的观测方向 $\vec{r}_o$ 在量度坐标系中的分量 $[W_I]\vec{r}_o$ 由视场平面上的观测记录得到，这样观测结果可以表示成

$$\vec{r}_o = [W_I][W_I]\vec{r}_o \qquad (7.3.32)$$

欲将观测结果在全局理想坐标系中表达，可以通过坐标变换

$$\vec{r}_o = [Z]([Z]'[W])([W]'[W_I])([W_I]\vec{r}_o) \qquad (7.3.33)$$

实现。式中 $[Z]'[W]$ 是全局理想坐标系与视场中的局部理想坐标系间的转换矩阵，由（7.3.12）式确定。$[W]'[W_I]$ 是局部量度坐标系和局部理想坐标系间的转换矩阵，由（7.3.16）式确定。（7.3.15）式表示的关系可以写成

$$[Z] = \vec{R}(-\psi)\{[W_I] + (\vec{\beta} + \vec{\varepsilon}) \times [W_I]\} \qquad (7.3.34)$$

为了说明从局部量度坐标系 $[W_I]$ 转换到全局理想坐标系 $[Z]$ 的过程实质，看下面的流程图

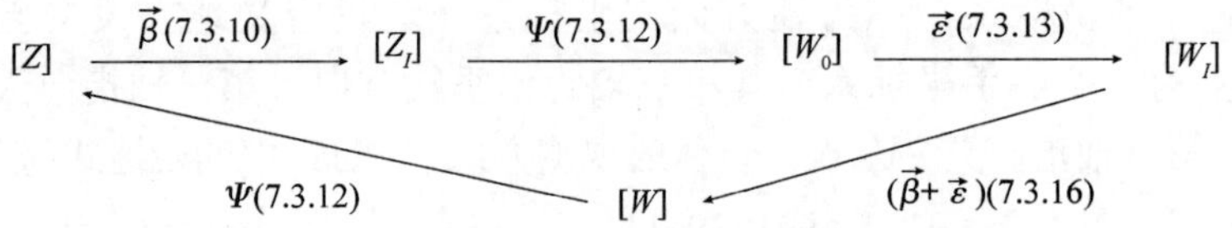

图 7.3.6　方向直接测量的解算流程

其中引入的中间坐标系 $[W_0]$，是全局量度坐标系 $[Z_I]$ 绕第一轴旋转 ψ 而成。$[W_0]$ 与 $[W]$ 之间的关系是微旋转 $\vec{\varepsilon}$ 。由上面流程框图可知，对于方向的直接测量，需要一个全局量度坐标系 $[Z_I]$ 和一个局部量度坐标系 $[W_I]$，前者与仪器旋转轴定向误差有关，后者与望远镜的视场框架的误差有关。

§7.4　有视面天体的方向测量

有些天体有视面，不是一个几何光点，比如太阳系中的大天体。对于这些天体的观测，所得到的天体上的测量点的方向并不一定就是该天

体的中心方向。如何确定其质量中心的方向是个需要特别考虑的问题。

§7.4.1 有视面天体中心方向的换算

不仅太阳、月亮这样大圆面的天体，其中心位置的确定很复杂，即使大行星由于其位相和环的存在使得其中心的位置也很难确定。以下几个问题是必须考虑的。

1. 由对视面边缘的观测化到对天体中心的观测

对这类元件的观测时，望远镜无法"对准"其中心，通常是将视场中某坐标轴相切于视面边缘，并记录下相切时刻及量度坐标。

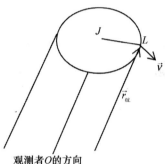

如图 7.4.1，L 为天体边缘被观测的点，J 是天体中心。L 处的光子发射的坐标时时刻 t，到达观测者的坐标时时刻 t_0。O 和 L 在 t 时刻的坐标矢量分别是 $\vec{b}_0(t)$ 和 $\vec{b}_L(t)$，假想中心 J 在此时刻的坐标矢量是 $\vec{b}_J(t)$，观测者在接收到信号时刻的坐标矢量为 $\vec{b}_0(t_0)$。O、J 及 L 间的几何矢量为

图 7.4.1　有视面天体的观测

$$\vec{D}_J(t) = \vec{b}_J(t) - \vec{b}_0(t) \tag{7.4.1}$$

和

$$\vec{D}_L(t) = \vec{b}_L(t) - \vec{b}_0(t) \tag{7.4.2}$$

设 J 到 L 的几何矢量为 $\vec{Y}_L(t)$，得到

$$\vec{b}_L(t) = \vec{b}_J(t) + \vec{Y}_L(t)$$
$$\vec{D}_L(t) = \vec{D}_J(t) + \vec{Y}_L(t) \tag{7.4.3}$$

由§2.1 知，对于近距天体上的一点，L 点在 t_0 时刻光程位置等于其在 t 时刻的几何位置，相应的几何方向矢量表示为

$$\vec{r}_{0L} = <\vec{D}_L(t)> \tag{7.4.4}$$

如果将 t_0 时刻天体中心的光程方向表示成

$$\vec{r}_{0J} = <\vec{D}_J(t)> \tag{7.4.5}$$

并将（7.4.3）式和（7.4.5）式代入（7.4.4）式，得

$$\vec{r}_{OL} = < \vec{r}_{0J} + \frac{\vec{Y}_L(t)}{D_J(t)} > \qquad (7.4.6)$$

这是一个近似的关系，因为假如 L 点在 t 时刻发出的光子，和假想的天体中心处同时发出的光子是不一定同时到达观测者处的。观测者同时看到的行星的图像，实际是由不同时刻发出的光子组成的。在图 7.4.1 中，单位矢量 $\vec{v}$ 是天体表面在被观测点 L 处的法线。显然，它垂直于 $\vec{r}_{0L}$。用 $\vec{v}$ 标乘（7.4.6）两边，得到

$$\vec{v}'\vec{r}_{0J} = -\frac{\vec{v}'\vec{Y}_L(t)}{D_J(t)} \qquad (7.4.7)$$

与§4.3 地心矢量和地面法线的关系推导类似，这里可导出天体在 L 点的中心矢量 $\vec{Y}_L(t)$ 和法线 $\vec{v}$ 的关系为

$$\vec{Y}_L(t) = FA_p(\vec{U} - e^2\vec{c}\vec{c}')\vec{v} \qquad (7.4.8)$$

其中 A_p 是该天体的赤道半径，$\vec{c}$ 是其形状轴的方向矢量，都是已知量。函数 F 为

$$F^{-2} = 1 - e^2(\vec{v}'\vec{c})^2 \qquad (7.4.9)$$

将 $\vec{v}'$ 左乘（7.4.8），

$$\vec{v}'\vec{Y}_L(t) = FA[\vec{v}'U\vec{v} - e^2\vec{v}'\vec{c}\vec{c}'\vec{v}] = FA[1 - e^2(\vec{v}'\vec{c})^2]$$

将（7.4.9）代入上式，得到

$$\vec{v}'\vec{Y}_L(t) = AF^{-1} \qquad (7.4.10)$$

此式左端的含意是 L 点的中心矢量在视场中量度方向的投影，将它除以天体中心的几何距离，就是 L 点和天体中心 J 对观测者的张角，或称天体在 L 处的角半径

$$\sin s = \frac{AF^{-1}}{D_J(t)} \qquad (7.4.11)$$

由 $\vec{v}$ 和 s，可以将 L 的观测方向化算到 J 的观测方向。例如用子午环测量某行星边缘的赤纬，就是将视场的量度轴移动到和天体圆面赤纬最大（或最小）点和圆面相切，$\vec{v}$ 则相应指向赤纬减小（或增加）方向，s 则是 L 点和中心的赤纬之差。这样可将 L 点的赤纬观测值换算到中心的赤纬观测值。

2. 对有位相的天体从明暗交界线的观测化到中心的观测

月亮或大行星都有位相变化，有时要在其圆面明暗分界线上取观测点。这就需要把对分界线上观测点的观测结果换算到对中心的观测。对明暗界线的观测和对视面边缘观测的不同之处在于，明暗界限上的观测点并不在过天体中心的天球切平面上，因此其投影关系和边缘观测有所不同。在对边

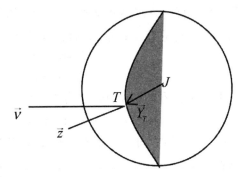

图 7.4.2　明暗交界线上的观测

缘观测时，观测点的外法线方向在量度坐标系的坐标平面上，和量度方向 $\vec{v}$ 一致。但对明暗交界线的观测，外法线方向 $\vec{z}$ 和测量方向 $\vec{v}$ 不在一个平面上，如图 7.4.2 示。T 是交界线上的观测点，J 是天体的中心，$\vec{z}$ 是 T 点的外法线方向矢量，也就是行星上 T 点的天顶方向。$\vec{v}$ 是和观测切线相垂直的方向上的单位矢量，$\vec{Y}_T$ 是 T 点的行星中心矢量。将（7.4.8）式中的 $\vec{v}$ 替换成 $\vec{z}$，$\vec{Y}_L$ 替换成 $\vec{Y}_T$，

$$\vec{Y}_T(t) = FA_p(\vec{U} - e^2\vec{c}\vec{c}')\vec{z} \tag{7.4.12}$$

记 $\vec{Y}_T$ 对 $\vec{z}$ 的变化率为 $\dfrac{d\vec{Y}_T}{d\vec{z}}$，这是交界线的斜率。对（7.4.12）式求导数，得到

$$d\vec{Y}_T = FA_p(\vec{U} - e^2\vec{c}\vec{c}')(d\vec{z} + F^{-1}dF\vec{z}) \tag{7.4.13}$$

由（7.4.9）式得到

$$F^{-1}dF = F^2e^2\vec{z}'\vec{c}\vec{c}'d\vec{z} \tag{7.4.14}$$

将其代入（7.4.13）式，得

$$d\vec{Y}_T = F^3A[(\vec{U} - e^2\vec{c}\vec{c}')d\vec{z} + e^2\vec{z}'\vec{c}\vec{c}'\times(\vec{z}\times d\vec{z})] \tag{7.4.15}$$

注意到明暗交界线所在的平面垂直于太阳光线的方向。因此法线 $\vec{z}$ 也垂直于太阳光线方向。令 $\vec{u}_s$ 表示切点处的日心方向矢量，显然有

$$\vec{u}_s \cdot \vec{z} = 0 \tag{7.4.16}$$

231

以 $\vec{u}_s$ 作为基本方向建立 T 点的地方坐标系 $(\vec{u}_s, \vec{v}_s, \vec{w}_s)$，$\vec{v}_s$ 和 $\vec{w}_s$ 在交界线的平面内，二者相互垂直，三者构成右手系。$\vec{v}_s$ 的方向可以任意定义，若取 $\vec{v}_s$ 垂直于行星的形状轴 $\vec{c}$ 和 $\vec{u}_s$ 构成的平面内，构成

$$\vec{v}_s = <\vec{c} \times \vec{u}_s>$$
$$\vec{w}_s = \vec{u}_s \times \vec{v}_s \tag{7.4.17}$$

由于 $\vec{c} \perp \vec{v}$，$\vec{c}$ 位于 $\vec{u}_s$ 和 $\vec{w}_s$ 构成的平面内，可以表示成

$$\vec{c} = \cos r \vec{u}_s + \sin r \vec{w}_s \tag{7.4.18}$$

其中 r 是 $\vec{c}$ 的方向角。又由于 $\vec{z} \perp \vec{u}_s$，$\vec{z}$ 位于 $\vec{v}_s$ 和 $\vec{w}_s$ 构成的平面内，可以表示成

$$\vec{z} = \cos \theta \vec{v}_s + \sin \theta \vec{w}_s \tag{7.4.19}$$

其中 θ 是 $\vec{z}$ 的方向角。对（7.4.19）式求导数，可得

$$d\vec{z} = \vec{u}_s \times \vec{z} d\theta$$
$$\vec{z} \times d\vec{z} = \vec{u}_s d\theta \tag{7.4.20}$$

将上式代入（7.4.15）式得

$$d\vec{Y}_T = F^3 A d\theta \left[\vec{U} - e^2 \vec{c}\vec{c}' - e^2 (\vec{c} \times \vec{u}_s)(\vec{c} \times \vec{u}_s)' \right] \vec{u}_s \times \vec{z} \tag{7.4.21}$$

再将（7.4.18）式和（7.4.19）式代入上式，得到

$$d\vec{Y}_T = F^3 A d\theta \{ [\vec{w}_s - e^2 (\sin r)\vec{c}] \cos \theta - \vec{v}_s (1 - e^2 \sin^2 r) \sin \theta \} \tag{7.4.22}$$

这是观测点 T 处的切线表达式，它和观测点的法线 $\vec{v}$ 相垂直，所以

$$\vec{v}' d\vec{Y}_T = 0 \tag{7.4.23}$$

将（7.4.22）式代入上式，得到

$$\tan \theta = \frac{\vec{v}'\vec{w}_s - e^2 \sin r \vec{v}'\vec{c}}{\vec{v}'\vec{v}_s (1 - e^2 \sin^2 r)} \tag{7.4.24}$$

由（7.4.8）式和（7.4.19）式，得到 $\vec{Y}_T$ 在 $\vec{v}$ 方向的投影为

$$\vec{v}'\vec{Y}_T = FA\vec{v}'\{\vec{v}_s \cos \theta + [\vec{w}_s - e^2 (\sin r)\vec{c}] \sin \theta \} \tag{7.4.25}$$

由（7.4.24）式和（7.4.25）式消去 θ 后，得到

$$\vec{v}'\vec{Y}_T = A\{(\vec{v}'\vec{v}_s)^2 + (1 - e^2 \sin^2 r)^{-1} [\vec{v}'\vec{w}_s - e^2 \sin r \vec{v}'\vec{c}]^2 \}^{\frac{1}{2}} \tag{7.4.26}$$

或

$$\vec{v}'\vec{Y}_T = A[(1 - e^2 (\vec{v}'\vec{c})^2 - (1 - e^2)(1 - e^2 \sin^2 r)^{-1} (\vec{v}'\vec{u}_s)^2]^{\frac{1}{2}} \tag{7.4.27}$$

依据（7.4.7）式同样道理，得到被测天体的中心方向的量度坐标为

$$\vec{v}\,' \vec{r}_{0J} = -\frac{\vec{v}\,' \vec{Y}_T(t)}{D_J(t)} \qquad (7.4.28)$$

3. 边缘不规则的解算

由于月球离地球很近，以至于不仅看起来是一个很大的圆面，而且其边缘呈现不规则的起伏。这种不规则不是仅发生在天球切平面上的，因为它是立体的不规则起伏。

图 7.4.3 中，O 是观测者，J 是月球中心，D 是月球边缘上被观测到的一点，$\vec{r}_{0L}$ 是 D 点的几何方向矢量，$\vec{v}$ 是过 J 垂直于 $\vec{r}_{0L}$ 的方向矢量，两方向矢量的交点为 L，C 是作为光滑圆球的月球模型表面与 $\vec{v}$ 的交点，该月球模型的半径是

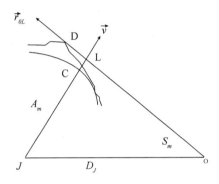

图 7.4.3　月球边缘不规则示意

$$A_m = 1737968\text{m}$$

$\overline{JL}$ 方向的月球实际半径等于 $A_m + \delta A_L$，其中 δA_L 是 L 方向上的边缘改正，从专门的月球边缘资料中查取。

地月间的平均距离为 $a_m = 3.843990683 \times 10^8\text{m}$。距离 JL 在观测者处的张角为

$$S_m = \tilde{S}_m + \delta S_m$$

其中

$$\tilde{S}_m = \sin^{-1}\frac{A_m}{a_m} \qquad (7.4.29)$$

是模型月球半径在地月平均距离上的张角。同样有

$$S_m = \sin^{-1}\frac{A_m + \delta A_m}{D_J} \qquad (7.4.30)$$

考虑到

$$D_J = a_m + \delta D_J \qquad (7.4.31)$$

其中 δD_J 表示月心到观测者距离的变化，包括测站周日运动和月球的地心距离变化两个因素引起的部分，可由地球自转参数和月球历表计算得到。由（7.4.30）式和（7.4.31）式，得到

$$\sin S_m = \frac{A_m + \delta A_m}{a_m + \delta D_J} = \frac{A_m + \delta A_m}{a_m}(1 - \frac{\delta D_m}{a_m}) = (\sin \overline{S}_m + \delta \overline{S}_m)(1 - \frac{\delta D_m}{a_m})$$

上式展开得

$$\sin S_m = \sin \overline{S}_m + \delta \overline{S}_m - \sin \overline{S}_m \frac{\delta D_m}{a_m} \qquad (7.4.32)$$

其中

$$\delta \overline{S}_m = \frac{\delta A_m}{a_m} \qquad (7.4.33)$$

查月球边缘改正表，并计算给出 δD_m，可以计算出 JL 的实际张角。这样从 L 点的观测方向解算出月球中心的观测方向。

第八章　局部量度坐标系中的方向测量

如前述，在全局量度坐标系中直接测量天体的方向参数，不仅误差源众多、函数关系复杂，而且样本扩展很慢。在基本天球参考架已经有相当基础的情况下，不宜再使用这样的观测模式。用照相方法相对于参考星表系统在局部量度坐标系中进行相对测量，一次可以获得大量目标天体的测量结果，可以很快实现参考架的加密。而且照相测量没有诸如水平差、方位差、准直差等这类系统性的观测误差，有利于提高精度。不过照相观测也有其局限性，并有其特有的误差来源。本章将对天体照相这类基于局部量度坐标系的观测方法相关问题进行讨论。

§8.1　局部量度坐标系中的测量原理

§8.1.1　局部量度坐标系和理想坐标系

照相观测是在视场范围内的局部量度坐标系中进行的。如图 8.1.1 所示，天球上一个目标 S^* 成像于望远镜焦面上的一点 S，焦面通常接近于球面。但实际上星像并非真正在焦面上接收，而是在一个物理介质面上接收的，例如照相底片，或 CCD 靶面等。这些物理的接收面一般都是平面的，在理想情况下，它们是焦面在视场中央处的切平面。星像位置需要在这个切平面上描述。为此，在这个平面上构建一个量度坐标系。该坐标系的坐标轴和坐标尺度由底片数字化测量时所用的坐标量度仪（或 CCD 像素阵）的物理框架定义。设焦面上的星像 S 在接收平面上的投影为 T。为了处理测量结果，还需要构建一个用来模拟观测量的坐标系，通常称作理想坐标系。这个坐标系依据实际测量过程所建立的理论模型给出，并和天球坐标系有确定的理论转换关系。目标天体 S^* 在天球切平面上的投影为 T^*。T^* 和 T 一一对应，互为映像。T 是从望远镜主点出发看到的焦面星像在接收平面上的投影，T^* 是从主点处看到的目标天体在天球切平面上的投影。这种投影称为心射投影。在这里，焦面上的像位置 S 在量度坐标系和理想坐标系的构成中都没有起作用，所以后面推导中将不再涉及它。

如果给定切点的天球坐标，天体在理想坐标系中的坐标和天球坐标应有确定的关系。和§7.3 中叙述的视场中的局部量度坐标系类似，这里的切平面上的理想坐标系 $[W^*]$ 定义为

$$[W^*] = \begin{pmatrix} \vec{u} & \vec{v} & \vec{w}^* \end{pmatrix}$$

其坐标原点为望远镜主点，$\vec{w}^*$ 为光轴与天球的交点，$\vec{u}$ 和 $\vec{v}$ 轴在切平面内，$\vec{u}$ 轴平行于赤道，指向赤经增加方向。$\vec{v}$ 轴在过 $\vec{w}^*$ 点的赤经圈内，指向北极。$\vec{w}^*$ 轴指向天球的外法线方向。天体在切平面上投影点 T^* 到 w^* 的距离为 t，在三维坐标系中的星像的位置矢量的模为 $\rho^* = (1+t^2)^{\frac{1}{2}}$。这时，天体 S^* 的方向矢量 $\vec{\rho}^*$ 在理想坐标系 $[W^*]$ 中的表达式，和（7.3.17）式的推导类似，可以表示成

$$< \vec{\rho}^* > = [W^*](1+t^2)^{-\frac{1}{2}} \begin{pmatrix} \vec{u}\vec{t} \\ \vec{v}\vec{t} \\ 1 \end{pmatrix} \tag{8.1.1}$$

天体的像在切平面上的二维的理想坐标常用 ξ，η 表示，它们分别是 T^* 在 $\vec{u}$、$\vec{v}$ 构成的二维坐标系中的坐标。于是（8.1.1）式可表示成

$$< \vec{\rho}^* > = [W^*](1+t^2)^{-\frac{1}{2}} \begin{pmatrix} \xi \\ \eta \\ 1 \end{pmatrix} \tag{8.1.2}$$

$$\xi^2 + \eta^2 = t^2$$

设 $\vec{\rho}^*$ 和 $\vec{w}^*$ 的交角为 l，这也是 S^* 和 w^* 间的弧长。若将天球半径取为 1，由图 8.1.1，

$$t = \tan l \tag{8.1.3-1}$$

又设天极 P 和天体 S^* 对切点 w^* 的张角为 θ，这就是切平面上矢量 $\vec{t}$ 和坐标轴 $\vec{v}$ 的交角，因此有

$$\xi = t \sin\theta = \tan l \sin\theta$$
$$\eta = t \cos\theta = \tan l \cos\theta \tag{8.1.3-2}$$

从球面三角形 PS^*w^* 可得

$$\sin l \cos\theta = \sin\delta\cos\delta_0 - \cos\delta\sin\delta_0\cos(\alpha-\alpha_0) \tag{8.1.3-3}$$

$$\sin l \sin\theta = \cos\delta\sin(\alpha-\alpha_0) \tag{8.1.3-4}$$

$$\cos l = \sin\delta\sin\delta_0 + \cos\delta\cos\delta_0\cos(\alpha-\alpha_0) \tag{8.1.3-5}$$

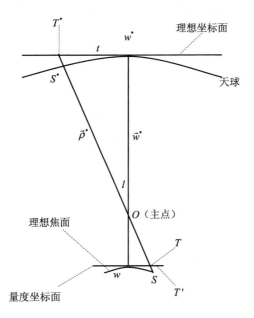

图 8.1.1 天体的照相测量原理示意

将（8.1.3-3）式/（8.1.3-5）式和（8.1.3-4）式/（8.1.3-5）式分别代入（8.1.3-2）式，得

$$\xi = \frac{\cos\delta\sin(\alpha-\alpha_0)}{\sin\delta\sin\delta_0 + \cos\delta\cos\delta_0\cos(\alpha-\alpha_0)}$$

$$\eta = \frac{\sin\delta\cos\delta_0 - \cos\delta\sin\delta_0\cos(\alpha-\alpha_0)}{\sin\delta\sin\delta_0 + \cos\delta\cos\delta_0\cos(\alpha-\alpha_0)}$$

（8.1.3）

由此，若已知天体的球面坐标 α,δ 和切点的球面坐标 α_0,δ_0 坐标，可以唯一地确定该天体的理想坐标 ξ,η。另外，由（8.1.3）还可以导出

$$\tan(\alpha-\alpha_0) = \frac{\xi}{\cos\delta_0 - \eta\sin\delta_0}$$

$$\tan\delta = \frac{\eta\cos\delta_0 + \sin\delta_0}{\cos\delta_0 - \eta\sin\delta_0}\cos(\alpha-\alpha_0)$$

（8.1.4）

可以看到，在切平面坐标系中，天体理想坐标和其天球坐标之间有确定的、严格的几何关系。并且，如果光学成像系统没有畸变，接收面上的

量度坐标尺度均匀，量度坐标和理想坐标之间将是线性变换关系。

理想坐标系和天球坐标系的关系还可以用矢量表达方式方便地导出。在切点处建立星基坐标系$[W^*]$作为切平面上的理想坐标系，它和赤道坐标系$[N]$（瞬时的或历元的）转换关系为附录中的（B.35）式

$$[W^*]'[N] = \bar{R}_1(90° - \delta_0)\bar{R}_3(90° + \alpha_0) = \begin{pmatrix} -\sin\alpha_0 & \cos\alpha_0 & 0 \\ -\sin\delta_0\cos\alpha_0 & -\sin\delta_0\sin\alpha_0 & \cos\delta_0 \\ \cos\delta_0\cos\alpha_0 & \cos\delta_0\sin\alpha_0 & \sin\delta_0 \end{pmatrix}$$

与观测方向对应的、坐标为α、δ的天体在该星基坐标系中表达式为

$$<\vec{\rho}^*> = [W^*][W^*]'\ [N] \begin{pmatrix} \cos\alpha\cos\delta \\ \sin\alpha\cos\delta \\ \sin\delta \end{pmatrix}$$

$$= [W^*] \begin{pmatrix} -\sin\alpha_0 & \cos\alpha_0 & 0 \\ -\sin\delta_0\cos\alpha_0 & -\sin\delta_0\sin\alpha_0 & \cos\delta_0 \\ \cos\delta_0\cos\alpha_0 & \cos\delta_0\sin\alpha_0 & \sin\delta_0 \end{pmatrix} \begin{pmatrix} \cos\alpha\cos\delta \\ \sin\alpha\cos\delta \\ \sin\delta \end{pmatrix} \quad (8.1.5)$$

$$= [W^*] \begin{pmatrix} \cos\delta\sin(\alpha - \alpha_0) \\ \cos\delta_0\sin\delta - \sin\delta_0\cos\delta\cos(\alpha - \alpha_0) \\ \sin\delta_0\sin\delta + \cos\delta_0\cos\delta\cos(\alpha - \alpha_0) \end{pmatrix}$$

这是个单位矢量。当目标被投影到切平面上时，将不再是单位矢量，其模用ρ^*表示，和（8.1.2）式比较，可以看到，

$$\rho^* = (1 + t^2)^{1/2} = \frac{1}{\sin\delta_0\sin\delta + \cos\delta_0\cos\delta\cos(\alpha - \alpha_0)}$$

所以有

$$\vec{\rho}^* = [W^*] \begin{pmatrix} \xi \\ \eta \\ 1 \end{pmatrix} = [W^*]\rho^* \begin{pmatrix} \cos\delta\sin(\alpha - \alpha_0) \\ \cos\delta_0\sin\delta - \sin\delta_0\cos\delta\cos(\alpha - \alpha_0) \\ \sin\delta_0\sin\delta + \cos\delta_0\cos\delta\cos(\alpha - \alpha_0) \end{pmatrix}$$

$$= [W^*] \begin{pmatrix} \dfrac{\cos\delta\sin(\alpha - \alpha_0)}{\sin\delta_0\sin\delta + \cos\delta_0\cos\delta\cos(\alpha - \alpha_0)} \\ \dfrac{\cos\delta_0\sin\delta - \sin\delta_0\cos\delta\cos(\alpha - \alpha_0)}{\sin\delta_0\sin\delta + \cos\delta_0\cos\delta\cos(\alpha - \alpha_0)} \\ 1 \end{pmatrix}$$

可得到

$$\xi = \frac{\cos\delta\sin(\alpha-\alpha_0)}{\sin\delta_0\sin\delta+\cos\delta_0\cos\delta\cos(\alpha-\alpha_0)}$$

$$\eta = \frac{\cos\delta_0\sin\delta-\sin\delta_0\cos\delta\cos(\alpha-\alpha_0)}{\sin\delta_0\sin\delta+\cos\delta_0\cos\delta\cos(\alpha-\alpha_0)}$$

这和（8.1.3）式一样。上面理想坐标满足

$$\rho^* = (1+\xi^2+\eta^2)^{\frac{1}{2}} \tag{8.1.6}$$

的关系。

理想坐标系并非只能基于赤道坐标系建立，也可以基于地平坐标系或其他坐标系建立。在测站坐标已知的情况下，参考星的地平坐标可以通过坐标变换得到。和赤道坐标系定义的理想坐标系一样，借助于地平坐标系定义的理想坐标系，可以测量得到待测星的地平坐标。在实际测量工作中采用哪种理想坐标系，依据观测目的而定。

上述的量度坐标系和理想坐标系是对天球切平面上天体的投影 T^* 和焦面切平面上星象的投影 T 之间关系的描述。但这并不是照相测量的唯一的模式。

例如，施密特（Schmidt）望远镜，因其视场较大，焦面形状明显偏离平面。为此，在拍照时底片被压成和焦面一样的球面，其接收的是在焦面上的像 S，而不是星象在切平面上的投影 T（见图 8.1.1）。这样观测意味着所观测的天体代表天球上的 S^* 点，而不是其投影 T^*。底片所拍摄的是焦面上的星象位置 S 而不是 T。如果望远镜成像系统没有畸变，S^* 和 S 的球面坐标完全是等价的。但在底片从望远镜上取下而放在坐标量度仪或数字化扫描仪上度量时，又恢复成平面形状。这意味着底片上量度的点位不是 T，而是底片展开成平面后 T 点位移到的新位置 T'。现在建立的理想坐标系应该模拟 T' 的位置。这种变换可以用中心等距投影的模式描述：以切点为中心，将星像在球面上距中心的弧长投影成相等长度的平面上的中心距。在图 8.1.1 中，就是按照 $wS=wT'$ 的关系投影。这也等价于在天球上以 $w^*S=w^*T^{*'}$ 的关系，将 S^* 投影到 $T^{*'}$。这时，$t=fl$。若 $f=1$，与 $T^{*'}$ 相应的理想坐标为

$$\xi' = l\sin\theta$$
$$\eta' = l\cos\theta \tag{8.1.7-1}$$

和（8.1.3-2）式比较得

$$\xi' = \xi \cot l$$
$$\eta' = \eta \cot l \tag{8.1.7}$$

这是只和星像的中心距离 l 有关的形变。将（8.1.3-2）式中的 $\tan l$ 展开成 l 的级数，

$$\tan l = l + \frac{1}{3}l^3 + \cdots \tag{8.1.8-1}$$

得到

$$\xi = (l + \frac{1}{3}l^3 + \cdots)\sin\theta$$
$$\eta = (l + \frac{1}{3}l^3 + \cdots)\cos\theta \tag{8.1.8-2}$$

由于上面的 l 是小量，略去级数中 5 次方以上的项，将（8.1.7-1）式代入（8.1.8-2）式，并考虑到

$$l^2 = \xi'^2 + \eta'^2$$

最后得到

$$\xi = \xi' + \frac{1}{3}\xi'(\xi'^2 + \eta'^2)$$
$$\eta = \eta' + \frac{1}{3}\eta'(\xi'^2 + \eta'^2) \tag{8.1.8}$$

这是施密特望远镜照相测量的理想坐标尺度和普通的平面底片的理想坐标尺度的转换关系。由于 ξ，η 可以用（8.1.3）直接算出，为了计算 ξ'，η'，可以通过迭代方法解

$$\xi' = \xi - \frac{1}{3}\xi'(\xi'^2 + \eta'^2)$$
$$\eta' = \eta - \frac{1}{3}\eta'(\xi'^2 + \eta'^2) \tag{8.1.9}$$

得到。在量度底片时，实际得到的是 T' 的坐标，与其相应的理想坐标是 T'' 的理论计算坐标 ξ', η'。因此，在处理施密特底片时，应当用（8.1.9）+（8.1.3）式计算出理想坐标，再和量度坐标一起解模式参数。

如果施密特望远镜装上 CCD 作为星像接收的物理界面，由于 CCD 不被强迫弯曲在焦面上，它的成像模式就和普通望远镜一样，是天球切平面对焦面切平面的映射关系。目前 CCD 的几何尺寸一般较小，通

常只是焦面中央的一小部分，实际焦面和 CCD 接收平面之间的差异可以忽略。

再一种成像模式是，星像能量的接收是在球面形式的理想焦面上进行的，量度坐标也是在球面坐标上表示的。这时，设以 w 为极点，θ 为极距，λ 为经度，有

$$< \vec{\rho} >= [W] \begin{pmatrix} \cos\lambda\sin\theta \\ \sin\lambda\sin\theta \\ \cos\theta \end{pmatrix} = [W] \begin{pmatrix} x \\ y \\ z \end{pmatrix} \qquad (8.1.10)$$

用（8.1.5）式，相应得到

$$< \vec{\rho}^* >= [W^*] \begin{pmatrix} \cos\delta\sin(\alpha-\alpha_0) \\ \cos\delta_0\sin\delta-\sin\delta_0\cos\delta\cos(\alpha-\alpha_0) \\ \sin\delta_0\sin\delta+\cos\delta_0\cos\delta\cos(\alpha-\alpha_0) \end{pmatrix} = [W^*] \begin{pmatrix} \xi \\ \eta \\ \zeta \end{pmatrix} \qquad (8.1.11)$$

直接在三维的理想坐标和量度坐标间建立量度模式。

由上面几种情况可以看出，构建理想坐标系的目的，就是要尽可能正确的模拟底片上星象的量度坐标。这样，量度坐标和理想坐标之间，除去望远镜成像系统的畸变和量度坐标网格的不均匀因素以外，只有线性的坐标变换关系。我们将这种只和望远镜有关的变换关系称作几何变换。在同一个望远镜和同一个 CCD 不变情况下，几何变换关系将和观测时望远镜的空间指向无关。就是说，这样得到的量度模式参数可以作为同样观测方式下的固定参数采用。影响量度模式的因素还有大气折射、光行差等因素。这些因素中有线性关系的，也有非线性关系的。我们将这类变换称作物理变换。物理变换与观测天区有密切关系，一次观测中的物理变换模式只能用于本次观测。在许多情况下，人们可以不区分几何变换和物理变换，而是采用一揽子的多项式模拟。但在有些情况下，提取出几何变换模式会有用的。提取几何变换模式的方法，可以对天顶区作多次观测，这时大气折射可以很好地模拟，光行差等因素的影响都能精确计算。考虑这些因素后，所余下的就是几何变换关系。经多次观测的平均，得到高精度的几何变换参数。

总之，天体测量数据分析时，忌讳那种不论具体机制，统统采用一揽子多项式拟合的处理方式。这样做虽然有时也能解决一些具体问题，

但这种粗糙的处理方式有时会失去一些有用信息，甚至可能失去某个创新的机遇。

善于精细地分析每种可能的因素是天体测量学者必要的专业素养。

至此，局部量度坐标系中方向测量的基本步骤可以简单归纳为：

（1）根据望远镜星象的记录方式（焦面切平面上记录或焦面上记录）和量度方式，决定了投影模式（心射投影、等距投影），也就决定了天球坐标系（赤道的或地平的）和视场内理想坐标系的坐标变换关系，如（8.1.3）式或（8.1.8）式。

（2）据此，用视场中参考星的星表参数，依据第二章所述，在考虑视差、大气折射、光行差等因素后计算得到观测时刻的观测方向参数，进而计算得到参考星的理想坐标。

（3）测量照相底片上参考星和待测星的量度坐标。

（4）将参考星的量度坐标和理想坐标作多项式拟合，给出量度坐标模型表达式。

（5）用此量度坐标模型表达式，由待测星的量度坐标计算出其相应的理想坐标。

（6）将待测星的理想坐标带入（8.1.4）式，计算得到与待测星的观测方向相应的天球坐标。

（7）按第二章所述的原理，由待测星的观测方向推算出其站心坐标方向、地心坐标方向或质心坐标方向。

（8）如果望远镜视场很小（如 10 角分量级）或精度要求不高，测量数据的处理过程可以不经过坐标方向与观测方向之间的往返换算，直接用参考星的坐标方向计算理想坐标，也从待测星的理想坐标直接计算出其坐标方向。

§8.1.2 心射投影方式中的量度坐标模式

1. 常用的量度坐标模式

这里所谓量度坐标模式，是指照相底片上全体参考星的量度坐标和理想坐标之间关系的拟合表达式。常用的量度模式采用多项式表示，早期采用的模式中，每一项都有相应的物理背景。例如：

（1）在没有像场畸变和量度坐标网格不均匀的情况下，量度坐标系的几何变换只是线性变换关系，它和理想坐标系的转换关系只包含原点差、坐标轴方向差和坐标尺度差，共 4 个参数，可以写成

$$\xi = ax - by + c$$
$$\eta = bx + ay + d$$
$$(8.1.12)$$

其中 $a = k\cos\theta$，$b = k\sin\theta$。θ 是两坐标系同一坐标轴间的夹角，k 是尺度函数。

（2）如上面的关系，但量度坐标系的 x 轴不完全垂直于 y 轴，这仍然是线性变换关系。设 ξ 和 x 轴夹角为 θ_x，η 和 y 轴夹角为 θ_y，另外两坐标轴方向的比例尺也可能不同。这时两坐标系关系可以表示为

$$\xi = ax + by + c$$
$$\eta = dx + ey + f$$
$$(8.1.13)$$

其中 $a = k_x\cos\theta_x$，$b = -k_y\sin\theta_y$，$d = k_x\sin\theta_x$，$e = k_y\cos\theta_y$。这就是常见的 6 参数线性模型，也是最具一般性的线性模式。

（3）望远镜可能存在像差而影响星像的能量中心的位置，而且影响的大小和方向与星像在底片上的位置有关，这使得量度坐标对理想坐标的差异呈非线性。对于这种非线性关系的描述，情况比较复杂，需要根据望远镜的实际情况设定不同的函数形式。引起非线性的因素很多，如底片不垂直于光轴、底片的切点坐标和光轴的实际方向不一致、视场内的较差大气折射和较差光行差影响、底片存在着与量度坐标有关的像差，等等。这里包含非线性的几何变换关系和物理变换关系。最简单的非线性关系就是量度坐标系上的等尺度线是以坐标原点为中心的椭圆。这种模型可以表示成

$$\xi = ax + by + c + g(x^2 + y^2)$$
$$\eta = dx + ey + f + p(x^2 + y^2)$$
$$(8.1.14)$$

这是 8 常数模型。

（4）如果量度坐标系的等尺度线是以坐标原点为中心的一般二次曲线，模型可表示为

$$\xi = ax + by + c + gx^2 + hxy + iy^2$$
$$\eta = dx + ey + f + px^2 + qxy + ry^2$$
$$(8.1.15)$$

这是 12 常数模型。

（5）更复杂的情况需要设定更高阶项。例如，模式中包括全部三次项的形式为

$$\xi = ax + by + c + gx^2 + hxy + iy^2 + jx^3 + kx^2y + lxy^2 + my^3$$
$$\eta = dx + ey + f + px^2 + qxy + ry^2 + sx^3 + tx^2y + uxy^2 + vy^3$$

(8.1.16)

这是 20 参数模式。

量度模式的任何形式都仅是对实际量度坐标尺度的一种近似的经验描述，并非函数形式越复杂越好。但是对于一架望远镜，其光学系统的误差、较差大气折射的未拟合部分、较差光行差的未拟合部分等，都会在接收图像上产生非线性畸变。这类畸变难以说清其数学模式。合理的做法是，**将能够预先计算的物理因素尽可能计算出来，剩下不能精确计算的因素寻求建立模拟效果最好而表达式最简单的量度模型。**

（6）如果切点坐标采用值 α_0、δ_0 和底片的实际切点位置不符合，导致理想坐标系和量度坐标系不在互为映像的两个平面内，由此也产生非线性项。在理想坐标系和量度坐标系的坐标轴近似平行的情况下，可以导出

$$\Delta\xi = \cos\delta_0 d\alpha_0 x^2 + d\delta_0 xy$$
$$\Delta\eta = \cos\delta_0 d\alpha_0 xy + d\delta_0 y^2$$

(8.1.17)

其中 $d\alpha_0$、$d\delta_0$ 是两个模型参数。将（8.1.16）式加到（8.1.15）式中，得到 14 常数模型。若将其加到（8.1.16）式，得到 22 参数模式，等等。

如前所述，较差测量直接得到的天体方向间的关系，是它们的观测方向间的关系，所以在公式（8.1.3）式和（8.1.4）式中的天体坐标 α、δ 和切点坐标 α_0、δ_0，都应当是其观测方向矢量在天球上的指向点的坐标。由此建立的理想坐标和量度坐标的差异最小，它们只含几何因素引起的差异。或者说，把一切可以作理论预测的因素尽可能包括到目标天体的天球坐标与理想坐标的转换关系中，只将一切不能预测的差异包含到其理想坐标与量度坐标的转换关系中。有时常用平位置计算理想坐标，而把各种影响观测方向的因素，如光行差、大气折射等的较差效应全都包含进量度模式中，希望被量度模式所表达。这将导致量度模式复杂化。不应当把本可严格计算的理论关系放到经验模拟的计算中。

岁差和章动影响理想坐标系的坐标原点的天球坐标和坐标轴的方向，因而影响 ξ,η 值。但岁差章动只是坐标系的整体旋转，并不改变星座的形状。所以在哪个坐标系中计算观测方向都不影响待测天体和参考天体之间的相对关系。

由上所述，量度模式是对像场量度坐标的各种系统偏差的一种数学

拟合，是对于一个实际的物理场的经验描述。因此，可采用的拟合模式并非是唯一的，可能会有多种拟合相近的量度模式。

2. 建立量度坐标模式的必要条件

（1）要有足够数量的参考星，使得底片上各方向的采样密度都能充分体现模拟函数的变化，而不仅仅是满足未知量个数方面的要求。大致说来，如果模拟函数一个坐标含有 n 项，视场中最好有 n^2 个以上的参考星，才能充分反映出量度坐标的实际变化。而过去认为只要有 n 个以上的参考星就够了。

（2）参考星应包围一切待测的目标天体。这是因为，量度模式仅是对底片量度坐标的一种经验的数学描述，它不一定有严格物理背景。因此，当将量度模式**"内插"**应用于待测天体时，能比较如实地反映出测量数值的规律。如果将其**"外推"**应用，这将和一切经验拟合函数一样，一般都效果不佳。外推越远，效果越差。这对于巡天观测的处理非常重要。巡天观测的待测目标很多，往往遍布整个底片。如果底片边缘某些区域缺少参考星，意味着经验的量度模式被外推应用于这些区域，这时，这部分待测星数据的处理结果常会含有系统性偏差。这种情况下，过去通常的解决办法就是放弃边缘区域的测量结果。在执行巡天观测时，常采用底片部分重叠的观测方式，使得每颗星都有机会出现在视场的近中心区域。

（3）任何望远镜的成像系统都不同程度地存在像场的非线性畸变，这使得量度模式复杂化，需要用更高阶的多项式才能得到较好的像场拟合效果。使用尽可能多的参考星有助于建立更精确的量度模式。但在当前，参考星表的位置误差会影响所建量度模式的可靠性。应当采取专门的测量和研究措施测定望远镜成像系统的非线性特征，以保证望远镜的所有用户都能得到最好的观测结果。某些工作者对于像场的复杂性常常不作物理分析，认为高阶多项式模型可以解决一切问题。作者对此不完全认同。

§8.1.3　局部坐标系中方向观测的误差源

1. 全局测量的误差源分析

作为对照，我们首先归纳一下全局量度坐标系中方向观测的误差来源。如第七章所述，全局量度坐标系中的方向观测，其坐标系的基本面是天文地平，其经度起始面是地方天文子午面。所涉及的主要误差源有：

（1）铅垂线和子午面本身的物理稳定性不高。铅垂线的方向是时变的，其变化的幅度至今并不能确切地给出。这是因为，在地球物理上，虽然超导重力仪能检测出重力绝对值的极微小的变化，但对重力方向的变化尚无相应精度的测量手段。据天文观测估计，地方铅垂线方向的变化可能达到 $0''.1$ 量级。

（2）铅垂线和子午面在观测中的实现误差。铅垂线是通过水准器实现的，子午面则由铅垂线和测站的南北方向定义通过物理的照准标实现。其实现精度都不好于 $0''.1$。

（3）由于这些基本方向无对应的实体，天体方向和这些基本方向间的夹角的测量是通过望远镜轴的方向实现的，而望远镜的轴在空间取向的偏差和变化引起方位差、水平差、准直差、镜筒弯曲等一系列误差，只能达到 $0''.1{\sim}1''$ 量级。

（4）地面的大尺度角度测量受到大气折射的影响达到数十角秒，对大气折射的修正采用理论模型，其误差可达到 $0''.1{\sim}1''$ 量级。

由此可见，对于天体方向的地面坐标测量方法，其一次测量精度只能在 $0''.1{\sim}1''$ 量级，其主要原因在于测量原理，而不仅仅是大气。即使没有大气，比如在月球上，这样的测量原理给出的测量精度，也仅有程度上的变化，没有实质性的变化。

2. 部量度坐标系中方向观测的误差源

对于在局部量度坐标系中进行的方向测量，不需要精确地确定地方坐标系的坐标轴取向，也不需要测量天体相对于坐标轴的方向角，因而避免了与此有关的各类误差。而且，由于是小范围内的较差测量，大气折射误差的影响比误差本身要小 2~3 个量级，一般可以忽略。在这种情况下，较差测量的主要系统误差源是参考星的星表位置误差、像场畸变误差以及星像坐标的量度误差。

在这种情况下，为提高测量精度可以观测尽可能多的的参考星，也可以提高星像量度坐标测量的分辨率，还可以通过大量观测模拟像场畸变的规律。对于一定口径的望远镜，如果要获得更多的参考星，就要加大望远镜的视场，这要求缩短焦距。如果要提高望远镜的角分辨率以提高量度坐标的测量精度，就要加长望远镜的焦距，这就缩小了视场。这两方面的要求互相矛盾而不可兼得。部分重叠观测的整体平差方法使得两者得以协调—可采用长焦距望远镜获得更高的测量分辨率，再通过多照片整体平差获得大的天区覆盖，从而得到更多的参考星。经过这样的措施，目标星的单次观测精度理论上可提高到 $0''.01$ 水平。更细致地考虑，较差测向方法的误差源可能有以下方面：

星像量度坐标的随机测量误差 ε_1；

参考星的位置误差 ε_2；

地方大气折射对模型大气折射的系统偏差 ε_3；

大气的随机误差，包括湍流等随机因素的影响引起的误差 ε_4；

底片模型描述引起的星像位置误差 ε_5。

下面以 CCD 观测为例，对这些误差逐一分析。在以下讨论中除特别注明外，长度单位都是毫米，角度单位都是角秒。

（1）减小量度坐标的测量误差

CCD 的一个能量接收单元称为像素。一个星像落在若干个相邻的像素上。通过这些像素上能量的计量，按一定的假设将能量分布换算成星像中心在像素间的位置，这就是量度坐标值。量度坐标的测量精度取决于星像的成像质量、焦面比例尺以及像素的几何尺度。对于一个既定的观测地点，假定其成像质量大体不变，CCD 像素的几何尺度也固定，这时量度精度就只取决于焦面比例尺。一般认为在良好成像情况下，星像中心的测量精度可以达到 0.02 个像素。所以底片比例尺（底片上单位长度所对应的天球大圆弧长）越小，量度坐标的角精度越高。设量度坐标的线精度为 ε_1（像素），其相应的量度角精度 E_1（角秒）可以表示成：

$$E_1 = \frac{\varepsilon_1 \lambda}{F} \frac{3600 \times 180}{\pi} \qquad (8.1.18)$$

其中 F 是望远镜焦距。λ 为 CCD 像素的几何尺度（mm/像素）。此式表明，长焦距望远镜有利于提高量度坐标的测量精度。由于大气的湍流，在曝光过程中星像在一定的范围内作快速的随机抖动，于是星像就不是一个非常理想的圆点，而是能量向四周弥散的边缘不很清晰的斑点。斑点的大小主要取决于测站的大气宁静度。一般用背景噪声能量的 3 倍以上的部分作为星像的有效部分，其直径作为星像直径，称为测站的大气宁静度（Seeing），其大小直接关系到望远镜的角分辨率，但对星像能量中心的位置没有很直接的影响，所以（8.1.18）的关系依旧是成立的。

（2）参考星位置误差的影响

在参考星座覆盖的区域内，较差测量误差与视场内参考星数目 N 及参考星位置偶然误差的平均水平 ε_2 有关，并且参考星的量度坐标也影响到参考星的定位结果。所以此项精度可以表示成：

$$E_2 = \sqrt{\frac{E_1^2 + \varepsilon_2^2}{N}} \qquad (8.1.19)$$

设参考星表的平均密度为每平方度 n 颗，CCD（假设为正方形）每边对应天空中的张角 ω 可以表示成

$$\omega = \frac{L}{F}(\text{弧度}) = \frac{L}{F} \times \frac{180}{\pi}(\text{度}) \qquad (8.1.20)$$

这时，N 的平均水平可以用

$$N = \omega^2 n \qquad (8.1.21)$$

作近似估计。其中 L 是 CCD 几何边长。将（8.1.20）式、（8.1.21）式代入（8.1.19）式得，

$$E_2 = \sqrt{\frac{(3600\lambda)^2 \varepsilon_1^2 + (\frac{\pi}{180})^2 F^2 \varepsilon_2^2}{L^2 n}} \qquad (8.1.22)$$

由（8.1.18）式和（8.1.22）式得

$$E = \sqrt{E_1^2 + E_2^2} = \sqrt{\left(\frac{\varepsilon_1 \lambda}{F} \frac{3600 \times 180}{\pi}\right)^2 + \frac{(3600\lambda)^2 \varepsilon_1^2 + (\frac{\pi}{180})^2 F^2 \varepsilon_2^2}{L^2 n}} \qquad (8.1.23)$$

此式表明，对于同一参考星表，望远镜的焦距越长，或 CCD 的几何尺寸越小，参考星表误差的影响就越大。就是说，短焦距大视场的望远镜对降低参考星表误差的影响有利。

（3）大气较差折射误差的影响

大气折射模型的主项的形式可写成 $R = A\tan Z$。若系数 A 存在误差 ΔA，视场的天顶距跨度为 $\Delta Z = \frac{L}{F}$，引起的较差折射误差为

$$\Delta R = \Delta A \Delta Z \sec^2 Z_0 = \Delta A \frac{L}{F} \sec^2 Z_0 \qquad (8.1.24)$$

其中 Z_0 是视场中央的天顶距，Z_0 和 ΔZ 的单位是度，ΔA 和 ΔR 的单位是角秒。此式说明，折射系数采用值的误差引起的视场内最大的较差折射量以 $\frac{L}{F}\sec^2 Z_0$ 为比例系数，一般情况下，这是一个可忽略的高阶小量。

焦距越长，其影响越小。这说明焦距长、视场小的望远镜受到大气折射系数误差的较差影响较小。

由此式看到，天体的照相测量的误差源中，望远镜焦距越长，参考星越少，参考星误差的影响所占比例越大，而折射误差和量度误差影响

越小。反之，焦距越短，坐标的量度误差和大气折射误差的影响越大，而参考星的误差影响所占比例降低。这种相互制约的关系限制了照相测量精度的进一步提高。通过重叠观测的整体平差技术可以解决这个矛盾。关于照相测量的整体平差方法，后面将详细说明。无论如何，理论上照相测量达到的精度应比子午环等坐标测量方法的精度大约高一个量级，可望达到 $0''.01$ 水平。

3. 提高照相测量精度的制约因素

然而这样的理论精度在一般情况下实际难以达到。这表明，照相天体测量的误差中，除了参考星表和随机量度误差外，还有其他误差来源。定性地考虑，照相观测的误差源还有：

（1）大气抖动造成星像的位置误差，这种误差的基本特征是随机性。

（2）望远镜成像误差，这类误差呈现系统性，特别是视场的边缘区域。

（3）望远镜跟踪误差造成的成像误差。这种误差使得星像拖长，质量下降。并且这种影响对不同亮度的天体可能会产生差异，因而可形成与星等有关的系统误差。

（4）大气的色散使得星像拉长成小的光谱图形，这对星像的能量中心位置的影响与星的亮度和光谱型有关。即使使用滤光片，也只是缩小而不能完全消除这种影响，因为任何滤光片仍有一定的带宽。

（5）较差大气折射影响视场内星座的形状。如果观测跟踪时间较长，在观测过程中星座还将发生形变，这对视场外缘的星像影响较大。

这些误差成为制约照相测量精度提高的重要因素，需要通过大量观测数据的精细分析，给出各类系统差的经验模型。

§8.2　部分重叠照相观测的整体平差

§8.2.1　整体平差思想的提出和研究历史

照相底片中心区域和边缘区域的精度差异从一开始就受到注意。由于光学部件加工的误差、大气较差折射的影响、跟踪系统的误差等原因，底片边缘的部分的量度坐标模式和中心区域相比总是更为复杂，精度也较低。所以过去在大型巡天观测计划实施中，底片中心对四角的部分重叠的拍摄方式被广泛采用。由于各种误差的影响，在这样部分重叠的两底片上的共同目标天体，计算后得到的测量位置的差异，往往超出偶然误差可解释的范围。为处理同一天体在不同底片上得到的不同位置测量结果，有两种可能的做法：

或舍去边缘区域的观测，只取底片中心区域的观测数据。因为底片边缘的星像质量肯定不如底片中心区域的质量，且往往存在系统误差。但中心和边缘并没有严格的分界线，如何取舍并无严格标准，实际中难以规范地操作。而且这样做要损失大量的观测数据。

或将同一颗星在不同底片得到的观测结果取平均。但是对于底片中心和边缘的两种观测在如何决定权重问题存在困难。若作等权处理显然不合理；若不取等权，对于底片上不同位置的星像，两次观测时的条件差异程度又各不相同。所以很难寻找出一种能适合底片上所有目标的取权标准。

为解决这个难题，早在 19 世纪后期，就有人提出应将这些部分互相重叠的底片资料作整体平差，在平差后，一颗星只得到一个位置。人们期望，通过整体平差能得到一个更为均匀的坐标框架，所得的测量结果的精度能有明显的改善。有人预言，整体平差后的内部误差可以缩减到原来的四分之一。然而，经过一个世纪的研究，照相底片的整体平差并没有取得预想的效果，有时甚至比单底片解的精度还差。因此，整体平差的想法一直没有真正实现，以至于至今先后发表的各主要星表仍然是单底片解的结果。

对于照相底片的整体平差不能得到好的效果的原因，过去并没有确切的详细的解释。有研究者认为，整体平差不能得到预期效果的原因是照相底片成像规律太复杂，以至于找不到真正适合的函数模型去描述它。并由此得出结论：整体平差的成功的前提就是精确的单底片解，但这个前提条件实际上往往不能得到满足的。例如由于大气较差折射和跟踪误差，在大视场望远镜长曝光拍摄的底片上，边缘星像会被拖长。而且，其拖长的大小和方向与观测的天区、观测时的天顶距、星在视场中的方位和中心距等因素都有关。这是一种时变的影响。这种影响体现在量度坐标模式上，就成为一种参数多变的高阶项。如果具备非常密集的、分布广泛而均匀的参考星框架，单张底片将能很好模拟出量度坐标模式，给出很好的测量结果。但实际上这个条件一般不能得到满足。底片边缘的某些区域可能会缺少参考星，这使得照片的量度坐标模式在近边缘部分常常表达得不好。这种情况下，任何整体平差的设想都不会得到理想的结果。

到 20 世纪 80 年代，照相天体测量的观测技术有了实质性的变化，CCD 电子数字成像技术取代了玻璃底片的感光成像技术，接收光子的灵敏度较底片有很大提高。依据器件的量子效率比较，CCD 可达到 90%，而照相底片一般只有 0.1%~1%，最高到 4%。这使得同样条件下，CCD 的曝光时间较底片短得多。原本照相底片要曝光几十分钟才能拍摄到的星，用 CCD 仅需要几十秒。另一方面，CCD 的尺寸目前还比较小，一般仅几厘米。更大的 CCD 因价格十分昂贵而较少采用。所以 CCD 视场仅占望远镜视场中央的较小部分。这样，上述一些误差源对 CCD 照片的影响大大缩小，这使得其量度坐标模式中的时变部分基本消除。余下的因光学系统本身的问题引起的部分，则是比较固定的函数模式。通过观测恒星较为密集的天区，用密集分布的参考星解算出量度坐标模式中的非线性项。经过这样处理以后，照片将得到好的拟合精度。在这个基础上，整体平差将有条件实现。

对于 CCD 观测，整体平差的需求来源于三方面：

（1）由于 CCD 视场小，参考星所占天区小，星数少，这会引起不同照片的局部参考架之间的不一致性。

（2）有时视场内高精度的参考星很少，甚至没有参考星，量度模式参数根本无法解出。或者因视场太小，而某些群体性目标天体的天空范围较大，一次观测不能覆盖全部目标。如大行星及其卫星系统、疏散星团等。在这些情况下，通常的单底片解不能满足需要，通过重叠观测的整体平差是一个可能的解决方案法。

（3）对 CCD 的巡天观测，通过整体平差方法可以得到更为均匀的位置系统，一个星在视场中不同的位置上被观测，但最后给出一个确定的位置，使其位置系统得到合理的平滑处理。

§8.2.2 整体平差解算理论的矢量表达

1. 联系方程的建立

设在历元赤道平坐标系 $[N_0]$ 中，切点 w 的**观测方向**参数为 (α_0, δ_0)，切点处的星基坐标系坐标轴 $\vec{u}_s$、$\vec{v}_s$、$\vec{w}$，由（8.1.5）式导出该星基坐标系 $[W_s] = [\vec{u}_s \quad \vec{v}_s \quad \vec{w}]$ 为

$$[W_s] = [N_0] \begin{pmatrix} -\sin\alpha_0 & -\sin\delta_0\cos\alpha_0 & \cos\delta_0\cos\alpha_0 \\ \cos\alpha_0 & -\sin\delta_0\sin\alpha_0 & \cos\delta_0\sin\alpha_0 \\ 0 & \cos\delta_0 & \sin\delta_0 \end{pmatrix} \qquad (8.2.1)$$

其中 α_0, δ_0 的近似值作为已知，其改正值 $d\alpha_0$ 和 $d\delta_0$ 是未知量，在平差时作为底片常数一道解出。

对于在历元平赤道坐标系 $[N_0]$ 中瞬时坐标位置为 α、δ（已考虑自行）的天体 s^*，其**瞬时几何球面位置矢量** $\vec{\rho}_c^*$（为叙述简便，本节下面采用的符号 $\vec{\rho}$ 均为单位矢量）为

$$\vec{\rho}_c^* = [N_0] \begin{pmatrix} \cos\delta\cos\alpha \\ \cos\delta\sin\alpha \\ \sin\delta \end{pmatrix} \qquad (8.2.2)$$

设与 $\vec{\rho}_c^*$ 相应的观测方向为 $\vec{\rho}^*$，则

$$\vec{\rho}^* = \vec{\rho}_c^* + \Delta\vec{\rho} \qquad (8.2.3)$$

其中，$\Delta\vec{\rho}$ 是天体的观测方向与其坐标方向之差，含有光行差和大气折射的影响，其具体表达方式见第二章。

如图 8.1.1，在视场切平面上，T^* 的位置矢量 $\vec{t}$ 为

$$\vec{t} = \overrightarrow{OT^*} - \vec{w}^* = \vec{\rho}^*(1/\cos\theta) - \vec{w}^* = \vec{\rho}^*/(\vec{w}^{*'}\vec{\rho}^*) - \vec{w}^* \qquad (8.2.4)$$

$$(OT^*)^2 = 1 + t^2 = 1 + \xi^2 + \eta^2$$

$$\begin{aligned} \xi &= \vec{u}_s'\ \vec{t} = \vec{u}_s'\ (\vec{\rho}^*/(\vec{w}^{*'}\ \vec{\rho}^*) - \vec{w}^*) = \vec{u}_s'\ \vec{\rho}^*/(\vec{w}^{*'}\ \vec{\rho}^*) \\ \eta &= \vec{v}_s'\ \vec{t} = \vec{v}_s'\ (\vec{\rho}^*/(\vec{w}^{*'}\ \vec{\rho}^*) - \vec{w}^*) = \vec{v}_s'\ \vec{\rho}^*/(\vec{w}^{*'}\ \vec{\rho}^*) \end{aligned} \qquad (8.2.5)$$

上式中，$\vec{w}^*$ 为切点的方向矢量，$\vec{u}_s$、$\vec{v}_s$ 位于切平面，因而 $\vec{u}_s'\ \vec{w}^* = 0$、$\vec{v}_s'\ \vec{w}^* = 0$。

由（8.2.5），对相邻两底片上重叠区中的某共同星，可以给出其在两底片上理想坐标为

$$\begin{aligned} \xi_1 &= \vec{u}_{s1}'\vec{t}_1 = \vec{u}_{s1}'\ \vec{\rho}_1^*/(\vec{w}_1^{*'}\vec{\rho}_1) \\ \eta_1 &= \vec{v}_{s1}'\vec{t}_1 = \vec{v}_{s1}'\vec{\rho}_1^*/(\vec{w}_1^{*'}\vec{\rho}_1) \\ \xi_2 &= \vec{u}_{s2}'\vec{t}_2 = \vec{u}_{s2}'\ \vec{\rho}_2^*/(\vec{w}_2^{*'}\vec{\rho}_2) \\ \eta_2 &= \vec{v}_{s2}'\vec{t}_2 = \vec{v}_{s2}'\vec{\rho}_2^*/(\vec{w}_2^{*'}\vec{\rho}_2) \end{aligned}$$

该星在两个观测历元的瞬时坐标方向 $\vec{\rho}_{c1}^*$ 和 $\vec{\rho}_{c2}^*$，相应的观测方向分别为 $\vec{\rho}_1^*$ 和 $\vec{\rho}_2^*$，且

$$\vec{\rho}_1^* = \vec{\rho}_{c1}^* + \Delta\vec{\rho}_1$$
$$\vec{\rho}_2^* = \vec{\rho}_{c2}^* + \Delta\vec{\rho}_2 \qquad (8.2.6)$$
$$\vec{\rho}_2^* = \vec{\rho}_1^* + D\vec{\rho}$$

这里，$D\vec{\rho}$ 是该星在两次观测中自行较差量以及两次观测时刻观测方向对坐标方向改正的较差量之和。在切平面坐标系中

$$\vec{\rho}_1^* = (1+t_1^2)^{-1/2}[W_{s1}]\begin{pmatrix}\xi_1\\\eta_1\\1\end{pmatrix} \qquad (8.2.7)$$

$$\vec{\rho}_2^* = (1+t_2^2)^{-1/2}\vec{W}_{s2}\begin{pmatrix}\xi_2\\\eta_2\\1\end{pmatrix} \qquad (8.2.8)$$

由（8.2.6）式、（8.2.7）式和（8.2.8）式，得

$$(1+\xi_2^2+\eta_2^2)^{-1/2}\begin{pmatrix}\xi_2\\\eta_2\\1\end{pmatrix} = [W_{s2}]'[W_{s1}](1+\xi_1^2+\eta_1^2)^{-1/2}\begin{pmatrix}\xi_1\\\eta_1\\1\end{pmatrix} + [W_{s2}]'(D\vec{\rho}) \qquad (8.2.9)$$

考虑到 $[W_{s2}]'(D\vec{\rho})$ 项为已知，且

$$(1+\xi^2+\eta^2)^{-1/2} = 1 - (\xi^2+\eta^2)/2 + 3(\xi^4+\eta^4)/8 + \cdots$$

即使视场大到 2 度，ξ、η 最大到 1 度，上式中的 2 次项的值仍小于 10^{-3}。其 4 次以上的项小于 10^{-7}，可忽略，于是

$$(1+\xi^2+\eta^2)^{-1/2} = 1 - (\xi^2+\eta^2)/2 \qquad (8.2.10)$$

设该天体的理想坐标的初值为 (ξ_0, η_0)，有

$$1 - \left[(\xi_0+\Delta\xi)^2 + (\eta_0+\Delta\eta)^2\right]/2$$
$$= 1 - (\xi_0^2+\eta_0^2+2\xi_0\Delta\xi+2\eta_0\Delta\eta+\Delta\xi^2+\Delta\eta^2)/2$$

其中 $\Delta\xi$、$\Delta\eta$ 表示对初值的改正。即使 $\Delta\xi$、$\Delta\eta$ 达到 1' 量级，上式含 $\Delta\xi$ 和 $\Delta\eta$ 的项均小于 10^{-5}。若忽略 $\Delta\xi$、$\Delta\eta$ 项，在方程（8.2.9）中用 $1-(\xi_0^2+\eta_0^2)/2$ 代替 $(1+\xi^2+\eta^2)^{-1/2}$，给出 ξ、η 的一次解，然后再迭代一次，所得结果将有足够精度。如此得线性方程

$$(1+\xi_{20}^2+\eta_{20}^2)^{-1/2}\begin{pmatrix}\xi_2\\\eta_2\\1\end{pmatrix} = (1+\xi_{10}^2+\eta_{10}^2)^{-1/2}[W_{s2}]'[W_{s1}]\begin{pmatrix}\xi_1\\\eta_1\\1\end{pmatrix} + [W_{s2}]'(D\vec{\rho}) \qquad (8.2.11)$$

令

$$K = (1 + \xi_0^2 + \eta_0^2)^{-1/2} \qquad (8.2.12)$$

方程（8.2.9）成为

$$K_2 \begin{pmatrix} \xi_2 \\ \eta_2 \\ 1 \end{pmatrix} = [W_{s2}]'[W_{s1}]K_1 \begin{pmatrix} \xi_1 \\ \eta_1 \\ 1 \end{pmatrix} + [W_{s2}]'(D\bar{\rho}) \qquad (8.2.13)$$

式中系数 K 引进的目的是保持 $K \begin{pmatrix} \xi \\ \eta \\ 1 \end{pmatrix}$ 为单位矢量。我们称（8.2.13）式为

重叠底片间的联系方程，它对一切共同星列出。该方程表示出在两张部分重叠的照片上，一个共同星在两张照片上的理想坐标之间的关系，它是两切点坐标的函数。

2. 由共同星的量度坐标建立底片间的约束方程

上述推导中，下标"1"和"2"分别代表两次拍摄的照片，它们有部分重叠区域，其中有若干共同星。若两次观测的时刻相近，自行的影响可忽略。对于任意一颗共同星，在两次观测时刻，其在某历元平坐标系中的瞬时坐标方向相同，可表示成

$$\vec{\rho}_{g1}^* = \vec{\rho}_{g2}^* \qquad (8.2.14)$$

然而它们在两次观测中的观测方向间的差异并不可忽略。瞬时坐标方向和瞬时观测方向的关系可以表示成

$$\vec{\rho}_{g1}^* = (\vec{\rho}_1^* - \Delta\vec{\rho}_1)$$
$$\vec{\rho}_{g2}^* = (\vec{\rho}_2^* - \Delta\vec{\rho}_2) \qquad (8.2.15)$$

整个计算参考同一历元平赤道坐标系。将（8.2.15）式代入（8.2.14）式，即在同一恒星两次观测的观测方向之间建立起约束方程，以天球坐标表示。

另一方面，恒星的观测方向在历元天球平坐标系的表达式与在视场切平面上的理想坐标系中的表达式之间的关系可以表示为，

$$[N_0]'\vec{\rho}_1^* = \begin{pmatrix} \cos\alpha_1\cos\delta_1 \\ \sin\alpha_1\cos\delta_1 \\ \sin\delta_1 \end{pmatrix} = [N_0]'[W_{s1}]k_1 \begin{pmatrix} \xi_1 \\ \eta_1 \\ 1 \end{pmatrix}$$

$$[N_0]'\vec{\rho}_2^* = \begin{pmatrix} \cos\alpha_2\cos\delta_2 \\ \sin\alpha_2\cos\delta_2 \\ \sin\delta_2 \end{pmatrix} = [N_0]'[W_{s2}]k_2 \begin{pmatrix} \xi_2 \\ \eta_2 \\ 1 \end{pmatrix} \qquad (8.2.16)$$

其中系数

$$k_1 = (1 + \xi_1^2 + \eta_1^2)^{-\frac{1}{2}}$$
$$k_2 = (1 + \xi_2^2 + \eta_2^2)^{-\frac{1}{2}}$$

（8.2.17）

(α_1, δ_1) 和 (α_2, δ_2) 是与恒星在两次观测时刻的观测方向相对应的方向参数。$[N_0]'[W_{s1}]\big|_{(\alpha_1^0, \delta_1^0)}$、$[N_0]'[W_{s2}]\big|_{(\alpha_2^0, \delta_2^0)}$ 为两次观测的切平面上的局部理想坐标系转换到赤道坐标系的转换矩阵，其表达式为

$$[W_{s1}] = [N_0] \begin{pmatrix} -\sin\alpha_1^0 & -\sin\delta_1^0\cos\alpha_1^0 & \cos\delta_1^0\cos\alpha_1^0 \\ \cos\alpha_1^0 & -\sin\delta_1^0\sin\alpha_1^0 & \cos\delta_1^0\sin\alpha_1^0 \\ 0 & \cos\delta_1^0 & \sin\delta_1^0 \end{pmatrix}$$
$$[W_{s2}] = [N_0] \begin{pmatrix} -\sin\alpha_2^0 & -\sin\delta_2^0\cos\alpha_2^0 & \cos\delta_2^0\cos\alpha_2^0 \\ \cos\alpha_2^0 & -\sin\delta_2^0\sin\alpha_2^0 & \cos\delta_2^0\sin\alpha_2^0 \\ 0 & \cos\delta_2^0 & \sin\delta_2^0 \end{pmatrix}$$

（8.2.18）

这里 (α_1^0, δ_1^0)、(α_2^0, δ_2^0) 是两底片的切点坐标，（ξ_1，η_1）、（ξ_2，η_2）为该共同星在两个理想坐标系中的理想坐标，它与该星的量度坐标的关系可以表示为

$$\begin{cases} \xi_1 = H(x_1, y_1; a_1, \cdots, a_n) \\ \eta_1 = I(x_1, y_1; a_1, \cdots, a_n) \end{cases}$$
$$\begin{cases} \xi_2 = H(x_2, y_2; b_1, \cdots, b_n) \\ \eta_2 = I(x_2, y_2; b_1, \cdots, b_n) \end{cases}$$

（8.2.19）

上式中 $a_1, \cdots, a_n$、$b_1, \cdots, b_n$ 为两底片的量度模型参数，（x_1, y_1）、（x_2, y_2）为共同星在各自底片上的量度坐标。

把（8.2.15）式～（8.2.19）式代入（8.2.14）式，得到

$$\{[N_0]'[W_{s2}]K_2 \begin{pmatrix} H(x, y; b_1, \cdots, b_n) \\ I(x, y; b_1, \cdots, b_n) \\ 1 \end{pmatrix} - \Delta\bar{\rho}_2\} = \{[N_0]'[W_{s1}]K_1 \begin{pmatrix} H(x, y; a_1, \cdots, a_n) \\ I(x, y; a_1, \cdots, a_n) \\ 1 \end{pmatrix} - \Delta\bar{\rho}_1\}$$

（8.2.20）

此式就是一颗共同星给出的两次观测之间的约束方程。不难理解，通过若干颗共同星的约束方程，理论上可以将第二次观测的模型参数表示成第一次观测的模型参数的函数。依此类推，无论有多少次观测，都可以将各次观测的模型参数全部用某次观测的模型参数的函数表示出来。就

是说，在所有联立的约束方程中，独立的未知量个数就是一张底片的模型参数个数。这样，只要在整个观测覆盖的天区中能找到若干颗有精确位置参数的参考星，就可以如同处理单底片观测一样，解出一张照片的模型参数。再通过联系方程的联系，逐一解出每一张照片的模型参数，进而给出每个待测星的理想坐标。最后用（8.1.4）式给出其天球坐标。由于（8.2.20）式的约束，一颗星只得到唯一的坐标方向参数。

上面推导的前提是两次观测的时间间隔相差不太长，以至于共同星的自行可以忽略。但有些情况下，我们不得不处理时间间隔长达一年甚至多年的两次观测。这时自行将不能忽略。这时应当在公式（8.2.15）的 $\Delta\bar{\rho}_1$、$\Delta\bar{\rho}_2$ 中，考虑自行的影响。这些共同星中，许多可能不是参考星，它们并没有高精度的位置和自行参数。但可以从某种星表中选取有自行数据的星作共同星。这些自行参数可能是不精确的，在此隐含的假设条件是，两底片间的全部共同星的自行偏差之和为零。尽管自行精度不高，但如果不理会自行的影响，等于假定共同星的自行本身之和等于零。由此看来，使用精度不高的自行数据与完全不考虑自行的影响相比，显然前者更为合理。

注意到约束方程（8.2.20）中，没有出现共同星的天球坐标或理想坐标，只含有它们的量度坐标。这表示，在重叠区域内，只要有星像，就可建立约束方程，即使其中一个参考星也没有。

3. 参考星的观测方程

对于观测天区内的参考星，它们的星表位置即历元平位置已知。用公式（8.2.15）~（8.2.19）计算出与其瞬时观测方向相应的理想坐标。又其量度坐标已知，所以可建立关于量度模式参数的观测方程

$$\begin{aligned} \xi(\alpha_0,\delta_0,\alpha,\delta) &= H(x,y;a_1,\cdots,a_n) \\ \eta(\alpha_0,\delta_0,\alpha,\delta) &= I(x,y;a_1,\cdots,a_n) \end{aligned} \qquad (8.2.21)$$

其中包含切点坐标 α_0,δ_0。

将共同星的观测建立的方程（8.2.20）式和参考星观测建立的观测方程（8.2.21）式联立，得到在整个观测天区上的全部观测方程。将这些方程作整体平差，解出各被测天体相对于观测天区的区域参考架的坐标。依据需要，可以任意扩大观测天区范围，使得所包含的参考星数目足够多，覆盖范围足够大，并且其构成的区域参考架相对于全球参考架的平移、旋转或扭曲被降低到可以忽略。在上述推导过程中，除了对观测时

间间隔较长的两次观测之间对共同星的自行需要一种统计意义上的假设外，其他表达式都足够严格。

§8.2.3　CCD 照相观测的整体平差

1. 照相底片整体平差效果不好的原因分析

对于常用的心对角重叠观测，每颗星有两次被观测的机会。可能有的星一次在底片中心区，另一次在底片的角上。也可能两次都在边缘的中央附近。总之，星与星之间、同一星的两次观测之间，测量精度是不均匀的。对于参考星的观测方程（8.2.20）式，每个方程仅涉及一颗星的一次观测，可以通过加权的方式调节其在解中的作用。对于共同星建立的约束方程，方程两边是同一星的两次不同精度的观测，但该约束方程两边相等意味着两次观测只能作为等精度对待。如果两次观测的精度确实相差很大，又不采取特殊措施而直接解，这样的约束势必降低了中心区观测的作用，使得整体平差的结果变坏。

另一方面，（8.2.20）式确实还意味着，约束方程的效果在于量度模式 H 和 I 能在怎样的精度水平上确定共同星的理想坐标间的关系。由于参考星数目的有限性和分布的局限性，参考星常常不能满足"包围"一切待测目标的要求，并且没有足够的密度以充分表达量度坐标模式。这样，在参考星的"包围"区域以外的目标星如果也用同样的模型参数，意味着将参考星确定的量度模式外推到参考星的"包围"区域以外。这样做是不符合照相天体测量基本原则的（见§8.1）。如果量度模式含有高阶的非线性项，外推将引起很大的误差。如果底片上参考星分布很不均匀（常常如此），在缺乏参考星的区域，量度模式的外推效果将非常差。这使得共同星的约束方程产生不正确的约束效果。

综合上述，对于视场较大的照片，量度模式比较复杂。由于照片不同区域观测精度的不均匀，以及参考星分布不理想，使得照相底片的整体平差无法取得理想的效果。要想获得好的整体平差效果，观测数据必须近于等精度，量度坐标模式必须近于线性，特别是在参考星的数量和密度不够充分的情况下。

"等精度"和"线性"是整体平差达到好效果的两个核心问题，必须得到满足。

2. CCD 照相观测的整体平差实现的可能性

如§8.1 所述的原因，要满足"等精度"的要求，对大视场、长时间曝光的照相底片观测是难以做到的。但对于 CCD 观测，这基本不存在问题。另外，在 CCD 观测中，量度模式中时变的非线性项问题也可以得到解决。

量度模式中的非线性部分的产生主要由两类原因，一类是天体观测方向的较差变化，如较差大气折射、较差光行差等。这类非线性项是时变的。另一类与望远镜的成像质量有关，如各类像差的影响。对 CCD 观测来说，在望远镜状态没有大的变化的情况下，这类非线性项是比较稳定的。

时变的模式参数需要通过实时的观测解出，这成为整体平差实施的主要障碍。从前由于计算技术上的困难，在处理底片时为了简化计算，通常采用参考星的坐标方向参数计算量度坐标模式参数，然后用于直接计算被测星的坐标方向参数。这样，就把导致观测方向变化的各种因素统统留给量度模式吸收。这样处理使得底片模式复杂化，特别是在量度模式中引进各种时变因素的影响，这很不利于整体平差。在今天，任何复杂计算都不成为问题。所以，数据解算应基于观测方向进行，如本节前面所推导的那样。这样处理的原则是：将一切有明确物理机制的变化都用事先严格计算给予精确描述，以将这类变化包括到理想坐标计算值中。仅和几何变换有关的部分有待于量度模式表示。大气折射是各种时变因素中的主要项。由于在理想坐标计算中已经考虑了模型大气折射改正，在量度模式中只含有大气折射系数的误差引起的较差影响。如前述，由于 CCD 视场小且所需的曝光时间短，这剩余影响完全可以忽略。

在把时变的非线性变化除去后，剩余的部分应当是非线性项中的稳定部分。它不随观测的天区或观测时刻而有明显变化。可以将望远镜对准天顶附近的天区作多次观测，由此解出的量度模式中的非线性项可以较好地代表 CCD 量度模式中非线性项的固定部分。将这样确定的非线性项参数作为不变参数应用于实时资料的处理中，这样在实时处理中只需确定量度模式中的线性项参数。这相当于把量度模式线性化。

当然，非线性变化中可能还有其他一些可变成分，例如与恒星的星等、光谱型等因素有关的变化。这些需要从众多的观测数据中加以细致的分析，找出规律后，在底片处理前一并先行扣除，以更好实现量度模式的线性化。

另外，由于 CCD 视场小，测量精度高，视场内不同位置的星像的量度精度没有明显区别。如果天气情况没有明显差别，两次观测的精度也不会有明显差别。所以可以在相当的程度上认为约束方程两边的观测是等精度的。

综上所述，经过上述处理，CCD 重叠观测就可以作整体平差解。

3. 整体平差对精度提高的作用

在"等精度"和"线性"两条件得到基本满足的前提下，整体平差方法的应用为较差测向精度的提高提供一条可行之路。在（8.1.23）式中已经看到，在较差测向的三个重要误差源中——量度误差、参考星误差、大气折射误差，焦距长短的影响是彼此制约的。这使得较差测向的精度的提高受到限制。如果采用整体平差方法，这项限制的程度将可降低，因为：

（1）在采用焦距较长的望远镜时，第一项的量度误差可以降低。一般传统的天体照相望远镜焦距为 2m，通常底片量度的分辨率约为 $1\,\mu m$，相应的 μm 角分辨率为 $0''.1$。若采用 10m 焦距的望远镜， CCD 的量度坐标分辨率可达 $0.5\,\mu m$，相应的分辨率可提高到 $0''.01$。当然这里还有大气宁静度的影响问题。但在大气条件良好的测站，大气宁静度主要影响的是分辨照片细节的能力，而不是星像中心的位置。因此上面的精度估计仍然是可参考的。

（2）在第二项参考星误差的影响中，参考星数目将不再是单一视场中的星数，而是整体平差所有的观测覆盖的天区的参考星数目。理论上，可以按要求任意扩大观测覆盖取得足够多的参考星，使得参考星的误差的影响降到可忽略的程度。

（3）对于单次照相观测，焦距较长的望远镜较差折射误差的影响较小。在整体平差的情况下，折射误差的较差将会怎样？下面讨论这个问题：

假定对视场中心的天顶距为 Z_{01} 和 Z_{02} 的两天区分别作照相观测，它们受到较差折射误差影响之差可以从（8.1.24）式求导数得到

$$d\Delta R = 2\Delta A \frac{L}{F} \tan \bar{Z}_0 \sec^2 \bar{Z}_0 \Delta Z_0 \frac{\pi}{180°} \tag{8.2.22}$$

其中 $\bar{Z}_0$ 是两次照相的视场中心天顶距的平均值， ΔZ_0 是两天顶距之差， ΔA 是大气折射主系数采用值的误差。假定 $\Delta A = 1''$，比例因子 $\frac{L}{F} = 0.01$，在中等天顶距处， $d\Delta R \approx 7'' \times 10^{-4} \Delta Z_0$。即使 ΔZ_0 达到 $15°$， $d\Delta R$ 也只有 $0''.01$。这说明，在一次照相测量中，大气折射误差的较差影响可以被线性模式以足够的精度所吸收。这样在进行整体平差时就不会产生非线性项的影响，也不会将这种影响累积。焦距越长，影响也小。

由此可见，将传统的短焦距天体照相望远镜用焦距较长的小视场望远镜取代，用 CCD 观测取代照相底片，可以将照相测量的理论精度大约提高一个量级。

§8.2.4 应用整体平差方法的意义

（1）CCD 观测取代照相底片观测已经是不可逆转的事实。在大视场的望远镜上装备大尺度的 CCD 是人们非常普遍的希望。然而从上面的讨论中可以得出结论，对天体测量来说，不应为了追求大视场而降低量度坐标的分辨率。正确的做法应当采用 CCD 重叠拼接观测的整体平差方法达到扩大天区覆盖的目的。

（2）由于整体平差扩大了覆盖天区，可按要求增加观测区域的参考星的数量，有助于提高底片参数的解算精度。

（3）可以实现稀疏参考星条件下的解。试验表明，即使一次 CCD 观测中平均参考星数少于 1 颗，通过天区拼接，仍可以保证参考星总数达到一定要求。这时仍能得到应有精度。如此稀疏的参考星，用单底片观测是根本无法解的。因此整体平差方法对小视场 CCD 测量是一个非常有实用意义的方法。

（4）整体平差方法扩大了参考星的空间范围，有效地削弱了参考星表误差引起的局部参考架的剩余平移和旋转，提高了局部参考架的稳定性。这对巡天观测有重要意义，可以使得观测结果相对于一个比较均匀的参考框架。

（5）对于天空范围较大的天体系统（如疏散星团等），可以通过重叠观测覆盖整个天区，并实现全体成员星在同一观测天区局部框架上一次平差解出，也可以参照星团覆盖范围以外的参考星框架解算。这样可使得星团的测量结果的系统更加均匀和客观。这对于太阳系大行星系统的观测研究具有明显的应用意义。

（6）对于更大范围的巡天观测，如星表加密工作，可通过整体平差方法，将整个观测天区以至大到半个天球的观测数据作整体平差，得到一个更为均匀的位置系统。

（7）整体平差算法中，共同星（即使仅是待测星）建立了大量的约束方程。已经证明这些约束方程对模型参数解算精度的提高是有贡献的。在单底片解中，待测星没有这种作用。

§8.2.5　关于传统照相底片的整体平差

如上所述，部分重叠照片实施整体平差的必要前提是照片量度模式的线性化，以及星像量度坐标的等精度化。对于传统的玻璃照相底片，由于视场大，并且曝光时间长，成像过程中产生多种系统误差，使得量度坐标模式复杂化，并且视场中不同位置的星像的量度精度差异很大。所以这种照相底片不适合直接进行整体平差。然而，一百多年来，世界上积累了大量的天体测量照相底片资料，其中不少是采用部分重叠的巡天观测。这是非常宝贵的资料。如果能对其作整体平差处理，显著提高其精度，将是非常有意义的。为此必须对这些底片的量度坐标作预处理，使之基本符合线性化和等精度两项要求。预处理的措施大致有两方面：

（1）用现代的高精度、高密度的参考星表作为参考框架，采用严格的观测方向的计算理论，精细分析底片的量度坐标模式，力求分离其高阶项中的不变成分和可变成分，探讨使其线性化的方法。这是整体平差能否实施的关键。

（2）对底片成像规律作仔细研究，分析量度坐标的系统误差在底片上的分布规律，力求予以修正或削弱。

§8.3　照相观测的跟踪方法

无论是照相底片成像还是 CCD 成像，都需要一定的曝光时间，因此望远镜必须采用一定的跟踪措施，使得在整个曝光过程中目标星像在视场中的位置始终固定不变。对于恒星来说，传统的跟踪方法是使得望远镜光轴指向点的时角变化和地球自转同步，以抵消目标天体的周日视运动。这种跟踪方式最容易在赤道式望远镜上实施。以往大量的天文照相底片就是这样观测得到的。使用 CCD 成像方法后通常也采用这种跟踪方式。但这种跟踪方式有个缺点：改换观测目标时望远镜的天球指向需要调整。这时必须停止观测，驱动望远镜寻找新的目标，然后重新开始观测。因此就大大降低了观测效率，并且很难实现自动观测。这对巡天观测的影响最为显著。另外，近地天体在视场中的运动状态彼此差异很大，对这些天体的观测需要采取不同的跟踪方式。但是无论如何近地天体相对于恒星背景都有较快的运动。为了同时得到近地天体和背景恒星的像，需要特殊的跟踪措施。

§8.3.1　CCD 的漂移扫描成像方法

CCD 成像原理是将像素内积累的电子能量作数字化描述,这个过程完全不同于照相底片上的感光物质的物理变化。图 8.3.1 中,小圆圈表示落到 CCD 上的光子,被 CCD 接收后转换成电荷。其中密集的光子来自于星像,较稀疏的光子来自于背景噪声。在望远镜对目标作机械跟踪的情况下,星像相对于 CCD 固定。同一星像所产生的电荷在同一像素区域内逐渐积累。当积累的能量明显超过周围的背景噪声能量时,该星像就显现出来。

既然是电荷的积累,就可以设法将积累的电荷从一个像素转移到另一个像素。如果电荷转移的方向和速率恰好和目标天体的在视

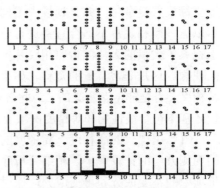

图 8.3.1　望远镜跟踪时电荷积累方式

场中的视运动一致,可以不需要望远镜作机械跟踪而达到良好成像的目的。这就是 CCD 的漂移扫描成像原理。例如对恒星的观测,将望远镜的指向相对于地面固定,恒星的星像将在视场中沿周日平行圈运动。将 CCD 的行排列方向调整与平行圈方向一致,程序控制电荷的转移在同一行的相邻像素间进行,其转移速度正好等于星像的移动速度。这样就可以将一个星像的能量始终积累在一起而形成良好的星像。该过程如图 8.3.2 所示。

由于望远镜不跟踪,在观测过程中,和传统的机械跟踪的观测方法相比,漂移扫描可以实现连续的自动观测,效率大大提高。比如对巡天观测,可以将望远镜指向某赤纬带后固定不动。随着地球的自转,同赤纬带的目标将按赤经的次序先后进入视场。通过漂移扫描的方式,凡经过视场并积累的能量达到一定

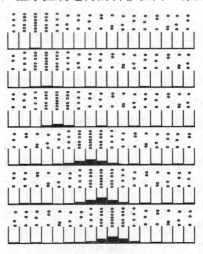

图 8.3.2　漂移扫描时电荷积累方式

阈值的星都被记录下来。整个观测过程完全可自动进行。一个晚上就能完成一个赤纬带内几小时赤经跨度天区的观测，大大提高了巡天观测效率。漂移扫描技术的局限是尚不能用来观测高赤纬的天区。因为在高赤纬天区，恒星周日圈在视场内的投影将明显偏离直线，星像在视场内不仅有经向位移，也有纬向位移。两维的电荷转移技术尚有待开发。另外，漂移扫描不能对不同亮度的目标设定不同的曝光时间。因此一次漂移扫描只能观测一定星等范围的目标。星太亮将曝光过度，星若太暗将曝光不足。

§8.3.2　人造天体的观测跟踪方法

用光学望远镜观测人造天体的目的，是要相对于恒星确定人造天体的空间方向。人造天体相对于恒星的运动很快且每个天体的运动参数各不相同，在视场中运动速度和方向各不相同。如何同时得到背景恒星和目标天体的清晰的星像是关键。

现在经常使用的观测方法是短暂曝光，比如只曝光几毫秒。在这么短的时间间隔内，背景恒星和人造天体的像都呈点状。但是这只能观测到比较亮的目标，因此应用范围很受局限。

赤道上空的地球同步卫星，其平均地心距离约 42000km，轨道周期和地球自转周期相同。如果卫星轨道倾角和偏心率都为 0，卫星将相对地面固定，称为静止卫星。否则，卫星将在赤道上空某一位置附近作 "8" 字形的视运动。如果视运动范围不大，在数秒钟甚至数分钟内，用无跟踪望远镜观测仍可得到点状星像，但这时恒星的像将被拖长成为直线线段。为了得到恒星的像，可以采用漂移扫描技术，但这时同步卫星的像将拖长成为一直线线段。为了同时得到两者的清晰星像，可以在使用漂移扫描和不使用漂移扫描两种状态下分别作观测，一次得到背景恒星的像，一次得到同步卫星的像。由于观测是在望远镜对地面固定指向不变情况下进行的，两张照片上的量度坐标框架是完全重合的。将两张照片联合处理，可以得到卫星和背景恒星的位置关系，计算出卫星的瞬时观测方向。但这种方法只适用于漂移范围不大的同步卫星。上述观测程序得到的结果的精度，与两种跟踪状态的切换时刻控制的精确度有直接关系。需要好于 1 毫秒的精度才能充分发挥照相测量本身的精度水平。

对于一般的卫星，其星像在恒星背景上运动很快，而且运动方向各异，单靠经向的漂移扫描技术不能解决卫星跟踪问题。在可旋转的 CCD

上使用漂移扫描技术可解决这个难题。依据事先对卫星轨道的预报给出卫星通过时在视场中轨迹的方向和速度，将 CCD 旋转一定角度，使其像素的行方向平行于卫星运动方向，然后可以对卫星作漂移扫描观测。对于恒星背景则可以用短露光的观测方式而不需跟踪，因为这时仍然能观测到足够多的参考星。

§8.4　无量度坐标系的较差测量

如果观测给出的是两两星对之间的大圆弧长而不是每单颗星的量度坐标，这样的观测量将与所参考的坐标系无关。这种观测方法，不论对大天区观测还是在视场内的小天区观测，都不需要量度坐标系。对于空间的望远镜的观测，不可能建立一个稳定的，并且能与地球的动力学平面有精确联系的量度坐标系，所以在卫星上不能开展相对于量度坐标系的单个目标的方向测量，但可以对两目标间的弧长作较差测量，如伊巴谷天体测量卫星那样。伊巴谷天体测量卫星利用其特殊的设计，可以测量出两个中心距为 γ_0 的天区内的两两目标天体之间的精确的大圆弧长 θ_{ij}。设两天体在一个球面坐标系中的位置矢量分别为

$$\vec{r}_i = [U_n]\begin{pmatrix}\cos a_i \cos b_i \\ \sin a_i \cos b_i \\ \sin b_i\end{pmatrix}$$

$$\vec{r}_j = [U_n]\begin{pmatrix}\cos a_j \cos b_j \\ \sin a_j \cos b_j \\ \sin b_j\end{pmatrix}$$

(8.4.1)

两天体间的大圆弧长可表示为

$$\cos\theta_{ij} = \vec{r}_i \cdot \vec{r}_j = \cos a_i \cos b_i \cos a_j \cos b_j \\ + \sin a_i \cos b_i \sin a_j \cos b_j + \sin b_i \sin b_j$$

(8.4.2)

设总共观测了 n 个天体，（8.4.2）式右端含有 $2n$ 个未知量。一个天体只要对另外两个天体测定弧长，其坐标就可确定。不难理解，在这 $2n$ 天体之间，独立的弧长数量总共为 $2(n-2)+1 = 2n-3$，其余的弧长都不是独立的，可以由其他弧长推导出来。可见，无论目标天体的数量有多大，方程数总比未知量数少 3 个。观测更多的弧长，可以降低测量误差的影响，但不能改善方程的条件。假如没有观测误差，并且天体没有位移，可以建立一个均匀的、刚性的框架，该框架在空间可以含有任意的整体旋转，因此这个框架是一个无定向的框架。这样得到的框架和地球

的动力学平面之间没有联系。为此必须给定其中一个天体的经度和纬度，以及另一天体的纬度。由此，（8.4.2）式构成的方程组的未知量数和独立方程数相同，方程有确定的解。所以空间天体测量卫星所作的无量度坐标系的较差测量，需要通过和已有的基本星表中的某些共同星的比较给出其空间定向，才能成为一个真正的天球参考架。

在空间天体测量卫星上所作的测量虽然本身不能给出空间定向参数，但由于空间天体测量的极大优势，使它成为未来建立更高水平的天球参考架主流手段。在空间观测，完全避免的地球大气引起的各种系统误差和观测噪声，不受天气、日光、夜天光的限制，没有重力引起仪器形变，视野不受局限，因此观测精度高、效率高。伊巴谷天体测量卫星的成功是基本天体测量史上的划时代的事件，计划中的 Gaia 天体测量计划又将标志着基本天体测量一个新纪元的开始。但是，无论如何，空间天体测量不能完全取代地基的测量，因为只有经过地基的测量，才能将空间和地面联系起来，获得地球姿态的信息，并将天球坐标系联系于地球的动力学轴的方向。而且地基测量具有成本低、实施方便等优点，将会和空间测量形成长期的互补关系。

第九章　天体方向测量数据的应用

天体方向的测量是天体测量学的传统内容，从古代人类的最初的天体测量活动到 20 世纪上半叶，人类的天体测量活动从无到有、从原始到现代，都是建立在方向测量方法基础上的。方向测量数据的应用，涉及恒星星表的编制、测站地球坐标的测定、地球姿态参数的确定、某些天文常数的确定以及近距离天体轨道的测定等方面。

§9.1　编制恒星星表

自古以来，天体方向测量数据的最主要、最基本的用途是编制恒星星表。至今为止，编制星数更多、精度更高的恒星星表一直是历代天体测量学家的首要目标，也是天体测量学的主要任务。几千年来，人们先后编制了许多星表，它们包含的星数越来越多、极限星等越来越高，位置和自行的精度越来越高。至今，在这面的努力仍没有停止。新的空间天体测量卫星 Gaia 正计划将超过 10 亿个空间目标的位置、视差、自行精度提高到新的水平，部分可达到 10 微角秒。当前对星表的容量和精度的不断追求基于两方面的需要：一是建立更密集的、精度更高的基本天球参考架；二是为银河系结构、运动和演化的研究提供更可靠的基本数据。

§9.1.1　关于恒星星表的历史和现状

所谓星表，广义的概念就是有关恒星的各类参数目录，这些参数包括：恒星的标识、位置、自行、视差、视向速度、星等、光谱型等。其中最基本的数据是其历元位置和自行。一个星表可能只包含其中某些参数，如位置星表、自行星表、视向速度星表、视差星表、双星星表、变星星表等等。测定恒星位置和自行是天体测量学最重要的任务。星表的狭义概念，就是恒星运动学参数的目录。恒星的全部运动学参数应包含空间位置和空间速度，共 6 个自由度。有的星表包含全部 6 个参数。有的只包括球面位置和球面运动速度 4 个参数，即历元赤经、历元赤纬、赤经自行和赤纬自行。这 4 个参数是方向测量技术能直接得到的基本参数。星表的类别有多种，所包含的内容也各不相同。星表的基本作用有两类，一是构成一个天球参考架，这类星表称为基本星表。另一类仅是一个恒星目录，为满足某方面的需求而编制。这里对星表历史和现状作简要回顾和归纳。

1. 星表类别

（1）原始星表。

由某天文台的观测直接得到的恒星位置表称为原始星表。由于观测技术和观测计划的不同，一期观测可能只得到一个参数，例如只有赤经或只有赤纬，星数有多有少，一般只覆盖部分天区，或只涉及某一类恒星。原始星表又称观测星表或独立星表，因为每个原始星表数据的来源完全是由各自独立的观测获得的。原始星表是建立天球恒星参考架的最基础的素材。按照测量方法区分，原始星表又有绝对星表、相对星表和照相星表之分。用绝对测量方法测定的星表就是绝对星表，用相对测量方法测定的星表就是相对星表。如第七章所述，这些星表的数据都是用方向的全局测量方法观测得到的。照相星表当然也是相对星表，但照相星表通常另外归类，它们是在局部量度坐标系中通过较差方法取得的。由于信息不完整、星数少，并可能存在系统误差，一个原始星表不能单独用来构成一个参考架。原始星表的数量很多，在 19 世纪和 20 世纪，许多机构和天文家从事星位置和自行的测量工作，原始星表的数目增加很快。许多星表内容很少，有的只有几十个星甚至只有几个星。全部收集这些星表资料是几乎是不可能的。据艾科恩的收集，星数在 2000 以上的比较重要的中天星表就有 150 多个。这些星表在近代天体测量中曾发挥过重要作用。

（2）编制星表。

将若干原始星表的信息综合起来，给出信息量更为完整、星数更多和系统更均匀的星表，称为编制星表。不同的编制星表的信息来源彼此可能有所重叠，因此编制星表相互可能并不独立。构成编制星表的目的各异，所以编制过程的差异很大。有的编制星表只是为了某具体研究工作的需要，简单将一些观测星表和编制星表合并或稍作简单处理。其目的只是扩充信息量，使资料更完整。例如使其能覆盖全天，或能完备到某星等。这类编制星表称为综合星表。

另有一种编制星表不仅包含了覆盖全天的尽可能多的恒星，而且完整地给出恒星的位置、运动和距离信息；在对各原始星表作仔细比较后对其系统误差作了精细处理，对恒星运动参数的统计特征作了仔细的分析；并对星表所体现的坐标系的基本面和经度起始点作慎重的研究与确定。这样的星表代表了当时最好的最完整的观测结果和处理方法，其目的是建立一个基本恒星参考架，以体现基本天球坐标系。这种编制星表称为基本星表。基本星表向各类相对的天体测量工作提供空间参考基准。因此，基本星表是最重要的星表。

2. 星表简史

（1）古代的星表。

最早的星表要追溯到约 2500 年前。公元前 4 世纪东周的战国时期，由石申观测编制的《石氏星经》，包含 121 颗恒星的位置。这是世界上最早的星表，可惜星表本身已经失传。在古代的天体测量学家中，最有成就的当属公元前 2 世纪，古希腊天文学家伊巴谷（Hippachus，又译成喜巴恰斯，公元前 190 年～前 125 年），他编制了包含 1022 颗星的星表，精度约为 $\pm15'$。在人类早期的天文观测和研究中，中国以古代天象记录的丰富精确而著称于世，而现代方位天文学的起源则应追溯到古希腊，伊巴谷是公认的方位天文创始人。他测定的地月距离为地球直径的 $30\frac{1}{6}$ 倍，误差仅千分之一。他测定的回归年长度为 $(365.25-1/300)$ 天，误差仅 6 分钟，相对精度竟达到 10^{-5}。他还发现了岁差、创立了球面三角学等等。经过近 2000 年，到公元 1718，哈雷将伊巴谷星表和他自己的星表比较，发现了恒星自行。在 18 世纪之前，伊巴谷的星表曾经过多次重测和修订，成为中世纪的主要星表。例如 1601 年发表的第谷星表，精度提高到 $1'\sim2'$。这些星表中的星位置参数都是以黄道坐标表示的。

（2）近代的星表。

17 世纪伽利略天文望远镜的发明，使得天体测量精度有了显著的提高，从而开始了近代星表工作。近代星表可以认为是从布拉得雷（Buladelei，1693～1762）的工作开始的。布拉得雷进行了大量的星表观测，且精度有很大提高。他在 1755 年发表的星表，位置精度约 $\pm2''$。

他在这样精度水平的资料的基础上，于 1725 年发现了光行差，于 1727 年发现了章动。在 19 世纪和 20 世纪，星表方面的工作大规模开展，观测精度不断提高。1900 年后，由于测微器的使用，单次测量精度提高到 0″.5 左右。1950 年代以后，进一步提高到 0″.2 水平。

（3）照相星表。

1880 年天体照相仪诞生后，开始用照相方法开展星表观测。照相技术的引进是星表观测技术的重大变革，使得观测星等大大提高，观测的恒星数量从子午观测的数千颗扩充到数万至数百万，观测精度也好于子午技术。但是，照相观测需要有一定密度的定标星，这必须建立在绝对和相对的子午观测星表的基础上。

（4）现代星表。

现代的星表工作是在空间技术的基础上发展起来的。由于离开了地球大气和测站的地方性局限，采用了全自动的高效率的观测技术，1989 年 8 月发射的伊巴谷天体测量卫星，只经过 37 个月的观测，所得到的近 12 万颗恒星（极限星等 11.5，平均观测历元 1991.25）的位置、自行和视差的精度分别好于 0″.001、0″.001/a 和 0″.001，其中的位置精度较过去的地面观测提高 1～2 量级，其进展远远超过以往几个世纪。在伊巴谷星表的基础上，一批星数庞大的照相星表完成或接近完成。但是伊巴谷星表采用的是无量度坐标的较差测量方法，需要通过与基本星表的比较确定其定向参数。所以伊巴谷星表是过去的基本星表工作的延伸和发展，而不是对历史的否定。

3. 对恒星星表的需求

对恒星星表的需求主要体现在以下四个方面。

（1）在天文测地工作中，提供已知的参考星位置。

例如曾在历史上发挥巨大作用的经纬仪、等高仪、天顶筒等，在测量测站的天文经纬度时，需要一定程度均匀分布的恒星的精确位置。这时，星表提供一个天球参考架，它是基本天球坐标系的一个具体实现。这些测地技术都是在全球量度坐标系中进行的，对基本星表星数的要求并不高，有几千颗星就基本可满足需要。这些技术通常都是观测比较亮的星，一般亮于 7 等。只在某些天区没有足够多的亮星情况下，才用更暗的星作补充。随着光学测地技术被现代测距技术所取代，恒星星表的这方面作用已经基本消失。

（2）在天体照相测量中，提供参考星精确的瞬时位置。

照相观测在局部坐标系中进行，需要参考星有足够的密度和较暗的星等，比如每平方度数百至数千个星，最好能完备到 $16^m\sim18^m$。这样的参考星表所包含的星数将达数千万以上。这些参考星应当有尽量准确的位置参数和自行参数。按目前的需求，其位置精度应能达到 1mas，自行精度最好能达到 0.1mas/a。这样的目标目前还没有实现。

（3）银河系研究的需要。

为了研究银河系天体的分布、运动的规律和演化，需要大样本、大空间范围的恒星三维运动学参数。经典的测量方法提供的资料不仅精度不高，数量太少，基本不能提供像样的三维分布样本。伊巴谷天体测量卫星得到 12 万颗恒星的视差数据，数量较前大大增加，三维的位置精度也提高到好于 1mas，但这也只保证在太阳周围的 100 秒差的空间范围内的天体的距离参数的相对误差小于 10%。和银河系直径约 25000 秒差距的尺度相比，这只是银河系中的一个"小洞"。对于银河系研究来说，这样的样本仍然是远远不够的。第二代的天体测量卫星 Gaia 计划观测到 20 等近 10 亿个恒星，位置和视差精度可达 0.01mas。这样，有望对银河系中达到一定亮度的恒星作全面采样，距离尺度的有效范围可达 1 万秒差距。这个计划成功后，将对银河系的研究起到前所未有的巨大推动。

（4）为一些大型的巡天观测计划提供导星星表和目标星表。

导星星表的作用是帮助将望远镜的指向精确引导到预定的方向。目标星表的作用是使得观测者能从密集的天体中间确认所需要的观测目标。这类星表往往要求巨大的星数和更高的极限星等。

4. 历史上一些知名星表

（1）Newcomb 基本星表。

美国数学天文学家 S. Newcomb（1835～1909）在基本天体测量方面做出多方面的卓越贡献，包括太阳系天体运动历表、基本常数系统、基本星表系统等各方面。Newcomb 的恒星星表包括 1872 年发表了 32 颗时星的赤经星表（即 N1 星表），作测时工作用；1880 年发表了《1098 颗标准时星和黄道星星表》；1899 年发表的含有 1257 颗恒星的 N3 星表。

（2）GC 星表。

由美国天文学家 L.Boss & B.Boss 父子完成的被称为《General Catalogue》的星表，常称 GC 星表，又称 Boss 星表，是一本起到过重要作用的基本星表。1937 年出版，基本参考历元 1950.0，含 33342 颗恒星，其中包括全天亮于 $7^m.0$ 的全部恒星约 2.5 万颗，平均观测历元为 1900 年附近。编制这本星表的主要目的是为研究太阳的空间运动、银河系旋转、计算岁差常数改正等工作，所以希望包含尽量多的恒星。工作始于 1870 年代，历时 70 余年，所使用的原始星表数量达几百个。为了消除原始星表的系统误差以及处理岁差改正、星表分点改正、恒星自行计算等，他们做了大量的处理计算。1912 年 L.Boss 去世，工作由 B.Boss 继续，直至完成。B.Boss 在分析星表间的赤经系统差过程中，还得出地球自转存在长期变化，周年变化和不规则变化的结论。由于所使用的资料情况比较复杂，许多早期星表精度很低，所以 GC 星表的位置精度和自行精度，对不同的恒星相差很大。

（3）N30 星表。

由美国天文学家 H.R.Morgan 于 1952 年发表的基本星表，又称 Morgan 星表。该星表包括 5268 颗恒星，基本历元 1950 年。主要目的是改进自行系统和岁差常数，研究银河系旋转和太阳系天体运动。编制中采用了 1917～1949 期间 60 份原始星表资料，平均观测历元为 1932 年附近。N30 的自行系统是用较新的星表数据和 GC 星表比较为基础，其位置精度 $\pm0''.046 \sim \pm0''.111$，年自行精度 $\pm0''.0016 \sim \pm0''.0061$。和 GC 星表相比，N30 星表的精度有明显提高，但星数少得多。N30 星表在 FK4 发表之前是最好的基本星表，起到过很大的作用。

（4）德国的基本星表系列。

包括 FC、NFK、FK3、FK4、FK5 等基本星表系列。在 20 世纪中，FK 星表系列作为精度最高、系统最好的基本星表，曾作为规范提供了基本天球参考架。在天文大地测量、地球自转服务等工作中一直作为参考基准，直到伊巴谷星表问世。FC 陆续发表于 1880 年前后，北天 539 颗星，南天 83 颗，平均观测历元 1810 年，基本历元 1875 年；NFK 于 1907 年发表，925 颗星，平均观测历元 1877 年，基本历元 1875 年和 1900 年；FK3 星表包括 1937 年发表的 873 颗基本星星表和 1938 年发表的 662 颗补充星星表，共 1535 颗星，平均历元 1900 年附近，基本历元 1900 年和 1950 年；FK4 发表于 1963 年，仍是 1535 颗星，平均观测历元对赤经是 1935 年，对赤纬是 1925 年，基本历元是 1950 年和 1975 年；FK5 发表于 1988 年，包括 1535 颗 FK4 的基本星和 3117 颗 FK4 补编星，平均观测历元 1960 年，基本历元 J2000.0。FK4 的典型误差水平：位置误差为 ±0″.03（偶然差）和 ± 0″.02（系统差），百年自行误差为 ± 0″.07（偶然差和系统差水平相当）。FK 星表系列的最大缺陷是星数太少，而且都是亮星（极限星等 7.5 等，绝大多数亮于 6.5 等），连同 FK5 的补编星在内也不到 5000 颗星，其中暗于 7.0 等的只有约5%。这样，在天文大地测量和地球自转测量方面常常不得不到 GC、N30 等星表中挑选观测星，而在照相测量中，FK 星表则几乎起不到任何直接的作用。

（5）耶鲁星表（Y.T.）。

用大视场的天体照相仪（25～100 平方度），计划进行二轮全天覆盖的观测。这个计划从 1913 年开始经过几代天文学家的努力，分期发表不同赤纬带的恒星星表。其中赤纬在 –30° 以北的天区的位置精度在±0″.13～±0″.24 范围。最后的观测历元是 1956 年，但是仍有部分南天赤纬带没有完成计划中的观测。

（6）AC 星表—照相天图星表。

这是一个从 19 世纪最后 10 年开始的历时半个多世纪的庞大计划，全世界 20 多个天文台参加合作，用标准照相仪拍照，给出亮于 11 等的全部恒星的精确的量度坐标。每平方度平均有 40 颗左右的恒星，均方差为 ±0″.2～±0″.3 水平。

（7）AGK 系列星表—德国天文学会星表。

这是历史上第一个系统的分区星表，由世界上多个天文台合作，每个天文台负责一个赤纬带，对亮于 9 等的全部恒星进行系统的观测，并补充部分暗于 9 等的恒星。该计划于 19 世纪 60 年代提出并启动，先后进行几期行动，发表了 AGK1、AGK2、AGK3 星表。

AGK1—用子午环参考于当时已有的少量基本星作相对观测。不难想象，在当时的技术条件下，这是多么大的工作量。不同赤纬带的星表完成后分别发表。大部分内容在 20 世纪前 10 年内完成。但是，计划开始一个世纪之后，南半球有的天文台分担的任务还没有最后完成。无论如何，AGK1 星表仍是一个天文学家忘我勤奋工作的伟大范例和光辉的结果，在过去很长时期中，它几乎是提供较暗天体位置的唯一来源。

AGK2—由于 AGK1 星表自行精度不高或缺少自行，随着时间的推移，星位置误差越来越大，1921 年决定用标准天体照相仪进行重测，并补充了一些星，总数约 18 万颗。

AGK2A—为了解算 AGK2 的照相底片，需要建立一个参考星星表，这就是 AGK2A。该星表由多个天文台合作用子午环进行观测，并对资料进行统一的仔细处理，星表包含 13000 多颗星。

AGK3—AGK2 计划的主要目的是和 AGK1 资料一起确定恒星的自行，但由于 AGK1 的精度较低，又没有足够资料确定其系统误差。所以 1950 年决定用照相方法重测 AGK2，编制 AGK3 星表。AGK3 的位置精度平均 $\pm 0''.18$。将 AGK2 和 AGK3 资料联合，给出了自行，其平均精度 $\pm 0''.009$/年。AGK3 星表于 1973 年出版。从 AGK1 到 AGK3，整个计划历时 100 多年。

AGK3R—AGK3 的参考星星表，1956 年开始观测，1963 年完成观测，总共 21000 多颗星，由多个天文台的子午环合作观测完成。

（8）CPC—好望角天文台星表。

这是一本南天照相星表，包含赤纬 $-30°\sim-90°$ 天区亮于 10 等的约 7 万颗恒星。底片拍摄于 1930~1953 年期间，星表发表于 1968 年。

（9）SAOC—史密松天文台星表。

随着人类进入航天时代，人造卫星的观测定轨工作日益重要。照相观测是当时的最普遍使用的手段，为此需要一个精度虽不很高，但星数较多且分布大致均匀的星表，作为人卫照相观测的参考星表。于是 SAO 从 1959 年起着手编制一个星表，要求其在 1970 年历元的位置误差好于 $\pm 1''$，全天每平方度不少于 4 颗星，星等直到 9 等。1966 年该星表发表，总共 26 万颗星，典型偶然误差 $\pm 0''.5$，和 FK4 的系统差好于 $\pm 0''.2$。这是一本非基本的编制星表，完全没有另外的独立观测，其资料取自 AGK2 星表、耶鲁星表、CPC 星表等。

5. 当代的一些重要的恒星星表

（1）伊巴谷星表。

伊巴谷星表是历史上第一个在空间观测的基础上得出的恒星星表。如前述，伊巴谷星表较过去所有的基本星表具有明显优越性：其星数多达 12 万颗，是 FK5 基本星的 20 多倍；位置精度高，一般好于 $\pm 0.''001$，自行精度达到或好于 FK5 的水平。所以成为当代国际天球参考架在可见光波段的实现。

（2）第谷星表。

由依巴谷天体测量卫星的恒星成像仪资料处理得到的第谷星表，通常称为 Tycho-1。 Tycho-1 包括 100 多万颗星在 J1991.5 时位置和自行，亮于 10.5 等星的位置和自行精度分别为±25mas 和±2.5mas/a，但暗星的自行精度低，全部星的自行平均精度为±40mas/a。这使得其位置精度很快下降。为此采用 AC 底片和第谷 I 的位置（历元相差达 85 年），计算恒星的自行，编制出 Tycho-2 星表。Tycho-2 是当前常用的照相参考星表。其总星数为 250 多万颗，完备至 11.0 等，极限星等 15 等。平均位置精度为±60mas，平均自行精度为±2.5mas/a。Tycho-2 星表系统为 J2000.0 的国际天球参考系（ICRS）。

（3）FK6 星表。

这是 FK5 星表和伊巴谷星表的综合，其目的是改进伊巴谷星表的自行系统。地面光学观测的测量精度虽然远不如空间卫星测量精度，但伊巴谷观测的时间跨度仅有 3 年，而亮星的地面光学观测资料差不多覆盖了 200 年。另外，伊巴谷星当中有一部分是天文双星。除了双星系统的质量中心的长期自行外，子星绕系统质心还存在周期性自行。这两者可能有显著差异。伊巴谷所得到的几乎就是子星的瞬间自行，FK5 的自行则几乎就是系统质心的长期自行。所以 FK5 对改善自行系统肯定会有贡献，综合处理的结果肯定了这一点。伊巴谷星表自行的平均均方差为 0.82mas/a，FK6 的这项指标减小到 0.35mas/a。但是，由于星数太少，且都是亮星，它们难以用作照相测量的参考星。所以 FK6 对光学波段的天球参考架所能起到的作用，仍然是非常有限的。

（4）UCAC 星表（全称为 US Naval Observatory CCD Astrograph Catalog）。

是依巴谷星表后，加密光学参考架的重要工作之一（包括全天 $7^m \sim 16^m$ 的全部恒星）。在智利观测的 UCAC1 星表（2700 万颗恒星），已于 2000 年 3 月发表。和在美国海军天文台的观测综合之后，UCAC2 已于 2003 年 6 月发表，有 4800 多万颗恒星，包括南极至+40 度（部分天区至 52 度）天区。其中 10～14 等星的平均位置精度为±20mas，自行精度为±（1～3）mas/a；14～16 等星的平均位置精度约为±70mas，自行精度为±（6～12）mas/a。位置与自行换算到 J2000.0 历元国际天球参考系。2009 年发表了覆盖全天的 UCAC3，主要覆盖的星等范围是 8～16 等。对于 10～14 等星，位置精度为 15～20mas。其亮星自行的计算使用了约 140 个星表资料，其中包括伊巴谷星表、Tycho-2 星表等。暗于 13.5 等的恒星自行主要基于 SPM 星表和一些早期的施密特照相底片，精度差，使用时需当心。

（5）NPM/SPM 北天/南天自行星表。

天体的自行对研究银河系运动学和动力学有着重要的意义。1947 年和 1965 年分别开始了 NPM 和 SPM 计划。为得到自行，作两期历元的观测。第一观测历元为 1947～1954 年，平均历元为 1950.07 年，共拍摄 1246 个视场。第二期观测历元为 1969～1986 年，平均历元为 1976.51 年，拍摄 1174 个视场。一般两期底片相隔 17～40 年，平均为 27 年左右。NPM 选择河外星系作为自行的参考，因而得到的是绝对自行。NPM 计划是 Lick 天文台三代天文学家半个世纪的工作结果。它提供了以 50000 河外星系为参考 8～18mag 的 40 万颗星的位置（平均观测历元为 1960 年）、自行、星等和颜色（$-23°<\delta<90°$），位置精度 $\pm 0''.06$（单次测量），自行精度 $\sigma_\mu = \pm 0''.16/cy/\Delta ep$，其中 Δep 是获得自行数据的两观测历元的间隔。对于 27 年平均历元间隔，其自行精度为 $\pm 0''.59/$百年，用星系决定绝对自行的零点误差 $\pm 0''.2/$百年。此星表用于岁差改正、银河旋转和太阳运动的研究，如银河系旋转对银心距的函数关系、恒星密度与银道平面距离的关系、各种星（如天琴 RR 型变星）的运动和亮度以及恒星的统计和长期视差等。

SPM——南天自行星表是 NPM 星表在南天的补充。计划得到 δ 在 $-17°$ 以南，$5<m_v<18$ 星等范围内获得 100 万颗星的位置、相对于暗河外星系的绝对自行、蓝星等 B 和黄星等 V。该计划的第一观测历元为 1965～1974 年，共得到 717 个天区。为了使历元差不小于 20 年，1987 年开始第二历元的观测，至 1998 年已完成 1/3 天区观测。由于以前使用的天文照相底片已不再生产，且望远镜记录系统已采用 CCD，所以考虑了适当方法使第二历元的 CCD 观测的与照相观测一致。该计划至今仍在继续之中，并已经发表了部分处理结果。

（6）SDSS。

Sloan Digital Sky Survey 是对北银极周围 10000 多平方度和近南银极的三个天区进行的巡天观测计划，目的是通过光谱观测确定星系和类星体的红移。该望远镜同时作天体位置的照相测量。望远镜口径 2.5m，视场大小为 2.5°。自 2000 年 4 月正式观测以来，到 2006 年已经覆盖了天球的 35%，对 5 亿个天体作了照相测量，位置精度约 0.1 角秒。同时还获得 1 百多万个目标的光谱。2006 年起执行第二期计划，开展银河系结构方面的研究。2008 年起开始第三期计划，目标在于寻找和研究太阳系外行星系统，并了解宇宙中的暗能量方面的问题。该项计划预计到 2014 年完成。

（7）GSC 空间望远镜导星星表。

1990 年 4 月 28 日哈勃空间望远镜（HST）发射升空。为了保证 HST 空间工作计划的正确实施，预先编制了导星星表（GSC）。GSC 的原始数据是全天不同光学波段、不同历元的施密特巡天照相底片数字化的结果，并以 AGK3、SAOC 和 CPC 为参考星表（FK4 系统），用三次多项式处理底片数据。前期底片在 1950～1958 年期间拍摄，后期的观测分布在 1975～1998 年期间。两期的平均历元间隔约 30 年。从 1989 年起，陆续发表了 GSC1.0、GSC1.1、GSC1.2、GSC2.0、GSC2.1、GSC2.2 和 GSC2.3。该星表完备到 21 等。整个星表约包含 10 亿个天体。由于星表数据来源于施密特望远镜的巡天观测，而且数据处理上比较粗糙，所发表的星表存在明显的系统误差，包括底片不同区域的系统差和星等差，所以该星表所起的作用有限。目前上海天文台正和意大利都灵天文台合作，着手改进 GSC 资料处理，希望能更好地消除系统差，并参考河外天体测定绝对自行，最后构成一个当代星数最多、位置和自行精度更好的地面照相星表。

（8）USNO（美国海军天文台）星表。

USNO 星表由 20 世纪后 50 年间的施密特望远镜巡天观测的 7000 多张照相底片处理得到，所用观测资料大致与 GSC 相同，处理方法有所差异。USNO 星表完备到 21 等，约包含 10 亿颗恒星和星系。在不同的处理阶段，先后发表了 HJ1、USNO-A1.0、USNO-A2.0、USNO-B1.0 各版本。最后的版本 USNO-B1.0 在 J2000.0 历元的位置精度 $0''.2$，测光精度 0.3 星等，恒星和非恒星的识别精度 85%。

§9.1.3　恒星基本星表的建立

基本星表是天球参考架的具体实现。以地基测量为基础的基本星表，是由为数众多的原始星表综合处理得到的。任何天文台观测得到的原始星表由于受到地域限制，不可能完成全天球的观测。在不同天文台完成的原始星表中，同一恒星的位置存在差异。这差异不仅仅是来源于观测的偶然误差。如果仅仅是偶然误差，可以简单地采取加权平均的办法给出其最或然结果。更使问题复杂化的是星表间的系统差。由于观测原理决定，子午环的系统误差特别严重。例如地方实际的大气折射特征和采用的理论模型的差异、镜筒的弯曲、度盘误差、轴颈误差等，都能引起观测结果的系统误差。其他类型的仪器的观测结果也存在一定的系统误差。所以在进行多个星表数据的综合处理时，最困难也是最重要的事就是如何妥善处理星表间的系统差。然而在地基测量技术中，历史上真正能构成独立系统的观测技术只有子午环。照相方法得到的星表没有独立的系统，所用的参考星表的系统就是照相星表的系统。所以照相星表不参与基本星表的编制。

编制恒星基本星表的工作框架大致是，选定一个原有的有待改进的基本星表或一个相对比较完整、精度较高的原始星表作为基础，将许多独立的原始星表和基础星表作比对，评价各原始星表的精度水平，统计各原始星表的系统差，用于对基础星表的系统改进、位置和自行的改进，以及星表的分点和赤道的修正。

1. 原始星表系统差的处理

采用某自行系统和岁差常数，将 A 和 B 两原始星表中的共同星，化算到同一历元和同一坐标系后，求出它们在两星表中的位置之差 $\Delta\alpha(j)$、$\Delta\delta(j)$。这个位置差中可能包含如下成分：

两星表的观测数据中存在的各种偶然误差 d_1；

两星表位置在观测资料解算中采用了某天文常数系统，在所发表的星表位置中，包含这些常数采用值误差引起的系统误差 d_2；

在把两观测历元不同的星表化算到同一历元时，所使用的自行数据的误差引起的星位的偶然误差 d_3 和系统误差 d_4；

在把两星表的参考历元化算到同一历元时所使用的岁差常数的误差引起的系统误差 d_5；

两星表的观测过程中存在的系统误差 d_6。

由此所得的共同星的位置差可以表示为

$$\Delta\alpha(j) = \sum_{i=1}^{6}[d_i^{\alpha}(A) - d_i^{\alpha}(B)] = \Delta\alpha_{eps}(A-B) + \Delta\alpha_{dif}(A-B)$$

$$\Delta\delta(j) = \sum_{i=1}^{6}[d_i^{\delta}(A) - d_i^{\delta}(B)] = \Delta\delta_{eps}(A-B) + \Delta\delta_{dif}(A-B)$$

(9.1.1)

其中 i 代表上述的误差类型，而

$\Delta\alpha_{eps}(A-B)$、$\Delta\delta_{eps}(A-B)$ 是该恒星在两星表中的位置的偶然误差。

$\Delta\alpha_{dif}(A-B)$、$\Delta\delta_{dif}(A-B)$ 是该恒星在两星表中的位置间的系统差。

由此可以看出，系统误差和系统差这两术语的概念上的区别。系统误差是观测值对真值的系统性偏差，通常是未知的。系统差是两观测值的系统误差的较差，是二者的相对的系统性差异，可以由两列数值的比较得到。在所取得的较差数据序列中，我们无法区分每个星表的偶然误差和系统误差，也无法立即评定两星表的质量。所以单有两个星表是无法进行综合给出基本星表的。实际处理中，需要选择尽可能多的原始星表来建立基本星表系统。

基本星表系统有一个逐步建立和逐步改进的过程。通常选取一个性能较好的星表作为基础星表，比如待升级的原有的基本星表。首先对各星表的处理方法作详细调查，特别弄清其系统误差中与采用的天文常数和自行系统有关的部分，用当前最新的数据对各星表作系统改正。经过改正后的各星表仍然可能存在着的系统误差，包括原始星表观测中的系统误差以及当前天文常数采用值仍然存在的误差的系统性影响。后者将是无法消除的，留待新的常数系统产生后再作新的处理。至此，在该次处理过程中，假定天文常数引起的系统误差已被处理，剩下的只是观测中的系统误差。它对不同的原始星表是完全互相独立的。设 A 星表是基础星表，B_k 是某一新的原始星表，在 A 星表建立中没有采用过它，因此 A 和 B_k 也是互相独立的。这时，所得到的系统差 $\Delta\alpha_{dif}(A - B_k)$、$\Delta\delta_{dif}(A - B_k)$ 是基础星表 A 和原始星表 B_k 的系统误差之差。使用不同的原始星表计算该与基础星表的系统差，并对同一恒星求平均

$$\overline{\Delta\alpha_{dif}} = \frac{\sum_k \Delta\alpha_{dif}(A - B_k)P_k}{\sum P_k} = \Delta\alpha_{dif}(A) - \frac{\sum_k \Delta\alpha_{dif}(B_k)P_k}{\sum P_k}$$

$$\overline{\Delta\delta_{dif}} = \frac{\sum_k \Delta\delta_{dif}(A - B_k)P_k}{\sum P_k} = \Delta\delta_{dif}(A) - \frac{\sum_k \Delta\delta_{dif}(B_k)P_k}{\sum P_k}$$

(9.1.2)

式中 P_k 是统计中赋予 B_k 星表的权重。

如果原始星表的数目足够大且相互严格独立，各原始星表的系统误差对同一恒星所在区域的值是互相独立的，因此可以认为上式右端第二项等于零。余下的第一项就是 A 星表的系统误差，依此对 A 星表作系统改正。用（9.1.2）式计算得到基础星表的系统误差，代入（9.1.1）式可以得到每个原始星表的系统误差。用这些数据改正每一个原始星表。至此，经过改正后的各星表被认为不再含有系统误差。经此处理后，同

一恒星在各星表中位置的差异被认为只是偶然误差，将它们作加权平均，即作为新的基本星表中的位置参数。因不同时期观测资料处理方法和常数系统的不一致性和观测精度的差异，基本星表的处理是十分困难和复杂的，上面所叙述的仅是处理过程的框架。很多实际问题的处理只能本着具体问题具体对待的原则精心研究，谨慎处置。

在系统差的实际处理中还需要考虑两个问题，一是对于一颗恒星，不可能有许多星表共同包含。而且，恒星的数量和分布也不可能是空间连续的，它们只以一个空间离散的非均匀采样的样本反映着系统误差的变化规律，并淹没在偶然误差之中。所以对于实际得到的两星表的共同星的位置间的较差数据，并不是对每颗星作单独处理，而是采用某种数学方法对数据作平滑，给出系统差的平滑变化曲线或数学表达式，并用该平滑曲线或数学表达式计算天空中不同位置上的系统差数据，作为（9.1.2）式的输入数据。数据的平滑方法大致有以下几种：

（1）分区平均曲线平滑法—将天空按照一定尺度（比如几度）分成赤纬带 i 和每个赤纬带中的不同赤经区 j。将每一天区中的两星表共同星的位置差求平均，得到

$$\Delta \alpha_{ij} = \Delta \alpha_{\alpha} + \Delta \alpha_{\delta}$$
$$\Delta \delta_{ij} = \Delta \delta_{\alpha} + \Delta \delta_{\delta}$$

（9.1.3）

其中 $\Delta \alpha_{\alpha}$ 表示两星表共同星的赤经差中随赤经变化的系统差，其余分量的含义依此类推。将同一赤纬带中的各区的 $\Delta \alpha_{ij}$ 和 $\Delta \delta_{ij}$ 取平均，得到只与赤纬有关的系统差 $\Delta \alpha_{\delta}$ 和 $\Delta \delta_{\delta}$。将其作平滑曲线，并内插到每个星，从每个星的差值中扣除 $\Delta \alpha_{\delta}$ 和 $\Delta \delta_{\delta}$。然后将每个赤纬带中分区重新统计 $\Delta \alpha_{ij}$ 和 $\Delta \delta_{ij}$，再做出 $\Delta \alpha_{\alpha}$ 和 $\Delta \delta_{\alpha}$ 的平滑曲线。用这两种曲线将系统差内插到每颗星，并从每颗星的差值中扣除，认为其剩余部分就是偶然差。

（2）球谐函数拟合法—作平滑曲线的办法计算简单，在没有大型计算机的时代，这种方法可能是唯一可行的。但这种办法的缺点也是显而易见的，它是一种比较粗糙的计算方法。在有了现代的计算工具后，数字的拟合方法代替了人工的曲线拟合法。例如，将两星表共同星的位置差用球谐函数拟合

$$\Delta(\alpha, \delta) = \sum_{nm} P_n^m(\cos \theta)(S_n^m \sin m\alpha + C_n^m \cos m\alpha)$$

（9.1.4）

式中 Δ 是星表位置间的差异（赤经差或赤纬差），其中的系统部分是天

球上一点的位置的函数。在任何一个窄的赤纬带上，两星表共同星的位置差随赤经的系统变化将是一条一维的变化曲线，可以用一个三角级数描述。（9.1.4）式右端求和符号中的 $(S_n^m \sin m\alpha + C_n^m \cos m\alpha)$ 对于一个固定的赤纬带和 n 值，用三角级数描述位置差的赤经分布，其中 m 是分量的频率，球谐系数 S_n^m, C_n^m 决定了级数中某项的振幅和位相。对于不同的赤纬带的幅度变化，由缔合勒让德函数

$$P_n^m(\cos\theta) = \sin^m\theta \frac{d^m P_n(\cos\theta)}{d(\cos\theta)^m} \qquad (9.1.5)$$

描述，式中的自变量 θ 是余赤纬，

$$P_n(\cos\theta) = \frac{1}{2^n n!} \frac{d^n(\cos^2\theta-1)^n}{d(\cos\theta)^n} \qquad (9.1.6)$$

是 n 阶勒让德多项式，其前几项的形式为

$$P_0(\cos\theta) = 1$$
$$P_1(\cos\theta) = \cos\theta$$
$$P_2(\cos\theta) = \tfrac{1}{4}(3\cos 2\theta + 1) \qquad (9.1.7)$$
$$P_3(\cos\theta) = \tfrac{1}{8}(3\cos\theta + 5\cos 3\theta)$$
$$\dots$$

其任意项表示为

$$P_{n+1}(\cos\theta) = \frac{2n+1}{n+1}\cos\theta P_n(\cos\theta) - \frac{n}{n+1}P_{n-1}(\cos\theta) \qquad (9.1.8)$$

缔合勒让德函数由天球上的点位的赤纬唯一地决定。将（9.1.5）式截止到一定阶数，代入（9.1.4）式，并将星表位置差的数据代入，可以解出球谐系数 S_n^m, C_n^m。这样，星表间系统差就可以用拟合多项式描述。用这个关系可以内插给出任意点的系统差。将由共同星统计的系统差公式应用于非共同星，可作星表间的系统化算。

2. 原始星表精度的评价

评价原始星表精度的目的是赋予其在数据综合处理时的权重。这是一个复杂的和有相当的不确定性的问题。通常用均方误差衡量一个测定值的可靠程度。然而这里的所谓可靠程度实际是用测量值的"可重复性"即其弥散程度来描述的。可重复性取决于偶然误差的大小，但对系统误差没有明确的依赖关系。描述偶然误差水平的是精确度，描述系统误差大小的是准确度。精确度好的一组观测结果，其准确度不一定好。在进行星表综合处理时，需要对原始星表的偶然误差水平和系统误差水

平分别进行仔细分析。对于一个原始星表，每个星观测的条件、次数等因素都有差别，其内部精度都不同。不同星表之间，情况的差异更大。很难找到一种理论上非常严格的取权方法。需要对历史资料作详细考查和研究，提出可行的或不得不行的办法。

3. 星表的赤道和分点的确定

基本天球坐标系[FCS]的基本面是基本历元的平赤道，其经度的起始点是基本历元的平春分点。一个基本星表是[FCS]的一种体现。衡量一个基本星表的质量就是看这个星表能在怎样精度上体现[FCS]。理想的体现应当是：第一，由恒星间的相对坐标所体现的坐标网格是均匀、无形变并且在空间无整体旋转的；第二，恒星的赤纬的零点和历元平赤道一致；第三，恒星赤经的零点和历元平春分点一致。

前面叙述的改进星表系统误差的种种措施的目的，在于使得星表的坐标网格更为均匀，这样做的必要性是显而易见的。但为什么一定要保障星表赤经和赤纬零点与春分点和赤道高度一致呢？如第五章所述，这是因为如此定义的赤道和分点才具有可观测性，可以和多种技术的任意时刻任意地点的观测相联系。一个任意定义的赤道和分点的坐标系是没有可观测性的。所以在作基本星表综合时，不但要精心处理系统误差，使得星表所体现的坐标网格尽可能均匀，而且要仔细处理星的赤道和分点。

赤道和分点是一个天球坐标系的基本要素，两者是相关的，不能独立地确定。

图 9.1.1 中：

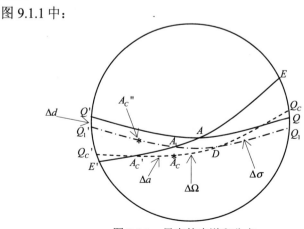

图 9.1.1　星表的赤道和分点

QQ'——理想的赤道；

Q_1Q_1'——平行于 QQ' 的一个小圆，离开 QQ' 的距离为 Δd ；

Q_cQ_c'——星表实际体现的赤道，它和 Q_1Q_1' 的关系可以用天球绕 D 轴旋转 $\Delta\sigma$ 角实现， D 点距 A_c' 的赤经差为 $\Delta\Omega'$ ，距 A_c 的赤经差 $\Delta\Omega$

EE'——真正的黄道

A——理想的分点

A_1——Q_1Q_1' 和黄道的交点

A_c'——Q_cQ_c' 和黄道的交点

A_c——星表的实际分点，它在星表赤道上，位于 A_c' 东面 Δa 处。

现在讨论恒星在以 A_c 为经度起算点，以 Q_cQ_c' 为纬度起算面的坐标系中的坐标和在真正的赤道坐标系中的坐标之间的关系。由于 Δd、$\Delta\sigma$、Δa 是小量，推导中取到它们的一次项。设某天体位置矢量在历元平赤道坐标系中的表达式为

$$\vec{S} = [N_0]\begin{pmatrix} \cos\alpha\cos\delta \\ \sin\alpha\cos\delta \\ \sin\delta \end{pmatrix} \qquad (9.1.9\text{-}1)$$

同一矢量在星表实际体现的坐标系 $[N_c]$ 中的表达式为

$$\vec{S} = [N_c]\begin{pmatrix} \cos\alpha_c\cos\delta_c \\ \sin\alpha_c\cos\delta_c \\ \sin\delta_c \end{pmatrix} \qquad (9.1.9\text{-}2)$$

星表坐标系 $[N_c]$ 的赤道是 Q_cQ_c' ，分点是 A_c' 。又用 $[N_1]$ 表示以 Q_1Q_1' 为赤道，以 A_c'' 为分点的坐标系，有

$$\vec{S} = [N_1]\begin{pmatrix} \cos\alpha_1\cos\delta_1 \\ \sin\alpha_1\cos\delta_1 \\ \sin\delta_1 \end{pmatrix} \qquad (9.1.9\text{-}3)$$

这里 A_c'' 是经坐标转换后 A_c' 移动到的新位置。由图 9.1.1 可以导出

$$[N_1]'[N_c] = \bar{R}_3(-\Delta\Omega')\bar{R}_1(-\Delta\sigma)\bar{R}_3(\Delta\Omega')\bar{R}_3(-\Delta a) \qquad (9.1.9\text{-}4)$$

将 $[N_1]$ 的赤道平移到理想的赤道，这相对于将各天体的 δ_1 全部加上常数 Δd 。由（9.1.9-1）式～（9.1.9-4）式可得

$$[N_0]'\vec{S} = \begin{pmatrix} \cos\alpha\cos\delta \\ \sin\alpha\cos\delta \\ \sin\delta \end{pmatrix}$$

　　　　　　　　　　　　　　　　　　　　　　　　　　　　　　（9.1.9）

$$= \bar{R}_3(\Delta d\cot\varepsilon)\bar{R}_3(-\Delta\Omega')\bar{R}_1(-\Delta\sigma)\bar{R}_3(\Delta\Omega')\bar{R}_3(-\Delta a)\begin{pmatrix} \cos\alpha_c\cos(\delta_c+\Delta d) \\ \sin\alpha_c\cos(\delta_c+\Delta d) \\ \sin(\delta_c+\Delta d) \end{pmatrix}$$

如果星表赤道平行于实际赤道，即 $\Delta\sigma = 0$，上式简化成

$$\bar{R}_3(\Delta A)\begin{pmatrix} \cos\alpha_c\cos(\delta_c+\Delta d) \\ \sin\alpha_c\cos(\delta_c+\Delta d) \\ \sin(\delta_c+\Delta d) \end{pmatrix} = \begin{pmatrix} \cos\alpha\cos\delta \\ \sin\alpha\cos\delta \\ \sin\delta \end{pmatrix}$$

　　　　　　　　　　　　　　　　　　　　　　　　　（9.1.10）

其中

$$\Delta A = \Delta d\cot\varepsilon - \Delta a \qquad (9.1.11)$$

对（9.1.10）式求导数，得到最简单的关系式

$$\Delta\delta = -\Delta d$$
$$\Delta\alpha = -\Delta A \qquad (9.1.12)$$

这意味着，星表赤纬系统差就是赤道的偏差，星表的赤经系统差就是分点偏差。但一般情况下，不能保证星表赤道一定平行于真正的赤道。

4. 星表赤道和分点改正的观测确定

　　由恒星本身的绝对测定或相对测定都不能直接得到星表的零点改正。不仅由较差观测建立的无定向天体框架（如空间天体测量卫星观测给出的）不能独立确定其零点，也不仅相对测量不能求出零点偏差，即使绝对测量方法，由于显著的系统差的存在，观测本身也无法确定其零点偏差。确定星表零点改正的基本途径是观测黄道，即观测地球的轨道运动。地球的轨道运动反映在太阳系天体的地心位置变化中，它形成行星的视差动。所以星表零点测定的基本方法是观测太阳系天体，其原理可以概括为：

　　相对于某基本星表测定太阳系某天体的地心坐标，并和该天体的地心历表位置作比较。在考虑了影响观测方向的各种因素后，所得的该天体的方向矢量的 $(O-C)$ 包含有以下成分

　　基本星表的零点差 ΔA、Δd 引起的 $\Delta\vec{S}_0$；

　　参考星的位置误差 $\Delta\alpha_i$、$\Delta\delta_i$；

　　太阳系天体地心历表位置的误差 $\Delta\vec{S}_p$，它是基本坐标系中该天体的轨道根数误差以及地球轨道根数误差的函数，并包含对所观测的太阳系

天体及地球的轨道摄动的描述误差，可以表示成

$$\Delta \vec{S}(O-C) = \Delta \vec{S}_0(\Delta A, \Delta d) + \Delta \vec{S}_c(\Delta \sigma_e, \Delta \sigma_p) + \vec{v} \qquad (9.1.13)$$

在该太阳系天体的运行周期尺度上作持续观测，可以由上式同时解算出星表零点、地球轨道根数改正和该太阳系天体的轨道改正。

被测的太阳系天体可以是太阳、月亮、大行星、小行星等。太阳和月亮观测的不确定性是不难想象的。大行星因其复杂的视面形状也难以非常精确地确定中心的位置。小行星的星象基本上呈点状，但是对子午观测，它们往往显得太暗；对照相观测，过去由于基本星的数量太少，难以实现对它的经常性的观测。重叠观测的整体平差方法是解决这个难题的可能途径。现代的一些照相星表，诸如 UCAC、USNO、GSC 等，虽然星数很多，但它们的星表系统处理方案都不够严密，对于测定分点改正这样重要的要求很高的工作来说，用它们作为参考星表是不合适的。

除了观测太阳系天体以外，通过遥远的脉冲星的计时观测，也可以解算地球的轨道运动根数的改正。

可以看出，无论用什么方法，任何星表框架的空间定向，最后只有通过地基的坐标测量方法才能确定。而且这种测定是需要经常进行的。测定星表坐标系零点的目的是实现由地球的动力学平面定义的基本天球坐标系。

§9.1.4　确定恒星的自行和视差

引起天体坐标方向变化的因素包括太阳系的运动和目标天体的运动，分别是自行中的视差动和本动。多数恒星的年自行都小于 $0''.1/$ 年，在 10 亿多恒星中，年自行大于 $0''.1$ 的恒星只有 600 多颗。自行最大的恒星是蛇夫座的巴纳德星，其自行达到 $10''.31/$ 年。恒星的周年视差是恒星距离的描述参数。通常恒星视差以角秒为单位表示。周年视差为 $1''$ 的恒星的距离称为 1 秒差距（pc）

$$1\text{pc} = 206264.81\text{A （天文单位）} \approx 3.086 \text{万亿 km} \approx 3.262 \text{光年}$$

离开太阳最近的恒星比邻星的视差为 $0''.76$。周年视差大于 $0''.01$ 的恒星只有 2.3 万颗。可见，恒星的自行和周年视差位移都是很小的量，要确定它们需要采取精密的测量方法。

1. 天体自行的测定

假定在 t_0 时刻通过绝对的或相对的观测，得到天体的观测方向参数。按照第二章所述的关系，解算得到天体对历元平坐标系 $[N_0]$ 在 t_0 瞬时的平坐标 α_0、δ_0，其几何位置的表达式应为

$$\vec{\rho}(t_0) = [N_0]\frac{1}{arc1''\pi(t_0)}\begin{pmatrix} \cos\alpha_0\cos\delta_0 \\ \sin\alpha_0\cos\delta_0 \\ \sin\delta_0 \end{pmatrix} \qquad (9.1.14)$$

又假定在 t 时刻观测到相对于同一坐标系的瞬时几何位置为 α、δ，其位置矢量的表达式为

$$\vec{\rho}(t) = [N_0]\frac{1}{arc1''\pi(t)}\begin{pmatrix} \cos\alpha\cos\delta \\ \sin\alpha\cos\delta \\ \sin\delta \end{pmatrix} \qquad (9.1.15)$$

由此，如果瞬时距离精确已知，$\vec{\rho}(t_0)$、$\vec{\rho}(t)$ 成为已知，其简单的关系为

$$\vec{\rho}(t) = \vec{\rho}(t_0) + \vec{V}(t - t_0)$$

相对于坐标系 $[N_0]$ 的速度矢量 $\vec{V}$ 可以得到

$$\vec{V} = \frac{\vec{\rho}(t) - \vec{\rho}(t_0)}{t - t_0} = \bar{R}_3(-90° - \alpha_0)\bar{R}_1(-90° + \delta_0)\begin{pmatrix} \mu_\alpha\cos\delta_0\big/36525\pi \\ \mu_\delta\big/36525\pi \\ V_r86400\big/AU \end{pmatrix} \qquad (9.1.16)$$

由（9.1.14）式～（9.1.16）式，如果得到两个历元的观测的三维平赤道坐标，就可得到恒星的空间速度矢量。依据（9.1.16）式，可以得到 t_0 历元的赤经自行、赤纬自行以及视向速度。从（2.2.19）式看到，恒星的球面坐标和自行之间并不严格是线性关系。恒星年自行一般小于 0.1″，若假定恒星视向速度为 100km/s，视差为 0.01″。按此估计，其中的二次项系数达到 10^{-5}。这样，在 50 年时间跨度上，球面坐标变化的二次项的绝对值可达到0.01″ 量级。所以只在精度要求不高的情况下可以使用

$$\mu_\alpha = \frac{\alpha(t) - \alpha(t_0)}{t - t_0}$$

$$\mu_\delta = \frac{\delta(t) - \delta(t_0)}{t - t_0}$$

这样的线性关系式，由两个历元的坐标测定值计算自行。不难理解，（9.1.16）式所表达的天体空间运动速度概念中，$\bar{\rho}(t_0)$ 和 $\bar{\rho}(t)$ 应是在两个不同历元独立绝对测定的位置。然而实际中，这个概念很少能真正实现，因为恒星位置的绝对测定很难实施且精度不高。另一方面，多数恒星没有同时的距离参数和视向速度参数的实测数据，无法给出三维的位置和速度矢量表达式。

恒星自行的测定历来是非常困难的事。由于子午环的绝对观测系统差较大（可达到角秒级），在相距几十年的时间跨度上，两次测定的仪器系统很难保持不变。在经过多次观测和精心处理之后，子午环的绝对观测给出的自行的典型精度水平为 $0''.01/a$ 水平。经过长达一个多世纪的全球资料综合处理的结果，FK5 基本星的自行精度略好于 1mas/a 水平。照相方法的系统差水平明显好于子午环，但照相方法测定的自行是相对于视场内参考星的平均自行系统的。在伊巴谷参考架问世之前，很难解决参考星自行误差的影响。近年完成的北天自行星表 NPM 和南天自行星表 SPM，用伊巴谷星表和第谷星表作为参考架，用相距数十年的照相观测，给出的自行精度为 4mas/a 水平。空间观测的位置精度很高，但观测持续时间短（伊巴谷卫星的观测持续 37 个月），所得到的自行的精度和 FK5 水平相当。所以，自行的精确测定至今仍没有得到理想的解决。正因为如此，随着时间的推移，伊巴谷星表推出的瞬时星位的精度正迅速降低，目前已达 0.01″ 级，比伊巴谷平均观测历元（1991.25）下降一个量级。

假如已经求得天体在 t_0 历元相对于 $[N_0]$ 坐标系的自行分量和视向速度分量 μ_α、μ_δ、V_r，所得的空间速度矢量 $\vec{V}$ 是天体相对于太阳的相对速度，

$$\vec{V} = \vec{V}_{Ob} - \vec{V}_S$$

其中，$\vec{V}_{Ob}$ 是天体的空间运动速度矢量，这是天体的本动速度。$\vec{V}_S$ 是太阳的空间运动速度矢量，$-\vec{V}_S$ 是天体的视差动速度。所有的天体的速度测定值中，均包含视差动部分。在描述天体的坐标位置和坐标速度时，所参考的坐标系通常是太阳系质心坐标系，这时不需要区分本动和视差动。各种星表给出的恒星自行参数都与 $\vec{V}$ 相对应。但在对天体的运动进行运动学或动力学分析时，需要对本动和视差动进行分解。

在实际情况下，常常并不采用绝对测定星位的方法。如果采用相对

测定的方法，需要解决参考架的问题。而用来构成参考架的恒星也有自行。这就是自行测定上的困难所在。解决的办法只能是渐进的。首先设法对少数参考星的自行作精确测定（通过各种方法），然后在不同历元相对于这些参考星对更多的星作相对测定，给出更多星的自行。依此逐步扩大。

照相的方法广泛用于自行的测定。在不同历元用同一望远镜和同样方法对同一天区拍照。如果有足够多的自行准确已知的参考星，可以在两个历元分别给出待测星的位置，然后用前述方法求出自行。如果没有足够精确的参考星自行数据，可以假定整个底片上的参考星自行误差的平均值为零，并计算出各待测星的自行。无论如何不能假定视场内所部恒星的自行之和为零。一个明显原因是，由于视差动，视场内所有的星的自行都含有系统性的部分。

如果视场中有足够数量的河外天体可用作参考目标，由于河外天体的自行可以作为零，恒星相对于河外天体的位置变化完全是恒星的自行（包含本动和视差动）引起的，这样得到的自行可认为是绝对自行。但是，具有足够亮度的河外天体的数量和分布难以满足任意天区照相底片上的要求。另外，河外星系的成像是一个比较弥散的图形，不是一个清晰的点状星象。其坐标量度精度较差，难以满足测量需要。

2. 恒星三角视差的测定

由（2.2.30）式

$$(\alpha' - \alpha)\cos\delta = -\frac{d_B}{\rho}\sin(\alpha - \alpha_B)\cos\delta_B$$

$$\delta' - \delta = \frac{d_B}{\rho}(\sin\delta_B\cos\delta - \cos\delta_B\sin\delta\cos(\alpha - \alpha_B))$$

知，当 $\alpha - \alpha_B = \pm 90°$ 时，$|\alpha' - \alpha| = \rightarrow \max$，这时可观测到该天体视差位移的最大值。不难理解，这时该恒星应在傍晚或黎明前上中天。在一年中的这样两个季节对该恒星作精确定位观测，得到的相隔半年的位置差，就是其视差位移的振幅，由此可解出视差值。恒星三角视差的测定通常采用照相方法，相对于更为遥远的恒星测定较近的星的三角视差。

由于恒星的三角视差很小，三角视差的测定也是天体测量中的难题之一。比自行测量更为困难的是，自行尚可以积累，只要将时间跨度拉长，就能提高自行的测定精度。而视差测量最多就是在相距半年的跨度上获得其最大值。由于误差来源多，精度较低，子午环在视差测定方面难以做出大的贡献。伊巴谷天体测量卫星给出 12 万个恒星的三角视差，精度达到 0.001″ 水平，至今这仍是当前的最好结果。这是因为伊巴谷卫星的观测精度高，而且观测机会不受限制。Gaia 计划成功后，恒星三角视差资料无论在数量上还是在精度上，都将产生新的飞跃。

§9.2 天文测地

§9.2.1 测站坐标的测定

1. 测站天文坐标的测定

由（7.3.33）式和（7.3.34）式，天体的观测方向矢量可以表示成

$$\vec{r}_v = [LAS]\left\{[LAS]'[FTS][FTS]'[FCS]\begin{pmatrix}\cos\alpha\cos\delta\\\sin\alpha\cos\delta\\\sin\delta\end{pmatrix}\right\} = [LAS]\begin{pmatrix}\cos a\cos h\\\sin a\cos h\\\sin h\end{pmatrix} \quad (9.2.1)$$

其中 $[FTS]'[FCS]$ 是地球姿态描述矩阵，α, δ 是其观测方向的指向点在基本天球坐标系中的坐标。由（5.4.10）式表示

$$[FTS]'[FCS] = \overline{P}_M \cdot \overline{R}_3(\phi) \cdot \overline{NP}$$

其右端是岁差、章动、自转角和极移矩阵。此处的理想坐标系 $[LAS]$ 的基本方向是地方铅垂线 $\overline{D}_i$。由量度坐标经第七章的所述的方法经系统差处理后，给出的理想坐标是天体的方向参数 a, h。其中 h 是地平高度，从地方地平量起，向上为正向。a 是方位角。该地方坐标系的第一轴指向南点，第二轴指向东点，第三轴指向天顶点。$[LAS]$ 和 $[FTS]$ 的转换关系为

$$[LAS]'[FTS] = \overline{R}_2(90°-\varphi_0)\overline{R}_3(\lambda_0) \quad (9.2.2)$$

代表基本地球坐标系对测站的地方理想坐标系 $[LAS]$ 间转换关系，涉及测站铅垂线在基本地球坐标系中的方向参数 λ_0, φ_0，这就是测站的"固定"天文经纬度。将（5.4.10）式和（9.2.2）式代入（9.2.1）式，得到

$$\vec{r}_v = [LAS]\left\{\overline{R}_2(90°-\varphi_0)\overline{R}_3(\lambda_0)\cdot\overline{R}_1(-Y_p)\overline{R}_2(-X_p)\cdot\overline{R}_3(\phi)\cdot\overline{NP}\begin{pmatrix}\cos\alpha\cos\delta\\\sin\alpha\cos\delta\\\sin\delta\end{pmatrix}\right\}$$

$$= [LAS] \begin{pmatrix} \cos a \cos h \\ \sin a \cos h \\ \sin h \end{pmatrix} \tag{9.2.3}$$

令 λ, φ 分别表示测站的瞬时经纬度，此式可以转换成

$$\vec{r}_v = [LAS] \left\{ \overline{R}_2(90° - \varphi)\overline{R}_3(\lambda + \phi) \cdot \overline{N} \cdot \overline{P} \begin{pmatrix} \cos \alpha \cos \delta \\ \sin \alpha \cos \delta \\ \sin \delta \end{pmatrix} \right\} = [LAS] \begin{pmatrix} \cos a \cos h \\ \sin a \cos h \\ \sin h \end{pmatrix} \tag{9.2.4}$$

由此得

$$\overline{R}_2(90° - \varphi) \cdot \begin{pmatrix} \cos t \cos \delta' \\ -\sin t \cos \delta' \\ \sin \delta' \end{pmatrix} = \begin{pmatrix} \cos a \cos h \\ \sin a \cos h \\ \sin h \end{pmatrix} \tag{9.2.5}$$

比较（9.2.4）式和（9.2.5）式可以得到

$$t = \alpha' - (\phi + \lambda) = \alpha' - (S_G + \lambda) \tag{9.2.6}$$

（9.2.5）式中，α', δ' 是天体的观测方向在瞬时真坐标系中的参数，假定为已知。a, h 是天体的观测地平高度和方位角，已经作了各种仪器误差改正。在一定观测方式下可以解出测站的瞬时经纬度。下面，列举一些常用的测量方法。

（1）子午法测量地方经纬度。

子午观测法可观测天体过地方子午圈的时刻或天顶矩。当子午仪只测量星过子午圈时刻的地方天顶距时，$a = 0°/180°$。这时，（9.2.5）式演变成

$$\overline{R}_2(90° - \varphi) \cdot \begin{pmatrix} \cos \delta \\ 0 \\ \sin \delta \end{pmatrix} = \begin{pmatrix} \pm \cos h \\ 0 \\ \sin h \end{pmatrix} \tag{9.2.7}$$

上式展开后可得到

$$h = 90° \pm (\varphi - \delta) \tag{9.2.8}$$

这就是子午方法测量地方天文纬度的基本关系式。

如果在星过子午圈瞬间记录下站钟的读数 T_s，此时的真地方恒星时 $S_l = \alpha$ 可由观测得到。于是得

$$T_S + u = S_l \tag{9.2.9}$$

其中 u 是站钟读数的系统改正值。通过时间比对手段得到地方恒星时和格林尼治恒星时之差即地方经度 $\lambda = S_t - S_G$。实际作时间比对的时钟通常是平太阳时，因此观测数据处理中需要作恒星时和平太阳时的尺度和时刻的换算（详见§5.5）。实施这种观测方法的专门望远镜叫做中星仪。

（2）等高仪测经纬度。

由（7.2.3）式和（9.2.9）式给出

$$\sin h = \sin \varphi \sin \delta' + \cos \varphi \cos \delta' \cos(T_s + u - \alpha') \qquad (9.2.10)$$

若在相同的 h（称为等高圈）、不同方位处观测一组恒星的星过时刻 T_s，并已知天体坐标，（9.2.10）式表示的观测方程中仅含有测站的天文纬度 φ 和站钟改正值 u。将（9.2.10）式线性化，用天文三角形中的元素间关系，可以导出误差方程

$$\cos A_i \Delta\varphi + \cos \varphi_0 \sin A_i \Delta u + \Delta h = v_i \qquad (9.2.11)$$

其中下标 i 表示观测的星次，A_i 是星过时的方位角。解此误差方程可以得到对地方初始纬度采用值 φ_0 的改正值 $\Delta\varphi$、钟差采用初值的改正值 Δu 以及等高圈的地平高度的初值的改正值 Δh。实施这种观测方法的望远镜叫做等高仪。

（3）子午观测南北星对测天文纬度。

用子午仪观测天顶南北各一个星组成的星对，用（9.2.8）式可导出

$$\varphi = \frac{1}{2}(\delta_n + \delta_s) + \frac{1}{2}(h_n - h_s) \qquad (9.2.12)$$

这里，不再出现星过时刻的地平高度值，而是两星的地平高度的较差值。适当选定两星的赤纬，使得 h_s 和 h_n 的差小于望远镜的视场直径。这时可采用较差测量方法直接得到（9.2.12）式的右端第二项的观测值。由于两星的地平高度相近，大气折射误差和镜筒弯曲误差的影响被大大缩减。实施这种观测方法的专门的望远镜叫做天顶仪。在天体的赤纬已知的情况下，由（9.2.12）式可以得到测站的较高精度的瞬时天文纬度。

（4）天顶星观测法。

观测时望远镜固定地指向地方天文天顶（铅垂线与天球的交点），当一个恒星进入视场时作一次照相记录，当星象通过子午圈后将望远镜反转 180°，再次照相，并记录下两次照相的时刻 t_1、t_2。不难理解，两星象南北距离的一半就是其过子午圈时的天顶矩，可以算出瞬时天文纬度。若两次观测对称于子午圈，则两个记录时刻的平均值就是星过子午

圈的钟面读数。

从上述这些例子可以看出，对于这些用方向测量技术测定台站的天文经纬度的方法，其设计出发点都是为了降低仪器误差的影响，提高测量精度。为此只在特殊条件下观测天体，这使得采样信息量非常少，一般一个夜晚只能得到几十次观测记录。因此每种观测方法只能得到 1~2 种非常单一的测量数据，这是这类技术的最大弱点。实施这类观测的目的，一般都是测定台站的天文经纬度或地方恒星时，这时目标天体的坐标以及有关的天文常数都作为已知。在现代测地技术出现以前，地球上的测点的天文坐标都是用上述原理测定的。

2. 测站地心坐标的测定

对于遥远天体的观测，方向测量技术不能给出测站的地心坐标，因为其理想坐标系的基本方向是地方铅垂线，它和地心的位置无关。但如果观测的是近地天体，相对于恒星背景采用较差方法测量人造卫星的方向，在考虑影响观测方向的各种因素以后，卫星的坐标方向可以表示成

$$\vec{r}_c(t,t_0) = <\vec{S}_e(t) - \vec{D}_i(t_0)> = [N] < \begin{pmatrix} X_e(t) \\ Y_e(t) \\ Z_e(t) \end{pmatrix} - \bar{R}_3(-\phi(t_0))\bar{R}_2(X_p)\bar{R}_1(Y_p) \begin{pmatrix} a_i \\ b_i \\ c_i \end{pmatrix} > \quad (9.2.13)$$

其中，$\vec{S}_e(t)$ 是光子发出时刻卫星的地心矢量，$\vec{D}_i(t_0)$ 是光子达到时刻测站的地心矢量。如果卫星的历表和地球的姿态参数已知，由不同时刻的观测得到（9.2.13）式的一组观测方程，就可以解出测站的地心坐标参数。这里地面光学技术能够测定测站的地心坐标，根本原因在于地球卫星的历表所体现的轨道的动力学关系是参考于地球质心的。

§9.2.2 地球姿态参数的确定

1. 由天文坐标序列计算地球姿态参数变化

由于地方铅垂线的不规则性，测站的天文坐标不能构成一个均匀的地球参考架。但在光学技术测量精度水平上，地极运动引起的地心经纬度、大地经纬度或天文经纬度三者变化量的差异可以忽略，即

$$\Delta\varphi = \Delta\varphi' = \Delta\varphi_g$$
$$\Delta\lambda = \Delta\lambda' = \Delta\lambda_g$$

所以用任何一种经纬度变化序列均可以描述地球姿态参数的变化序列。在 20 世纪 80 年代之前，地球的姿态参数都是通过地面测站的天文经纬度测量资料确定的。综合公式（5.4.4）、（5.4.5）和（5.5.28），得

$$\Delta\varphi = \varphi - \varphi_0 = X_p \cos\lambda_0 - Y_p \sin\lambda_0$$
$$\mathrm{UT0-UTC} = (\mathrm{UT1-UTC}) + (X_p \sin\lambda_0 + Y_p \cos\lambda_0)\tan\varphi_0$$

（9.2.14）

由多台站的观测量 $\Delta\varphi$ 和 UT0–UTC，可以计算出瞬时极坐标和 UT1–UTC 值。上面的方程由一个纬向方程和一个经向方程组成，两种观测可以任意组合构成误差方程组。从 19 世纪末开始，在北纬 39°08' 的纬度带上，建立了一个由天顶仪装备的台站链，系统地开展瞬时纬度观测，以解算瞬时极坐标，提供极移数据服务。该组织称为国际纬度服务（ILS）。在长达半个多世纪时间中，地极坐标数据一直由 ILS 提供。20 世纪 60 年代开始，吸收进世界其他独立台站的纬度观测数据综合计算地极坐标，ILS 扩大成为国际极移服务（IPMS）。而世界时服务则根据各国不同的仪器测量给出的世界时初值 UT0，由设在巴黎的国际时间局（BIH，成立于 1911 年）作综合处理，提供世界时 UT1–UTC 数据。60 年代开始 BIH 同时采用时间和纬度观测联合解，提供极移和世界时服务。从 20 世纪 80 年代开始，这种以经典的光学测向技术为基础的地球姿态参数服务逐步被现代的测距观测技术为基础的服务所取代，并于 80 年代后期终止了这项长达 80 多年的国际服务。现在的地球姿态参数由 IERS（国际地球自转服务）依据世界上的现代测地技术提供的观测数据计算。

2. 由卫星的方向观测确定地球姿态参数

在（9.2.13）式中，若已知卫星的历表和测站的地心坐标，由一组台站的观测，可以综合解算出地球姿态参数。这种原理目前在地球自转服务中并没有得到应用，主要原因是卫星的方向观测精度不够高。由于这种方法可以直接测量卫星的二维方向矢量，和卫星的视向测量技术相比，单次观测的信息量多，并且直接联系于恒星参考架，这种原理应具有潜在的应用意义。如果将卫星的方向观测数据和视向观测数据联合起来，可以在自转参数测定和卫星定轨等方面做出有新意义的工作。

9.3 确定某些天文常数

§9.3.1 岁差常数和星表分点改正的确定

早在公元前 2 世纪，古希腊的天文学家伊巴谷（Hipparchus）在编制恒星星表时，将他的观测结果和其 150 年之前的星表数据比较时发现，所有恒星的黄经都大约增加了 1.5°，而黄纬却没有明显的差异。他认为这是春分点在黄道上向西退行的结果，并称之为 precession（岁差）。他推算出岁差值为每年 45～46 角秒。这是人类对于岁差的最早认识。公元 4 世纪，中国晋代天文学家虞喜也独立地发现岁差，并测定岁差值为每 50 年 1°。这些值尽管有较大误差，但考虑到当时的肉眼观测精度只有若干角分的水平，却能发现岁差现象并做出如此水平的测定，不能不令人惊叹。

岁差常数是指分点沿黄道的退行速度 p，包含日月黄经岁差 p_1 和行星赤经岁差 χ 两部分，它们的关系为

$$p = p_1 - \chi\cos\varepsilon$$

岁差常数的近代测定的代表性结果是：

德国天文学家贝塞耳（Bessel）在 1818 年发表的值为 $p = 5017''.61/$世纪（1755 历元）。

美国天文学家纽康在 19 世纪末发表的值为 $p = 5025''.64/$世纪（1900 历元）。这个值在 1896 年为国际天文界所正式采用，直到 1976 年，才为国际天文学联合会（IAU）第 16 届大会确定的新值 $p = 5029''.0966/$世纪（J2000.0）所取代。以后，根据 VLBI 和激光测月数据的分析，给出更新的岁差常数值为 $5028''.78/$儒略世纪。IAU2000 常数系统中的推荐值为 $5028''.796195/$儒略世纪。

岁差现象引起一切天体瞬时黄经的系统性长期变化。所以，用恒星的方向参数的长期观测数据应能确定岁差常数。但是，恒星黄经变化也可以由恒星自行（包含恒星的本动和太阳运动引起的视差动）引起。恒星的视差动表现出复杂的系统性运动。另外，银河系自转导致的恒星本动也含有系统性部分。如何将这些系统性的自行和岁差对恒星位置的影响分离开来，有赖于对银河系恒星运动规律的研究。任何技术观测得到的天体的瞬时方向的坐标分量都受到岁差的影响，因为所有这些观测都是在瞬时天球坐标系中进行的。要想测定岁差，需要建立一个与岁差无关的框架。为此目的，通常有三条实施途径：

1. 运动学方法——构建一个银河系恒星运动模型，实现无旋转框架。

所谓确定岁差常数的运动学方法，就是用恒星的自行数据分析岁差常数的改正值。这种方法采用恒星的运动学参数—自行作为初始资料，不涉及恒星在怎样的引力场中运动以及怎样运动，也就是不涉及动力学关系。

用来确定岁差的自行数据应当从恒星的绝对定位资料导出。瞬时的绝对测定给出的是恒星在瞬时真赤道坐标系中位置。为比较两历元的测定结果，需要将它们化算到同一个坐标系，即历元平坐标系。这需要对每一观测位置作章动和岁差旋转改正。如果这些改正是正确的，所得到的自行就是恒星真正的自行，其中包括视差动和恒星本动。视差动是太阳运动引起的。由于光学天体测量技术只能观测到太阳附近的星，统计中只将太阳运动放在太阳附近星群的背景中讨论。太阳相对于太阳附近星群的运动使得观测者看到这些恒星产生系统的视运动。在相当长时期内，太阳的运动可作为匀速直线运动看待。由此引起的恒星视差动具有系统性，它与恒星到太阳运动奔赴点的角距离（向点距）有关，还与恒星到太阳的角距离有关。

根据视差位移的原理，可将恒星在日心坐标系中的位置 $\vec{r}$ 和在该星群的质心 C（又称为形心）建立的坐标系（星群坐标系）中的位置 $\vec{r}_1$ 以及太阳的星群坐标 $\vec{r}_0$ 之间建立关系。

在图 9.3.1 中，恒星 $S(i)$ 相对于太阳和形心的坐标矢量 $\vec{r}(i)$、$\vec{r}_1(i)$ 可以表示成

$$\vec{r}(i) = \vec{r}_1(i) - \vec{r}_0$$
$$\vec{r}(i) = \vec{R}(i) - \vec{R}_0 \quad (9.3.1)$$
$$\vec{r}_1(i) = \vec{R}(i) - \vec{R}_c$$

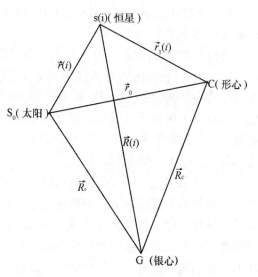

图 9.3.1 太阳在本地星群中运动的描述

图中，G 是银河系质心，C 是太阳附近区域的星群质心，S_0 是太阳。$\vec{R}_0$、$\vec{R}(i)$、$\vec{R}_c$ 分别是太阳、恒星和星群质心对银河系质心的坐标矢量。对一个空间无旋转坐标系，由（9.3.1）式，$\vec{r}(i)$ 的变化率可表示成

$$\dot{\vec{r}}(t) = \dot{\vec{R}}(i) - \dot{\vec{R}}_0 \quad (9.3.2)$$

其中 $\dot{\vec{R}}(i)$ 是恒星对银心的空间运动速度。银河系的自转使得恒星的运动存在一定的系统性。用一定的模型描述这种系统运动。比如银河系若是像刚体一样旋转，恒星的银心速度矢量为 $\dot{\vec{R}}(i) = \vec{\omega}_g \times \vec{R}(i)$，其中 $\vec{\omega}_g$ 是银

河系自转的角速度。若是银河系天体都是绕银心作开普勒圆周运动，$\dot{\vec{R}}(i) = CR(i)^{-\frac{3}{2}}\vec{n} \times < \vec{R}(i) >$ 其中 C 是常数，$\vec{n}$ 是恒星轨道面法线的方向矢量。实际的情况，银河系自转既不是刚体自转，也不是开普勒旋转。在距离银心不同距离的地方，恒星运动有不同的规律。在近银心处，类似刚体自转；在远离银心处，类似开普勒运动。此外还存在其他形式的运动。而且银河系分成许多次系，每个次系有不同的公转速度，但银心是它们的共同运动中心。不同的次系相互嵌套在一起，使得银河系自转显得更为复杂。太阳距离银心约 8.5kpc，其绕银心的运动速度约220km/s。这样太阳系绕银心一周约需要 2.4 亿年，称为 1 银河年。此外，太阳系还在银道面上下波动，周期约 0.62 亿年。太阳相对于附近星群的运动速度约 13km/s，运动的向点的坐标约为 $\alpha = 270°$，$\delta = +30°$。这里列举的数字目前都还不是很准确的。这些参数是根据恒星的运动学参数在一定的物理模型假设下统计得到的，不同研究者给出的结果差异较大。例如太阳的银心距离推算值从 6.2～10.8kpc 不等，相对弥散度超过50%。据近 20 年的结果，估计太阳的银心距为 7.82kpc。我们最近从全球近 30 年 VLBI 天体测量观测数据计算出太阳的向心加速度为 2.54×10^{-13} kms^{-2} 。由此得到太阳在银道面内绕银心运动速度为 248km/s，1 银河年为 1.94 亿年。这和之前的估计值有明显差异。可见这些参数的测定值尚有相当的不确定性。

　　由以上描述看，不妨把银河系自转引起的恒星运动描述成三个部分之和

　　（1）像刚体一样的匀速自转，角速度为 ω_g，自转平面为银道面。由此引起的 $\vec{S}(i)$ 处的恒星的运动速度为

$$\dot{\vec{R}}_1(i) = \vec{\omega}_g \times \vec{R}(i) \qquad (9.3.3)$$

　　（2）在不同银心距处的恒星存在相对于刚体自转速度的较差自转，较差角速度为 $\Delta\omega(i)$。由此引起的恒星运动速度为

$$\dot{\vec{R}}_2(i) = \Delta\vec{\omega}(i) \times \vec{R}(i) \qquad (9.3.4)$$

　　（3）恒星个体存在相对于上述两种规律运动之外的个别运动 $\Delta\dot{\vec{R}}(i)$，由此，恒星对银心的总运动速度矢量为

$$\dot{\vec{R}}(i) = \dot{\vec{R}}_1(i) + \dot{\vec{R}}_2(i) + \Delta\dot{\vec{R}}(i) = \vec{\omega}_g \times \vec{R}(i) + \Delta\vec{\omega}(i) \times \{\vec{R}(i)\} + \Delta\dot{\vec{R}}(i) \qquad (9.3.5)$$

与此相似，对太阳有

$$\dot{\vec{R}}_0 = \vec{\omega}_g \times \vec{R}_0 + \Delta\vec{\omega}_0 \times \vec{R}_0 + \Delta\dot{\vec{R}}_0 \qquad (9.3.6)$$

将（9.3.5）式和（9.3.6）式代入（9.3.2）式

$$\dot{\vec{r}}(i) = \vec{\omega}_g \times \vec{r}(i) + \{\Delta\vec{\omega}(i) \times \vec{R}(i) - \Delta\vec{\omega}_0 \times \vec{R}_0\} + \{\Delta\dot{\vec{R}}(i) - \Delta\dot{\vec{R}}_0\} \qquad (9.3.7)$$

上式右端第一项是银河系平均刚性自转的贡献 $\vec{\omega}_g \times \vec{r}(i)$；第二项是不同半径处较差自转的贡献 $\Delta\vec{\omega}(i) \times \vec{R}(i) + \{\Delta\vec{\omega}(i) \times \vec{R}(i) - \Delta\vec{\omega}_0 \times \vec{R}_0\}$；第三项是剩余本动的贡献。这是在无旋转坐标系中的表达式。若恒星相对于太阳的自行是在历元瞬时坐标系中观测得到的。在历元平坐标系中，

$$\vec{r} = [N_0]\begin{pmatrix} X \\ Y \\ Z \end{pmatrix} = [N_0]\begin{pmatrix} X_1 - X_0 \\ Y_1 - Y_0 \\ Z_1 - Z_0 \end{pmatrix} \qquad (9.3.8)$$

考虑到 $\vec{r}$ 总是在瞬时坐标系中测定，将其表示在瞬时平赤道坐标系[N]中

$$\vec{r} = [N]\begin{pmatrix} \tilde{X} \\ \tilde{Y} \\ \tilde{Z} \end{pmatrix} = [N_0]\begin{pmatrix} X \\ Y \\ Z \end{pmatrix} \qquad (9.3.9)$$

将（9.3.9）式代入（9.3.8）式

$$\vec{r}(i) = [N_0]\bar{P}\begin{pmatrix} \tilde{X} \\ \tilde{Y} \\ \tilde{Z} \end{pmatrix} = [N_0]\left\{\begin{pmatrix} X_1 \\ Y_1 \\ Z_1 \end{pmatrix} - \begin{pmatrix} X_0 \\ Y_0 \\ Z_0 \end{pmatrix}\right\} \qquad (9.3.10)$$

恒星相对于太阳的空间速度

$$\dot{\vec{r}} = \dot{\vec{r}}_1 - \dot{\vec{r}}_0$$

可以由（9.3.10）求导数表示成

$$[N_0]\left\{\bar{P}\begin{pmatrix} \dot{\tilde{X}} \\ \dot{\tilde{Y}} \\ \dot{\tilde{Z}} \end{pmatrix} + \dot{\bar{P}}\begin{pmatrix} \tilde{X} \\ \tilde{Y} \\ \tilde{Z} \end{pmatrix}\right\} = [N_0]\left\{\begin{pmatrix} \dot{X}_1 \\ \dot{Y}_1 \\ \dot{Z}_1 \end{pmatrix} - \begin{pmatrix} \dot{X}_0 \\ \dot{Y}_0 \\ \dot{Z}_0 \end{pmatrix}\right\} \qquad (9.3.11)$$

由此得

$$[N]\begin{pmatrix} \dot{\tilde{X}} \\ \dot{\tilde{Y}} \\ \dot{\tilde{Z}} \end{pmatrix} = [N_0]\left\{\begin{pmatrix} \dot{X}_1 \\ \dot{Y}_1 \\ \dot{Z}_1 \end{pmatrix} - \begin{pmatrix} \dot{X}_0 \\ \dot{Y}_0 \\ \dot{Z}_0 \end{pmatrix} - \dot{\bar{P}}\begin{pmatrix} \tilde{X} \\ \tilde{Y} \\ \tilde{Z} \end{pmatrix}\right\} \qquad (9.3.12)$$

上式的左面是恒星相对于瞬时平赤道坐标系的空间运动速度，可以由自行的观测值以及视向速度通过（2.2.11）式计算得到。公式的右端的三项分

别是恒星对星群中心的运动速度、太阳对星群中心的运动速度以及岁差旋转。其中前两项的系数矩阵具有相同的形式，而且第一项与恒星有关，未知量数永远多于方程数，方程不能解。必须引进一定的假设作为约束条件。例如，对太阳周围的恒星建立观测方程（9.3.11），并假定 $\dot{\vec{r}_1}$ 是随机量，因而对星群求和等于零。就是说在误差方程中去掉这一项，把它作为残差处理。这样在误差方程中，可以同时解出太阳的空间速度及岁差常数采用值的偏差。然而，星群成员相对于形心的运动并非是完全随机的。在银河系自转过程中，星群并非只有平动，它必然还有相对于形心的旋转这种系统运动。所以，应当将 $\dot{\vec{r}_1}$ 中的系统部分描述出来，而仅仅将其非系统的运动作残差处理。

若对银河系的较差自转建立某种模型，给出 $\dot{\vec{r}_1}$ 的模型值 $\dot{\vec{r}_1^0}$，（9.3.12）式可以表示成 $\dot{\vec{Y}_1} = \dot{\vec{Y}_1^0} + \Delta \dot{\vec{Y}_1}$，得

$$[N]\begin{pmatrix} \dot{\tilde{X}} \\ \dot{\tilde{Y}} \\ \dot{\tilde{Z}} \end{pmatrix} = [N_0]\left\{ \begin{pmatrix} \dot{X}_1^0 + \Delta\dot{X}_1 \\ \dot{Y}_1^0 + \Delta\dot{Y}_1 \\ \dot{Z}_1^0 + \Delta\dot{Z}_1 \end{pmatrix} - \begin{pmatrix} \dot{X}_0 \\ \dot{Y}_0 \\ \dot{Z}_0 \end{pmatrix} - \dot{P}\begin{pmatrix} \tilde{X} \\ \tilde{Y} \\ \tilde{Z} \end{pmatrix} \right\} \qquad (9.3.13)$$

令其中的非模拟部分 $\Delta\vec{r}_1(i)$ 的星群均值为零，可以解出岁差速度矩阵以及太阳对星群中心的速度矢量。如果将模拟值 $\dot{\vec{r}_1^0}$ 用若干参数描述，还可以同时解出这些参数。

2. 几何学方法—用河外星系的方向参数构建一个无旋转框架

上述计算岁差常数的方法中，依赖于对银河系恒星运动规律的运动学假设。这种假设的正确性本身需要证实。而这种证实其实从根本上依赖于对更多恒星的精度更高的自行测定数据。需要研究一种与银河系恒星运动学规律无关的测定岁差常数的方法。这种方法的基本思想就是参照河外天体背景测定瞬时天球坐标系的旋转。

河外天体极其遥远，可以认为由河外天体的方向组成的框架没有整体旋转。设一组河外星系实现的一个坐标系用 $[I_g]$ 表示，并可以通过河外星系和恒星的较差观测将 $[I_g]$ 与某历元平赤道坐标系 $[N_0]$ 联系起来。现假定两者已经调整一致。由（9.3.12）式给出

$$\dot{P}\begin{pmatrix}\tilde{X}\\\tilde{Y}\\\tilde{Z}\end{pmatrix}=[N_0]\left\{\begin{pmatrix}\dot{X}_1\\\dot{Y}_1\\\dot{Z}_1\end{pmatrix}-\begin{pmatrix}\dot{X}_0\\\dot{Y}_0\\\dot{Z}_0\end{pmatrix}\right\}-[N]\begin{pmatrix}\dot{\tilde{X}}\\\dot{\tilde{Y}}\\\dot{\tilde{Z}}\end{pmatrix} \qquad (9.3.14)$$

方程的右端第一项是在河外星系背景上测定的绝对自行，第二项是相对于瞬时坐标系中测定的自行。两者之差是瞬时坐标系旋转引起的，与恒星的坐标有关。对全天若干恒星的上述两种自行数据作比较，由（9.3.14）式可解出岁差速率矩阵 $\dot{P}$。

3. 岁差常数测定的动力学方法——行星轨道的动力学解实现一个无旋转框架

设 $[N_0]$ 和 $[N^*]$ 分别是基本星表和某行星历表所实现的历元天球坐标系。图 9.3.2 中，P、E 和 B 分别是行星、地球以及太阳系质心，行星的地心矢量 $\vec{P}_e$ ，质心矢量 $\vec{P}_b$ ，地球的质心矢量 $\vec{E}_b$ 。相对于恒星背景测量得到星表坐标系中的行星地心矢量

$$\vec{P}_e^0(t)=[N_0]\begin{pmatrix}X(t)\\Y(t)\\Z(t)\end{pmatrix}$$

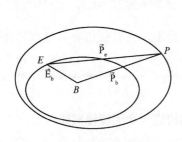

在历表的动力学坐标系中，行星的地心矢量为

$$\vec{P}_e^*(t)=[N^*]\begin{pmatrix}X_p-X_e\\Y_p-Y_e\\Z_p-Z_e\end{pmatrix}$$

图 9.3.2 观测行星确定黄道

两者之差中含有：恒星星表坐标系的旋转 $d[N_0]$、地球轨道根数误差引起的地球质心矢量的偏差 $d\vec{E}_b$、行星的轨道根数误差引起的行星质心矢量的偏差 $d\vec{P}_b$，于是可建立下面的表达式

$$\Delta P_e(t)=\Delta\vec{P}_e^0(t)-\Delta\vec{P}_e^*(t)=d\vec{\theta}\times\vec{P}_e^0(t)+d\vec{P}_b(t)-d\vec{E}_b(t) \qquad (9.3.15)$$

其中 $d\vec{\theta}\times\vec{P}_e^0(t)=\Delta P_e(t)$ 是 $d[N_0]$ 引起的矢量表达式的变化（见附录 C.60 式）。$d\vec{\theta}=[N_0]\begin{pmatrix}d\theta_1\\d\theta_2\\d\theta_3\end{pmatrix}$ 是坐标系 $[N_0]$ 的微旋转矢量，其三个分量分别是

坐标系绕 1、2、3 轴的微小旋转，$d\theta_1$ 和 $d\theta_2$ 是星表赤道的旋转，$d\theta_3$ 分点的偏差。三个旋转角都是微小量，旋转次序不计。

在地球轨道根数误差中，地球轨道的升交点对星表分点的差异正是上述的 $d\theta_3$，两种因素是不可分离的。另外不需要检测地球轨道半长轴，因为这可通过回归年长度的测点予以确定，已经相当准确。将（9.3.15）式中的 $d\vec{E}_b(t)$ 表示成黄赤交角偏差 $d\varepsilon$、地球轨道偏心率偏差 de_e、平近点角偏差 dM_e、近日点黄经偏差 $d\varpi_e$ 四个参量的函数。对于行星，将 $d\vec{P}_b(t)$ 表示成除了轨道半长轴以外的 5 个根数改正值 de_p、dM_p、$d\varpi_p$、di_p 以及 $d\Omega_p$ 的函数。这样（9.3.15）式的右端共包含 12 个参数。

上面所述的行星观测是参考恒星的历元坐标系进行的，所以与岁差无关。如果在解算照相观测时参考瞬时天球坐标系 $[N]$ 给出行星的地心位置，这样在行星的观测位置和历表位置之差中，除了包含上述 12 个参数的影响外，换包含岁差旋转矩阵的偏差 $d\vec{P} = d\{N\}'[N_0]\}$，其中包含黄经岁差改正 $d\psi$ 和赤经岁差改正 $d\lambda$。这样，误差方程中将包含 14 个待定参数。通过对行星的持续观测，可以解出这些参数。

§9.3.2　其他常数的确定

1. 周年光行差常数

现在使用的光行差常数是一个导出常数，由地球轨道运动的平均速度和光速计算出来[见（2.5.10）式]。但在 1968 年以前，光行差常数的采用值 20″.47 是纽康在 19 世纪末从大量的方向测量资料中分析出来的，一直用了 70 余年。其间许多研究者不断用更多更新的资料计算其修正值，但得到的结果互相不太一致。这些分析方法现在已经没有现实意义，但作为天体测量的历史上的一页，还是应当被记住的。况且其中的一些分析问题的思想，也可能有借鉴意义。

（1）由天体的瞬时观测坐标分析。

如果采用绝对测量方法，给出瞬时赤纬，在作了岁差章动旋转后所得的赤纬变化主要是周年光行差引起的，其关系为

$$\delta' - \delta = -k\cos\lambda_S\cos\varepsilon(\tan\varepsilon\cos\delta - \sin\alpha\sin\delta) - k\sin\lambda_S\cos\alpha\sin\delta \quad (9.3.16)$$

在一年中持续观测该星，随着太阳平黄经 λ_S 的变化，得到一个周年周期的变化序列，由此可以解出周年光行差常数 k。但是一个恒星不能全年观测，而且绝对观测的精度较低，由此分析的光行差常数精度比较差。

（2）由天体的天顶距变化数据分析。

若忽略一天中的纬度变化，观测不同赤经的恒星的地平高度，由（9.2.8）式和（9.3.16）式，由于光行差对赤纬的影响随天体赤经而变化，因此引起天体过子午圈时的地平高度发生变化。由此可分析光行差常数。这方法同样因不能作全天 24 小时观测而不能得到一个完整的周期变化过程，导致结果的精度不高。

（3）由纬度测定值分析

如采用中天观测法作纬度的相对测量，设其中恒星赤纬和岁差章动常数都作为已知，在消除各种观测误差后，所得到的纬度观测值将只受到光行差的影响。对于同一天的观测，太阳平黄经的变化很小，光行差的影响主要随赤经而变化。如果一个晚上在同一地方时时段作两次纬度观测，两次观测相距固定时间间隔（比如 2 小时），将（9.3.16）式对赤经求微分，得

$$\Delta\varphi = \Delta(\delta' - \delta)$$
$$= [-k\cos\lambda_S\cos\varepsilon(\tan\varepsilon\cos\delta - \cos\alpha\sin\delta) + k\sin\lambda_S\sin\alpha\sin\delta]\Delta\alpha \qquad (9.3.17)$$

一年中持续这种观测，得到一个纬度较差值的观测序列。由（9.3.17）式可以解出光行差常数。这个方法可以实现全周期上的观测，有利于提高分析精度。但其缺点是，在每天的纬度较差值中，除了周年光行差影响外，还存在原因不明的非光行差影响，这给分析结果带来误差。

2. 主章动常数

由（5.3.16）式，章动引起的恒星真赤纬和平赤纬之差为

$$d\delta = \sin\varepsilon\cos\alpha\Delta\psi + \sin\alpha\Delta\varepsilon \qquad (9.3.18)$$

其中黄经章动和交角章动的瞬时参数由许多周期项组成。长期持续观测同一颗恒星，其赤纬变化中将含有各种章动周期变化的影响。这种影响也可以在纬度观测中体现出来。分析纬度序列的变化，也可以给出某章动分量的振幅值。比如用 20 年以上的连续观测序列，可以分析 18.6 年的主章动周期的振幅。其他各项的分析原理一样。但是，由于引起纬度变化的因素很多，其中许多变化周期接近，所以实际的分析精度不高。过去人们长期积累了大量观测资料，但在确定和改进章动系数方面，所起到的作用甚微。

§9.4 近距目标的定位和定轨

对近距目标作方向观测得到其瞬时观测方向，经过对影响方向的各项因素的修正后，得到其坐标方向矢量

$$\langle \vec{\rho}_{ci} \rangle = \langle \vec{S}(t) - \bar{W}\vec{D}_i(t_{0i}) \rangle \tag{9.4.1}$$

这里 $\langle \vec{\rho}_{ci} \rangle$ 由近距目标的较差测量结果计算得到；站坐标 $\vec{D}_i(t_0)$ 和姿态参数矩阵 $\bar{W}$ 作为已知。若在两个以上的测站**同时**观测同一个目标，由（9.4.1）式可以解出在光子离开时刻的坐标矢量 $\vec{S}(t)$。这里的"同时"的含义是同一个光子离开的瞬间 t，不是光子到达测站的瞬间 t_{0i}。对于方向测量技术，这其实是难以做到的。所以这种瞬间定位的方式实际很少采用。

如果已知 t_1 时刻某近距天体的坐标矢量 $\vec{S}(t_1)$ 和速度矢量 $\dot{\vec{S}}(t_1)$，依此初始条件，根据已知的引力场模型，可以给出任意 t_j 时刻的位置 $\vec{S}(t_j)$ 和初始位置的关系

$$\vec{S}(t_j) - \vec{S}(t_1) = d\vec{S}(t_1) + \Delta\vec{S}(\vec{S}(t_1)), \dot{\vec{S}}(t_1), \vec{f}_k, \sigma_m) + \vec{v}(t_j)$$
$$\dot{\vec{S}}(t_j) - \dot{\vec{S}}(t_1) = d\dot{\vec{S}}(t_1) + \Delta\dot{\vec{S}}(\vec{S}(t_1)), \dot{\vec{S}}(t_1), \vec{f}_k, \sigma_m) + \dot{\vec{v}}(t_j) \tag{9.4.2}$$

这里 $\Delta\vec{S}$ 是在 $t_j - t_1$ 时段内天体积分位移量的计算值，它与初始位置 $\vec{S}(t_j)$、初始速度 $\dot{\vec{S}}(t_j)$、中心引力或摄动力以及一些常数 σ_m 有关。$\vec{v}(t_j)$ 是残差，将（9.4.2）式代入（9.4.1）式，用一定弧段上的观测，可以解出 $\vec{S}(t_1)$ 和 $\dot{\vec{S}}(t_1)$ 的改正值 $d\vec{S}(t_1)$ 和 $d\dot{\vec{S}}(t_1)$。最后给出天体的轨道历表

$$\vec{S}_{fit}(t_j) = \vec{S}(t_1) + d\vec{S}(t_1) + \Delta\vec{S}(\vec{S}(t_1), \dot{\vec{S}}(t_1), \vec{f}_k, \sigma_m)$$
$$\dot{\vec{S}}_{fit}(t_j) = \dot{\vec{S}}(t_1) + d\dot{\vec{S}}(t_1) + \Delta\dot{\vec{S}}(\vec{S}(t_1), \dot{\vec{S}}(t_1), \vec{f}_k, \sigma_m) \tag{9.4.3}$$

第十章　天体视向参数的测量和应用

　　本章涉及近距天体视向参数测量的有关问题。如第七、八两章所述，天体的方向是矢量，所以天体方向的测量必须借助于量度坐标系实施。与此不同，天体视向参数都是标量，标量的测量不需要借助于量度坐标系。但是，对于近距天体，它们的视向参数取决于：天体的坐标参数、测站的坐标参数、地球的姿态参数以及天体本身的姿态参数。所以，基于间接测量方法，通过近距天体的视向参数的测量，也可以解出上述各种坐标参数。

§10.1　基本原理

　　本章将要叙述的天体视向参数的测量方法中，星站测量函数是星站之间光行时的函数，是标量。该测量结果与量度坐标系的坐标轴的取向无关。因此实施这类测量时不必引进量度坐标系，当然也不需要引进理想坐标系。

　　尽管天体的视向参数的测量值与坐标系无关，但是视向参数的描述仍和坐标系有关。星站之间的距离和实测的光行时的关系可写为

$$c\Delta t = c(t_0 - t) = |\vec{S} - \vec{S}_0| + \gamma(\vec{S}, \vec{S}_0) + c\delta t \qquad (10.1.1)$$

其中，t 和 t_0 分别是光子离开目标天体和到达测站的记录终端的时刻，Δt 是光子传播过程的光行时。由于光子的原时间隔恒为零，所以光行时方程（10.1.1）的左端一定要用坐标时间隔代入。至于观测所得的光行时纪录是时钟原时还是坐标时，在第十二章详细讨论。式中 $\gamma(\vec{S}, \vec{S}_0)$ 是一切物理附加光程的总和，含引力时延和传播介质时延。δt 是测量误差。$|\vec{S}_0 - \vec{S}|$ 是测站的观测仪器的不动参考点与被测天体上的被测点之间的距离，其表达式与地心的坐标位置、被测天体的历表位置、地球的姿态以及被测天体的姿态（如果被测天体不能被看作为质点的话）有关。图10.1.1 以激光测月为例，展示观测站 D 和月面激光反射器间 F 的几何关

系，F 对 D 的坐标矢量是 $\vec{\rho}$，其模为 ρ。对于激光信号的下行过程（从月球到地球），有

$$\vec{\rho} = \vec{S}_e(t_t) - \vec{r}_e(t_r) + \vec{r}_m(t_t) \qquad (10.1.2)$$

其中

t_t——月面激光反射器接收到激光脉冲并将其反射的时刻；

t_e——激光脉冲经反射器反射后到达观测者的时刻；

$\vec{S}_e(t_t)$——月心的地心矢量，初始描述参考于地心天球瞬时赤道坐标系 $[N]$；

$\vec{r}_m(t_t)$——反射器的月心矢量，其初始描述参考于月固坐标系 $[M]$；

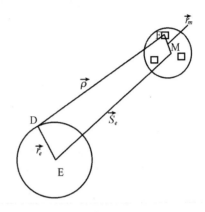

图 10.1.1　　月球激光测距示意图

$\vec{r}_e(t_r)$——测站的地心矢量，其初始描述参考于基本地球坐标系 $[FTS]$；将（10.1.2）式各矢量变换到赤道坐标系

$$[N]'\vec{\rho} = [N]'\vec{S}_e - [N]'[FTS]([FTS]'\vec{r}_e) + [N]'[M]([M]'\vec{r}_m) \qquad (10.1.3)$$

上式中为简化书写略去各矢量相应的时刻。这里 $[N]'[FTS]$ 是基本地球坐标系到地心瞬时赤道坐标系的转换矩阵，由（5.4.1）式给出

$$[N]'[FTS] = \bar{R}_3(-\phi)\bar{R}_2(X_p)\bar{R}_1(Y_p)$$
$$[FTS]'[N] = \bar{R}_2(-X_p)\bar{R}_1(-Y_p)\bar{R}_3(\phi)$$

其中地球自转角 ϕ 由 t_r 计算给出。$[N]'[M]$ 是月固赤道坐标系到月心瞬时赤道坐标系的转换矩阵，由（5.7.12）式给出

$$[M]'[N] = \bar{R}_3(\Lambda)\bar{R}_1(i_s)\bar{R}_3(\Omega')$$
$$[N]'[M] = \bar{R}_3(-\Omega')\bar{R}_1(-i_s)\bar{R}_3(-\Lambda)$$

其中的旋转参数是月球的空间姿态参数，即月球天平动参数，可以从太阳系天体 DE/LE 系列历表的月球天平动数据计算出来。这里采用的月球天平动参数的含义见 §5.7.3。（10.1.3）式的右端包含的参量有：地面测站的地心坐标、月面反射器的月心坐标、月心的地心赤道坐标、地球

姿态参数、月球的姿态参数等。左端是观测量—测站到月面反射器的瞬间几何距离（已经做了各种非几何时延的修正）。（10.1.3）式是近距天体视向距离测定的基本原理表达式。对于激光测距的上行信号，将信号返回的到达时刻 t_r 用信号从观测站发射的时刻 t_e 替换，其余条件不变。

回顾前面章节所描述的天体观测方向的各种测量方法，可以看出一个显著的特点—它们的技术简单而概念复杂。说它们的技术简单，因为各种测向技术不外是用带有度盘的望远镜测量天体光线的到来方向与仪器量度坐标轴的夹角。在漫长的历史进程中，这一点基本没有太大的变化。虽然各种仪器更为精细，但并没有非常复杂的高端技术含量。说它概念复杂是因为，本书前面所有章节中的绝大部分篇幅都是阐述和天体方向的描述、测量、定义有关的问题。这方面的概念在历史进程中不断变化，不断更新。有些概念的变化细微，甚至至今还有争论。这使得有些读者在学习这部分内容时仍感到不容易。而本章将要叙述的天体的视向参数测量方法与此正相反，其概念简单而技术复杂。说其概念简单是因为，光行时测量就是测量光子从"离开"到"到达"之间的时间间隔，和其他天文概念几乎没有关系。即使在坐标变换和光行时计算方面引进了有关的相对论概念，但在天文原理方面并没有更多的复杂性。所谓技术复杂，是因为在视向参数测量中，不断引进各种最新技术，以追求更高的测量精度和分辨率。并且，为了对其测量结果作更高精度的误差修正，引进了比光学测量中远为复杂的模型和处理方式。从 20 世纪 60 年代后期几种测量视向参数的技术出现后，所采用的信号发射技术、信号接收技术、信号处理技术、频率基准、航天技术等各方面已经经历了几度更新换代，并不断推出新方法、新的软硬件系统。各种高端技术的研发和测量技术本身的提高已经高度融为一体。本书将不涉及这些技术层面的问题，它们各有专门的著作介绍。本章中着重阐述它们之间的共同天文原理。

在（10.1.3）式的测量原理的实施中，对目标天体的位置没有什么特别的限制，几乎在一切"可见"的位置上都可作观测。这一方面可以得到大量的采样，另一方面可以得到好的方程条件，使得许多的未知量可以同时解出。这是和方向测量技术的又一重要差别。方向测量技术一般只在特殊位置上进行测量，为的是能提高测量精度。关于这方面的问题将在第十一章作进一步讨论。

§10.2 测量方法

近距天体距离的测量是通过星站间的光行时的测量实现的。因此，本章的主要内容就是讨论和光行时的测量的有关问题。

§10.2.1 往返光行时的测量

公式（10.1.1）中，t 和 t_0 分别是光子离开天体和到达观测者的质心坐标时时刻。一般情况下，光子离开天体的时刻并不能准确知道。不仅对行星这样的自然天体无法直接知道光子离开的精确时刻，即使对人造卫星也是一样。为规避这个问题，常常采用双向测距的方法，相对于站钟测量光子往返的光行时。

往返光行时的测量原理非常直观。由观测台站向被测天体发出信号，经天体反射或转发再返回地面，由测站接收。设信号从测站发射、到目标天体反射以及为测站再接收三个事件相应的坐标时分别为 t_e、t_t、t_r，由（3.1.7）式，光子往返光行时可表示成

$$c(t_r - t_t) = |\vec{S}(t_r) - \vec{S}_0(t_r)| + \gamma_r(\vec{S}, \vec{S}_0)$$
$$c(t_t - t_e) = |\vec{S}_0(t_e) - \vec{S}(t_t)| + \gamma_e(\vec{S}, \vec{S}_0) \tag{10.2.1}$$

由于 $\gamma_r(\vec{S}, \vec{S}_0)$、$\gamma_e(\vec{S}, \vec{S}_0)$ 和 $c(t_r - t_t)$、$c(t_t - t_e)$ 相比是高阶小量，且在计算 $\gamma_r(\vec{S}, \vec{S}_0)$、$\gamma_e(\vec{S}, \vec{S}_0)$ 中使用的目标天体以及观测者的坐标矢量的变化也是小量，因此可以写成

$$\gamma_e(\vec{S}, \vec{S}_0) = \gamma_r(\vec{S}, \vec{S}_0) = \gamma(\vec{S}, \vec{S}_0)$$

这样，由（10.2.1）式中的第一式得到

$$c(t_r - t_t) = |\vec{S}(t_t) - \vec{S}_0(t_t) + \vec{S}_0(t_t) - \vec{S}_0(t_r)| + r(\vec{S}_1 \vec{S}_0)$$
$$= |\vec{D}(t_t) + \Delta\vec{S}_0(t_t - t_r)| + r(\vec{S}, \vec{S}_0) \tag{10.2.2}$$

其中，

$$\vec{D}(t_t) = \vec{S}(t_t) - \vec{S}_0(t_t) \tag{10.2.3}$$

是坐标时 t_t 时刻目标天体源相对于观测者的**几何矢量**；而

$$\Delta\vec{S}_0(t_r - t_t) = \vec{S}_0(t_t) - \vec{S}_0(t_r) \tag{10.2.4}$$

是光行时段 $t_t - t_r$ 内观测者的坐标矢量的变化量。对于人造地球卫星的观测，光行时段一般小于 1 秒，所以可以把观测者的运动速度作为常矢量。

于是得

$$\Delta\vec{S}_0(t_t - t_r) = (t_t - t_r)\frac{d\vec{S}_0}{dt}$$

由于 $|\Delta\vec{S}_0(t_r - t_t)| << |\vec{D}(t_t)|$，将上式代入（10.2.2）式，得

$$c(t_r - t_t) \approx |\vec{D}(t_t)| + (t_t - t_r) < \vec{D}(t_t) >' \frac{d\vec{S}_0}{dt} + \gamma(\vec{S}, \vec{S}_0(t_e)) \qquad （10.2.5）$$

同样有

$$c(t_t - t_e) \approx |\vec{D}(t_t)| + (t_t - t_e) < \vec{D}(t_t) >' \frac{d\vec{S}_0}{dt} + \gamma(\vec{S}, \vec{S}_0(t_r)) \qquad （10.2.6）$$

可以看到，（10.2.5）式和（10.2.6）式右端第二项几乎大小相等且符号相反，而第三项几乎大小相等且符号相同。所以将上两式相加得

$$c(t_r - t_e) = 2|\vec{D}(t_t)| + 2\gamma(\vec{S}, \vec{S}_0) \qquad （10.2.7）$$

将（10.2.5）式和（10.2.6）式相减，得到

$$t_t = \frac{1}{2}(t_r + t_e) + \frac{1}{2c}(t_r - t_e) < \vec{D}(t_t) >' \frac{d\vec{S}_0}{dt} \qquad （10.2.8）$$

由（10.2.7）式和（10.2.8）式，可以由测距信号发射和接收的坐标时时刻求出历元 t_t 及该时刻的星站间的几何距离 $|\vec{D}(t_t)|$。（10.2.7）式所描述的 $(t_r - t_e) = \Delta t_t$ 是理论上的光子往返的坐标光行时间隔，$\frac{2D(t_t)}{c} = \Delta t_g$ 是相应的几何光行时。$\gamma(\vec{S}, \vec{S}_0)$ 是引力场作用下附加光行时，在往返过程中，其变化可以忽略。如果有其他的物理因素引起光行时的物理附加延迟 Δt_p，实际测量得到的光行时为

$$\Delta t = \Delta t_g + \frac{2}{c}\gamma(\vec{S}, \vec{S}_0) + \Delta t_p = \Delta t_I + \Delta t_p \qquad （10.2.9）$$

可见，双向测距法观测技术的关键就是精确记录 t_e 和 t_r。在用（10.2.8）式求坐标时时刻 t_t 时使用迭代的方法。以 $(t_r + t_e)/2$ 作为 t_t 的初值，并根据卫星的初始历表得到 $\vec{D}(t_t)$，代入（10.2.8）式计算更准确的 t_t；依此类推。对于行星这样较远的天体的双向测距，发射和接收的站坐标的变化不能再作为匀速直线运动看待，甚至发射和接收根本就是在两个不同的测站进行的。但在计算光行时的原理上并没有什么不同。

现有的双向测距技术主要有激光测距和无线电测距两类。

激光测距的信号是激光脉冲。脉冲型激光信号具有光能密度大、单色性能好、光束发散角小、脉冲宽度窄的优点，利于提高回波的信号强度和光行时的记录精度。激光测距的精度主要取决于计时用的时间频率标准的精度以及信号脉冲的宽度。目前高水平的激光测距系统的时间间隔测量精度可以达到几个 $PS(10^{-12}S)$，相应的距离测量精度为毫米级。激光测距是目前各种测距技术中精度最高的一种。激光测距的观测对象目前主要是安放在人造卫星或月球表面的激光反射器，它们可以将地面站发射的激光脉冲信号沿原方向反射回地面。行星的激光测距技术目前尚在研究阶段，如获成功，可实现太阳系天体历表精度的革命性的提高。

双向无线电测距的原理和激光测距相似，但无线电测距信号不是电脉冲，而是特别设计的编码信号。无线电测距精度远达不到毫米级，目前大致在 1～10 米水平，但无线电测距的有效范围早已能达到近地行星。

双向测距的主要优点是不需要星钟。要在人造卫星上维持一个高精度的时间标准并和站钟之间保持确定的关系是件不容易的事情。所以双向测距方法得到广泛的应用。

§10.2.2　单向光行时的测量

双向测距的缺点是测站必须有发射测距信号的能力，这只有少数专门的测站才能做到。一般的测量地点没有条件实现双向测距，特别是流动性的测量点。如果能实现单向测距，测站只要能接收测距信号就可以进行视向参数的测量，这将大大有利于天体测距技术的广泛应用。GPS系统就是为此设计的。假定星钟和站钟严格同步，卫星通过发出特定的时标信号表示出它的信号发出时刻 t，又由观测得到该时标信号实际到达时刻 t_0，于是可得到卫星到测站的距离 。但实际上，星钟和站钟不可能严格同步。设它们的时刻相对于理想的 GPS 时间系统的偏差修正量分别为 Δt 和 Δt_0。以 t 和 t_0 分别表示理想时间系统中的信号发出时刻和信号到达时刻，t' 和 t_0' 表示相应的实际钟面读数，

$$t' = t - \Delta t$$
$$t_0' = t_0 - \Delta t_0$$
（10.2.10）

因此

$$D = c(t_0' - t') = c(t_0 - t) - c(\Delta t_0 - \Delta t) = \rho + c(\Delta t - \Delta t_0) \quad （10.2.11）$$

这里 D 是受到站钟和星钟时刻相对偏差影响的距离测量值，通常称为伪距。除了时钟偏差的影响外，伪距中还包含其他物理因素引起的时延，

如大气的电离层和对流层引起的附加时延等。上式中理想的距离 ρ 和台站坐标、卫星历表有关，附加时延与钟差、大气时延、电离层时延等参数有关。此外还受到观测误差的影响。

单单接收测距信号并不能确定时钟偏差的影响，解决办法是同时作载波信号的相位测量。测站的 GPS 接收机接收到 GPS 卫星的信号后，经过接收机的变频和解调，得到一个中频的载波信号，称为**被测载波**。同时接收机本身给出一个频率相同的**基准载波**。在接收时刻 t_0，基准载波信号的位相 $\varphi_a(t_0)$ 可以表示成

$$\varphi_a(t_0) = 2\pi f_a(t_0 - t) + \varphi_a(t) \qquad (10.2.12)$$

其中， f_a 是基准载波的频率， $\varphi_a(t)$ 是在卫星信号发射时刻 t 的基准载波初始相位。对于某 GPS 卫星，其被测载波的在到达测站时相位 $\varphi_i(t_0)$ 可以表示成

$$\varphi_i(t_0) = 2\pi f_i(t_0 - t) + \varphi_i(t) - \frac{2\pi f_i}{c}\rho_{ia}(t_0) - \Delta\varphi_{atms} \qquad (10.2.13)$$

其中， f_i 是被测载波的频率， $\varphi_i(t)$ 是在卫星信号发射时刻 t 的被测载波初始相位， $\rho_{ia}(t_0)$ 是 t_0 时刻星站间的几何距离。 $2\pi f_i(t_0 - t) + \varphi_i(t)$ 是 t_0 时刻在卫星处卫星信号载波的位相，它和 $\varphi_i(t_0)$ 相比的差异中含有星站间光行时内位相变化和附加的相位变化。 $\Delta\varphi_{atms}$ 是大气的对流层和电离层引起的附加相移。

这样，基准载波相位和被测载波相位差为

$$\begin{aligned}\Delta\varphi(a-i) &= \varphi_a(t_0) - \varphi_i(t_0)\\ &= 2\pi(f_a - f_i)(t_0 - t) + [\varphi_a(t) - \varphi_i(t)] + \frac{2\pi f_i}{c}\rho_{ia}(t_0) + \Delta\varphi_{atms}\end{aligned} \qquad (10.2.14)$$

上式中右端第一项是被测载波和基准载波频率的微小差异引起的位相差，第二项是二者的初始位相差，第三项是光行时段内的位相变化，第四项是附加的物理相移。方程左端由观测记录得到。将方程（10.2.14）两端除以 $\frac{2\pi f_i}{c}$，得到

$$\frac{\Delta\varphi(a-i)}{2\pi}\frac{c}{f_i} = \frac{f_a - f_i}{f_i}c(t - t_0) + \frac{[\varphi_a(t_0) - \varphi_i(t_0)]}{2\pi}\frac{c}{f_i} + \rho_{ia}(t) + \frac{\Delta\varphi_{atms}}{2\pi}\frac{c}{f_i} \qquad (10.2.15)$$

这里，距离和相位的关系为

$$\rho = \frac{\Delta\varphi}{2\pi}\frac{c}{f} = N\lambda \qquad (10.2.16)$$

其中 N 是星站距离内载波信号经过的周数，λ 是载波信号的波长。将（10.2.16）式的关系应用到（10.2.15）式，有

$$\rho_{ia}^{'} = \rho_{ia} + k_{ca}c(t - t_0) + c\tau_b + c\tau_{atms} \qquad (10.2.17)$$

这就是 GPS 载波相位测量决定星站距离的误差方程，其中

$k_{ia} = \dfrac{f_a - f_i}{f_i}$ 是基准载波和被测载波的相对频率差，

$\tau_b = \dfrac{[\varphi_a(t_0) - \varphi_i(t_0)]}{2\pi f_i}$ 是星钟和站钟的时刻差，

$\tau_{atms} = \dfrac{\Delta\varphi_{atms}}{2\pi f_i}$ 是信号传播途中的附加物理时延。

由（10.2.17）式说明，用载波相位测量得到的实测伪距，等于星站间瞬时几何距离、频差距离改正、钟差距离改正、物理延迟距离改正等各项之和。

相位测量和伪距测量不同的是，相位测量的目的是要给出光行时段内的相位总变化，其中包括若干整周和周的小数。小数部分可以精确测出，但整周数却不能精确得到，即存在整周模糊度。所以在原理上可归结为用载波相位测量给出周的小数部分，而用伪距测量给出整周数。

§10.2.3 视向速度的测定

天体在视线方向的速度分量（视向速度）引起被接收到的信号频率的漂移。设信号发射频率 f_s，接收到的频率 f_r，星站方向矢量 $\vec{u}$，星站间相对速度 $\vec{v}$，$\vec{v}$ 和 $\vec{u}$ 的夹角为 ψ，根据多普勒原理，有

$$f_r = \frac{c}{c + \vec{v} \cdot \vec{u}} f_s \qquad (10.2.18)$$

若在卫星上装备一个频率稳定的信号源，其频率为 f_s，由观测得到 f_r，可以由上式计算出视向速度 $\dot{\rho} = \vec{v} \cdot \vec{u}$。这样由上式得

$$\Delta f = f_s - f_r = \frac{f_s}{c}\dot{\rho} \qquad (10.2.19)$$

因此，这种方法的关键就是 f_r 的测量。但由于 f_r 是很高的频率，并且由于卫星的运动速度和方向的变化，f_r 也在很快变化，它不能被精确地测定。为此采用差频的办法。在测站装备一个频率为 f_g 的频率源，称为本振频率。将本振信号和接收信号混频，产生的混合信号为

$$\sin 2\pi f_g t + \sin 2\pi f_r t$$
$$= 2\sin[\pi(f_g + f_r)t]\cos \pi(f_g - f_r)t] \qquad (10.2.20)$$
$$= A(t)\sin[\pi(f_g + f_r)t]$$

其中

$$A(t) = 2\cos[\pi(f_g - f_r)t] \qquad (10.2.21)$$

这是一个振幅被频率为 $\Delta f' = f_g - f_r$ 的低频信号所调制的高频（$f_g + f_r$）信号。低频的调制信号在某时段内的整周数容易被测量，这样 $\Delta f'$ 可以得到。于是由

$$\Delta f = f_s - f_r = f_s - f_g + \Delta f' \qquad (10.2.22)$$

可以得到 Δf，视向速度 $\dot\rho$ 即可得到。

在上述关系中，发射频率 f_s 和本振频率 f_g 都假定是不变的已知量。这要求星钟和站钟都要具有很高的稳定度和准确度。

1. 微分测量法

设在 $t \to t + \Delta t$ 时段内，调制信号的包络共经过 N 个整周。如果时间间隔很短，$\Delta f'$ 可以认为是常数。这样

$$\Delta f' |_{t + \frac{\Delta t}{2}} = \frac{N_i}{\Delta t_i} \qquad (10.2.23)$$

由（10.2.19）式、（10.2.22）式、（10.2.23）式，得

$$\dot\rho = \frac{c}{f_s}\left(\frac{N_i}{\Delta t_i} + f_s - f_g\right) \qquad (10.2.24)$$

其观测历元为 $t + \frac{\Delta t}{2}$。观测的时间间隔 Δt 很小，通常小于 1 秒。所得到的视向速度认为就是该历元的瞬时视向速度。这种测量称为微分测量法。

2. 积分测量法

如果测量的时间间隔不是足够短，这时 $\Delta f'$ 不能作为常数。设总观测时段内，星钟时刻为 t_1 到 t_2，共发射 N 个波。相应的站钟时刻为 τ_1 到 τ_2，接收到这 N 个波。

对接收端，

$$N = \int_{\tau_1}^{\tau_2} \Delta f' d\tau = \int_{\tau_1}^{\tau_2} (f_g - f_r) d\tau$$

其中 f_g 是常数。所以

$$N = f_g(\tau_2 - \tau_1) - \int_{\tau_1}^{\tau_2} f_r d\tau \qquad (10.2.25)$$

在星钟的时段 $(t_2 - t_1)$ 内，以频率 f_s 发射 N 个波，所以（10.2.25）式可以换成

$$N = f_g(\tau_2 - \tau_1) - \int_{t_1}^{t_2} f_s dt = f_g(\tau_2 - \tau_1) - f_s(t_2 - t_1) \qquad (10.2.26)$$

如果站钟和星钟同步，接收时刻等于发射时刻加光行时，即

$$\tau_i = t_i + \Delta \tau_i$$

代入上式

$$\begin{aligned} N &= f_g(\tau_2 - \tau_1) + f_g(\Delta \tau_2 - \Delta \tau_1) - f_s(t_2 - t_1) \\ &= (f_g - f_s)(t_2 - t_1) + f_g(\Delta \tau_2 - \Delta \tau_1) \end{aligned}$$

$$N = (f_g - f_s)(t_2 - t_1) + \frac{f_g}{c}(\rho_2 - \rho_1)$$

所以

$$\Delta \rho = \rho_2 - \rho_1 = \frac{c}{f_g}[N - (f_g - f_s)(t_2 - t_1)] \qquad (10.2.27)$$

这是在较长时间间隔内测量的整周数 N 与距离变化量的关系，是视向运动的积分结果。

方程（10.2.27）的右端是已知的观测量的函数，左端可以表示成卫星坐标、测站坐标和地球姿态参数的函数，根据已知条件和测量目的，可以解出这些参数中的部分或全部。

§10.2.4　较差光行时的测量

对于遥远的天体，双向的和单向的光行时测量都不能实现，不能通过光行时测量得出天体的距离。如果测量同一天体的发出的同一信号的波前到达两测点的时刻之差 τ（常称为时延），可给出两测站到天体的视向距离之差，由几何关系可以给出时延与天体的位置、两测站间的相对位置、地球的空间姿态等参数的函数关系。遥远天体较差光行时的几何关系见§3.3。

时延 τ 可以通过干涉法测定。干涉法不需要被观测的信号具有任何稳定的频率特征。即使对于天体发出的白噪声信号，通过两测站接收到的相同的信号序列之间的互相关处理，也可以高精度地测量出时延值。

测量的整个物理过程是非常复杂的，这方面内容不属于本书的范畴。实施干涉测量的两测站若相距较近，两站的接收信号可以通过电缆直接传输到相关处理机上，这种系统称为连线射电干涉仪。为了提高系统的空间分辨率，需要尽可能拉大两测站间的距离，比如达到洲际尺度。在这种情况下，必须由两站分别记录天体信号的同一波前信号序列，然后再将两站的记录传送到相关处理机作互相关处理，得到同以波前信号到达两测站的时刻之差。这种系统就是甚长基线干涉系统（VLBI）。随着基线的拉长，两站同时观测同一个天体的可能天区范围越来越小，观测天区在测站的地平高度越来越低，观测越来越困难。作为地面上 VLBI 的发展和延伸，将基线的一端放到地球卫星上，一端放在地面，使得基线长度可以超过地球直径。尽管 VLBI 的天文原理非常简单，但是实现上述原理的技术过程却非常复杂，主要原因是：

（1）在两个独立测站进行观测，并进行事后相关处理，这需要两地的时钟同步。设通过相关处理，确认测站 1 在其地方时钟读数为 t_1 的时刻接收到的信号，和测站 2 在其地方时钟读数为 t_2 时刻接收的信号是同时发出的信号。这时在观测得到的时延 $\Delta t = t_2 - t_1$ 当中，包含着两时钟的时刻之差。可以将两时钟的相对时刻差作为未知常数，在以后的处理中解出。但是，引起时延的系统误差的原因不仅仅是两站的相对钟差。要分离这些成分常常是困难的，把它们不加区分地一揽子处理也不尽合理，因为不同原因引起的系统差可能有不同的变化规律。这些都增加了观测数据处理的复杂性。

（2）为提高时刻记录精度，需要观测高频波段（见表 3.2.2）。测地 VLBI 观测常用的波段是 X 波段和 S 波段，其观测频率分别在 8.4GH 和 2.2GH 附近。记录设备无法直接记录这样高频率的信号，需要通过混频技术将视频降成中频，频率在 100～500MH 频段。这样就要求有非常稳定的本地频标提供本地信号，通常要求频标的稳定度好于 10^{-14}。

（3）为提高观测精度，采取宽带多通道记录。通常在 X 波段设 8 个通道，S 波段设 6 个通道。多通道观测精度显著好于单通道的观测精度。并且，多通道观测是确定整周模糊度的必要条件。因此，VLBI 观测的数据记录量非常大。对双频观测，每秒记录的数据量可达 1G 比特量级。如此大量的数据、如此高的采集速度，对于记录系统和相关处理系统都提出非常高的要求。

（4）遥远天体的无线电信号非常微弱，需要大口径的接收天线和超低噪声的高频接收机。射电源的信号强弱通常用在传播方向垂直截面上每平方米面积接收到 1Hz 带宽信号的功率表示，称为流量密度。单位用 JY 表示（$1JY = 10^{-26} w/m^2Hz$），可见 JY 是非常小的单位。绝大部分射电源的流量密度小于 1 JY。要观测这样微弱的信号，天线口径要在 10 米以上，才能观测到其中较强的射电源，并且要保证接收系统的系统噪声很低。这都有相当的技术难度。

（5）存在各种非几何时延如大气延迟、电离层延迟、系统的电缆延迟、天线结构引起的附加延迟、引力延迟等。如果要追求 0.1ns 量级的延迟测量精度（相当于 3cm 的测距精度），应如何处理这些非几何时延，在理论和实践上都具有相当的难度。

天然的射电源种类很多，对于坐标参数测量的目的，希望这些射电源是一个没有几何面的点状源，如类星射电源、脉冲星以及银河系内的射电恒星等。近距天体的点状射电源，通常是人造的信号源，它们被放置在人造地球卫星或深空探测飞船等各种天体上。

对于近距天体，到达测站的无线电波的波前是球面，不能作为平面波处理。对于遥远天体，较差测距的数据可以直接导出天体的方向与基线方向间的夹角，以至于人们会将 VLBI 归入测角类技术。这在概念上虽不合适，但也反映了遥远天体较差测距的特殊功能。但对近距离天体，情况就完全不一样。两站到近距天体间的光行时之差所体现的该天体到两站距离之差，不仅与天体的几何方向有关，也与其地心距离有关。由一个时延值测定值，并不能确定天体的地心方向与基线的夹角。一条基线上对于一个时延值，其等时延天体的轨迹是以基线为轴的一个空间旋转曲面。可见，对近距天体，由一条基线上的 VLBI 观测得到的时延，并不能确定天体相对于基线的方向。因此，VLBI 不应归入测角技术。一方面它的观测量完全不是角度；另一方面，对近距天体其观测量并不能确定其方向角。这方面的有关公式见 §3.3。

§10.3 光行时测量中系统误差的处理原则

光行时的测量值和计算值的差异可能包含下列成分：

测站坐标采用值的偏差引起时延偏差 $\Delta\tau_{coor}$。

测站位移的影响，包括由于板块运动、冰期后地壳回弹引起的测站位置的长期变化；固体潮、极潮和海洋潮汐负荷引起的测站位置的周期性变化；信号接收器相对于仪器旋转中的不动点的位置的变化，即天线位置改正；其他因素引起的不规则的变化。其中有些成分可以用模型预测，预测值包含在测站瞬时坐标的计算值中。未被模拟的部分构成测站坐标的瞬时采用值的偏差，将引起时延的系统差 $\Delta\tau_{pos}$。

仪器内部信号传输时延 $\Delta\tau_{cab}$，这是从信号被天线接收到被记录器记录之间的时间延迟。

大气时延中的未模拟的部分 $\Delta\tau_{atm}$。

电离层时延中未模拟的部分 $\Delta\tau_{ion}$。

如果观测目标的姿态不可忽略，还需要考虑目标天体的姿态的影响，因为信号从天体发出的位置并不是天体的质心。对激光测月，在理论光行时的计算中已经考虑月球姿态，从月球质心的位置换算到月面激光反射器的位置。月球姿态参量的误差影响也将引起时延观测值的误差；对于人造卫星，需要将卫星表面反射器或无线电发射天线的位置换算到卫星质心的位置。这样就引起了时延误差 $\Delta\tau_{sta}$。

时钟偏差造成的影响 $\Delta\tau_{clo}$。双向测量与站钟偏差无关，GPS 的单向测量结果和站钟与星钟的相对钟差有关。VLBI 较差测距与两测站的相对钟差有关。

观测仪器引起的时延误差 $\Delta\tau_{ins}$。

上述各种误差往往和具体的测量技术有关。对于测距类的技术，系统误差的处理方式大致有以下几类。

（1）用经验的模拟函数预测

例如电离层时延，如果没有条件作双频观测，不能实时解出时延改正值，也可采取某种经验模型。对于对流层时延的处理通常需要首先给出模型表达式。任何经验模型都是对平均变化的一种模拟，因此采用经验函数只能忽略物理过程的时变性。所以对时变特征显著的过程采用经验模型来模拟，其效果不可能理想。但在无法作出实时解的情况下，采用模型预测也是一种选择。

（2）解实时模型参数

这是视向参数测量技术解决系统差问题的主要途径。例如，中性大气时延，按照等密度面的同心球层分布模型，各方向的大气时延对称于天顶方向，并且和天顶方向的延迟量的关系可以用天顶距的某种函数（映射函数）表示。如果实际的大气时延符合于这种模型，在各目标天体的观测时延中，将包含了这种和天顶距有确定函数关系的系统差。如果没有其他的和天顶距有同样函数关系的系统误差存在，可以将天顶方向的时延 $\Delta\tau_{atm}^0$ 作为未知量和其他参数一起解出。这种模型使用的效果取决于映射函数和大气时延随天顶距的实际变化符合到何种程度。所以映射函数形式的研究和改进一直是受到注意的课题。在天顶距小于80°的范围内，现采用的各种映射函数的效果都很接近，对近地平的观测，模型误差明显增大。所以一般都尽量避免观测地平附近的目标。

（3）设计特殊观测流程测定系统差

例如采用双频观测测定电离层时延参数（见§3.2）。另一种方式是作较差观测。下面将以较差 VLBI 为例作说明。

和方向参数测量技术的误差处理不同，各种视向参数测量技术的误差处理实际已经高度技术化和数学化，其中并不涉及特别的天体测量概念。本书对此不具体叙述。这方面的问题在相关的技术专著中都有详细阐述。

§10.4 较差 VLBI 测量

上述的 VLBI 时延的观测值与计算值之差中，有些成分和目标天体的位置无关，例如，钟差、测站的位置变化、仪器本身的信号传输时延等。另一些则与天体所在的空间方向有关，例如对流层和电离层引起的时延。对于所谓测地模式的观测计划，考虑到全面解算各种参数所需要的几何条件，注意到观测目标的空间分布和时间分布，可以得到各种参数的实测值。但对于其他的观测计划，例如人造卫星的观测，大部分时间需要用于跟踪卫星，不可能全面执行测地观测模式。在这种情况下，不可能有足够多的观测信息解出各种物理时延系统误差。但如果不对这些系统误差作处理，测量精度就不能保证。如果采用经验模型计算系统误差，其效果往往不理想。因为这些系统误差的变化规律一般比较复杂，而经验模型只能建立在平均规律性的基础上。采用较差测量方法能较好地解决这个问题。所谓较差 VLBI，其实就是在被测目标附近小区域内，同时观测一个参考源，并认为待测源的系统差等于参考源的系统差，也就是二者观测时延的较差量中不再含有这些系统差。例如对射电源 i 和参考源 r 的 一次观测的时延 $\tau_o(i)$ 和 $\tau_o(r)$ 可以表示成

$$\tau_o(i) = \frac{1}{c}(\vec{W_i}\vec{D_1} - \vec{W_i}\vec{D_2}) \cdot \vec{K}(i) + \Delta\tau_p(i) \qquad (10.4.1)$$

$$\tau_o(r) = \frac{1}{c}(\vec{W_r}\vec{D_1} - \vec{W_r}\vec{D_2}) \cdot \vec{K}(r) + \Delta\tau_p(r) \qquad (10.4.2)$$

其中，$\vec{s_e}(i)$ 是待测源的地心坐标方向；$\vec{D_1}$、$\vec{D_2}$ 是两测站的地心矢量；$\vec{W_i}$ 是射电源 i 的信号到达测站 1 瞬间地球姿态参数矩阵；$(\vec{W_i}\vec{D_1} - \vec{W_i}\vec{D_2}) \cdot \vec{K}(i)$ 是用已知的源坐标、站坐标、地球姿态参数和其他各种参数采用值计算的几何时延。$\Delta\tau_p(i)$ 是时延中的各种系统误差之和，其主要成分是仪器时延、钟差以及大气、电离层、引力场等引起的物理时延。如果待测源和参考源的方向非常接近，比如在 1° 范围内，两个源的信号经过的大气路径非常接近，可以认为二者的大气和电离层时延几乎相等。至于其他系统误差，本来就与目标天体的方向无关，当然也是相同的。所以可以取 $\Delta\tau_p(i) = \Delta\tau_p(r)$。将（10.4.1）式和（10.4.2）式两边相减，可得

$$\frac{1}{c}(\vec{W_i}\vec{D_1} - \vec{W_i}\vec{D_2}) \cdot \vec{K}(i) = \frac{1}{c}(\vec{W_r}\vec{D_1} - \vec{W_r}\vec{D_2}) \cdot \vec{K}(r) + [\tau_o(i) - \tau_o(r)] \qquad (10.4.3)$$

上式右端第一项可由参考源的坐标方向计算出来，第二项是观测量。这样得到一个与物理时延无关的待测源的观测方程。对于遥远目标，在一天内多次作此观测，可以获得所需的几何条件解出待测源的坐标方向 $\vec{s_e}(i)$。对于近地目标，持续的观测可获得观测方程（10.4.2）的一系列实测结果，用动力学方法确定卫星的地心轨道。也可以通过短时间间隔内相对于两个以上参考源作较差观测，解出卫星的瞬时坐标。

上述方法的近似之处就在于认为参考源信号和待测源信号传输路径上的物理延迟相同，并且观测误差也相同。两源距离越近，这假设就越符合实际。至于待测源和参考源之间的角距离究竟需要多么近，这没有明显界限，一般认为不要超过 5°，当然这也不是什么严格的标准。在现实中由于强致密射电源数量很少，目前被选定作为射电参考架的源（包括定义源和扩充源）总共 3414 颗，平均近 12 平方度有 1 颗，一般能够满足较差测量的需要。但是不是所有这些源都适合作为较差测量的参考源，有的位置精度不一定满足观测者所期望的要求，有的信号比较弱，有的射电源有结构，等等。所以具体实施的时候需要仔细挑选。有时观测目标附近找不到合适的参考源，这时往往不得不放宽对二者角距离的限制。这当然也就降低了待测源的测量精度。

较差 VLBI 还有另一种应用形式，就是所谓的相位参考技术。这种

方法是针对特别弱的观测目标而制定的。若 VLBI 要观测比较弱的源，为了获得一定的信噪比，需要延长观测信号的积分时间。如果目标源信号特别微弱，需要积分数小时才能获得足够的信噪比。由于大气时延的起伏变化，到达天线处信号的相位产生无规则漂移，使得长时间积分后的相位变得非常模糊。为此的解决方法是，将弱的目标源和附近的一个强的参考源交替观测，每次观测时间足够短，使得在此短时间内大气引起的相位漂移可以忽略。将参考源观测所检测到的相位变化用于目标源的相位改正，获得目标源的长时间积分，可以获得目标源相对于参考源的相对位置。

VLBI 相位参考技术类似于光学照相的斑点干涉技术。对光学照相，如果目标很微弱，需要延长曝光时间。但由于大气抖动，长时间连续曝光使得目标图像的细节模糊。为此参考于一个强的参考目标作多次连续短促曝光，由于每次曝光时间很短，可忽略大气的抖动。通过参考目标的位置漂移修正大气抖动，并用于目标图像信息的修正。将修正后的结果积分，可获得目标的清晰图像。这类方法原理简单，但实际的数据处理过程是非常复杂和麻烦的。

§10.5　视向参数测量数据的应用

如第七章所述，方向测量必须借助于量度坐标系。为了保证量度坐标系的实现精度和天体方向相对于量度坐标系的观测精度，观测只在一些特殊位置上进行，如测量过子午圈或某地平纬圈瞬间的某种参量。这种情况下，观测的采样次数很少，而且站与站之间没有瞬时的联系，彼此的观测数据无法作瞬时的联合解算。方向测量基本上都是直接测量或准直接测量。例如，目标天体的赤纬测量通过测量星过子午圈的天顶距实现；目标天体的相对赤经的测量，通过测量目标天体和参考天体之间的时角差实现。所以这类观测数据通常只解、也只能解很少的未知量。现代的视向参数测量方法则完全不同，它们可以在一切可见的方向实施观测，采样非常密集，并且多台站可以同步观测，所得的数据可以作综合的处理，甚至可以对很长时期内得到的资料序列进行综合解算。这些测量都是间接测量，测量所得的数据并不就是最后所需要的参数。对于这类测量方法，从一种观测数据系列可以解出多种待求参数，甚至可以一起解算数以万计的待求参数，包括源坐标、站坐标、地球的瞬时姿态参数、时钟的瞬时钟差和钟速之差、瞬时大气时延参数等各种全局量和局部量均可以一起解出。可以说，只要对观测量有影响的并且能用表达式描述的物理过程，其描述参数都可能一起被解出。一种变化过程只要不是随机的，就可以用模型描述，也就可以解出模型参数。只要一种过程的时空变化特征和其他过程不同，就能被分离出来。以钟差的变化和大气时延的变化为例，在长时间尺度内看，这类过程可能是随机的，但它们在数十分钟内都表现出某种趋势性变化，和其间的随机噪声表现完全不同。这样，在数十分钟时段内，这种变化过程可以用某种多项式拟合。只要在这段时间内观测采样的次数明显多于拟合多项式的未知参数的个数，就可以解出这些参数。而且，钟差对观测时延的影响与观测源的方向无关，而大气时延的影响表现为天顶距的某种函数。所以在解方程时，这两个过程也可以被明显区分开来。这种处理方式使得各种过程能被充分参数化。由于各种变化过程的模拟参数是实时解算出来的，这比任何依据历史资料统计给出的经验模拟参数更符合实际变化过程，因此大大降低了模拟后的剩余残差水平。现代测量技术的测量精度能比传统的方向观测技术提高 2～3 个量级，间接测量原理及其相应的分析理论的建立是主要原因之一。

总之，视向参数测量的数据序列有非常广泛的用途，可以用来开展多方面的研究课题。

§10.5.1　遥远天体的较差测距数据的应用

只有 VLBI 技术能对遥远天体作较差测距观测。假定 VLBI 观测数据中的系统误差已经得到处理，其所得的几何时延为

$$c\Delta t = (\vec{W}(t_1)\vec{D}_1 - \vec{W}(t_2)\vec{D}_2) \cdot \vec{K}(i) = \vec{B}_{1,2} \cdot \vec{K}(i) \qquad （10.5.1）$$

其中射电源的坐标方向在 [FCS] 中的表达式可写成

$$\vec{K}(i) = [FCS]\begin{pmatrix} \cos\alpha_i \cos\delta_i \\ \sin\alpha_i \cos\delta_i \\ \sin\delta_i \end{pmatrix} \qquad （10.5.2\text{-}1）$$

站矢量的表达式可写为

$$\vec{D}_i = [FTS]\begin{pmatrix} x_i \\ y_i \\ z_i \end{pmatrix} \tag{10.5.2-2}$$

将（10.5.2-1）式和（10.5.2-2）式代入（10.5.1）式，并通过（5.4.6）～（5.4.9）式，将二者化到同一个坐标系，得

$$c\Delta t = \left\{ \begin{pmatrix} x_1 \\ y_1 \\ z_1 \end{pmatrix}^T \bar{R}_2(-X_P)\bar{R}_1(-Y_P)\bar{R}_3(\phi(t_1)) - \begin{pmatrix} x_2 \\ y_2 \\ z_2 \end{pmatrix}^T \bar{R}_2(-X_P)\bar{R}_1(-Y_P)\bar{R}_3(\phi(t_2)) \right\}$$
$$\cdot \overline{NP}\begin{pmatrix} \cos\alpha_i\cos\delta_i \\ \sin\alpha_i\cos\delta_i \\ \sin\delta_i \end{pmatrix} \tag{10.5.2}$$

上式右端包含源坐标、站坐标、瞬时极坐标、地球自转角、岁差和章动。在一定的观测目标分布和测站分布条件下，可以解出各项参数。

由上式可见，VLBI 测量数据的应用范围很广。除了可以通过系统差的分析来研究大气、电离层、时钟变化等物理过程的变化规律以外，主要可用于建立天球参考架和地球参考架；用于建立地球姿态参数序列，以提供相关的服务或开展地球自转的动力学研究；可获得测站位移信息，用于研究地壳运动，等等。根据不同的目的可以设计不同的观测计划，有综合性的观测计划（如测地模式），也有专门性的观测计划。

综合性的计划通常由广泛分布于全球的台站参加，观测在全天球广泛分布的射电源。每期观测持续的时期较长，一般持续 24 小时以上。观测的密度很高，每几天一期。这类计划可全面解算各类参数，可以开展许多方面课题的综合研究。正在推进中的 IVS2010 计划，拟建立全球分布的专用 VLBI 台站网，开展全天 24 小时不间断的测地模式观测，期望达到更高的精度水平和更精细的时间分辨率，实现准实时的地球定向参数服务。

专门性的观测计划只为研究某方面问题而制定和实施。例如只为测量射电源的坐标、或地球姿态参数、或测站的地心坐标、或测站的位移速度参量，等等。这类测量的参加台站一般较少，持续时间不一定很长。为实

现所要达到的目标，观测计划该如何设计，这个问题将在第十一章讨论。

§10.5.2 人造卫星测距数据的应用

除了对系统误差的变化规律的研究外，人卫的测距观测主要为两类目的：卫星的轨道确定和测站地心坐标以及地球姿态参数的确定。前者称为定轨，后者称为测地。定轨目的的观测和数据处理通常在专门的测轨网内的台站进行，观测数据经专门的处理中心处理，给出目标天体的精密历表。测地是人卫观测的主要目的之一。测地观测可以得到观测地点的瞬时地心坐标。在多站联合观测的情况下，还可以同时解算地球的姿态参数。在单站观测时，基本目的就是确定观测点的瞬时坐标。这时地球的姿态参数被作为已知。

人卫的视向参数测量中，系统误差的处理原理大致与 VLBI 类似，具体处理方法与所采用的技术系统有关。因此这些技术的观测数据同样可以用于研究各种系统差的变化规律以及有关的物理机制。在经过这些系统差的处理以后，其几何光行时为

$$c(t_0 - t) = \rho = |\vec{S}_e(t) - \vec{D}_i(t_i)|$$

其中，$\vec{S}_e(t)$ 是信号发出瞬间目标天体的地心历表位置，在地心天球坐标系中描述；$\vec{D}_i(t_i)$ 是光子到达时瞬间观测者的地心矢量，在地球坐标系中描述。将二者化到同一个坐标系，上式成为

$$c(t_0 - t_i) = |\vec{S}_e(t_0) - \vec{D}_i(t_i)| = \left| [N] \left\{ \begin{pmatrix} X_e \\ Y_e \\ Z_e \end{pmatrix} - \overline{W} \begin{pmatrix} x_i \\ y_i \\ z_i \end{pmatrix} \right\} \right|$$

$$= \left| [N] \left\{ \begin{pmatrix} X_e \\ Y_e \\ Z_e \end{pmatrix} - \overline{R}_3(-\phi(t_0)) \overline{R}_1(Y_p) \overline{R}_2(X_p) \begin{pmatrix} x_i \\ y_i \\ z_i \end{pmatrix} \right\} \right|$$

（10.5.3）

这是在瞬时天球赤道坐标系中的表达式。和（10.5.2）式比较，可以看到二者的观测量在性质上的差异。（10.5.2）式表达的 VLBI 观测量，是地固的基线矢量相对于遥远天体背景体现的不旋转坐标系中的表达式的函数，所以与基本天球坐标系和基本地球坐标系之间的整个转换关系有关。人卫的测距观测量只与星站间的相对位置有关，星矢量和站矢量都在同一坐标系中描述。如果将（10.5.3）式中的天球坐标系[N]换成另外一个坐标系，对观测量没有任何影响。例如，将其观测量相对于基本天球坐

标系描述

$$c(t-t_i)=\left| [FCS]\overline{PN}\left\{ \begin{pmatrix} X_e \\ Y_e \\ Z_e \end{pmatrix} - \overline{R}_3(-\phi)\overline{R}_1(Y_p)\overline{R}_2(X_p) \begin{pmatrix} x_i \\ y_i \\ z_i \end{pmatrix} \right\} \right| \qquad (10.5.4)$$

对结果没有任何影响。可见，人卫的测距观测结果与岁差章动无关，因此不能用于研究岁差章动。

和§9.4所述的方向观测的情况类似，在测站坐标和地球姿态参数已知情况下，如果有多台站的同时（发射时刻的坐标时 t ）观测，可以解出目标天体的瞬时坐标。对于作自由轨道运动的天体，一般没有必要作瞬间定位。对人造卫星运动这样的受摄二体问题，其密切轨道可以用 6 个参数表示

$$\vec{S}_e(t)=[N]\overline{R}_3(-\Omega)\overline{R}_1(-i)\overline{R}_3(-\varpi) \begin{pmatrix} a(\cos E-e) \\ a(1-e^2)^{\frac{1}{2}}\sin E \\ 0 \end{pmatrix} + \begin{pmatrix} \Delta x_e \\ \Delta y_e \\ \Delta z_e \end{pmatrix} \qquad (10.5.5)$$

将上式代入（10.5.3）式，得到观测值的表达式

$$c(t_0-t)=\left| [N]\left\{ \overline{R}_3(-\Omega)\overline{R}_1(-i)\overline{R}_3(-\varpi) \begin{pmatrix} a(\cos E-e) \\ a(1-e^2)^{\frac{1}{2}}\sin E \\ 0 \end{pmatrix} + \begin{pmatrix} \Delta x_e \\ \Delta y_e \\ \Delta z_e \end{pmatrix} \right. \right.$$
$$\left. \left. -\overline{R}_3(-\phi(t))\overline{R}_1(Y_p)\overline{R}_2(X_p) \begin{pmatrix} x_i \\ y_i \\ z_i \end{pmatrix} \right\} \right| \qquad (10.5.6)$$

（10.5.3）式或（10.5.6）式是在瞬时赤道坐标系中描述的，其中的轨道的定向根数 Ω、i、ϖ 相对于瞬时天球赤道坐标系定义。Δx_e、Δy_e、Δz_e 代表各种摄动力对卫星瞬时坐标影响的总和。同样由（10.5.4）式也可导出参考于 $[FCS]$ 的表达式

$$c(t_0-t)=\left| [FCS]\left\{ \overline{R}_3(-\Omega_0)\overline{R}_1(-i_0)\overline{R}_3(-\varpi_0) \begin{pmatrix} a(\cos E-e) \\ a(1-e^2)^{\frac{1}{2}}\sin E \\ 0 \end{pmatrix} + \begin{pmatrix} \Delta x_e \\ \Delta y_e \\ \Delta z_e \end{pmatrix} \right. \right.$$
$$\left. \left. -\overline{PN}\overline{R}_3(-\phi(t))\overline{R}_1(Y_p)\overline{R}_2(X_p) \begin{pmatrix} x_i \\ y_i \\ z_i \end{pmatrix} \right\} \right| \qquad (10.5.7)$$

其中的轨道定向根数 Ω_0、i_0、ϖ_0 相对于 $[FCS]$ 定义。

虽然（10.5.7）式中包含岁差章动，但从式中看到，岁差章动中的赤经旋转和卫星轨道的经向进动 $\bar{R}_3(-\Omega_0)$，以及地球的自转 $\bar{R}_3(-\phi)$ 三者之间是高度相关的，不能同时解出。所以卫星的测距观测资料不能用来研究岁差章动，也不能用来确定地球的瞬时自转角。

如果卫星轨道和地球姿态参数已知，在同一个地点同时观测几个卫星，由（10.5.3）式可以容易的解出测站的地心坐标。如果多台站对同一近地天体作跟踪观测，所得资料可以用于定轨，同时也可以解算瞬时极坐标。

§10.5.3　卫星的 VLBI 观测数据的应用

用 VLBI 技术对卫星 O 的观测与卫星测距法类似。在做过各项系统误差修正后，所得的几何光程差为两站到卫星几何距离之差

$$
c\tau_g = \rho_1 - \rho_2 = \left| [N]\left\{ \begin{pmatrix} X_e \\ Y_e \\ Z_e \end{pmatrix} - \bar{R}_3(-\phi(t_1))\bar{R}_1(Y_p)\bar{R}_2(X_p) \begin{pmatrix} x_1 \\ y_1 \\ z_1 \end{pmatrix} \right\} \right|
$$
$$
- \left| [N]\left\{ \begin{pmatrix} X_e \\ Y_e \\ Z_e \end{pmatrix} - \bar{R}_3(-\phi(t_2))\bar{R}_1(Y_p)\bar{R}_2(X_p) \begin{pmatrix} x_2 \\ y_2 \\ z_2 \end{pmatrix} \right\} \right| \tag{10.5.8}
$$

其中卫星的坐标由（10.5.5）式描述。这里的测量值同样与所参考的天球坐标系无关。若将上式中的 $[N]$ 换成任意坐标系，测量结果不变。所以这种测量结果同样不能用于研究岁差章动和地球自转角。如果有一定分布的观测台站同时进行观测，可以对目标作瞬间定位。如果在一定弧段上作持续观测，和（10.5.7）式类似，可以得到

$$
c(t_0 - t) = \left| [FCS]\left\{ \bar{R}_3(-\Omega_0)\bar{R}_1(-i_0)\bar{R}_3(-\varpi_0) \begin{pmatrix} a(\cos E - e) \\ a(1-e^2)^{1/2}\sin E \\ 0 \end{pmatrix} + \begin{pmatrix} \Delta x_e \\ \Delta y_e \\ \Delta z_e \end{pmatrix} \right.\right.
$$
$$
\left.\left. -\bar{P}\bar{N}\bar{R}_3(-\phi(t_1))\bar{R}_1(Y_p)\bar{R}_2(X_p) \begin{pmatrix} x_1 \\ y_1 \\ z_1 \end{pmatrix} \right\} \right|
$$

$$-\left| [FCS] \left\{ \bar{R}_3(-\Omega_0)\bar{R}_1(-i_0)\bar{R}_3(-\varpi_0) \begin{pmatrix} a(\cos E - e) \\ a(1-e^2)^{\frac{1}{2}} \sin E \\ 0 \end{pmatrix} + \begin{pmatrix} \Delta x_e \\ \Delta y_e \\ \Delta z_e \end{pmatrix} \right. \right.$$

$$\left. \left. -\bar{P}\bar{N}\bar{R}_3(-\phi(t_2))\bar{R}_1(Y_p)\bar{R}_2(X_p) \begin{pmatrix} x_2 \\ y_2 \\ z_2 \end{pmatrix} \right\} \right| \qquad (10.5.9)$$

由此可以解出轨道根数，但其中的岁差、章动、地球姿态参数和测站坐标均须作为已知。

上述讨论说明，观 X 测量能否用来测定地球动力学轴的空间定向参数，不取决于用什么样的观测技术，而取决于观测什么类型的目标。只有观测遥远天体才能检测地球动力学轴的空间定向参数，即测定瞬间的岁差章动。

§10.5.4　不同技术观测数据的联合应用

方向测量结果经各项误差修正后，得到卫星的坐标方向为

$$< \vec{\rho}_c(t,t_{i0}) > = < \vec{S}_e(t) - \bar{W}(t_{i0})\vec{D}_i > \qquad (10.5.10)$$

若在同一测站同时完成测距观测，得到

$$\rho_c(t,t_{i0}) = | \vec{S}_e(t) - \bar{W}(t_{i0})\vec{D}_i | \qquad (10.5.11)$$

二种观测数据联合，直接得到

$$\vec{\rho}_c(t,t_{i0}) = \rho_c(t,t_{i0}) < \vec{\rho}_c(t,t_{i0}) > = \vec{S}_e(t) - \bar{W}(t_{i0})\vec{D}_i$$

如果站坐标和姿态参数作为已知，直接得到目标天体的地心位置矢量

$$\vec{S}_e(t) = \vec{\rho}_c(t,t_{i0}) + \bar{W}(t_{i0})\vec{D}_i$$

如果同时还作 VLBI 观测，给出

$$c\tau_g = | (\vec{S}_e(t) - \bar{W}(t_{01})\vec{D}_1 | - | (\vec{S}_e(t) - \bar{W}(t_{02})\vec{D}_2 | \qquad (10.5.12)$$

将（10.5.10）式、（10.5.11）式、（10.5.12）式表示的同时的观测方程联合，可更好地解出目标的地心矢量。

如果方向测量结果是参考于恒星参考框架给出的（例如用照相方法测量得到），由一系列这种观测数据，可以相对于恒星参考架确定卫星轨

道。这样确定的轨道是相对于恒星背景的，因此是"绝对的"，可以得到轨道的升交点赤经的绝对数值。

实际上这样的同时间、同地点的观测是难以实现的。作为一般情况，在不同地点、不同时间，三类技术各自完成一系列观测。这时的观测方程为

$$< \vec{\rho}_{ci}(t_i, t_{i0}) > = < \vec{S}_e(t_i) - \bar{W}(t_{i0}) \vec{D}_i(t_{i0}) >$$

$$\rho_c(t_j, t_{j0}) = |\vec{S}_e(t_j) - \vec{D}_i(t_{j0})|$$

$$c\tau_g = |(\vec{S}_e(t_k) - \bar{W}(t_{k0})\vec{D}_1| - |(\vec{S}_e(t_k) - \bar{W}(t_{k0}+\tau)\vec{D}_2)|$$

将观测历元内插到共同时刻当然可以直接解出个瞬间位置。但通常的做法是用联合数据确定最佳拟合轨道，给出卫星的精确星历表。

§10.5.5 月球测距资料的应用

由（10.1.3）式，月面激光反射器到测站的几何距离可以表示成

$$\rho = \left| [N]\vec{S}_e - [N]'[FTS]([FTS]'\vec{r}_e) + [N]'[M]([M]'\vec{r}_m) \right| \qquad (10.5.13)$$

其中所涉量的非模拟部分都是变化缓慢的小量，可以在一定时间段内作为未知常量解出。该方程右端的第一项 $\vec{S}_e$ 是月心的地心矢量，这需要用动力学方程描述。和（9.4.2）式的描述方式一样，可表示为运动轨道参数和摄动位移两部分。但月球的轨道运动问题和一般的人造卫星的轨道运动问题有很大的不同。根据力学关系，摄动力和中心引力之比可以表示成

$$\gamma = \frac{m}{M}(\frac{r}{\Delta})^3$$

其中 m, M 分别是摄动体和中心体的质量，r, Δ 分别是卫星到地心和到摄动体中心的距离。将有关的质量比和距离比的数据代入，可得出：对于地面高度 2000km 以下的低轨卫星，此比率为 10^{-7} 量级；对于同步卫星，此比率为 10^{-5} 量级。这些都是高阶小量，可以作为受摄二体问题求解。但对月球轨道，太阳成为主要摄动体。由于太阳质量巨大，而日地距离又相对较远，这时此比率上升为 10^{-2} 量级。可见月球轨道的摄动比人造卫星要复杂得多，太阳的摄动力不再能作为高阶小量对待。所以在（10.5.13）式中的 $\vec{S}_e$ 变量中，太阳的摄动将占有显著地位，也就是太阳的位置将起到显著的作用。反过来说，由激光测月的数据，也可以分析

出太阳的视轨道的信息，也就是黄道的信息，从而为分点位置的确定提供根据。综上所述，激光测月的数据中包含有月球姿态、地球姿态、月球轨道的信息。此外由于月球轨道受到太阳的明显摄动，测月数据中还包含太阳轨道即黄道的信息。因此测月数据可用于上述方面的研究工作。

第十一章　某些天体测量问题的定性分析法

　　天体测量学是一门以不断追求高精度（包括测量精度和描述精度）为主要目标的学科，从古代的角分量级的测角精度，发展到现在正在追求的 10 微角秒（μas）的测角精度；从几分钟的时间测量精度，到现在的皮秒（$1\text{ps}=10^{-12}\text{s}$）级的精度……在前面十章中，从各方面阐述如何以精确的概念、严格的描述以及精细的误差分析来获得高精度的天体测量结果。本章则完全离开这些精确的定量讨论，尝试完全以定性的、框架式的分析方法，从"宏观上"看待天体测量中的一些基本问题。通常认为，定性分析是不严格的，对于天体测量学这样精确定量的学科来说，其结论是不足为据的。但根据作者在天体测量实践中的体会，定性分析法是天体测量学非常重要的且行之有效的构思方法，是定量分析的必要先导，因此是不可缺少的。灵活地运用定性分析的构思方法，对于事前把握研究方向、判断方法的可行性和合理性、评估观测数据和计算结果的可靠性、寻找更深入的着眼点等方面都是非常重要的，常能收到事半功倍之效。定性分析的构思方法在对天体测量理论的理解和天体测量任务的实施方案形成中，有着特别重要的并且是必不可少的作用。**定性分析—严谨的推导—精确的计算—谨慎的验证—深入的总结**，这是一个完整的天体测量课题的必要步骤。可以说，其中定性分析方法甚至有更大的难度，这是因为正确的定性分析需要以对天体测量学科基本理论框架的全面理解和正确把握为基础，否则可能导向错误的方向。本章以天体测量学中的一些基本问题为例来简单说明定性分析方法。

　　传统的方向观测属于直接或准直接的测量方法，其函数关系很简单，几乎一目了然。其观测原理和数据处理方法相当直观，无须再另作定性分析。本章所讨论的定性分析法，主要都是针对现代测距技术的。这些技术的测量都是间接测量，方程中未知量多，解析式非常复杂。在这种情况下，定性分析法更显得重要。

§11.1　误差方程的解

对于一个测量过程，线性化的等精度观测的误差方程可以一般地写成

$$\overline{B}\,\overline{X} = \overline{L} \tag{11.1.1}$$

其中 $\overline{B}$ 是待求参量的系数矩阵，$\overline{X}$ 是待求参量矩阵，$\overline{L}$ 是观测量矩阵。设总共进行 m 次观测，要解出 n 个待求参量，这些矩阵的形式可表示为

$$\overline{B} = \begin{pmatrix} b_{11} & b_{12} & \dots & b_{1n} \\ b_{21} & b_{22} & \dots & b_{2n} \\ \vdots & & & \\ b_{m1} & b_{m2} & & b_{mn} \end{pmatrix} \quad \overline{X} = \begin{pmatrix} x_1 \\ x_2 \\ \vdots \\ x_n \end{pmatrix} \quad \overline{L} = \begin{pmatrix} l_1 \\ l_2 \\ \vdots \\ l_m \end{pmatrix} \tag{11.1.2}$$

不改变问题的实质，在等权观测的情况下，将（11.1.1）式两端左乘系数矩阵的转置 $\overline{B}^T$，得法方程为

$$(\overline{B}^T \overline{B})\overline{X} = \overline{B}^T \overline{L} \tag{11.1.3}$$

其中

$$\begin{aligned}
\overline{B}^T \overline{B} = \overline{N} &= \begin{pmatrix} b_{11} & b_{21} & \dots & b_{m1} \\ b_{12} & b_{22} & \dots & b_{m2} \\ \vdots & & & \\ b_{1n} & b_{2n} & \dots & b_{mn} \end{pmatrix} \begin{pmatrix} b_{11} & b_{12} & \dots & b_{1n} \\ b_{21} & b_{22} & \dots & b_{2n} \\ \vdots & & & \\ b_{m1} & b_{m2} & \dots & b_{mn} \end{pmatrix} \\
&= \begin{pmatrix} \sum\limits_{i=1,m} b_{i1}b_{i1} & \sum\limits_{i=1,m} b_{i1}b_{i2} & \dots & \sum\limits_{i=1,m} b_{i1}b_{in} \\ \sum\limits_{i=1,m} b_{i2}b_{i1} & \sum\limits_{i=1,m} b_{i2}b_{i2} & \dots & \sum\limits_{i=1,m} b_{i2}b_{in} \\ \vdots & & & \\ \sum\limits_{i=1,m} b_{in}b_{i1} & \sum\limits_{i=1,m} b_{in}b_{i2} & \dots & \sum\limits_{i=1,m} b_{in}b_{in} \end{pmatrix} = \begin{pmatrix} N_{11} & N_{12} & \dots & N_{1n} \\ N_{21} & N_{22} & \dots & N_{2n} \\ \vdots & & & \\ N_{n1} & N_{n2} & \dots & N_{nn} \end{pmatrix}
\end{aligned} \tag{11.1.4}$$

这个法方程的系数矩阵是个 n 阶方阵，而法方程的观测量矩阵

$$\overline{B}^T \overline{L} = \overline{W} = \begin{pmatrix} b_{11} & b_{21} & \dots & b_{m1} \\ b_{12} & b_{22} & \dots & b_{m2} \\ \vdots & & & \\ b_{1n} & b_{2n} & \dots & b_{mn} \end{pmatrix} \begin{pmatrix} l_1 \\ l_2 \\ \vdots \\ l_m \end{pmatrix} = \begin{pmatrix} \sum\limits_{i=1,m} b_{i1}l_i \\ \sum\limits_{i=1,m} b_{i2}l_i \\ \vdots \\ \sum\limits_{i=1,m} b_{in}l_i \end{pmatrix} = \begin{pmatrix} w_1 \\ w_2 \\ \vdots \\ w_n \end{pmatrix} \tag{11.1.5}$$

是个列阵。将（11.1.4）式和（11.1.5）式代入（11.1.1）式，得

$$\overline{N}\overline{X} = \overline{W} \qquad (11.1.6)$$

这是一个含 n 个未知量的线性方程组。此方程的解为

$$\overline{X} = \overline{N}^{-1}\overline{W} \qquad (11.1.7)$$

其中 $\overline{N}^{-1}$ 是 $\overline{N}$ 的逆矩阵。或者可以表示成

$$x_i = \frac{\Delta_i}{\det \overline{N}} (i = 1, 2, n) \qquad (11.1.8)$$

其中 $\det \overline{N}$ 是方阵 $\overline{N}$ 的行列式，Δ_i 的表达式是用观测量列矩阵 $\overline{W}$ 代替系数方阵 $\overline{N}$ 中的第 i 列所得的新方阵的行列式，例如

$$\Delta_1 = \begin{vmatrix} w_1 & N_{12} & \ldots & N_{1n} \\ w_2 & N_{22} & \ldots & N_{2n} \\ \vdots & & & \\ w_n & N_{n2} & \ldots & N_{nn} \end{vmatrix}, \qquad \Delta_n = \begin{vmatrix} N_{11} & N_{12} & \ldots & w_1 \\ N_{21} & N_{22} & \ldots & w_2 \\ \vdots & & & \\ N_{n1} & N_{n2} & \ldots & w_n \end{vmatrix}$$

由此可见，法方程有确定解的必要条件是

$$\det \overline{N} \neq 0 \qquad (11.1.9)$$

在法方程系数矩阵中，不等于 0 的子行列式的最大阶数 r 称为矩阵的秩。若方阵 $\overline{N}$ 的秩等于其阶数 n，称为满秩矩阵。若 $r < n$，该法方程的系数矩阵为秩亏矩阵。法方程系数矩阵秩亏，方程为奇异，无正常的确定解。此时应当采取措施改善方程的条件。可采取的措施包括：调整观测台站的数量和分布、调整观测纲要、对某些待求参量间引进约束条件、通过其他途径得到其中某些待求参量的值以减少待求参量的个数等等。在大批量的观测数据的批处理过程中，有时出现这样情况：正常情况下法方程是不奇异的，但其中某些数据组由于某些数据缺失或被剔除而造成法方程奇异。按正常的解法，计算将出现中断，整个处理将不能继续。此时必须对计算进行人工干预，或将该组数据剔除，或采取某种措施改善方程条件。这对大量数据的批处理流程来说，将造成障碍。这时可采取奇异法方程的特殊解法，比如 SVD（Singular Value Decomposition）算法，该算法能给出一定假设条件下的近似解。这种算法可以保证在数据组出现奇异方程的情况下，计算仍能进行，并且在奇异点的解仍有一定的参考价值，于是整个计算过程可以自动顺利完成。但是无论如何，这只是处理特殊情况的补救措施，不能成为主体算法。就是说，不能在设计观测计划时，整体方案就只能给出秩亏的方程，以至于每一组方程都是奇异的。如果这样，所得到的解的序列是不可用的。一个观

测计划不能建立在依靠奇异方程得到所需的结果的基础上。因此，本章的讨论的重点是，如何策划观测方案，能得到较好的法方程条件，得到较好的解。如果发生奇异，在本章中将作为不可解问题而列入必须避免的范畴。

在独立方程数多于未知量数的情况下，给出参数的估计值 $\hat{X}$，相应的残差矩阵为

$$\bar{V} = \bar{B}\hat{X} - L \tag{11.1.10}$$

测量值的均方差为

$$\sigma_0 = \sqrt{\frac{\sum_{i=1\sim m} v_i^2}{m-n}} \tag{11.1.11}$$

法方程的协方差矩阵是系数矩阵的逆阵，即

$$\bar{Q} = \bar{N}^{-1} = \begin{pmatrix} q_{11} & q_{12} & \cdots & q_{1n} \\ q_{12} & q_{22} & \cdots & q_{2n} \\ \vdots & & & \\ q_{1n} & q_{2n} & \cdots & q_{nn} \end{pmatrix} \tag{11.1.12}$$

未知量 x_i 的估计值的均方差为

$$\sigma_{x_i}^2 = \sigma_0^2 q_{ii} \tag{11.1.13}$$

未知量 x_i 和 x_j 在法方程中的相关系数为

$$c_{ij} = \frac{q_{ij}}{\sqrt{q_{ii} q_{jj}}} \tag{11.1.14}$$

如果法方程的系数矩阵的主对角线以外的元素都为 0，其协方差矩阵的主对角线以外的项也等于 0，意味着各未知量之间不相关。这时方程解的条件最好。未知量间的相关系数越大，方程解的条件越差。如果有两未知量间的相关系数为 1，意味着二者完全相关。这时的方程为奇异。所以，设计一种测量方案，就是要尽可能降低未知量间的相关性。

天体测量观测方程中的待求参量大致分为两种类型：一类是**独立参量（标量或矢量）**；另一类是**约束变量（标量场、轨道、矢量场）**。独立参量相互之间独立无关。例如不同天体的天球位置矢量之间，不同测站

的地球位置矢量之间，均是独立无关的。约束变量的取值是一个序列，序列内部的各数据点彼此存在一定的约束关系。有的约束有明确物理机制，可以用具有明确物理意义的表达式描述。有的则尚未明确其中的物理机制，其中的约束关系常采用经验模式表示。约束变量可以是时间变量，这时的约束是**对变化过程的约束**。约束变量也可以是空间变量，这时的约束是**对空间分布的约束**。两类待求参量的解算方法很不一样，解的最佳条件也很不一样。

一组观测方程是否可解，解的条件是否良好，怎样改善某些待求参量解的条件以获得更好的精度，这些问题在理论上可以通过协方差分析来讨论。但是对现代的天体测量问题，由于未知量数量很大，且间接观测中的函数关系又非常复杂，有关方程条件的表达式通常是难以给出的。在这种情况下，定性分析反而能使得问题变得简单清晰。

以上讨论对非等权观测同样适用。

§11.2　独立参量解的分析

独立未知参量可能是标量，也可能是矢量。如果是标量，就只要解一个常数。这种情况比较简单，不作讨论。本节着重要讨论的是与解未知矢量有关的问题。

§11.2.1　天体位置矢量的测定

容易理解，如果要测量一个天体的三维的位置矢量，最佳的条件就是在三个互相垂直的参考方向上测量该矢量的分量。这三个参考方向犹如构成一个笛卡尔坐标系。如能独立测量一个未知矢量在这个坐标系上的三个分量，其法方程的系数矩阵 $\bar{N}$ 将是一个对角矩阵，只有主对角线上的元素不等于 0，其他都为 0。其待求参数间的相关系数等于 0。在实际情况下，该条件不可能完全得到满足。偏离最佳条件越远，方程条件越差。如果其中两个测量方向非常接近于平行，方程即为病态，不能解出。如果一个误差方程中要同时解出若干个矢量，可以对每个矢量的观测条件逐一作分析。只要有一部分方程对一个待测矢量构成良好的条件，该矢量就是可解的。

测距技术测量的是被测矢量在某方向上的投影或该投影的函数。后面的叙述中称该方向为**投影方向**。一组投影方向组成的框架称为投影框架。一个测量计划能否得到高水平的实施，与投影框架的结构有直接关系。下面的例子将对此作进一步说明。

1. 遥远天体坐标方向的确定

在测距类的技术中只有 VLBI 可以测定遥远天体的坐标方向。若在一条已知基线上对一个射电源作一次观测，实际观测得到的是该源的方向矢量在基线方向的投影与基线长度的乘积。所以基线就是 VLBI 观测的投影方向，其函数关系如（10.5.2）式所示

$$c\Delta t_g = \left\{ \begin{pmatrix} x_1 \\ y_1 \\ z_1 \end{pmatrix}^T \bar{R}_2(-X_P)\bar{R}_1(-Y_P)\bar{R}_3(\phi(t_1)) - \begin{pmatrix} x_2 \\ y_2 \\ z_2 \end{pmatrix}^T \bar{R}_2(-X_P)\bar{R}_1(-Y_P)\bar{R}_3(\phi(t_2)) \right\}$$

$$\cdot \overline{NP} \begin{pmatrix} \cos\alpha_i \cos\delta_i \\ \sin\alpha_i \cos\delta_i \\ \sin\delta_i \end{pmatrix}$$

式中 $\Delta t_g = t_2 - t_1$ ，不违背基本原理，忽略方程右端的极移和 Δt_g ，上式可简化成下面的形式

$$c\Delta t_g = \begin{pmatrix} b_1 \\ b_2 \\ b_3 \end{pmatrix}^T \bar{R}_3(\phi(t_1)) \begin{pmatrix} X_e \\ Y_e \\ Z_e \end{pmatrix} \tag{11.2.1}$$

其中， $\phi(t_1)$ 是观测时刻 t_1 瞬间的地球自转角， $\begin{pmatrix} b_1 \\ b_2 \\ b_3 \end{pmatrix}^T$ 是基线在 $[FTS]$ 中的

分量矩阵的转置。对于遥远天体，直接的观测只能给出其方向矢量，所以存在 $X_e^2 + Y_e^2 + Z_e^2 = 1$ 的约束条件。对于一天中不同时刻的观测，随着地球的自转角的变化，基线矢量在天球坐标系中的方向在变化。这样一组不同时刻的观测，构成一个投影框架。第 i 条基线矢量的表达式可写为

$$\vec{B}(t_i) = \bar{R}_3(t_i) \begin{pmatrix} b_1 \\ b_2 \\ b_3 \end{pmatrix} \tag{11.2.2}$$

其中 t_i 是恒星时，代表地球自转角，下同。设两次观测的时间间隔为 Dt_{ij} ，相应的基线空间位置矢量间的夹角为

$$\vec{B}^T(t_i)\vec{B}(t_j) = \begin{pmatrix} b_1 & b_2 & b_3 \end{pmatrix} \vec{R}_3(Dt_{ij}) \begin{pmatrix} b_1 \\ b_2 \\ b_3 \end{pmatrix}$$

将附录中（B.23）式代入上式，得

$$\vec{B}^T(t_i)\vec{B}(t_j) = \begin{pmatrix} b_1 & b_2 & b_3 \end{pmatrix} \begin{pmatrix} \cos Dt_{ij} & \sin Dt_{ij} & 0 \\ -\sin Dt_{ij} & \cos Dt_{ij} & 0 \\ 0 & 0 & 1 \end{pmatrix} \begin{pmatrix} b_1 \\ b_2 \\ b_3 \end{pmatrix}$$

$$= \begin{pmatrix} b_1 \cos Dt_{ij} - b_2 \sin Dt_{ij} & b_1 \sin Dt_{ij} + b_2 \cos Dt_{ij} & b_3 \end{pmatrix} \begin{pmatrix} b_1 \\ b_2 \\ b_3 \end{pmatrix}$$

$$= (b_1^2 \cos Dt_{ij} - b_1 b_2 \sin Dt_{ij}) + (b_1 b_2 \sin Dt_{ij} + b_2^2 \cos Dt_{ij}) + b_3^2$$

$$= (b_1^2 + b_2^2) \cos Dt_{ij} + b_3^2 \tag{11.2.3}$$

由此式可以看出：

（1）当上式的值等于 0 时，表明基线矢量的两次空间方向相互垂直，这时

$$\cos Dt_{ij} = \frac{-b_3^2}{(b_1^2 + b_2^2)} \tag{11.2.4}$$

将基线矢量的地固分量用地心经纬度表示，得到

$$\cos Dt_{ij} = -\tan^2 \varphi \tag{11.2.5}$$

如果要同一基线三次观测的投影方向互相垂直，需要 $Dt_{ij} = 120°$，由此得到 $\varphi = \pm 35°.3$。这说明，如果一条基线指向点的纬度为 $\varphi = \pm 35°.3$，在该基线上每间隔 8 小时恒星时作一次观测，给出的三个投影方向恰好构成一个笛卡尔坐标架。在这个最佳投影框架上的测量可以给出目标天体的最佳解，其各方向的精度均等。这个解的过程中，目标的赤纬完全是独立解出的，因此是绝对测定。赤经绝对值不能和地球的自转角分离开来，因此只能给出相对于指定起点的赤经差。由于只解射电源的方向矢量，最少两次观测就可以实现。所以对中纬度指向的基线，在 8 小时左右的时间跨度上作若干观测，是单基线 VLBI 测量射电源坐标的最好安排。

（2）对于平行于赤道的基线，$b_3 \equiv 0$。这时，（11.2.1）式成为

$$c\Delta t_{gi} = \begin{pmatrix} b_1\cos t_i - b_2\sin t_i & b_1\sin t_i + b_2\cos t_i & 0 \end{pmatrix}\begin{pmatrix} X_e \\ Y_e \\ Z_e \end{pmatrix} \quad (11.2.6)$$

$$= (b_1\cos t_i - b_2\sin t_i)X_e + (b_1\sin t_i + b_2\cos t_i)Y_e + 0Z_e$$

可见，平行于赤道的基线永远不能测定天体的坐标的极向分量，即不能测定赤纬只能测定赤经差。如果基线不是严格平行于赤道，但非常接近于赤道，（11.2.6）式中 Z_e 的系数近于 0。这时方程虽可解，但赤纬的测定精度很差。

（3）若基线平行于自转轴，$b_1 = b_2 \equiv 0$。由（11.2.1）式，

$$c\Delta t_g = b_3 Z_e = \sin\delta$$

可见，在平行于自转轴的基线上观测，不能测定赤经差，只能测定天体的赤纬。若基线近似平行于自转轴，尽管可以测定赤经差，但精度很差。

综上所述，可以得出一个实用的定性结论：在一条指向中纬度方向的基线上，对同一个目标在 8 小时左右的时间跨度上作若干次观测，可以以较高的精度得到射电源的绝对赤纬和绝对赤经差。基线的指向纬度过高或过低对测定射电源坐标都是不利的，将使得某一个分量的测量精度明显下降。

由此还可以得出，为了能在较大的自转角跨度上对同一目标作多次观测，基线不宜太长。不难估计，基线的东西分量以 4000km 为佳。基线东西向太长，不能实现对同一天体作较长时间跨度的观测。基线太短，观测精度低。

2. 近距天体瞬时空间定位

（1）用测距技术的观测数据定位

对于近距天体的测距观测，依据（3.1.5）式，测站 i 得到的几何时延可表示为

$$c\Delta t_{gi} = \rho_i = s - x_i\cos\theta_i + \frac{(x_i\sin\theta_i)^2}{2s} + f_i \quad (11.2.7)$$

式中各量的含义见图 11.2.1。上式的右端第一项的作用是检测天体的地心距，第二项检测天体相对于测站位置矢量的方向角。如果有三个测站的地心矢量构成相互垂直的框架，对天体方向的检测具有最佳的几何条件。为讨论天体距离对检测灵敏度的影响，在测站坐标为已知量情况下对（11.2.7）式求微分并只取前两项

$$d(c\Delta t_{gi}) = ds + x_i \sin\theta_i d\theta_i \qquad (11.2.8)$$

表明，**用测距数据确定近地天体的地心距和方向角的精度与天体的距离远近无关。若将方向角测量精度换算成天体的横向线精度，将与距离成比例地下降。**

（2）用 VLBI 数据定位。

应用（3.3.9）式和图 11.2.1 中的几何关系，

$$\begin{aligned} c\Delta t_g = &-(x_2\cos\theta_2 - x_1\cos\theta_1) \\ &-\frac{1}{2s}[(x_2\sin\theta_2 + x_1\sin\theta_1)(x_2\sin\theta_2 - x_1\sin\theta_1)] + \Delta f \end{aligned} \qquad (11.2.9)$$

可见：

上式中右端第一项是平面波项的另一种表达形式，体现天体方向信息。由两条以上基线上的观测量可以分辨天体的两维坐标。并且由观测量检测天体方向角的精度和天体的距离无关。这和测距方法相同。

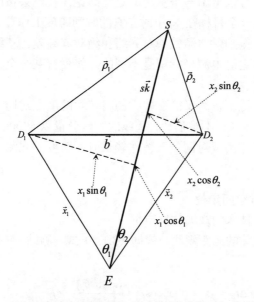

图 11.2.1　近距离天体 VLBI 测量中的几何关系

上式的第二项是球面波改正的一阶项，其在几何时延中的贡献和台站地心距与天体的地心距之比 $\gamma = \dfrac{x_i}{s}$ 的一次方成比例。

若测站坐标已知，对（11.2.9）式求微分并略去高阶项，

$$d(c\Delta t_g) = (x_2 \sin\theta_2 d\theta_2 - x_1 \sin\theta_1 d\theta_1)$$

$$+ \frac{ds}{2s^2}[(x_2 \sin\theta_2 + x_1 \sin\theta_1)(x_2 \sin\theta_2 - x_1 \sin\theta_1)] \qquad (11.2.10)$$

$$- \frac{1}{2s}[(x_2 \cos\theta_2 d\theta_2 + x_1 \cos\theta_1 \mathrm{d}\theta_1)(x_2 \cos\theta_2 d\theta_2 - x_1 \cos\theta_1 d\theta_1)]$$

上式右端第一项说明，用 VLBI 观测数据检测天体方向角的能力在几何条件方面与测距方法相同。第二项表明其检测天体距离的精度将随距离的平方成比例降低。第三项虽然也对方向的检测起作用，但随天体距离增大，其作用与第一项相比可忽略。

（3）用测距数据和 VLBI 数据联合确定。

将（11.2.8）和（11.2.10）联立，给出

$$d(c\Delta t_{gi}) = ds + x_i \sin\theta_i d\theta_i$$

$$d(c\Delta t_g) = (x_2 \sin\theta_2 d\theta_2 - x_1 \sin\theta_1 d\theta_1) \qquad (11.2.11)$$

$$+ \frac{ds}{2s^2}[(x_2 \sin\theta_2 + x_1 \sin\theta_1)(x_2 \sin\theta_2 - x_1 \sin\theta_1)]$$

可以看到，对于较远的目标，测距方法和 VLBI 方法检测方向角的几何条件相当，而 VLBI 检测距离的能力随天体距离的平方成比例迅速下降。对与低轨卫星，两种技术检测天体方向和距离的几何条件均相当。但 VLBI 技术观测中低轨卫星并不适合。

§11.2.2　测站坐标的测定

（1）VLBI 测站坐标的确定。

在讨论测站坐标测定条件时，假定目标天体的位置是已知量。对（11.2.9）式求微分

$$d(c\Delta t_g) = -(\mathrm{d}x_2 \cos\theta_2 - \mathrm{d}x_1 \cos\theta_1)$$

$$- \frac{1}{2s}[(\mathrm{d}x_2 \sin\theta_2 + \mathrm{d}x_1 \sin\theta_1)(\mathrm{d}x_2 \sin\theta_2 - \mathrm{d}x_1 \sin\theta_1)] \qquad (11.2.12)$$

可见无论观测遥远天体还是近距天体，VLBI 观测都能给出台站坐标的较差信息，其精度与天体的距离无关。如果观测三个方向相互垂直的目标天体，等于测得基线在这三个方向上的分量。这是测定基线矢量的最佳几何条件。VLBI 方法要确定站坐标，需要给定一个坐标已知的站作为参考站。

（2）测距法确定台站坐标。

对（11.2.7）式求微分

$$d(c\Delta t_g) = dx_i \cos\theta_i + \frac{x_i}{s}\sin\theta_i dx_i \qquad (11.2.13)$$

右端第一项与天体距离无关，第二项的作用随距离增大成比例地减小。但无论天体距离远近，都不影响测站定位的灵敏度。若对三个方向矢量相互垂直的天体，测站坐标的测定具备最佳的几何条件。

§11.2.3 地球姿态参数的确定

1. 由 VLBI 观测遥远天体确定

将测站矢量在地球坐标系中的表达式转换到地心天球坐标系中的表达式，VLBI 观测遥远天体的几何时延可以写成

$$c\Delta t_g = \vec{k} \cdot \{\bar{R}_3(-\phi(t_1))\bar{R}_2(X_p)\bar{R}_1(Y_p)(\vec{x}_1 - \bar{R}_3(-\Delta\phi)\vec{x}_2)\} \qquad (11.2.14)$$

其中，$\Delta\phi = \phi(t_2) - \phi(t_1)$。设射电源的方向矢量 $\vec{k}$ 和测站的地心矢量 $\vec{x}_1$、$\vec{x}_2$ 已知。令动态矢量

$$-\vec{b} = \vec{x}_1 - \bar{R}_3(-\Delta\phi)\vec{x}_2 \qquad (11.2.15)$$

将其代入（11.2.14），在基线 $\vec{b}$ 上观测某射电源 $\vec{k}_j$，得

$$c\Delta t_{gi} = -\vec{k}_j \cdot \bar{R}_3(-EST)\bar{R}_3(-\Delta\theta)\bar{R}_2(X_p)\bar{R}_1(Y_p)\vec{b}_i = \vec{k}_j \cdot \bar{R}_3(-EST)\Delta\bar{R}\vec{b}_i \qquad (11.2.16)$$

其中 EST 是历书恒星时，即假定地球以均匀速度自转的恒星时，$\Delta\theta = ST - EST$ 是恒星时和历书恒星时的时刻差。式中 $\Delta\bar{R}$ 是个微旋转矩阵

$$\Delta\bar{R} = \bar{R}_3(-\Delta\theta)\bar{R}_2(X_p)\bar{R}_1(Y_p)$$

引进近似的瞬时坐标系 $[E_0]$，其定义为

$$[E_0]'[N] = \bar{R}_3(EST)$$

将其代入（11.2.16）式，得

$$c\Delta t_{gi} = \bar{R}_3(EST)\vec{k}_j \cdot \Delta\bar{R}\vec{b} \qquad (11.2.17)$$

上式是测定 $\Delta\bar{R}$ 的误差方程。从中看到，基线矢量 $\vec{b}$ 和射电源矢量 $\bar{R}_3(EST)\vec{s}_j$ 的地位是完全等价的。因此，在同一条基线上测量空间分布广泛的一组射电源，和在指向各不相同的一组基线上观测同一个射电源，对 $\Delta\bar{R}$ 的解具有同样效果。如果在一条基线上观测多颗射电源，等价于检

测该基线在一组射电源框架间的指向。这时，瞬时坐标系$[E_0]$可以绕该基线旋转任意角度而不影响时延观测值，因此不能解出$\Delta \overline{R}$中的旋转参数。如果在多条基线观测同一颗射电源，等价于检测该射电源在一组基线框架间的指向。这时，瞬时坐标系$[E_0]$可以绕该射电源方向旋转任意角度而不影响时延观测值，因此也不能解出$\Delta \overline{R}$中的旋转参数。**至少要在两条不平行的基线上，并至少观测有一定角距离的两个射电源，才能解出瞬时的地球姿态参数**，也就是$\Delta \overline{R}$的旋转参数。

2. 由近地天体测距观测确定

基于同样的原理，近地天体轨道和测站坐标已知，同一个测站观测空间方向各异的一组目标，或不同测站观测同一空间方向的目标，也不能解出瞬时地极坐标。在多测站观测多目标，是很自然的选择。但是如第十章所述，**近距天体的测距观测不能用来确定地球的自转角。**

§11.3 约束变量解的分析

§11.3.1 时空序列的解

有些系统差是时变的标量序列，例如钟差。测量数据解算过程需要瞬间的钟差值，这并不能得到。于是通常将钟差变化用某种时间多项式描述，解出多项式的参数。其实际变化可用此多项式内插到观测时刻表示。这种情况比较简单，只要在整个观测过程中有广泛时间分布的采样，就可以解出约束函数的经验值。实际处理中，常将数十分钟内的钟差变化用一条二次曲线拟合，不同时段分别作拟合。时段与时段之间拟合值的跳变采用某种平滑或约束方式予以消除。这种拟合完全是经验的，没有任何对应的物理机制。也完全可以采用其他的模拟函数形式，例如可以用某些周期函数组成的多项式拟合。

待求的约束变量也可能是空间分布的标量场函数。例如大气折射引起的时延在不同方向的分布，严格说应当是个球面上分布的标量场。在大气的球对称分布模型下，大气折射只与观测目标的天顶距有关，于是将问题简化为空间一维的场函数。其描述模式就是通常所说的映射函数。如果不能简化成一维变量，则需要用二维的变量描述，例如将大气时延用某种二维的球面坐标函数模拟。电离层时延的情况也是这样。但无论如何，必须给定拟合表达式。

待求的约束变量也可能是空间变化的矢量场，例如照相观测中，量度坐标和理想坐标的差异矢量是星像在底片上点位的函数，这是在平面上分布的二维的矢量场。通常的处理方法是将差异矢量分解成两个坐标方向的分量，将两分量分别用位置矢量描述。这就是通常的底片模式。根据参考星的观测采样解出底片模式参数，计算出任意位置上的差异矢量。如果场函数是在球面上分布的，类似的处理应当将差异矢量的分量表示成位置矢量的球谐函数。根据观测采样求出有限个球谐系数。如果场矢量是在三维空间分布，问题将进一步复杂化。目前，在天体测量问题中似乎还没有提出这样的表述模式。

求解标量场的条件很简单，只要在场的时间或空间范围内广泛采样并有一定的密度，就能解出模拟函数中的系数。如果模拟函数是一种经验型的函数，一般只能用于内插描述，而不宜用于外推预测。例如要解钟差变化，这是时间场中的问题，需要在时间方面广泛采样。所解的钟模拟函数可以用来内插到任何内部时刻，但不宜外推到采样时间以外。再如大气或电离层时延，为了模拟时延值在不同方向的变化，需要在天顶周围的不同天顶距的方向广泛采样，所得的结果也不宜用来外推到采样的天顶距范围以外。如果采样只在很有限的天区，解出的模拟函数将是不可靠的。

求解矢量场的问题要复杂得多，应根据实际情况挑选模拟函数。但和标量场的情况一样，模拟函数也不宜用于外推。例如照相底片，用参考星的观测解出的模拟参数，不宜用于参考星座范围以外的区域。

§11.3.2 单站观测定轨的可能性

天体的运行轨道上不同瞬间的位置矢量和速度矢量，是有明确物理机制的约束变量，是一种特殊的约束时间序列。对于轨道上的一个点，包含有 6 个自由度—三维的位置和三维的速度。如人造卫星这样的受摄二体问题，在进行了摄动计算以后轨道上点与点之间的约束关系可以用 6 个轨道根数描述。在这 6 个根数中，三个是定位根数 (a, e, M)，将天体定位于其轨道面上。另三个是定向根数 $(i, \Omega, \tilde{\omega})$，将轨道定向于某坐标系。为了解出这 6 个根数，所提供的观测至少要能构成 6 个标量的观测方程。如果观测量是三维矢量（例如通过某种观测手段得到某点的空间位置矢量），需要有两个以上的观测点以决定一个密切轨道。对于二维观测（例如相对于恒星背景的照相观测得到目标的星站方向矢量），需要要有三个以上点位的观测方可。对于测距观测，得到的是一维的观测量，至少需要一个测站的 6 次观测。卫星的测距观测直接得到的是星站距离，不是地心距离。方向观测得到的是星站方向，不是地心方向。但是在地球的姿态参数已知的情况下，星站距离和地心距离的关系，以及星站方向和地心方向的关系，都是已知的函数关系。不论是哪种观测，在影响星站距离的各种因素中，如果各种观测误差已经得到处理，那么除了目标的位置矢量为待求参量外，不再含有其他的未知量。所以这些观测原理的不同并不影响轨道的确定。在上述各种情况下，影响轨道确定精度的因素，除了观测误差外，主要取决于自变量的变化幅度。若自变量有较大的变化幅度，定轨的几何条件较好，解的结果精度较高。卫星的地基观测的自变量跨度一是取决于观测弧段长度，另一是取决于地球自转角的变化跨度。外行星的轨道周期长达数十年，为了确定其精确的轨道，需要积累长期的观测数据。对于人造卫星，其轨道周期虽然很短，但是在地面上一个测站的可见弧段也相对较短。为了保证足够的观测弧段，最好由全球分布的测站网进行监测。对于局域性的站网甚至一个测站的观测，需要获得卫星的多圈观测数据以延长观测弧段。但是人造卫星轨道的摄动远比行星显著和复杂，密切轨道的变化很快，所以又不宜用长期的观测解一个拟合轨道。探讨在单台站依靠尽可能短时间观测给卫星定轨，往往有重要的实际意义。本节对单站观测实现定轨的可行性尝试作出定性分析。

　　卫星定轨的观测有两类，一类得到的是卫星在星空背景中的位置，照相观测属于这一类。另一类是进行相对于地球坐标系观测，如：无线电测距得到的是卫星与地固台站间的瞬时距离；VLBI 观测得到的是卫星与地固基线间的方向角；经纬仪观测得到的是卫星在测站的地平坐标系中的方向参数。

　　对于测距观测，在各种系统误差经过处理之后，由（3.1.5）式，测站 i 观测的星站距离的 ρ_i 可表示成

$$c\Delta t_g = \rho_i = s - \vec{x}_i \cdot \vec{k} + \frac{|\vec{x}_i \times \vec{k}|^2}{2s} + f_i \qquad (11.3.1)$$

其中：$\vec{x}_i$ 是测站的地心坐标矢量，在 $[FTS]$ 中描述；$\vec{k}$ 是卫星的瞬时坐标方向矢量，在 $[FCS]$ 中描述，s 是卫星的瞬时地心距离，f_i 是 $\frac{x_i}{s}$ 高阶项。

对于定轨目的，地球的姿态参数和测站坐标通常作为已知量。所以可以认为 $\vec{x}_i$ 和 $\vec{k}$ 已经变换到某共同的坐标系中描述，不论是地球坐标系还是天球坐标系。

对于较差测距（VLBI）观测，观测量可表示为

$$c\Delta t_g = \rho_2 - \rho_1 = -(\vec{x}_2 - \vec{x}_1) \cdot \vec{k} + \frac{|\vec{x}_2 \times \vec{k}|^2 - |\vec{x}_1 \times \vec{k}|^2}{2s} + \Delta f \qquad (11.3.2)$$

对于同地的测距和测向的联合观测，直接得到的是星站矢量 $\vec{\rho}_i$，

$$\vec{\rho}_i = s\vec{k} - \vec{x}_i \qquad (11.3.3)$$

对于单一的方向观测，由（11.3.1）式和（11.3.3）式，得

$$<\vec{\rho}> = \frac{\vec{\rho}}{\rho} = \frac{s\vec{k} - \vec{x}_i}{s(1 - \frac{\vec{x}_i \cdot \vec{k}}{s} + \frac{|\vec{x}_i \times \vec{k}|^2}{2s^2})} \qquad (11.3.4)$$

$$= \vec{k}[1 + \frac{\vec{x}_i \cdot \vec{k}}{s} - \frac{x_i^2 + (\vec{x}_i \cdot \vec{k})^2}{2s^2}] - \frac{\vec{x}_i}{s}(1 + \frac{\vec{x}_i \cdot \vec{k}}{s})$$

上面（11.3.1）～（11.3.4）各式中含有 $\frac{x_i}{s}$ 的零阶项、一阶项和高阶项。

高阶小量只影响解算精度，不影响测量原理的根本性质。所以在定性讨论中可略去二阶以上项，将上面各种情况集成，给出

$$\rho_i = s(1 - \frac{1}{s}\vec{x}_i \cdot \vec{k}) \qquad \text{（单站测距）}$$

$$\Delta\rho = -(\vec{x}_2 - \vec{x}_1) \cdot \vec{k} + \frac{(x_2^2 - x_1^2) - [(\vec{x}_2 \cdot \vec{k})^2 - (\vec{x}_1 \cdot \vec{k})^2]}{2s} \text{（单基线较差）} \qquad (11.3.5)$$

$$\vec{\rho}_i = s\vec{k} - \vec{x}_i \qquad \text{（单站测距测向双技术）}$$

$$<\vec{\rho}> = \vec{k}[1 + \frac{\vec{x}_i \cdot \vec{k}}{s}] - \frac{\vec{x}_i}{s} \qquad \text{（单站测向）}$$

上式可见，各类方程中涉及 s， $(\vec{k} \cdot \vec{x}_i) \cup (\vec{k} \times \vec{x}_i)$ $s\vec{k}$ 三类函数关系。

对于测距技术，涉及的

$$s = a(1 - e\cos E) \qquad (11.3.6)$$

只和定位根数有关（其中偏近点角 E 由平近点角 M 和偏心率 e 决定，见 F1.4 式），对于低轨卫星，单站观测时段约 10 分钟，相应弧长约 $40°$，从上式看，对于确定定位根数可以认为是有效的。同时测距技术也涉及

$(\vec{k}\cdot\vec{x}_i)$，用（5.4.8）式、（5.4.9）式和（F1.7）式，得到

$$\vec{k}\cdot\vec{x}_i=[N]\frac{1}{s}\begin{pmatrix}a(\cos E-e)\\a(1-e^2)^{1/2}\sin E\\0\end{pmatrix}^T\bar{R}_3(\varpi)\bar{R}_1(i)\bar{R}_3(\Omega-\phi)\bar{P}_M\begin{pmatrix}d_1\\d_2\\d_3\end{pmatrix} \quad(11.3.7)$$

这和 6 个轨道根数都有关系。式中含有地球自转角 ϕ。上式说明，为了获得三个定向根数 Ω,i,ϖ，需要有足够长度的观测时段，以保证有足够大的自转角跨度。但对于单站低轨卫星观测，一圈 10 分钟的观测时段中，ϕ 的变化仅 2.5°。这对于定向根数的确定显然不能认为是有效的。因此，鉴于测距技术依赖于 $(\vec{k}\cdot\vec{x}_i)$，不能依靠单站单圈观测实现低轨卫星的定轨，需要作多圈观测，得到足够大的 ϕ 跨度条件下的观测数据。对高轨卫星，应视不同情况下弧段长度和时间跨度而定。

对于 VLBI 技术，实际上无法观测低轨卫星，所以不讨论低轨卫星的情况。由（11.3.5）式的第二式看到，其主项 $(\vec{x}_2-\vec{x}_1)\cdot\vec{k}$ 和卫星距离无关，为了检测轨道的定向根数，要求有足够的观测时段。其定位参数是依靠右端后一项

$$\Delta\rho=\frac{(x_2^2-x_1^2)-[(\vec{x}_2\cdot\vec{k})^2-(\vec{x}_1\cdot\vec{k})^2]}{2s}$$

检测的，此项的分子也和定位根数无关，定位根数的检测实际依靠分母中的 s。对此式求微分

$$d(\Delta\rho)=-\frac{(x_2^2-x_1^2)-[(\vec{x}_2\cdot\vec{k})^2-(\vec{x}_1\cdot\vec{k})^2]}{2s^2}ds$$
$$=\Pi[(1-e\cos E)da+ae\sin EdE-a\cos Ede]$$

方程右端的系数

$$\Pi=-\frac{(x_2^2-x_1^2)-[(\vec{x}_2\cdot\vec{k})^2-(\vec{x}_1\cdot\vec{k})^2]}{2s^2}$$

是 $\frac{x_i}{s}$ 的二阶小量，对单基线观测，其分子的变化幅度主要依靠地球自转角的变化，需要至少持续数小时的观测。如果采用多基线观测，可以在较短时间内达到同样效果。

对于方向观测，由（11.3.5）式的第四式看到，观测量的变化主要依赖于 $\vec{x}_i\cdot\vec{k}$。如要定轨，不仅需要一定的弧长，还要一定的地球自转角跨

度。因此**单站单圈方向观测不能实现有效的低轨卫星定轨**。

对于测距测向双技术联合观测，轨道根数的检测主要依赖于 $s\vec{k}$ 。对其求微分，

$$d(s\vec{k}) = \vec{k}ds + sd\vec{k}$$

可看到，这里不含 $(\vec{x}_1 \cdot \vec{k})$ 项，不依赖于地球自转角的跨度，只要求有足够的弧长。对于低轨卫星，单圈的观测就可以有效地定轨。

归纳一下：**对低轨卫星，单站单圈测距或测向观测，都不能有效地定轨；对测距测向联合观测，可以由单站单圈观测实现定轨；对 VLBI，单基线单圈观测也不能有效定轨，若由单基线多圈或多基线单圈观测，可以实现定轨。**

§11.4　定性分析方法的归纳

本章讨论的是天体测量学中一些问题的思考方式。由以上讨论，可以将这种思考方式归纳为以下框架。

（1）在间接测量的实施中，通常希望同时解许多待测参数。首先确定这些待测参数的变化规律（时间变化或空间分布规律）是否和其他参数相关。任何两个变化规律相同或非常接近的参量是不能同时解出的。

（2）在包含许多未知量的方程组中，每个未知量所需求的最佳条件是不同的。只要观测方程组中有一部分方程能符合其需求，此未知量就可解。

（3）待解的未知量大体可分成两类，一类是独立参量，另一类是约束变量。前者如天体的位置矢量、测站的地心矢量、瞬时自转轴方向矢量等；后者如大气折射的空间分布场、电离层时延分布场、钟差的时变序列等。近距天体位置和速度也是一种约束变量，它是一种多维的时间变量，以动力学方程为约束条件。

（4）作定性分析时，为突出问题的实质，须将问题尽可能简化。简化中忽略掉微小因素，并将各个未知量单独分离开来。例如分析天体坐标矢量时，就把测站矢量和地球姿态参数作为已知，只分析天体坐标的测定条件是否符合需求。依此类推。只要各个待求量的变化和其他量不相关，这种分解就是有效的。

（5）如果要测定独立矢量，可以将问题简化成为待求矢量在什么方

向上的投影分量可以被测量。如果观测的投影方向构成一个合理的框架，测量就是可行的。所谓合理框架就是应尽量接近于一个笛卡尔坐标架。

（6）如果待求的是约束变量，需要给出约束条件的解析表达式。如有明确的物理机制，约束可以用确定的表达式描述，如二体问题轨道。如果没有明确的物理机制，约束条件可以用多项式或三角函数等形式表示。例如用映射函数乘天顶延迟描述大气或电离层时延，用多项式描述时钟钟差的变化等。约束方程中包含有限个待定参数。在满足一定观测条件时，这些参数可以被解出。这样给出的是一个变化过程的描述模式，由此模式可以在一定的时空区间，给出任何瞬间或空间的变量值。

第十二章　天体测量中相对论问题解读

§12.1　概　述

§12.1.1　撰写本章的目的

国际天体测量学界关注相对论始于 30 多年前。今天，在天体测量观测数据的分析中引进相对论模型的必要性已无需赘述。然而时至今日，我国的天体测量学者在理解相对论的基本思想、应用相对论的概念和研究成果来解决天体测量实际问题时，有时仍然会感到困难和困惑。其主要原因是，相对论中比较抽象的概念及其相应的纯数学的表达方式，和天体测量的技术、方法、规范以及数据分析软件中惯常的表达方式之间，相差较远。相对论中的某些概念、术语、结论和天体测量实际似乎难以结合，有时甚至感觉相互有矛盾之处。例如：

（1）关于时间的观测量。

在相对论中，强调时钟的读数就是原时，只有原时才是可观测的，而原时只对与时钟固连在一处的观测者才有意义，不同世界线上的原时之间的比较是没有意义的。坐标时是对坐标系中所有的观测者都有意义的时间系统，但坐标时不能通过物理的方法获得，只可由原时经过理论计算得到，与计算所依据的理论模型有关，也就是与坐标系的选取有关。

但在天体测量实际中，观测所获得的时间有时并不是这样性质的。历史上的世界时 UT、历书时 ET 都是通过观测而建立的全球通用的时间系统，不同观测者的观测结果可以相互比较、相互综合。当今观测者所使用的时钟（工作钟），钟速和时刻均有误差，因此观测者通常通过物理的方法将工作钟 "跟随" UTC 或 GPS 时间，校正自己工作钟的时刻和钟速。由此所得的观测时间，实际是用 UTC 或 GPS 时度量的时间间隔，它们不再具有原时的属性，是可以相互比较的。因此，在现实中的 VLBI、SLR 等技术所记录的时间间隔究竟是原时还别的什么时间，在概念上就不那么清晰了，为此还常有争论。

（2）关于方向的观测。

在相对论的概念中，可观测量一定得是标量。四维空间中光子测地线和观测者世界线间的夹角是可观测量，它是和坐标系无关的标量。而三维空间中的方向或交角不是标量，距离也不是标量，因此都不是可观测量。

但在天体测量和大地测量的历史与现实中，往往观测所得的并不一定符合相对论中标量的概念。例如，用天体照相望远镜观测可获得底片上两星象之间的距离，用子午环观测可获得的光子到来方向和地方铅垂线之间的夹角，这些都是用量尺表示的角度。所以三维空间中的横向角度是现实的观测量。经典大地测量更是用量尺直接测量地面基线的长度，所得的距离自然也是观测量。这些似乎都不符合相对论中有关观测量的概念，但它们实实在在是由观测所得的，并没有作任何理论计算，也与坐标系无关。因此，究竟什么叫观测量，在相对论中和在天体测量实际中确实有不同的理解。

（3）关于惯性系。

相对论指出，在引力场中，只能建立起无限小空间中适用的局部惯性系，不可能建立全局的惯性系。但是建立全局惯性系一直是天体测量学最重要的学科目标之一。比如，天体测量中通常将太阳系质心系看作是惯性系，其适用范围是整个太阳系空间。这两个关于惯性系的概念显然是有差别的。两者关于惯性系的概念究竟是什么关系？天体测量中所说的惯性系的术语应该被否定吗？关于这个问题也有不同的见解。

（4）关于时空弯曲。

相对论指出，引力场造成时空的弯曲，弯曲时空的性质需要用黎曼几何描述。但至今为止，在所有的天体测量实际应用方面，不论是在测量原理的阐述和测量过程的实施中，还是在大规模数据分析软件中，仍然是时间归时间、空间归空间。时间和空间总是分别测量、分别计算、分别表达、分别使用的。信号传输中的相对论模型也仍然描述的是光线传播路径在三维空间中的弯曲，或者是光子在三维空间中传播的光行时延迟；天体坐标的描述仍然是由径向距离参数和横向角度分别表示的三维空间中的参数。至今没有人用四维的弯曲空间的黎曼几何来表达和处理天体测量的观测数据。即使考虑相对论效应，也是将其分别表达成对时间参数的影响或对空间方向参数的影响，并以改正量的方式加到牛顿框架的计算模型中。为什么不直接用弯曲空间的表达方式直接阐述天体测量理论？是因为相关的理论研究还没有达到这一步，还是因为根本就没有这个必要？未来天体测量是继续追求建立更高精度的改正模型（包括相对论模型），还是要下定决心完全用相对论的表达方式重新建立"相对论天体测量学"理论体系？这是两条是完全不同的思路，涉及到天体测量未来的学科发展方向。中国天体测量学界对此也需要有所判断。

（4）关于时间间隔和秒长。

相对论认为，采用某种物理标准定义的时间尺度（原时秒长），和时钟所处的环境及状态无关（不论时钟在地面上、行星上或者深空宇宙飞船上）。原时是不依赖于坐标系选取的。在相对论中，原时有着特殊的地位和意义。有了时钟的原时，给定坐标系中的度规，就随时可以获得相应的坐标时。

假设两个不同的观测者用自己的时钟各自测得的一段时间间隔，得到的读数 $\Delta\tau_1 = \Delta\tau_2$。采用它们各自所处的引力场和运动速度参数，通过度规可以计算出两者所对应的坐标时间间隔 $\Delta t_1, \Delta t_2$。一般情况下 $\Delta t_1 \neq \Delta t_2$。这意味着什么？如果原时秒长是处处一样的，那么相应的坐标时秒就不是处处一样的。由此提出的问题是，我们建立度规，将原本由均匀且处处一样的秒长所度量的时间间隔，换算成用不均匀不一样的坐标时秒长度量的时间间隔，究竟是什么目的？依据这样的不均匀不一样的坐标时该怎么来协调人类的社会活动？

从天体测量的角度理解，坐标时秒长在一个坐标系范围中是处处一样、时时一样的，而由于观测者所处环境和状态不同，原时的秒长是处处时时不一定一样的。建立度规的目的正是要将用不一样的原时秒长度量的时间间隔换算成用处处一样的坐标时秒长度量的时间间隔，使之具有可比性。

这样一来，两者的概念似乎完全相反。如何相互理解和协调，是天体测量学者必须要解决的问题。这也正是我们要解读的最根本的问题之一。

......

由此看到，相对论的理论和天体测量实际之间，在一些概念、术语方面存在差异。这使得传统的天体测量学者在学习和理解相对论时，常常会感到困惑。我们认为，相对论和天体测量在一些术语和概念上的差异主要在于两者的研究领域和想要解决的问题不同所致，并非是谁对谁错的问题。所以天体测量学者要想引进相对论来提高测量数据的解析精度，首先就要弄清相对论中的有关概念、术语的物理内涵及其与天体测量学的异同。如果不解决这些问题，只是简单套用相对论的具体结论和公式，来修正、补充或否定天体测量的原有表达模式，那是非常危险的，很容易犯错误，并引起自己学术思想的混乱。但如果传统的天体测量学者按照相对论的经典著作，逐个推导有关的公式，也并不能很好解决相对论与天体测量实际结合的问题。这一点已经在实践中反复得到证实。

我们认为，对于天体测量学者，最好先从天体测量实例出发，力求定性地理解相对论有关概念，思考天体测量为什么要引进相对论、相对论效应反映在什么地方、每种相对论效应在天体测量数据中如何表现、天体测量和物理学在有关概念的内涵上有何异同之处等问题。作者完全赞同默里（C.A.Murray）在《矢量天体测量学》中的观点和做法，在欧氏空间中解读相对论概念，"而无意援用通常与相对论联系在一起的那些优美的数学形式（elegant mathematical formalism）"。对于史瓦西场，可以严格地在欧氏空间的框架内描述相对论特征。这样做有助于将相对论中的抽象概念和经典的天体测量实际相联系。在此基础上，根据需要可再逐步深入到相对论的数学推导中。

在本章中作者尝试以天体测量学者的视角、以天体测量学者容易理解的形象思维方式，在欧氏空间中解读天体测量中有关的相对论概念。其中有些解读作为作者"一人之言"，可能不够准确，意在能对天体测量同行起到抛砖引玉、促进思考和讨论的作用，以达到对相对论原理逐步加深理解并正确应用的目的。

§12.1.2　天体测量中的相对论体现于何处

一次天体测量的观测结果与目标天体、天体发出的光子以及观测者三项要素有关，图 12.1.1 表示在三维空间中三者的关系。和基本天文学相关的相对论效应主要体现于三方面：和观测者的运动状态与所处引力场环境有关的"**本地效应**"，信号传播途中的"**传播效应**"，天体运动规律描述中的"**动力学效应**"。其中相对论动力学效应不属于本书的讨论范畴。本章将讨论本地效应和传输效应。另方面，任何天体测量观测量都是在观测者的局部坐标系中获得的，不同观测者对同一目标的观测结果存在差异，因此需要对观测结果进行解析和解释。这种解析和解释需要在一个非局部的参考坐标系中进行。在此过程中，坐标变换是必不可少的。基本的天球坐标系有地心天球系（GCS）和质心天球系（BCS）两种。在牛顿理论框架中，坐标变换涉及坐标原点的平移（三个独立参数）、坐标轴方向的旋转（三个独立参数）以及坐标尺度的换算（一个参数）总共七个独立的变换参数。变换中，空间坐标和时间参量无关，坐标变换和引力场无关。但在相对论中。坐标变换与坐标系间的相对运动速度有关，也与不同坐标系中引力场的分布有关。因此，坐标变换是天体测量中相对论问题的主要方面之一，也是本章将要涉及的主要问题之一。

天体测量的基本工具是时钟和量尺。任何天体测量技术所获得的数据都是对发生在观测者的局部空间的光子到达事件的记录。观测记录的数据仅有**时间间隔**和**空间张角**两类。时间间隔测量数据用以导出空间两点间的距离或某信号源的信号频率（周期）；

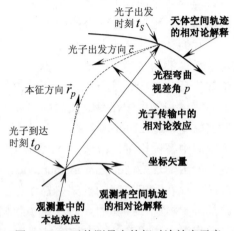

图 12.1.1　天体测量中的相对论效应示意

空间张角用以导出天体的球面坐标表示的方向参数。时间间隔和张角的观测记录受到测量标准—时钟和量尺—的本地效应的影响，与观测者所处在的引力场及运动状态有关。此外观测记录也和光子传输过程中的物理环境有关。由于这些影响，不同观测者同时对同一天体所作观测获得的结果彼此并不相同。数据分析的目的就是要找出产生差异的各种原因，建立相应的物理模型，最终确认哪些变化是目标天体的固有特征的反映，哪些是观测者的所处的环境和状态引起的，还有哪些是光子所经路径不同所引起的。现代天体测量精度在很大程度上取决于模型解析的精度。在观测结果的变化中，99%以上可以在牛顿理论框架中得到解释。引进相对论的目的就是要解释观测结果变化的其余部分，以进一步提高天体测量精度。

相对论非常强调观测量的特殊地位—观测量是观测者"亲眼所见"的客观事实，与坐标系无关，与理论无关。这说法无疑是正确的、容易理解的。但天体测量不能到此为止。从天体测量的观点，一个观测者得到的观测量毕竟只是"局部所见"，可能看到的只是现象而非本质。对观测结果解析的目的，就是从各不相同的"局部所见"中提取出全体观测者得到反映事物本质的"共同结论"，这就是坐标量。坐标量既是一种"结论"，必定与坐标系有关，与解析理论有关。所以坐标量并非是"绝对真理"，"绝对真理"是没有的。例如天体的方向，我们只能从观测方向推导出某坐标系中的坐标方向。过去常用的"真方向"或"真位置"等术语其实是不科学的。同一个天体，在不同坐标系中可能得到不同的坐标方向参数，彼此之间没有"真"与"不真"的区别。但和观测量相比，坐标量毕竟是"相对真理"，我们建立复杂的理论模型和大型的处理软件，正是为了不断改进这些"相对真理"。

　　这里所述的也许是本章最有争议的观点，但我认为，这正是天体测量中相对论问题的本质。

　　本章将结合天体测量中典型实例，分别对时间类观测量和方向类观测量中的相对论概念进行解读。在此之前，首先需要阐述相对论中和坐标系以及坐标变换有关的概念。

§12.2　坐标系和度规

§12.2.1　时空度规在天体测量中的意义

　　相对论的理论阐述以度规表达式

$$ds^2 = g_{\alpha\beta}dx^\alpha dx^\beta \qquad \alpha, \beta = 0 \sim 3 \tag{12.2.1}$$

为基础。其中 $\alpha, \beta = 0$ 代表时间坐标分量，其形式为 $dx^0 = cdt$，t 称为坐标时，是四维空间的坐标分量之一。其余的三个分量是空间坐标分量。dS 表示相邻两时空点之间的四维弧长。$g_{\alpha\beta}$ 称为度规张量，它是对时空弯曲状况的描述，也是对引力场的性质的描述。

　　由于现实引力场的复杂性，难以给出太阳系中度规的精确解析表达式。只有对静止球对称的简化模型得到严格的解析形式，这就是著名的史瓦西度规。这种引力场模型假定太阳系全部质量都集中在太阳，并且太阳是一个不旋转的均匀球体，其引力场不随时间而变化。推导更复杂的针对现实引力场的度规形式，推导出精度更高的度规表达式，一直是许多理论学者的研究目标。然而对于天体测量学者来说，如何将四维弯曲时空的概念和度规的意义与天体测量学的实际相联系，是首先需要解决的。不论度规表达式简单还是复杂，其表达的概念基本是一致的。本章的讨论将以史瓦西度规为例展开，并对度规在天体测量中的意义试作下述解读：

1. 原时间隔和坐标间隔之间的换算关系

在类时间隔（$dS^2 < 0$）情况下，可将（12.2.1）式写成

$$-c^2 d\tau^2 + d\sigma_i^2 (= 0) = g_{\alpha\beta} dx^\alpha dx^\beta \qquad \alpha, \beta = 0 \sim 3 \qquad (12.2.2)$$

的形式。此式给出一个时钟行为的本地描述和坐标描述之间的函数关系。左端是在和观测者固连的本征系中描述的时钟行为，其本地读取的时间间隔为 $d\tau$，称作原时间隔。其空间位移 $d\sigma_{i=1,2,3} = 0$，即时钟对本征系静止。公式右端描述该时钟相对于某参考坐标系的行为，含 4 个时空位移分量。对任何一个时钟，只要度规张量能够建立，并给出时钟的空间坐标位移分量，就可以由时钟的原时间隔计算出相应的坐标时间隔。**依据度规，可由基于物理的时钟原时实现基于理论的坐标时。**这是时空度规对天体测量学的第一项意义。

2. 时钟四维位移分量间的约束关系

（12.2.2）式意味着，若在一个参考坐标系中描述该时钟的运动，其四个坐标位移分量满足一个约束条件，其约束量就是时钟的原时间隔。（12.2.2）式右端的形式并不限定于某特定的参考系。只要推导出在任何参考系中度规张量的表达式，（12.2.2）式的约束条件均成立。因此该式可以一般地写成

$$-c^2 d\tau^2 = g_{\alpha\beta}^{\Pi} dx_\Pi^\alpha dx_\Pi^\beta \qquad \alpha, \beta = 0 \sim 3 \qquad (12.2.3)$$

这意味着，时钟的原时间隔 $d\tau$ 和参考系 Π 无关，它可以作为在任何参考系中描述时钟坐标行为的共同约束条件。因此，**以 $d\tau$ 为中介，可以将时钟在两个不同参考系中的描述的坐标行为之间建立起换算关系**，以实现两个参考系之间的坐标变换。这是时空度规对天体测量学的第二项意义。

§12.2.2　关于时间膨胀

1. 何谓时间膨胀

以史瓦西标准坐标的度规为例

$$-c^2 d\tau^2 = -(1 - \frac{2GM}{c^2 r})c^2 dt^2 + (1 + \frac{2GM}{c^2 r})(dr^2 + r^2 d\theta^2 + \sin^2 \theta d\phi^2) \qquad (12.2.4)$$

其中 θ, ϕ 是球面坐标参量，r 是时钟到引力中心的距离，M 是中心引力体的质量。从上式看到，该度规张量的各元素均和时间无关，说明引力场是静止不变的，并且其中没有时空交叉项。这样的度规形式称作静态度

规。式中度规张量的元素只和 r 有关，说明引力场是球对称的。若将时钟的坐标位移用坐标速度表示，（12.2.5）式在笛卡尔坐标下的形式为

$$dS^2 = -c^2d\tau^2 = -(1-\frac{2GM}{c^2r})c^2dt^2 + (1+\frac{2GM}{c^2r})v^2dt^2 \qquad (12.2.5)$$

若只保留到 $\frac{v^2}{c^2}$ 项，由上式可导出

$$d\tau = (1 - \frac{GM}{c^2r} - \frac{v^2}{2c^2})dt \qquad (12.2.6)$$

此式表明，在不同引力场中的时钟，或者运动速度不同的时钟，其秒长和坐标时秒长的关系将不同。假定两地的时钟都记录一段时间间隔，读数分别为 $\Delta\tau_1, \Delta\tau_2$，并根据度规分别计算出相应的坐标时 $\Delta t_1, \Delta t_2$。假如原时读数 $\Delta\tau_1 = \Delta\tau_2$，一般情况下 $\Delta t_1 \neq \Delta t_2$。对这种情况的解释，可以有两者不同看法。

一种看法认为，时钟的原时秒（SI 秒）是处处一样的。SI 秒的定义为："秒是铯 133 原子基态的两个超精细能级间跃迁振荡 9192631770 周所持续的时间间隔"。这和时钟所在处的引力场以及时钟的运动速度无关，不论时钟是在地面上、火星上还是宇宙飞船上。通过不同引力场中的不同度规，才将不同的 $\Delta t_1, \Delta t_2$ 换算成相同的 $\Delta\tau_1, \Delta\tau_2$。

另一种看法认为，由于引力场和运动速度不同，时钟原时产生不同的时间膨胀效应，即秒的实际长度不同，使得两时钟读取的时间间隔读数虽然相同，但却代表了不同的时间间隔。所计算出的 $\Delta t_1 \neq \Delta t_2$ 正是两个时钟不同程度时间膨胀的反映。

我们持第二种看法。我们认为，上述 **SI 秒的定义，只是一个制造原子时时钟的物理规范**。凡是按此规范制造的时钟，在一起比对都是同速的。而且，将 SI 钟放到不同的实验室，进行各种电磁实验，的确证明麦克斯韦方程组都同样成立。但这能证明 SI 秒处处一样吗？我们认为不能。

时间是以物质运动的规律来描述的，没有离开物质运动的绝对时间。物质运动的周期性有各种不同形式，如天体运动的周期性、机械运动的周期性、生命的周期性、微观世界电磁振荡的周期性。它们各自有不同的规律，也受到不同外界因素的影响。SI 秒是由特指的电磁振荡周期定义的，而各种电磁振荡器遵循同样的物理定律。所以无论是铯原子钟还是别的原子钟，或其他类型的电磁振荡器以及物质的电磁辐射等，都具有同样物理机制，表现出同样的规律。在引力场中，要变快大家都快，

要变慢大家都慢。所以无论在哪个实验室，**本地** SI 钟和其他**本地**电磁周期之间的关系都是不变的。这样的实验并不能说明 SI 秒处处都一样。

证明的办法需要作外部比较，可以将两地时钟共同和第三周期源比较。例如共同观测地球自转周期或脉冲星的脉冲间隔，就会发现同样测量地球自转一周的时间间隔，不同时钟将给出不同的结果。也会发现，不同时钟记录同一个脉冲星，所得的脉冲周期也不一样。用不同时钟观测同一天体的光谱，所测得的红移量将是不一样的，说明两地观测时钟有不同的秒长。如果用同一个时钟观测几个质量明显不同的恒星光谱，将得到不同的引力红移量，这是由于天体的不同引力场对其自身的电磁振荡周期有不同的影响。这和地球上时钟因引力场而变慢是同样道理。这些都说明，原子钟的秒长和所处在的引力场及运动速度有关，证明（12.2.6）所描述的时间膨胀效应确实是原时秒的膨胀，是电磁振荡类时钟的周期变长所致。正是为了使得不同时钟的原时可比较，需要按照一定的理论规范将原时换算成坐标时。

而且我们认为（12.2.6）式所描述的时间膨胀，只是电磁振荡类时钟的周期变长的反映。可以用来描述时间的可以有其他的周期运动形式，它们就不一定和电磁振荡有相同的规律。对原子钟来说，（12.2.6）式表明，引力越大时钟周期越长。而由重力驱动的摆钟则相反，周期和重力的平方根成反比，重力越大时钟周期越短，到飞船上摆钟将停摆。至于地球上生命的生物钟周期，从多种古生物资料考证，生物钟明显和地球上的年、月、日的周期有关，这是气候和潮汐的周期性的反映。但无论如何不会和电磁振荡周期联系起来。因此所谓的双生子问题，说宇航员的生物钟是由原时秒长所决定，这没有什么依据，只能作为一种科幻故事看待。相信宇航员由于离开其生长的地球环境，其生物钟肯定打乱，不缩短寿命已属万幸，别指望能长寿。

可见，并非**所有的运动周期都和引力场有同样的关系，在处理时间观测数据引用相对论时间膨胀关系时，需要谨慎判断。**

2. 坐标时秒长

由于不同世界线上的原时秒的长度实际是不同的，不同时钟的读数之间不能建立同时性。这样的时钟读数只在本地实验室中是有意义的。建立坐标时的目的就在于建立一种"坐标钟"，其在处处的读数都能建立同时性，这样的时间系统才能在坐标系全局中有意义。为此就必须定义坐标时秒。所谓坐标时秒就是特定状态和环境下的原时秒。例如在（12.2.6）式中，特定 $v=0, r=\infty$，得到 $dt=d\tau$。这意味着将引力场中离开引力中心无穷远处的静止时钟的原时秒定义为坐标时秒。也可以特指另外的条件定义坐标时秒。这将在§12.3 中进一步叙述。在任意场合下坐标时读数的实现需要通过度规从原时读数换算得到，所以，和牛顿理论不同的是，在相对论中，定义一个坐标系，单单定义其坐标原点、坐标轴定向和坐标尺度的选定这三方面还是不够的，必须同时定义度规张量和时空点坐标的关系式。有了度规表达式，知道时钟所在的空间坐标，从原时钟得到瞬间的原时读数，就能计算出与此时空点相应的坐标时。在这种情况下，坐标时秒长如何定义看起来似乎不那么重要了。然而，虽然通过度规计算出的坐标时只是一个数字，但这并不意味着所计算出的坐标时间隔只是一个数字而没有单位，其单位就是该坐标系中的坐标时秒。**所计算出的数字中隐含着坐标时秒长的定义**。例如，对于一个在坐标系中静止的时钟，有

$$d\tau = \sqrt{-g_{00}}\,dt$$

其中 $d\tau, dt$ 都是纯数字，但式中它们隐含的单位分别是原时秒和坐标时秒，它们在式中的的意义是 $d\tau$（原时秒），dt（坐标时秒）。$\sqrt{-g_{00}}$ 的单位则是（原时秒/坐标时秒）。所以上式的完整含义是

$$d\tau（原时秒）= \sqrt{-g_{00}}\left(\frac{原时秒}{坐标时秒}\right) dt（坐标时秒）$$

依此，给定 $\sqrt{-g_{00}}$，就可实现坐标静止时钟的原时和坐标时之间的换算。

§12.2.3　IAU2000 有关决议中规定的度规形式

1. GCS 中度规

地心天球系 GCS（Geocentric Celestial System）中的度规张量形式为

$$g_{00} = -1 + \frac{2w}{c^2} - \frac{2w^2}{c^4}$$

$$g_{0a} = -\frac{4w^a}{c^3}$$

$$g_{ab} = \delta_{ab}\left(1 + \frac{2w}{c^2}\right) \tag{12.2.7}$$

其中 $w(t,x)$ 是标量势函数，它是牛顿势的推广，$w^a(t,x)$ 是矢量势函数。二者的边界条件是当远离太阳系时趋向于 0。其中势函数分成地球内外两部分计算

$$w(t,\vec{x}) = w_E(t,\vec{x}) + w_{ext}(t,\vec{x})$$

$$w^a(t,\vec{x}) = w_E^a(t,\vec{x}) + w_{ext}^a(t,\vec{x})$$

$w_E(t,\vec{x})$ 是地球引力场的势，$w_{ext}(t,\vec{x})$ 是地球以外潮汐力和惯性力引起的势。

2. BCS 中度规

质心天球系 BCS（Barycentric Celestial System）的度规张量形式为

$$G_{00} = -1 + \frac{2W}{c^2} - \frac{2W^2}{c^4}$$

$$G_{0i} = -\frac{4W^i}{c^3} \qquad (12.2.8)$$

$$G_{ij} = \delta_{ij}(1 + \frac{2W}{c^2})$$

其中 W, W^i 的定义和 w, w^a 类似，包含地球引力和地球以外天体的引力的作用。其中势函数分成地球内外两部分计算

$$W(T,X) = W_E(T,X) + W_{ext}(T,X)$$

$$W^i(T,X) = W_E^i(T,X) + W_{ext}^i(T,X)$$

W, W^i 的定义方式同于 w, w^a。

3. 太阳系天体引力场的相对论效应量级估计

为表征引力场的强弱，通常引入参数

$$m = \frac{GM}{c^2} \qquad (12.2.9)$$

其具有长度的量纲，常将 $2m$ 称为引力体的引力半径。又用 $\frac{2GM}{c^2 r} = \frac{2m}{r}$ 描述一个距引力中心为 r 的点位处相对论效应的大小。表 12.2.1 中列出几种情况下 $\frac{2m}{r}$ 的量级。

表 12.2.1 太阳系天体引力效应的量级估计

太阳引力场 $GM_S = 1.33 \times 10^{11} (km)^3 / s^2$ $m_S = 1.5km$	考察点	$2m_S/r$
	太阳表面	4.3×10^{-6}
	水星轨道	5.1×10^{-8}
	地球轨道	2.0×10^{-8}
	土星轨道	2.1×10^{-9}
地球引力场 $GM_E \approx 4.0 \times 10^5 (km)^3 / s^2$ $m_E \approx 4.4 \times 10^{-6} km$	考察点	$2m_E/r$
	地球表面	1.4×10^{-9}
	月球轨道	2.3×10^{-11}
月球引力场 $GM_M \approx 4.9 \times 10^3 (km)^3 / s^2$ $m_M \approx 5.4 \times 10^{-8} km$	考察点	$2m_M/r$ 量级
	月球表面	v 6.2×10^{-11}
	地心处	2.8×10^{-13}
木星引力场 $GM_J = 1.3 \times 10^8 (km)^3 / s^2$ $m_J = 1.4 \times 10^{-3} km$	考察点	$2m_J/r$
	木星表面	3.9×10^{-8}
	日心距离处	5.4×10^{-12}
土星引力场 $GM_J = 3.8 \times 10^7 (km)^3 / s^2$ $m_J = 4.3 \times 10^{-4} km$	考察点	$2m_J/r$
	土星表面	1.4×10^{-8}
	日心距离处	9.0×10^{-13}

§12.2.4　对惯性系概念的解读

在牛顿力学中，惯性坐标系是坐标原点在空间静止或作匀速直线运动、并且坐标轴的指向在空间没有旋转的坐标系。那么怎样判定一个坐标系的原点是否静止或作匀速直线运动、其坐标轴是否有旋转呢？如果是相对于另一个坐标系判定的，那另一个坐标系是否为惯性的呢？这样，最终必然需要引入绝对空间的概念。但脱离物质存在的绝对空间是不可想象的，谁也无法测定物体相对于绝对空间是怎样在运动。在狭义相对论中，依据等效原理，在没有引力和惯性力的空间可以建立一个惯性系。例如在均匀引力场中，在一个自由下落的并且没有旋转的坐标系中感受不到引力和惯性力。在这里若用自由旋转陀螺的自转矢量来定义坐标轴指向，就可建立一个惯性系，这个惯性系的适用范围可以延伸到整个均匀引力场所占有的空间。但是，一个引力源的引力势的梯度是指向引力源的向心矢量。即使对于最简单的静止球对称引力场，也不可能是均匀的。所以只有在非常小的空间范围内，在精度要求许可的条件下，可以认为引力场是均匀的，在此范围内，可以建立一个局部惯性系。例如一个无动力的深空宇宙飞船，假如不受到耗散力的影响，可以认为在飞船体内的外部引力场没有差别，并且可以和惯性力完全抵消，在这里可以建立一个局部惯性系。

如果将讨论的对象由一个质点变成一组质点构成的力学子系统，该子系统跟随其质心 B 在引力场中自由下落，这时子系统内部观测者将感受不到引力场的主引力，只感觉到在不同质点间存在较差引力，这就是引潮力。此时该子系统内部各质点间的动力学关系由其内部的质点间的相互引力和外部引力场的引潮力所共同决定。引潮力影响的大小与外部引力体的质量和到 B 点的距离有关，也就是与参数 $\dfrac{2GM}{c^2 r} = \gamma$ 有关。如果该子系统的空间尺度非常小，使得各质点到引力体的距离之差 Δr 所产生的 γ 参数的变化

$$\Delta \gamma = \frac{2GM}{c^2 r^2} \Delta r$$

小到可以忽略，就可以在子系统范围内视其为均匀引力场。当该子系统在引力场中自由下落时，若取 B 为该坐标系原点，可以建立一个在其空间范围内适用的惯性坐标系。由于该子系统的空间范围不再是无穷小，不宜再用自由旋转的陀螺定义坐标轴的不旋转。可以参考于无穷远天体的坐标方向框架定义坐标轴，这样定义的坐标轴称为运动学不旋转系统（而用自由陀螺自转矢量定义的坐标轴称为动力学不旋转系统）。这样建立的坐标系 B 就被看做是惯性坐标系，该惯性坐标系的适用范围是子系统所在的空间的全局，所以可称作为该空间范围内的全局惯性系。在参考于坐标系 B 描述外部遥远天体的**运动学特征**时，可以不考虑外部引力场对遥远天体信号传播的影响，也就是可以将外部空间看做是平直空间，把外部天体传来的光子在到达该子系统边缘时的方向当作是其坐标方向。另方面，在参考于 B 坐标系描述系统内部各质点间的**动力学特征**时，可以忽略外部天体的影响只考虑内部质点间的相互作用，将 B 系统看做是处在平直空间中的一个孤立的力学系统。这就是天体测量学中建立的

某全局惯性系的含义。不难理解，所谓"局部"和"全局"都是相对的概念。例如太阳系质心坐标系，在银河系中看，只是非常小的局部范围。但在上述意义上，它是对整个太阳系空间范围全局适用的惯性系。这里的全局不是整个银河系，更不是观测能力所能达到的宇宙空间范围。至于这个全局范围的大小，则取决于参数 $\Delta\gamma$ 在什么范围内是否可忽略的。而且，这个全局惯性系只表示可将外部空间看做是平直的，绝对不意味着内部为平直空间。本书中局部惯性系和全局惯性系的差别还在于，局部惯性系的空间范围缩小至零，因此不存在内部的力学子系统，没有内部空间与外部空间之分。

天体测量中有两个基本的天球坐标系——BCS 和 GCS。下面以 $\Delta\gamma$ 可否被忽略作为标准，分析这两个坐标系属性。

BCS 以太阳系质心（SSB）为坐标原点，其坐标轴固定于河外天体背景。SSB 在银河系中作自由下落运动。假设银心质量大到 10^7 个太阳质量，太阳到银心的距离取 $7500pc \approx 1.5 \times 10^9 A$（天文单位），依此估计 SSB 处银心的 $\dfrac{2m_G}{r_G} = 1.3 \times 10^{-10}$，由此计算，即使在离开太阳系质心 1000A 距离处，计算得到

$$\Delta\gamma = \frac{2m_G}{r_G}\frac{\Delta r}{r_G} = 1.3 \times 10^{-10}\frac{1000A}{1.5 \times 10^9 A} \approx 1 \times 10^{-16}$$

在一阶后牛顿精度下这完全可忽略。这意味着在太阳系全局范围内，银心的引力场可作为均匀引力场，在这个均匀引力场中自由下落的以 SSB 为原点的 BCS，可作为与银心引力场无关的惯性坐标系。对太阳系附近单颗恒星的引力场进行估计，也得出同样结论。这表明，在处理太阳系外部天体的运动学问题和太阳系内部动力学问题时，可以完全不考虑外部引力场的作用。**太阳系可作为一个孤立的力学子系统建立内部天体的动力学关系。**这个关系对整个太阳系空间范围成立，所建立的惯性系为太阳系范围的全局惯性系。

再来看 GCS。GCS 的坐标原点取在整个地球（含流体部分）质心，在太阳系引力场中自由下落。在近地空间中，地球的引力场起主要作用。需要对太阳系其他天体引力场的影响做一下量级估计。假设没有月球的引力场存在，即使在地面上，按表 12.2.1 中的数据估计，太阳对地球表面与地心之间的 $\Delta\gamma \approx 1 \times 10^{-12}$。在月球距离上，此值约为 5×10^{-11}。这意味着，在近地系统中 1PN 精度要求下，还不能将太阳引力场当作为均匀引

力场。GCS 不能看做是近地空间中的惯性系，不能忽略太阳引力场的作用。对于贴近地面的范围，也仅能作为准惯性系看待。

由上所述可以看到：

（1）天体测量学中将 BCS 称作太阳系范围内适用的全局惯性系的含义是，在描述太阳系外部天体的运动学特征和太阳系内部天体的动力学特征时，可以将太阳系外部看做是平直空间。这和相对论中所述的局部惯性系在概念上是一致的，其区别仅在于，局部惯性系的"内部"的范围为零，不讨论内部的力学关系。

（2）依据同样原理判定，在地月系空间，GCS 不能称作全局惯性系，即使将地球作为质点看待，也仅在地面附近的范围内可建立准惯性系。在一般情况下，即使在近地卫星的动力学方程中也不能忽略地月系以外天体的引力场的作用。

在定义一个惯性坐标系时，除了需要满足坐标系原点在外部引力场中自由下落的条件外，坐标轴方向不旋转是另一必备条件。如前述，BCS 的坐标轴被定义为相对于河外天体背景固定，这意味着 BCS 满足运动学不旋转。因为既然没有办法描述天体相对于绝对空间的运动，将无穷远天体的 BCS 坐标方向整体框架作为不旋转的参考是唯一可以接受的标准。对于 GCS 可以有两种选择。一种选择是和 BCS 类似，将坐标轴定义相对于一组河外天体的 BCS 坐标方向框架固定，这样定义的 GCS 满足运动学不旋转。另一种选择是，在假想的质点地球上建立的坐标系中，动力学方程没有非惯性项。这样定义的 GCS 坐标系称为动力学无旋转坐标系。两者的差异就是地球的测地岁差。广义相对论证明了，由惯性陀螺标架构成的质点地球的动力学不旋转坐标系的坐标轴，相对于河外天体的背景存在一个微小的旋转，即测地岁差（Geodesic Precession）。即使在没有外力矩作用的情况下，地心惯性系的极轴相对于河外天体背景的方向也并非固定。它存在绕黄极的进动，其中长期项称为测地岁差，周期项称为测地章动。任何作周期性轨道运动的天体都存在测地岁差。地心系的测地岁差可表示成

$$\vec{p} = \frac{3GM_S n}{2c^2 a(1-e^2)} \vec{h}$$

其中，n、a、e 分别是地球轨道的平均角速度、半长轴和轨道偏心率，G 是引力常数，M_S 是太阳质量。$\vec{h}$ 是地球轨道运动的惯量矩方向的单位矢

量，即黄极的方向。将各量代入，得到地心系的测地岁差值为 $p = 1''.92/$世纪。这个动力学不旋转的地心坐标系可看做是一个准惯性系。地球的测地岁差是一个正向进动，和日月岁差方向相反。用牛顿的惯性定律推导的地心系天体的运动方程是相对于这个含有测地岁差旋转的坐标系的。而相对河外射电源背景的表达式应为

$$\ddot{\vec{S}} = \frac{\partial^2 \vec{S}}{\partial \tau^2} + 2\vec{p} \times \dot{\vec{S}} + \left[(\dot{\vec{p}} \times \vec{S} - \vec{p} \times (\vec{p} \times \vec{S}) \right]$$

上式右端的三项分别是在地心准惯性系中的相对加速度、科里奥利加速度和牵连加速度。由于岁差的观测量是相对于河外射电源背景的，其中包含了测地岁差部分，所以地球卫星的动力学方程应该包含相应的科里奥利加速度项。

§12.2.5　GCS 和 BCS 间的坐标变换

天体测量中最常用的坐标系，包括"地固"坐标系 ITS，质心天球系 BCS 和地心天球系 GCS。ITS 用于描述观测者在地球上的位置和运动；BCS 用于描述太阳系外遥远天体的运动学特征和太阳系内天体的动力学特征；GCS 用于描述近地天体的动力学特征，并用于在 ITS 和 BCS 之间建立联系。

ITS 是地心旋转坐标系，GCS 是地心不旋转坐标系，两者的原点相同，不存在平移运动。这两个坐标系的轴向之间存在瞬时旋转关系，它们之间的变换是同原点的旋转变换。在指定 ITS 中的坐标时秒长等同于 GCS 坐标时秒长的前提下，两者的关系可用瞬间静态几何关系描述，在目前的观测精度下不涉及相对论效应。有关三维坐标系旋转变换的问题详见本书附录 B。

在建立 ITS 和 GCS 间的坐标变换关系后，测站矢量得以在地心天球系中描述。为建立天体观测方程，还需要将测站矢量变换到 BCS 中描述。这时可将 GCS 和 BCS 作为两个具有相对运动速度的惯性系来进行坐标变换，这是洛伦兹变换。但在这两个惯性系内部，它们都是引力场中的弯曲空间，其时间尺度和空间尺度都与引力场有关。GCS 和 BCS 间的坐标变换包含上述两部分。

设在 GCS 中两相邻时空点间隔的时空分量为 $dt, d\vec{x}$。在 BCS 中相应

的分量为 $dT, d\vec{X}$ 。现在要建立这两组时空间隔之间的关系。

根据狭义相对论的洛伦兹变换，有

$$d\vec{x} = d\vec{X} + [\frac{\sigma^2 \vec{V} \cdot d\vec{X}}{c^2(\sigma+1)} - \sigma dT]\vec{V}$$

$$dt = \sigma[dT - \frac{1}{c^2}\vec{V} \cdot d\vec{X}] \tag{12.2.10}$$

或

$$d\vec{X} = d\vec{x} + [\frac{\sigma^2 \vec{V} \cdot d\vec{x}}{c^2(\sigma+1)} + \sigma dt]\vec{V}$$

$$dT = \sigma[t + \frac{1}{c^2}\vec{V} \cdot d\vec{x}] \tag{12.2.11}$$

其中

$$\sigma = 1/\sqrt{1-V^2/c^2} \approx 1 + \frac{V^2}{2c^2} \tag{12.2.12}$$

将（12.2.12）式代入（12.2.10）式或（12.2.11）式，取到 v^2/c^2 项得

$$d\vec{x} = d\vec{X} + [\frac{d\vec{X} \cdot \vec{V}}{2c^2} - (1+\frac{V^2}{2c^2})dT]\vec{V}$$

$$dt = (1+\frac{V^2}{2c^2})dT - \frac{1}{c^2}d\vec{X} \cdot \vec{V} \tag{12.2.13}$$

或

$$d\vec{X} = d\vec{x} + [\frac{d\vec{x} \cdot \vec{V}}{2c^2} + (1+\frac{V^2}{2c^2})dt]\vec{V}$$

$$dT = (1+\frac{V^2}{2c^2})dt + \frac{1}{c^2}d\vec{x} \cdot \vec{V} \tag{12.2.14}$$

但是 GCS 和 BCS 两个惯性系在系统范围内部存在不同的引力场，使得在两个惯性系中，时钟产生不同的引力时间膨胀效应，量尺产生不同的引力空间收缩效应。由此导致两个惯性系中的时空间隔的变换关系为

$$d\vec{X} = d\vec{x}(1-\frac{m_S}{r_E}) = d\vec{x}(1-\frac{U}{c^2})$$

$$dT = dt(1+\frac{m_S}{r_E}) = dt(1+\frac{U}{c^2}) \tag{12.2.15}$$

综合（12.2.13）、（12.2.14）式和（12.2.15）式，狭义相对论和广义相对论两种效应的叠加，得到 GCS 和 BCS 间的时空间隔的微分变换关系

$$dX = dx(1-\frac{U}{c^2}) + [\frac{\vec{V}\cdot d\vec{x}}{2c^2} + dt(1+\frac{V^2}{2c^2})]\vec{V}$$

$$dT = dt(1+\frac{V^2}{2c^2}+\frac{U}{c^2}) + \frac{\vec{V}\cdot d\vec{x}}{c^2}$$
（12.2.16）

或

$$d\vec{x} = d\vec{X}(1+\frac{U}{c^2}) + [\frac{\vec{V}\cdot d\vec{X}}{2c^2} - (1+\frac{V^2}{2c^2})dT]\vec{V}$$

$$dt = dT(1-\frac{V^2}{2c^2}-\frac{U}{c^2}) - \frac{\vec{V}\cdot d\vec{X}}{c^2}$$
（12.2.17）

§12.3　时间观测中的本地效应

时间间隔观测是现代天体测量学的主要观测量之一。无线电测距、激光测距、GPS、VLBI 等技术，观测量都是两个事件之间的时间间隔。即使是脉冲星计时观测看起来是测量脉冲到达时刻的时钟读数，但我们实际关注的是相邻脉冲到达的时间间隔，而不是脉冲的绝对到达时刻。天体离开观测者的距离、天体所发出的信号的时变规律和频率特征，都是通过时间间隔的观测导出的。时间间隔的观测需要借助于本地时钟。被天体测量学者所特别关注的现象是，不同的观测者各自用自己本地标准时钟观测远方第三者"标准时钟"，比较的结果发现两个本地时钟钟速通常是不一样的。我们称这种效应为时钟的本地效应。本节所要讨论的是，在天体测量现实中如何定义和实现坐标时，以及不同坐标系的坐标时之间的换算关系。

§12.3.1　原时

1. 原时的属性

通常说时钟的读数就是该时钟的原时。这里所说的时钟需要符合下面三个条件：①该时钟是原子时标准钟，没有走时误差。②该时钟可复制，复制出的时钟没有差别，将多台标准钟放置一处，它们的速度都一样。③这些时钟是自由钟，不受任何人为调控。

相对论中所讨论的原时的概念，就是由这样理想的自由的原子时钟体现的时间。所以原时往往只是一个抽象的概念，即使讨论所涉及的现场根本没有任何时钟存在。例如讨论天体上某元素谱线的波长，是假定相对于目标天体上的时钟的原时度量的，但那里根本没有任何时钟，只是我们假想那里也有一台 SI 钟用于测定谱线的本征频率。

2. 历史上的一些实用的时间系统

出于实用的目的，在历史上的天体测量和社会实践中，曾用不同的物理的方法建立全球同步的时间系统。例如各地共同观测地球自转建立世界时系统，共同观测月球运动建立历书时系统，等。在这些时间系统建立过程中，并没有涉及引力场的作用，没有涉及坐标系中的度规。撇开这些时间系统的稳定度不论，单从原理上讲，通过观测宏观的天体运行来建立全球同步的时间系统是可行的，这种时间系统可在全局通用，所以它们应属于坐标时的范畴。这种时间系统和依赖于电磁振荡的时钟不一样，它们不存在相对论时间膨胀效应，所以和度规无关。本节要讨论的是用原子钟建立坐标时系统的有关问题。如前所述，在理论上，给出度规，就可由原时换算出坐标时。但现实中的坐标时实现流程并非如此。其原因是现实的时钟都有误差，用不同时钟的读数建立一个时间系统，除了要考虑时钟的相对论效应外，还要考虑时钟的物理误差。有时时钟的物理误差比相对论效应还大。对现实的时间服务系统，面对众多含有误差的时钟，常常并不区分哪些是相对论项，哪些是时钟物理误差。概括地说，就是将一些相对优秀的时钟建立平均的"纸面时"时间系统，调控守时钟按照纸面时运行，并通过一些物理的措施将各地时钟和纸面时比对，使得各地的时钟都和纸面时建立同步关系。这就是现实的坐标时系统 TAI 的建立原理。这样建立的 TAI 和不同坐标系的坐标时有何关系，是本节的讨论内容。

§12.3.2　GCS 的坐标时

在近地空间，史瓦西度规形式为

$$ds^2 = -c^2 d\tau^2 = -c^2(1 - \frac{2U_E}{c^2})dt^2 + (1 + \frac{2U_E}{c^2})d\bar{x}^2 \qquad （12.3.1）$$

式中

$$U_E = \frac{GM_E}{r}$$

是时钟所在处地球的牛顿引力势，r 是时钟的地心距。地球引力势的表达式可近似取作

$$U_E = \frac{GM_E}{r}[1 - (\frac{R_E}{r})^2 J_2(\frac{1}{2} - \frac{3}{2}\sin^2\phi)] \qquad (12.3.2)$$

式中 M_E, R_E 分别是地球的质量和赤道半径，ϕ 是时钟所在处的地心纬度，J_2 是地球的二阶带谐系数

$$J_2 = \frac{C - \overline{A}}{M_E R_E^2} = (108263 \pm 0.2) \times 10^{-8} \qquad (12.3.3)$$

这是一个无量纲量，和地球的扁率有关，C 是地球的极向惯量矩，$\overline{A}$ 是地球的平均赤道惯量矩。对于一个在 GCS 中静止的时钟，其原时间隔和地心坐标时间隔的关系由（12.3.1）式用 $d\vec{x} = 0$ 代入，得到

$$d\tau = (1 - \frac{U_E}{c^2})dt = (1 - \frac{m_E}{r})dt \qquad (12.3.4)$$

当 $r = \infty$ 时 $d\tau = dt$，这意味着（12.3.1）式隐含的地心坐标时 TCG 秒长等于**在地心系引力场中，离开地球无穷远处静止的标准钟的原时秒**。但这只 TCG 秒长的定义，不是坐标时的实现方案。由（12.3.4）式给出任意一架在 GCS 中坐标静止的时钟原时间隔和 TCG 的时间间隔的关系

$$d\tau = (1 - \frac{U_E}{c^2})d(\text{TCG}) \qquad (12.3.5)$$

上述关于 TCG 秒长实现的两个条件——在地心引力场中离地球无穷远和坐标静止——这些在物理上都是无法实现的。要在地心系全局范围实现 TCG，通过 GCS 中的度规（12.3.1）式，用 GCS 范围内的任意时空点上时钟的原时，计算得到其相应的坐标时 TCG。

为了实用的目的，也可以用其他方式建立某种实用的坐标时系统。例如，将一组时钟放置在地球旋转大地水准面上，这在物理上和容易实现。固定于旋转大地水准面的时钟相对于 GCS 作周日旋转运动。令地固坐标系（ITS）中的时间和空间坐标为 $h, \vec{\sigma}$，GCS 中的时间和空间坐标为 $t, \vec{x}$。ITS 相对于 GCS 存在周日旋转，自转角速度 $\vec{\omega}$ 是指向北极的矢量，其角速度数值为

$$\omega = \frac{2\pi}{86400}1.002737909 = 7.2921158530 \times 10^{-5} rad/s \qquad (12.3.6)$$

为简便起见，定义两个地心坐标系的坐标时尺度相同（其秒长相同）。它们的空间坐标存在绕旋转轴的旋转变换关系。于是，在 ITS 中坐标间隔为 $dh, d\vec{\sigma}$ 的相邻两时空点，在 GCS 中的坐标间隔可以由下式求出

$$dt = dh$$
$$d\vec{x} = d\vec{\sigma} + (\vec{\omega} \times \vec{\sigma})dh \tag{12.3.7}$$

将上式代入（12.3.1），得到地固时钟的在 GCS 中的度规表达式为

$$-c^2 d\tau^2 = c^2(-1+\frac{2U_E}{c^2})dt^2 + (1+\frac{2U_E}{c^2})[d\vec{\sigma}+(\vec{\omega}\times\vec{\sigma})dt]\cdot[d\vec{\sigma}+(\vec{\omega}\times\vec{\sigma})dt]$$
$$= -c^2(1-\frac{2U_E}{c^2}-\frac{\omega^2(\sigma_x^2+\sigma_y^2)}{c^2})dt^2 + 2(\vec{\omega}\times\vec{\sigma})\cdot d\vec{\sigma}dt + (1+\frac{2U_E}{c^2})d\vec{\sigma}^2 \tag{12.3.8}$$

其中 σ_x, σ_y 是位置矢量 $\vec{\sigma}$ 在地固系赤道面上的两个分量。引进地球重力势符号

$$W_E = U_E + \frac{1}{2}\omega^2(\sigma_x^2+\sigma_y^2) \tag{12.3.9}$$

可将（12.3.8）式整理成

$$-c^2 d\tau^2 = -c^2(1-\frac{2W_E}{c^2})dt^2 + (1+\frac{2U_E}{c^2})d\sigma^2 + 2(\vec{\omega}\times\vec{\sigma})\cdot d\vec{\sigma}dt \tag{12.3.10}$$

上式和（12.3.1）描述的是同样的两个事件的坐标关系，但（12.3.1）是用 GCS 中的坐标间隔量表示的，（12.3.10）是用 ITS 中的坐标间隔表示的。（12.3.10）式右端第一项加入了自转离心力势的作用，引力势被重力势所取代。（12.3.10）中的 dt 也就是 TCG 的间隔。

对于在**旋转的大地水准面上固定**的时钟，以 $d\vec{\sigma}=0$ 代入（12.3.10）式，得到该钟原时间隔和 TCG 间隔的关系，

$$d\tau(W_\oplus^0) = (1-\frac{W_\oplus^0}{c^2})d(TCG) \tag{12.3.11}$$

式中 $W_\oplus^0$ 表示旋转大地水准面上的平均重力势，在大地水准面上，此值处处相等。由于潮汐，大地水准面上的重力势是时变的，这里取的是去除潮汐影响的平均值。此式说明，一切固定于地球旋转大地水准面上的标准时钟都是同速的，若用这里时钟的原时秒长来定义坐标时秒长，可以方便地通过物理的途径实现另一种地心坐标时系统。该坐标时的秒长不同于 TCG 秒长，这是地球时（TT）秒。这是在地球的一个等位面上定义的，而 TCG 秒是零引力势空间中定义的。由（12.3.11）式，用这两种秒长**度量同一个时间间隔**所得读数的关系为

$$d(TT) = (1-\frac{W_\oplus^0}{c^2})d(TCG)$$

此式说明，TT 比 TCG 慢，也就是 TT 秒长比 TCG 秒长要长。

另外，上式可以改写成

$$d(\mathrm{TCG}) = (1 + \frac{W_\oplus^0}{c^2})d(\mathrm{TT}) = (1 + L_G)d(\mathrm{TT}) \qquad (12.3.12)$$

其中系数

$$L_G = \frac{W_\oplus^0}{c^2} = 6.969290134 \times 10^{-10} \qquad (12.3.13)$$

表示旋转大地水准面上的重力势**对时间间隔的影响**，现已将上式的数值作为一个定义常数而固定下来。第六章已经介绍，地球时 TT 和国际原子时的秒长相同，仅时刻上相差一个常数

$$\mathrm{TT} = \mathrm{TAI} + 32^S.184$$

（12.3.12）式的积分形式为

$$\begin{aligned}\mathrm{TCG} - \mathrm{TAI} &= \mathrm{TAI}_0 + 6.969290134 \times 10^{-10}(\mathrm{JD} - 2443144.5) \times 86400 \\ &= 32^S.184 + L_G \times 10^{-10}(\mathrm{JD} - 2443144.5) \times 86400\end{aligned} \qquad (12.3.14)$$

其中积分常数 $\mathrm{TAI}_0 = 32^S.184$ 秒是 1977 年 1 月 1 日的 TCG 零时的 TAI 读数，这是历史上遗留下来的。

对于**偏离大地水准面的地固时钟**，只要对这些时钟的速度作不大的修正就可体现 TT。这种情况下需要用时钟所在处实际的重力势 W_E 取代大地水准面上的重力势 W_E^0 代入到（12.3.11）式。设时钟所在点的高程为 h，因 h 和地球半径相比是微小量，可以把高程对重力势的影响表示为只和 h 成比例的函数，

$$W_E = W_E^0 + g(\phi)h \qquad (12.3.15)$$

其中 $g(\phi)$ 是地心纬度为 ϕ 处大地水准面上的重力加速度。这里估计一下时钟的高程数值的要求精度。由 $W_\oplus^0 \approx \frac{GM_E}{R_E}$ 计算得到 $W_E^0 \approx 6.3 \times 10^7\,\mathrm{m}^2\mathrm{s}^{-2}$。

在地面附近，$\frac{dW_\oplus}{c^2 dh} = \frac{g(\phi)}{c^2} = 1.1 \times 10^{-16}$。这意味着，时钟的高程相差 1m，对秒长的影响达到 1.1×10^{-16}。可见作为高程对原时秒的影响，即使只是楼上楼下的高程差异也是需要考虑的。

对于**近地空间中非地固时钟**，其原时间隔和坐标时 TCG 间隔的关系由（12.3.1）给出

$$-c^2 d\tau^2 = -c^2(1-\frac{2U_E}{c^2})d(TCG)^2 + (1+\frac{2U_E}{c^2})d\vec{x}^2$$

将（12.3.12）代入上式，给出非地固时钟原时和 TT 的关系

$$-c^2 d\tau^2 = -c^2[1-\frac{2(U_E - W_\oplus^0)}{c^2}]d(TT)^2 + (1+\frac{2U_E}{c^2})d\vec{x}^2$$

$$= -c^2(1-\frac{2\Delta U_E}{c^2})d(TT)^2 + (1+\frac{2U_E}{c^2})d\vec{x}^2$$

（12.3.16）

其中 $d\vec{x}$ 是时钟在 GCS 中的位移量，而

$$\Delta U_E = (U_E - W_\oplus^0)$$

是非地固时钟所在位置上的**地球引力势**与大地水准面上**重力势**之差。

§12.3.3 TAI 的具体实现过程

1. 同时性问题

上面介绍了由近地空间中的时钟原时间隔推算相应的坐标时 TCG 或 TT 间隔的理论表达式。为了建立一个实用的时间服务系统，单有时间间隔（或秒长）的换算还不够，还必须在不同时钟之间建立同时性。前面说过，由于相对论时间膨胀效应，在坐标系全局中看，对于处在不同引力势中的时钟，或者有相对运动的时钟，其原时秒长是不相同的。不同秒长的异地时钟读数之间无法建立同时性。通过度规可将时钟的原时换算成坐标时。如果度规表达式能正确反映引力场对时间的影响，各时钟原时所换算出的坐标时应是同速的，其读数之间可以建立同时性，这称作坐标同时性。

在惯性系中，光子传播速度是各向同性的并且等于常数 c。设 A，B 两地各有一台**坐标静止**的 SI 钟，在 A 地钟面 τ_{A1} 时刻发出一个光子信号，在 B 处时钟读数为 τ_{B1} 时刻被接收并反射回来，在 τ_{A2} 时刻再被 A 处接收。在所设条件下，光子往与返的时间间隔相同，因此在 A 处钟面读数为 $\frac{1}{2}(\tau_{A1} + \tau_{A2})$ 的时刻，光子应到达 B 处，所以 A 钟读数为 $\frac{1}{2}(\tau_{A1} + \tau_{A2})$ 的事件和 B 钟读数为 τ_{B1} 的事件是同时发生的事件。由于两个时钟都是在该惯性系中静止的，它们都是该惯性坐标系中的坐标时钟。这种条件下建立的同时性称作爱因斯坦同时性。对于静止球对称的引力场，在史瓦西度规中也可以建立爱因斯坦同时性。这时的时钟秒长只和时钟离开引力源

的半径有关。在同一等位面上的时钟的原时秒长相同，可以建立爱因斯坦同时性。爱因斯坦同时性是一种仅通过物理实验方法建立的同时性，不依赖于任何理论和假设。在这种情况下，只要某处的时钟实现了坐标时，就可以通过物理的方法在全时空实现坐标时。

对于现实情况下的时钟，其原时之间的同时性没有意义，需要计算出它们相应的坐标时。同一坐标系中的坐标时秒长是全局相同的，所以在不同时钟推算出的坐标时读数之间可以建立坐标同时性。

如前述，BCS 是个全局惯性系，但其含义是指太阳系外部为平直空间。所以在太阳系内部的时钟都不是处在惯性系中，不能建立爱因斯坦同时性，只能建立坐标同时性。对 GCS 也一样。

由上述，我们可以很直观地解读两种同时性。爱因斯坦同时性是原时之间建立的同时性，引力场中各时钟的原时秒长不等，所以不能建立原时之间的同时性。坐标同时性是坐标时之间的同时性。时钟原时依据度规推算出的坐标时的秒长处处相等，所以可以建立坐标同时性。

对于现实的时钟，除了考虑引力场和位移以外，还必须面对时钟本身的误差，在一定精度的要求下建立同时性，不完全等同于理论上坐标同时性，而是通过实用的方法建立的同时性。其常见的做法有搬钟法、无线电时号法、卫星共视法等。通过这些方法，进行异地时钟的时刻和钟速比对。从实用的角度，对同时性的要求比对同速的要求要低得多。当前时刻的比对精度好于 $0.1\mu s$。在 $0.1\mu s$ 时段内，地球自转量 $1.5\mu as$，赤道上测站的空间位移 $0.046mm$，近地卫星在轨道上的位移量为 $0.8mm$。这样的精度完全可满足各方面对时刻的精度要求。

2. 搬钟法作异地时钟比对

同地的两台时钟的比对非常简单而且精度高，利用时间间隔计数器，不仅能比较两时钟的时刻差，也能比较其速度差，从而达到同速又同时。两地的时钟比对方法之一是搬钟法。设 A、B 两地有两台时钟，现在要将 A 钟搬运到 B 处作同地比对，然后再搬回 A 地继续运行。在这个过程中，A 钟走过空间路径 A→B 和 B→A，在搬运过程中，A 钟的原时依旧由其读数体现，但原时和坐标时的关系与静止状态下有所不同。两地时钟的比对目的是对其体现的 TAI 时刻的比对。在时钟搬运过程中，A钟经历的原时间隔 $\Delta\tau_{A1}$ 和 $\Delta\tau_{A2}$ 可以直接从时钟读数的观测中得到。需要计算出搬钟过程中相应的 TAI 间隔 Δt_{A1} 和 Δt_{A2}，该计算过程如下：

设时钟的搬运过程可以简化描述成，时钟在 h 高度上沿直线以速度 v 完成搬运。由（12.3.10）式和（12.3.15）式，在搬钟的过程中时钟的原时微分间隔可以表示成

$$d\tau^2 = [1 + \frac{2gh}{c^2} - \frac{\vec{v}^2}{c^2} - \frac{2}{c^2}(\vec{\omega} \times \vec{\sigma}) \cdot \vec{v}]dt^2 \qquad (12.3.17)$$

将上式开平方，略去高阶项得

$$dt = [1 - \frac{gh}{c^2} + \frac{1}{2c^2}\vec{v}^2 + \frac{1}{c^2}(\vec{\omega} \times \vec{\sigma}) \cdot \vec{v}]d\tau \qquad (12.3.18)$$

对此原时微分间隔作积分

$$\begin{aligned}
\Delta t &= \int_{\tau_{A0}}^{\tau_{A1}} [1 - \frac{gh}{c^2} + \frac{1}{2c^2}\vec{v}^2 + \frac{1}{c^2}(\vec{\omega} \times \vec{\sigma}) \cdot \vec{v}]d\tau \\
&= \Delta\tau + \frac{1}{c^2}\int_{\tau_{A0}}^{\tau_{A1}}[\frac{1}{2}v^2 - gh] + \frac{1}{c^2}\int_{\tau_{A0}}^{\tau_{A1}}[(\vec{\omega} \times \vec{\xi}) \cdot \vec{v}]d\tau
\end{aligned} \qquad (12.3.19)$$

根据矢量混合积互换法则，

$$(\vec{\omega} \times \vec{\sigma}) \cdot \vec{v}d\tau = (\vec{\sigma} \times \vec{v}d\tau) \cdot \vec{\omega} = (\vec{\sigma} \times d\vec{\sigma}) \cdot \vec{\omega} = 2\Delta S\omega \qquad (12.3.20)$$

式中地球自转矢量 $\vec{\omega}$ 指向北极。$\vec{\sigma}$ 是时钟在旋转的地心坐标系（地固系）中的位置矢量，$\vec{\sigma} \times d\vec{\sigma}$ 的方向为被搬运时钟的地心向径所扫过平面的法线，$\Delta S = \frac{1}{2}(\vec{\sigma} \times d\vec{\sigma}) \cdot \frac{\vec{\omega}}{\omega}$ 为时钟在搬运过程中其地心向径所扫面积在赤道面上投影，向东为正。将（12.3.20）式代入（12.3.19），最后得到

$$\Delta t = \Delta\tau + \frac{2}{c^2}\Delta S\omega + \frac{1}{c^2}\int_{\tau_{A0}}^{\tau_{A1}}[\frac{1}{2}v^2 - gh]d\tau \qquad (12.3.21)$$

这就是搬钟过程所经历的 TAI 间隔，其中 $\Delta\tau$ 是 A 钟搬运前后时钟读数变化量。将计算的 Δt 加到 A 钟搬运前应有的 TAI 读数上，得到 A 钟到达 B 点时所应有的坐标时时刻，该时刻和 B 钟此时对应的坐标时时刻应为坐标同时。式中 $\frac{2}{c^2}\Delta S\omega$ 项称作 Sagnac 项，是旋转大地水准面时空度规中的时空交叉项在搬钟过程中的表现。当 A 钟搬运回原地时，对其返回过程作同样处理。按照往返两段的计算将搬回原地的 A 钟读数和 B 钟读数之间可建立一个坐标同时性的换算关系。

上述过程是对搬钟法作时间比对的原理性叙述，其中关键是对搬钟过程所经历的坐标时间隔的精确计算。搬运过程的模拟误差是影响时间

比对精度的主要原因。例如飞机搬运过程中起飞降落高度变化过程、加速减速过程、实际飞行路径等都有影响。实际搬钟过程有更多的技术细节，以提高时间比对精度。

3. 通过地面无线电信号作时间比对

从 A 地发射长波无线电信号在 B 地接收。这同样是两个事件间的关系——信号离开 A 地和到达 B 地的事件。设信号从 A 地发射瞬间 A 钟的坐标时是 t_A，信号从 A 传输到 B 经历的坐标时间隔 Δt_A。那么与信号到达 B 地事件相应的 A 钟的坐标时读数 $t_A + \Delta t_A$ 应与此时 B 时钟的坐标时 t_B 为坐标同时时刻。Δt_A 中包括几何时延 Δt_N 和各种物理时延 Δt_p。另外，电波从 A 到 B 的传输过程中，地球也在自转，同样有 Sagnac 项的影响。于是有

$$\Delta t_A = \Delta t_N + \Delta t_p + \frac{2}{c^2}\Delta S\omega \qquad (12.3.22)$$

其中

$$\Delta t_N = \frac{1}{c}|\vec{x}_R(t_R) - \vec{x}_E(t_E)| \qquad (12.3.23)$$

$\vec{x}_R(t_R), \vec{x}_E(t_E)$ 分别是发射时刻和接收时刻电波在不旋转地心坐标系中的位置。Δt_p 主要包含引力时延（见§12.5）和介质时延。这里的 Sagnac 项中的 ΔS 代表信号从 A 站到 B 站传输过程中信号的地心向径所扫过的面积在赤道上的投影。通过无线电信号作时间同步的关键是对信号传输过程的坐标时间隔的精确计算。信号传输过程中的误差是影响这种方法比对精度的主要原因。

4. 通过卫星共视法作时间比对

所谓共视法就是两个测站同时接收同一个卫星的时间信号，由（12.3.22）式，两台站测量出的卫星同一信号到达两测站的总传输时延分别为

$$\Delta t_A = \Delta t_{NA} + \Delta t_{pA} + \frac{2}{c^2}\Delta S_A\omega$$

$$\Delta t_B = \Delta t_{NB} + \Delta t_{pA} + \frac{2}{c^2}\Delta S_B\omega$$

两者之差 $\Delta t_{AB} = \Delta t_B - \Delta t_A$，可在一定程度上消除卫星轨道误差对几何时延

计算的影响，以及介质时延、相对论时延计算误差的影响，因此精度要比单向比对的高。如果两地的距离远小于卫星的高度，这几项误差可以大部分被消除，比对精度可以达到几纳秒。

§12.3.4　质心系中的坐标时

与地心系坐标时的秒长定义一样，质心系坐标时秒长定义可以描述为：**在太阳系引力场中，离开太阳无穷远处的静止时钟的原时秒长**。任意时空点的坐标时由时钟的原时经质心系度规（12.2.8）式计算得到，该时间系统称作质心坐标时 TCB。

对于地基天体测量，我们首先获得的是地心系中的坐标时 TCG 或 TT 表示的时间间隔。还需要在地心系坐标时与质心系坐标时之间建立换算关系。为定性说明两类坐标时的关系，我们还是以史瓦西度规为例来说明。在质心系中，史瓦西度规的形式如同（12.3.1）式的形式一样

$$ds^2 = -c^2 d\tau^2 = -c^2(1-\frac{2U}{c^2})dT^2 + (1+\frac{2U}{c^2})d\vec{X}^2 \qquad (12.3.24)$$

只是这里的引力势用太阳系各天体引力势之和

$$U = \sum_i \frac{GM_i}{r_i} \qquad (12.3.25)$$

来取代地心系中地球的引力势 U_E。上式中 M_i 是第 i 引力源的质量，r_i 是时钟到该引力源的欧氏距离。

对于在旋转大地水准面上固定的时钟，其原时间隔和 TCG 的关系为

$$d\tau(W_\oplus^0) = (1-\frac{2W_\oplus^0}{c^2})^{1/2} d(TCG) \qquad (12.3.26)$$

同时，位于大地水准面上时钟的原时在质心惯性坐标系中的度规表达式为

$$d\tau(W_E^0) = [(1-\frac{2U}{c^2})dT^2 - \frac{1}{c^2}(1+\frac{2U}{c^2})d\vec{X}^2]^{1/2} \qquad (12.3.27)$$

这里 $d\vec{X}$ 是一个大地水准面上的时钟在质心系中描述的位移，含有地球自转周日运动和地球轨道周年运动。U 是大地水准面上的时钟所处位置上的太阳系引力场中牛顿引力势。该引力势的常数部分取决于日地间的平均距离，其变化部分由该时钟到引力体的距离变化引起，其中包括：地球自转引起时钟相对于太阳的位置变化、地球日心轨道偏心率引起地球日心距的周年变化、地球到太阳系其他主要引力源距离的变化、日心的

质心距变化等因素。这些变化形成 BCS 度规表达式中的周年主项、周日项和一系列与行星有关的项。上面（12.3.26）式和（13.3.27）式的左端都表示大地水准面上的 SI 钟的原时，因此它们的右端应相等，由此可导出 TCG 和 TCB 的转换关系式。

$$(1-\frac{2W_\oplus^0}{c^2})dt^2 = [(1-\frac{2U}{c^2})dT^2 - \frac{1}{c^2}(1+\frac{2U}{c^2})d\vec{X}^2]^{\frac{1}{2}} \quad （12.3.28）$$

其中 t 表示 TCG，T 表示 TCB。上式是关于 TCG 与 TCB 关系的定性叙述，下面给出具体关系式的主要推导原理。

首先需要描述地固时钟相对于 BCS 的位移 $d\vec{X}$。时钟的周日速度 $\vec{v}$、质心轨道速度 $\vec{v}_E$ 之和构成时钟在 BCS 中的总速度。由此时钟空间坐标的微分为

$$d\vec{X} = (\vec{v}_E + \vec{v})dT$$
$$dX^2 = d\vec{X} \cdot d\vec{X} = [v_E^2 + 2(\vec{v}_E \cdot \vec{v}) + v^2]dT^2$$

所以（12.3.28）右端项成为

$$(1-\frac{2W_\oplus^0}{c^2})dt^2 = [1-\frac{2U(\vec{x})}{c^2} - \frac{1}{c^2}v_E^2 - 2\frac{1}{c^2}(\vec{v}_E \cdot \vec{v}) - \frac{1}{c^2}v^2]dT^2$$

两边开平方

$$(1-\frac{2W_\oplus^0}{c^2})^{\frac{1}{2}}dt = [1-\frac{U(\vec{x})}{c^2} + \frac{1}{2c^2}v_E^2 + \frac{1}{c^2}(\vec{v}_E \cdot \vec{v}) + \frac{1}{2c^2}v^2 + O(c^{-4})]dT$$

忽略上式右端自转速度平方项 $(\frac{v}{c})^2$，并注意到交叉项 $\frac{1}{c^2}(\vec{v}_E \cdot \vec{v})$ 中，$\vec{v}$ 是周日变化的，其积分结果是地面点的地心距矢量和公转速度矢量 $\vec{v}_E$ 的标乘积，这是一个以平太阳日为周期的周日项。另外，忽略地球所受外部天体引潮力，地面点的总势函数 $U(\vec{x})$ 减去地球本身在地面点位的势函数 W_E^0，得到地心处的外部天体引力势函数 $U_{ext}(\vec{x}_E)$，最后上式的积分形式为

$$T = t + \int_{t_0}^{t}[\frac{U_{ext}(\vec{x}_E)}{c^2} + \frac{1}{2c^2}v_E^2]dt + \frac{1}{c^2}\vec{v}_E \cdot (\vec{x} - \vec{x}_E) + O(c^{-4}) \quad （12.3.29）$$

地心处的外部引力势主要受地球的日心距变化的影响，太阳的质心距受到大行星周期的影响，所以含有许多周期项。其中右端第一项的被积函数 $\int_{t_0}^{t}[\frac{U_{ext}(\vec{x}_E)}{c^2} + \frac{1}{2c^2}v_E^2]dt$ 的主要成分是太阳的引力场和地球轨道速度所

致，用开普勒轨道的能量方程

$$\frac{1}{2}v_E^2 = \frac{GM_S}{r_E} - \frac{GM_S}{2a_E}$$ （12.3.30-1）

并将地心的日心距 r_E 用地球平均轨道的半长轴 a_E、偏心率 e_E、偏近点角 E 表示为

$$r_E = a_E(1 - e_E \cos E)$$ （12.3.30-2）

若将式中的偏近点角 E 近似用平近点角 $n_E(t-t_0)$ 取代，于是（12.3.29）中的积分项成为

$$c^{-2}\int_{t_0}^{t}[\frac{GM_S}{r_E} + \frac{1}{2}v_E^2]dt = c^{-2}\int_{t_0}^{t}[\frac{GM_S}{r_E} + \frac{GM_S}{r_E} - \frac{GM_S}{2a_E}]dt$$ （12.3.30-3）

$$= \frac{3GM_S}{2a_E c^2}(t-t_0) + \frac{2GM_S}{c^2 a_E n_E}e_E \sin[n_E(t-t_0)] + ...$$

上式右端第一项是一个尺度项，代入相关的个常数，得

$$L_C = \frac{3GM_S}{2a_E c^2} = 1.48082686741\times10^{-8} \pm 2\times10^{-17}$$ （12.3.30）

这也是一个无量纲量。（12.3.30-3）式的第二项是一个周年项，可计算其振幅为

$$\frac{2GM_S}{a_E n_E c^2}e_E = 1664\mu s$$

最后由（12.3.29）式可得到

$$T - t = TCB - TCG$$

$$= L_C(JD - 2443144.5)\times86400 + \frac{1}{c^2}\vec{v}_E \cdot (\vec{x} - \vec{x}_E) + P$$ （12.3.31）

给出 TCG 和 TCB 间的转换关系。式中 P 含有引力势函数展开式中的各种周期变化部分，其主项是地球椭圆运动造成地心处太阳引力势的变化产生的周年项。上式右端第二项是地球自转运动引起的太阳日周期项，振幅约 $2.1\mu s$。

将（12.3.12）式代入（12.3.31）式，得

$$TCB - TT = TCB - TCG(1 - L_G)$$

$$= (L_G + L_C)(JD - 2443144.5)\times86400 + \frac{1}{c^2}\vec{v}_E \cdot (\vec{x} - \vec{x}_E) + P$$ （12.3.32）

给出 TT 和 TCB 的转换关系。和 TCG 一样，TT 与 TCB 的差异含长期尺度项、周年项、周日项和其他多种周期项。有时也引进尺度符号

$$L_B = L_C + L_G = 1.55051976772 \times 10^{-8} \pm 2 \times 10^{-17} \qquad (12.3.33)$$

和在地心系中定义一个不同于 TCG 秒长的坐标时系统 TT 秒长的情况相类似，历史上也定义一个和 TCB 有不同秒长的质心坐标时 TDB。所定义 TDB 的秒长和 TCB 只相差一个长期尺度因子，和 TT 秒长只相差各种周期项，但没有长期项。如此定义所隐含的天文意义是：TDB 的秒长等于这样一个假想时钟的原时秒长，其所处的引力势恒等于距太阳一个天文单位处的太阳引力势与地球旋转大地水准面上的地球重力势之和，且对 BCS 静止，同一间隔的 TDB 读数和 TCB 读数的关系为

$$d(TBD) = (1 - L_C - L_G)d(TCB)$$

这样，

$$TCB - TDB = (L_G + L_C)(JD - 2443144.5) \times 86400$$
$$TDB - TT = \frac{1}{c^2} \vec{v}_E \cdot (\vec{x} - \vec{x}_E) + P \qquad (12.3.34)$$

可见，TDB 和 TCB 相差一个尺度因子 $L_G + L_C$，这是因为 TCB 秒长是离开太阳系无穷远处（即零引力势处）坐标静止时钟的原时秒，而 TDB 秒长是质心系中一个常数引力势环境下的原时秒长。

建立与坐标时 TCB 不同的 TDB，并不是原理上的需要，它们只是在当时具体历史情况下在实际工作中先于 TCB 而建立的，今天虽然造成某些麻烦，容易误解，但已经造成既成事实，只有在应用时多加小心了。

上面推导中的周期项 P，包括与太阳位置有关的太阳项 P_S，与月球位置有关的月亮项 P_m，与行星 J 位置有关的行星项 $\sum P_J$，以及测站在地球上位置有关的地球项。综合起来可以表示成

$$TDB = TT + \frac{1}{C^2}(P_S + P_m + \sum P_j + \vec{x} \cdot \frac{d\vec{b}_\oplus}{dt}) \qquad (12.3.35)$$

其中 $\vec{x}$ 是测站的地心矢量，$\vec{b}_\oplus$ 是地心的质心矢量。式中

$$\frac{1}{C^2} P_S = 1656.70 \sin g + 13.84 \sin 2g + 0.17 \sin 3g + \cdots (\mu s) \qquad (12.3.36)$$

g 是地球在其轨道上的平近点角

$$g = 357°.53 + 0°.98560028(JD - 2451545.0) \qquad (13.3.37)$$

$$\frac{1}{C^2} P_m = 1.55 \sin(L_m - L_S)(\mu s) \qquad (12.3.38)$$

中，L_m、L_S 是月亮和太阳的平黄经；行星项中只需要考虑土星和木星，

其余行星的影响可忽略

$$\frac{1}{C^2}P_{sa} = 2.45\sin M_{sa} + 0.07\sin 2M_{sa}$$
$$+ 4.59\sin(L_S - L_{sa}) + 0.26\sin(L_S - L_{sa} - M_{sa})$$

（12.3.39）

$$\frac{1}{C^2}P_{ju} = 5.22\sin M_{ju} + 0.13\sin 2M_{ju}$$
$$+ 20.76\sin(L_S - L_{ju}) + 1.00\sin(L_S - L_{ju} - M_{ju})$$

$$\frac{1}{C^2}\vec{X} \cdot \frac{d\vec{b}_\oplus}{dt} = \xi[2.0265\sin(2\pi UT1 + \lambda_g)$$
$$+ 0.0339\sin(2\pi UT1 - M_S + \lambda_g) - 0.0872\sin(2\pi UT1 + 2L_S + \lambda_g)$$
$$- 0.0015\sin(2\pi UT1 + 2L_S + M_S + \lambda_g)] - \eta[0.8408\cos L_S$$
$$+ 0.0140\cos(L_S + M_S)]$$

（12.3.40）

上式中，

$$\xi = F\cos\varphi_g$$
$$\eta = F(1-f)^2\sin\varphi_g$$
$$F = [\cos^2\varphi_g + (1-f)^2\sin^2\varphi_g]^{-\frac{1}{2}}$$

（12.3.41）

λ_g、φ_g 是大地水准面上一点的地理经纬度。由（12.3.35）式、（12.3.36）式、（12.3.38）式、（12.3.39）式、（12.3.40）式给出 TT 和 TCB 的差异的表达式。

在地心系坐标时和质心系坐标时的比较中，既然两者之差含有许多周期项，很容易会提出一个问题：哪个时间系统更均匀？根据（12.3.32）式，有的文献中将 TT 表示为均匀的时间系统，而 TCB 相对于 TT 除了含有尺度差之外，还含有多种周期变化，TDB 则只含有周期变化。这样的表示方法在概念上是不准确的。在近地空间中的一系列时钟，按照地心系度规将地固钟原时换算成地心坐标时后，所有时钟之间可建立同时性。同样其他行星上的时钟的原时按照该行星的"星心系"度规换算成星心坐标时后也可建立星心的坐标同时性。但是不同行星的星心坐标时之间并不能建立同时性，需要将各行星的星心坐标时换算到 TCB，才能在太阳系范围内所有时钟之间建立同时性。不同的坐标系内，有不同的坐标同时性，它们适用于不同的范围。不存在谁更均匀的问题。

§12.3.5　关于原时和坐标时的小结

上述我们对原时和坐标时概念的解读，看起来和相对论中的基本概念有明显差别，也许这是最有争议的。其实我们认为两者并不矛盾，因为两者表达的不是同一个问题。相对论强调物理定律的普适性，而物理定律的实验证明是在本地系中进行的，需要着重在本地局部系统中讨论问题，从时间物理量和其他物理量之间关系来阐述，强调不同物理量之间关系的不变性。我们所解读的天体测量中的相对论问题，要从全局坐标系中看待不同时钟的不同行为特征，强调的是时钟行为的外部差异。任何天体测量事件总是涉及观测目标和观测者的，因此必须在全局坐标系中描述，也就必须处理不同局部系中的时钟在全局系中的行为差异。理解了这一点，许多疑问就可迎刃而解。通过对时间概念的解读，我们最重要的体会是，**不能将一个学科中的特定概念直接套用到另一学科的特定问题中，在引进相邻学科的概念和结论时，必须紧密结合本学科的理论基础和实际工作流程。**

§12.3.6　频率的观测

频率中的相对论效应和时间中的相对论效应是同一机制－相对论时间膨胀效应，在不同观测量中的反映。一个频率源就是一个时钟。观测者对远方的一个频率源振荡频率的观测，相当于用自己时钟的原时来量度另一处的时钟的原时。假定一个天体的频率信号，用该天体的本地原时度量周期为 $d\tau_s$。观测者用自己的本地时钟作标准，观测得到相应的周期是 $d\tau_O$。这两个原时间隔读数的比较没有意义。需要换算到某坐标系的坐标时间隔作为中介才能比较。

对于史瓦西场，天体 S 处和观测者 O 处的原时间隔和某坐标时间隔的关系为

$$
d\tau_s = (1 - \frac{GM}{c^2 r_s} - \frac{v_s^2}{2c^2})dt_s
$$
$$
d\tau_O = (1 - \frac{GM}{c^2 r_O} - \frac{v_O^2}{2c^2})dt_O
$$

（12.3.42）

其中 M 是某引力源的质量，$\vec{v}_s, \vec{v}_O$ 分别是信号源和观测者的坐标速度矢量。由此，通过坐标时 t 在 $d\tau_s$ 和 $d\tau_O$ 之间建立起联系

$$\frac{d\tau_S}{d\tau_O} = \frac{(1 - \frac{GM}{c^2 r_s} - \frac{v_s^2}{2c^2})dt_s}{(1 - \frac{GM}{c^2 r_o} - \frac{v_o^2}{2c^2})dt_o} \qquad (12.3.43)$$

$$= [1 - \frac{GM}{c^2}(\frac{1}{r_s} - \frac{1}{r_o}) - \frac{1}{2c^2}(v_s^2 - v_o^2) - O(c^{-4})]\frac{dt_s}{dt_o}$$

其中 r_s, r_o 分别是光源和观测者到引力体的欧氏距离。现在需要推导出两

处的坐标时间隔的关系 $\frac{dt_s}{dt_o}$。我们在一个惯性系中看光子离开光源传向

观测者的过程，其速度在视向投影的牛顿近似为：光子离开光源的速度

为 $c + \vec{v}_s \cdot \vec{k}$，光子接近观测者的速度为 $c + \vec{v}_o \cdot \vec{k}$。因此在光源处传出一个

波和观测者收到一个波的周期之比为

$$\frac{dt_s}{dt_o} = \frac{c + \vec{v}_o \cdot \vec{k}}{c + \vec{v}_s \cdot \vec{k}} \qquad (12.3.44)$$

$$= 1 - \frac{1}{c}(\vec{v}_s - \vec{v}_o) \cdot \vec{k} - \frac{1}{c^2}(\vec{v}_s \cdot \vec{k})(\vec{v}_o \cdot \vec{k}) + \frac{1}{c^2}(\vec{v}_s \cdot \vec{k})^2 + O(c^{-3})$$

将（12.4.44）式代入（12.4.43）式，得到

$$\frac{d\tau_S}{d\tau_O} = 1 - \frac{1}{c}(\vec{v}_s - \vec{v}_o) \cdot \vec{k} - \frac{1}{c^2}(\vec{v}_s \cdot \vec{k})(\vec{v}_o \cdot \vec{k}) + \frac{1}{c^2}(\vec{v}_s \cdot \vec{k})^2$$

$$- \frac{GM}{c^2}(\frac{1}{r_s} - \frac{1}{r_o}) - \frac{1}{2c^2}(v_s^2 - v_o^2) + O(c^{-3}) \qquad (12.3.45)$$

于是

$$\frac{f_s}{f_o} = \frac{d\tau_O}{d\tau_S}$$

$$= 1 + \frac{1}{c}(\vec{v}_s - \vec{v}_o) \cdot \vec{k} - \frac{1}{c^2}(\vec{v}_s \cdot \vec{k})(\vec{v}_o \cdot \vec{k}) + \frac{1}{c^2}(\vec{v}_o \cdot \vec{k})^2$$

$$+ \frac{1}{2c^2}(v_s^2 - v_o^2) + \frac{GM}{c^2}(\frac{1}{r_s} - \frac{1}{r_o}) + O(c^{-3}) \qquad (12.3.46)$$

$$= 1 + Z_1 + Z_2 + Z_3 + O(c^{-3})$$

式中

$$Z_1 = \frac{1}{c}(\vec{v}_s - \vec{v}_o) \cdot \vec{k} - \frac{1}{c^2}(\vec{v}_s \cdot \vec{k})(\vec{v}_o \cdot \vec{k}) + \frac{1}{c^2}(\vec{v}_o \cdot \vec{k})^2$$

$$Z_2 = \frac{1}{2c^2}(v_s^2 - v_o^2) \qquad (12.3.47)$$

$$Z_3 = \frac{GM}{c^2}(\frac{1}{r_s} - \frac{1}{r_o})$$

其中

Z_1 是经典多普勒频移，以往的展开式只取到一阶小量，但在一阶后牛顿精度下，应该取到二阶小量。

Z_2 是狭义相对论频移，只和速度的大小有关，和速度的方向无关。

Z_3 是引力红移项，这里给出的是一个引力源的表达式。对太阳系外目标天体至少要考虑两个引力源—目标天体本身引力和太阳引力。对于多引力源情况，在一阶后牛顿精度下，取各引力源的 Z_3 项之和。

这里还需要讨论参考坐标系在其中的作用。f_O 是本地观测频率，f_S 是光源的固有频率，它们都应该和坐标系无关。但（12.3.47）式中的 Z_1, Z_2 项都和光源及观测者的坐标速度有关。为此作下列推导：

若取和观测者随动的坐标系为参考坐标系 $[O]$，这样，$v_O = 0$，光源的运动速度是光源相对于观测者的合成速度 $\vec{v} = \vec{v}_s - \vec{v}_o$。令相对于这个参考系的目标天体的坐标方向为 $\vec{k}$，按照上面同样推导，可分别得到

$$\frac{d\tau_S}{d\tau_O} = 1 - \frac{1}{c}\vec{v}\cdot\vec{k} + \frac{1}{c^2}(\vec{v}\cdot\vec{k})^2 - \frac{1}{2c^2}v^2 - \frac{GM}{c^2}(\frac{1}{r_s} - \frac{1}{r_o}) + O(c^{-3})$$

$$\frac{f_S}{f_O} = 1 + \frac{1}{c}\vec{v}\cdot\vec{k} + \frac{1}{2c^2}v^2 + \frac{GM}{c^2}(\frac{1}{r_s} - \frac{1}{r_o}) = 1 + Z_1 + Z_2 + Z_3 \qquad （12.3.48）$$

$$Z_1 = \frac{1}{c}\vec{v}\cdot\vec{k} \qquad Z_2 = \frac{1}{2c^2}v^2 \qquad Z_3 = \frac{GM}{c^2}(\frac{1}{r_s} - \frac{1}{r_o})$$

若取和光源随动的坐标系为参考坐标系 $[S]$，这时，$v_s = 0$，与上面的假设相比观测者的坐标速度是两者相对速度的反号 $-\vec{v}$，并且光源的方向矢量变为 $\vec{k}'$。同样推导得（见（12.4.2）式）

$$\frac{f_S}{f_O} = 1 + \frac{1}{c}\vec{v}\cdot\vec{k}' + \frac{1}{c^2}(\vec{v}\cdot\vec{k}')^2 - \frac{1}{2c^2}v^2 + \frac{GM}{c^2}(\frac{1}{r_s} - \frac{1}{r_o}) \qquad （12.3.49）$$

由于参考系 $[S]$ 相对于 $[O]$ 具有速度 $\vec{v}$，因此 $\vec{k}'$ 相对于 $\vec{k}$ 的差异为二者的相对光行差

$$\vec{k}' = \vec{k} + \frac{1}{c}\vec{v} - \frac{1}{c}(\vec{v}\cdot\vec{k})\vec{k} \qquad （12.3.50）$$

将（12.3.50）代入（12.3.49）得

$$\frac{f_S}{f_O} = 1 + \frac{1}{c}\vec{v}\cdot(\vec{k} + \frac{1}{c}\vec{v} - \frac{1}{c}(\vec{v}\cdot\vec{k})\vec{k}) + \frac{1}{c^2}(\vec{v}\cdot\vec{k}')^2 - \frac{1}{2c^2}v^2 + \frac{GM}{c^2}(\frac{1}{r_s} - \frac{1}{r_o})$$

$$= 1 + \frac{1}{c}\vec{v}\cdot\vec{k} + \frac{1}{2c^2}v^2 + \frac{GM}{c^2}(\frac{1}{r_s} - \frac{1}{r_o})$$

这结果和（12.3.48）中的 $\dfrac{f_S}{f_O}$ 表达式完全一致。这证实了频率漂移的观测结果和所借用为中介的参考坐标系无关。（12.3.48）式是参考于观测者本地坐标系的表达式，光源的方向矢量采用观测者本地坐标系的坐标方向（即观测得到的本征方向），频率漂移中的多普勒项只和光源与观测者的相对视向速度有关，狭义相对论项只和相对速度的平方有关。若相对于其他任何参考系描述，光源的方向应采用该参考系中的坐标方向，如此推导的最后结果将和参考坐标系无关。所以（12.3.48）式应是一个更为合适的表达式。这里的多普勒频移是视向速度的一阶项，光源远离观测者导致红移。狭义相对论频移是相对速度平方的函数，与速度的方向无关，总是导致红移，将其称为横向多普勒似乎不太确切。

§12.4　方向观测中的本地效应

在本书中，我们将光子传输路径的引力弯曲和光子传输时间的引力时延都归类于传输过程中的相对论效应，它们是在光子传输整个过程中的积分效应。直接观测得到的方向称为观测方向，由两个横向的角度所表征。观测方向受到介质和引力场中传输效应的影响。引力的传输效应使得天体的观测方向以太阳为对称中心朝着离开太阳的方向偏移。通常将观测方向消除介质折射效应后的结果称作本征方向，将本征方向消除引力弯曲效应后的结果称作自然方向。遥远天体的自然方向是所观测的光子在进入太阳系之前的传播方向的反向。本书是将相对论效应作为欧氏空间中观测量的修正量来解读的，光子路径的介质折射效应和引力弯曲效应，在欧氏空间中的表现非常相似，为简化表述，不引进自然方向的术语，将消除了整个传输效应影响后所得的方向称为本征方向。本征方向是坐标运动的观测者在其本征系中描述的天体方向，而同时同地但坐标静止观测者在参考系中描述的方向称为（站心）坐标方向。本征方向相对于坐标方向的偏移称为光行差位移。光行差效应使得天体的本征方向朝着观测者运动速度指向点方向会聚。上述两种效应使得天体观测方向和本征方向框架所表征的球面坐标网格都产生形变而不均匀，并且这种形变是时变的。本节从狭义相对论出发讨论本征方向和坐标方向间的关系。

设惯性坐标系$[p]$相对于惯性坐标系$[P]$具有瞬时速度$\vec{v}$，四维空间中一个点在这两个坐标系中坐标的变换（洛仑兹变换）的矢量形式如（12.2.13）或（12.2.14）式。

如果（12.2.13）式中的坐标量代表光子到达事件的时空坐标，$\dfrac{d\vec{x}}{dt}, \dfrac{d\vec{X}}{dT}$就分别代表在坐标系$[p],[P]$中看到的光子到来的方向矢量。在真空中的惯性系中，光子速度恒等于c，所以两坐标系中看到的同一目标的方向矢量分别为

$$\vec{k} = -\frac{d\vec{x}}{cdt}, \qquad \vec{K} = -\frac{d\vec{X}}{cdT} \qquad （12.4.1）$$

将（12.2.14）式中的两式相除并将（12.4.1）式代入得

$$\vec{k} = \frac{\vec{K} + \dfrac{\sigma^2 \vec{v} \cdot \vec{K}}{c^2(\sigma+1)}\vec{v} + \sigma\dfrac{\vec{v}}{c}}{\sigma(1+\dfrac{1}{c}\vec{v}\cdot\vec{K})} = (1+\frac{1}{c}\vec{v}\cdot\vec{K})^{-1}[\frac{\vec{K}}{\sigma} + \frac{1}{c}\vec{v} + \frac{\sigma(\vec{v}\cdot\vec{K})}{c^2(\sigma+1)}\vec{v}]$$

$$= \vec{K} - \frac{1}{c}[(\vec{v}\cdot\vec{K})\vec{K} - \vec{v}] + \frac{1}{c^2}[(\vec{v}\cdot\vec{K})^2\vec{K} - \frac{v^2}{2}\vec{K} - \frac{(\vec{v}\cdot\vec{K})}{2}\vec{v}]$$

由上式给出$\vec{k} - \vec{K} = \Delta\vec{k}$，若将其展开取到$\dfrac{v}{c}$的一次项，得到光行差位移量的牛顿形式

$$\Delta\vec{k} = \vec{k} - \vec{K} = -[\frac{1}{c}(\vec{v}\cdot\vec{K})\vec{K} - \frac{1}{c}\vec{v}] = \frac{1}{c}(\vec{K}\times\vec{v})\times\vec{K} \qquad （12.4.2）$$

其精确到$(\dfrac{v}{c})^2$的一阶后牛顿形式为

$$\Delta\vec{k} = \vec{k} - \vec{K} = \frac{1}{c}(\vec{K}\times\vec{v})\times\vec{K} + \frac{1}{c^2}[(\vec{v}\cdot\vec{K})^2\vec{K} - \frac{v^2}{2}\vec{K} - \frac{(\vec{v}\cdot\vec{K})}{2}\vec{v}] \qquad （12.4.3）$$

如果从地基观测者得到的本征方向出发，推导到假想质心系静止观测者看到的方向，涉及地球自转速度和轨道速度。牛顿光行差是速度的线性函数，不同运动分量分别计算后再相加，与用合成速度直接计算是等价的。但对于后牛顿表达式，两种计算并不等价，两种算法的差异最大可达到0.1mas。严格的计算应当先将不同的速度分量合成后代入（12.4.3）式。对于有其他运动形式的观测者，如车船、飞机、卫星或飞船上的观测者，若要计算其坐标方向，需要先将观测者的各种速度进行矢量合成。

在方向问题上，牛顿理论下的光行差和相对论推导的光行差表达式只相差高阶项。在不同的参考系中描述的光行差现象，已在第二章中作了详细叙述。

§12.5　信号传输中的相对论效应

§12.5.1　引力时延

对于史瓦西度规

$$-c^2 d\tau^2 = -c^2(1-\frac{2U}{c^2})dt^2 + (1+\frac{2U}{c^2})d\vec{x}^2 \tag{12.5.1}$$

考虑光子的传输方向和天体的坐标方向相反，于是由上式可得一级近似的表达式

$$\frac{1}{c}\frac{|d\vec{x}|}{dt} = -(1-\frac{2U}{c^2}) = -(1-\frac{2m}{r})$$
$$c\frac{dt}{|d\vec{x}|} = -(1+\frac{2U}{c^2}) = -(1+\frac{2m}{r}) \tag{12.5.2}$$

此式给出引力场中瞬间光速和真空光速的关系，将其积分

$$c\Delta t = \int_{x_S}^{x_O} -(1+\frac{2m}{r})dx = (x_S - x_O) + \int_{x_s}^{x_o}\frac{2m}{r}dx \tag{12.5.3}$$

令目标到观测者的欧氏距离 ρ，和方向矢量 $\vec{k}$，

$$\rho = (x_S - x_O)$$
$$\vec{k} = <\vec{r}_S - \vec{r}_O> \tag{12.5.4}$$

并设 q 为引力中心到光子最接近引力中心处的距离，则光子瞬时位置到引力中心的距离为 $r = (x^2 + q^2)^{1/2}$，代入上式得

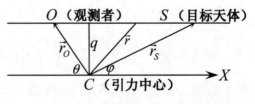

图 12.5.1　光子传输过程的几何关系

$$\Delta t = \frac{\rho}{c} + \frac{2m}{c}\int_{x_O}^{x_S}\frac{dx}{(x^2+q^2)^{1/2}} \tag{12.5.5}$$

上式右端前一项为几何时延 Δt_N，即真空中的光行时，后一项为引力时延 Δt_{Gra}。将（12.5.4）积分，得到

$$\Delta t_{Gra} = \frac{2m}{c}(\text{sh}^{-1}\frac{x_S}{q} - \text{sh}^{-1}\frac{x_O}{q}) \qquad (12.5.6)$$

其中反双曲正弦函数

$$\text{sh}^{-1}\frac{x_S}{q} = \ln[\frac{x_S}{q} + \sqrt{1+(\frac{x_S}{q})^2}] = \ln\frac{x_S + r}{q}$$
$$\text{sh}^{-1}\frac{x_O}{q} = \ln[\frac{x_O}{q} + \sqrt{1+(\frac{x_O}{q})^2}] = \ln\frac{x_O + r}{q} \qquad (12.5.7)$$

将其代入（12.5.6）式，得

$$\Delta t_{Gra} = \frac{2m}{c}\ln\frac{x_s + r_S}{x_O + r_S} = \frac{2m}{c}\ln\frac{\vec{r}_s \cdot \vec{k} + r_S}{\vec{r}_O \cdot \vec{k} + r_O} \qquad (12.5.8)$$

又从图（12.5.1）中的定义和（12.5.4）式，
于是得

$$\Delta t_{Gra} = \frac{2m}{c}\ln\frac{r_s + r_O + \rho}{r_s + r_O - \rho} = \frac{2GM}{c^3}\ln\frac{r_s + r_O + \rho}{r_s + r_O - \rho} \qquad (12.5.9)$$

（12.5.8）式和（12.5.9）式就是常用的有限远目标到观测者因一个引力源产生的引力时延一阶后牛顿形式。它是引力源 GM 的线性函数，所以对于多引力源的引力场，引力时延可表示为各引力源单独计算的引力时延之和。

作为一种特例，讨论光源本身引力场的对其发出的信号的传输时延问题，例如太阳对太阳光传输的速度减慢效应。此时（12.5.4）式中的 $q=0$，设太阳半径是 $d \approx 7 \times 10^5 \text{km}$，太阳表面离开观测者最近点作为发光点，其日心坐标为 $-d$，观测者的日心距 $\rho = 1.5 \times 10^8 km$，其日心坐标为 $-\rho$，于是得

$$\Delta t_{Gra} = \frac{2m}{c}\int_{x_O}^{x_S}\frac{dx}{x} = \frac{2m}{c}(\ln x_S - \ln x_O) = \frac{2m}{c}(-\ln d + \ln\rho) = \frac{2m}{c}\ln\frac{\rho}{d} \approx 54\mu S$$

若采用（12.5.9）式，其中 $r=d$，$r_O = \rho + r$，可得同样结果。如果发光点在太样圆盘的最边缘，这时 $r_O = \rho$，得 $\Delta t_{Gra} = \frac{2m}{c}\ln\frac{2\rho}{d} \approx 61\mu S$。所以对于大行星发出的信号，需要考虑光源自身引力产生的引力时延。对于木星，其引力半径约为太阳的千分之一。因此木星对其自身发出的信号的传输

时延约几十纳秒量级。

对于太阳系以外的遥远天体，不宜应用（12.5.8）式和（12.5.9）式计算引力时延。这是因为太阳系以外天体传来的信号，在太阳系以外传播路径上所经过的引力场并不是太阳系引力场的延伸，而是其他天体引力场作用的综合结果，其实际情况一般难以描述而且是长期不变的。由于太阳系质心在外部引力场中自由下落，如§12.2 所述，在讨论太阳系内部引力场中的动力学关系时，可将外部空间看作是平直的。也就是认为遥远天体发来的光子是从平直空间进入太阳系的。为导出遥远光源在太阳系内的引力时延表达式，考虑（12.5.8）式中，$r_S \gg r_o$（例如，即使对离开太阳系最近的恒星，r_o / r_S 也仅有 10^{-5} 量级，舍去其高阶项对于引力时延计算值的影响小于 $10^{-14} s$，可以忽略）。并且，考虑到在引力时延计算中，遥远目标的自行和视差的影响可以忽略，不需要区分目标天体的质心方向和站心方向，于是

$$\rho = |\vec{r}_S - \vec{r}_o| \approx r_S - \vec{k} \cdot \vec{r}_o$$

将其代入（12.5.9）式得

$$\Delta t_{Gra} = \frac{2m}{c} \ln \frac{2r_s + r_o - \vec{k} \cdot \vec{r}_o}{r_o + \vec{k} \cdot \vec{r}_o} \qquad (12.5.10)$$

$$\approx \frac{2m}{c} [\ln 2r_s - \ln(r_o + \vec{k} \cdot \vec{r}_o)] = \Delta t_{out} + \Delta t_{in}$$

其中

$$\Delta t_{out} = \frac{2m}{c} \ln(2r_S),$$
$$\Delta t_{in} = -\frac{2m}{c} \ln(r_o + \vec{k} \cdot \vec{r}_o) \qquad (12.5.11)$$

这是遥远目标（如脉冲星）引力时延的计算公式，其中前者只和光源的距离有关，和观测者无关，是引力时延中的未知常数项，可将其计入总光行时或不予考虑。后者只和观测者相对于引力源的位置以及光源的方向有关，而和光源的距离无关，它描述遥远信号在太阳系内传播中的引力时延。对于有限远的光源，（12.5.9）式中求对数的分式 $\dfrac{r_s + r_o + \rho}{r_s + r_o - \rho}$ 是无量纲数值。但对（12.5.11）式，此分式的分子和分母分别计算并且分别处理，在单独计算 Δt_{in} 情况下，$(r_o + \vec{k} \cdot \vec{r}_o)$ 是有长度量纲的量，取不同量

纲就有不同的 Δt_{in} 计算值。但这种差异作为常量包含在 Δt_{out} 中。r_O 的量纲最方便可取天文单位 A。这时，当目标光源位于太阳边缘方向，引力时延计算值 Δt_{in} 最大，约 110 微秒。若目标和引力源对观测者成 90°张角时，Δt_{in} 计算值为 0。若目标和引力源对观测者成 180°张角时，Δt_{in} 计算值为 -7μs，引力时延为负值显然是不合理的。这是从（12.5.9）推导的结果，是在各向同性坐标中导出的。如果从史瓦西标准坐标推导，遥远目标天体的引力时延表达式为

$$\Delta t_{in} = \frac{2m}{c}[\frac{1}{2r_o}\vec{k}\cdot\vec{r}_o - \ln(r_o + \vec{k}\cdot\vec{r}_o)] \qquad （12.5.12）$$

和（12.5.11）相比，当目标在太阳边缘方向时，Δt_{in} 计算结果变化很小。在 90°张角情况下不变。在相差 180°时约为 $-2\mu s$。

上述引力时延计算表达式的推导是在太阳系质心坐标系中进行的。对于人造卫星，其运动在地心系中描述，太阳引力场作为引潮力，在引力时延的计算中只需考虑地球引力场。

§12.5.2　光子传播路径的引力弯曲

和引力时延相不同，引力弯曲是光速方向变化的积分结果。引力弯曲量是假定在无介质情况下，光线进入太阳系引力场之前的方向和到达观测者时的方向之间的总偏转量。

设天体在某瞬间相对于观测者在参考坐标系中的坐标方向为 $\vec{k}$，其欧氏模为 ρ，光子到达观测者时的到达方向为 $\vec{e}$，用

$$\vec{\sigma} = \vec{e} - \vec{k} \qquad （12.5.13）$$

表达引力对传输方向的影响。

图 12.5.2 中，X 轴从引力中心指向目标天体的坐标方向，图平面是观测者 O、引力中心 C 和目标天体 S 构成的平面，Y 轴是图平面内垂直于 X 的方向，Z 垂直于图平面，并且 X、Y、Z 构成右手系。光线的引力弯曲是沿着 Y

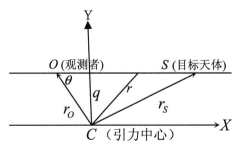

图 12.5.2　光子轨迹的引力弯曲

轴的负方向发生的。和计算引力时延的公式中一样，符号 $\vec{r}_s, \vec{r}_o$ 分别表示目标天体和观测者的相对于引力中心的位置矢量，q 是引力中心对光子轨迹的垂足到引力中心的距离，沿 $-Y$ 方向度量。由图 12.5.2，$-\vec{q} = \vec{k} \times (\vec{k} \times \vec{r}_o)$，Y 轴负方向的单位矢量可表示成 $\frac{1}{q}\vec{k} \times (\vec{k} \times \vec{r}_o)$，光线弯曲量的矢量表达式为

$$\vec{\sigma} = \frac{2m}{q^2}[\frac{x_o}{r_o} + \frac{r_o - r_s}{\rho}]\vec{k} \times (\vec{k} \times \vec{r}_o)$$

$$= \frac{2m}{r_o^2 - (\vec{r}_o \cdot \vec{k})^2}[\frac{\vec{r}_o \cdot \vec{k}}{r_o} + \frac{r_o - r_s}{\rho}]\vec{k} \times (\vec{k} \times \vec{r}_o) \tag{12.5.14}$$

这是相对于引力源，从有限远光源到有限远观测者情况下的引力弯曲。对于太阳系外目标天体，即从无限到有限，$r_s \approx \rho \to \infty$，上式变成

$$\vec{\sigma} = \frac{2m}{r_o^2 - (\vec{r}_o \cdot \vec{k})^2}[\frac{\vec{r}_o \cdot \vec{k}}{r_o} - 1]\vec{k} \times (\vec{k} \times \vec{r}_o)$$

$$= -\frac{2m}{r_o(r_o + \vec{r}_o \cdot \vec{k})}\vec{k} \times (\vec{k} \times \vec{r}_o) \tag{12.5.15}$$

将

$$\vec{r}_o \cdot \vec{k} = -r_o \cos\theta, \qquad |\vec{r}_o \times \vec{k}| = r_o \sin\theta$$

代入（12.5.16）式，得到其标量形式

$$\sigma = \frac{2m}{r_o}\cot(\frac{\theta}{2}) \tag{12.5.16}$$

光子在引力场中传输的引力弯曲上述公式的详细推导过程见参考文献[10]152-160 页。

在地球轨道上，$\sigma = 0''.00412\cot(\frac{\theta}{2})$。式中 θ 是引力中心和目标天体在观测者处的张角。在太阳边缘方向，遥远天体的光线弯曲总量约 $1''.7$。

上面推导中给出的 σ 角，是光子出发的方向和到达方向之间的总偏转。对于近距天体，光子的出发方向的反向并不等同于天体的坐标方向。这和近距天体的大气折射效应产生一个折射视差角类似（见§2.4.3），也应有一个引力偏转视差角。对于行星距离尺度上的光源，光线到达地球上观测者处产生的光线引力偏转视差角是其 σ 的几分之一，这是一个很小的量，对于传统的光学观测远不足以检测出来。如果 Gaia 观测太阳系

内天体，该因素对观测结果的影响可能需要考虑。对于遥远光源，没有这项影响。

§12.6 相对论在天体测量中应用举例

天体测量的基本过程包括观测量的获取和观测量的解析两大部分。观测量的解析就是将观测量表达成各种物理的或数学的模型，尽可能准确地解释观测量中的各种变化分量。天体测量中的相对论就是在解析过程中应用的。本节以天体测量有代表性的测量结果的解析为例，进一步说明哪些方面涉及相对论，需要建立哪种模型来模拟这些与相对论有关的变化。VLBI 是现代天体测量中精度最高、能解算的参数最广的的技术，几乎涉及天体测量中全部理论问题。所以后面我们首先以 VLBI 测量数据为例进行解析，同时也考虑其他测量技术的特别问题。

§12.6.1 VLBI 天体测量

1. VLBI 时延的属性

VLBI 的观测原理表达式通常写成

$$\Delta\tau = -\frac{1}{c}\vec{b}\cdot\vec{k} \tag{12.6.1}$$

的形式。其中 $\vec{b}$ 是基线矢量，其方向从参考站出发指向远端站；$\vec{k}$ 是观测的河外射电源的坐标方向矢量；$\Delta\tau$ 称作时延，是同一目标信号波前到达两站的时刻差，定义为远端站到达时刻减去参考站到达时刻。

首先讨论 $\Delta\tau$ 是原时间隔还是坐标时间隔。有些文献中认为观测得到的 $\Delta\tau$ 是原时间隔，因为这是由测站的时钟读数得到的。但是，VLBI 的观测不是在无穷小的本征系中进行的，VLBI 观测涉及遥远的目标天体和相距数千千米的两个测站，这些量之间的几何关系只能在一个全局性的坐标系中描述。所以（12.6.1）式的左端一定要用坐标时间隔表达。对此有些文献中说，应该把观测的原时间隔换算成坐标时间隔代入方程左端。这也是不正确的。关键在于 VLBI 的观测量本身就不可能是原时间隔。在本章一开始的讨论中已经说明，描述两个事件发生的时间间隔，如果用原时描述，只能是一个时钟的世界线上两个时空点的间隔，就是一个时钟先后经历这两个事件。但 VLBI 的 $\Delta\tau$ 是两个时钟的读数之差，两个不同世界线上时钟原时之间的比较是没有意义的。事实上，VLBI 测站的时钟都属于工作钟性质，它们通过各种手段经常保持和 TT 比对，给出各自时钟的时刻改正和速度改正曲线，在应用时将其内插到观测瞬间。因此它们的读数就成为 TT 在本地的体现。这样 VLBI 的观测结果本身就是 TT 的时间间隔，不需要也不应该再进行原时到坐标时的转换。在进行坐标变换前，应先将 TT 记录的时间间隔换算成用 TCG 表示的时间间隔，如（12.3.13）式所示。为避免混淆，本章后面将不再使用 $\Delta\tau$ 的符号来代表 VLBI 观测量，而采用 Δt 或 ΔT，它们分别表示在 GCS 和 BCS 中描述的时延。

2. 无穷远目标观测时延的描述

对于无穷远目标，即所谓的"平面波"观测，常见的 VLBI 基本表达式

$$\Delta t = -\frac{1}{c}\vec{b}\cdot\vec{k} + \Delta t_{med} + \Delta t_{gra} \qquad (12.6.2)$$

其中未加说明的限制条件是：$\vec{b}$ 是由两个信号到达事件的空间坐标之差定义的动态基线，$\vec{k}$ 是与 $\vec{b}$ 在同一坐标系中表达的射电源的坐标方向。

Δt 习惯上称为观测时延，$-\frac{1}{c}\vec{b}\cdot\vec{k}$ 表示在真空的平直空间内射电源同一信号到达两端测站的时间间隔，本书将其称作几何时延，以 $\Delta t_g(\vec{b})$ 表示。$\Delta t_g(\vec{b})$ 不同于假想的真空无引力环境下对同一目标的观测时延。我们的解析将从（12.6.2）式展开。

在下面的解析中，小写英文字母表示地心系 GCS 中的量，大写字母表示质心系 BCS 中的量，下标 o 表示观测者，1 代表 VLBI 参考站，2 代表远端站，箭号表示三维矢量，无箭号相应的符号表示矢量的欧氏模。

$\vec{v}$，$\vec{V}$ ——分别是远端站相对于地心系的瞬时速度和地心在质心系中的瞬时速度。

$\vec{b}$，$\vec{B}$ ——分别表示在地心系和质心系中描述的与观测时延相应的"动态基线"。动态基线两端点的空间坐标对应于不同的坐标时刻

$$\vec{b} = \vec{x}_2(t_2) - \vec{x}_1(t_1)$$
$$\vec{B} = \vec{X}_2(T_2) - \vec{X}_1(T_1)$$

又将

$$\vec{b}_0 = \vec{x}_2(t_1) - \vec{x}_1(t_1)$$
$$\vec{B}_0 = \vec{X}_2(T_1) - \vec{X}_1(T_1)$$

（12.6.3）

称作静态基线

$\vec{r}$ —地固系中测站的地心三维坐标。

$\vec{k}, \vec{K}$ —分别是目标天体在地心系和质心系中的坐标方向。

3. 地心系与质心系的坐标变换

（1）在地心系中表达的观测方程。

在地心系中，几何时延可表示为

$$\Delta t_g(\vec{b}) = -\frac{1}{c}\vec{k} \cdot \vec{b}$$

（12.6.4）

式中动态基线 $\vec{b}$ 并不是事先已知的量，因为决定基线的测站坐标是在地固系中给出的 $\vec{r}_i$，经地球姿态变换到地心天球系中表示的 $\vec{x}_i$

$$\vec{r}_i = [E]\begin{pmatrix} l_i \\ m_i \\ n_i \end{pmatrix} = [N]\vec{R}(x_p(t_1), y_p(t_1), \theta(t_1))\begin{pmatrix} l_i \\ m_i \\ n_i \end{pmatrix} = \vec{x}_i(t_1)$$

（12.6.5）

这里 $\vec{R}(x_p(t_1), y_p(t_1), \theta(t_1))$ 是地球姿态的总旋转矩阵，t_1 是信号到达参考站时刻的参考站钟读数的读数，$x_p(t_1), y_p(t_1), \theta(t_1)$ 分别是为 t_1 瞬间对应的地极坐标和地球自转角。动态基线和静态基线的差异在于远端站在 $\Delta t = t_2 - t_1$ 时段内的位移，该时段包含介质时延和引力时延，这些附加时延对动态基线有不同的影响，需分别处理。这样，地心天球系中的动态基线应表示成

$$\vec{b} = \vec{x}_2(t_2) - \vec{x}_1(t_1) = [\vec{x}_2(t_1) - \vec{x}_1(t_1)] + \dot{\vec{x}}_2(t_1)(t_2 - t_1) = \vec{b}_0(t_1) + \Delta\vec{b}$$
$$\Delta\vec{b} = \dot{\vec{x}}_2(t_1)(t_2 - t_1) = \vec{v}\Delta t = \vec{v}(\Delta t_g + \Delta t_{med} + \Delta t_{gra})$$

（12.6.6）

其中 Δt 由（12.6.2）表示，其中包含介质时延 Δt_{med} 和引力时延 Δt_{gra}。$\vec{v}$ 是由于地球自转引起的远端站相对于地心天球系的瞬时速度。将（12.6.6）代入（12.6.4），得

$$\Delta t_g = -\frac{1}{c}\vec{k} \cdot [\vec{b}_0 + \vec{v}(\Delta t_g + \Delta t_{med} + \Delta t_{gra})]$$

（12.6.7）

这是在地心系中表达的观测方程。但是注意到这里射电源方向矢量 $\vec{k}$ 也

应是地心系中的坐标方向，它将随地球轨道运动速度的变化而变化。在构建射电源参考架时，射电源坐标方向矢量是质心系中的坐标方向，它在 VLBI 数据分析中应是全局的不变量。所以在方程（12.6.7）中，应将 $\vec{k}$ 表达为质心系中的坐标方向 $\vec{K}$ 的函数来进行全局解。

（2）在质心系中表达的观测方程。

在质心系中，和（12.6.4）式类似，可以将几何时延表示成

$$\Delta T_g(\vec{B}) = -\frac{1}{c}\vec{K}\cdot\vec{B} = -\frac{1}{c}\vec{K}\cdot[\vec{X}_2(T_2) - \vec{X}_1(T_1)] \qquad （12.6.8）$$

同样和（12.6.6）类似，质心系中的动态基线可表示成

$$\vec{B} = \vec{B}_0(T_1) + (\vec{v}+\vec{V})\Delta T = \vec{B}_0(T_1) + \Delta\vec{B} \qquad （12.6.9）$$
$$\Delta\vec{B} = (\vec{v}+\vec{V})\Delta T$$

得

$$\Delta T_g = -\frac{1}{c}\vec{K}\cdot[\vec{B}_0 + (\vec{v}+\vec{V})(\Delta T_g + \Delta T_{med} + \Delta T_{gra})] \qquad （12.6.10）$$

这就是在质心系中表达的观测方程。然而由（12.6.5）式预先导出的是地心系中表示的静态基线 $\vec{b}_0$，应将 $\vec{B}$ 表示成 $\vec{b}_0$ 和 $\Delta\vec{b}$ 的函数。另外，VLBI 的观测时延 Δt 是以 TCG 表示的，应将质心系中的时延 ΔT 表示成 Δt 的函数。这样，最后给出的质心系中的观测方程中应含有地心系中表示的参数 $\vec{b}_0$ 和 Δt。

地心系和质心系间的坐标变换应包含狭义相对论的洛伦兹变换，以及两坐标系中引力场不同产生的广义相对论效应。

将（12.2.21）式应用于（12.6.9）式和（12.6.10），考虑到

$$d\vec{X} = \vec{B} \qquad d\vec{x} = \vec{b}$$

$$\vec{B} = \vec{b}(1-\frac{U}{c^2}) + [\frac{\vec{V}\cdot\vec{b}}{2c^2} + dt(1+\frac{V^2}{2c^2})]\vec{V} \qquad （12.6.11）$$

$$\Delta T = \Delta t(1+\frac{V^2}{2c^2}+\frac{U}{c^2}) + \frac{\vec{V}\cdot\vec{b}}{c^2}$$

将（12.6.6）式代入上式，得

$$\vec{B} = \vec{b}_0(1-\frac{U}{c^2}) + (\vec{v}+\vec{V})\Delta t + (\frac{\vec{V}\cdot\vec{b}}{2c^2} + \frac{V^2}{2c^2}\Delta t)\vec{V} \qquad （12.6.12）$$

$$\Delta T = (1+\frac{V^2}{2c^2}+\frac{U}{c^2}+\frac{1}{c^2}\vec{v}\cdot\vec{V})\Delta t + \frac{\vec{V}\cdot\vec{b}_0}{c^2}$$

将其代入（12.6.8）并加入物理时延 $\Delta t_{med} + \Delta t_{gra}$，略去三阶小量，得到观测时延表达式

$$\Delta T = -\frac{1}{c}\vec{K}\cdot\vec{b}_0(1-\frac{U}{c^2}) - \frac{1}{c}\vec{K}\cdot(\vec{v}+\vec{V})\Delta t + \Delta T_{med} + \Delta T_{gra}$$

$$\Delta T = (1+\frac{\vec{V}^2}{2c^2}+\frac{U}{c^2}+\frac{1}{c^2}\vec{v}\cdot\vec{V})\Delta t + \frac{\vec{V}\cdot\vec{b}_0}{c^2}$$

（12.6.13）

令两式右端相等，整理可得

$$\Delta t = \frac{-\frac{1}{c}\vec{K}\cdot\vec{b}_0(1-\frac{\vec{V}^2}{2c^2}-\frac{2U}{c^2}-\frac{1}{c^2}\vec{v}\cdot\vec{V}) - \frac{\vec{V}\cdot\vec{b}_0}{c^2}[1+\frac{1}{c}\vec{K}\cdot(\vec{v}+\vec{V})] + \Delta T_{med} + \Delta T_{gra}}{1+\frac{1}{c}\vec{K}\cdot(\vec{v}+\vec{V})}$$

$$\approx \frac{-\frac{1}{c}\vec{K}\cdot\vec{b}_0(1-\frac{\vec{V}^2}{2c^2}-\frac{2U}{c^2}-\frac{1}{c^2}\vec{v}\cdot\vec{V}) - \frac{\vec{V}\cdot\vec{b}_0}{c^2}(1+\frac{1}{c}\vec{K}\cdot\vec{V}) + \Delta T_{med} + \Delta T_{gra}}{1+\frac{1}{c}\vec{K}\cdot(\vec{v}+\vec{V})}$$

（12.6.14）

作者认为，物理时延不是独立的时间坐标的间隔，只是观测量中的系统误差，它们不与特定的时空点相联系，所以不参与坐标变换，只有以何种秒长来表示的差别（对此其他学者有不同见解，他们认为在不同坐标系中看介质具有不同的运动速度，导致不同坐标系中的时延有所不同）。考虑到 VLBI 较差物理时延仅为小于微秒的小量，用 TCG 秒长度量和用 TCB 秒长度量的差别完全可忽略。于是（12.6.14）式可进一步写为

$$\Delta t = \frac{\Delta T_{gra} - \frac{1}{c}\vec{K}\cdot\vec{b}_0(1-\frac{\vec{V}^2}{2c^2}-\frac{2U}{c^2}-\frac{1}{c^2}\vec{v}\cdot\vec{V}) - \frac{\vec{v}\cdot\vec{b}_0}{c^2}(1+\frac{1}{c}\vec{K}\cdot\vec{V})}{1+\frac{1}{c}\vec{K}\cdot(\vec{v}+\vec{V})}$$

$$+ \frac{\Delta t_{med}(1+\frac{\vec{V}^2}{2c^2}+\frac{U}{c^2})}{1+\frac{1}{c}\vec{K}\cdot(\vec{v}+\vec{V})}$$

（12.6.15）

略去大气时延和记录时延系数中的高阶小量，最后得到

$$\Delta t = \frac{\Delta t_{gra} - \frac{\vec{K}\cdot\vec{b}_0}{c}(1-\frac{\vec{V}^2}{2c^2}-\frac{2U}{c^2}-\frac{\vec{v}\cdot\vec{V}}{c^2}) - \frac{\vec{V}\cdot\vec{b}_0}{c^2}(1+\frac{1}{c}\vec{K}\cdot\vec{V})}{1+\frac{1}{c}\vec{K}\cdot(\vec{v}+\vec{V})}$$

$$+ \frac{\Delta t_{med}}{1+\frac{1}{c}\vec{K}\cdot(\vec{v}+\vec{V})}$$

（12.6.16）

这是用 TCG 表示的观测时延表达式。介质时延参与动态基线的定义（见（12.6.6）式），致使其对观测结果的影响也和被测射电源的方向有关，所以多了一个因子 $\dfrac{1}{1+\dfrac{1}{c}\vec{K}\cdot(\vec{v}+\vec{V})}$ 。在参考文献[16]中，IERS 给出的公式中没有这个因子。

§12.6.2　脉冲星计时观测

从原理上讲，同时记录几个不同方向脉冲星的脉冲到达时刻 t_{oa}（time of arrival），可以用于确定观测者（地基的站钟或航天器上的星钟）在太阳系质心系中的坐标、实现航天器自主定位、进行时钟间的时间比对等方面。为了实现这些功能，首先需要对观测数据中所含成分给出合理的解析，给脉冲星信号在假想的平直空间的**太阳系质心处表现出的固有规律**建立恰当的数学物理模型。

1. 脉冲间隔的表达式

脉冲星计时观测实质是对其相邻脉冲到达时刻的时间间隔的观测。如果脉冲星周期是稳定的，也就是对脉冲星周期的观测。脉冲星计时观测和天体的光谱观测有所不同。光谱观测需要在信号源的固有频率的绝对值和观测值之间建立理论关系，但脉冲星观测并不需要也不可能知道脉冲从脉冲星发出时的绝对周期值，只要能获得和观测者状态以及传输过程无关的脉冲周期就可以了，尽管它已经不同于固有周期。所以，无论脉冲星本身的引力场应该用什么形式的度规来描述，当脉冲到达太阳系边缘时，就可以认为是平直空间中的脉冲信号，不需要考虑太阳系外部引力场对信号周期的影响。这样，脉冲信号进入太阳系之前其原时周期 $d\tau_S$ 和其相应于 TCB 的周期 dt_S 的关系可表示成

$$d\tau_S = (1-\frac{v^2}{2c^2})dt_S$$

鉴于脉冲星相对于太阳系质心系的坐标速度 $\vec{v}$ 可作为常数，因此也可以直接用 dt_S 表征脉冲固有周期，而不需要知道其原时周期 $d\tau_S$ ，因此也不需要知道脉冲星的空间自行速度 $\vec{v}$ 。

又对于观测者所接收到的同一脉冲间隔，若用观测者的原时记录，得到记录值为 $d\tau_O$ ，需要用 BCRS 中的度规计算出相应的 TCB 间隔 dt_O 。

对于地球上的观测者来说，观测者所用的时钟通常是跟随地球时的工作钟，可以用（12.3.32）式的微分形式将以 TT 记录的间隔换算成 TCB 间隔 dt_O。dt_O 可以当成间接观测值。

余下的问题是要导出由 TCB 表示的 $\dfrac{dt_S}{dt_O}$ 值。得到

$$dt_S = (1 + \frac{\vec{v}_O \cdot \vec{k}}{c}) dt_O \qquad (12.6.17)$$

这里 $\vec{v}_O$ 是观测者相对于 SSB 的坐标速度。上式是间接观测量 dt_O 表示的脉冲视周期。由于观测者相对于太阳系质心的周期性运动，dt_O 含有这种周期性变化。（12.6.17）式的作用在于消除观测者坐标速度对脉冲间隔观测值的影响，得到只与脉冲星有关的视周期。

上式是一个微分表达式。由于 $\vec{v}_O$ 是周期变化量，不能将其直接改成积分形式应用。如果要将脉冲到达时刻表达成相对于第 0 个脉冲的时间间隔，需采用（12.6.17）的积分形式

$$\Delta t_S(n) = \Delta t_O(n) + \sum_{i=1}^{n} [\frac{1}{c} \vec{v}_O(i) \cdot \vec{k} dt_O(i)]$$

设经过上述处理后的第 n 个脉冲到达观测者的 TCB 时刻为 $t_{oa} = \Delta t(n)$，又设该脉冲从脉冲星发出的 TCB 时刻为 t_e 那么该脉冲的总光行时 $t_{oa} - t_e$ 逻辑上可以表示成

$$\Delta t_{oa} = t_{oa} - t_e = t_{oa} - t_{SSB} + t_{SSB} - t_e + \Delta t_{phy} = \Delta t_{SSB} + \Delta t_0 + \Delta t_{phy} \qquad (12.6.18)$$

其中

$\Delta t_{SSB} = t_{oa} - t_{SSB}$，$t_{SSB}$ 是脉冲到达假想的平直真空中 SSB 点的时刻。这一项表示观测者到 SSB 距离在脉冲星方向投影的几何时延。

$\Delta t_0 = t_{SSB} - t_e$，是脉冲从脉冲星到平直真空 SSB 处的时间间隔。若脉冲星相对于太阳是静止的，此项只是一个未知常数项，可以不予理会。在存在三维自行的情况下，这一项应是和脉冲星的方向矢量和自行矢量有关的长期项，构成 Δt_0 中的长期变化部分，可以作为脉冲星在 SSB 处表现出的固有模型一道拟合出来。

Δt_{oa} 中的物理时延部分

$$\Delta t_{phy} = \delta t_{gra} + \delta t_{med}$$

其中 δt_{gra} 是太阳系引力场的引力时延，δt_{med} 是传输途中的介质时延。

下面对这些分量的表达形式作进一步推导。

2. 几何时延

（12.6.18）式中，信号从脉冲星当前位置传播到观测者 O 当前位置所经历的真空光行时，由（3.1.8）式得

$$\Delta t_G = \Delta t_{SSB} + \Delta t_0 = \frac{1}{c}|\vec{s} - \vec{r}_o| = \frac{1}{c}s - \frac{1}{c}\vec{k}\cdot\vec{r}_o + \frac{1}{2cs}[r_o^2 - (\vec{k}\cdot\vec{r}_o)^2] \qquad (12.6.19)$$

其中 $s, \vec{k}$ 分别是脉冲星的欧氏距离和坐标方向。作为银河系天体，脉冲星的自行引起 $s, \vec{k}$ 的变化。在一般情况下，可以认为脉冲星的三维自行在相当长时期中是常数，这样，脉冲星的当前位置可表示为

$$\vec{s} = \vec{s}_0 + \vec{v}(T - T_0) = \vec{s}_0 + \vec{v}\Delta T \qquad (12.6.20)$$

将（12.6.20）式代入（12.6.19）式

$$\Delta t_G = \frac{1}{c}|\vec{s}_0 + \vec{v}\Delta t - \vec{r}_o|$$

$$= \frac{1}{c}[(\vec{s}_0 + \vec{v}\Delta t_n - \vec{r}_o)\cdot(\vec{s}_0 + \vec{v}\Delta t_n - \vec{r}_o)]^{1/2}$$

将上式右端展开并舍去 r_0/s_0 的二阶以上小量，得

$$\begin{aligned}
\Delta t_G &= \frac{1}{c}s_0 - \frac{1}{c}(\vec{k}\cdot\vec{r}_o) + \frac{1}{2cs_0}[r_o^2 - (\vec{k}\cdot\vec{r}_o)^2] \\
&+ \frac{1}{c}(\vec{k}\cdot\vec{v})\Delta T + \frac{1}{2cs_0}[v^2 - (\vec{k}\cdot\vec{v})]\Delta T^2 \\
&- \frac{1}{cs_0}[(\vec{v}\cdot\vec{r}_o) - (\vec{k}\cdot\vec{v})(\vec{k}\cdot\vec{r}_o)]\Delta T \\
&= \delta t_0 + \delta t_r + \delta t_v + \delta t_{rv}
\end{aligned} \qquad (12.6.21)$$

其中

$$\delta t_0 = \frac{1}{c}s_0$$

$$\delta t_r = -\frac{1}{c}(\vec{k}\cdot\vec{r}_o) + \frac{1}{2cs_0}[x_i^2 - (\vec{k}\cdot\vec{r}_o)^2]$$

$$\delta t_v = \frac{1}{c}(\vec{k}\cdot\vec{v})\Delta t + \frac{1}{2cs_0}[v^2 - (\vec{k}\cdot\vec{v})]\Delta T^2 \qquad (12.6.22)$$

$$\delta t_{rv} = -\frac{1}{cs_0}[(\vec{v}\cdot\vec{r}_o) - (\vec{k}\cdot\vec{v})(\vec{k}\cdot\vec{r}_o)]\Delta T$$

这里，δt_0 为脉冲从脉冲星的参考位置 $\vec{s}_0$ 到达太阳系质心的几何光行时，

对同一颗脉冲星，这是个常数项；δt_r 为几何光行时相对于 δt_0 的变化中仅与观测者的位置有关的部分，　δt_v 为仅与脉冲星自行有关的部分；δt_{vr} 为与观测者位移和脉冲星位移影响的交叉项。如果忽略该交叉项，上式可简化为

$$\Delta t_G = \frac{1}{c}s_0 - \frac{1}{c}(\vec{k} \cdot \vec{r}_o) + \frac{1}{2cs_0}[x_i^2 - (\vec{k} \cdot \vec{r}_o)^2]$$

$$+ \frac{1}{c}(\vec{k} \cdot \vec{v})\Delta T + \frac{1}{2cs_0}[v^2 - (\vec{k} \cdot \vec{v})]\Delta T^2 \qquad （12.6.23）$$

$$= \delta t_0 + \delta t_r + \delta t_v$$

这表明，在脉冲信号的几何光行时中，除了包含与观测者的瞬时位置以及脉冲星的瞬时位置有关的可变项外，仅剩下一个未知的常数项 s_0/c。

3. 引力时延

这是脉冲星信号在传输过程中的效应。由于太阳系外的引力场的情况无法准确描述，而且对太阳系的观测者而言，太阳系外的引力场的影响仅有长期缓慢变化，可不作考虑而只考虑太阳系内引力场的影响。由（12.5.11）式，脉冲到达时刻中的引力时延可由

$$\delta t_{gra} = -\frac{2m}{c}\ln(r_o + \vec{k} \cdot \vec{r}_o) \qquad （12.6.24）$$

计算，它只和观测者相对于引力源的位置 $\vec{r}_o$ 以及光源的方向 $\vec{k}$ 有关，而和光源的距离 r_s 无关。

4. 脉冲星钟模型的建立

将（12.6.23）式、（12.6.24）式代入（12.6.18）式和（12.6.21）式得

$$\Delta t_{oa} = \frac{1}{c}s_0 - \frac{1}{c}(\vec{k} \cdot \vec{r}_o) + \frac{1}{c}(\vec{k} \cdot \vec{v})\Delta T$$

$$+ \frac{1}{2cs_0}[\vec{r}_o^2 - (\vec{k} \cdot \vec{r}_o)^2] + \frac{1}{2cs_0}[v^2 - (\vec{k} \cdot \vec{v})]\Delta T^2$$

$$- \frac{1}{cs_0}[(\vec{v} \cdot \vec{r}_o) - (\vec{k} \cdot \vec{v})(\vec{k} \cdot \vec{r}_o)]\Delta T \qquad （12.6.25）$$

$$- \frac{2m}{c}\ln(r_o + \vec{k} \cdot \vec{r}_o) + \frac{\vec{r}_o \cdot \vec{K}}{c}(\frac{\vec{v} \cdot \vec{K}}{c} + \frac{v^2}{2c^2}) + \delta t_{TT}$$

上式中，第一行中的第一项 $\frac{s_0}{c}$ 是并不精确已知的常数项，第二项是观测

者的质心坐标在脉冲星方向的投影，是周期项，第三项是脉冲星自行量在脉冲星方向的投影，是长期项。第二行中的各项是视差和自行的二阶项，远小于第一行中的第二项和第三项。第四行是和相对论有关的项，分别是引力时延、多普勒时延以及 TT 转换成 TCB 的改正项，也是远小于第一行中的第二项和第三项。为此，可以将这些二阶项中的观测者坐标 $\vec{r}_o$ 用其近似值 $\vec{r}_o{}'$ 代替，脉冲星速度 $\vec{v}$ 用其近似值 $\vec{v}'$ 代替，上式可整理成以下形式

$$\Delta t_{oa} = t_{oa} - t_b - \frac{1}{c}s_0 - \frac{1}{c}(\vec{k}\cdot\vec{v}')\Delta T + \frac{2m}{c}\ln(r_0 + \vec{k}\cdot\vec{r}_o{}')$$

$$= -\frac{1}{c}(\vec{k}\cdot\vec{r}_o) + \frac{1}{2cs_0}[\vec{r}_o{}'^2 - (\vec{k}\cdot\vec{r}_o{}')^2] + \frac{1}{2cs_0}[v'^2 - (\vec{k}\cdot\vec{v}')]\Delta T^2 \quad (12.6.26)$$

$$- \frac{1}{cs_0}[(\vec{v}'\cdot\vec{r}_o{}') - (\vec{k}\cdot\vec{v}')(\vec{k}\cdot\vec{r}_o{}')]\Delta T$$

其中，左端的

$$t_b + \frac{1}{c}s_0 + \frac{1}{c}(\vec{k}\cdot\vec{v}')\Delta T + \frac{2m}{c}\ln(r_0 + \vec{k}\cdot\vec{r}_o{}') - \frac{\vec{r}_o{}'\cdot\vec{K}}{c}\left(\frac{\vec{v}'\cdot\vec{K}}{c} + \frac{v'^2}{2c^2}\right) = t_{prop} \quad （12.6.27）$$

体现脉冲星的本征特性在真空 SSB 处的反映，包括脉冲星自转规律以及视向距离变化的结果。对地基观测，若已知地球的质心历表位置 $\vec{r}_o$，可以求出脉冲到达假想真空太阳系质心的时刻序列。这其中仍含有地球历表误差、脉冲星视向速度误差、脉冲星自行位移误差的影响。

这里关于地球历表的误差是一个需要引起关注的问题。所谓 SSB，应该是太阳系质心坐标系中的一个不动点。然而这个不动点并没有可观测性。任何观测技术，不论是地基的还是天基的，对天观测结果都和 SSB 无关。SSB 实际只是个虚拟的点，不能在行星的动力学轨道中体现出来，任何运动学的观测数据中也都反映不出。这个点的位置参数如果有偏差，将在行星的质心历表中产生一个和该行星公转周期相同的周期系统差。通过不同版本的 DE/LE 历表间的比较，已经发现可能有几 km 振幅的周期不确定性。地球质心历表的系统误差，将影响到 t_{prop}。为分析其后果，将（12.6.26）式变成

$$t_{oa} - t_{prop} = -\frac{1}{c}(\vec{k}\cdot\vec{r}_o) + \delta t_G(\vec{r}_o{}', \vec{k}) \quad （12.6.28）$$

其中

$$\delta t_G(\vec{r}_o', \vec{k}) = \frac{1}{2cs_0}[\vec{r}_o'^2 - (\vec{k} \cdot \vec{r}_o')^2] + \frac{1}{2cs_0}[v'^2 - (\vec{k} \cdot \vec{v}')]\Delta T^2$$

$$\tag{12.6.29}$$

$$- \frac{1}{cs_0}[(\vec{v}' \cdot \vec{r}_o') - (\vec{k} \cdot \vec{v}')(\vec{k} \cdot \vec{r}_o')]\Delta T$$

对于地心的假想观测者，上面（12.6.28）式又可表示成

$$t_{prop} = t_{oa} + \frac{1}{c}(\vec{k} \cdot \vec{r}_E) - \delta t_N(\vec{r}_E', \vec{k})$$

若要用（12.6.28）式，通过三个以上脉冲星的观测，对观测者质心坐标采用迭代方式解出 $\vec{r}_o$ 的精确值，需要已知脉冲星的固有特征序列 t_{prop}。但由（12.6.28）看到，要得到 t_{prop}，就必需采用地心准确的质心坐标序列，由长期的脉冲星观测统计出脉冲星在 SSB 处表现的固有特性并建立数学模型，用于预测未来的 t_{prop}，代入到（12.6.26）中解出航天器的瞬时坐标。所以 SSB 位置的测定对太阳系天体历表的制定是一个不可忽略的问题。

§12.6.3　测距观测

设电磁信号发射事件的坐标为 $\vec{x}_1, t_1$，信号到达目标天体的事件的坐标为 $\vec{x}_S, t_S$，信号经过目标天体反射返回又被接收的事件的坐标为 $\vec{x}_2, t_2$，信号传输光行时和目标天体的几何关系

$$t_S - t_1 = \frac{|\vec{x}_S - \vec{x}_1|}{c} + \sum_J \frac{2GM_J}{c^3} \ln(\frac{r_{J1} + r_{JS} + \rho_{1S}}{r_{J1} + r_{JS} - \rho_{1S}})$$

$$\tag{12.6.30}$$

$$t_2 - t_S = \frac{|\vec{x}_S - \vec{x}_2|}{c} + \sum_J \frac{2GM_J}{c^3} \ln(\frac{r_{J2} + r_{JS} + \rho_{2S}}{r_{J2} + r_{JS} - \rho_{2S}})$$

中包含引力时延项，就是上式中的第二项，它是各有关引力源 J 引起的引力时延的总和，见（12.5.9）式。其中 $r_{Ji} = |\vec{x}_i - \vec{x}_J|_{i=1,2,S}$，$\rho_{iS} = |\vec{x}_i - \vec{x}_S|_{i=1,2}$。

对于近地卫星，在地心系中计算，引力源只需要考虑地球。对于月球测距或行星测距，需要在质心系中计算，引力源需要考虑太阳、地球和其他行星。月球测距尚需考虑月球引力场。月球引力时延对激光测月的影响为 1ps 量级。在质心系中计算，需要将观测者在地心系中表示的坐标 $\vec{x}$ 变换到质心系中的坐标 $\vec{X}$，依据（12.2.21）

$$d\vec{X} = d\vec{x}(1 - \frac{U}{c^2}) - \frac{\vec{V} \cdot d\vec{x}}{2c^2}\vec{V}$$

$$\tag{12.6.31}$$

上式右端没有含时间间隔的项，这是因为这里计算的是静态的空间坐标关系，相应于 $dt = 0$。这是一个微分的变换关系式，如果要推导坐标 $\vec{x}$ 变

换到质心系中的坐标 $\vec{X}$ 的表达式，应该对上式进行积分，而不能简单的将其写成

$$\vec{X} = \vec{x}(1 - \frac{U}{c^2}) - \frac{\vec{V} \cdot \vec{x}}{2c^2}\vec{V}$$

因为在地月系中不能将太阳系引力势作为常数，只能将引力势的梯度作为常矢量。

附录 A　天球和球面坐标系

§A.1　天　球

　　从地球上看出去，观测者对空间的一切天体—包括自然天体和人造天体，都失去了距离远近的感觉，只能从它们的方向上感觉到它们位置的差异，从方向的变化中感受它们的运动，因此才有行星和恒星这样具有悠久历史的名词。为了描述天体在空间的位置和位置变化，人们把天空假想成这样的一个球层，称为天球，观测者位于其中心，球层的半径是任意的，或者说是无穷远的，一切天体依其方向按中心投影的方式投影在天球表面的不同位置上。对于天体到观测者的实际距离的差异，则无法用球面坐标来描述。天球是人们用以直观地、形象地描述天体的方向和方向变化而建立的数学概念。天球的半径取为单位长度 1（或者说为任意长度），天体在球面上的位置用两个球面角度表示。这就是天体的球面坐标，是天体在空间的方向参数。如果将天体的球面坐标转换成直角坐标，仍然具有三个坐标分量 (X, Y, Z)，所以这仍然是在三维空间中的描述，但多了一个约束条件：$X^2 + Y^2 + Z^2 = 1$。

　　球面坐标系的优点是直观。在球面坐标系中描述的天体位置和运动，和我们实际看到的现象一致。这容易帮助读者建立天体测量学的基础概念。在过去很长时期中，球面坐标系得到广泛的运用，并且把描述天体位置和运动的有关理论归纳成为《球面天文学》。但是实际上天体毕竟是在三维空间中分布和运动的，用球面坐标对它们所作的描述只是将三维的位置和运动投影到球面上，再对投影后的**视**现象作专门的描述。例如，在球面坐标系中，观测者具有特殊的地位——观测者始终处在天球中心。直观的天球坐标系的原点是观测仪器的旋转中心，或者是地面上可被观测的不动参考点。这样的天球实际是**地方天球**或称作**站心天球**，其对应的天球坐标系称为**站心坐标系**。与此对应的是，以位于地球中心的假想的观测者为中心的天球和球面坐标系，是**地心天球**和**地心天球坐标系**。

如果观测者位置移动了，天球中心也随之移动。但是我们在一个天球图像上无法同时反映多个不同的天球，于是人们将不同中心的天球上看到的天空景象"复制"到同一个天球上。这样，同一个天体在天球上将有各种不同的位置，这些位置间的差异反映着不同位置的观测者看到的不同的天空图像。这种差异称为视差位移。站心坐标系和地心坐标系中的位置的差异就是该天体的**地心视差**。地面上的观测者随地球自转而发生周日运动，天体的站心位置将绕其地心位置作周日位移，因此又称为周日视差。天球中心也可选在任何假想点，比如太阳质心、太阳系质心、月球质心、人造天体的质心等，并建立各种不同的球面坐标系。要将这些不同坐标系上表现出的天空图像复制到一个天球上，并用球面坐标公式表示这些图像之间的关系。这样一来问题就被复杂化了。特别是球面三角的参量之间的关系都是非线性的关系，在进行多重变换时常常不得不引进许多烦琐的关系式，而且有时不得不作近似处理。因此，在用球面坐标系来解决天体测量中的许多问题时，常常会使得公式冗长且不严格。但对于三维直角坐标系而言，观测者并没有任何特殊性。观测者和被观测的天体的地位没有任何区别，所以也不需要引进那么多的天球和那么多的位置。这样，天体测量的概念将大大简化但却更加清晰。如果采用三维的矢量描述天体的位置和运动，参考点的变化只需要矢量的线性运算就可精确表达，运算步骤将更有条理且更加严格。于是，在多数场合，三维的直角坐标系逐步取代了球面坐标系，三维的矢量运算取代了球面上的三角推导。这时，如果再用《球面天文学》这个名字来概括这方面的学科内容已经不确切了。但是，由于球面坐标仍有其优点，在一些概念性的讨论和较简单问题的推导中还时有应用。况且过去和现在的大量文献都采用球面三角的表达形式，因此本书中，尽管以矢量表达方式为主线，但仍然兼顾球面上的三角表示方式。

§A.2 球面三角形常用运算公式

1. 球面三角形的元素

球面上不在同一大圆上的三个点，用大圆弧两两连接起来，这样**三条大圆弧所围起来的图形叫球面三角形**。三段大圆弧称为球面三角形的边，两两大圆弧所夹的角称为球面三角形的顶角。三个边和三个顶角统称球面三角形的元素。

　　两点之间的大圆弧的弧长等于其在球心处的张角，称为**弧角**。两点之间最短的大圆弧长称为球面上两点之间的**角距离**。

　　两大圆弧相交成的角叫**球面角**，该交点叫做球面角的**顶点**。球面角的大小以其两个大圆平面所夹的**二面角**的大小来度量，也等于该球面角顶点处两大圆弧的切线之间的夹角。

　　面三角形两边之和大于第三边，两边之差小于第三边。三边之和小于360°。三角之和大于180°，且小于540°。

　　一个球面三角形的六个元素中，若已知其中任意三个元素，即可求出其余三个元素。

2. 一般球面三角形的运算公式

　　设一球面三角形的三边长为 a、b、c，相应的三个对角为 A、B、C，它们之间有以下基本关系：

　　正弦公式—顶角与其对边的关系

$$\frac{\sin a}{\sin A} = \frac{\sin b}{\sin B} = \frac{\sin c}{\sin C} \tag{A.1}$$

　　边的余弦公式—两边及其夹角与第三边的关系

$$\cos a = \cos b \cos c + \sin b \sin c \cos A$$
$$\cos b = \cos c \cos a + \sin c \sin a \cos B \tag{A.2}$$
$$\cos c = \cos a \cos b + \sin a \sin b \cos C$$

　　角的余弦公式—两角及其夹的边与第三个角的关系

$$\cos A = -\cos B \cos C + \sin B \sin C \cos a$$
$$\cos B = -\cos C \cos A + \sin C \sin A \cos b \tag{A.3}$$
$$\cos C = -\cos A \cos B + \sin A \sin B \cos c$$

　　第一五元素公式（边的五元素公式）—两边及其夹角与第三边及其邻角的关系

$$\sin a \cos B = \cos b \sin c - \sin b \cos c \cos A$$
$$\sin a \cos C = \cos c \sin b - \sin c \cos b \cos A$$
$$\sin b \cos A = \cos a \sin c - \sin a \cos c \cos B$$
$$\sin b \cos C = \cos c \sin a - \sin c \cos a \cos B \tag{A.4}$$
$$\sin c \cos A = \cos a \sin b - \sin a \cos b \cos C$$
$$\sin c \cos B = \cos b \sin a - \sin b \cos a \cos C$$

　　第二五元素公式（角的五元素公式）—两角及其夹的边与第三个角及其邻边的关系

$$\sin A \cos b = \cos B \sin C + \sin B \cos C \cos a$$
$$\sin A \cos c = \cos C \sin B + \sin C \cos B \cos a$$
$$\sin B \cos a = \cos A \sin C + \sin A \cos C \cos b$$
$$\sin B \cos c = \cos C \sin A + \sin C \cos A \cos b \qquad (A.5)$$
$$\sin C \cos a = \cos A \sin B + \sin A \cos B \cos c$$
$$\sin C \cos b = \cos B \sin A + \sin B \cos A \cos c$$

3. 直角球面三角形运算公式

若 $\angle A = 90°$，上面基本公式可简化成

$$\cos a = \cos b \cos c$$
$$\cos a = \cot B \cot C$$
$$\sin b = \sin a \sin B$$
$$\cos C = \cot a \tan b \qquad (A.6)$$
$$\cos B = \sin C \cos b$$
$$\sin c = \tan b \cot B$$

4. 边长为 90° 的球面三角形公式

若一边 $a = 90°$，基本公式简化成

$$\sin B = \sin A \sin b$$
$$\cos A = -\cos B \cos C$$
$$\cos A = -\cot b \cot c$$
$$\cos b = \sin c \cos B \qquad (A.7)$$
$$\sin C = \tan B \cot b$$
$$\cos c = -\cot A \tan B$$

5. 四元素公式

在球面三角形某一边及其两邻角以及另一边共 4 个元素之间有关系

$$\cos a \cos C = \sin a \cot b - \sin C \cot B$$
$$\cos a \cos B = \sin a \cot c - \sin B \cot C$$
$$\cos b \cos A = \sin b \cot c - \sin A \cot C$$
$$\cos b \cos C = \sin b \cot a - \sin C \cot A \qquad (A.8)$$
$$\cos c \cos B = \sin c \cot a - \sin B \cot A$$
$$\cos c \cos A = \sin c \cot b - \sin A \cot B$$

上述公式的已知量中至少有一个边元素。和平面三角形不同，球面三角形如果仅知道三个角元素，也可以确定三个边元素，但这种情况在

天体测量实际中没有出现过，这里不作讨论。

§A.3　天球上的点和圆

为了在假想的天球上建立起数学意义上的坐标系，以描述天体的位置，在天球上定义若干个点和圆作为坐标系的基本标记。

天顶点：观测者所在地方的铅垂线或参考椭球的外法线向上与天球的交点称为天顶点。前者称为天文天顶，后者称为大地天顶。相应，与天顶点相差 180 度的点叫天底点。

极与轴：地球自转运动绕一根假想轴进行，这个假想的轴称为地轴。将地轴方向无限延伸，称为天轴，天轴与天球的交点称为天极。北面的一个叫北天极，南面的是南天极。由于地球自转运动实际上是很复杂的，因此依据更精确、更专门的定义，地球的轴有多种。在刚体地球体内某瞬间的自转线速度等于零的点的轨迹是一直线，它被称为**瞬时自转轴**。地球的形状和内部物质分布决定了其力学性质。地球是一扁球体，赤道半径大于极向半径，极向惯量矩大于赤道方向惯量矩。因此地球一定存在这样的一条直线，地球体绕它的惯量矩为最大。这条直线称为地球的**最大惯量矩轴**，也称为**形状轴**。由于地球存在物质运动和形变，形状轴又有瞬时形状轴和历元平均形状轴的概念。地球不仅有自转，还存在轨道运动。地球的角动量是其自转角动量和轨道角动量之和。地球总角动量的瞬时方向为**角动量轴**。地球的自转运动和轨道运动受到日月和行星的摄动以及地球体内各种激发源的作用，上述各轴在空间的方向以及相对于地球体的方向都存在变化。这种变化非常复杂，因此上述关于各轴的概念仍然是定性的、近似的。各种轴的精确定义是用他们的空间运动方程来描述的，这些在第五章中阐述。与各种轴相应的是不同的天极，如瞬时自转极、瞬时角动量极、瞬时形状极等。如果地球物质是均匀的且轴对称分布的，其自转轴、角动量轴、形状轴都将通过其质量中心。但是，实际地球的物质分布不仅不均匀不对称，而且也不固定。理论上上述三种轴不一定总是通过质量中心。但至今在地球运动的描述中，都假定这些轴是过质量中心的。

大圆与小圆：一个与球面相交的平面与球面的交线是一个圆。过天球中心的一假想平面与天球的交线称为大圆，不通过天球中心的平面与天球的交线叫做小圆。天球上任何大圆的中心就是天球的中心。

地平面与地平圈：过测站而与地方铅垂线或参考椭球的法线垂直平面称为地平面，前者是天文地平面，后者是大地地平面。地平面与天球相交的大圆为地平圈。地平的意义是地方的。测点的铅垂线或参考椭球的法线是一种地方矢量。

子午面与子午圈：通过地方天顶和天极的大圆是地方子午圈，相应的面是地方子午面。

卯酉圈：过地方天顶而与子午圈及地平圈垂直的大圆是地方卯酉圈。

赤道：与天轴垂直的大圆称为天赤道，相应的平面为赤道面。由于轴有多种定义，相应的赤道也有多种定义，如瞬时自转赤道、形状赤道等。

东、西、南、北点：地方子午圈和地平圈相交的点分别是地方南点和北点。地方卯酉圈和地平圈的交点分别是地方东点和西点。

黄道：地月系质量中心的绕日运动轨迹的平均平面称为黄道面，黄道面与天球的交线是黄道。黄道面也就是太阳中心相对于地月系质心的周年视运动的平均平面。

二分点：黄道和赤道的交点称为二分点或分点，太阳从南向北穿过赤道的交点是春分点，另一个从北向南的交点是秋分点。

二至点：黄道上到二分点距离相等的点定义为二至点，北面的是夏至点，南面的是冬至点。

白道：月球绕地月系质心运动的平均轨道面与天球相交的大圆称为白道面，白道面与天球的交线为白道。

银道：过太阳平行于银河系对称面的平面叫银道面。银道面与天球的交线是银道。

回归线：太阳在黄道上作周年运动。黄道和赤道的交角为黄赤交角。目前黄赤交角约为 $23°26'$。太阳的赤纬绝对值最大只能到达南北纬 $23°26'$。所以南北纬度等于黄赤交角的纬圈称为南北回归线。由于赤道的位置不是固定的，黄赤交角的角度也是变化的，目前每世纪约减小 $47''$，相应的地面上回归线向南位移约 1500 米。可见回归线在地面的位置并非是固定不变的。一些地方建立所谓的回归线标志，只是一种人文景观，没有严格的天文意义或地理意义。

§A.4　天球上方向的表示

为了描述地球上的方向，人们约定在地图上是上北下南，左西右东，这是当观测者面向北方从上往下俯瞰地球时的感觉。事实上所谓北点，就是过观测者的地方子午圈与地方地平的交点中靠近北天极的那一个。由此观测者所在的地方的其他三个方向点—东点、南点和西点，也可相应地被确定。观测者总是在地球外部从上往下看地球，也总是俯身在地图的上方往下看地图。所以地图上标记的位置和方向和我们实际的感觉相一致。

但在描述天球上的方向时，情况就不一样。如果我们要用整体天球图或天球仪表示天体间的位置关系，只能假定我们在天球的外面"从上往下"看天球，这感觉和看地球一样。虽然实际上我们总是从天球的球心处由内向外看天球，但是无法在天球图或天球仪上表示出这种感觉。所以天球图和天球仪上看到的天空中星座的形状和分布与我们实际看到的情况正好相反。假想从天球外面看天球，仍然是上北下南，左西右东。如果我们头朝北仰面躺在地上仰望星空，这时所看到的星空便是上北下南，左东右西。各种平面星图，即使是展示全天的星图，也是表示从内向外看的星空情形，即上北下南，左东右西。看星图或天球仪时需要注意这个区别。

§A.5　常用的天球坐标系

为描述天体方向，人们定义各种二维的球面坐标系。球面坐标系由一个**基本圈**和基本圈上的一个**起始点**组成。到基本圈距离处处为90°的点称为基本圈的**极**。通过两极的大圆称为**经圈**，通过基本圈上的起始点的经圈叫**起始经圈**。通过天体的经圈与起始经圈的夹角为该天体的**经度**。基本圈上的起始点称为经度起始点，天体的经度也就是天体所在的经圈与基本圈的交点到经度起始点之间的弧长。平行于基本圈的小圆称为**纬圈**，天体所在的经圈在天体所在的纬圈和基本圈之间的弧长是该天体的纬度。依据不同的使用目的，人们定义不同的基本圈和经度起始点，从而构成不同球面坐标系。最常用的球面坐标系有：

1. 赤道坐标系

赤道坐标系又称为第二赤道坐标系，是一种全球坐标系。赤道坐标系的基本圈是**天赤道**，经度起始点是春分点。赤道坐标系的经圈称为**赤经圈**，其纬圈称为**赤纬圈**。过春分点的赤经圈为零赤经圈。赤道坐标系所定义的经度和纬度分别称为**赤经和赤纬，常用 α、δ 表示**。天体赤经的度量是从春分点出发，沿着赤道**自西向东**，$0° \sim 360°$ 连续度量到天体所在的赤经圈。赤经也等于天体所在的赤经圈与零赤经圈在天极处的夹角。赤经的这种度量方向和地球自转方向一致。由于地球自转，地方天顶在天球上赤经从小到大变化。也和太阳的周年视运动方向一致，太阳的赤经总是在不断增加。赤道坐标系的赤纬按 $0° \sim \pm90°$ 从赤道度量到天体所在的赤纬圈，赤道以北为正，赤道以南为负。赤道坐标系是一个右手系。赤经的度量单位常常用小时（h）、分（m）、秒（s）表示，1 小时 $=15°$。由于赤道和春分点的复杂运动，赤道坐标系又有瞬时真赤道坐标系、瞬时平坐标系、历元平赤道坐标系之分。关于这方面的准确概念，第五章中详细叙述。赤道坐标系是最常用的天球坐标系。

2. 时角坐标系

时角坐标系又称为第一赤道坐标系，它是一个地方天球坐标系。其基本圈也是**天赤道**，而其起始经圈是本地子午圈。时角坐标系的经圈是**地方时圈**，其纬圈和赤道坐标系相同，也是**赤纬圈**。所定义的经度称为**时角**，从子午圈开始 $0° \sim \pm180°$（或 $0^h \sim \pm12^h$）度量，**向西为正，向东为负**。天体的时角常用 t 表示。在时角坐标系中所定义的纬度仍然是**赤纬**，与赤道坐标系中相同。时角坐标系主要用于描述天体在天球上的周日视运动。在周日视运动过程中，天体的时角由小变大，由负变正。时角的度量方向和赤经相反。时角坐标系是一个左手系。

3. 黄道坐标系

黄道坐标系是一个全球坐标系。黄道坐标系的基本圈是**黄道**，相应的极点是**黄极**。黄道坐标系的经度起始点也是春分点，其经圈叫**黄经圈**，其纬圈叫**黄纬圈**。所定义的经度和纬度分别称为**黄经和黄纬**，常用 λ、β 表示。黄经和黄纬的度量方向与赤经赤纬相同，也是右手系。由于黄道的移动，黄道坐标系也有瞬时坐标系和历元坐标系之分。黄道坐标系主要用来描述太阳系天体的位置和运动。绝大多数太阳系天体的轨道面与黄道面接近。在轨道运动过程中，其黄经由小变大。

4. 银道坐标系

银道坐标系是一个全球坐标系。银道坐标系的基本圈是**银道**，相应的极点是**银极**。在 1958 年以前，银经的起始点采用银道对赤道的升交点。IAU（国际天文学联合会）1958 年第十次大会决定银经从银心方向起算。在 J2000.0 历元坐标系中，银心的赤道坐标为 $\alpha_G = 17^h45^m37^s.1991$，$\delta_G = -28°56'10''.221$，北**银极**的赤道坐标为 $A = 12^h51^m26^s.2755$，**赤纬** $D = +27°07'41''.704$。银道坐标系的经圈叫**银经圈**，纬圈叫**银纬圈**。所定义的经度和纬度分别称为**银经和银纬**，常用 l 和 b 表示。银经和银纬的度量方向与赤经、赤纬相同，也是一个右手系。银道坐标系常用于银河系天体的分布和运动的统计规律方面的研究。

5. 地平坐标系

地平坐标系是一种地方的天球坐标系。地平坐标系的基本圈是**地平圈**，经度起始点是通常是北点。地平坐标系的经圈叫**地平经圈**，其纬圈叫**地平纬圈**。所定义的经度称为**地平经度**，又称为**方位角**，常用 a 表示。方位角从北点起按顺时针方向（即北－东－南－西方向）0°～360° 度量。所定义的纬度为**地平纬度，**又称为**仰角**，也称高度角，0°～±90° 度量，向上为正，常用 h 表示。天体地平纬度的余角称为**天顶距**，常用 z 表示。天顶距从地方天顶起 0°～180° 度量。上述方式定义的地平坐标系的是一个左手坐标系，北点 N 方向作为坐标系的第一轴，天顶 Z 方向作为第三轴。时角坐标系这种定义方式为了在北半球和太阳的周日视运动方向一致，太阳从升到落，其方位角从小到大变化。作为一个地方坐标系，地平坐标系主要作为一个计算工具使用，将在地平坐标系中得到的观测量换算成赤道坐标系中的量。有时也可以按照各人的工作需要自行定义方位角的度量方式。无论如何在使用地平坐标系时首先要明确坐标系的定义。

上面介绍的几种坐标系是最常用的并且有共同约定的坐标系。在解决实际天体测量问题时，选取合适的坐标系往往能显著地简化推导过程，并使得问题更加直观、清晰。除了上述类别的天球坐标系外，有时还会另外定义一些其他的坐标系，这些坐标系不一定遵守公认的约定，可自行定义。因此，我们不要拘泥于上述几种坐标系。只要掌握了要点，就能举一反三，运用自如。

§A.6 球面坐标系的坐标变换

1. 时角坐标系和地平坐标系

地平坐标系的极是天顶 Z ，时角坐标系的极是天极 P 。天体 S 与两坐标系的极构成球面三角形 PZS ，其中

$$PS = 90° - \delta \quad （\delta 是 S 的赤纬）$$

$$PZ = 90° - \varphi \quad （\varphi 是地方地理纬度）$$

$$ZS = z \quad （z 是 S 的天顶距）$$

$$\angle ZPS = t \quad （t 是 S 的瞬时时角）$$

$\angle PZS = 360° - a = -a$ （ a 是 S 的瞬时方位角，从北点向东度量为正，左手系）。 $\angle PSZ = q$ （ q 是天极和天顶在恒星处的张角，叫星位角）。球面三角形 PSZ 是地平坐标系与时角坐标系转换中的基本三角形，称为天文三角形。

如果已知天体在时角坐标系中的坐标 δ 和 t ，以及地方纬度 φ ，在 ΔPSZ 中运用前面的球面三角运算，可以得到

$$\cos z = \sin\varphi\sin\delta + \cos\varphi\cos\delta\cos t \qquad （A.9）$$

$$\frac{\sin z}{\sin t} = \frac{\cos\delta}{\sin(-a)} \qquad （A.10）$$

由此可以得到 S 在地平坐标系中的坐标——天顶距 z 和方位角 a 。相反，如果已知地平坐标 z 、 a 和纬度 φ ，可以由

$$\sin\delta = \sin\varphi\cos z + \cos\varphi\sin z\cos a \qquad （A.11）$$

用（A.10）式和（A.11）式可以得到 t 和 δ 。

同样，如果已知天体的 z 、 a 以及时角 t ，可以由

$$\cos\delta\cos t = \cos z\cos\varphi - \sin z\sin\varphi\cos a \qquad （A.12）$$

以及（A.10）式、（A.11）式联立解出 δ 和 φ 。

除上面列出的情况外，在天文三角形中，只要知道三个不全部是角度的元素，就可以用球面三角公式解出其余三个元素。有时可以通过不同的公式组合解出，有时也并不需要解出所有的未知元素。应根据实际问题灵活应用，以使过程最简便。

由上面的讨论可以得出同一天体在两个球面坐标系中坐标的变换关系的一般建立方法，就是**由两个坐标系的极点和天体 S 构成基本三角形，**通过基本三角形建立起两个坐标系的关系。

2. 赤道坐标系和黄道坐标系

和上面的推导类似，将天极 P、黄极 K 和天体 S 组成球面三角形，其中，$PK = \varepsilon$（ε 为黄赤交角，是一个重要的天文常数）。注意到北黄极的赤经是 $-90°$，北天极的黄经是 $90°$。于是

$$PS = 90° - \delta$$

$$KS = 90° - \beta \quad （\beta \text{是天体的黄纬}）$$

$$\angle PKS = 90° - \lambda \quad （\lambda \text{是天体的黄经}）$$

$$\angle KPS = 90° + \alpha$$

如已知 α，δ，ε，可由

$$
\begin{aligned}
&\cos\beta\cos\lambda = \cos\delta\cos\alpha \\
&\cos\beta\sin\lambda = \cos\delta\sin\alpha\cos\varepsilon + \sin\delta\sin\varepsilon \\
&\sin\beta = -\cos\delta\sin\alpha\sin\varepsilon + \sin\delta\cos\varepsilon
\end{aligned}
\tag{A.13}
$$

解出 λ，β。同样若已知 λ，β 和 ε，可以由

$$
\begin{aligned}
&\cos\alpha\cos\delta = \cos\beta\cos\lambda \\
&\sin\alpha\cos\delta = \cos\beta\sin\lambda\cos\varepsilon - \sin\beta\sin\varepsilon \\
&\sin\delta = \cos\beta\sin\lambda\sin\varepsilon + \sin\beta\cos\varepsilon
\end{aligned}
\tag{A.14}
$$

解出其 α，δ。其他的关系式也可以从基本三角形的运算中导出。

3. 赤道坐标系与时角坐标系的转换

赤道坐标系和时角坐标系具有共同的极，只是经度起算点不同。

$$\angle A_0 PS = \alpha$$

$$\angle SPZ = t$$

因此，上一半子午圈 PZ 的赤经为

$$s = \alpha + t \tag{A.15}$$

s 的含义是春分在地方瞬时子午圈以西的角距离，即**春分点的时角**，也是地方瞬时**天顶的赤经**。s 随地球自转角的变化而同样变化，是地球自转角大小的一种度量，称为**地方恒星时**。有关恒星时的精确概念在第五章中叙述。

列举上述几种球面坐标系的变换关系只是作为坐标变换的例子，从中可以归纳出：在两坐标系之间的坐标变换关系，可以在由两坐标系的极点和目标天体构成的球面三角形中解出。这时我们需要知道两坐标系的基本面间的夹角（也就是两个极点间的角距离），以及交点对两坐标系的经度起始点的角距。在为实用目的定义一个坐标系时，必须掌握这个原则。

附录 B 坐标变换的矩阵表示法

§B.1 球坐标系和对应的直角坐标系

以球面坐标系的中心 O 为坐标原点，以基本圈上的经度起始点的方向定义 X_1 坐标轴，以球面坐标的极点方向定义 X_3 坐标轴，构成右手直角坐标系 $[\bar{X}_1 \quad \bar{X}_2 \quad \bar{X}_3]$。

设天体 S 的球坐标经度、纬度和向径分别为 a,b,ρ ，则 S 相应的直角坐标可表示为

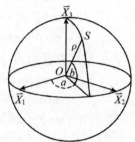

$$x_1 = \rho\cos a\cos b$$
$$x_2 = \rho\sin a\cos b \qquad \text{(B.1)}$$
$$x_3 = \rho\sin b$$

图 B.1 球坐标系和直角坐标系

该天体的上述位置也可以用矢量 $\vec{\rho}$ 表示，（B.1）式给出了 $\vec{\rho}$ 在直角坐标系中的三个分量。矢量的各分量的数值既与 S 的位置有关，又与所参考的坐标系有关。通常，可将一个矢量 $\vec{\rho}$ 写成

$$\vec{\rho} = x_1\bar{X}_1 + x_2\bar{X}_2 + x_3\bar{X}_3 \qquad \text{(B.2)}$$

的形式，其中 $\bar{X}_1, \bar{X}_2, \bar{X}_3$ 是直角坐标系的三坐标轴方向的单位矢量，x_1, x_2, x_3 是该矢量在三个坐标轴方向相应的分量。（B.2）式可以改写成矩阵乘积的形式

$$\vec{\rho} = \begin{pmatrix} \bar{X}_1 & \bar{X}_2 & \bar{X}_3 \end{pmatrix} \begin{pmatrix} x_1 \\ x_2 \\ x_3 \end{pmatrix} \qquad \text{(B.3)}$$

其中前面的行阵表示一个坐标系，后面的列阵表示矢量的分量。本书中约定用一个方括号内的大写字符或字符串表示一个直角坐标系，例如用符号

$$[R] = \begin{pmatrix} \vec{X}_1 & \vec{X}_2 & \vec{X}_3 \end{pmatrix}$$

表示上述的坐标系，（B.3）式可以写成一个更简便的形式

$$\vec{\rho} = [R] \begin{pmatrix} x_1 \\ x_2 \\ x_3 \end{pmatrix} \tag{B.4}$$

这个式子的含义是，矢量 $\vec{\rho}$ 在坐标系 $[R]$ 中的坐标分量分别是 x_1, x_2, x_3。
在本书中我们将（B.4）式作为矢量的普遍性表达形式。其中的坐标系符号 $[R]$ 既然是一个矩阵，同样可以和普通矩阵一样参与矩阵运算。

由此，上述的天体的位置矢量 $\vec{\rho}$，可以采用如下表示形式

$$\vec{\rho} = [R] \begin{pmatrix} x_1 \\ x_2 \\ x_3 \end{pmatrix} = [R]\rho \begin{pmatrix} \cos a \cos b \\ \sin a \cos b \\ \sin b \end{pmatrix} \tag{B.5}$$

相反，也可以将直角坐标参数转换成球坐标参数

$$\rho = (x_1^2 + x_2^2 + x_3^2)^{\frac{1}{2}}$$
$$a = \tan^{-1}(\frac{x_2}{x_1}) \tag{B.6}$$
$$b = \tan^{-1}\left\{ \frac{x_3}{(x_1^2 + x_2^2)^{\frac{1}{2}}} \right\}$$

如果取矢量的模等于 1，上述的球坐标系就被约束成为球面坐标系。在球面坐标系中，位置矢量只有经度和纬度两个自由度，这是一个二维的坐标系。其相应的直角坐标虽然仍有三个自由度，但被 $(x_1^2 + x_2^2 + x_3^2)^{\frac{1}{2}} = 1$ 的条件约束在一个球面上。为简便起见，在后面的叙述中，除必要情况外，均取矢量的模等于 1。由此推导的坐标变换关系，同样适用于球坐标系。

§B.2　坐标系的正交变换

假定 $[R]$ 表示一个右手直角坐标系

$$[R] = \begin{pmatrix} \vec{X}_1 & \vec{X}_2 & \vec{X}_3 \end{pmatrix} \tag{B.7}$$

将（B.7）式的三个坐标轴的方向矢量在 $[R]$ 中表示，

$$\vec{X}_1 = 1\vec{X}_1 + 0\vec{X}_2 + 0\vec{X}_3$$
$$\vec{X}_2 = 0\vec{X}_1 + 1\vec{X}_2 + 0\vec{X}_3$$
$$\vec{X}_3 = 0\vec{X}_1 + 0\vec{X}_2 + 1\vec{X}_3$$

并将上式代回到（B.7）式，得

$$[R] = [R] \begin{pmatrix} 1 & 0 & 0 \\ 0 & 1 & 0 \\ 0 & 0 & 1 \end{pmatrix}$$

由（B.7）式，若将 $[R]$ 的转置表示为

$$[R]' = \begin{pmatrix} \vec{X}_1' \\ \vec{X}_2' \\ \vec{X}_3' \end{pmatrix} \tag{B.8}$$

可以得到

$$[R]'[R] = \begin{pmatrix} X_1'X_1 & X_1'X_2 & X_1'X_3 \\ X_2'X_1 & X_2'X_2 & X_2'X_3 \\ X_3'X_1 & X_3'X_2 & X_3'X_3 \end{pmatrix} = \begin{pmatrix} 1 & 0 & 0 \\ 0 & 1 & 0 \\ 0 & 0 & 1 \end{pmatrix} = \bar{U} = [R]^{-1}[R] \tag{B.9}$$

$\bar{U}$ 表示单位矩阵。由此可见，$[R]$ 的转置等于它的逆，所以 $[R]$ 为正交坐标系。$[R]$ 和 $[R]'$ 互为逆阵，所以得到

$$[R]'[R] = [R][R]' = \bar{U} \tag{B.10}$$

由于任何矩阵乘以单位矩阵，其乘积仍等于原矩阵。矢量 $\vec{\rho}$ 也可以在另一个坐标系 $[P]$ 中表示为

$$\vec{\rho} = [P] \begin{pmatrix} y_1 \\ y_2 \\ y_3 \end{pmatrix} = [R] \begin{pmatrix} x_1 \\ x_2 \\ x_3 \end{pmatrix} \tag{B.11}$$

上式两边左乘 $[P]'$，有

$$[P]'\vec{\rho} = [P]'[P] \begin{pmatrix} y_1 \\ y_2 \\ y_3 \end{pmatrix} = \begin{pmatrix} y_1 \\ y_2 \\ y_3 \end{pmatrix} = [P]'[R] \begin{pmatrix} x_1 \\ x_2 \\ x_3 \end{pmatrix} \tag{B.12}$$

上式中，$[P]'\vec{\rho}$ 是该矢量在坐标系 $[P]$ 中的系数列阵。其相应的行阵为

$$\vec{\rho}'[P] = (y_1 \quad y_2 \quad y_3)$$

如果在 $[P]'$ 和 $[R]$ 之间再插入另一坐标系 $[Q]$ 表示的单位矩阵 $[Q][Q]'$，得到

$$\begin{pmatrix} y_1 \\ y_2 \\ y_3 \end{pmatrix} = ([P]'[Q])([Q]'[R]) \begin{pmatrix} x_1 \\ x_2 \\ x_3 \end{pmatrix} \tag{B.13}$$

由此可见，一个原先在坐标系 $[R]$ 中表示的矢量，其系数列矩阵

$$\begin{pmatrix} x_1 \\ x_2 \\ x_3 \end{pmatrix} = [R]'\vec{\rho}$$

可通过不同的路径转换到在另一个坐标系$[P]$中表示，并可写成

$$[P]'\vec{\rho} = \begin{pmatrix} y_1 \\ y_2 \\ y_3 \end{pmatrix} = ([P]'[Q])([Q]'[T])([T]'\cdots[R])([R]'\vec{\rho}) \qquad (B.14)$$

（B.14）式是坐标变换矩阵运动的普遍性表达式。其中包含两两坐标系符号之间的转置相乘运算，下面解释这种运算的含意。

如果相对于坐标系$[P]$描述$[R]$，$[R]$的三个坐标轴在$[P]$中的方向余弦在形式上总可以表示成p_1、p_2、p_3，q_1、q_2、q_3以及r_1、r_2、r_3。将此代入到（B.7）式，有

$$[R] = [P]\begin{pmatrix} p_1 & q_1 & r_1 \\ p_2 & q_2 & r_2 \\ p_3 & q_3 & r_3 \end{pmatrix} \qquad (B.15)$$

于是

$$\vec{\rho} = [R]\begin{pmatrix} x_1 \\ x_2 \\ x_3 \end{pmatrix} = [P]\begin{pmatrix} p_1 & q_1 & r_1 \\ p_2 & q_2 & r_2 \\ p_3 & q_3 & r_3 \end{pmatrix}\begin{pmatrix} x_1 \\ x_2 \\ x_3 \end{pmatrix} \qquad (B.16)$$

这就是一个矢量从一个坐标系表达式转换成另一个坐标系中的表达式的一般形式。和（B.12）式比较，得到

$$\begin{pmatrix} p_1 & q_1 & r_1 \\ p_2 & q_2 & r_2 \\ p_3 & q_3 & r_3 \end{pmatrix} = [P]'[R]$$

（B.14）式中两坐标系符号的转置乘积的含意，就是由（B.15）式表示的两个坐标系间的转换矩阵。本书中普遍采用两坐标系符号的转置乘积这种形式进行坐标转换。

上述坐标转换的结果与中间路径无关，如果最后又转换回到原来的坐标系，例如

$$\begin{pmatrix} x_1 \\ x_2 \\ x_3 \end{pmatrix} = [R]'[P][P]'[R]\begin{pmatrix} x_1 \\ x_2 \\ x_3 \end{pmatrix}$$

由此得到

$$\{[R]'[P]\}\{[P]'[R]\} = \bar{U} \tag{B.17}$$

同时不难导出

$$[P]'[R] = \{[R]'[P]\}' \tag{B.18}$$

将（B.18）式代入（B.17）式，得

$$\{[R]'[P]\}'\{[P]'[R]\} = \bar{U} \tag{B.19}$$

由此可见，$[P]$ 和 $[R]$ 之间的坐标变换矩阵的转置等于该矩阵的逆阵，所以正交坐标系的上述变换是正交变换。

由上所述，一个矢量在某坐标系中的表达式，可以通过任意路径转换到另一个坐标系中表达。因此可以适当选取转换的中间路径，把本来比较复杂的变换分解成若干次比较简单的变换。**通常是将一个绕某任意轴的旋转分解成若干次绕坐标轴的连续旋转构成的坐标变换链。**

§B.3　坐标系的绕轴旋转变换

设坐标系 $[P]$ 是由坐标系 $[R]$ 按右手系绕 X_1 轴旋转 θ_1 而成，由图 B.2 给出

$$
\begin{aligned}
y_1 &= x_1 \\
y_2 &= x_2 \cos\theta_1 + x_3 \sin\theta_1 \\
y_3 &= -x_2 \sin\theta_1 + x_3 \cos\theta_1
\end{aligned} \tag{B.20}
$$

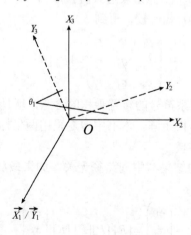

图 B.2　坐标系的绕轴旋转

按公式（B.7）方式，坐标系$[P]$相对于$[R]$的矩阵表达式为

$$[P] = (\bar{y}_1 \quad \bar{y}_1 \quad \bar{y}_3) = [R]\begin{pmatrix} 1 & 0 & 0 \\ 0 & \cos\theta_1 & -\sin\theta_1 \\ 0 & \sin\theta_1 & \cos\theta_1 \end{pmatrix}$$

由此，坐标系$[R]$变换到$[P]$的转换矩阵为

$$[P]'[R] = \begin{pmatrix} 1 & 0 & 0 \\ 0 & \cos\theta_1 & \sin\theta_1 \\ 0 & -\sin\theta_1 & \cos\theta_1 \end{pmatrix}$$

令

$$\bar{R}_1(\theta_1) = \begin{pmatrix} 1 & 0 & 0 \\ 0 & \cos\theta_1 & \sin\theta_1 \\ 0 & -\sin\theta_1 & \cos\theta_1 \end{pmatrix} \tag{B.21}$$

表示坐标系$[R]$变换到绕其本身的第一坐标轴$\bar{x}_1$右手旋转θ_1角而生成的新坐标系的转换矩阵。按同样推导方式可以得到绕第二坐标轴$\bar{x}_2$右手旋转θ_2的转换矩阵

$$\bar{R}_2(\theta_2) = \begin{pmatrix} \cos\theta_2 & 0 & -\sin\theta_2 \\ 0 & 1 & 0 \\ \sin\theta_2 & 0 & \cos\theta_2 \end{pmatrix} \tag{B.22}$$

以及绕第三坐标轴$\bar{x}_3$右手旋转θ_3的转换矩阵

$$\bar{R}_3(\theta_3) = \begin{pmatrix} \cos\theta_3 & \sin\theta_3 & 0 \\ -\sin\theta_3 & \cos\theta_3 & 0 \\ 0 & 0 & 1 \end{pmatrix} \tag{B.23}$$

对于任意两个坐标系，只要将其转换关系分解成几次相继的绕轴旋转，就可用$\bar{R}_1$、$\bar{R}_2$、$\bar{R}_3$的不同组合链实现所需的坐标变换。

§B.4　旋转矩阵法坐标变换举例

§B.4.1　赤道坐标系与黄道坐标系的转换

赤道坐标系$[N]$和黄道坐标系$[Q]$具有共同的第一坐标轴，这就是春分点A_0的方向。将赤道坐标系绕第一轴右手旋转ε角，即得到黄道坐标系。恒星S的方向矢量$\bar{\rho}$在$[N]$中的表达式为

$$\vec{\rho} = [N] \begin{pmatrix} x_1 \\ x_2 \\ x_3 \end{pmatrix} = [N] \begin{pmatrix} \cos\delta\cos\alpha \\ \cos\delta\sin\alpha \\ \sin\delta \end{pmatrix}$$

两边左乘 $[Q]'$ ，得

$$[Q]'\vec{\rho} = [Q]'[N] \begin{pmatrix} \cos\delta\cos\alpha \\ \cos\delta\sin\alpha \\ \sin\delta \end{pmatrix} = \bar{R}_1(\varepsilon) \begin{pmatrix} \cos\delta\cos\alpha \\ \cos\delta\sin\alpha \\ \sin\delta \end{pmatrix} \tag{B.24}$$

上式左端就是 $\vec{\rho}$ 在坐标系 $[Q]$ 中的分量的列矩阵，即

$$[Q]'\vec{\rho} = \begin{pmatrix} y_1 \\ y_2 \\ y_3 \end{pmatrix} = \begin{pmatrix} \cos\beta\cos\lambda \\ \cos\beta\sin\lambda \\ \sin\beta \end{pmatrix}$$

将上式和（B.21）式代入（B.24）式，

$$\begin{pmatrix} \cos\beta\cos\lambda \\ \cos\beta\sin\lambda \\ \sin\beta \end{pmatrix} = \begin{pmatrix} 1 & 0 & 0 \\ 0 & \cos\varepsilon & \sin\varepsilon \\ 0 & -\sin\varepsilon & \cos\varepsilon \end{pmatrix} \begin{pmatrix} \cos\delta\cos\alpha \\ \cos\delta\sin\alpha \\ \sin\delta \end{pmatrix} \tag{B.25}$$

此式的简单写法就是

$$[Q]'\vec{\rho} = ([Q]'[N])([N]'\vec{\rho}) \tag{B.26}$$

如果把（B.25）式写成分量形式

$$\cos\beta\cos\lambda = \cos\delta\cos\alpha$$
$$\cos\beta\sin\lambda = \cos\delta\sin\alpha\cos\varepsilon + \sin\delta\sin\varepsilon \tag{B.27}$$
$$\sin\beta = -\cos\delta\sin\alpha\sin\varepsilon + \sin\delta\cos\varepsilon$$

这和（A.13）式完全一样。同样可以导出

$$\begin{pmatrix} \cos\delta\cos\alpha \\ \cos\delta\sin\alpha \\ \sin\delta \end{pmatrix} = \begin{pmatrix} 1 & 0 & 0 \\ 0 & \cos\varepsilon & -\sin\varepsilon \\ 0 & \sin\varepsilon & \cos\varepsilon \end{pmatrix} \begin{pmatrix} \cos\beta\cos\lambda \\ \cos\beta\sin\lambda \\ \sin\beta \end{pmatrix} \tag{B.28}$$

得到

$$\cos\alpha\cos\delta = \cos\beta\cos\lambda$$
$$\sin\alpha\cos\delta = \cos\beta\sin\lambda\cos\varepsilon - \sin\beta\sin\varepsilon \tag{B.29}$$
$$\sin\delta = \cos\beta\sin\lambda\sin\varepsilon + \sin\beta\cos\varepsilon$$

这和（A.14）式一样。可见用矩阵方法推导坐标变换关系比用球面三角方法更加简单明了。用矩阵表示法，可把任何复杂的坐标转换关系分解成简单的模块，特别适合于计算机运算，而且完全严格，没有近似。

由于这些理由，我们在本书中，尽可能地采用坐标变换的矩阵表示法。

但有时为了表达一些直观的天球概念，也为了和过去老的教材或文献有一些衔接，也介绍一些球面表示法作为对照。

§B.4.2　时角坐标系与地平坐标系的转换

时角坐标系和地平坐标系都是左手系。对于左手坐标系的变换，只要将其经度坐标加上负号，就成为右手坐标系。这里符号$[H]$和$[Z]$的坐标轴都取右手系，其时角和方位角都取负号，即

$$\vec{\rho}=[H]\begin{pmatrix}\cos t\cos\delta\\-\sin t\cos\delta\\\sin\delta\end{pmatrix}=[Z]\begin{pmatrix}\cos a\cos h\\-\sin a\cos h\\\sin h\end{pmatrix}$$

其坐标变换关系为

$$\begin{pmatrix}\cos a\cos h\\-\sin a\cos h\\\sin h\end{pmatrix}=[Z]'[H]\begin{pmatrix}\cos t\cos\delta\\-\sin t\cos\delta\\\sin\delta\end{pmatrix}$$

将右手的时角坐标系绕第二轴旋转$90°-\varphi$，其第一轴移到南点，第三轴移到天顶。再绕第三轴旋转$180°$，将第一轴移到北点，即与地平坐标系重合。由此给出变换矩阵

$$[Z]'[H]=\bar{R}_3(180°)\bar{R}_2(90°-\varphi)=\begin{pmatrix}-\sin\varphi&0&\cos\varphi\\0&-1&0\\\cos\varphi&0&\sin\varphi\end{pmatrix}\qquad（B.30）$$

于是得

$$\begin{pmatrix}\cos a\cos h\\-\sin a\cos h\\\sin h\end{pmatrix}=\begin{pmatrix}-\sin\varphi&0&\cos\varphi\\0&-1&0\\\cos\varphi&0&\sin\varphi\end{pmatrix}\begin{pmatrix}\cos t\cos\delta\\-\sin t\cos\delta\\\sin\delta\end{pmatrix}$$

写成分量形式为

$$\cos a\cos h=\cos\varphi\sin\delta-\sin\varphi\cos\delta\cos t$$
$$\sin a\cos z=-\sin t\cos\delta$$
$$\sin h=\sin\varphi\sin\delta+\cos\varphi\cos\delta\cos t$$

这和§A.6.1导出的结果一样。

§B.4.3　赤道坐标系与时角坐标系的转换

赤道坐标系$[N]$与时角坐标系$[H]$具有共同的第三轴，二者的经度起

算点不同，前者是春分点 A_0 ，后者是赤道与地方子午圈的交点。赤道坐标系[N]是右手系，时角坐标系[H]是左手系。按上述方法，将时角加负号，仍作右手系运算。由于春分点到子午圈的角距离等于地方恒星时 s ，[N]和[H]的关系可表示为

$$[H]'[N] = \bar{R}_3(s) = \begin{pmatrix} \cos s & \sin s & 0 \\ -\sin s & \cos s & 0 \\ 0 & 0 & 1 \end{pmatrix}$$

天体在两坐标系中的位置矢量的列阵的关系为

$$[H]'\vec{\rho} = \bar{R}_3(s)[N]'\vec{\rho} = \begin{pmatrix} \cos s & \sin s & 0 \\ -\sin s & \cos s & 0 \\ 0 & 0 & 1 \end{pmatrix}[N]'\vec{\rho} \quad （\text{B}.31）$$

即

$$\begin{pmatrix} \cos t \cos \delta \\ -\sin t \cos \delta \\ \sin \delta \end{pmatrix} = \begin{pmatrix} \cos s & \sin s & 0 \\ -\sin s & \cos s & 0 \\ 0 & 0 & 1 \end{pmatrix}\begin{pmatrix} \cos \alpha \cos \delta \\ \sin \alpha \cos \delta \\ \sin \delta \end{pmatrix} \quad （\text{B}.32）$$

由此可得到常见的关系式

$$s = \alpha + t \quad （\text{B}.33）$$

§B.4.4　银道坐标系和赤道坐标系

设银极的赤道坐标为 A 、 D ；银心的赤道坐标为 α_G 、 δ_G ；银道对赤道升交点的赤经为 α_Ω ，银经为 l_Ω 。已知

$$A = 12^h 51^m 26^s.2755, \qquad D = +27°07'41''.704$$
$$\alpha_G = 17^h 45^m 37^s.1991, \qquad \delta_G = -28°56'10''.221$$

又由球面三角关系得到

$$\alpha_\Omega = A + 90° = 18^h 51^m 26^s.2755,$$

以及

$$\cos l_\Omega = \cos \delta_G \cos(\alpha_\Omega - \alpha_G)$$

得出

$$l_\Omega = 32°55'54''.920$$

为将赤道坐标系变换到银道坐标系，可将赤道坐标系绕第三轴转 $A+90°$ ，将春分点旋转到银道升交点。然后绕第一轴旋转 $90°-D$ ，将北天极旋转到

北银极的位置。最后再绕第三轴将其第一轴从升交点旋转到银心方向，即旋转（$-l_\Omega$）。这样，赤道坐标系[N]至银道坐标系[G]的旋转矩阵可以写成

$$[G]'[N] = \bar{R}_3(-l_\Omega)\bar{R}_1(90° - D)\bar{R}_3(A + 90°) \qquad (B.34)$$

§B.4.5　星基坐标系

在讨论一些实际问题时，使用星基坐标系[S]比较方便。所谓的星基坐标系是以被测天体的方向作为第三轴（极轴）所建立的坐标系。设目标天体的方向矢量为 $\vec{S}$，其赤道坐标为（α, δ）。现建立一个坐标系

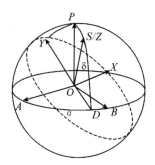

图 B.3　星基坐标系和赤道坐标系

$[S] = \begin{pmatrix} \vec{X} & \vec{Y} & \vec{Z} \end{pmatrix}$，其中 $\vec{Z} = \vec{S}$，YZ 平面过赤道坐标系的极轴且 $\vec{Y}$ 指向北方。这样，$\vec{X}$ 轴将是 XY 平面和赤道面的交线。上述关系表示在图 B.3。图中，P 是北天极，A 是春分点，依此构成赤道坐标系 $[N] = \begin{pmatrix} \vec{A} & \vec{B} & \vec{P} \end{pmatrix}$。由图又得 $AD = \alpha$，$ADX = 90° + \alpha$；$PS = 90° - \delta$。将星基坐标系绕第一轴旋转（$-90° + \delta$），使得其 Z 轴和天极

方向重合，于是其 Y 轴落在赤道面上。然后再绕 Z 轴旋转 $-(90° + \alpha)$，于是两坐标系重合。所以，星基坐标系和赤道坐标系之间的转换矩阵为

$$[N]'[S] = \bar{R}_3(-90° - \alpha)\bar{R}_1(-90° + \delta)$$
$$[S]'[N] = \bar{R}_1(90° - \delta)\bar{R}_3(90° + \alpha) \qquad (B.35)$$

（B.35）式的形式可以直接应用于星基坐标系和其他球面坐标系间的转换。如果已知 S 点的地平经纬度，将上式中的赤经、赤纬换成地平经纬度，就得到该星基坐标系和地平坐标系的转换关系。这时，该星基坐标系的 YZ 平面过地方天顶。同样，也可以将星基坐标系和黄道坐标系、银道坐标系、地理坐标系等任何一个球面坐标系之间作相互转换。

设任意一个天体 S_i 的坐标为（a_i, b_i）。用（B.35）式，得到

$$[S]'\vec{S}_i = ([S]'[N])[N]'\vec{S}_i = \bar{R}_1(90° - \delta)\bar{R}_3(90° + \alpha)[N]'\vec{S}_i \qquad (B.36)$$

其分量矩阵形式为

$$\begin{pmatrix} \cos a_i \cos b_i \\ \sin a_i \cos b_i \\ \sin b_i \end{pmatrix} = \bar{R}_1(90° - \delta)\bar{R}_3(90° + \alpha) \begin{pmatrix} \cos \alpha_i \cos \delta_i \\ \sin \alpha_i \cos \delta_i \\ \sin \delta_i \end{pmatrix} \qquad (B.37)$$

上述星基坐标系的坐标原点可以平移到天体 S 处，这时坐标系的 XY 平面成为 S 处的天球切平面。在这个切平面内，可以描述天体的横向运动线速度，也可以描述望远镜视场平面或照相底片平面上的天体间的坐标关系或星象的运动，并转换到基本坐标系。可见，星基坐标系是一种非常有用的实用坐标系。正确引进星基坐标系能便利于实际问题的解决。

在不同场合引进的星基坐标系中，其经度起始点可以有不同的定义方式，与此相应，（B.35）式中绕第三轴的旋转角也需有不同定义方式。

§B.4.6 地心坐标系和地方地平坐标系

设测站在瞬时地球坐标系 $[E]$ 中的地心坐标为 λ、φ，建立地方地平坐标系 $[D]$。这和天球上建立的星基坐标系类似。将 $[E]$ 绕第三轴正转 λ，再绕第二轴正转 $90° - \varphi$，即得到一个第三轴为测站的地心矢量向上延伸的方向、第一轴指向地方南点、第二轴指向地方东点的右手地平坐标系。将其绕第三轴旋转 $180°$，变成以北点起算的右手地平坐标系。按通常的左手系的方位角定义，将方位角加负号。于是其坐标转换关系为

$$\begin{pmatrix} \cos a \cos h \\ -\sin a \cos h \\ \sin h \end{pmatrix} = \bar{R}_3(180^0)\bar{R}_2(90° - \varphi)\bar{R}_3(\lambda)\begin{pmatrix} \cos\lambda\cos\varphi \\ \sin\lambda\cos\varphi \\ \sin\varphi \end{pmatrix} \tag{B.38}$$

这里的地平坐标系的基本方向是测站的地心矢量，因此相应的测站坐标是地心经纬度。如果对于传统光学技术，其基本方向为地方铅垂线向上延伸方向，相应的测站坐标为天文经纬度。如果要建立以参考椭球的地方外法线方向为基本方向的地方坐标系，测站坐标应采用大地经纬度。转换关系都是（B.38）式。传统的光学地面测量技术需要参考于一个地方坐标系，该坐标系的基本方向是铅垂线，可由物理方式实现。测距技术的观测量是标量，和地平坐标系无关。

附录 C　矢量的运算

在附录 B 中，给出一个矢量 $\vec{a}$ 的普遍表达形式为坐标系矩阵和坐标分量矩阵的乘积

$$\vec{a} = a_1\vec{X}_1 + a_2\vec{X}_2 + a_3\vec{X}_3 = [R]\begin{pmatrix} a_1 \\ a_2 \\ a_3 \end{pmatrix}$$

这意味着该矢量的起点在坐标系的原点，其端点坐标是 (a_1, a_2, a_3)，矢量的分量分别是 a_1, a_2, a_3。如果另一矢量 $\vec{d}$ 的起点坐标为 (b_1, b_2, b_3)，端点坐标为 (c_1, c_2, c_3)，其分量为

$$d_1 = c_1 - b_1$$
$$d_2 = c_2 - b_2$$
$$d_3 = c_3 - b_3$$

如果 $a_i = d_i$，意味着两矢量平行（$\vec{a} /\!/ \vec{d}$）并且长度相同。由此看出，任何起点不在坐标原点的矢量，其系数矩阵等于一个和它平行的、长度相等且起点在坐标原点的矢量系数矩阵。这说明，**矢量表达的是一个有确定的大小和方向但没有确定的空间位置的量。矢量的参数表示的是矢量的端点相对于其起点位置关系。**因此，如果用一个矢量描述一个点的空间位置，除了需要说明各分量的数值和所参考的坐标系外，还必须说明矢量的起点。这里并不要求一定要将矢量的起点作为坐标系的坐标原点。对于矢量的运算来说，以任何空间位置作起点的矢量等价于和它平行的并且长度相同、以坐标原点为起点的矢量。所以在后面关于矢量运算的一切叙述，如无特别说明，都是表示以坐标原点为起点的矢量。

矢量的运算实际上是对其系数矩阵的运算。这种运算隐含的前提是，参加运算的各矢量的系数矩阵是在同一坐标系中描述的。但是在天体测量中，常常遇到不同坐标系中描述的矢量之间运算的问题。这样，传统的表示方法就不方便。因为这时，首先要把参考于不同坐标系的矢量系数矩阵变换成参考同一个坐标系的系数矩阵。这就必须给出坐标变换后

的矢量的显式，而这常常是复杂和不便的。如果在矢量表达式中既包含有系数矩阵，同时也标明该系数矩阵是参考于哪个坐标系的，就可以将参考于不同坐标系的矢量同样对待。由附录 B 知道，坐标系的表达式其实也是一个矩阵，是三个相互正交的坐标轴单位矢量的方向参数组成的矩阵。在矢量系数矩阵连同坐标系矩阵一起参加运算时，无须每一步都导出系数矩阵的显式。可以用一系列矩阵算式方便地描述一个复杂的矢量运算过程，即使这些矢量的初始参数并不是在同一坐标系中描述的。在本书的叙述中，凡是涉及矢量的代数运算，都既包含矢量的分量矩阵的运算，也包含所参考的坐标系矩阵的运算，从而将矢量的运算连同所涉及的坐标变换一起表示出来。这对计算机计算非常方便。在以下的矢量运算表达式中，都假定参加运算的各矢量都转换到同一坐标系中。

§C.1　矢量的加减

设
$$F = \vec{a} \pm \vec{b}$$
其中
$$\vec{a} = [R]\begin{pmatrix} a_1 \\ a_2 \\ a_3 \end{pmatrix} \tag{C.1}$$

$$\vec{b} = [R]\begin{pmatrix} b_1 \\ b_2 \\ b_3 \end{pmatrix} \tag{C.2}$$

所以
$$F = \vec{f} = \vec{a} \pm \vec{b} = [R]\begin{pmatrix} a_1 \pm b_1 \\ a_2 \pm b_2 \\ a_3 \pm b_3 \end{pmatrix} \tag{C.3}$$

说明参考于同一坐标系的两矢量相加（减）等于它们相应的分量相加（减），所得到的矢量和（差）仍是矢量。

§C.2　矢量的乘积

§C.2.1　矢量的标乘积
一个矢量左乘另一矢量的转置，即

$$F = \vec{a}'\vec{b} \tag{C.4}$$

称为两矢量的标乘积，其中 $\vec{a}'$ 是（C.1）式的转置形式。用这种形式的矢量标乘符号和 $F = \vec{a}\cdot\vec{b}$ 形式等价。在本书中有时为避免某些公式中书写符号含义产生混淆，有时也采用 $F = \vec{a}\cdot\vec{b}$ 这种形式。由于同样原因，$\vec{a}'$ 有时也表示成 $\vec{a}^T$。

$$\vec{a}' = \begin{pmatrix} a_1 & a_2 & a_3 \end{pmatrix}[R]' \tag{C.5}$$

将其代入（C.4）式，得到

$$F = \begin{pmatrix} a_1 & a_2 & a_3 \end{pmatrix}[R]'[R]\begin{pmatrix} b_1 \\ b_2 \\ b_3 \end{pmatrix} = (a_i b_i)_{i=1,2,3} \tag{C.6}$$

可见，由（C.4）定义的两矢量的乘积是一个标量，其值等于各对应分量乘积之和。不难导出

$$\vec{a}'\vec{b} = \vec{b}'\vec{a}$$

由此说明，**两矢量的标乘满足交换律。**

另外，可以证明

$$\vec{a}'\vec{b} = ab\cos\theta \tag{C.7}$$

其中 θ 是两矢量间的夹角。由此也得知，**当两矢量互相垂直时，其标量积为 0。** 另外，由于 $\vec{a}'\vec{a} = a^2$，即矢量的模为

$$a = (\vec{a}'\vec{a})^{\frac{1}{2}}$$

§C.2.2　矢量的叉乘

$$F = \vec{a}\times\vec{b}$$

由附录 B 知，用单位矩阵左乘任何矢量仍等于该矢量本身，于是

$$\vec{a}\times\vec{b} = \vec{a}\times[R][R]'\vec{b} = (\vec{a}\times[R])([R]'\vec{b}) \tag{C.8}$$

其中，$([R]'\vec{b})$ 是 $\vec{b}$ 的分量列阵，$(\vec{a}\times[R])$ 是一个特殊的运算符号。将（B.7）式代入（C.8）式，

$$\vec{a}\times[R] = \vec{a}\times\begin{pmatrix} \vec{X}_1 & \vec{X}_2 & \vec{X}_3 \end{pmatrix} = \begin{pmatrix} \vec{a}\times\vec{X}_1 & \vec{a}\times\vec{X}_2 & \vec{a}\times\vec{X}_3 \end{pmatrix} \tag{C.9}$$

其中

$$\vec{a}\times\vec{X}_1 = [R]\begin{pmatrix} a_1 \\ a_2 \\ a_3 \end{pmatrix}\times\vec{X}_1 = \begin{pmatrix} \vec{X}_1 & \vec{X}_2 & \vec{X}_3 \end{pmatrix}\begin{pmatrix} a_1 \\ a_2 \\ a_3 \end{pmatrix}\times\vec{X}_1 \tag{C.10-1}$$

$$= a_1\vec{X}_1\times\vec{X}_1 + a_2\vec{X}_2\times\vec{X}_1 + a_3\vec{X}_3\times\vec{X}_1$$

在右手坐标系中，有

$$\vec{X}_1\times\vec{X}_1 = 0 \qquad \vec{X}_2\times\vec{X}_1 = -\vec{X}_3 \qquad \vec{X}_3\times\vec{X}_1 = \vec{X}_2 \tag{C.10-2}$$

将（C.10-2）式代入（C.10-1）式得

$$\vec{a} \times \vec{X}_1 = a_3 \vec{X}_2 - a_2 \vec{X}_3 \qquad (\text{C.10-3})$$

同样可导出

$$\vec{a} \times \vec{X}_2 = a_1 \vec{X}_3 - a_3 \vec{X}_1 \qquad (\text{C.10-4})$$

$$\vec{a} \times \vec{X}_3 = a_2 \vec{X}_1 - a_1 \vec{X}_2 \qquad (\text{C.10-5})$$

将（C.10-3）式、（C.10-4）式和（C.10-5）式代入式（C.9），得到

$$\vec{a} \times [R] = \left(a_3 \vec{X}_2 - a_2 \vec{X}_3 \quad a_1 \vec{X}_3 - a_3 \vec{X}_1 \quad a_2 \vec{X}_1 - a_1 \vec{X}_2 \right) = [R] \begin{pmatrix} 0 & -a_3 & a_2 \\ a_3 & 0 & -a_1 \\ -a_2 & a_1 & 0 \end{pmatrix} \quad (\text{C.10})$$

将此式代入（C.8）式，得到

$$F = \vec{a} \times \vec{b} = [R] \begin{pmatrix} 0 & -a_3 & a_2 \\ a_3 & 0 & -a_1 \\ -a_2 & a_1 & 0 \end{pmatrix} \begin{pmatrix} b_1 \\ b_2 \\ b_3 \end{pmatrix} = [R] \begin{pmatrix} a_2 b_3 - a_3 b_2 \\ a_3 b_1 - a_1 b_3 \\ a_1 b_2 - a_2 b_1 \end{pmatrix} \qquad (\text{C.11})$$

（C.11）式表明，两矢量的叉乘积仍是一个矢量。不难证明

$$\vec{a}'(\vec{a} \times \vec{b}) = \vec{b}'(\vec{a} \times \vec{b})$$

由此说明，由两矢量的叉乘得到的矢量与这两矢量所在的平面垂直。另外，也不难证明，

$$\vec{a} \times \vec{b} = -\vec{b} \times \vec{a}$$

由此说明，两矢量叉乘得到的乘积矢量的方向与两矢量的顺序有关，顺序交换，乘积矢量的方向相反。因此，当 $\vec{a}$ 和 $\vec{b}$ 为单位矢量且 $\vec{a} \perp \vec{b}$ 时，$\vec{a}$、$\vec{b}$ 和 $\vec{a} \times \vec{b}$ 可构成一右手正交直角坐标架。此外还可证明

$$\left| \vec{a} \times \vec{b} \right| = ab \sin \theta \qquad (\text{C.12})$$

其中 θ 是 $\vec{a}$ 和 $\vec{b}$ 的夹角，从 $0° \sim 180°$ 度量。

§C.2.3　矢量的并乘

一个矢量右乘另一个矢量的转置，即

$$F = \vec{a}\vec{b}' = [R] \begin{pmatrix} a_1 \\ a_2 \\ a_3 \end{pmatrix} \left(b_1 \quad b_2 \quad b_3 \right) [R]' = [R] \begin{pmatrix} a_1 b_1 & a_1 b_2 & a_1 b_3 \\ a_2 b_1 & a_2 b_2 & a_2 b_3 \\ a_3 b_1 & a_3 b_2 & a_3 b_3 \end{pmatrix} [R]' \qquad (\text{C.13})$$

这里 F 是一个二阶张量，在本书中，张量用字母上加双箭号表示，如 $\vec{\vec{Q}}$。在这种二阶张量的表示法中，前面是坐标系 $[R]$ 的符号，后面是 $[R]$ 的转置，中间是一个 3×3 的矩阵。张量的这种表示法在天球坐标变换和天体位置与运动的推导中很有用处。两矢量的并乘本身并没有对应的物理意

义，它只是矢量运算过程中出现的一种中间表达形式。由（C.13）式，容易看到，

$$\vec{a}b' = (\vec{b}a')'$$

所以，在一般情况下

$$\vec{a}b' \neq \vec{b}a'$$

张量既然与坐标系有关，也可进行坐标变换。用（B.14）式可将矢量$\vec{a}$、$\vec{b}$从坐标系$[R]$变换到另一坐标系$[P]$。将（C.13）式写成一般形式

$$F = \vec{a}b' = [R]\begin{pmatrix} r_{11} & r_{12} & r_{13} \\ r_{21} & r_{22} & r_{23} \\ r_{31} & r_{32} & r_{33} \end{pmatrix}[R]' \qquad (C.14)$$

相对于另一坐标系$[P]$，同样由（C.13）式，可以得到

$$F = \vec{a}b' = [P]\begin{pmatrix} p_{11} & p_{12} & p_{13} \\ p_{21} & p_{22} & p_{23} \\ p_{31} & p_{32} & p_{33} \end{pmatrix}[P]' \qquad (C.15)$$

（C.14）式和（C.15）式必然相等，所以

$$[R]\begin{pmatrix} r_{11} & r_{12} & r_{13} \\ r_{21} & r_{22} & r_{23} \\ r_{31} & r_{32} & r_{33} \end{pmatrix}[R]' = [P]\begin{pmatrix} p_{11} & p_{12} & p_{13} \\ p_{21} & p_{22} & p_{23} \\ p_{31} & p_{32} & p_{33} \end{pmatrix}[P]'$$

上式两边左乘$[R]'$和右乘$[R]$，并考虑到任何矩阵左乘或右乘单位矩阵仍等于该矩阵本身，于是可得

$$\begin{pmatrix} r_{11} & r_{12} & r_{13} \\ r_{21} & r_{22} & r_{23} \\ r_{31} & r_{32} & r_{33} \end{pmatrix} = [R]'[P]\begin{pmatrix} p_{11} & p_{12} & p_{13} \\ p_{21} & p_{22} & p_{23} \\ p_{31} & p_{32} & p_{33} \end{pmatrix}[P]'[R]$$

或　　　　　　　　　　　　　　　　　　　　　　　　　　　　（C.16）

$$\begin{pmatrix} p_{11} & p_{12} & p_{13} \\ p_{21} & p_{22} & p_{23} \\ p_{31} & p_{32} & p_{33} \end{pmatrix} = [P]'[R]\begin{pmatrix} r_{11} & r_{12} & r_{13} \\ r_{21} & r_{22} & r_{23} \\ r_{31} & r_{32} & r_{33} \end{pmatrix}[R]'[P]$$

（C.16）式给出张量的坐标变换的普遍性表达式。作为一个特殊张量，当其分量矩阵为单位矩阵$\bar{U}$时，即

$$\bar{U} = [R]\begin{pmatrix} 1 & 0 & 0 \\ 0 & 1 & 0 \\ 0 & 0 & 1 \end{pmatrix}[R]' = [R]\bar{U}[R]' = [R][R]'$$

$\bar{U}$称为单位张量。显然$\bar{U}$是对称张量，即

$$\vec{U} = \vec{U}'$$

注意这里单位张量 $\vec{U}$ 和单位矩阵 $\bar{U}$ 的不同含意。矩阵和坐标系无关，而张量需要相对于特定的坐标系描述。

§C.2.4 混合积

$\vec{a}$、$\vec{b}$、$\vec{c}$ 三个矢量作混合乘法运算 $F = (\vec{a} \times \vec{b})' \vec{c}$ 称为其混合积，这是一个标量，并且

$$(\vec{a} \times \vec{b})' \vec{c} = \vec{c}'(\vec{a} \times \vec{b})$$

将（C.6）式和（C.11）式代入混合积运算，

$$\vec{c}'(\vec{a} \times \vec{b}) = \begin{pmatrix} c_1 & c_2 & c_3 \end{pmatrix} \begin{pmatrix} a_2 b_3 - a_3 b_2 \\ a_3 b_1 - a_1 b_3 \\ a_1 b_2 - a_2 b_1 \end{pmatrix} = \begin{vmatrix} c_1 & c_2 & c_3 \\ a_1 & a_2 & a_3 \\ b_1 & b_2 & b_3 \end{vmatrix} \tag{C.17}$$

在混合积中，若定义叉乘优先于标乘，混合积运算式中的括号可以省略。由行列式中行列互换的法则，可以得到：

$$\vec{c}'\vec{a} \times \vec{b} = -\vec{c}'\vec{b} \times \vec{a} = \vec{b}'\vec{c} \times \vec{a} = -\vec{b}'\vec{a} \times \vec{c} = \vec{a}'\vec{b} \times \vec{c}$$
$$= -\vec{a}'\vec{c} \times \vec{b} = \vec{a} \times \vec{b}'\vec{c} = \vec{b} \times \vec{c}'\vec{a} = \vec{c} \times \vec{a}'\vec{b} \cdots \tag{C.18}$$

此式说明：

（1）混合积中的标乘符号和叉乘符号互换，其值不变，例如

$$\vec{a}'\vec{b} \times \vec{c} = \vec{a} \times \vec{b}'\vec{c}$$

（2）混合积中三个元素矢量 $\vec{a}$、$\vec{b}$、$\vec{c}$ 按相同顺序循环互换，其值不变，例如

$$\vec{a} \times \vec{b}'\vec{c} = \vec{b} \times \vec{c}'\vec{a} = \vec{c} \times \vec{a}'\vec{b}$$

（3）混合积中三个元素矢量若改成反向循环，其值反号，例如

$$\vec{c}'\vec{a} \times \vec{b} = -\vec{a}'\vec{c} \times \vec{b}$$

§C.2.5 三重叉乘积

三个矢量元素连续叉乘，构成三重叉乘积 $F = (\vec{a} \times \vec{b}) \times \vec{c}$ 。由于

$$(\vec{a} \times \vec{b}) \times \vec{c} = (\vec{a} \times \vec{b}) \times [R][R]'\vec{c}$$

将（C.11）式和（C.10）式代入上式中的 $(\vec{a} \times \vec{b}) \times [R][R]'$，有

$$(\vec{a} \times \vec{b}) \times [R][R]' = [R] \begin{pmatrix} 0 & a_2 b_1 - a_1 b_2 & a_3 b_1 - a_1 b_3 \\ a_1 b_2 - a_2 b_1 & 0 & a_3 b_2 - a_2 b_3 \\ a_1 b_3 - a_3 b_1 & a_2 b_3 - a_3 b_2 & 0 \end{pmatrix} [R]' \tag{C.19}$$

这是一个张量，由（C.13）式知，这个张量等于张量 $\vec{b}\vec{a}'$ 和 $\vec{a}\vec{b}'$ 之差，即

$$(\vec{a}\times\vec{b})\times[R][R]' = \vec{b}\vec{a}' - \vec{a}\vec{b}' \tag{C.20}$$

于是可得

$$(\vec{a}\times\vec{b})\times\vec{c} = (\vec{b}\vec{a}' - \vec{a}\vec{b}')\vec{c} = (\vec{c}'\vec{a})\vec{b} - (\vec{c}'\vec{b})\vec{a} \tag{C.21}$$

这是一个很重要的公式。此公式说明，**三矢量的三重叉乘积仍是一个矢量，这个矢量在 $\vec{a}$ 和 $\vec{b}$ 构成的平面内，并且垂直于 $\vec{c}$。**（C.21）式中括号的位置不能移动，三矢量位置不能互换。比如 $(\vec{a}\times\vec{b})\times\vec{c} \neq \vec{a}\times(\vec{b}\times\vec{c})$，以及 $(\vec{a}\times\vec{b})\times\vec{c} \neq (\vec{b}\times\vec{c})\times\vec{a}$ 等。但括号整体和括号外元素交换时，乘积变换符号，如 $(\vec{a}\times\vec{b})\times\vec{c} = -\vec{c}\times(\vec{a}\times\vec{b})$。

§C.2.6　张量的运算

1. 两张量相乘

由§C.2.3 知，张量是两矢量并乘的结果，其一般形式如（C.14）式。设一张量 $\vec{T}$ 为

$$\vec{T} = [R]\begin{pmatrix} t_{11} & t_{12} & t_{13} \\ t_{21} & t_{22} & t_{23} \\ t_{31} & t_{32} & t_{33} \end{pmatrix}[R]' = [R](t_{ij})[R]' \quad (i, j = 1, 2, 3)$$

设另一张量 $\vec{S}$ 参考于同一坐标系

$$\vec{S} = [R]\begin{pmatrix} s_{11} & s_{12} & s_{13} \\ s_{21} & s_{22} & s_{23} \\ s_{31} & s_{32} & s_{33} \end{pmatrix}[R]'$$

张量 $\vec{T}$ 和 $\vec{S}$ 的乘积为

$$F = \vec{T}\vec{S} = [R]\begin{pmatrix} t_{11} & t_{12} & t_{13} \\ t_{21} & t_{22} & t_{23} \\ t_{31} & t_{32} & t_{33} \end{pmatrix}\begin{pmatrix} s_{11} & s_{12} & s_{13} \\ s_{21} & s_{22} & s_{23} \\ s_{31} & s_{32} & s_{33} \end{pmatrix}[R] = [R]\begin{pmatrix} \sigma_{11} & \sigma_{12} & \sigma_{13} \\ \sigma_{21} & \sigma_{22} & \sigma_{23} \\ \sigma_{31} & \sigma_{32} & \sigma_{33} \end{pmatrix}[R] \tag{C.22}$$

可见两张量的乘积也是一张量，其乘积矩阵的元素等于

$$\sigma_{ik} = \sum_{j=1}^{3} t_{ij}s_{jk} \tag{C.23}$$

由（C.23）式可知，在一般情况下，$\vec{T}\vec{S} \neq \vec{S}\vec{T}$，只在 $\vec{S} = \vec{U}$ 即 $\vec{S}$ 为单位张量情况下，才有

$$\vec{T}\vec{U} = \vec{U}\vec{T} = \vec{T} \tag{C.24}$$

2. 张量左乘矢量

为书写简便，将矢量的分量列阵写成 (a_j) 形式，行矩阵写成 $(a_j)'$ 形式，（C.1）式的矢量表达式成为 $\vec{a} = [R](a_j)$，于是张量左乘一个矢量的表达式为

$$\ddot{T}\vec{a} = \{[R](t_{ij})[R]'\}[R](a_j) = [R](t_{ij})(a_j) = [R](y_i) \qquad （C.25）$$

其中乘积的分量矩阵 (y_i) 是一个列矩阵，其元素为

$$y_i = \sum_{j=1}^{3} t_{ij} a_j \qquad （C.26）$$

由此可见，**一个矢量左乘一个张量，其乘积仍是矢量。**

3. 张量右乘矢量

此时的矢量表达式必须是转置后构成的行矩阵才有意义，即

$$\vec{a}'\ddot{T} = (a_j)'[R]'\{[R](t_{ij})[R]'\} = (a_j)'(t_{ij})[R]' = (y_i)'[R]' \qquad （C.27）$$

其中分量矩阵 $(y_i)'$ 是一个行矩阵，其元素为

$$y_i = \sum_{j=1}^{3} a_j t_{ij} \qquad （C.28）$$

由此可见，**一个转置矢量右乘一个张量，其乘积仍是一个转置矢量。**

4. 矢量与单位张量的乘积

上面所述中，如果将张量 $\ddot{T}$ 换成单位张量 $\ddot{U}$，不难得出

$$\vec{a} = \ddot{U}\vec{a} = \vec{a}$$
$$\vec{a}' = \vec{a}'\ddot{U} = \vec{a}'$$

这说明，**单位张量左乘一矢量仍等于该矢量本身。单位张量右乘一转置矢量，仍是该转置矢量本身。**

§C.3 场函数的微分

自变量为矢量的函数为场函数。如果函数本身是标量，称为标量场。如果函数本身是矢量，称为矢量场。

设矢量 $\vec{x} = [R]\begin{pmatrix} x_1 \\ x_2 \\ x_3 \end{pmatrix}$ 是自变量，其变化量

$$d\bar{x} = [R] \begin{pmatrix} dx_1 \\ dx_2 \\ dx_3 \end{pmatrix} \tag{C.29}$$

对场函数的导数如何表达，这是本节要重点讨论的问题。

§C.3.1 场函数的导数

1. 标量场的梯度

　　例如，在三维空间或二维空间，点的位置可以用矢量 $\bar{x}$ 表示，一些与点位有关的物理量，如气温、气压、重力值、高程、降雨量等，这些量本身都是标量，但它们都是点位矢量的函数，因而构成标量场。将这种标量场函数表示成 $\varPhi = \varPhi(\bar{x})$。$\varPhi$ 的变化量 $d\varPhi$ 也是标量，它与点位坐标变化分量的关系应为

$$d\varPhi = \frac{\partial \phi}{\partial x_1} dx_1 + \frac{\partial \phi}{\partial x_2} dx_2 + \frac{\partial \phi}{\partial x_3} dx_3 = (\frac{\partial \phi}{\partial x_i} dx_i)_{i=1,2,3} \tag{C.30}$$

此式与（C.6）式比较看到，这是两个矢量标乘的形式。令

$$\frac{d\varPhi}{d\bar{x}} = [R] \begin{pmatrix} \dfrac{\partial \varPhi}{\partial x_1} \\ \dfrac{\partial \varPhi}{\partial x_2} \\ \dfrac{\partial \varPhi}{\partial x_3} \end{pmatrix} \tag{C.31}$$

这表示标函数 $\varPhi$ 的变化率在各方向的分布，因此 $\dfrac{d\varPhi}{d\bar{x}}$ 是矢量。将（C.29）式和（C.31）式代入（C.30）式

$$d\varPhi = (\frac{d\varPhi}{d\bar{x}})' d\bar{x} = \begin{pmatrix} \dfrac{\partial \varPhi}{\partial x_1} & \dfrac{\partial \varPhi}{\partial x_2} & \dfrac{\partial \varPhi}{\partial x_3} \end{pmatrix} \begin{pmatrix} dx_1 \\ dx_2 \\ dx_3 \end{pmatrix} \tag{C.32}$$

引进算子

$$\nabla = [R] \begin{pmatrix} \dfrac{\partial}{\partial x_1} \\ \dfrac{\partial}{\partial x_2} \\ \dfrac{\partial}{\partial x_3} \end{pmatrix} = \frac{d}{d\bar{x}} \tag{C.33}$$

它具有矢量的形式，表示在 [R] 坐标系中，对各方向求导数，称为**矢量微分算子**，又叫做**哈密顿算子**。该算子既然具有矢量形式，就可以和普通矢量一样进行各种矢量运算。将该算子矢量和一个标量场函数相乘，其乘积应是一个矢量，所以

$$\frac{d\Phi}{d\vec{x}} = \nabla\Phi = \text{grad}\,\Phi = [R]\begin{pmatrix} \dfrac{\partial}{\partial x_1} \\[2mm] \dfrac{\partial}{\partial x_2} \\[2mm] \dfrac{\partial}{\partial x_3} \end{pmatrix}\Phi \qquad (\text{C.34})$$

是矢量。这是**梯度**的矢量表示方式，其物理含义是在一个标量场中，场函数对坐标矢量的变化率。这表明，**一个标量场函数对自变量矢量的导数是矢量**。

2. 微分算子与场矢量的标乘—矢量场的散度

令 $\vec{F} = \vec{F}(\vec{x})$ 表示一个矢量场函数。例如速度场、电场、磁场等，这些函数本身是矢量，它同时又是坐标矢量的函数。由于 ∇ 具有矢量的性质，它与 $\vec{F}$ 可以进行标乘，得到 $\nabla'\vec{F}$。由（C.33）式得

$$\nabla' = (\frac{d}{d\vec{x}})' = \begin{pmatrix} \dfrac{\partial}{\partial x_1} & \dfrac{\partial}{\partial x_2} & \dfrac{\partial}{\partial x_3} \end{pmatrix}[R]'$$

于是

$$\nabla'\vec{F} = \begin{pmatrix} \dfrac{\partial}{\partial x_1} & \dfrac{\partial}{\partial x_2} & \dfrac{\partial}{\partial x_3} \end{pmatrix}[R]'[R]\begin{pmatrix} F_1 \\ F_2 \\ F_3 \end{pmatrix} = \frac{\partial F_1}{\partial x_1} + \frac{\partial F_2}{\partial x_2} + \frac{\partial F_3}{\partial x_3} = \text{div}\,\vec{F} \qquad (\text{C.35})$$

这称为矢量场函数 $\vec{F}$ 的**散度**，它是一个标量。

3. 微分算子与场矢量的矢乘—矢量场的旋度

用（C.11）式，同样可以得到

$$\nabla\times\vec{F} = [R]\begin{pmatrix} \dfrac{\partial F_3}{\partial x_2} - \dfrac{\partial F_2}{\partial x_3} \\[3mm] \dfrac{\partial F_1}{\partial x_3} - \dfrac{\partial F_3}{\partial x_1} \\[3mm] \dfrac{\partial F_2}{\partial x_1} - \dfrac{\partial F_1}{\partial x_2} \end{pmatrix} = \text{rot}\,\vec{F} \qquad (\text{C.36})$$

这称为矢量场函数 $\vec{F}$ 的**旋度**，它具有矢量形式。

4. 微分算子与场矢量的并乘积

和普通的矢量并乘一样，将微分算子和场矢量代入（C.13）式，可以导出

$$\nabla\vec{F}' = [R]\begin{pmatrix}\dfrac{\partial}{\partial x_1}\\[2mm]\dfrac{\partial}{\partial x_2}\\[2mm]\dfrac{\partial}{\partial x_3}\end{pmatrix}(F_1\quad F_2\quad F_3)[R]' = [R]\begin{pmatrix}\dfrac{\partial F_1}{\partial x_1} & \dfrac{\partial F_2}{\partial x_1} & \dfrac{\partial F_3}{\partial x_1}\\[2mm]\dfrac{\partial F_1}{\partial x_2} & \dfrac{\partial F_2}{\partial x_2} & \dfrac{\partial F_3}{\partial x_2}\\[2mm]\dfrac{\partial F_1}{\partial x_3} & \dfrac{\partial F_2}{\partial x_3} & \dfrac{\partial F_3}{\partial x_3}\end{pmatrix}[R]' \qquad (\text{C.37})$$

$$\vec{F}\nabla' = [R]\begin{pmatrix}F_1\\F_2\\F_3\end{pmatrix}\left(\dfrac{\partial}{\partial x_1}\quad \dfrac{\partial}{\partial x_2}\quad \dfrac{\partial}{\partial x_3}\right)[R]' = [R]\begin{pmatrix}\dfrac{\partial F_1}{\partial x_1} & \dfrac{\partial F_1}{\partial x_2} & \dfrac{\partial F_1}{\partial x_3}\\[2mm]\dfrac{\partial F_2}{\partial x_1} & \dfrac{\partial F_2}{\partial x_2} & \dfrac{\partial F_2}{\partial x_3}\\[2mm]\dfrac{\partial F_3}{\partial x_1} & \dfrac{\partial F_3}{\partial x_2} & \dfrac{\partial F_3}{\partial x_3}\end{pmatrix}[R]' \qquad (\text{C.38})$$

$\nabla\vec{F}'$ 和 $\vec{F}\nabla'$ 都是张量，且二者互为转置，

$$\nabla\vec{F}' = (\vec{F}\nabla')' \qquad (\text{C.39})$$

§C.3.2　场函数的全微分

对普通的标函数 Y，其导数为 $\dfrac{dY}{dx}$，其全微分为

$$dY = \frac{dY}{dx}dx \qquad (\text{C.40})$$

其中导数 $\dfrac{dY}{dx}$、自变量的增量 dx 都是标量，因此只有一种形式。但对于前面讨论过的场函数，在计算全微分表达式时，就有完全不同形式的结果。

1. 标量场函数的全微分

标量场函数 $\varPhi$ 的导数即其梯度是矢量，而其全微分 $d\varPhi$ 是 $\varPhi$ 在无穷近的两点间的增量，因此也是标量。由于 $\nabla\varPhi = \dfrac{d\phi}{d\vec{x}}$，所以 $(\nabla\varPhi)' = (\dfrac{d\phi}{d\vec{x}})'$。由于 $\varPhi$ 是标量，在此把转置符号写到自变量上，就是

$$\left(\frac{d\phi}{d\tilde{x}}\right)' = \frac{d\phi}{d\tilde{x}'} \tag{C.41}$$

将上式代入（C.32）式，得

$$d\Phi = \frac{d\phi}{d\tilde{x}'} d\tilde{x} = d\tilde{x}' \frac{d\phi}{d\tilde{x}} = d\tilde{x}'(\nabla\Phi) \tag{C.42}$$

（C.42）式表示，**标量场函数的全微分是标量，它等于该场函数的梯度与自变量增量的标乘积。**

2. 矢量场函数的全微分

矢量的增量仍是矢量，所以矢量场函数的全微分仍应是矢量。矢量场函数可以看成由其三个分量各自构成的标量场所组成。所以，$\vec{F}$ 的全微分可以一般地表示为

$$d\vec{F} = [R]\begin{pmatrix} dF_1 \\ dF_2 \\ dF_3 \end{pmatrix} \tag{C.43}$$

其每一个坐标分量 $(dF_i)_{i=1,2,3}$ 都是标量的全微分。将（C.42）式和（C.38）式代入（C.43）式，

$$d\vec{F} = [R]\begin{pmatrix} \dfrac{dF_1}{d\tilde{x}'} \\ \dfrac{dF_2}{d\tilde{x}'} \\ \dfrac{dF_3}{d\tilde{x}'} \end{pmatrix} d\tilde{x} = [R]\begin{pmatrix} F_1 \\ F_2 \\ F_3 \end{pmatrix} \frac{d}{d\tilde{x}'} d\tilde{x} = \nabla\vec{F}' d\tilde{x} = (\nabla\vec{F}')' d\tilde{x} \tag{C.44}$$

将（C.37）式代入上式，

$$d\vec{F} = [R]\begin{pmatrix} \dfrac{\partial F_1}{\partial x_1} & \dfrac{\partial F_1}{\partial x_2} & \dfrac{\partial F_1}{\partial x_3} \\ \dfrac{\partial F_2}{\partial x_1} & \dfrac{\partial F_2}{\partial x_2} & \dfrac{\partial F_2}{\partial x_3} \\ \dfrac{\partial F_3}{\partial x_1} & \dfrac{\partial F_3}{\partial x_2} & \dfrac{\partial F_3}{\partial x_3} \end{pmatrix} [R]' d\tilde{x}' \tag{C.45}$$

如果把 $d\vec{F}$ 的表达式写成与（C.42）式对应的形式，有

$$d\vec{F} = \frac{d\vec{F}}{d\tilde{x}'} d\tilde{x} \tag{C.46}$$

比较（C.45）式和（C.46）式，并将（C.38）式代入，得到

$$\frac{d\vec{F}}{d\vec{x}'} = [R] \begin{pmatrix} \dfrac{\partial F_1}{\partial x_1} & \dfrac{\partial F_1}{\partial x_2} & \dfrac{\partial F_1}{\partial x_3} \\[2mm] \dfrac{\partial F_2}{\partial x_1} & \dfrac{\partial F_2}{\partial x_2} & \dfrac{\partial F_2}{\partial x_3} \\[2mm] \dfrac{\partial F_3}{\partial x_1} & \dfrac{\partial F_3}{\partial x_2} & \dfrac{\partial F_3}{\partial x_3} \end{pmatrix} [R]' = \vec{F}\nabla' \qquad (\text{C.47})$$

这说明，**矢量场函数的导数是一个张量，并且等于该矢量与哈密顿算子的并乘积。**将上式两边转置，并考虑到（C.37）式和（C.39）式，可以写成

$$\left(\frac{d\vec{F}}{d\vec{x}'}\right)' = \frac{d\vec{F}'}{d\vec{x}} = [R] \begin{pmatrix} \dfrac{\partial F_1}{\partial x_1} & \dfrac{\partial F_1}{\partial x_2} & \dfrac{\partial F_1}{\partial x_3} \\[2mm] \dfrac{\partial F_2}{\partial x_1} & \dfrac{\partial F_2}{\partial x_2} & \dfrac{\partial F_2}{\partial x_3} \\[2mm] \dfrac{\partial F_3}{\partial x_1} & \dfrac{\partial F_3}{\partial x_2} & \dfrac{\partial F_3}{\partial x_3} \end{pmatrix} [R]' = \nabla \vec{F}' \qquad (\text{C.48})$$

需要注意符号 $\dfrac{d\vec{F}}{d\vec{x}'}$ 和 $\dfrac{d\vec{F}'}{d\vec{x}}$ 的特殊含义，它们都是张量，并互为转置。利用（C.47）式和（C.48）式，可以把矢量场函数的导数 $\dfrac{d\vec{F}}{d\vec{x}'}$ 表示成

$$\frac{d\vec{F}}{d\vec{x}'} = \frac{1}{2}\left(\frac{d\vec{F}}{d\vec{x}'} + \frac{d\vec{F}'}{d\vec{x}}\right) + \frac{1}{2}\left(\frac{d\vec{F}}{d\vec{x}'} - \frac{d\vec{F}'}{d\vec{x}}\right) \qquad (\text{C.49-1})$$

用（C.39）式，上式右端的第一项和第二项可分别写成

$$\frac{1}{2}\left(\frac{d\vec{F}}{d\vec{x}'} + \frac{d\vec{F}'}{d\vec{x}}\right) = \frac{1}{2}\left[(\nabla\vec{F}')' + \nabla\vec{F}'\right] \qquad (\text{C.49-2})$$

$$\frac{1}{2}\left(\frac{d\vec{F}}{d\vec{x}'} - \frac{d\vec{F}'}{d\vec{x}}\right) = \frac{1}{2}\left[(\nabla\vec{F}')' - \nabla\vec{F}'\right] \qquad (\text{C.49-3})$$

将（C.49-1）式、（C.49-2）式、（C.49-3）式代入（C.46），得到

$$d\vec{F} = \frac{d\vec{F}}{d\vec{x}'}d\vec{x} = \frac{1}{2}((\nabla\vec{F}')' + \nabla\vec{F}')d\vec{x} + \frac{1}{2}((\nabla\vec{F}')' - \nabla\vec{F}')d\vec{x} \qquad (\text{C.49-4})$$

由（C.37）式和（C.38）式，可得

$$((\nabla\vec{F'})' - \nabla\vec{F'})d\bar{x} = [R] \begin{pmatrix} 0 & \dfrac{\partial F_2}{\partial x_1} - \dfrac{\partial F_1}{\partial x_2} & \dfrac{\partial F_3}{\partial x_1} - \dfrac{\partial F_1}{\partial x_3} \\ \dfrac{\partial F_1}{\partial x_2} - \dfrac{\partial F_2}{\partial x_1} & 0 & \dfrac{\partial F_3}{\partial x_2} - \dfrac{\partial F_2}{\partial x_3} \\ \dfrac{\partial F_1}{\partial x_3} - \dfrac{\partial F_3}{\partial x_1} & \dfrac{\partial F_2}{\partial x_3} - \dfrac{\partial F_3}{\partial x_2} & 0 \end{pmatrix} [R]'[R] \begin{pmatrix} dx_1 \\ dx_2 \\ dx_3 \end{pmatrix} \quad (\text{C.49-5})$$

将（C.49-5）式和（C.19）式比较，得

$$\left[(\nabla\vec{F'})' - \nabla\vec{F'} \right]d\bar{x} = (\nabla \times \vec{F}) \times d\bar{x}$$

最后得到矢量场函数的全微分表达式

$$d\vec{F} = \frac{1}{2}\left[(\nabla\vec{F'})' + \nabla\vec{F'} \right]d\bar{x} + \frac{1}{2}(\nabla \times \vec{F}) \times d\bar{x} \quad (\text{C.49})$$

§C.4 矢量的模和方向的变化

任意矢量 $\bar{x}$ 可以表示成 $\bar{x} = x < \bar{x} >$，其中：x 是 $\bar{x}$ 的模，即矢量的长度；$<\bar{x}>$ 是该矢量的单位矢量，称为其方向矢量。用

$$\vec{u} = <\bar{x}> = \frac{\bar{x}}{x} \quad (\text{C.50})$$

表示矢量的方向。由于

$$x^2 = \vec{x}'\vec{x}$$

对其两边求导

$$2x dx = 2\vec{x}' d\bar{x}$$

得到矢量模的变化 dx 为

$$dx = \frac{\vec{x}'}{x} d\bar{x} = \vec{u}' d\bar{x} \quad (\text{C.51})$$

这是一个非常直观的关系式：**矢量模的变化等于矢量的变化 $d\bar{x}$ 在其方向矢量上的投影。**

为推导矢量方向的变化，考虑

$$d\bar{x} = d(x\vec{u}) = (dx)\vec{u} + x d\vec{u}$$

所以

$$d\vec{u} = \frac{1}{x}(d\bar{x} - (dx)\vec{u}) = \frac{1}{x}(d\bar{x} - \vec{u} dx) \quad (\text{C.52})$$

将（C.51）代入（C.52），得到

$$d\vec{u} = \frac{1}{x}(\vec{U} d\bar{x} - \vec{u}\vec{u}' d\bar{x}) = \frac{1}{x}(\vec{U} - \vec{u}\vec{u}') d\bar{x} \quad (\text{C.53})$$

432

这就是矢量方向变化的表达式。令 $\vec{u} = [R]\begin{pmatrix} u_1 \\ u_2 \\ u_3 \end{pmatrix}$，（C.53）式的分量形式为

$$d\vec{u} = [R]\frac{1}{x}\begin{pmatrix} 1-u_1^2 & -u_1u_2 & -u_1u_3 \\ -u_1u_2 & 1-u_2^2 & -u_2u_3 \\ -u_1u_3 & -u_2u_3 & 1-u_3^2 \end{pmatrix} = [R]\frac{1}{x}(\delta_{ij}-u_iu_j)_{i,j=1,2,3} \qquad (C.54)$$

其中，$\delta_{ij} = \langle \begin{matrix} 1(i=j) \\ 0(i\neq j) \end{matrix}$。另外，将（C.51）式代入，（C.52）式也可变成

$$d\vec{u} = \frac{1}{x}(d\vec{x} - dx\vec{u}) = \frac{1}{x}(d\vec{x}\vec{u}'\vec{u} - \vec{u}'d\vec{x}\vec{u}) = \frac{1}{x}(d\vec{x}\vec{u}' - \vec{u}'d\vec{x})\vec{u}$$

用（C.21）式，其中令 $\vec{a} = \vec{u}$，$\vec{b} = d\vec{x}$，$\vec{c} = \vec{u}$，上式变成

$$d\vec{u} = \frac{1}{x}(\vec{u}\times d\vec{x})\times\vec{u} = -\frac{1}{x}\vec{u}\times(\vec{u}\times d\vec{x}) \qquad (C.55)$$

此式表明，**矢量方向的变化 $d\vec{u}$ 位于 $\vec{u}$ 和 $d\vec{x}$ 所决定的平面内，垂直于 $\vec{u}$，且指向位移所指的方向。**（C.55）在微小位移情况下有着很广泛的应用。

§C.5　坐标系的微旋转

由附录 §B.3，假定坐标系 $[R]$ 绕其第一轴 $\vec{X}_1$ 旋转一微小角度 $\theta = d\theta_1 \to 0$，所得到的新的坐标系可表示成

$$[R_1] = [R] + d_1[R] = [R]\begin{pmatrix} 1 & 0 & 0 \\ 0 & 1 & -d\theta_1 \\ 0 & d\theta_1 & 1 \end{pmatrix} = [R] + [R]\begin{pmatrix} 0 & 0 & 0 \\ 0 & 0 & -d\theta_1 \\ 0 & d\theta_1 & 0 \end{pmatrix}$$

用（C.10）式，令旋转矢量

$$\vec{\Theta}_1 = [R]\begin{pmatrix} d\theta_1 \\ 0 \\ 0 \end{pmatrix}$$

表示绕 $\vec{X}_1$ 轴旋转 $d\theta_1$ 角度，得

$$\vec{\Theta}_1\times[R] = [R]\begin{pmatrix} 0 & 0 & 0 \\ 0 & 0 & -d\theta_1 \\ 0 & d\theta_1 & 0 \end{pmatrix}$$

所以有

$$[R_1] = [R] + \vec{\Theta}_1\times[R] = [R] + d\theta_1\vec{X}_1\times[R] \qquad (C.56)$$

同样可得到 $[R]$ 绕其第二轴 $\vec{X}_2$ 和第三轴 $\vec{X}_3$ 分别作无穷小旋转 $d\theta_2$、$d\theta_3$，所得的新坐标系 $[R_2]$ 和 $[R_3]$ 分别为

$$[R_2] = [R] + \vec{\Theta}_2 \times [R] = [R] + d\theta_2 \vec{X}_2 \times [R] \tag{C.57}$$

$$[R_3] = [R] + \vec{\Theta}_3 \times [R] = [R] + d\theta_3 \vec{X}_3 \times [R] \tag{C.58}$$

对于一个任意无穷小旋转

$$d\vec{\theta} = [R]\begin{pmatrix} d\theta_1 \\ d\theta_2 \\ d\theta_3 \end{pmatrix}$$

有

$$[R] + d[R] = [R] + d\vec{\theta} \times [R] \tag{C.59}$$

或

$$d[R] = d\vec{\theta} \times [R]$$

且由于各旋转角均为无穷小，与绕各轴的旋转顺序无关。

对于任意矢量 $\vec{v}$，在坐标系存在旋转情况下，矢量的全微分应为

$$d\vec{v} = d([R][R]'\vec{v}) = [R]d([R]'\vec{v}) + d[R]([R]'\vec{v})$$

其中右端第一项代表相对变化，即相对于坐标系 $[R]$ 的变化，用 $\delta\vec{v}$ 表示。第二项代表由于坐标系运动引起的矢量变化，并且用（C.59）式得

$$d[R]([R]'\vec{v}) = d\vec{\theta} \times [R]([R]'\vec{v}) = d\vec{\theta} \times \vec{v}$$

最后得

$$d\vec{v} = \delta\vec{v} + d\vec{\theta} \times \vec{v} \tag{C.60}$$

此式表明，**在坐标系存在微旋转的情况下，矢量的绝对变化等于其相对于旋转坐标系的相对变化加上坐标系的旋转矢量与该矢量的叉乘积之和。**

附录 D　球面三角运算的矢量表达式

§D.1　已知三顶点的球面坐标求三角形各元素

在许多应用中，已知三角形三顶点的坐标，需要计算球面三角形的各元素。例如已知两球面坐标系的极的坐标和目标天体的坐标，求各元素。这可以用附录 A 的球面三角公式推导。但对于计算机计算，有时球面三角公式并非很简便。应用球面三角运算中的矢量表示方法，有时更方便一些。设球面三角形的三顶角为 A、B、C，其对边分别为 a、b、c，已知三顶点的球面坐标分别为 α_A、δ_A，α_B、δ_B，α_C、δ_C，三顶点的球面位置矢量可分别写成

$$\vec{A} = [Q] \begin{pmatrix} \cos\alpha_A \cos\delta_A \\ \sin\alpha_A \cos\delta_A \\ \sin\delta_A \end{pmatrix}$$

$$\vec{B} = [Q] \begin{pmatrix} \cos\alpha_B \cos\delta_B \\ \sin\alpha_B \cos\delta_B \\ \sin\delta_B \end{pmatrix} \tag{D.1}$$

$$\vec{C} = [Q] \begin{pmatrix} \cos\alpha_C \cos\delta_C \\ \sin\alpha_C \cos\delta_C \\ \sin\delta_C \end{pmatrix}$$

三个边可以由

$$a = \cos^{-1}(\vec{B}'\vec{C})$$
$$b = \cos^{-1}(\vec{A}'\vec{C}) \tag{D.2}$$
$$c = \cos^{-1}(\vec{A}'\vec{B})$$

得出。三个角可以由

$$A = \cos^{-1}(\vec{T}_{AB}'\vec{T}_{AC})$$
$$B = \cos^{-1}(\vec{T}_{BA}'\vec{T}_{BC}) \tag{D.3}$$
$$C = \cos^{-1}(\vec{T}_{CA}'\vec{T}_{CB})$$

给出，其中 $\vec{T}_{AB}$ 表示大圆弧 AB 在 A 点切线的单位矢量，其表达式为

$$\vec{T}_{AB} = <(\vec{A}\times\vec{B})\times\vec{A}>\qquad(D.4)$$

其余可类推。这样，如果已知三顶点的坐标，可以由（D.1）式～（D.4）式求出各边和各角。上述表达式都是完全严格的。

上述关系也可用于坐标系间的转换或解球面三角形。例如，已知目标天体的赤道坐标，要求其黄道坐标。在赤道坐标系中，天极的位置矢量为 $\vec{P} = [N]\begin{pmatrix} 0 \\ 0 \\ 1 \end{pmatrix}$，黄极的位置矢量为 $\vec{k} = [N]\begin{pmatrix} 0 \\ -\sin\varepsilon \\ \cos\varepsilon \end{pmatrix}$，天体的位置矢量为

$\vec{S} = [N]\begin{pmatrix} \cos\alpha\cos\delta \\ \sin\alpha\cos\delta \\ \sin\delta \end{pmatrix}$，于是可得到三个边和三个角。用这些边和角，可以

由已知条件 $\vec{P} = [K]\begin{pmatrix} 0 \\ \sin\varepsilon \\ \cos\varepsilon \end{pmatrix}$，$\vec{k} = [K]\begin{pmatrix} 0 \\ 0 \\ 1 \end{pmatrix}$ 解出 $\vec{S} = [K]\begin{pmatrix} \cos\lambda\cos\beta \\ \sin\lambda\cos\beta \\ \sin\beta \end{pmatrix}$。

§D.2　已知三角形三个元素（其中至少有一个边元素）求其他元素

1. 已知三边

在仅已知三个边为 a,b,c 的情况下，该三角形可以在球面上任意平移或旋转。因此可以任意选取一个坐标系 $[X]$，例如以顶点 A 作为 $[X]$ 的极，于是矢量

$$\vec{A} = [X]\begin{pmatrix} 0 \\ 0 \\ 1 \end{pmatrix}\qquad(D.5)$$

又以过 A,B 的大圆作为起始经圈，B 点的经度为零，纬度为 $90° - c$，于是矢量

$$\vec{B} = [X]\begin{pmatrix} \sin c \\ 0 \\ \cos c \end{pmatrix}\qquad(D.6)$$

设 C 点的坐标为 (ξ_c, η_c)，于是矢量

$$\vec{C} = [X] \begin{pmatrix} \cos\xi_c \cos\eta_c \\ \sin\xi_c \cos\eta_c \\ \sin\eta_c \end{pmatrix} \tag{D.7}$$

将这些数据代入　（D.2）式，可以解出 (ξ_c, η_c)。这样，三项点在 $[X]$ 坐标系中的位置矢量都已知。由　（D.3）式和（D.4）式，可以解出三角形的三项角。

2. 已知两边和一角

令一个已知的边为 c，其两端点分别为 A,B，按（D.5）式和（D.6）式定义它们的位置矢量 $\vec{A}, \vec{B}$。位置矢量 $\vec{C}$ 也按（D.7）式描述。设另一个已知边为 a，由（D.2）给出方程

$$a = \arccos(\vec{B}'\vec{C}) \tag{D.8}$$

又设已知的一角为 A，据公式（D.3）式给出方程

$$A = \arccos(\vec{T}_{AB}'\vec{T}_{AC}) \tag{D.9}$$

其中切线 $\vec{T}_{AB}$ 为已知，$\vec{T}_{AC}$ 为 $\vec{C}$ 的参量的函数。联立（D.8）式和（D.9）式，可以解出 $\vec{C}$。由此三项点矢量均得到，于是其余元素都可给出。

3. 已知一边和两角

由已知边，给出前两方程同于（D.5）式和（D.6）式，第三顶点的位置矢量同样如（D.7）式的形式。从（D.3）式中取与已知角对应的两个方程，它们都是 $\vec{C}$ 的参量的函数。这两方程联立可以解出位置矢量 $\vec{C}$。于是其他元素都可解出。

由上述可以看到，在已知三个元素（其中至少有一个边元素）前提下解球面三角形的一般矢量算法是，先用一个已知边定义一个中间坐标系，其极为该已知边的一端点，并用该边作为初始经圈，于是该边的两端点的坐标为已知。余下的两个已知元素，对于边元素，用公式（D.2）；对于角元素，用公式（D.3）。由两个方程解出第三顶点的经纬度两坐标。三个顶点坐标已知，全部问题都可解决。用这样的程式，不论多么复杂的球面三角问题都可一样的解出，且完全严格。

表 1　IAU1980 章动序列表达格式

j	周期(日)	l K_{j1}	l' K_{j2}	F K_{j3}	D K_{j4}	Ω K_{j5}	A_{0j}	A_{1j} 0.1mas	B_{0j}	B_{1j}
1	6798.4	0	0	0	0	1	-171996	-174.2	92025	8.9
2	182.6	0	0	2	-2	2	-13187	-1.6	5736	-3.1
3	13.7	0	0	2	0	2	-2274	-0.2	977	-0.5
4	3399.2	0	0	0	0	2	2062	0.2	-895	0.5
5	365.2	0	1	0	0	0	1426	-3.4	54	-0.1
6	27.6	1	0	0	0	0	712	0.1	-7	0.0
7	121.7	0	1	2	-2	2	-517	1.2	224	-0.6
8	13.6	0	0	2	0	1	-386	-0.4	200	0.0
9	9.1	1	0	2	0	2	-301	0.0	129	-0.1
10	365.3	0	-1	2	-2	2	217	-0.5	-95	0.3
11	31.8	1	0	0	-2	0	-158	0.0	-1	0.0
12	177.8	0	0	2	-2	1	129	0.1	70	0.0
13	27.1	-1	0	2	0	2	123	0.0	-53	0.0
14	27.7	1	0	0	0	1	63	0.1	-33	0.0
15	14.8	0	0	0	2	0	63	0.0	-2	0.0
16	9.6	-1	0	2	2	2	-59	0.0	26	0.0
17	27.4	-1	0	0	0	1	-58	-0.1	32	0.0
18	9.1	1	0	2	0	1	-51	0.0	27	0.0
19	205.9	2	0	0	-2	0	48	0.0	1	0.0
20	1305.5	-2	0	2	0	1	46	0.0	-24	0.0
⋮										
106	27.3	0	1	0	1	0	1	0.0	0	0.0

表 2 IERS1996 日月章动序列表达格式

序号	周期(日)	l K_{j1}	l' K_{j2}	F K_{j3}	D K_{j4}	Ω K_{j5}	IN PHASE (μas)				OUT PHASE (μas)	
							$A(j)$	$A'(j)$	$B(j)$	$B'(j)$	$A''(j)$	$B''(j)$
1	-6798.38	0	0	0	0	1	-17206277	-17419	9205356	886	3645	1553
2	182.62	0	0	2	-2	2	-1317014	-156	573058	-306	-1400	-464
3	13.66	0	0	2	0	2	-227720	-23	97864	-48	269	136
4	-3399.18	0	0	0	0	2	207429	21	-89747	-19	-71	-29
5	-365.26	0	-1	0	0	0	-147538	364	7388	-68	1121	198
6	121.75	0	1	2	-2	2	-51687	123	22440	0	-54	-18
7	27.55	1	0	0	0	0	71118	7	-687	2	-94	39
8	13.63	0	0	2	0	1	-38752	-37	20076	-6	34	32
9	9.13	1	0	2	0	2	-30137	-4	12896	30	77	35
10	365.22	0	-1	2	-2	2	21583	-49	-9591	-1	6	12
11	177.84	0	0	2	-2	1	12820	14	-6897	3	18	4
12	27.09	-1	0	2	0	2	12353	1	-5334	0	2	0
13	31.81	-1	0	0	2	0	15699	1	-127	0	-18	9
14	27.67	1	0	0	0	1	6314	6	-3323	0	3	-1
15	-27.44	-1	0	0	0	1	-5797	-6	3141	0	-19	-8
16	9.56	-1	0	2	2	2	-5965	-1	2554	-1	14	7
17	9.12	1	0	2	0	1	-5163	-4	2635	0	12	8
18	1305.48	-2	0	2	0	1	4590	5	-2424	-1	1	1
19	14.77	0	0	0	2	0	6336	1	-125	0	-15	3
20	7.10	0	0	2	2	2	-3854	0	1643	0	15	6
⋮												
263	65514.10	-1	0	1	0	3	0	0	0	0	-6	0

表 3　IERS1996 行星章动序列表达格式

序号	周期(日)	l_{Ve} k_1	l_E k_2	l_{Ma} k_3	J_J k_4	l_{Sa} k_5	P_a k_6	D k_7	F k_8	l k_9	Ω k_{10}	A_i	A'_i (μas)	B'_i
1	100171.17	0	2	0	-2	0	0	2	0	-2	1	28	0	-15
2	99728.92	18	-16	0	0	0	0	0	0	-1	0	23	10	0
3	88074.16	8	-12	0	0	0	0	1	-1	0	-1	-120	-60	-64
4	38036.19	0	0	2	0	0	0	1	-1	0	0	27	-8	0
5	-37884.54	0	1	-2	0	0	0	0	0	0	-1	46	43	25
6	-34988.46	3	-4	0	0	0	0	1	0	-1	0	0	13	0
7	18185.76	5	-6	0	0	0	0	2	0	0	0	0	23	0
8	-17494.38	6	-8	0	0	0	0	2	0	-2	0	8	-2	0
9	14765.98	0	0	-15	0	0	0	0	0	0	0	5	-2	0
10	-13630.86	0	-2	0	3	0	0	-2	0	2	1	9	-2	-5
11	-13562.72	0	2	0	-3	0	0	0	0	-2	0	-35	-6	0
12	12732.58	0	1	0	-1	0	0	1	0	-1	0	-5	0	0
13	11960.41	0	1	0	1	0	0	0	-1	0	0	-2	-8	0
14	11945.37	0	0	0	1	0	0	1	0	0	1	2	-7	0
15	10771.42	0	1	0	0	1	0	1	-1	0	-1	-17	-8	-9
16	10759.23	0	0	0	0	1	0	0	0	0	0	1	6	0
17	10746.94	0	0	0	0	1	1	0	0	0	0	5	0	0
18	10747.06	0	-1	0	0	1	0	-1	1	0	1	-7	-1	0
19	-7372.72	8	-13	0	0	0	0	0	0	0	1	5	7	0
20	-7295.69	18	-16	0	0	0	0	0	0	-1	1	-7	3	0
⋮														
112	13.66	-18	16	0	0	0	0	0	2	1	2	13	-6	-5

附录 F　轨道坐标系

§F.1　轨道坐标系的坐标变换

在一些计算中需要用到大行星的轨道，例如推导岁差的瞬时表达式、计算章动的瞬时值和潮汐的瞬时值等。由于太阳系天体的相互摄动作用，行星的轨道在不断变化，所以密切轨道只具有瞬时的意义。大行星轨道变化相对较慢，所以在一些应用中将与行星和月亮位置有关的函数展开成这些天体的平均轨道根数的函数。以 2000.0 为基本历元的平均轨道根数列于附录 E。其中的轨道根数包括：

a—椭圆轨道半长轴，以天文单位表示；

e—轨道偏心率，无量纲量；

i—行星轨道对黄道的倾角，以度为单位；

Ω—行星轨道升交点对瞬时平春分点的黄经，以度为单位；

ϖ—行星近日点升交点距，以度为单位；

M_0—在轨道的参考历元时刻行星的平近点角，度为单位；

n—平均轨道角速度，每度/TT 日为单位。

其中 a 和 n 不是独立的参数，它们关系为

$$n = \sqrt{GM_s}\, a^{-\frac{3}{2}} \tag{F1.1}$$

上式中各参数采用 SI 单位制，长度为米，时间为秒。给出的角速度为弧度/秒，经单位换算得到以度/日表示的角速度。

上述 6 个独立轨道根数可分成两组，a、e、M_0 是天体在轨道面内的**定位根数**，i、Ω、ϖ 是轨道在空间的**定向根数。**

如要计算在开普勒轨道上运动的行星 P 在时刻 t 的历表位置 $\vec{S}$，可从轨道坐标系 $[O]$ 出发，其原点为太阳中心，第一坐标轴 $\vec{f}$ 指向近日点方向，第三坐标轴 $\vec{h}$ 是轨道的角动量方向，第二坐标轴 $\vec{g}$ 使之构成右手系。于是

$$[O] = \begin{pmatrix} \vec{f} & \vec{g} & \vec{h} \end{pmatrix}$$

在轨道坐标系中，行星的位置可表示成

$$\vec{S} = [O]S\begin{pmatrix} \cos\theta \\ \sin\theta \\ 0 \end{pmatrix} = [O]\begin{pmatrix} a(\cos E - e) \\ a(1-e^2)^{\frac{1}{2}}\sin E \\ 0 \end{pmatrix} \qquad \text{（F1.2）}$$

其中 θ 是行星的真近点角。它是从 $\vec{f}$ 轴沿轨道运动方向度量到 $\vec{S}$ 的角度。θ 和偏近点角 E 的关系为

$$\tan\frac{\theta}{2} = \sqrt{\frac{1+e}{1-e}}\tan\frac{E}{2} \qquad \text{（F1.3）}$$

E 通过开普勒方程

$$M = E - e\sin E \qquad \text{（F1.4）}$$

和平近点角 M 联系，

$$M = n(t - t_0) + M_0 \qquad \text{（F1.5）}$$

轨道根数 M_0 是参考历元 t_0 时的平近点角。行星向径的长度 S 由

$$S = \frac{a(1-e^2)}{1+e\cos\theta} = a(1 - e\cos E) \qquad \text{（F1.6）}$$

计算。由（F1.2）式～（F1.6）式，可以用定位根数计算位置矢量在轨道坐标系中的表达式。

行星位置矢量在瞬时黄道坐标系 $[K]$ 中的表达式可以通过坐标变换得到

$$\vec{S} = [K]([K]'[O])\begin{pmatrix} a(\cos E - e) \\ a(1-e^2)^{\frac{1}{2}}\sin E \\ 0 \end{pmatrix} \qquad \text{（F1.7）}$$

坐标转换矩阵为

$$[K]'[O] = \bar{R}_3(-\Omega)\bar{R}_1(-i)\bar{R}_3(-\varpi) \qquad \text{（F1.8）}$$

由轨道根数也直接确定行星的瞬时速度矢量 $\dot{\vec{S}}$。不考虑坐标系本身的旋转，对（F1.7）式求导数，

$$\dot{\vec{S}} = [K]([K]'[O])[S\begin{pmatrix} -\sin\theta \\ \cos\theta \\ 0 \end{pmatrix}\dot{\theta} + \dot{S}\begin{pmatrix} \cos\theta \\ \sin\theta \\ 0 \end{pmatrix}]$$

$$= [K]([K]'[O])[na(1 - e\cos E)^{-1}] \begin{pmatrix} -\sin E \\ \cos E(1-e^2)^{\frac{1}{2}} \\ 0 \end{pmatrix} \quad\text{（F1.9）}$$

在（F1.7）式和（F1.9）式中，左端位置和速度共 6 个分量，右端共包含 6 个轨道根数。这意味着一个开普勒轨道既可以用 6 个轨道根数表示，也可以用参考历元 t_0 时刻的瞬时位置矢量和速度矢量表示，两者是完全等价的。已知轨道根数，可以唯一地确定位置矢量和速度矢量。同样已知某时刻的位置矢量和速度矢量，也可以唯一地确定轨道根数。

对于人造卫星，通常在赤道坐标系中描述，其轨道根数相对于赤道坐标系定义。这时，轨道坐标系到赤道坐标系的转换矩阵同于（F1.8）式。若忽略观测误差，T 时刻的天体的密切轨道与实际的受摄轨道在该点相切，在这一点上两者的位置矢量和速度矢量完全相同。所以 t 时刻的密切轨道上的位置就是天体此刻的受摄位置，速度就是此时刻的受摄速度。因此，由任何历元的位置和速度，可用（F1.7）式和（F1.9）式求出该时刻的密切轨道的根数。在实际工作中，已知 T 时刻的 $\vec{S}$ 和 $\dot{\vec{S}}$，用

$$\begin{aligned} \frac{1}{a} &= \frac{2}{S} - \dot{S}^2 \\ e\cos E &= 1 - \frac{S}{a} \\ e\sin E &= a^{-\frac{1}{2}}(\vec{S} \cdot \dot{\vec{S}}) \\ M &= n(t - t_0) + M_0 = E - e\sin E \end{aligned} \quad\text{（F1.10）}$$

可依次计算 a、e、M_0 三个根数，其中 M_0 是参考历元 t_0 时刻的平近点角。然后通过

$$\begin{aligned} \vec{P} &= \frac{\cos E}{S}\vec{S} - \sqrt{\frac{a}{\mu}}\sin E \dot{\vec{S}} \\[2mm] \vec{Q} &= \frac{\sin E}{S\sqrt{1-e^2}}\vec{S} + \frac{\sqrt{\frac{a}{\mu}}(\cos E - e)}{\sqrt{1-e^2}}\dot{\vec{S}} \\[2mm] \vec{R} &= \frac{1}{\sqrt{\frac{a}{\mu}(1-e^2)}}(\vec{S} \times \dot{\vec{S}}) \end{aligned} \quad\text{（F1.11）}$$

和

$$P_z = \sin i \sin(\varpi)$$
$$Q_z = \sin i \cos(\varpi)$$
$$R_x = \sin i \sin \Omega \qquad \text{(F1.12)}$$
$$R_y = -\sin i \cos \Omega$$
$$R_z = \cos i$$

计算出密切轨道的另三个根数 i、ϖ、Ω。

§F.2　月球和大行星的平轨道

在一些计算中需要用到大行星的轨道，例如推导岁差的瞬时表达式、计算章动的瞬时值和潮汐的瞬时值等。由于太阳系天体的相互摄动作用，行星的轨道在不断变化，所以密切轨道只具有瞬时的意义。大行星轨道变化相对较慢，所以在一些应用中将与行星和月亮位置有关的函数展开成这些天体的平均轨道根数的函数。下面所列公式中，T 为 JD2000.0 起算的儒略世纪数，轨道定向参数参考于瞬时黄道和瞬时平春分点。

● **月球平均轨道根数：**

轨道半长轴：$a = 384747.981\text{km}$

轨道偏心率：$e = 0.054879905$

轨道倾角：　$i = 5°.12983502 = 5°07'47''.4061$

升交点平黄经：$\Omega = 125°02'40''.40 - 1934°08'10''.266T + 7''.476T^2$　（F2.1）

近地点平黄经：$\Gamma = 83°21'11''.67 + 4069°00'49''.36T - 37''.165T^2$

月亮平黄经：$L = 218°18'59''.96 + 481267°52'52''.833T - 4''.787T^2$

日月平角距：$D = 297°51'00''.74 + 445267°06'41''.469T - 5''.882T^2$

其中　　　　　$\Gamma = \Omega + \varpi$，$L = \Gamma + M = \Omega + \varpi + M$

● **水星平均轨道根数：**

$$\Omega = 48°.330893 + 1°.1861882T + 0°.0001759T^2$$
$$i = 7°.004986 + 0°.0018215T - 0°.0000181T^2$$
$$\varpi = 77°.456119 + 1°.5564775T + 0°.0002959T^2$$
$$e = 0.205663175 + 0.000020406T - 0.000000028T^2$$
$$a = 0.38709831 \qquad \text{(F2.2)}$$
$$L = 252°.250906 + 4°.09237706363d + 0°.0003040T^2$$
$$M = 174°.794787 + 4°.09233444960d + 0°.0000081T^2$$
$$n = 4°.092339$$

- **金星平均轨道根数：**

$$\Omega = 76°.679920 + 0°.9011204T + 0°.0004066T^2$$
$$i = 3°.394662 + 0°.0010037T - 0°.0000009T^2$$
$$\varpi = 131°.563707 + 1°.4022289T - 0°.0010729T^2$$
$$e = 0.00677188 - 0.000047765T + 0.000000097T^2$$
$$a = 0.72332982$$
$$L = 181°.979801 + 1°.60216873457d + 0°.0003106T^2$$
$$M = 50°.416094 + 1°.60213034364d + 0°.0013835T^2$$
$$n = 1°.602130$$

（F2.3）

- **地球平均轨道根数：**

$$\varpi = 102°.937347 + 0°.00004708T + 0°.0004597T^2$$
$$e = 0.01670862 - 0.00004204T - 0.000000124T^2$$
$$a = 1.00000102$$
$$L = 100°.466447 + 0°.98564735995d + 0°.0003036T^2$$
$$M = 357°.529100 + 0°.98560035775d - 0°.00015611T^2$$
$$n = 0°.985600$$

（F2.4）

- **火星平均轨道根数：**

$$\Omega = 49°.558093 + 0°.7720956T + 0°.0000161T^2$$
$$i = 1°.849726 - 0°.0006011T + 0°.0000128T^2$$
$$\varpi = 336°.060234 + 1°.8410446T + 0°.0001351T^2$$
$$e = 0.09340062 + 0.000090484T - 0.000000081T^2$$
$$a = 1.52367934$$
$$L = 355°.433275 + 0°.52407108760d + 0°.0003110T^2$$
$$M = 19°.373041 + 0°.52402068219d + 0°.0001759T^2$$
$$n = 0°.524033$$

（F2.5）

- **木星平均轨道根数：**

$$\Omega = 100°.446441 + 1°.0209542T + 0°.0004011T^2$$
$$i = 1°.303270 - 0°.0054966T + 0°.0000046T^2$$
$$\varpi = 14°.331309 + 1°.6126383T + 0°.0010314T^2$$
$$e = 0.04849485 + 0.000163244T - 0.000000472T^2$$
$$a = 5.20260319 + 0.0000001913T$$
$$L = 34°.351484 + 0°.08312943981d + 0°.0002237T^2$$
$$M = 20°.020175 + 0°.08308528818d - 0°.0008077T^2$$
$$n = 0°.0830912$$

（F2.6）

- **土星平均轨道根数：**

$$\Omega = 113°.665524 + 0°.8770949T - 0°.0001208T^2$$

$$i = 2°.488878 - 0°.0037362T - 0°.0000152T^2$$

$$\varpi = 93°.056787 + 1°.9637685T + 0°.0008375T^2$$

$$e = 0.05550862 - 0.000346818T - 0.000000646T^2$$

$$a = 9.5549096 - 0.000002139T$$

$$L = 50°.077471 + 0°.03349790593d + 0°.0005195T^2$$

$$M = 317°.020684 + 0°.03344414088d - 0°.0003180T^2$$

$$n = 0°.0334597$$

（F2.7）

- **天王星平均轨道根数：**

$$\Omega = 74°.005947 + 0°.5211258T + 0°.0013399T^2$$

$$i = 0°.773196 + 0°.0007744T + 0°.0000375T^2$$

$$\varpi = 173°.005159 + 1°.4863784T + 0°.0002145T^2$$

$$e = 0.04629590 - 0.000027337T - 0.000000079T^2$$

$$a = 19.2184461 - 0.00000037T$$

$$L = 314°.055005 + 0°.01176903644d + 0°.0003043T^2$$

$$M = 141°.049846 + 0°.01772834162d + 0°.0000898T^2$$

$$n = 0°.0117308$$

（F2.8）

- **海王星平均轨道根数：**

$$\Omega = 131°.784057 + 1°.1022035T + 0°.0002600T^2$$

$$i = 1°.769952 - 0°.0093082T - 0°.0000071T^2$$

$$\varpi = 48°.123691 + 1°.4262678T + 0°.0003792T^2$$

$$e = 0.00898809 + 0.000006408T - 0.000000001T^2$$

$$a = 30.1103869 - 0.000000166T$$

$$L = 304°.348665 + 0°.00602007691d + 0°.0003093T^2$$

$$M = 256°.224947 + 0°.00598102783d - 0°.0000699T^2$$

$$n = 0°.0059818$$

（F2.9）

主要参考文献

1 C.A.默里著，童傅等．矢量天体测量学．北京：科学出版社，1990

2 夏一飞，黄天衣．球面天文学．南京：南京大学出版社，1995

3 E.W.伍拉德著，全和钧，等译．球面天文学．北京：测绘出版社，1984

4 叶叔华，等．天文地球动力学．山东科学技术出版社，2000

5 刘林．人造地球卫星轨道力学．北京：高等教育出版社，1992

6 冒蔚，等．基本星表与天球参考系．北京：科学出版社，1990

7 中国大百科全书天文学卷．北京：中国大百科全书出版社，1980

8 H.艾科恩著，任江平等译．恒星方位天文学．北京：测绘出版社，1981

9 漆贯荣．时间科学基础．北京：高等教育出版社，2006

10 黄天衣．广义相对论基础（内部出版），2007

11 刘林，天体力学方法，南京：南京大学出版社，1998

12 C.A.Murray，Vectorial Astrometry. Adam Hilger Ltd，Bristol，1983

13 J.Kovalevsky，Modern Astrometry. Springer-Verlag Berlin Heideberg 1994，2002 Printed in Germany.

14 Ojars J. Sovers and John L. Fanselow，Astrometry and geodesy with radio interferometry：experiments，models，results，Reviews of Modern Physics，Vol. 70，No. 4，October 1998.

15 Takahashi F. et al.，Very Long Baseline Interferometer，IOS press，2000.

16 IERS Tech Note No 32.

17 IERS Tech Note No 35.